Maria Overbeck-Larisch
Wolfgang Dolejsky

Stochastik mit Mathematica

Maria Overbeck-Larisch
Wolfgang Dolejsky

Stochastik mit Mathematica

Ein Lehr- und Übungsbuch

Mit 145 Übungsaufgaben mit ausführlichen Lösungen

Die Deutsche Bibliothek – CIP-Einheitsaufnahme

Overbeck-Larisch, Maria:
Stochastik mit Mathematica / Maria Overbeck-Larisch;
Wolfgang Dolejsky. – Braunschweig; Wiesbaden:
Vieweg, 1998
ISBN 978-3-528-06921-6 ISBN 978-3-663-01078-4 (eBook)
DOI 10.1007/978-3-663-01078-4

Der Verlag Vieweg ist ein Unternehmen der Bertelsmann Fachinformation GmbH.

http://www.vieweg.de

Gedruckt auf säurefreiem Papier

ISBN 978-3-528-06921-6

für Raphael Overbeck
zum Abi 97

Vorwort

Am Entstehen dieses Buches waren verschiedene Personen beteiligt, denen wir an dieser Stelle danken. Da sind zunächst die Hörerinnen und Hörer unserer Vorlesungen zur Wahrscheinlichkeitsrechnung und Statistik, die durch ihre Mitarbeit, durch Fragen und Diskussionsbeiträge den Stil dieses Buches beeinflußt haben. Insbesondere danken wir unserem ehemaligen Studenten Herrn Dipl.-Math. Clemens Giegerich für seine Unterstützung beim Einsatz von Mathematica. Unseren Kollegen Prof. Dr. Gerhard Aulenbacher und Prof. Dr. Konrad Sandau danken wir für ausführliche fachliche Diskussionen, Herrn Dipl. Math. Werner Sanns und Herrn Dipl.-Math. Marco Schuchmann für das sorgfältig Korrekturlesen und für die Überarbeitung der Grafiken.

Herrn Wolfgang Schwarz vom Verlag Vieweg gilt unser Dank für die fachkundige und freundliche Art, mit der er unser Projekt unterstützt hat.

Wolfgang A. Dolejsky
Maria H. Overbeck-Larisch

Darmstadt im Juni 1997

Ziel und Nutzung des Buches

Das Ziel des vorliegenden Buches ist es, Ihnen die grundlegenden Verfahren der Schließenden Statistik zu erklären. Dabei legen wir großen Wert darauf, daß Sie im Laufe der Lektüre dieses Buches ein gewisses Verständnis für das wahrscheinlichkeitstheoretische Modell entwickeln, das diesen Verfahren zugrunde liegt. Sie werden dann in der Lage sein, die Grundtechniken wie das Schätzen von Parametern oder das Testen von Hypothesen nicht nur kochrezeptartig anzuwenden, sondern kritisch zu beurteilen, ob die Voraussetzungen für die Anwendung dieser Grundtechniken überhaupt erfüllt sind.

Da wir uns mit diesem Buch nicht ausschließlich an Studierende der Mathematik wenden wollen, wurden bei der Darstellung der Theorie einige Abstriche gemacht. So haben wir in der Wahrscheinlichkeitsrechnung auf die exakte Formulierung und den Beweis des Fortsetzungssatzes verzichtet. Außerdem haben wir versucht, ohne das Lebesgue-Integrals auszukommen. Im Bereich der Schließenden Statistik werden Optimalitätsfragen nur am Rande angesprochen. Abgesehen von diesen Beschränkungen behandeln wir die Theorie exakt und mit einer vorlesungsartigen Ausführlichkeit. Mit zahlreichen Beispielen motivieren und erläutern wir das wahrscheinlichkeitstheoretische Modell und die grundlegenden Verfahren der Schließenden Statistik. Das Buch eignet sich deshalb sowohl für Studierende verschiedener Fachrichtungen als auch für interessierte Praktiker zum Selbststudium.

Es gibt zwei Möglichkeiten, mit diesem Buch zu arbeiten. Sie können einerseits das Buch ausschließlich wie ein konventionelles Lehrbuch nutzen. Sie können andererseits zusätzlich zu dieser konventionellen Nutzung von der Tatsache profitieren, daß wir den Lernprozeß durch den

Einsatz des Computeralgebra-Systems **Mathematica** unterstützen. Wir setzen dabei Mathematica in zweifacher Hinsicht ein. Zum einen nutzen wir Mathematica wie man heutzutage ein leistungsfähiges Computeralgebra-System in Vorlesungen und Übungen bzw. begleitend zu einem Lehrbuch einsetzt: bei graphischen Darstellungen, bei algebraischen Umformungen, beim Integrieren und Differenzieren, beim Lösen von Gleichungen, usw. Wenn wir Mathematica in diesem Sinne einsetzen, werden wir vorrangig auf die „Standardfunktionen“ von Mathematica zurückgreifen, das sind die Funktionen, die nach dem Start von Mathematica bzw. nach dem Laden entsprechender Standard-Mathematica-Packages zur Verfügung stehen. Darüber hinaus haben wir insbesondere für den wahrscheinlichkeitstheoretischen Teil des Buches eigene Mathematica-Funktionen geschrieben, mit denen es uns gelungen ist, das wahrscheinlichkeitstheoretische Modell „im endlichen Fall“ in Mathematica zu realisieren. Diese Tatsache eröffnet Ihnen die Möglichkeit, die Modellbildung experimentell nachzuvollziehen und die dazugehörigen, zum Teil recht abstrakten Begriffsbildungen spielerisch einzuüben. Einen zusätzlichen Lerneffekt können Sie erreichen, wenn Sie die von uns geschriebenen Mathematica-Funktionen analysieren und gegebenenfalls durch eigene (evtl. elegantere) Funktionen ersetzen.

Falls Sie das Buch unter Einsatz von Mathematica durcharbeiten wollen, dann müssen Sie die Ausführungen, die unter der Überschrift **Einsatz von Mathematica** folgen, lesen. Andernfalls können Sie diesen Abschnitt einfach überspringen und auch im weiteren Verlauf alle Bezüge auf Mathematica ignorieren.

Gleichgültig, ob Sie mit oder ohne Mathematica arbeiten, in jedem Fall setzen wir voraus, daß Sie die Grundlagen der Analysis beherrschen und insbesondere mit den Grundbegriffen der „naiven“ Mengenlehre und der Abbildungen vertraut sind. Diese Grundbegriffe werden im Kapitel 0 kurz wiederholt.

Für nahezu jeden Abschnitt haben wir eine Reihe von Übungsaufgaben zusammengestellt. Wir empfehlen Ihnen dringend, diese (gegebenenfalls unter Einsatz von Mathematica) durchzuarbeiten und Ihre Lösungen mit den Musterlösungen, die am Ende des Buches stehen, zu vergleichen. Eine sinnvolle Nutzung des Buches setzt voraus, daß Sie sich vor der Lektüre eines neuen Abschnitts mit den Aufgaben zum vorangegangenen Abschnitt inhaltlich auseinandergesetzt haben, auch wenn Sie diese Aufgaben nicht alle gelöst haben.

Einsatz von Mathematica

Wenn Sie beim Arbeiten mit diesem Buch Mathematica einsetzen wollen, so muß Ihnen ein Rechner mit einer Mathematica-Version (ab Version 2.2.3) zur Verfügung stehen, bei der die Eingabe von Mathematica-Anweisungen bzw. die Ausgabe des Mathematica-Outputs über Dateien, sogenannte Notebooks erfolgt. Wir setzen deshalb voraus, daß Sie erste Erfahrungen im Umgang mit Notebooks gesammelt haben. Ehe Sie Mathematica bei der Lektüre dieses Buches so einsetzen können, wie wir es vorgesehen haben, müssen Sie die folgenden Vorarbeiten leisten:

Falls Sie **Zugang zum World Wide Web** haben, wählen Sie nach Eingabe der Adresse

`http://www.vieweg.de` • `Willkommen` • `Services` • `Software` • `Software-Supplements zu Büchern`. Dann können Sie die Programme zu diesem Buch herunterladen.

Falls Sie **keinen Zugang zum World Wide Web haben**, so können Sie eine Diskette bei den Autoren erwerben. Schicken Sie Ihre Anforderung und DM 10,– an die Adresse

Prof.Dr.Overbeck-Larisch
FB MN,FH Darmstadt
Schöfferstr.3
64295 Darmstadt.

Folgen Sie dann den Hinweisen, die auf der Diskette in der Datei `readme.txt` stehen.

Nachdem Sie sich den von uns erstellten Mathematica-Code beschafft haben, muß dieser vor dem Start von Mathematica verfügbar sein. Bei der Version 2.2.3 muß unser Verzeichnis `probabil` im Unterverzeichnis `packages` Ihres Mathematica-Verzeichnisses auf der Festplatte stehen, und das Verzeichnis `nbuch2` ist als Unterverzeichnis Ihres Mathematica-Verzeichnisses anzulegen. Bei der Version 3.0 muß unser Verzeichnis `Probability` im Unterverzeichnis `StandardPackages` Ihres Mathematica-Verzeichnisses auf der Festplatte stehen, und das Verzeichnis `nbuch3` ist als Unterverzeichnis Ihres Mathematica-Verzeichnisses anzulegen.

Wir stellen uns nun folgende **Arbeitsweise** vor: Sie schlagen den Abschnitt dieses Buches auf, den Sie durcharbeiten wollen, also z.B. den Abschnitt 1 aus dem Kapitel 0 (Abschnitt 0.1). Sie legen sich Papier und Bleistift zurecht, wie Sie es immer tun, wenn Sie sich ein Wissensgebiet anhand eines Buches erarbeiten wollen. Sie starten zusätzlich Mathematica und öffnen das zu diesem Abschnitt gehörende Notebook im Verzeichnis `nbuch2` bzw. `nbuch3`. Die Frage „Evaluate active initialization cells in notebook?" beantworten Sie mit ja. Zum Abschnitt 0.1 gehört das Notebook `NB1K0A1`. Allgemein gehört zum Abschnitt j des Kapitels i das Notebook `NB1K`*i*`A`*j*. (In den folgenden Kapiteln zitieren wir diese Notebooks mit der Erweiterung `.ma`, die sich auf die Version 2.2.3 bezieht. In der Version 3.0 haben die Notebooks die Erweiterung `.nb`.) Der Gliederung und Dokumentation der Notebooks und den Namen der Mathematica-Funktionen können Sie entnehmen, welchen Textstellen des Abschnitts die einzelnen Zellen des Notebooks zugeordnet sind. Evaluieren Sie die vorbereiteten Input-Zellen und interpretieren Sie den von Mathematica erzeugten Output. Es dürfte Ihnen danach nicht weiter schwer fallen, das Notebook durch eigene Beispiele und Übungen zu ergänzen. Am Anfang jedes Notebooks wird die Wirkungsweise der Mathematica-Funktionen erläutert, die im Rahmen der Modellbildung neu hinzugekommen sind. Die Namen dieser Funktionen verraten den Zweck, für den sie geschrieben wurden. Den Programmcode zu einer Funktion, die im Notebook `NB1K`*i*`A`*j* erstmalig auftaucht, finden Sie im entsprechenden Package `PB1K`*i*`A`*j*, das wie alle von uns geschriebenen Mathematica-Packages im Unterverzeichnis `probabil` bzw. `Probability` steht. Am Ende der einzelnen Notebooks finden Sie die Löungen derjenigen Aufgaben, die man sinnvollerweise mit Mathematica bearbeitet.

Zitierte Literatur

Bauer, H.: Maß- und Integrationstheorie, Walter de Gruyter Berlin, 2. Auflage 1992

Bauer, H.: Wahrscheinlichkeitstheorie, Walter de Gruyter Berlin, 4. Auflage 1993

Bosch, K.: Statistik-Taschenbuch, R. Oldenbourg München, 2. Auflage 1993

Büning, H. - Trenkler, G.: Nichtparametrische statistische Methoden, Walter de Gruyter Berlin, 2. Auflage 1994

Cramér, H.: Mathematical Methods of Statistics, Princeton University Press, Princeton N. J. 1946

Gibbons, J.D.: Nonparametric Inference, McGraw-Hill, New York 1971

Halmos, P.R.: Measure Theory, Van Nostrand, New York 1950

Hartung, J.: Statistik Lehr- und Handbuch der angewandten Statistik, R. Oldenbourg München, 10. Auflage 1995

Hollander, M. - Wolfe, D.A.: Nonparametric statistical methods, John Wiley and Sons, New York 1973

Kalbfleisch, J.D. - Prentice, R.L.: The statistical analysis of failure time data, John Wiley and Sons, New York 1980

Kolmogorov, A.N.: Sulla determinazione empirica di una legge di distribuzione, Giorn. Inst. Ital. Attuari 4 (1933), 83-91

Kreyszig, E.: Statistische Methoden und ihre Anwendungen, Vandenhoeck & Ruprecht Göttingen, 3. Auflage 1988

Mosteller, F. - Rourke, R.E.K.: Sturdy Statistics, Addison-Wesley, Reading Massachusetts 1973

Streitberg, B. - Röhmel, J.: Exakte Verteilung für Rang- und Randomisierungstests im allgemeinen c-Stickprobenproblem. *EDV in Medizin und Biologie* **18**(1),12–19(1987)

Witting, H.: Mathematische Statistik, Teubner Stuttgart, 1974

Wolfram, S.: Mathematica Ein System für Mathematik auf dem Computer, Addison-Wesley Bonn, 2. Auflage 1992

Wolfram, S.: Mathematica Version 3.0, Addison-Wesley Bonn, 1996

Ein Teil der Beispiele taucht in dieser oder ähnlicher Form in fast allen Lehrbüchern zur Wahrscheinlichkeitsrechnung und Statistik auf, ohne daß wir deswegen alle diese Bücher hier zitieren.

Inhaltsverzeichnis

0 Einüben mathematischer Grundbegriffe mit Mathematica

0.1 Mengen

Für die Modellbildung in der Wahrscheinlichkeitstheorie genügt es, von einem naiven Verständnis des Grundbegriffs „Menge" auszugehen. In Anlehnung an GEORG CANTOR (1845–1918) verstehen wir unter einer **Menge** das Ergebnis der Zusammenfassung von Objekten unseres Denkens oder unserer Anschauung zu einem Ganzen. Die Objekte heißen die **Elemente** der Menge. Eine Menge ist also durch die Angabe ihrer Elemente vollständig festgelegt. Folglich sind zwei Mengen genau dann gleich, wenn in beiden dieselben Objekte zusammengefaßt sind. Die Menge, die keine Elemente besitzt, heißt die **leere Menge**.

Zur Bezeichnung von Mengen wählt man meistens große Buchstaben. Faßt man z.B. die natürlichen Zahlen von 1 bis 6 zur Menge W zusammen, so schreibt man $W := \{1,2,3,4,5,6\}$. Die leere Menge bezeichnen wir mit $\{\}$.

Endliche Mengen werden in Mathematica standardmäßig als Listen dargestellt. Eine **Mathematica-Liste der Länge** n ist ein geordnetes n-tupel. Abweichend von der gewohnten Darstellung von n-tupeln, bei der die Objekte in runde Klammern eingeschlossen sind, verwendet Mathematica für die Listendarstellung geschweifte Klammern. Durch die Anweisungen

```
W={1,2,3,4,5,6}
W1={6,5,4,3,2,1}
W2={4,5,1,1,2,3,6,1,2,2}
S={{1,2},{b,c},{1,3,4},{a,b,c,d}}
S1={{d,a,b,c,b,a,a},{b,b,c},{3,1,1,4},{2,1}}
```

werden die Mathematica-Listen W, $W1$ und $W2$ bzw. S und $S1$ definiert. Während es sich vom mengentheoretischen Standpunkt aus bei W, $W1$ und $W2$ bzw. bei S und $S1$ um dieselbe Menge bzw. um dieselbe Menge von Mengen handelt, sind für Mathematica W, $W1$ und $W2$ bzw. S und $S1$ als Listen voneinander verschieden. Um aus diesem Dilemma herauszukommen, vereinbaren wir das folgende Vorgehen: Wir stellen Mengen grundsätzlich in **kanonischer Form** dar, d.h. wir führen in einer Menge jedes Element nur einmal auf und sortieren die Elemente in „lexikographischer Reihenfolge". Die kanonische Darstellung der Menge $W1$ bzw. $W2$ ist also W, die kanonische Darstellung von $S1$ ist S. Da wir in der Wahrscheinlichkeitsrechnung ständig mit Mengen bzw. Mengen von Mengen, sogenannten Mengensystemen arbeiten, haben wir eine eigene Mathematica-Funktion `menge` geschrieben. Falls Sie mit dieser die Mengen $W1$ und $W2$ bzw. $S1$ auf kanonische Form bringen wollen, müssen Sie zunächst das von uns gelieferte Package **Probability'Master'** durch die Eingabe der Anweisung

```
Needs[''Probability'Master'']
```

laden. Wenn Sie das Verzeichnis `probabil` bzw. `Probability` richtig installiert haben, liefern die Anweisungen

```
menge[W1],
menge[W2],
menge[S1,1]
```

die gewünschten kanonischen Darstellungen. Wenn Sie mit Mathematica mit Hilfe der Funktion `SameQ` bzw. `===` die Gleichheit zweier Mengen überprüfen wollen, müssen Sie diese mit der Funktion `menge` erst auf ihre kanonische Form bringen.

Zur Bezeichnung der Elemente einer beliebigen Menge wählt man meistens kleine Buchstaben. Durch $a \in A$ drücken wir die Tatsache aus, daß das Objekt a ein Element der Menge A ist. $b \notin A$ bedeutet, daß das Objekt b kein Element der Menge A ist. Für die obige Menge W gilt also: $1 \in W, 7 \notin W$. Will man mit Mathematica überprüfen, ob ein Objekt Element einer Menge ist, so kann dies mit der Standardfunktion `MemberQ` von Mathematica geschehen. Die Mathematica-Anweisungen

```
MemberQ[W,1]
MemberQ[W,7]
```

liefern die Wahrheitswerte `True` bzw. `False`.

Für zwei Mengen sind außer der Gleichheit z.B. die folgenden **Relationen** definiert:
Eine Menge A heißt **Teilmenge** der Menge B, und wir schreiben $A \subseteq B$, wenn jedes Element von A auch Element von B ist:

$$A \subseteq B :\Leftrightarrow \underset{x \in A}{\forall} x \in B$$

In diesem Fall heißt B **Obermenge** von A, und wir schreiben gelegentlich auch: $B \supseteq A$.
Eine Menge A heißt **echte Teilmenge** der Menge B, und wir schreiben $A \subset B$, wenn $A \subseteq B$ gilt und ein $x \in B$ existiert mit $x \notin A$:

$$A \subset B :\Leftrightarrow A \subseteq B \wedge \underset{x \in B}{\exists} x \notin A$$

Man sieht sofort, daß die beiden Mengen A und B genau dann gleich sind, wenn sowohl $A \subseteq B$ als auch $B \subseteq A$ gilt.

Will man mit Mathematica überprüfen, ob eine nichtleere Menge A Teilmenge einer Menge B ist, so hat man die beiden Mengen A und B zunächst als Mathematica-Listen einzugeben, und anschließend für jedes Element a von A mit der Funktion `MemberQ` zu überprüfen, ob a ein Element von B ist. Diese Anwendung der Funktion `MemberQ` auf alle Elemente von A wird mit Hilfe der Standardfunktion `Map` von Mathematica automatisiert. Mit den folgenden Mathematica-Anweisungen wird überprüft, ob die Menge $A = \{1,2,3\}$ eine Teilmenge der bereits definierten Menge $W = \{1,2,3,4,5,6\}$ ist:

```
A={1,2,3};
Map[MemberQ[W,#]&,A]
```

Mathematica liefert dann die Liste: `{True,True,True}`

Überprüfen Sie selbst mit Mathematica, ob die Menge $B = \{0,1,3,7\}$ Teilmenge von W ist. Wir weisen in diesem Zusammenhang auf die Funktionen `teilmenge1` und `teilmenge2` hin, die im **Mathematica-Notebook NB1K0A1.ma** zu diesem Abschnitt definiert werden.

Die leere Menge $\{\}$ ist nach Definition Teilmenge einer jeden Menge A. Da nämlich die leere Menge keine Elemente besitzt, enthält sie auch kein Element, das nicht in A liegt. Faßt man die leere Menge und alle weiteren Teilmengen einer Menge Ω zu einer neuen Menge zusammen, so entsteht die sogenannte **Potenzmenge** von Ω, die wir mit 2^{Ω} bezeichnen. Verwendet man für die Anzahl der Elemente einer endlichen Menge A das Symbol $|A|$, so gilt bekanntlich:

$$|\Omega| = n \Rightarrow \left|2^{\Omega}\right| = 2^n$$

In Mathematica kann man mit der Standardfunktion `Subsets` die Potenzmenge einer endlichen Menge Ω bilden. Während die bisher aufgeführten Standardfunktionen von Mathematica direkt nach dem Start von Mathematica verfügbar sind, steht die Funktion `Subsets` erst nach der Eingabe der Anweisung

```
Needs[''DiscreteMath'Combinatorica'']
```

mit der das Mathematica-Package **DiscreteMath'Combinatorica'** geladen wird, zur Verfügung. Die Anweisung

```
Subsets[W]
```

liefert dann als Output das System aller Teilmengen der obigen Menge W. Näheres hierzu finden Sie wieder im **Mathematica-Notebook NB1K0A1.ma**.

Für zwei Mengen A und B sind bekanntlich die folgenden **Verknüpfungen** definiert:
Die **Vereinigung** $A \cup B$ ist die Menge aller Objekte, die Elemente von A oder Elemente von B sind:

$$A \cup B := \{x \,|x \in A \;\vee\; x \in B\}$$

Der **Durchschnitt** $A \cap B$ ist die Menge aller Objekte, die sowohl Elemente von A als auch Elemente von B sind:

$$A \cap B := \{x \,|x \in A \;\wedge\; x \in B\}$$

Die beiden Mengen A und B heißen **disjunkt**, wenn $A \cap B = \{\}$. Das Symbol $A \uplus B$ verwenden wir für die Vereinigung der Mengen A und B, wenn A und B disjunkt sind. Für endliche Mengen A und B gilt die Formel $|A \uplus B| = |A| + |B|$. Sie gilt analog für $n > 2$ endliche, paarweise disjunkte Mengen $A_1, A_2, \ldots, A_n$: $\left|\biguplus_{i=1}^{n} A_i\right| = \sum_{i=1}^{n} |A_i|$.

Vereinigung und Durchschnitt von Mengen können mit den Standardfunktionen `Union` und `Intersection` von Mathematica gebildet werden. Näheres hierzu finden Sie wieder im **Notebook NB1K0A1.ma**. An dieser Stelle möchten wir auf folgende Tatsache hinweisen: Verwendet man diese oder andere Standardfunktionen von Mathematica, die der Verknüpfung von Mengen dienen, so interpretiert Mathematica die Listen als Mengen und gibt das Ergebnis der Verknüpfung in kanonischer Form aus. D.h. Mathematica führt jedes Objekt der Ergebnisliste nur einmal auf und bringt die Objekte in lexikographische Reihenfolge. Wendet man insbesondere die Funktion `Union` oder die Funktion `Intersection` auf eine einzelne Mathematica-Liste an, dann stellt Mathematica die durch die Liste definierte Menge in kanonischer Form dar. So liefert z.B. die Mathematica-Anweisung `Union[W2]` die Liste `W`.

Für Vereinigung und Durchschnitt gelten bekanntlich die folgenden Rechengesetze:

Idempotenzgesetze:

$$A \cup A = A \quad \text{und} \quad A \cap A = A$$

Assoziativgesetze:

$$(A \cup B) \cup C = A \cup (B \cup C) \quad \text{und} \quad (A \cap B) \cap C = A \cap (B \cap C)$$

Kommutativgesetze:

$$A \cup B = B \cup A \quad \text{und} \quad A \cap B = B \cap A$$

Distributivgesetze:

$$A \cap (B \cup C) = (A \cap B) \cup (A \cap C) \quad \text{und} \quad A \cup (B \cap C) = (A \cup B) \cap (A \cup C)$$

Für zwei Mengen A und B ist die **Differenz** $A \setminus B$ die Menge aller Objekte, die Elemente von A und nicht Elemente von B sind:

$$A \setminus B := \{x \,|x \in A \wedge x \notin B\}$$

Die Differenz $A \setminus B$ heißt auch das **Komplement von** B **bezüglich** A und wird mit $C_A(B)$ bezeichnet.

In den meisten Anwendungen sind die zu betrachtenden Mengen Teilmengen einer vorab definierten Grundmenge. Diese bezeichnen wir mit Ω (Omega). In dieser Situation heißt die Differenz $\Omega \setminus A$ einfach nur das **Komplement** von A und wird mit $\overline{A}$ bezeichnet:

$$\overline{A} := \{x \,|x \in \Omega \wedge x \notin A\}$$

Die Differenz $A \setminus B$ kann mit der Standardfunktion `Complement` von Mathematica gebildet werden. Näheres hierzu finden Sie wieder im **Notebook NB1K0A1.ma**.

Für die Komplementbildung bezüglich einer Grundmenge Ω gelten die folgenden Rechengesetze:

$$\overline{\Omega} = \{\} \qquad \overline{\{\}} = \Omega \qquad \overline{\overline{A}} = A \qquad A \cup \overline{A} = \Omega \qquad A \cap \overline{A} = \{\}$$

Außerdem gelten die wichtigen

Regeln von de Morgan

$$\overline{A \cup B} = \overline{A} \cap \overline{B} \quad \text{und} \quad \overline{A \cap B} = \overline{A} \cup \overline{B}$$

Für zwei Mengen A und B ist das **kartesische Produkt** $A \times B$ die Menge aller geordneten Paare (x,y) mit $x \in A$ und $y \in B$:

$$A \times B := \{(x,y) \,|x \in A \wedge y \in B\}$$

Das kartesische Produkt der beiden Mengen $A = \{k,z\}$ und $B = \{1,2,3\}$ ist also die Menge

$$A \times B = \{(x,y) \,|x \in \{k,z\} \wedge y \in \{1,2,3\}\} = \{(k,1),(k,2),(k,3),(z,1),(z,2),(z,3)\}$$

Mit der Standardfunktion `CartesianProduct`, die wiederum nach dem Laden des Mathematica-Package **DiscreteMath'Combinatorica'** zur Verfügung steht, kann man das kartesische Produkt der endlichen Mengen A und B bilden. So liefern die Mathematica-Anweisungen

```
A={k,z};
B={1,2,3};
AxB=CartesianProduct[A,B]
```

das Ergebnis

```
{{k,1},{k,2},{k,3},{z,1},{z,2},{z,3}}
```

Es ist zu beachten, daß in diesem Output die geschweiften Klammern unterschiedliche Bedeutung haben: Während die äußeren Klammern die üblichen Mengenklammern sind, schließen die inneren Klammern die geordneten Paare ein. Diese inneren Klammern müßten eigentlich runde Klammern sein.

Zur Übung empfehlen wir Ihnen, die Potenzmenge von $A \times B$ zu bilden und darauf die Standardfunktion `Union` anzuwenden.

Die Verknüpfungen Vereinigung, Durchschnitt und kartesisches Produkt lassen sich verallgemeinern für den Fall, daß nicht nur zwei Mengen A und B sondern n Mengen $A_1, A_2, \ldots, A_n$ gegeben sind. In diesem Fall benutzen wir die Symbole

$$\bigcup_{i=1}^{n} A_i := A_1 \cup A_2 \cup \ldots \cup A_n := \{x \mid \underset{1 \le i \le n}{\exists} \; x \in A_i \}$$
$$\bigcap_{i=1}^{n} A_i := A_1 \cap A_2 \cap \ldots \cap A_n := \{x \mid \underset{1 \le i \le n}{\forall} \; x \in A_i \}$$

$$\mathop{\times}_{i=1}^{n} A_i := A_1 \times A_2 \times \ldots \times A_n := \{(a_1, a_2, \ldots, a_n) \mid a_1 \in A_1, a_2 \in A_2, \ldots, a_n \in A_n \}$$

Das Element $(a_1, a_2, \ldots, a_k, \ldots, a_n) \in \mathop{\times}_{i=1}^{n} A_i$ wird auch als **geordnetes n-tupel** mit Komponenten aus den Mengen $A_1, \ldots, A_n$ bezeichnet. Im n-tupel $(a_1, a_2, \ldots, a_k, \ldots, a_n)$ heißt a_k die k-te Komponente.

Die Abbildung π_k, die jedem $(a_1, a_2, \ldots, a_k, \ldots, a_n) \in \mathop{\times}_{i=1}^{n} A_i$ seine k-te Komponente a_k zuordnet, also die Abbildung

$$\begin{array}{llll} \pi_k : & \mathop{\times}_{i=1}^{n} A_i & \to & A_k \\ & (a_1, a_2, \ldots, a_k, \ldots, a_n) & \mapsto & a_k \end{array}$$

heißt die **k-te Projektion** oder **k-te Projektionsabbildung**. In Mathematica sind die Projektionsabbildungen in der Funktion `Part` realisiert. Beispielsweise liefert für das 6-Tupel `a={m,5,§,β,c,x}` die Mathematica Anweisung `Part[a,3]` als Output die dritte Komponente §. Überzeugen Sie sich, daß man die gleiche Wirkung auch durch die Mathematica-Anweisung `a[[3]]` erzielt.

Gilt im kartesischen Produkt $\mathop{\times}_{i=1}^{n} A_i$ die Gleichheit $A_i = A$ für $i = 1, 2, \ldots, n$, dann schreibt man anstelle von $\mathop{\times}_{i=1}^{n} A_i = \mathop{\times}_{i=1}^{n} A = A \times A \times \ldots \times A$ abkürzend A^n.

Sind die n Mengen $A_1, A_2, \ldots, A_n$ alle endlich, so gilt für die Anzahl der Elemente des kartesischen Produktes:

$$\left| \mathop{\times}_{i=1}^{n} A_i \right| = \prod_{i=1}^{n} |A_i|$$

Während man die Vereinigung und den Durchschnitt von mehr als 2 endlichen Mengen in Mathematica mit den Standardfunktionen `Union` bzw. `Intersection` bilden kann, ist die Anwendung der Standardfunktion `CartesianProduct` auf 2 Mengen beschränkt. Da wir in der Wahrscheinlichkeitsrechnung das kartesische Produkt von mehr als 2 Mengen benötigen, haben wir eine eigene Mathematica-Funktion `kartesischeProdukt` geschrieben. Nach Laden des **Probability'Master'** können Sie beispielsweise das kartesische Produkt $A \times B \times A$ der oben definierten Mengen A und B durch die Eingabe der Anweisung

```
kartesischeProdukt[A,B,A]
```

bilden. Mathematica liefert dann den Output

```
{{k,1,k}, {k,1,z}, {k,2,k}, {k,2,z}, {k,3,k}, {k,3,z},
 {z,1 k}, {z,1,z}, {z,2 k}, {z,2,z}, {z 3,k}, {z,3 z}}
```

Näheres hierzu finden Sie wieder im **Notebook NB1K0A1.ma**.

Die Verknüpfungen Vereinigung, Durchschnitt und kartesisches Produkt lassen sich auch auf den Fall übertragen, bei dem an die Stelle der endlich vielen Mengen $A_1, A_2, \ldots, A_n$ eine Folge $(A_i)_{i\in\mathbb{N}}$ von Mengen tritt. Wir schreiben dann:

$$\bigcup_{i=1}^{\infty} A_i \text{ bzw. } \bigcap_{i=1}^{\infty} A_i \text{ bzw. } \bigtimes_{i=1}^{\infty} A_i$$

Für $k \in \mathbb{N}$ ist die k-te Projektionsabbildung π_k von $\bigtimes_{i=1}^{\infty} A_i$ nach A_k dann die Abbildung, die jeder Folge $(a_1, a_2, a_3, \ldots) = (a_i)_{i\in\mathbb{N}} \in \bigtimes_{i=1}^{\infty} A_i$ ihre k-te Komponente a_k zuordnet. Auch die für endliche Vereinigungen und endliche Durchschnitte formulierten Rechengesetze gelten analog: Wenn I eine endliche oder abzählbare Indexmenge ist, und wenn $(B_i)_{i\in I}$ eine Folge von Mengen ist, dann gelten z.B. die

Regeln von de Morgan

$$\overline{\bigcup_{i\in I} B_i} = \bigcap_{i\in I} \overline{B_i} \quad \text{und} \quad \overline{\bigcap_{i\in I} B_i} = \bigcup_{i\in I} \overline{B_i},$$

und, wenn A eine weitere Menge ist, die

Distributivgesetze

$$A \cap \bigcup_{i\in I} B_i = \bigcup_{i\in I} (A \cap B_i) \quad \text{und} \quad A \cup \bigcap_{i\in I} B_i = \bigcap_{i\in I} (A \cup B_i).$$

Ein System $\mathcal{Z}$ von Teilmengen der Menge Ω heißt eine **Zerlegung** von Ω, wenn die Mengen aus $\mathcal{Z}$ paarweise disjunkt sind, und Ω die Vereinigung aller Mengen aus $\mathcal{Z}$ ist.

Es ist sehr nützlich, die Rechengesetze für Mengen bzw. die Relationen von Mengen untereinander mit sogenannten **Venn-Diagrammen** zu veranschaulichen. Dabei werden Mengen als ebene Punktmengen, die von einfachen geometrischen Figuren (Kreisen, Rechtecken, Ellipsen, ...) umrandet sind, dargestellt.

Aufgaben zum Abschnitt 0.1

Aufgabe 0.1.1

(a) Welche der folgenden Aussagen sind richtig, welche sind falsch?

$\{4\} \in \{\{4\}\}$	$\{4\} \subseteq \{\{4\}\}$	$\{\,\} \subseteq 2^{\{\,\}}$	$\{\,\} \in 2^{\{\,\}}$
$\{\,\} \subseteq \{\{4\}\}$	$\{\,\} \subseteq \{4\}$	$\{4\} \in 2^{\{4\}}$	$\{4\} \subseteq 2^{\{4\}}$

(b) Welche der folgenden Mengen sind gleich

$A = \{(3,-3)\}$ $\quad B = \{(x,y) \in \mathbb{R}^2 \,|\, x+2y=-3,\ 2x+y=3\}$ $\quad C = \{x \in \mathbb{R} \,|\, x^2 = -9\}$

$D = \{3,-3\}$ $\quad E = \{(x,y) \in \mathbb{R}^2 \,|\, x+2y=-3,\ -2x-4y=1\}$ $\quad F = \{x \in \mathbb{R} \,|\, x^2 = 9\}$

Aufgabe 0.1.2

Gegeben sind die Teilmengen $A_1 = \{1,2,3,4\}$, $A_2 = \{2,4,6,8\}$ und $A_3 = \{3,4,5,6\}$ der Grundmenge $\Omega = \{1,2,3,4,5,6,7,8,9\}$. Geben Sie explizit die folgenden Mengen an:

$\overline{A_1 \cap A_2}$	$\overline{A_1} \cup \overline{A_2}$	$\overline{A_1 \cup A_2}$	$\overline{A_1} \cap \overline{A_2}$
$A_1 \setminus A_2$	$A_1 \cap \overline{A_2}$	$(A_1 \setminus A_2) \cap A_2$	$(A_1 \setminus A_2) \cup (A_2 \setminus A_1)$
$(A_1 \cup A_2) \cup A_3$	$A_1 \cup (A_2 \cup A_3)$	$(A_1 \cap A_2) \cap A_3$	$A_1 \cap (A_2 \cap A_3)$
$(A_1 \cup A_2) \cap A_3$	$(A_1 \cap A_3) \cup (A_2 \cap A_3)$	$(A_1 \cap A_2) \cup A_3$	$(A_1 \cup A_3) \cap (A_2 \cup A_3)$

Aufgabe 0.1.3

(a) A, B und C seien Mengen. Zeigen Sie: $A \cap (B \cup C) = (A \cap B) \cup (A \cap C)$.

(b) A und B seien Teilmengen der Grundmenge Ω. Zeigen Sie: $\overline{A \cup B} = \overline{A} \cap \overline{B}$.

Aufgabe 0.1.4

Beweisen oder widerlegen Sie die folgenden Aussagen:

(a) Für endliche Mengen A und B gilt: $A \subseteq B \Rightarrow |B \setminus A| = |B| - |A|$

(b) Für endliche Mengen A und B gilt: $|A \cup B| = |A| + |B| - |A \cap B|$

(c) $A \cup B$ ist endlich $\Rightarrow$ A ist endlich und B ist endlich

(d) $A \cap B$ ist endlich $\Rightarrow$ A ist endlich oder B ist endlich

Aufgabe 0.1.5

A und B seien Mengen.

(a) Zeigen Sie: $2^A \cap 2^B = 2^{A \cap B}$

(b) Zeigen Sie: $2^A \cup 2^B \subseteq 2^{A \cup B}$.

(c) Verifizieren Sie anhand des Beispiels $A = \{a\}$ und $B = \{b\}$, daß in (b) im allgemeinen nicht die Gleichheit gilt.

0.2 Funktionen

Wie beim Grundbegriff „Menge“ genügt es auch bei der Einführung von Funktionen, von einer naiven Erklärung des Funktionsbegriffs auszugehen:

D und W seien nichtleere Mengen. Dann heißt eine Vorschrift, die jedem $x \in D$ genau ein $y \in W$ zuordnet, eine **Funktion** oder **Abbildung von D nach W.** Für Funktionen verwenden wir die übliche Schreibweise:

$$\begin{array}{rccc} f: & D & \to & W \\ & x & \mapsto & f(x) \end{array}$$

Wenn $f(x) = y$ ist, dann heißt y das **Bild** oder der **Funktionswert von f an der Stelle x**, und x heißt ein **Urbild von y**. D heißt der **Definitionsbereich** von f und W der **Wertebereich** von f. Die Menge $f(D) := \{f(x) \,|\, x \in D\}$ heißt das **Bild** von f. Die Menge $\{(x, f(x)) \in D \times W \,|\, x \in D\}$ heißt der **Graph** von f.

Mathematica kann die unterschiedlichsten Funktionen realisieren. Sind beispielsweise D und W Teilmengen von $\mathbb{R}$ und ist f die Funktion

$$\begin{array}{rccc} f: & \mathbb{R} & \to & \mathbb{R} \\ & x & \mapsto & f(x) := x^2 \end{array}$$

so kann diese Funktion mit den folgenden Mathematica-Anweisungen definiert, evaluiert und graphisch dargestellt werden:

```
f[x_]:=x^2
f[2]
Wertetabelle=Table[{x,f[x]},{x,-4,+4,0.5}]
graph1=ListPlot[Wertetabelle,PlotStyle->RGBColor[1.000,0.000,0.000]]
graph2=Plot[f[x],{x,-4,+4},PlotStyle->RGBColor[1.000,0.502,0.502]]
Show[graph2,graph1]
```

Am besten führen Sie diese Mathematica Anweisungen, die im **Notebook B1K0A2.ma** stehen, aus, um sich von ihrer Wirkungsweise zu überzeugen. Die wichtigsten Funktionen der Analysis, wie z.B. $\sin x$, $\sqrt{x}, e^x, \ldots$, sind als Standardfunktionen in Mathematica verfügbar.

Funktionen, bei denen der Definitionsbereich D eine Teilmenge des $\mathbb{R}^2$ und der Wertebereich W eine Teilmenge von $\mathbb{R}$ ist, lassen sich mit Mathematica analog behandeln. Beispiele hierfür finden Sie im **Notebook NB1K0A2.ma**.

Mit Mathematica kann man auch Funktionen definieren, bei denen der Definitionsbereich D und/oder der Wertebereich W eine beliebige endliche Menge ist. Wählt man z.B. als Definitionsbereich

$$D = \{\text{a,b,c,d,e,f,g,h,i,j,k,l,m,n,o,p,q,r,s,t,u,v,w,x,y,z}\}$$

und als Wertebereich

$$W = \{\text{Vokal}, \text{Konsonant}\},$$

so kennzeichnet die folgende Funktion f, ob ein Element x von D ein Vokal oder ein Konsonant ist:

$$\begin{array}{rccl} f: & D & \to & W \\ & x & \mapsto & f(x) := \begin{cases} \text{Vokal} & \text{falls } x \in \{\text{a,e,i,o,u}\} \\ \text{Konsonant} & \text{sonst} \end{cases} \end{array}$$

Diese Funktion f ist im **Notebook NB1K0A2.ma** realisiert.

An dieser Stelle weisen wir noch auf die folgende Tatsache hin: Will man eine in Mathematica definierte Funktion f an einer Stelle x evaluieren, die nicht zum Definitionsbereich der Funktion gehört, so gibt Mathematica nur das Symbol `f[x]` aus.

Wie einleitend schon gesagt, setzen wir einigermaßen solide Grundkenntnisse aus der Analysis voraus. Insbesondere sollten die folgenden Begriffe geläufig sein:

Zwei Funktionen $f_1 : D_1 \to W_1$ und $f_2 : D_2 \to W_2$ heißen **gleich**, wenn gilt:

$$D = D_1 = D_2 \quad \text{und} \quad W_1 = W_2 \quad \text{und} \quad \underset{x \in D}{\forall} f_1(x) = f_2(x)$$

Wir schreiben dann: $f_1 \equiv f_2$

Wenn $f : D \to W$ eine beliebige Funktion und A eine echte Teilmenge des Definitionsbereichs D ist, dann heißt die Funktion

$$\begin{array}{rccl} f|_A: & A & \to & W \\ & x & \mapsto & f|_A(x) := f(x) \end{array}$$

die **Einschränkung (Restriktion) von f auf A**.

Es sei $g : A \to B$ eine beliebige Funktion. D sei eine echte Obermenge von A, und W sei eine Obermenge von B. Dann heißt jede Funktion $f : D \to W$, für die $f|_A \equiv g$ gilt, eine **Fortsetzung von g auf D**.

Die Funktion

$$\begin{array}{rccl} f: & D & \to & D \\ & x & \mapsto & f(x) := x \end{array}$$

heißt die **identische Abbildung** oder **Identität** auf D und wird mit id_D bezeichnet.

Es sei D eine beliebige nichtleere Menge und $\widetilde{D}$ eine echte Obermenge von D. Dann heißt die Funktion

$$\begin{array}{rccl} f: & D & \to & \widetilde{D} \\ & x & \mapsto & f(x) := x \end{array}$$

die **Einbettung von D in $\widetilde{D}$**. Diese eher trivialen Funktionen gewinnen im Kapitel 2 dieses Buches Bedeutung: Dort betten wir Teilmengen von $\mathbb{R}$ in die Menge $\mathbb{R}$ ein.

Es seien A und D zwei beliebige nichtleere Mengen mit $A \subseteq D$. Dann heißt die Funktion

$$\begin{array}{rcll} 1_A: & D & \to & \{0,1\} \\ & x & \mapsto & 1_A(x) := \begin{cases} 1 & \text{falls } x \in A \\ 0 & \text{sonst} \end{cases} \end{array}$$

die **Indikatorfunktion** von A.

Es seien $f : D_f \to W_f$ und $g : D_g \to W_g$ zwei Funktionen mit $f(D_f) \subseteq D_g$. Dann heißt die Abbildung

$$\begin{array}{rcll} g \circ f: & D_f & \to & W_g \\ & x & \mapsto & (g \circ f)(x) := g(f(x)) \end{array}$$

die **Komposition** oder **Verkettung** von f und g oder präziser, weil es auf die Reihenfolge ankommt, und weil zuerst die Funktion f und danach erst die Funktion g ausgeführt wird, die **Hintereinanderschaltung von** g **nach** f. Beachten Sie, daß für zwei Funktionen $f : D_f \to W_f$ und $g : D_g \to W_g$ die Funktion $g \circ f$ nicht existieren muß. Die Existenz von $g \circ f$ setzt voraus, daß $f(D_f) \subseteq D_g$ gilt. Die Existenz von $f \circ g$ setzt dagegen voraus, daß $g(D_g) \subseteq D_f$ gilt. Selbst wenn sowohl $g \circ f$ als auch $f \circ g$ existieren, sind im allgemeinen die beiden Funktionen $g \circ f$ und $f \circ g$ voneinander verschieden. Beispiele hierzu finden Sie wieder im **Notebook NB1K0A2.ma.**

Wir setzen unsere Auflistung von Grundbegriffen aus der Analysis fort.
Eine Funktion $f : D \to W$ heißt **injektiv** oder **eineindeutig**, falls gilt:

$$\forall_{x_1, x_2 \in D} (x_1 \neq x_2 \Rightarrow f(x_1) \neq f(x_2))$$

Eine äquivalente Forderung ist:

$$\forall_{x_1, x_2 \in D} (f(x_1) = f(x_2) \Rightarrow x_1 = x_2)$$

Eine Funktion $f : D \to W$ heißt **surjektiv**, falls gilt:

$$f(D) = W$$

Eine Funktion $f : D \to W$ heißt **bijektiv**, falls f sowohl injektiv als auch surjektiv ist. Wenn eine Funktion $f : D \to W$ nicht surjektiv ist, dann kann man W durch $f(D)$ ersetzen und erhält damit eine surjektive Funktion. Analog gilt: Wenn eine Funktion $f : D \to W$ nicht injektiv ist, dann kann man durch eine geeignete Einschränkung des Definitionsbereichs eine injektive Funktion erzeugen. Insgesamt kann man also aus einer Funktion $f : D \to W$, die nicht bijektiv ist, eine bijektive Funktion erzeugen.

Wenn die Funktion $f : D \to W$ bijektiv ist, besitzt jedes $y \in W$ genau ein Urbild, nämlich das Element $x \in D$ mit $y = f(x)$. Dann kann man jedem $y \in W$ genau dieses $x \in D$ zuordnen, also wie folgt eine Funktion f^{-1} von W nach D definieren:

$$\begin{array}{rcll} f^{-1}: & W & \to & D \\ & y & \mapsto & f^{-1}(y) := x \ \text{ mit } y = f(x) \end{array}$$

Diese Funktion f^{-1} heißt die **Umkehrfunktion** oder die **inverse Funktion** oder kurz die **Inverse** von f.

Für die bijektive Funktion $f : D \to W$ und die zugehörige Inverse f^{-1} gilt:

$$f^{-1} \circ f = \mathrm{id}_D \qquad \text{und} \qquad f \circ f^{-1} = \mathrm{id}_W$$

Für das Kapitel 2 sind die beiden folgenden Begriffe von zentraler Bedeutung:
Für eine Teilmenge A des Definitionsbereichs einer Funktion $f : D \to W$ bezeichnen wir die Menge

$$f(A) := \{f(x) \,|\, x \in A\} = \left\{ y \,\middle|\, \underset{x\in A}{\exists}\; y = f(x) \right\}$$

als das **Bild von A unter f**. Wie schon erwähnt heißt $f(D)$ nur das Bild von f. Die Vorschrift, die jeder Teilmenge A des Definitionsbereichs D das Bild $f(A)$ zuordnet, ist eine neue Funktion $\mathfrak{f}$ mit dem Definitionsbereich 2^D und dem Wertebereich 2^W, also:

$$\begin{array}{rcl} \mathfrak{f}:\; 2^D & \to & 2^W \\ A & \mapsto & \mathfrak{f}(A) := f(A) \end{array}$$

In nahezu allen Büchern wird für die auf D definierte Funktion f und die auf 2^D definierte Funktion $\mathfrak{f}$ dasselbe Symbol verwendet, nämlich f. Obwohl dies irritierend ist, werden wir uns dieser Konvention beugen.

Analog zur Begriffsbildung „Bild von A unter f" bezeichnet man für eine Teilmenge B des Wertebereichs einer Funktion $f : D \to W$ die Menge

$$f^{-1}(B) := \{x \in D \,|\, f(x) \in B\}$$

als das **Urbild von B unter f**. Es ist zu beachten, daß $f^{-1}(B)$ nur ein Symbol für das Urbild von B unter f ist. Dieses Urbild existiert immer, auch dann, wenn die Funktion f nicht umkehrbar ist und somit die Umkehrfunktion f^{-1} nicht existiert. Auch hier gilt: Die Vorschrift, die jeder Teilmenge B des Wertebereichs W das Urbild $f^{-1}(B)$ zuordnet, ist eine neue Funktion $\mathfrak{g}$ mit dem Definitionsbereich 2^W und dem Wertebereich 2^D, also:

$$\begin{array}{rcl} \mathfrak{g}:\; 2^W & \to & 2^D \\ B & \mapsto & \mathfrak{g}(B) := f^{-1}(B) \end{array}$$

Auch hier beugen wir uns der Konvention und verwenden statt des Symbols $\mathfrak{g}$ das Symbol f^{-1}. Fassen wir zusammen: Zu jeder Funktion $f : D \to W$ gehören zwei Mengenfunktionen. Diese lassen sich in Mathematica mit den Standardfunktionen `Map` und `Select` realisieren. Hat man die Funktion $f : D \to W$ und die Mengen $A \subseteq D$ bzw. $B \subseteq W$ definiert, so berechnet Mathematica mit den Anweisungen

```
menge[Map[f,A],1]
Select[Definitionsbereich,MemberQ[B,f[#]]&]
```

das Bild von A unter f bzw. das Urbild von B unter f. Beispiele hierzu finden Sie wieder im **Notebook NB1K0A2.ma.**

Im Kapitel 2 benötigen wir für die zu einer Funktion $f : D \to W$ gehörenden Mengenfunktionen die folgenden Rechenregeln:

Es sei $f : D \to W$ eine beliebige Funktion. Dann gilt zunächst trivialerweise:

$$f(D) \subseteq W,\; f(\{\,\}) = \{\,\} \text{ und } f^{-1}(W) = D,\; f^{-1}(\{\,\}) = \{\,\}$$

Wenn A eine beliebige Teilmenge von D und B eine beliebige Teilmenge von W ist, dann gilt:

$$A \subseteq f^{-1}(f(A)) \text{ und } B \supseteq f(f^{-1}(B))$$

Wenn A_1, A_2 zwei beliebige Teilmengen von D, und B_1, B_2 zwei beliebige Teilmengen von W sind, dann gilt:

$$A_1 \subseteq A_2 \Rightarrow f(A_1) \subseteq f(A_2) \text{ und } B_1 \subseteq B_2 \Rightarrow f^{-1}(B_1) \subseteq f^{-1}(B_2)$$

Für die Verknüpfungen der Mengen gilt:

$$\begin{array}{rcl} f(A_1 \cup A_2) & = & f(A_1) \cup f(A_2) \\ f(A_1 \cap A_2) & \subseteq & f(A_1) \cap f(A_2) \\ f(A_1 \setminus A_2) & \supseteq & f(A_1) \setminus f(A_2) \end{array} \quad \text{bzw.} \quad \begin{array}{rcl} f^{-1}(B_1 \cup B_2) & = & f^{-1}(B_1) \cup f^{-1}(B_2) \\ f^{-1}(B_1 \cap B_2) & = & f^{-1}(B_1) \cap f^{-1}(B_2) \\ f^{-1}(B_1 \setminus B_2) & = & f^{-1}(B_1) \setminus f^{-1}(B_2) \end{array}$$

Insbesondere folgt aus der letzten Gleichung, wenn man dort $B_1 = W$ und $B_2 = B$ setzt:

$$f^{-1}(\overline{B}) = \overline{f^{-1}(B)}$$

Wenn I bzw. J endliche oder abzählbare Indexmengen sind, und wenn $(A_i)_{i \in I}$ bzw. $\left(B_j\right)_{j \in J}$ Folgen von Teilmengen aus D bzw. W sind, dann gilt:

$$\begin{array}{rcl} f(\bigcup\limits_{i \in I} A_i) & = & \bigcup\limits_{i \in I} f(A_i) \\ f(\bigcap\limits_{i \in I} A_i) & \subseteq & \bigcap\limits_{i \in I} f(A_i) \end{array} \quad \text{bzw.} \quad \begin{array}{rcl} f^{-1}(\bigcup\limits_{j \in J} B_j) & = & \bigcup\limits_{j \in J} f^{-1}(B_j) \\ f^{-1}(\bigcap\limits_{j \in J} B_j) & = & \bigcap\limits_{j \in J} f^{-1}(B_j) \end{array}$$

Zum Schluß weisen wir auf eine oft benutzte bequeme Schreibweise hin: Ist $f : \Omega \to \Omega'$ eine beliebige Funktion und $\mathcal{M}'$ eine Menge von Teilmengen von Ω', dann bezeichnen wir die Menge der Urbilder aller Mengen aus $\mathcal{M}'$ bezüglich f mit

$$f^{-1}(\mathcal{M}') := \{f^{-1}(M') \,|\, M' \in \mathcal{M}'\}.$$

Aufgaben zum Abschnitt 0.2

Aufgabe 0.2.1

Es seien $f : D \to W$ und $g : W \to Z$ zwei beliebige Funktionen. Beweisen Sie:

(a) Sind f und g surjektiv, dann ist auch $g \circ f$ surjektiv.

(b) Sind f und g injektiv, dann ist auch $g \circ f$ injektiv.

(c) Sind f und g bijektiv, dann ist auch $g \circ f$ bijektiv, und es gilt $(g \circ f)^{-1} = f^{-1} \circ g^{-1}$.

(d) Für die Funktionen

$$f : \begin{array}{rcl} \mathbb{R} & \to & \mathbb{R} \\ x & \mapsto & f(x) := -x+3 \end{array} \quad \text{und} \quad g : \begin{array}{rcl} \mathbb{R} & \to & \mathbb{R} \\ x & \mapsto & g(x) := 2x-1 \end{array}$$

sind die folgenden Funktionen anzugeben:

$$g \circ f, \quad f \circ g, \quad g^{-1}, \quad f^{-1}, \quad (g \circ f)^{-1}, \quad f^{-1} \circ g^{-1}$$

Aufgabe 0.2.2

Es sei $f : \Omega \to \Omega'$. Ferner seien $A \in 2^{\Omega}$ und $A', B' \in 2^{\Omega'}$. Zeigen Sie:

(a) $A \subseteq f^{-1}(f(A))$

(b) $A' \supseteq f(f^{-1}(A'))$

(c) $f^{-1}(A' \cap B') = f^{-1}(A') \cap f^{-1}(B')$

(d) $f^{-1}(A' \cup B') = f^{-1}(A') \cup f^{-1}(B')$

(e) $f^{-1}(B' \setminus A') = f^{-1}(B') \setminus f^{-1}(A')$ und $f^{-1}(\overline{A'}) = \overline{f^{-1}(A')}$

(f) $A' \subseteq B' \Rightarrow f^{-1}(A') \subseteq f^{-1}(B')$

(g) Betrachten Sie das Beispiel $\Omega := \{1,2\}$, $\Omega' := \{a,b\}$ und $f : \Omega \to \Omega'$ mit $f(1) = a$ und $f(2) = a$ und geeignete Teilmengen A von Ω und A' von Ω', um zu zeigen, daß in (a) und (b) die Gleichheit nicht gilt.

Aufgabe 0.2.3

(a) Gegeben sei die Funktion $f : \Omega \to \Omega'$ und die Zerlegung $\mathcal{Z}'$ von Ω'. Zeigen Sie: $\mathcal{Z} := f^{-1}(\mathcal{Z}') := \{f^{-1}(Z')\{Z' \in \mathcal{Z}'\}$ ist eine Zerlegung von Ω.

(b) Es sei $f : \Omega \to \Omega'$ eine Abbildung mit dem Bild $f(\Omega) = \{\omega_i' \,|\, i \in I\}$, wobei I eine endliche oder abzählbar unendliche Indexmenge ist. Zeigen Sie:
f besitzt die Darstellung $f = \sum_{i=1}^{\infty} \omega_i' 1_{A_i}$ mit $A_i = f^{-1}(\{\omega_i'\})$ für $i \in I$.

(c) Gegeben seien die drei Funktionen f, g und h mit

$$f: \begin{array}{ll} \mathbb{R}^2 & \to \mathbb{R} \\ (x,y)^T & \mapsto f(x,y) := x+y \end{array} \qquad g: \begin{array}{ll} \mathbb{R}^2 & \to \mathbb{R} \\ (x,y)^T & \mapsto g(x,y) := x \cdot y \end{array}$$

$$h: \begin{array}{ll} (\mathbb{R}\setminus\{0\}) \times \mathbb{R} & \to \mathbb{R} \\ (x,y)^T & \mapsto h(x,y) := \frac{x}{y} \end{array}$$

Ferner sei $\mathcal{Z}' := \{\{r\} \,|\, r \in \mathbb{R}\}$ die Zerlegung von $\mathbb{R}$, die aus allen einelementigen Mengen von $\mathbb{R}$ besteht.
Geben Sie für die Funktionen f, g und h die Zerlegungen $\mathcal{Z}_f = f^{-1}(\mathcal{Z}'), \mathcal{Z}_g = g^{-1}(\mathcal{Z}')$ und $\mathcal{Z}_h = h^{-1}(\mathcal{Z}')$ an, und interpretieren Sie diese Zerlegungen anschaulich.

1 Zufallsexperimente und ihre mathematische Modellierung

Ziel dieses Kapitels ist es, ein mathematisches Modell aufzubauen, das die Beschreibung von Zufallsexperimenten ermöglicht. Dabei wird zunächst ein intuitives Verständnis des Begriffs **Zufallsexperiment** vorausgesetzt. Dieses Verständnis soll durch die folgenden Beispiele vertieft werden. Mit der Vielzahl der Beispiele und ihrer ausführlichen Darstellung wird darüber hinaus die Absicht verfolgt, eine umfangreiche Sammlung von Referenzbeispielen zusammenzustellen, auf die wir direkt oder in abgewandelter Form immer wieder zurückgreifen werden, und die wir im Laufe der nächsten Abschnitte ständig ergänzen werden.

1.1 Beispiele für Zufallsexperimente

Wir beginnen unsere Beispielsammlung mit einem Zufallsexperiment, das jedem Kind vertraut ist, nämlich mit dem Werfen eines Würfels aus einem „Mensch ärgere Dich nicht" Spiel.

Beispiel 1.1 WUERFEL Ein Würfel aus einem „Mensch ärgere Dich nicht" Spiel wird geworfen. Als Ergebnis des Zufallsexperiments wird üblicherweise die Zahl registriert, die nach dem Ausrollen des Würfels oben liegt. Wenn man einen Wurf, bei dem der Würfel auf einer Kante stehen bleibt, als ungültig betrachtet, sind die möglichen Ergebnisse die Zahlen $1, 2, 3, 4, 5$ und 6.

Diese möglichen Ergebnisse werden zur **Ergebnismenge**

$$\Omega := \{1,2,3,4,5,6\}$$

zusammengefaßt. Stellen Sie sich vor, daß Sie in einer konkreten Spielsituation mit Ihrem ersten Stein das Brett durchlaufen haben und genau auf der letzten Position vor Ihrem „Häuschen" sitzen. In dieser Situation interessieren Sie sich beim nächsten Wurf nicht für das einzelne Ergebnis, sondern dafür, ob die geworfene Augenzahl kleiner gleich 4 ist, denn nur dann können Sie eines der vier Felder in ihrem Häuschen besetzen. Dieses Ereignis entspricht der Teilmenge $\{1,2,3,4\}$ von Ω. Würfeln Sie eine der Zahlen kleiner gleich vier, so können Sie Ihren Stein in Sicherheit bringen. Ihre Gegner hoffen darauf, daß Sie keine der Zahlen 1, 2, 3, 4 würfeln, sondern daß eine der Zahlen 5 oder 6 oben liegt, d.h. ihre Gegner hoffen auf das Ereignis, das durch die Teilmenge $\{5,6\}$ beschrieben wird. Weil $\{5,6\}$ die Komplementärmenge von $\{1,2,3,4\}$ bezüglich Ω ist, was in der Symbolik der Mengenlehre durch die Gleichung

$$\{5,6\} = \overline{\{1,2,3,4\}}$$

ausgedrückt wird, heißt das Ereignis $\{5,6\}$ das zu $\{1,2,3,4\}$ komplementäre Ereignis.

In anderen Spielsituationen, z.B. zu Beginn des Spiels, wollen Sie eine 6 würfeln. Das Ereignis, eine 6 zu werfen, entspricht der einelementigen Teilmenge $\{6\}$. Da dieses Ereignis nicht weiter in Teilereignisse zerlegt werden kann, wird es als Elementarereignis bezeichnet.

Bemerkung 1.1 Im Beispiel 1.1 WUERFEL haben wir in der Ergebnismenge $\Omega = \{1,2,3,4,5,6\}$ den Aspekt dieses Zufallsexperiments erfaßt, der üblicherweise den Spieler beim Würfeln interessiert. Aus der Sicht eines Physikers wäre vielleicht die Ausrolldauer oder die Länge der Ausrollstrecke des Würfels von größerem Interesse. Würde man die Ausrolldauer oder die Länge der Ausrollstrecke als Ergebnis des Zufallsexperiments registrieren, so müßte man jeweils von einer anderen Ergebnismenge ausgehen.

Auch bei den folgenden Beispielen müssen wir zunächst entscheiden, was als Ergebnis des Zufallsexperiments registriert werden soll. Nachdem im Beispiel 1.1 WUERFEL bewußt ein Zufallsexperiment mit einer einfachen, überschaubaren Ergebnismenge gewählt wurde, soll nun eine Reihe von Zufallsexperimenten vorgestellt werden, bei denen die Ergebnismengen immer mächtiger werden. Bei allen Zufallsexperimenten werden wie im Beispiel 1.1 WUERFEL Ereignisse grundsätzlich mit Teilmengen der Ergebnismenge Ω identifiziert. Es ist zu beachten, daß Ergebnisse **Elemente** von Ω sind, während Ereignisse, also auch Elementarereignisse, **Teilmengen** von Ω sind. Wir benennen Ereignisse, wie in der Mengenlehre üblich, mit großen lateinischen Buchstaben oder mit Kombinationen aus Buchstaben und Zahlen, die mit einem Buchstaben beginnen. Dabei werden die Namen so gewählt, daß der Zusammenhang zum betreffenden Ereignis erkennbar ist. Für die beim Zufallsexperiment 1.1 WUERFEL betrachteten Ereignisse bieten sich zum Beispiel die folgenden Symbole an:

$$\mathrm{LE4} = \{1,2,3,4\} \quad \mathrm{GT4} = \{5,6\} = \overline{\{1,2,3,4\}} \quad \mathrm{EQ6} = \{6\}$$

(Das Symbol LE4 bedeutet „**L**ess Than or **E**qual To 4". Das Symbol GT4 bezeichnet das Ereignis „**G**reater **T**han 4", und EQ6 steht für „**Eq**ual To 6").

Weitere interessierende Ereignisse sind z.B.

$$\mathrm{ODD} = \{1,3,5\} \text{ und } \mathrm{EVEN} = \{2,4,6\}.$$

Beispiel 1.2 WAHL Bei den hessischen Kommunalwahlen 1993 kandidierten für den Frankfurter Römer 15 Listen. Dabei standen auf der Liste1 die Kandidaten der SPD, auf Liste2 die der CDU, auf Liste3 die der Grünen, auf Liste4 die der FDP, usw.

Das Verhalten eines einzelnen Wahlberechtigten ist aus der Sicht eines Wahlforschungsinstituts ein Zufallsexperiment, bei dem als Ergebnis die auf dem Wahlzettel angekreuzte Partei bzw. „ungültige Wahl" bzw. „Wahlenthaltung" registriert wird. Die Ergebnismenge für diese Wahl war also

$$\Omega = \{\text{Liste1, Liste2, } \ldots \text{ , Liste15, ungültige Wahl, Wahlenthaltung}\}.$$

Da der Oberbürgermeister der SPD (Liste1) angehörte und in der vergangenen Legislaturperiode mit einer rot-grünen **K**oalition regiert hatte, interessierte ihn neben dem Elementarereignis {Liste1} auch das Ereignis K = {Liste1, Liste3}

Beispiel 1.3 ZERFALL Ein radioaktives Präparat sendet α-Teilchen aus. Als Ergebnis wird die Anzahl der in einem Zeitintervall vorgegebenener Länge ausgesandten Teilchen registriert. Diese Anzahl ist eine nichtnegative ganze Zahl, die einerseits von der Länge des Zeitintervalls und von der speziellen radioaktiven Substanz abhängt, die andererseits aber auch vielen zufälligen Einflüssen unterliegt. In diesem Sinne ist die Anzahl der ausgesandten Teilchen das Ergebnis eines Zufallsexperiments. Bei der Festlegung der Ergebnismenge Ω dieses Zufallsexperiments stellt sich die Frage, wie groß die Anzahl der im vorgegebenen Zeitintervall ausgesandten Teilchen maximal sein kann. Aus physikalischen Gründen ist diese Anzahl zwar von oben her beschränkt, allerdings ist es schwierig, eine obere Schranke explizit anzugeben. Aus diesem Grunde wählen wir als Ergebnismenge die nach oben unbeschränkte Menge aller nichtnegativen ganzen Zahlen:

$$\Omega := \mathbb{N}_0 = \{0,1,2,3,\ldots\}.$$

Mit diesem Kunstgriff ergibt sich im Gegensatz zu den beiden Beispielen 1.1 WUERFEL und 1.2 WAHL, deren Ergebnismengen endliche Mengen sind, hier eine unendliche Ergebnismenge, die allerdings noch abzählbar ist. Dementsprechend können auch Ereignisse abzählbar unendliche Mengen sein. Ereignisse sind z.B.:

GT15	$= \{\omega \in \Omega \mid \omega > 15\}$	„Anzahl *G*reater *T*han 15"
LE15	$= \{\omega \in \Omega \mid \omega \leq 15\}$	„Anzahl *L*ess Than or *E*qual To 15"
EQ15	$= \{\omega \in \Omega \mid \omega = 15\}$	„Anzahl *Eq*ual To 15"
ODD	$= \{\omega \in \Omega \mid \omega = 2n+1, n \in \mathbb{N}_0\}$	„Anzahl ist ungerade"
EVEN	$= \{\omega \in \Omega \mid \omega = 2n, n \in \mathbb{N}_0\}$	„Anzahl ist gerade"

Beispiel 1.4 SLAENGE Eine Maschine produziert Schrauben der **Sollänge** 20 (cm). Eine Schraube wird der Produktion entnommen, ihre Länge (in cm) gemessen und als Ergebnis des Zufallsexperiments die Abweichung dieser Länge von der Sollänge registriert. Diese Abweichung ist positiv, falls die Schraube zu lang ist, bzw. negativ, falls die Schraube zu kurz ist. Wenn wir unterstellen, daß aus technischen Gründen (Abmessung der Maschine) der Betrag der Abweichung schlimmstenfalls 1 (cm) sein kann, lautet die Ergebnismenge

$$\Omega = \{\omega | -1 \leq \omega \leq +1\} = [-1, +1]$$

Diese Ergebnismenge ist zwar beschränkt, sie enthält aber überabzählbar viele Elemente. Diese Wahl von Ω trägt der Vorstellung Rechnung, daß die Abweichung der Schraubenlänge von der Sollänge irgendeine reelle Zahl zwischen -1 und $+1$ sein kann, auch wenn es aus Gründen der Meßgenauigkeit nicht möglich ist, diese exakt zu erfassen. Da Ω hier also eine überabzählbar unendliche Menge ist, können auch Ereignisse überabzählbar unendliche Mengen sein. Das Ereignis „Die Schraube ist zu kurz" ist das Intervall $\text{LT0} = [-1, 0)$, das überabzählbar unendlich viele Elemente enthält. Von größerem Interesse ist aber für den Hersteller das Ereignis T, das die Tatsache beschreibt, daß die Schraubenlänge in dem vom Käufer geforderten **T**oleranzbereich liegt. Wenn also z.B. eine Abweichung toleriert wird, solange ihr Betrag kleiner gleich 0.5 (cm) ist, ist $T = [-0.5, +0.5]$. Das Ereignis L: „Die Schraube ist **l**änger als die Toleranz erlaubt" ist dann das Intervall $(0.5, 1]$, das Ereignis K: „Die Schraube ist **k**ürzer als die Toleranz erlaubt" ist das Intervall $[-1, -0.5)$. Stellen Sie die Ergebnismenge Ω und die Ereignisse K, T und L als Intervalle auf dem reellen Zahlenstrahl dar.

Beispiel 1.5 TURBINE An einer **Turbine** müssen in regelmäßigen Zeitabständen Wartungsarbeiten durchgeführt werden. Hierzu wird die Turbine angehalten und bis zum Einrasten gegen den Uhrzeigersinn zurückgedreht. Als Ergebnis des Zufallsexperiments wird der Rückdrehwinkel (im Bogenmaß) registriert. Will man das Ergebnis mit jeder theoretisch denkbaren Genauigkeit angeben, so ist es sinnvoll, für die formale Beschreibung dieses Zufallsexperiments als Ergebnismenge $\Omega = (0, 2\pi]$ zu wählen. Es liegt also wie im Beispiel 1.4 SLAENGE eine beschränkte Ergebnismenge mit überabzählbar unendlich vielen Elementen vor.

Beispiel 1.6 BIRNE Die Lebensdauer einer Glüh**birne** (gemessen in Stunden) ist das Ergebnis eines komplexen Zufallsexperiments, in das viele vom Zufall abhängige Einflüsse des Produktionsprozesses eingehen. Die Lebensdauer kann im Extremfall 0 sein, nämlich dann, wenn die Birne produktionsbedingt defekt ist, ansonsten ist die Lebensdauer eine positive Zahl. Da es wie im Beispiel 1.3 ZERFALL recht schwierig ist, für die Ergebnisse eine obere Schranke anzugeben, wählt man als Ergebnismenge eine nach oben unbeschränkte Menge. Da ferner für die Lebensdauer einer Glübirne jede nichtnegative reelle Zahl in Frage kommt, ergibt sich für Ω wie in den Beispielen 1.4 SLAENGE und 1.5 TURBINE eine überabzählbar unendliche Menge. Diese Überlegungen führen dazu, für Ω das Intervall $[0, \infty)$ zu wählen. Die Ergebnismenge $\Omega = \mathbb{R}_0^+ = [0, \infty)$ ist hier also unbeschränkt und überabzählbar unendlich.

Die drei folgenden Beispiele behandeln sogenannte zusammengesetzte Zufallsexperimente. Beim Beispiel 1.7 GLUECK wird das Gesamtzufallsexperiment aus zwei völlig unterschiedlichen Einzelzufallsexperimenten zusammengesetzt. Im Beispiel 1.8 MEHRWURF besteht das Gesamtzufallsexperiment aus mehreren Durchführungen ein und desselben Zufallsexperiments, und im Beispiel 1.9 ∞-WURF stellen wir uns vor, daß sich das Gesamtzufallsexperiment aus unedlich vielen Einzelzufallsexperimenten zusammensetzt. Gerade diese Art von Beispielen wird im Laufe des weiteren Ausbaus der Theorie von grundlegender Bedeutung sein.

Beispiel 1.7 GLUECK Bei einem Glücksspiel werden die Zufallsexperimente MUENZE und WUERFEL hintereinander ausgeführt, d.h. es wird zunächst eine Münze geworfen und registriert, ob Kopf oder Zahl oben liegt. Danach wird der Würfel geworfen. Die Ergebnismenge des Einzelzufallsexperiments MUENZE ist $\Omega_1 = \{k, z\}$. (Dabei bedeutet k das Ergebnis Kopf und z das Ergebnis Zahl). Die Ergebnismenge des Einzelzufallsexperiments WUERFEL ist $\Omega_2 = \{1,2,3,4,5,6\}$. Das Glücksspiel ist ein aus diesen Einzelzufallsexperimenten **zusammengesetztes Zufallsexperiment**. Nach dem Werfen der Münze und dem Ausrollen des Würfels wird als Ergebnis das geordnete Paar $\omega = (\omega_1, \omega_2)$ registriert, wobei ω_1 das Ergebnis des Münzwurfs und damit ein Element von Ω_1 ist, während ω_2 das Ergebnis des Würfelns und somit ein Element von Ω_2 ist. Die Ergebnismenge des zusammengesetzten Zufallsexperiments ist

$$\Omega = \{(\mathrm{k},1),(\mathrm{k},2),(\mathrm{k},3),(\mathrm{k},4),(\mathrm{k},5),(\mathrm{k},6),\\ (\mathrm{z},1),(\mathrm{z},2),(\mathrm{z},3),(\mathrm{z},4),(\mathrm{z},5),(\mathrm{z},6)\},$$

also das kartesische Produkt $\Omega_1 \times \Omega_2$ der Mengen Ω_1 und Ω_2.

Wenn wir das verbal formulierte Ereignis „Eine gerade Augenzahl liegt oben" formal darstellen wollen, müssen wir uns zunächst überlegen, ob dieses Ereignis als Ereignis des Einzelzufallsexperiments WUERFEL oder als Ereignis des Gesamtzufallsexperiments GLUECK betrachtet werden soll. Im ersten Fall wird das Ereignis „Eine gerade Augenzahl liegt oben" durch die Teilmenge $G_2 = \{2,4,6\}$ von Ω_2 dargestellt. Im zweiten Fall wird das Ereignis „Eine gerade Augenzahl liegt oben" durch die Teilmenge $G = \{(\mathrm{k},2),(\mathrm{k},4),(\mathrm{k},6),(\mathrm{z},2),(\mathrm{z},4),(\mathrm{z},6)\}$ von Ω dargestellt. Machen Sie sich klar, wie man vom Ereignis „Eine gerade Augenzahl liegt oben" im Einzelzufallsexperiment WUERFEL zum Ereignis „Eine gerade Augenzahl liegt oben" im Gesamtzufallsexperiment GLUECK, also von der der Teilmenge G_2 der Komponentenmenge Ω_2 zur Teilmenge G von Ω gelangt: $G = \Omega_1 \times G_2$. Stellen Sie analog das verbal formulierte Ereignis „Kopf liegt oben" im entsprechenden Einzelzufallsexperiment und im Gesamtzufallsexperiment dar.

Beispiel 1.8 MEHRWURF Ein Würfel aus einem „Mensch ärgere Dich nicht" Spiel wird n-mal geworfen. Als Ergebnis des Gesamtzufallsexperiments wird das n-tupel $\omega = (\omega_1,\omega_2,\ldots,\omega_n)$ registriert, wobei ω_i das Ergebnis des i-ten Einzelzufallsexperiments, also ein Element der Menge $\Omega_i = W = \{1,2,3,4,5,6\}$ ist. Die Ergebnismenge Ω des Gesamtzufallsexperiments ist also das kartesische Produkt

$$\Omega = \Omega_1 \times \Omega_2 \times \ldots \times \Omega_n = \bigtimes_{i=1}^{n} \Omega_i = W^n = \{1,2,3,4,5,6\}^n\,\Omega.$$

Das verbal formulierte Ereignis „Beim i-ten Wurf liegt eine gerade Zahl oben" wird im Gesamtzufallsexperiment durch die Teilmenge $\Omega_1 \times \Omega_2 \ldots \times \Omega_{i-1} \times \{2,4,6\} \times \Omega_{i+1} \times \ldots \times \Omega_n$ dargestellt. Die erste der nachfolgenden Grafiken veranschaulicht für $n = 5$ die Ergebnisse (6,2,3,3,5), (4,3,4,4,4) und (3,6,1,2,1) bzw. die entsprechenden Elementarereignisse als „Pfade". In der zweiten Grafik ist das verbal formulierte Ereignis „Beim ersten Wurf liegt eine 6 und beim vierten Wurf liegt eine gerade Zahl oben", das der Teilmenge $\{6\} \times W \times W \times \{2,4,6\} \times W \subset \Omega$ entspricht, als Menge von insgesamt $1 \cdot 6 \cdot 6 \cdot 3 \cdot 6 = 648$ Pfaden dargestellt.

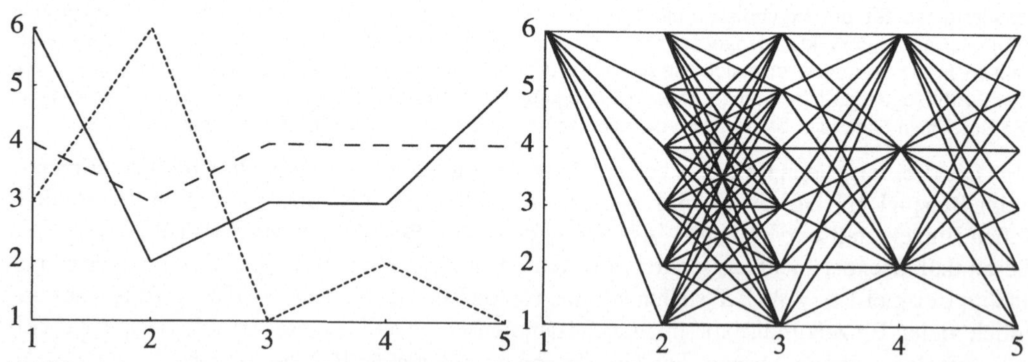

Abbildung 1.1 Ereignisse zum Beispiel MEHRWURF mit $n = 5$

Beispiel 1.9 ∞-WURF Bei diesem „Gedankenzufallsexperiment" wird ein Würfel ∞-oft geworfen. Jedes Ergebnis ist dann eine unendliche Folge $\omega = (\omega_1,\omega_2,\omega_3,\ldots)$ mit Gliedern aus $W = \{1,2,3,4,5,6\}$. Die Ergebnismenge Ω ist also das kartesische Produkt aus den abzählbar unendlich vielen Komponenten $\Omega_i = W$ mit $i = 1,2,3,\ldots$:

$$\Omega = \bigtimes_{i=1}^{\infty} W = \{\omega \,|\, \omega \text{ ist eine Folge mit Gliedern aus } W\}$$

Das verbal formulierte Ereignis „Genau nach dem 4-ten Wurf tritt zum ersten Mal eine Sechs auf", wird dann durch die Teilmenge $\overline{\{6\}} \times \overline{\{6\}} \times \overline{\{6\}} \times \overline{\{6\}} \times \{6\} \times W \times W \ldots$ von Ω dargestellt. Allgemein entspricht dem Ereignis „Genau nach dem k-ten Wurf tritt zum ersten Mal eine Sechs auf" die Teilmenge $S_k = \bigtimes_{i=1}^{k} \overline{\{6\}} \times \{6\} \times W \times W \ldots \subset \Omega$. Dieses Ereignis ist also die Menge aller unendlichen Folgen mit Gliedern aus W, für welche die ersten k Komponenten alle verschieden von Sechs sind, die $(k+1)$-te Komponente eine Sechs, und jede der restlichen Komponenten ein beliebiges Element aus $W = \{1,2,3,4,5,6\}$ ist. Es ist angemessen, bei diesem Zufallsexperiment als Ergebnis jede unendliche Folge mit Gliedern aus W zu betrachten. Sie hatten beim „Mensch ärgere Dich nicht" Spielen während einer Pechsträhne bestimmt schon den Eindruck, daß es bis zu Ihrer ersten Sechs eine Ewigkeit dauert. In diesem Buch müssen Sie allerdings nur bis zum Kapitel 1.7 warten, bis Sie erfahren, warum Ereignisse S_k mit „kleinem k" relativ häufig, und deshalb Ereignisse S_k mit „großem k" relativ selten vorkommen. Trotzdem sind Ereignisse S_k mit $k = 10^6$ und noch größerem k möglich.

Bemerkung 1.2 Bei den Beispielen WUERFEL, ZERFALL, SLAENGE, TURBINE und BIRNE handelt es sich um Zufallsexperimente, bei denen die Ergebnisse reelle Zahlen sind, d.h. die jeweilige Ergebnismenge ist eine Teilmenge der Menge der reellen Zahlen. Solche Zufallsexperimente werden wir in Zukunft als **numerische Zufallsexperimente** bezeichnen. Im Beispiel WAHL sind die Ergebnisse keine reellen Zahlen. Die Ergebnismenge ist

$$\Omega = \{\text{Liste1, Liste2, \ldots, Liste15, ungültige Wahl, Wahlenthaltung}\}.$$

Natürlich könnte man die Elemente dieser Ergebnismenge mit den Zahlen $1,2,\ldots,17$ durchnumerieren und mit der Ergebnismenge $\{1,2,\ldots,17\}$ arbeiten. Auf diese numerische Codierung haben wir bewußt verzichtet, weil die Anordnung dieser numerischen Codes z.B. eine Reihenfolge der Listen suggeriert, die dem Zufallsexperiment WAHL nicht angemessen ist. Solche Zufallsexperimente, bei denen die möglichen Ergebnisse keine Zahlen sind, nennen wir in Zukunft **nichtnumerische Zufallsexperimente**. Das Zufallsexperiment GLUECK ist aus einem numerischen und einem nichtnumerischen Zufallsexperiment zusammengesetzt. Das Zufallsexperiment MEHRWURF ist aus n numerischen Zufallsexperimenten zusammengesetzt.

1.2 σ-Algebren

Im vorangegangenen Abschnitt wurde der Begriff „Ereignis" nicht mathematisch exakt definiert. Es wurde lediglich gesagt, daß ein Ereignis eine Teilmenge der Ergebnismenge Ω ist. Aus gutem Grunde wurde nicht gesagt, daß **jede** Teilmenge von Ω ein Ereignis ist. Insbesondere bei Experimenten mit unendlicher Ergebnismenge ist es nämlich wenig sinnvoll (und manchmal sogar unmöglich), **alle** Teilmengen von Ω als Ereignisse zuzulassen. Häufig wird man also eine geeignete Teilmenge der Potenzmenge von Ω festlegen und nur deren Elemente als Ereignisse bezeichnen. Als geeignet werden sich solche Mengensysteme erweisen, die gewisse Axiome erfüllen. Dies wird zum Begriff der σ-Algebra führen (Definition 1.2) und damit im nächsten Abschnitt zur exakten Definition des Begriffs Ereignis. Um die formale Definition dieser Begriffe vorzubereiten, greifen wir einige Beispiele aus dem Abschnitt 1.1 noch einmal auf.

Beispiel 1.10 SLAENGE Die Abweichung der Schraubenlänge von der Sollänge ist das Ergebnis eines Zufallsexperiments mit der Ergebnismenge $\Omega = [-1, +1]$. Bei der Frage, ob die Schraubenmaschine noch genau genug arbeitet, oder ob eine Neujustierung nötig ist, sind die folgenden Ereignisse von Interesse: „Eine zufällig der Produktion entnommene Schraube ist kürzer als die Toleranz erlaubt", „Die Schraube liegt im Toleranzbereich" und „Die Schraube ist länger als die Toleranz erlaubt". Diesen Ereignissen entsprechen die Teilmengen

$$\mathrm{K} = [-1, -0.5), \quad \mathrm{T} = [-0.5, +0.5] \quad \text{und} \quad \mathrm{L} = (+0.5, +1]$$

von Ω. Diese drei Teilmengen von Ω wird man also zunächst auf jeden Fall in das System von Teilmengen von Ω aufnehmen, das man als Mengensystem der Ereignisse definieren will. Weiter ist es wünschenswert, neben der Teilmenge T, auch die komplementäre Teilmenge $\overline{T}$ als Ereignis zu betrachten, um auf diese Weise die Tatsache zu beschreiben, daß die Schraube Ausschuß ist. Ebenso ist es wünschenswert, daß mit den Mengen K, T und L auch die Vereinigungsmengen $K \cup T$ und $T \cup L$ Ereignisse sind. $K \cup T$ ist das Ereignis, daß die Schraube nicht länger ist, als die Toleranz erlaubt, und $T \cup L$ ist das Ereignis, daß die Schraube nicht kürzer ist, als die Toleranz erlaubt.

Die an diesem Beispiel motivierten Forderungen führen zunächst zu den Axiomen der folgenden Definition:

Definition 1.1. Es sei Ω eine beliebige nichtleere Menge. Ein System $\mathcal{A}$ von Teilmengen von Ω heißt **Algebra auf Ω**, wenn gilt:

$$\begin{array}{lll}(\boldsymbol{A1}) & \Omega \in \mathcal{A} & \\ (\boldsymbol{A2}) & A \in \mathcal{A} & \Rightarrow \quad \overline{A} \in \mathcal{A} \\ (\boldsymbol{A3}) & A \in \mathcal{A} \wedge B \in \mathcal{A} & \Rightarrow \quad A \cup B \in \mathcal{A}\end{array}$$

Bemerkung 1.3

- $\{\{\ \},\Omega\}$ ist eine Algebra auf Ω. Sie ist in jeder anderen Algebra auf Ω enthalten. Das Mengensystem $\{\{\ \},\Omega\}$ ist also die kleinste Algebra auf Ω.
- 2^Ω ist eine Algebra auf Ω. Sie umfaßt jede andere Algebra auf Ω. Die Potenzmenge von Ω ist also die größte Algebra auf Ω.
- Aus dem Axiom $(\boldsymbol{A3})$ folgt mit vollständiger Induktion für jede endliche Anzahl n : $A_1, A_2, \ldots, A_n \in \mathcal{A} \Rightarrow \bigcup_{i=1}^{n} A_i \in \mathcal{A}$
- Aus den Axiomen $(\boldsymbol{A2})$ und $(\boldsymbol{A3})$ folgt: $A_1, A_2 \in \mathcal{A} \Rightarrow A_1 \cap A_2 \in \mathcal{A}$

Beispiel 1.11 WUERFEL
$\Omega = \{1,2,3,4,5,6\}$, LE4 $= \{1,2,3,4\}$, GT4 $= \{5,6\}$.
Das Mengensystem

$$\mathcal{A} = \{\{\ \}, \text{GT4}, \text{LE4}, \Omega\}$$

ist eine Algebra auf Ω.
Das Axiom $(\boldsymbol{A1})$ ist offensichtlich erfüllt.
Der Nachweis der Axiome $(\boldsymbol{A2})$ und $(\boldsymbol{A3})$ wird zweckmäßigerweise mit Hilfe einer Komplement- bzw. einer Vereinigungstabelle durchgeführt:

Komplementtabelle

A	$\{\}$	$\{5,6\}$	$\{1,2,3,4\}$	Ω
$\overline{A}$ $\overline{A} \in \mathcal{A}$?	Ω True	$\{1,2,3,4\}$ True	$\{5,6\}$ True	$\{\}$ True

Vereinigungstabelle

$A \cup B$ $A \cup B \in \mathcal{A}$?	$B = \{\}$	$B = \{5,6\}$	$B = \{1,2,3,4\}$	$B = \Omega$
$A = \{\}$	$\{\}$ True	$\{5,6\}$ True	$\{1,2,3,4\}$ True	Ω True
$A = \{5,6\}$	$\{5,6\}$ True	$\{5,6\}$ True	Ω True	Ω True
$A = \{1,2,3,4\}$	$\{1,2,3,4\}$ True	Ω True*	$\{1,2,3,4\}$ True	Ω True
$A = \Omega$	Ω True	Ω True	Ω True	Ω True

Machen Sie sich klar, daß in einer Vereinigungstabelle nur die Zellen überprüft werden müssen, die unterhalb der Hauptdiagonalen stehen und weder zur ersten Spalte noch zur letzten Zeile gehören. In diesem Beispiel reduziert sich die Prüfarbeit von 16 Überprüfungen auf die Überprüfung der mit * gekennzeichneten Zelle.

Wie im Beispiel 1.11 WUERFEL kann man grundsätzlich verfahren, wenn überprüft werden soll, ob ein endliches Teilmengensystem $\mathcal{A}$ einer Menge Ω eine Algebra auf Ω ist. Es empfiehlt sich allerdings, diese stupide Prüfarbeit für endliche Mengen Ω zu automatisieren. Aus diesem Grunde haben wir die Mathematica-Funktionen `axiomA1`, `axiomA2`, `axiomA3` und `pruefAlgebra` geschrieben, die Ihnen nach dem Laden des **Probability'Master'** zur Verfügung stehen. Erläuterungen und Beispiele zum Einsatz dieser Funktionen finden Sie im **Notebook NB1K1A2.ma**. Die Funktionen `axiomA1`, `axiomA2`, `axiomA3` und `pruefAlgebra` sind im package **PB1K1A2.m** (im Unterverzeichnis `probabil`) definiert. Einen zusätzlichen Übungseffekt zum Verständnis der Definition 1.1 erzielen Sie, wenn Sie versuchen, diese Funktionen durch eigene zu ersetzen.

Nachdem wir anhand des Beispiels 1.11 WUERFEL sehr ausführlich diskutiert haben, wie man überprüft, ob ein konkretes endliches Mengensystem $\mathcal{A}$ auf einer konkreten Menge Ω eine Algebra ist, wenden wir uns wieder der abstrakten Definition des Begriffs Algebra zu und verallgemeinern in den folgenden beiden Bemerkungen die Situation dieses Beispiels auf beliebige Mengen Ω.

Bemerkung 1.4 Für eine beliebige nichtleere Menge Ω und eine nichtleere echte Teilmenge A von Ω ist das Mengensystem

$$\mathcal{A} = \{\{\,\}, A, \overline{A}, \Omega\}$$

eine Algebra auf Ω, und zwar die kleinste Algebra, die die Menge A als Element enthält.

Bemerkung 1.5 Für eine beliebige nichtleere Menge Ω sei $\mathcal{Z} = \{Z_1, Z_2, \ldots, Z_n\}$ eine Zerlegung von Ω (d.h. $Z_1, Z_2, \ldots, Z_n$ sind paarweise disjunkte Teilmengen von Ω, und ihre Vereinigung ergibt Ω).

Faßt man die leere Menge und alle möglichen Vereinigungen von Elementen aus $\mathcal{Z}$ zu einem Mengensystem $\mathcal{A}$ zusammen, dann ist $\mathcal{A}$ eine Algebra auf Ω, wie die folgende Überprüfung der Axiome zeigt:

Axiom (**A1**): Wegen $\Omega = Z_1 \cup Z_2 \cup \ldots \cup Z_n$ gehört Ω zu $\mathcal{A}$.
Axiom (**A2**): Ist A die Vereinigung von Mengen aus $\mathcal{Z}$,
so ist $\overline{A}$ die Vereinigung der restlichen Mengen aus $\mathcal{Z}$.
Axiom (**A3**): (**A3**) ist nach Konstruktion des Mengensystems $\mathcal{A}$ erfüllt.

Es ist offensichtlich, daß $\mathcal{A}$ die kleinste Algebra ist, in der das Mengensystem $\mathcal{Z}$ als Teilsystem enthalten ist.

Nach dem in Bemerkung 1.5 beschriebenen Prinzip, ausgehend von einer Zerlegung $\mathcal{Z}$ von Ω eine Algebra $\mathcal{A}$ auf Ω zu konstruieren, die $\mathcal{Z}$ umfaßt, ergibt sich auch die Algebra des folgenden Beispiels.

Beispiel 1.12 SLAENGE $\Omega = [-1, +1]$ $\quad$ $K = [-1, -0.5)$ $\quad$ $T = [-0.5, +0.5]$ $\quad$ $L = (0.5, +1]$
Das Mengensystem $\mathcal{Z} = \{K, T, L\}$ ist eine Zerlegung von Ω aber keine Algebra, denn z.B. ist das Komplement von K kein Element dieses Mengensystems. Um ein Mengensystem zu erhalten, das die Elemente von $\mathcal{Z}$ enthält und die Axiome einer Algebra erfüllt, ist es notwendig, noch weitere Teilmengen von Ω zu $\mathcal{Z}$ hinzuzunehmen:

$\mathcal{A} = \{\{\,\}, K, T, L, K\cup T, K\cup L, T\cup L, \Omega\}$ ist eine Algebra auf Ω, die das Mengensystem $\mathcal{Z}$ umfaßt. $\mathcal{A}$ ist nach Konstruktion sogar die kleinste Algebra mit dieser Eigenschaft.

Wenn Ω eine beliebige endliche Menge und $\mathcal{Z}$ eine Zerlegung von Ω ist, dann kann die in Bemerkung 1.5 beschriebene Konstruktionsvorschrift zur Bildung der Algebra $\mathcal{A}$ mit Mathematica realisiert werden. Dies geschieht mit der Mathematica-Funktion `zerlegAlgebra`, die Ihnen wiederum nach Laden des **Probability'Master'** zur Verfügung steht. Erläuterungen und Beispiele zum Einsatz dieser Funktion finden Sie im **Notebook NB1K1A2.ma**.

In den bisher behandelten Beispielen waren alle Algebren endliche Mengensysteme. In vielen praktischen Beispielen ist es aber erforderlich, Algebren mit unendlich vielen Elementen zu betrachten. In dem folgenden Beispiel wird eine solche Algebra mit unendlich vielen Elementen behandelt. Das Beispiel dient gleichzeitig als Motivation für eine Verschärfung von Axiom $(\boldsymbol{A3})$.

Beispiel 1.13 ZERFALL Auf der Ergebnismenge $\Omega = \{0,1,2,\dots\} = \mathbb{N}_0$ definieren wir das Mengensystem

$$\mathcal{A} = \{A \subseteq \Omega \,|\, A \text{ ist endlich} \vee \overline{A} \text{ ist endlich}\}.$$

$\mathcal{A}$ ist eine Algebra, wie die folgende Überprüfung der für eine Algebra geforderten Axiome $(\boldsymbol{A1}),(\boldsymbol{A2})$ und $(\boldsymbol{A3})$ zeigt:

Axiom $(\boldsymbol{A1})$: Wegen $|\overline{\Omega}| = |\{\}| = 0$ ist $\overline{\Omega}$ endlich, also gilt $\Omega \in \mathcal{A}$.

Axiom $(\boldsymbol{A2})$: Für beliebiges $A \in \mathcal{A}$ gilt nach Voraussetzung entweder $|A| < +\infty$ oder $|\overline{A}| < +\infty$. Deshalb gilt für $\overline{A}$ entweder $|\overline{A}| < +\infty$ oder $|\overline{\overline{A}}| < +\infty$. Somit gehört $\overline{A}$ definitionsgemäß zu $\mathcal{A}$.

Axiom $(\boldsymbol{A3})$: Es seien $A, B \in \mathcal{A}$. Dann gilt:

$$(|A| < +\infty \vee |\overline{A}| < +\infty) \wedge (|B| < +\infty \vee |\overline{B}| < +\infty).$$

Wir unterscheiden die beiden folgenden Fälle:

1.Fall: $(|A| < +\infty \wedge |B| < +\infty) \Rightarrow |A \cup B| \leq |A| + |B| < +\infty$.

2.Fall: Mindestens eine der beiden Mengen A und B ist eine nicht endliche Menge. O.B.d.A. setzen wir voraus, daß diese nicht endliche Menge die Menge A ist. Wegen $A \in \mathcal{A}$ muß dann $|\overline{A}| < +\infty$ gelten.

Wegen $|\overline{A \cup B}| = |\overline{A} \cap \overline{B}| \leq |\overline{A}| < +\infty$ folgt, daß $\overline{A \cup B}$ dann eine endliche Menge ist, also gilt $A \cup B \in \mathcal{A}$. Damit ist gezeigt, daß $\mathcal{A}$ eine Algebra ist.

Für $i \in \mathbb{N}_0$ sei nun $A_i = \{2i\}$. Dann ist $(A_i)_{i \in \mathbb{N}}$ eine Folge mit Elementen aus $\mathcal{A}$. Jede endliche Vereinigung von Elementen aus dieser Folge ist wiederum ein Element aus $\mathcal{A}$. Die Menge $A := \bigcup_{i=1}^{\infty} A_i = \{0,2,4,6,\dots\}$ ist jedoch kein Element von $\mathcal{A}$, denn weder A selbst, noch $\overline{A} = \{1,3,5,\dots\}$ sind endliche Mengen.

Das Beispiel 1.13 ZERFALL zeigt, daß die Vereinigung von abzählbar vielen Elementen einer Algebra nicht notwendig wieder ein Element der Algebra sein muß. Wenn eine Algebra diese zusätzliche Eigenschaft erfüllen soll, gelangt man zum Begriff der σ-Algebra, bei der für das Mengensystem neben den Axiomen $(\boldsymbol{A1})$ und $(\boldsymbol{A2})$ der Algebra statt des Axioms $(\boldsymbol{A3})$ ein verschärftes Axiom $(\boldsymbol{A3^*})$ gefordert wird:

Definition 1.2. Es sei Ω eine beliebige nichtleere Menge. Ein System $\mathcal{A}$ von Teilmengen von Ω heißt **σ-Algebra auf Ω**, wenn gilt:

- $(\boldsymbol{A1})$ $\Omega \in \mathcal{A}$
- $(\boldsymbol{A2})$ $A \in \mathcal{A} \Rightarrow \overline{A} \in \mathcal{A}$
- $(\boldsymbol{A3^*})$ Für jede Folge $(A_i)_{i \in \mathbb{N}}$ von Elementen aus $\mathcal{A}$ ist auch die Menge $\bigcup_{i=1}^{\infty} A_i$ ein Element von $\mathcal{A}$

Bemerkung 1.6

- Die kleinste σ-Algebra auf Ω ist das Mengensystem $\{\{\,\},\Omega\}$.
- Die größte σ-Algebra auf Ω ist die Potenzmenge von Ω. Diese enthält jede andere σ-Algebra $\mathcal{A}$ auf Ω als Teilsystem.

Bemerkung 1.7

- Jede σ-Algebra $\mathcal{A}$ auf Ω ist eine Algebra auf Ω: Da die Axiome $(\boldsymbol{A1})$ und $(\boldsymbol{A2})$ in den Definitionen für eine Algebra und eine σ-Algebra übereinstimmen, muß nur gezeigt werden, daß mit dem Axiom $(\boldsymbol{A3}^*)$ auch das Axiom $(\boldsymbol{A3})$ erfüllt ist. Hierfür seien A und B zwei Ereignisse aus der σ-Algebra $\mathcal{A}$. Wählt man die Folge $(A_i)_{i\in\mathbb{N}}$ mit $A_1 = A$ und $A_i = B$ für $i = 2,3,4,\ldots$, dann gilt $A \cup B = \bigcup_{i=1}^{\infty} A_i \in \mathcal{A}$.
- Jede endliche Algebra $\mathcal{A}$ auf Ω ist auch eine σ-Algebra auf Ω, da in diesem Fall mit dem Axiom $(\boldsymbol{A3})$ auch das Axiom $(\boldsymbol{A3}^*)$ erfüllt ist: Ist $(A_i)_{i\in\mathbb{N}}$ nämlich eine Folge mit Gliedern aus $\mathcal{A}$, so können wegen der Endlichkeit von $\mathcal{A}$ nur endlich viele Glieder dieser Folge $(A_i)_{i\in\mathbb{N}}$ voneinander verschieden sein. Deshalb ist die Vereinigung $\bigcup_{i=1}^{\infty} A_i$ gleich der Vereinigung dieser endlich vielen Folgenglieder und damit wieder ein Element aus $\mathcal{A}$.

Als Konsequenz des zweiten Teils der Bemerkung 1.7 ergibt sich insbesondere: Wenn Ω endlich ist, ist auch die Potenzmenge 2^{Ω} endlich, und damit ist auch jede Algebra $\mathcal{A}$ als Teilsystem von 2^{Ω} endlich. Eine Algebra, die keine σ-Algebra ist, kann also nur eine nicht endliche Algebra auf einer nicht endlichen Menge Ω sein. Auf der Menge $\Omega = \mathbb{N}_0$ z.B. ist das Mengensystem $\mathcal{A} := \{A \subseteq \mathbb{N}_0 \mid A \text{ ist endlich oder } \overline{A} \text{ ist endlich}\}$ eine solche Algebra, die keine σ-Algebra ist (vgl. Beispiel 1.13 ZERFALL). Der Begriff der σ-Algebra spielt bei der formalen Beschreibung von Zufallsexperimenten also nur dann eine Rolle, wenn sowohl die Ergebnismenge Ω als auch das System der interessierenden Ereignisse unendlich ist.

Beispiel 1.14 TURBINE Zur Beschreibung dieses Zufallsexperiments wurde die Ergebnismenge $\Omega = (0,2\pi]$ gewählt. Da die verbal formulierte Tatsache „Der gemessene Winkel liegt im Intervall I" ein Ereignis sein soll, muß die adäquate σ- Algebra $\mathcal{A}$ das System $\mathfrak{I}(\Omega)$ aller Teilintervalle von Ω umfassen. Das System $\mathfrak{I}(\Omega)$ aller Teilintervalle von $(0,2\pi]$ ist keine Algebra auf Ω und damit erst recht keine σ-Algebra auf Ω: So ist z.B. die Vereinigung der beiden Teilintervalle $(0,1)$ und $(2,3)$, also die Menge $(0,1)\cup(2,3)$, kein Teilintervall von $(0,2\pi]$, gehört also nicht zu $\mathfrak{I}(\Omega)$. Es stellt sich die Frage, welche σ-Algebren auf Ω das System $\mathfrak{I}(\Omega)$ aller Teilintervalle von Ω als Teilsystem enthalten. Die Potenzmenge von $\Omega = (0,2\pi]$ ist eine solche σ-Algebra. Sie ist allerdings zu mächtig, was später bei der Einführung von Wahrscheinlichkeiten zu Problemen führen kann. Es stellt sich deshalb die Frage nach kleineren σ-Algebren, die das Sytem $\mathfrak{I}(\Omega)$ aller Teilintervalle von $(0,2\pi]$ als Teilsystem enthalten. Insbesondere stellt sich die Frage, ob eine kleinste σ-Algebra existiert, die alle Teilintervalle von $(0,2\pi]$ enthält.

Der Satz 1.1 wird diese Frage beantworten. Für seinen Beweis benötigen wir das folgende Lemma.

Lemma 1.1.
Voraussetzung: Es sei Ω eine nichtleere Menge und $\mathfrak{A}$ eine nichtleere Familie von σ-Algebren auf Ω.

Behauptung: Der Durchschnitt $\mathcal{D} = \bigcap_{\mathcal{A}\in\mathfrak{A}} \mathcal{A}$ ist eine σ-Algebra auf Ω.

Beweis:

Axiom $(\boldsymbol{A1})$: Da jedes Mengensystem $\mathcal{A} \in \mathfrak{A}$ eine σ-Algebra auf Ω ist, gilt für alle $\mathcal{A} \in \mathfrak{A} : \Omega \in \mathcal{A}$.
Somit ist Ω auch ein Element des Durchschnitts $\mathcal{D} = \bigcap_{\mathcal{A}\in\mathfrak{A}} \mathcal{A}$.

Axiom $(\boldsymbol{A2})$: Sei $A \in \mathcal{D}$. Dann gilt für alle $\mathcal{A} \in \mathfrak{A}$: $A \in \mathcal{A}$. Da jedes $\mathcal{A} \in \mathfrak{A}$ eine σ-Algebra ist, gilt für alle $\mathcal{A} \in \mathfrak{A} : \overline{A} \in \mathcal{A}$.
Somit ist $\overline{A}$ auch ein Element des Durchschnitts $\mathcal{D}$.

Axiom $(\boldsymbol{A3}^*)$: Sei $(A_i)_{i\in\mathbb{N}}$ eine Folge mit $A_i \in \mathcal{D}$ für alle $i \in \mathbb{N}$.
Dann gilt für alle $i \in \mathbb{N}$ und für jedes $\mathcal{A} \in \mathfrak{A} : A_i \in \mathcal{A}$. Da jedes $\mathcal{A} \in \mathfrak{A}$ eine σ-Algebra ist, gilt für jedes $\mathcal{A} \in \mathfrak{A} : \bigcup_{i=1}^{\infty} A_i \in \mathcal{A}$.
Somit ist $\bigcup_{i=1}^{\infty} A_i$ auch ein Element des Durchschnitts $\mathcal{D}$. □

Satz 1.1.
Voraussetzung: Es sei Ω eine nichtleere Menge und $\mathcal{E}$ ein nichtleeres System von Teilmengen von Ω.
Behauptung: Es existiert genau eine kleinste σ-Algebra $\mathcal{A}$ auf Ω mit der Eigenschaft $\mathcal{E} \subseteq \mathcal{A}$, d.h. für jede andere σ-Algebra $\mathcal{A}'$ mit der Eigenschaft $\mathcal{E} \subseteq \mathcal{A}'$ gilt $\mathcal{A} \subseteq \mathcal{A}'$.

Beweis: Wir betrachten die Familie $\mathfrak{A}$ aller σ-Algebren auf Ω, die $\mathcal{E}$ als Teilsystem enthalten. $\mathfrak{A}$ ist nicht leer, denn die Potenzmenge 2^Ω ist ein Element von $\mathfrak{A}$. Der Durchschnitt $\mathcal{D} = \bigcap\limits_{\mathcal{A} \in \mathfrak{A}} \mathcal{A}$ ist nach Lemma 1.1 eine σ-Algebra. Nach Konstruktion enthält $\mathcal{D}$ das Mengensystem $\mathcal{E}$ als Teilsystem und ist die kleinste σ-Algebra mit dieser Eigenschaft. □

Definition 1.3. Die im Beweis von Satz 1.1 zum Mengensystem $\mathcal{E}$ konstruierte σ-Algebra $\mathcal{A}$ heißt **die von $\mathcal{E}$ auf Ω erzeugte σ-Algebra.** Sie wird auch mit $\sigma(\mathcal{E})$ bezeichnet. $\mathcal{E}$ heißt **Erzeugendensystem** von $\mathcal{A}$.

Die Abbildung, die jedem Mengensystem $\mathcal{E} \subseteq 2^\Omega$ die von $\mathcal{E}$ auf Ω erzeugte σ-Algebra $\sigma(\mathcal{E})$ zuordnet, ist offenbar **idempotent**, d.h. $(\sigma \circ \sigma)(\mathcal{E}) = \sigma(\sigma(\mathcal{E})) = \sigma(\mathcal{E})$, und **monoton**, d.h. $\mathcal{E}_1 \subseteq \mathcal{E}_2 \Rightarrow \sigma(\mathcal{E}_1) \subseteq \sigma(\mathcal{E}_2)$. Der formale Nachweis dieser beiden Eigenschaften des **Hüllenoperators** σ ist Gegenstand der Aufgabe 1.2.4 Teil (a) bzw. (b).

Bemerkung 1.8 Aus der Idempotenz und der Monotonie des Hüllenoperators σ erhält man die folgende Tatsache: Wird die σ-Algebra $\mathcal{A}$ vom Mengensystem $\mathcal{E}_1$ erzeugt, und ist $\mathcal{E}_2 \subseteq \mathcal{A}$ ein weiteres Mengensystem, für das $\mathcal{E}_1 \subseteq \sigma(\mathcal{E}_2)$ gilt, so wird $\mathcal{A}$ auch von $\mathcal{E}_2$ erzeugt: Es folgt nämlich aus $\mathcal{E}_2 \subseteq \mathcal{A}$ einerseits $\sigma(\mathcal{E}_2) \subseteq \mathcal{A}$, und aus $\sigma(\mathcal{E}_2) \supseteq \mathcal{E}_1$ andererseits $\sigma(\mathcal{E}_2) \supseteq \sigma(\mathcal{E}_1) = \mathcal{A}$.

Die im Beispiel 1.14 TURBINE gestellte Frage nach der Existenz einer kleinsten σ-Algebra, die das System $\mathcal{J}(\Omega)$ aller Teilintervalle von $\Omega = (0,2\pi]$ enthält, wird durch Satz 1.1 positiv beantwortet. Der Satz beantwortet nicht die Frage, ob die von $\mathcal{J}(\Omega)$ erzeugte σ-Algebra ein echtes Teilsystem der Potenzmenge von Ω ist. Tatsächlich kann man Teilmengen von Ω konstruieren, die nicht zu der von $\mathcal{J}(\Omega)$ erzeugten σ-Algebra gehören [siehe z.B. Bauer, H.: Maß- und Integrationstheorie].

Beispiel 1.15 BIRNE Zur Beschreibung des Zufallsexperiments wurde die Ergebnismenge $\Omega = [0,\infty) = \mathbb{R}_0^+$ gewählt. Auch hier ist es wünschenswert, daß jedes Teilintervall von $\mathbb{R}_0^+$ ein Ereignis ist. Für die Konstruktion einer σ-Algebra auf Ω gehen wir deshalb in Analogie zum Beispiel 1.14 TURBINE vom System $\mathcal{J}(\Omega)$ aller Teilintervalle von $\Omega = [0,\infty)$ aus und betrachten die von diesem System erzeugte σ-Algebra.

In der folgenden Definition werden die Überlegungen aus den beiden Beispielen 1.14 TURBINE und 1.15 BIRNE auf Zufallsexperimente verallgemeinert, bei denen die Ergebnismenge Ω ein beliebiges reelles Intervall ist. Die damit eingeführte Begriffsbildung wird uns in den folgenden Abschnitten die einheitliche Modellierung einer Vielzahl von Zufallsexperimenten gestatten.

Definition 1.4. Es sei $\Omega \subseteq \mathbb{R}$ ein nichtleeres Intervall und $\mathcal{J}(\Omega)$ das System aller Teilintervalle von Ω. Dann heißt die von $\mathcal{J}(\Omega)$ erzeugte σ-Algebra die **Borelsche σ-Algebra auf Ω**. Sie wird mit $\mathcal{B}(\Omega)$ bezeichnet, und ihre Elemente heißen **Borel-Mengen** von Ω.

Bemerkung 1.9 Der für die Praxis wichtigste Fall von Definition 1.4 liegt dann vor, wenn $\Omega = \mathbb{R}$ ist. Die Borelsche σ-Algebra $\mathcal{B}(\mathbb{R})$ wird meistens nur mit $\mathcal{B}$ bezeichnet. Nach Definition wird $\mathcal{B}$ erzeugt von dem System $\mathcal{J} = \mathcal{J}(\mathbb{R})$ aller reellen Intervalle.

- $\mathcal{B}$ wird aber auch schon erzeugt von dem System $\mathcal{I}_{(\,]} := \{(a,b]\,|\,a,b \in \mathbb{R} \text{ mit } a \leq b\}$ aller beschränkten nach links offenen und nach rechts abgeschlossenen reellen Intervalle. Der Nachweis dieser Aussage ist Gegenstand der Aufgabe 1.2.4 (d). Hieraus erhält man zusammen mit Bemerkung 1.8 dann eine ganze Reihe von Folgerungen, von denen wir drei angeben:
- Das System $\mathcal{I}_{(-\infty,\,]}$ aller Intervalle der Form $(-\infty,b]$ mit $b \in \mathbb{R}$ erzeugt die σ-Algebra $\mathcal{B}$: Einerseits gilt $\mathcal{I}_{(-\infty,\,]} \subset \mathcal{I} \subset \mathcal{B}$, und andererseits folgt aus $(a,b] = (-\infty,b] \cap \overline{(-\infty,a]}$ auch $\mathcal{I}_{(\,]} \subseteq \sigma(\mathcal{I}_{(-\infty,\,]})$.
- Auch das System $\mathcal{I}_o$ aller beschränkten offenen reellen Intervalle erzeugt $\mathcal{B}$: Einerseits gilt $\mathcal{I}_o \subset \mathcal{I} \subset \mathcal{B}$, andererseits folgt aus $(a,b] = \bigcap_{n=1}^{\infty} (a, b + \frac{1}{n})$ auch $\mathcal{I}_{(\,]} \subseteq \sigma(\mathcal{I}_o)$.
- Das System aller offenen Teilmengen von $\mathbb{R}$ erzeugt die σ-Algebra $\mathcal{B}$: Ist nämlich $O \in \mathcal{O}$ eine offene Teilmenge von $\mathbb{R}$, so kann man definitionsgemäß um jeden Punkt $x \in O$ ein offenes Intervall (a_x,b_x) legen, das ganz in O enthalten ist. Daraus folgt $O = \bigcup_{x \in O} (a_x,b_x)$. Wir konstruieren eine Folge offener Intervalle $((a_n,b_n))_{n \in \mathbb{N}}$ mit $(a_x,b_x) = \bigcup_{n=1}^{\infty} (a_n,b_n)$, wobei die Randpunkte a_n,b_n jeweils rationale Zahlen sind: Da zwischen zwei reellen Zahlen stets eine rationale Zahl liegt, können wir $a_n,b_n \in \mathbb{Q}$ mit $a_x < a_n < a_x + \frac{1}{2n}(b_x - a_x)$ und $b_x - \frac{1}{2n}(b_x - a_x) < b_n < b_x$ wählen. Folglich ist jedes Intervall (a_x,b_x) die Vereinigung von offenen Intervallen mit rationalen Randpunkten. Die offene Menge O selbst ist dann als Vereinigung der offenen Intervalle (a_x,b_x) ebenfalls eine Vereinigung von offenen Intervallen mit rationalen Randpunkten. Da das System $\mathcal{I}_o^{\mathbb{Q}}$ aller offenen Intervalle mit rationalen Randpunkten abzählbar ist, ist somit jede offene Menge O die (abzählbare) Vereinigung von Mengen aus $\mathcal{I}_o^{\mathbb{Q}}$. Es folgt $\mathcal{O} \subseteq \sigma(\mathcal{I}_o^{\mathbb{Q}}) \subseteq \sigma(\mathcal{I}_o) = \mathcal{B}$, also $\sigma(\mathcal{O}) \subseteq \mathcal{B}$. Wegen $\mathcal{O} \supseteq \mathcal{I}_o$ gilt auch $\sigma(\mathcal{O}) \supseteq \sigma(\mathcal{I}_o) = \mathcal{B}$.

Die umfangreiche Bemerkung 1.9 bezieht sich auf den für die Praxis wichtigsten Spezialfall der Definition 1.4, bei dem $\Omega = \mathbb{R}$ ist, also auf die σ-Algebra $\mathcal{B} = \mathcal{B}(\mathbb{R})$. Wenn $\Omega \subset \mathbb{R}$ ein nichtleeres Intervall ist, dann gilt:

$$\mathcal{B}(\Omega) = \mathcal{B}(\mathbb{R}) \cap 2^{\Omega} = \{B \subseteq \Omega \,|\, B \in \mathcal{B}(\mathbb{R})\} = \{B \in \mathcal{B}(\mathbb{R}) \,|\, B \subseteq \Omega\}$$

$\mathcal{B}(\Omega)$ ist also das System aller Teilmengen von Ω, die Elemente von $\mathcal{B}(\mathbb{R})$ sind, bzw. das System aller Elemente von $\mathcal{B}(\mathbb{R})$, die Teilmengen von Ω sind. Der Beweis dieser Tatsache ist Gegenstand der Aufgabe 1.2.6. Er benutzt Aussagen aus dem folgenden Lemma 1.2, auf die wir oft zurückgreifen werden.

Lemma 1.2.
Voraussetzung: Es sei $f : \Omega \to \Omega'$ eine beliebige Abbildung. $\mathcal{A}$ sei eine σ-Algebra auf Ω und $\mathcal{A}'$ sei eine σ-Algebra auf Ω'. Ferner sei $\mathcal{E}'$ ein beliebiges System von Teilmengen von Ω'.

Behauptung:

(a) $f^{-1}(\mathcal{A}') := \{f^{-1}(A') \,|\, A' \in \mathcal{A}'\}$ *ist eine σ-Algebra auf Ω.*

(b) $\mathcal{M}' := \{M' \subseteq \Omega' \,|\, f^{-1}(M') \in \mathcal{A}\}$ *ist eine σ-Algebra auf Ω'.*

(c) $\sigma(f^{-1}(\mathcal{E}')) = f^{-1}(\sigma(\mathcal{E}'))$.

Beweis:

(a) Wir müssen zeigen, daß das Mengensystem $f^{-1}(\mathcal{A}') := \{f^{-1}(A') \,|\, A' \in \mathcal{A}'\}$ den Axiomen $(\boldsymbol{A1})$, $(\boldsymbol{A2})$ und $(\boldsymbol{A3^*})$ einer σ-Algebra auf Ω genügt. Der Nachweis nutzt die Tatsache aus, daß $\mathcal{A}'$ als σ-Algebra auf Ω' diese drei Axiome erfüllt.

Axiom $(\boldsymbol{A1})$: Es gilt $\Omega = f^{-1}(\Omega')$, und wegen Axiom $(\boldsymbol{A1})$ gilt $\Omega' \in \mathcal{A}'$. Somit folgt $\Omega \in f^{-1}(\mathcal{A}')$.

Axiom $(\boldsymbol{A2})$: Es sei $A \in \mathcal{A}$, dann existiert definitionsgemäß ein $A' \in \mathcal{A}'$ mit $A = f^{-1}(A')$. Es gilt: $\overline{A} = \overline{f^{-1}(A')} = f^{-1}(\overline{A'})$. Da die σ-Algebra $\mathcal{A}'$ auf Ω' das Axiom $(\boldsymbol{A2})$ erfüllt, gilt $\overline{A'} \in \mathcal{A}'$. Folglich gilt: $\overline{A} \in f^{-1}(\mathcal{A}')$.

Axiom $(\boldsymbol{A3^*})$: Sei $(A_i)_{i \in \mathbb{N}}$ eine Folge mit $A_i \in \mathcal{A}$ für alle $i \in \mathbb{N}$. Dann existiert für jedes $i \in \mathbb{N}$ definitionsgemäß ein $A_i' \in \mathcal{A}'$, so daß A_i die folgende Darstellung besitzt: $A_i = f^{-1}(A_i')$. Es gilt: $\bigcup_{i=1}^{\infty} A_i = \bigcup_{i=1}^{\infty} f^{-1}(A_i') = f^{-1}(\bigcup_{i=1}^{\infty} A_i')$. Da die σ-Algebra $\mathcal{A}'$ auf Ω' das Axiom $(\boldsymbol{A3^*})$ erfüllt, gilt $\bigcup_{i=1}^{\infty} A_i' \in \mathcal{A}'$. Folglich gilt: $\bigcup_{i=1}^{\infty} A_i \in f^{-1}(\mathcal{A}')$.

(b) Der Beweis dieser Behauptung verläuft analog zum Beweis aus Teil (a) und ist Gegenstand der Aufgabe 1.2.5.

(c) Wir zeigen $\sigma(f^{-1}(\mathcal{E}')) \subseteq f^{-1}(\sigma(\mathcal{E}'))$ und $f^{-1}(\sigma(\mathcal{E}')) \subseteq \sigma(f^{-1}(\mathcal{E}'))$.newline Aus $\mathcal{E}' \subseteq \sigma(\mathcal{E}')$ folgt $f^{-1}(\mathcal{E}') \subseteq f^{-1}(\sigma(\mathcal{E}'))$. Da $f^{-1}(\sigma(\mathcal{E}'))$ nach Teil (a) eine σ-Algebra auf Ω ist, folgt mit der Monotonie und der Idempotenz des Hüllenoperators σ: $\sigma(f^{-1}(\mathcal{E}')) \subseteq \sigma(f^{-1}(\sigma(\mathcal{E}'))) = f^{-1}(\sigma(\mathcal{E}'))$.
Mit der σ-Algebra $\sigma(f^{-1}(\mathcal{E}'))$ auf Ω konstruieren wir auf Ω' das Mengensystem $\mathcal{M}' := \{M' \subseteq \Omega' \mid f^{-1}(M') \in \sigma(f^{-1}(\mathcal{E}'))\}$, das nach Teil (b) eine σ-Algebra auf Ω' ist. Wegen $f^{-1}(\mathcal{E}') \subseteq \sigma(f^{-1}(\mathcal{E}'))$ gilt $\mathcal{E}' \subseteq \mathcal{M}'$, woraus sich $\sigma(\mathcal{E}') \subseteq \sigma(\mathcal{M}') = \mathcal{M}'$ergibt. Es folgt $f^{-1}(\sigma(\mathcal{E}')) \subseteq f^{-1}(\mathcal{M}') \subseteq \sigma(f^{-1}(\mathcal{E}'))$. □

Am Ende dieses Abschnitts möchten wir noch auf die Mathematica-Funktion `erzAlgebra` hinweisen, die nach dem Laden des **Probability'Master'** zur Verfügung steht und folgendes leistet: Für eine endliche Menge Ω und eine beliebige Teilmenge $\mathcal{E}$ der Potenzmenge von Ω wird die von $\mathcal{E}$ auf Ω erzeugte Algebra konstruiert. Wegen der Endlichkeit von Ω ist diese Algebra die von $\mathcal{E}$ erzeugte σ-Algebra $\sigma(\mathcal{E})$. Für den Spezialfall, daß das Mengensystem $\mathcal{E}$ bereits eine Algebra ist, liefert die Funktion `erzAlgebra` als Ergebnis selbstverständlich wiederum das Mengensystem $\mathcal{E}$. Die Funktion `erzAlgebra` liefert also eine weitere Möglichkeit zu überprüfen, ob ein gegebenes Mengensystem bereits eine Algebra ist. Für den Spezialfall, daß $\mathcal{E}$ eine Zerlegung von Ω ist, liefert die Funktion `erzAlgebra` selbstverständlich dieselbe Algebra wie die Funktion `zerlegAlgebra`. Der prinzipielle Unterschied zwischen den beiden Funktionen besteht darin, daß bei der Funktion `zerlegAlgebra` davon ausgegangen wird, daß das erzeugende Mengensystem eine Zerlegung von Ω ist. Bei der Funktion `erzAlgebra` wird aus dem gegebenen Erzeugendensystem $\mathcal{E}$ zunächst eine Zerlegung $\mathcal{Z}$ von Ω mit $\sigma(\mathcal{Z}) = \sigma(\mathcal{E})$ konstruiert. Auf diese Zerlegung $\mathcal{Z}$ wird dann die Funktion `zerlegAlgebra` angewandt. Hinweise und Beispiele zum Einsatz der Funktion `erzAlgebra` finden Sie im **Notebook NB1K1A2.ma**. Außerdem sollen Sie die Funktion `erzAlgebra` beim Lösen der Aufgaben 1.2.3 (a) und 1.2.7 einsetzen.

Aufgaben zum Abschnitt 1.2

Aufgabe 1.2.1

Es sei $\mathcal{A}$ eine Algebra auf der nichtleeren Menge Ω. Beweisen Sie folgende **Behauptungen**:

(a) $A, B \in \mathcal{A} \Rightarrow A \cap B \in \mathcal{A}$

(b) $A, B \in \mathcal{A} \Rightarrow A \backslash B \in \mathcal{A}$

(c) $A, B \in \mathcal{A} \Rightarrow A \triangle B \in \mathcal{A}$. Dabei ist $A \triangle B := A \backslash B \uplus B \backslash A$ die sogenannte **symmetrische Differenz** von A und B.

Aufgabe 1.2.2

(a) Auf der nichtleeren Menge Ω sei das Mengensystem $\mathcal{M} \subset 2^{\Omega}$ gegeben. $\mathcal{M}$ enthalte n Elemente, darunter Ω und $\{\}$. Es soll gezeigt werden, daß $\mathcal{M}$ eine Algebra auf Ω ist. Wieviele Überprüfungen sind in der Vereinigungstabelle tatsächlich notwendig, wenn man die Kommutativität der Verknüpfung $\cup$ berücksichtigt und außerdem noch ausnutzt, daß immer gilt: $A \cup A = A$, $A \cup \{\} = A$ und $A \cup \Omega = \Omega$.

(b) Auf der Menge $\Omega = \{1,2,3,4,5,6\}$ sei das folgende Mengensystem von Teilmengen von Ω gegeben: $\mathcal{M} = \{\{\,\},\Omega,\{3\},\{1,2,4,5,6\},\{4\},\{1,2,3,5,6\},\{3,4\},\{1,2,5,6\}\}$. Beweisen Sie, daß $\mathcal{M}$ eine Algebra auf Ω ist. Hinweis: Benutzen Sie eine Komplementtabelle und eine Vereinigungsstabelle.

Aufgabe 1.2.3

(a) Auf der Menge $\Omega := \{1,2,3,4\}$ seien die folgenden Mengensysteme definiert:
$\mathcal{E}_1 := \{\{1,2\},\{3,4\}\}$ $\mathcal{E}_2 := \{\{1,2\},\{3\},\{4\}\}$ $\mathcal{E}_3 := \{\{1\},\{2\},\{3,4\}\}$
Geben Sie die von den Mengensystemen $\mathcal{E}_1, \mathcal{E}_2$ und $\mathcal{E}_3$ erzeugten σ-Algebren $\mathcal{A}_1 := \sigma(\mathcal{E}_1)$, $\mathcal{A}_2 := \sigma(\mathcal{E}_2)$ und $\mathcal{A}_3 := \sigma(\mathcal{E}_3)$ an. Welche σ-Algebra ist das Mengensystem $\mathcal{D} := \mathcal{A}_2 \cap \mathcal{A}_3$?

(b) Ein Zufallsexperiment besitze die **abzählbar unendliche** Ergebnismenge $\Omega := \{\omega_i \,|\, i \in \mathbb{N}\}$. $\mathcal{E} := \{\{\omega_i\} \,|\, i \in \mathbb{N}\}$ sei das System der einelementigen Teilmengen von Ω. Beweisen Sie: $\sigma(\mathcal{E}) = 2^{\Omega}$.

Aufgabe 1.2.4

(a) Es sei $\mathcal{A}$ eine σ-Algebra auf Ω. Machen Sie sich klar, daß gilt: $\sigma(\mathcal{A}) = \mathcal{A}$ (**Idempotenz** des Hüllenoperators σ).

(b) $\mathcal{E}_1$ und $\mathcal{E}_2$ seien nichtleere Systeme von Teilmengen von Ω. Es gelte $\mathcal{E}_1 \subseteq \mathcal{E}_2$. Beweisen Sie: $\sigma(\mathcal{E}_1) \subseteq \sigma(\mathcal{E}_2)$ (**Monotonie** des Hüllenoperators σ).

(c) $\mathcal{E}_1$ und $\mathcal{E}_2$ seien nichtleere Systeme von Teilmengen von Ω. $\mathcal{E}_1$ sei Erzeugendensystem der σ-Algebra $\mathcal{A}$, es gelte also $\mathcal{A} = \sigma(\mathcal{E}_1)$. Es gelte ferner $\mathcal{E}_1 \subseteq \mathcal{E}_2 \subseteq \mathcal{A}$. Beweisen Sie: $\mathcal{A} = \sigma(\mathcal{E}_2)$.

(d) Es sei $\mathcal{I}$ das System aller reellen Intervalle. Es sei ferner $\mathcal{I}_{(\,]} := \{(a,b] \,|\, a,b \in \mathbb{R} \text{ mit } a \leq b\}$ das System aller beschränkten nach links offenen und nach rechts abgeschlossenen reellen Intervalle. Beweisen Sie, daß für die vom Mengensystem $\mathcal{I}$ auf $\mathbb{R}$ erzeugte Borelsche σ-Algebra $\mathcal{B} = \sigma(\mathcal{I})$ gilt: $\mathcal{B} = \sigma(\mathcal{I}_{(\,]})$, d.h.: die Borelsche σ-Algebra $\mathcal{B}$ wird bereits vom System der beschränkten nach links offenen und nach rechts abgeschlossenen reellen Intervalle erzeugt. **Hinweis**: Machen Sie sich klar, daß es wegen Bemerkung 1.8 genügt zu zeigen: $\mathcal{I} \subseteq \sigma(\mathcal{I}_{(\,]})$.

Aufgabe 1.2.5
Es sei $\mathcal{A}$ eine σ-Algebra auf Ω und $f : \Omega \to \Omega'$ eine Abbildung. Beweisen Sie: Das Mengensystem $\mathcal{M}' := \{A' \subseteq \Omega' \,|\, f^{-1}(A') \in \mathcal{A}\}$ ist eine σ-Algebra auf Ω'.

Aufgabe 1.2.6

(a) Es sei $\mathcal{A}$ eine σ-Algebra auf der Menge Ω und B eine nichtleere Teilmenge von Ω. Beweisen Sie: $\mathcal{A}\,|_B := \{A' \cap B \,|\, A' \in \mathcal{A}\}$ ist eine σ-Algebra auf B. (Diese σ-Algebra heißt die **Spur-σ-Algebra** von $\mathcal{A}$ bezüglich B).
Hinweis: Betrachten Sie die **Einbettung** g von B in Ω, d.h. die Funktion $g : B \to \Omega$ mit $\omega \mapsto g(\omega) := \omega$ und zeigen Sie $\mathcal{A}\,|_B = g^{-1}(\mathcal{A})$.
Hinweis: Benutzen Sie Lemma 1.2 .

(b) Es sei $\mathcal{A}$ eine σ-Algebra auf der Menge Ω und $B \in \mathcal{A}$. Beweisen Sie: $\mathcal{A}\,|_B = \mathcal{A} \cap 2^B = \{A \subseteq \Omega \,|\, A \in \mathcal{A} \wedge A \subseteq B\}$, d.h. $\mathcal{A}\,|_B$ ist das System aller Teilmengen von B, die Elemente der σ-Algebra $\mathcal{A}$ sind.

(c) Es sei $\mathcal{A}$ eine σ-Algebra auf der Menge Ω, die von dem Mengensystem $\mathcal{E}$ erzeugt wird. B sei eine nichtleere Teilmenge von Ω. Beweisen Sie $\mathcal{A}\,|_B = \sigma(\{E \cap B \,|\, E \in \mathcal{E}\})$. Mit der Bezeichnung $\mathcal{E}\,|_B := \{E \cap B \,|\, E \in \mathcal{E}\}$ gilt also die Gleichung $\sigma(\mathcal{E})\,|_B = \sigma(\mathcal{E}\,|_B)$.
Hinweis: Verwenden Sie wieder die Funktion g aus Teil (a) dieser Aufgabe und Lemma 1.2.

(d) Es sei $\Omega \subseteq \mathbb{R}$ ein nichtleeres Intervall. Folgern Sie mit Teil (b) und Teil (c) dieser Aufgabe: $\mathcal{B}(\Omega) = \mathcal{B}(\mathbb{R})|_\Omega = \{B \subseteq \mathbb{R} \mid B \in \mathcal{B}(\mathbb{R}) \wedge B \subseteq \Omega\} = \mathcal{B}(\mathbb{R}) \cap 2^\Omega$

Aufgabe 1.2.7

Diese Aufgabe bezieht sich auf das **ROULETTE**:

Bei diesem Glücksspiel dreht der Croupier zunächst eine Scheibe an, deren Fächer mit den Zahlen $0,1,2,\ldots,36$ durchnumeriert und mit den Farben weiß, rot und schwarz gekennzeichnet sind. Anschließend wirft er eine Kugel auf die sich drehende Scheibe. Nach Ausrollen der Kugel landet diese in einem der Fächer, deren Nummer als Ergebnis des Zufallsexperiments registriert wird. Zur Modellierung dieses Zufallsexperiments gehen wir von der Ergebnismenge $\Omega = \{0,1,2,\ldots,36\}$ aus. Bestimmen Sie mit der Mathematica-Funktion `erzAlgebra` die von dem System der folgenden Teilmengen von Ω erzeugte σ-Algebra:

Erstes Dutzend	$= \{1,2,3,4,5,6,7,8,9,10,11,12\}$
Zweites Dutzend	$= \{13,14,15,16,17,18,19,20,21,22,23,24\}$
Drittes Dutzend	$= \{25,26,27,28,29,30,31,32,33,34,35,36\}$
Pair	$= \{2,4,6,8,10,12,14,16,18,20,22,24,26,28,30,32,34,36\}$
Impair	$= \{1,3,5,7,9,11,13,15,17,19,21,23,25,27,29,31,33,35\}$
Rouge	$= \{1,3,5,7,9,12,14,16,18,19,21,23,25,27,30,32,34,36\}$
Noir	$= \{2,4,6,8,10,11,13,15,17,20,22,24,26,28,29,31,33,35\}$

1.3 Meßbare Räume

In Abschnitt 1.1 wurde die Modellierung von Zufallsexperimenten mit der Einführung des Begriffs Ergebnismenge begonnen. Für eine Reihe von mehr oder weniger komplizierten Zufallsexperimenten wurde die jeweilige Ergebnismenge angegeben. In Abschnitt 1.2 wurde durch die Einführung von σ-Algebren die Modellierung von Zufallsexperimenten fortgesetzt. Für das weitere Vorgehen ist es wichtig festzustellen, daß auf einer Ergebnismenge Ω unterschiedliche σ-Algebren konstruiert werden können, von denen die triviale σ-Algebra $\{\{\ \},\Omega\}$ die kleinste und die Potenzmenge 2^Ω die mächtigste ist. Bei der Konstruktion der dem Zufallsexperiment angepaßten σ-Algebra geht man in der Regel wie folgt vor: Zunächst werden die Teilmengen von Ω, die man für eine spezielle Problemstellung auf jeden Fall als Ereignisse ansprechen will, zu einem Mengensystem $\mathcal{E}$ zusammengefaßt. Der Satz 1.1 garantiert dann die Existenz einer kleinsten σ-Algebra $\sigma(\mathcal{E})$, die das Erzeugendensystem $\mathcal{E}$ als Teilsystem enthält. Die von $\mathcal{E}$ erzeugte σ-Algebra $\sigma(\mathcal{E})$ ist als kleinste σ-Algebra im Rahmen der vorliegenden Problemstellung die „ökonomischste". Zusammenfassend ist festzuhalten, daß für die Modellierung eines Zufallsexperiments neben der Angabe der richtigen Ergebnismenge Ω die Wahl einer geeigneten σ-Algebra $\mathcal{A}$ auf Ω von entscheidender Bedeutung ist.

Definition 1.5. Es sei Ω eine nichtleere Menge und $\mathcal{A}$ eine σ-Algebra auf Ω. Dann heißt das Paar $(\Omega,\mathcal{A})$ ein **meßbarer Raum** oder ein **Meßraum**. Ist Ω die Ergebnismenge eines Zufallsexperiments, so nennen wir die σ-Algebra $\mathcal{A}$ eine **Ereignis-σ-Algebra** und jedes Element von $\mathcal{A}$ heißt dann ein **Ereignis**. Einelementige Ereignisse werden als **Elementarereignisse** bezeichnet.

Definition 1.6. Ein Zufallsexperiment werde durch den meßbaren Raum $(\Omega,\mathcal{A})$ modelliert, und $A \in \mathcal{A}$ sei ein Ereignis. Wird das Zufallsexperiment durchgeführt, und ist das dabei realisierte Ergebnis ω ein Element der Menge A, so sagt man: **„Das Ereignis A ist eingetreten".**

Unabhängig davon, welches Ergebnis ω bei der Durchführung des Zufallsexperiments realisiert wird, gilt stets $\omega \notin \{\ \}$. Da das Ereignis $\{\ \}$ also niemals eintritt, wird die leere Menge $\{\ \}$ **das unmögliche Ereignis** genannt. Ebenso gilt: Unabhängig davon, welches Ergebnis ω bei der

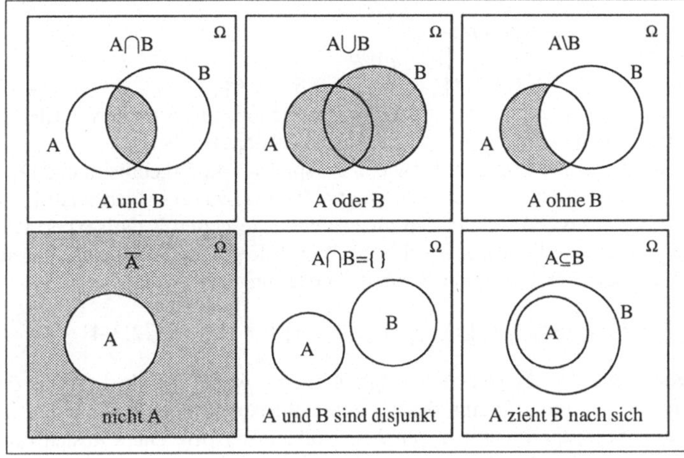

Abbildung 1.2
Venn-Diagramme

Durchführung des Zufallsexperiments realisiert wird, gilt stets $\omega \in \Omega$. Da das Ereignis Ω also immer eintritt, wird die Ergebnismenge Ω **das sichere Ereignis** genannt.

Wir sind jetzt in der Lage, weitere umgangssprachlich formulierte Aussagen über Ereignisse mathematisch exakt zu formulieren. Man sagt: **„Das Ereignis A zieht das Ereignis B nach sich"**, wenn A eine Teilmenge von B ist, und benutzt das aus der Mengenlehre bekannte Symbol $A \subseteq B$. Zwei Ereignisse A und B heißen **gleich**, wenn gilt: $A \subseteq B \ \wedge B \subseteq A$, d.h. $A = B$. Zwei Ereignisse A und B heißen **unvereinbar** bzw. **disjunkt**, wenn gilt: $A \cap B = \{\ \}$. In einer Folge $(A_i)_{i \in \mathbb{N}}$ von Ereignissen heißen die Ereignisse **paarweise unvereinbar (paarweise disjunkt)**, wenn für alle $i, j \in \mathbb{N}$ mit $i \neq j$ gilt: $A_i \cap A_j = \{\ \}$. $A \cup B$ heißt das Ereignis A**oder** B. Es ist genau dann eingetreten, wenn das realisierte Ergebnis ω ein Element von A oder ein Element von B oder ein Element von beiden Ereignissen ist. $A \cap B$ heißt das Ereignis A **und** B. Es ist genau dann eingetreten, wenn das realisierte Ergebnis ω sowohl Element von A als auch Element von B ist. $\overline{A}$ heißt das **zu A komplementäre** Ereignis oder auch das Ereignis **nicht** A. Es ist genau dann eingetreten, wenn das realisierte Ergebnis ω kein Element von A ist. $A \setminus B = A \cap \overline{B}$ heißt das Ereignis A **ohne** B. Es ist genau dann eingetreten, wenn das realisierte Ergebnis ω ein Element von A aber kein Element von B ist.

Die hier aufgeführten Relationen bzw. Verknüpfungen von Ereignissen kann man – wie in der Mengenlehre üblich – durch sogenannte Venn-Diagramme veranschaulichen:

Bequem ist die folgende abkürzende Schreibweise: Ist $(A_i)_{i \in \mathbb{N}}$ eine Folge paarweise disjunkter Ereignisse, so verwendet man anstelle von $\bigcup\limits_{i=1}^{\infty} A_i$ das Symbol $\biguplus\limits_{i=1}^{\infty} A_i$. Wenn dieses letzte Symbol verwendet wird, so ist damit implizit gesagt, daß die zu vereinigenden Ereignisse paarweise disjunkt sind.

Wir kommen jetzt nochmals auf die am Ende von Abschnitt 1.1 behandelten zusammengesetzten Zufallsexperimente zurück. Dort wurde anhand von zwei Beispielen gezeigt, daß bei der Modellierung eines zusammengesetzten Zufallsexperiments die Ergebnismenge das kartesische Produkt aus den Ergebnismengen der Einzelzufallsexperimente ist. Im folgenden soll die Frage behandelt werden, wie auf der Ergebnismenge des zusammengesetzten Zufallsexperiments eine geeignete Ereignis-σ-Algebra konstruiert werden kann. Dazu wird nochmals das Beispiel 1.7 GLUECK betrachtet.

Beispiel 1.16 GLUECK Bei diesem zusammengesetzten Zufallsexperiment werden die beiden Einzelzufallsexperimente MUENZE und WUERFEL hintereinander ausgeführt. Zur Modellierung dieser beiden

Einzelzufallsexperimente wählen wir die meßbaren Räume
$(\Omega_1,\mathcal{A}_1)$ mit $\Omega_1 = \{k,z\}$ und $\mathcal{A}_1 = 2^{\Omega_1} = \{\{\},\{k\},\{z\},\{k,z\}\}$ bzw.
$(\Omega_2,\mathcal{A}_2)$ mit $\Omega_2 = \{1,2,3,4,5,6\}$ und $\mathcal{A}_2 = \{\{\},\{1,2,3,4\},\{5,6\},\{1,2,3,4,5,6\}\}$.
Mit der Wahl von $\mathcal{A}_2$ bringen wir zum Ausdruck, daß wir uns beim Einzelzufallsexperiment WUERFEL nur dafür interessieren, ob die geworfene Augenzahl kleiner gleich 4 bzw. größer als 4 ist.

Für das zusammengesetzte Zufallsexperiment wählen wir wie in Beispiel 1.7 die Ergebnismenge $\Omega_1 \times \Omega_2 = \{(\omega_1,\omega_2) \mid \omega_1 \in \Omega_1, \omega_2 \in \Omega_2\}$. Für die Konstruktion einer geeigneten Ereignis-σ-Algebra auf $\Omega_1 \times \Omega_2$ gehen wir von folgenden Überlegungen aus: Es ist klar, daß im zusammengesetzten Zufallsexperiment die verbal formulierte Tatsache „Bei der Münze liegt Kopf und beim Würfel liegt eine Augenzahl kleiner gleich 4 oben" ein Ereignis sein soll. Dieses Ereignis hat die formale Darstellung

$$\{(k,1),(k,2),(k,3),(k,4)\} = \{(\omega_1,\omega_2) \mid \omega_1 \in \{k\}, \omega_2 \in \{1,2,3,4\}\} = \{k\} \times \{1,2,3,4\}$$

Allgemein wird man alle Teilmengen von $\Omega_1 \times \Omega_2$ von der Gestalt $A_1 \times A_2$, wobei A_1 ein Ereignis des Einzelzufallsexperiments MUENZE und A_2 ein Ereignis des Einzelzufallsexperiments WUERFEL ist, als Ereignis des zusammengesetzten Zufallsexperiments ansprechen wollen. Wir betrachten deshalb das Mengensystem

$$\mathcal{R} = \{A_1 \times A_2 \mid A_1 \in \mathcal{A}_1, A_2 \in \mathcal{A}_2\}.$$

$\mathcal{R}$ ist keine σ-Algebra auf $\Omega_1 \times \Omega_2$, denn zum Beispiel ist

$$A = \{(k,1),(k,2),(k,3),(k,4)\} = \{k\} \times \{1,2,3,4\}$$

ein Element von $\mathcal{R}$, während das Komplement

$$\overline{A} = \{(k,5),(k,6),(z,1),(z,2),(z,3),(z,4),(z,5),(z,6)\}$$

kein Element von $\mathcal{R}$ ist. Deshalb wählen wir die von $\mathcal{R}$ erzeugte σ-Algebra $\sigma(\mathcal{R})$. Mit dem Paar $(\Omega_1 \times \Omega_2, \sigma(\mathcal{R}))$ haben wir einen geeigneten meßbaren Raum für das zusammengesetzte Zufallsexperiment konstruiert.

Die folgende Definition verallgemeinert den im Beispiel 1.16 GLUECK beschriebenen Vorgang für den Fall, daß ein Zufallsexperiment aus $n \geq 2$ Einzelzufallsexperimenten zusammengesetzt ist

Definition 1.7. Es seien n meßbare Räume $((\Omega_i,\mathcal{A}_i))_{1\leq i\leq n}$ gegeben. Dann heißt die von dem Mengensystem

$$\mathcal{R} = \{A_1 \times A_2 \times \ldots \times A_n \mid A_1 \in \mathcal{A}_1, A_2 \in \mathcal{A}_2, \ldots, A_n \in \mathcal{A}_n\}$$

auf $\Omega_1 \times \Omega_2 \times \ldots \times \Omega_n = \bigtimes_{i=1}^{n} \Omega_i$ erzeugte σ-Algebra $\sigma(\mathcal{R})$ die **Produkt-σ-Algebra** aus $\mathcal{A}_1, \mathcal{A}_2, \ldots, \mathcal{A}_n$.
Sie wird mit $\mathcal{A}_1 \otimes \mathcal{A}_2 \otimes \ldots \otimes \mathcal{A}_n$ bzw. mit $\bigotimes_{i=1}^{n} \mathcal{A}_i$ bezeichnet. Der meßbare Raum

$$\left(\bigtimes_{i=1}^{n} \Omega_i, \bigotimes_{i=1}^{n} \mathcal{A}_i\right)$$

wird **Produktmeßraum** aus $((\Omega_i,\mathcal{A}_i))_{1\leq i\leq n}$ genannt. Der meßbare Raum $(\Omega_i,\mathcal{A}_i)$ heißt der i-te **Komponentenraum**, und das Sytem $\mathcal{R}$ heißt das System der **Rechteckmengen** des Produktmeßraums.

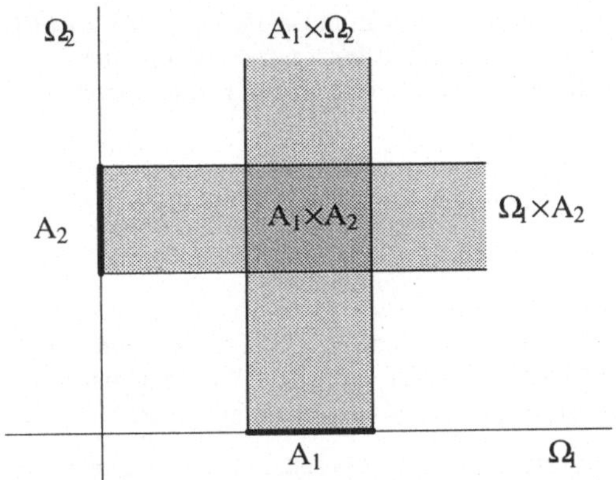

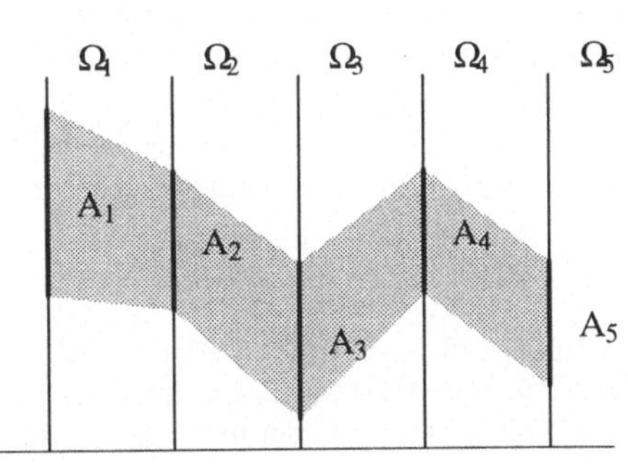

Abbildung 1.3 Ereignisse in zusammengesetzten Zufallsexperimenten

Bemerkung 1.10 Da jede Menge $A_1 \times A_2 \times \ldots \times A_n \in \mathcal{R}$ auch als Durchschnitt

$$(A_1 \times \Omega_2 \times \Omega_3 \times \ldots \times \Omega_n) \cap (\Omega_1 \times A_2 \times \Omega_3 \times \ldots \times \Omega_n) \cap \ldots \cap (\Omega_1 \times \Omega_2 \times \ldots \times A_n) = \bigcap_{i=1}^{n} \pi_i^{-1}(A_i)$$

dargestellt werden kann, und jede spezielle Rechteckmenge $\Omega_1 \times \ldots \Omega_{i-1} \times A_i \times \Omega_{i+1} \times \ldots \times \Omega_n$ als Urbild $\pi_i^{-1}(A_i)$ von A_i ein Element von $\pi_i^{-1}(\mathcal{A}_i)$ ist, gilt

$$A_1 \times A_2 \times \ldots \times A_n \in \sigma(\pi_1^{-1}(\mathcal{A}_1) \cup \pi_2^{-1}(\mathcal{A}_2) \cup \ldots \cup \pi_n^{-1}(\mathcal{A}_n)) = \sigma(\bigcup_{i=1}^{n} \pi_i^{-1}(\mathcal{A}_i)).$$

Hieraus folgt $\mathcal{R} \subseteq \sigma(\bigcup_{i=1}^{n} \pi_i^{-1}(\mathcal{A}_i))$. Da $\mathcal{R}$ ein Erzeugendensystem der Produkt-σ-Algebra $\bigotimes_{i=1}^{n} \mathcal{A}_i$ ist, gilt nach Bemerkung 1.8: $\bigotimes_{i=1}^{n} \mathcal{A}_i = \sigma(\bigcup_{i=1}^{n} \pi_i^{-1}(\mathcal{A}_i))$. Man hatte also bei der Definition der σ-Algebra $\bigotimes_{i=1}^{n} \mathcal{A}_i$ auch von der Formalisierung der folgenden Minimalforderungen ausgehen können: Für jedes $i = 1,2,3,\ldots,n$ soll jeweils für alle $A_i \in \mathcal{A}_i$ die verbal formulierte Tatsache „Bei der Durchführung des i-ten Einzelzufallsexperiments tritt das Ereignis A_i ein" ein Ereignis im Gesamtzufallsexperiment sein. Es liegt nahe auch bei Zufallsexperimenten, die nicht aus nur endlich vielen, sondern abzählbar unendlich vielen Einzelzufallsexperimenten zusammengestzt sind, analog zu verfahren:

Definition 1.8. Es sei $((\Omega_i,\mathcal{A}_i))_{i\in\mathbb{N}}$ eine Folge von meßbaren Räumen. Dann heißt die von dem Mengensystem $\bigcup_{i=1}^{\infty} \pi_i^{-1}(\mathcal{A}_i)$ auf $\bigtimes_{i=1}^{\infty} \Omega_i$ erzeugte σ-Algebra $\sigma(\bigcup_{i=1}^{\infty} \pi_i^{-1}(\mathcal{A}_i))$ die **Produkt-σ-Algebra** aus $(\mathcal{A}_i)_{i\in\mathbb{N}}$. Sie wird mit $\bigotimes_{i=1}^{\infty} \mathcal{A}_i$ bezeichnet. Der meßbare Raum

$$(\bigtimes_{i=1}^{\infty} \Omega_i, \bigotimes_{i=1}^{\infty} \mathcal{A}_i)$$

wird **Produktmeßraum** aus $((\Omega_i,\mathcal{A}_i))_{i\in\mathbb{N}}$ genannt. Der meßbare Raum $(\Omega_i,\mathcal{A}_i)$ heißt der i-te **Komponentenraum** des Produktmeßraums.

Die Definitionen 1.7 und 1.8 beinhalten den Sonderfall, daß alle Komponentenräume identisch sind. Falls $\Omega_i = \Omega$ für alle $i \in I$, mit $I = \{1,2,3,\ldots,n\}$ oder $I = \mathbb{N}$ gilt, so schreiben wir Ω^n anstelle von $\bigtimes_{i=1}^{n} \Omega$ bzw. Ω^∞ anstelle von $\bigtimes_{i=1}^{\infty} \Omega$.

Beispiel 1.17 MEHRWURF Im Beispiel 1.8 MEHRWURF wurde das Zufallsexperiment WUERFEL n-mal hintereinander ausgeführt. Interessiert man sich bei jedem einzelnen Wurf nur dafür, ob eine Sechs gewürfelt wird oder nicht, so kann jedes Einzelzufallsexperiment durch den folgenden Meßraum modelliert werden:

$$\Omega = \{1,2,3,4,5,6\}, \quad \mathcal{A} = \{\{\},\Omega,\{6\},\{1,2,3,4,5\}\}$$

Das aus den n Einzelzufallsexperimenten zusammengesetzte Zufallsexperiment wird dann durch den Meßraum $\left(\mathop{\times}\limits_{i=1}^{n} \Omega, \bigotimes\limits_{i=1}^{n} \mathcal{A}\right)$ beschrieben.

Beispiel 1.18 ∞-WURF Stellt man sich vor, daß man das Zufallsexperiment WUERFEL ∞ oft durchführt, und interessiert man sich wie im Beispiel 1.17 MEHRWURF bei jedem einzelnen Wurf nur dafür, ob eine Sechs oben liegt oder nicht, dann wird das zusammengesetzte Zufallsexperiment durch den Meßraum $\left(\mathop{\times}\limits_{i=1}^{\infty} \Omega, \bigotimes\limits_{i=1}^{\infty} \mathcal{A}\right)$ modelliert. Dabei ist $(\Omega,\mathcal{A})$ der das Einzelzufallsexperiment beschreibende Meßraum aus Beispiel 1.17 MEHRWURF.

Der für die Praxis wichtigste Fall liegt natürlich wieder dann vor, wenn in einem Produktmeßraum alle Komponentenräume gleich $(\mathbb{R},\mathcal{B})$ sind.

Definition 1.9. Die auf dem $\mathbb{R}^n$ aus $\mathcal{A}_1 = \mathcal{B}, \mathcal{A}_2 = \mathcal{B}, \ldots, \mathcal{A}_n = \mathcal{B}$ definierte Produkt-σ-Algebra $\bigotimes\limits_{i=1}^{n} \mathcal{B}$ heißt σ-Algebra der **n-dimensionalen Borelschen Mengen**. Sie wird mit $\mathcal{B}(\mathbb{R}^n)$ bezeichnet.

Für diese σ-Algebra $\bigotimes\limits_{i=1}^{n} \mathcal{B}$ der n-dimensionalen Borelschen Mengen ist auch das Symbol $\mathcal{B}^n$ gebräuchlich, obwohl diese Bezeichnung formal falsch ist. Denn das Symbol $\mathcal{B}^n$ ist vergeben für die Menge aller geordneten n-tupel mit Komponenten aus $\mathcal{B}$. Deshalb bezeichnen wir diese σ-Algebra mit dem Symbol $\mathcal{B}(\mathbb{R}^n)$.

Bemerkung 1.11 Die σ-Algebra $\mathcal{B}(\mathbb{R}^n)$ wird gemäß Definition 1.9 von dem Mengensystem

$$\mathcal{R} = \{B_1 \times B_2 \times \ldots \times B_n \mid B_1, B_2, \ldots, B_n \in \mathcal{B}(\mathbb{R})\}$$

erzeugt. Man kann zeigen (vgl. Aufgabe 1.3.5), daß die σ-Algebra $\mathcal{B}(\mathbb{R}^n)$ auch erzeugt wird

- von dem Mengensystem aller n-dimensionalen Intervalle
$$\mathcal{I}(\mathbb{R}^n) = \{I_1 \times I_2 \times \ldots \times I_n \mid I_1, I_2, \ldots, I_n \in \mathcal{I}(\mathbb{R})\}$$
- von dem Mengensystem aller beschränkten nach links offenen und nach rechts abgeschlossenen n-dimensionalen Intervalle
$$\{(a_1,b_1] \times (a_2,b_2] \times \ldots \times (a_n,b_n] \mid a_1,b_1,\ldots,a_n,b_n \in \mathbb{R} \text{ mit } a_1 \le b_1, \ldots, a_n \le b_n\}$$
- von dem Mengensystem aller nach links unbeschränkten und nach rechts abgeschlossenen n-dimensionalen Intervalle
$$\{(-\infty,b_1] \times (-\infty,b_2] \times \ldots \times (-\infty,b_n] \mid b_1,b_2,\ldots,b_n \in \mathbb{R}\}$$
- von dem Mengensystem aller beschränkten offenen n-dimensionalen Intervalle
$$\{(a_1,b_1) \times (a_2,b_2) \times \ldots \times (a_n,b_n) \mid a_1,b_1,\ldots,a_n,b_n \in \mathbb{R} \text{ mit } a_1 \le b_1, \ldots, a_n \le b_n\}$$
- von dem Mengensystem $\mathcal{O}(\mathbb{R}^n)$ der offenen Mengen des $\mathbb{R}^n$.

Für den Fall endlich vieler Komponentenräume $(\Omega_i,\mathcal{A}_i)$ mit endlichen Mengen Ω_i, kann der Produktmeßraum mit Hilfe der Mathematica-Funktionen `kartesischeProdukt`, `systemRechtecke` und `erzAlgebra`, die alle nach Laden des **Probability'Master'** zur Verfügung stehen, konstruiert werden. Hinweise und Beispiele hierzu finden Sie im **Notebook NB1K1A3.ma**.

Aufgaben zum Abschnitt 1.3

Aufgabe 1.3.1

Ein Zufallsexperiment werde durch den meßbaren Raum $(\Omega,\mathcal{A})$ modelliert. A und B seien Ereignisse. Drücken Sie die folgenden verbal formulierten Ereignisse durch mengentheoretische Verknüpfungen der Ereignisse A und B aus. Veranschaulichen Sie die Ereignisse mit Hilfe von Venn-Diagrammen:

(a) Von den beiden Ereignissen A und B tritt keines ein.

(b) Von den beiden Ereignissen A und B tritt höchstens eines ein.

(c) Von den beiden Ereignissen A und B tritt mindestens eines ein.

(d) Von den beiden Ereignissen A und B tritt genau eines ein.

(e) Von den beiden Ereignissen A und B treten beide ein.

Aufgabe 1.3.2

Diese Aufgabe bezieht sich auf das **ROULETTE**, das in der Aufgabe 1.2.7 eingeführt wurde. Den Spielern stehen bestimmte Einsatzmöglichkeiten und Gewinnchancen offen. Z.B. kann man einen bestimmten Betrag auf **Pair** setzen. Falls die vom Croupier geworfene Kugel in einem Fach mit einer geraden Zahl landet, die aber nicht gleich 0 sein darf, erhält man den auf **Pair** gemachten Einsatz zurück, und zusätzlich wird derselbe Betrag noch einmal als Gewinn ausgezahlt. Analog kann man auf **Rouge** setzen. Falls die vom Croupier geworfene Kugel in einem Fach mit einer roten Zahl landet, erhält man den auf **Rouge** gemachten Einsatz zurück, und zusätzlich wird derselbe Betrag noch einmal als Gewinn ausgezahlt.

Für den Fall, daß die Kugel auf der 0 liegen bleibt, gelten besondere Regelungen. In den meisten Spielcasinos bleibt der Einsatz stehen, und der Spieler hat noch eine weitere Chance. Damit das Beispiel hier nicht zu kompliziert wird, vereinbaren wir für **unser** Spielcasino, daß der Spieler beim Auftreten der 0 seinen Einsatz verliert.

Nehmen Sie nun an, daß ein Spieler denselben Betrag jeweils auf **Pair** und auf **Rouge** setzt. Beschreiben Sie in dem meßbaren Raum $(\Omega,\mathcal{A})$ mit $\Omega = \{0,1,2,\ldots,36\}$ und $\mathcal{A} = 2^{\Omega}$ die folgenden Ereignisse:

(a) Der Spieler verliert den gesamten Einsatz.

(b) Der Spieler macht keinen Gewinn.

(c) Der Spieler macht keinen Verlust.

(d) Der Spieler macht weder Gewinn noch Verlust.

(e) Der Spieler macht einen Gewinn.

Aufgabe 1.3.3

Ein Zufallsexperiment werde durch den meßbaren Raum $(\Omega,\mathcal{A})$ modelliert. A,B und C seien Ereignisse. Drücken Sie die folgenden verbal formulierten Ereignisse durch mengentheoretische Verknüpfungen der Ereignisse A,B und C aus. Veranschaulichen Sie die Ereignisse mit Hilfe von Venn-Diagrammen:

(a) Von den drei Ereignissen A,B,C tritt keines ein.

(b) Von den drei Ereignissen A,B,C tritt höchstens eines ein.

(c) Von den drei Ereignissen A,B,C tritt mindestens eines ein.

(d) Von den drei Ereignissen A,B,C tritt genau eines ein.

(e) Von den drei Ereignissen A,B,C treten höchstens zwei ein.

(f) Von den drei Ereignissen A,B,C treten mindestens zwei ein.

(g) Von den drei Ereignissen A,B,C treten genau zwei ein.

(h) Von den drei Ereignissen A,B,C treten alle drei ein.

(i) Von den drei Ereignissen A,B,C tritt mindestens eines nicht ein.

(j) Von den drei Ereignissen A, B, C treten mindestens zwei nicht ein.

(k) Von den drei Ereignissen A, B, C tritt nur A ein.

Aufgabe 1.3.4

Auch diese Aufgabe bezieht sich auf das **ROULETTE.** Wir beziehen jetzt die Einsatzmöglichkeit **Manque** ein: Falls die vom Croupier geworfene Kugel in einem Fach mit einer der Zahlen $1, 2, 3, \ldots, 18$ landet, erhält man den auf **Manque** gemachten Einsatz zurück und zusätzlich wird derselbe Betrag noch einmal als Gewinn ausgezahlt.

Nehmen Sie an, daß ein Spieler denselben Betrag jeweils auf **Pair**, auf **Rouge** und auf **Manque** setzt. Beschreiben Sie in dem meßbaren Raum $(\Omega, \mathcal{A})$ mit $\Omega = \{0, 1, 2, \ldots, 36\}$ und $\mathcal{A} = 2^{\Omega}$ die folgenden Ereignisse:

(a) Der Spieler verliert den gesamten Einsatz.

(b) Der Spieler macht keinen Gewinn.

(c) Der Spieler macht keinen Verlust.

(d) Der Spieler macht weder Gewinn noch Verlust.

(e) Der Spieler macht einen Gewinn.

Aufgabe 1.3.5

Es seien $(\Omega_1, \mathcal{A}_1)$ und $(\Omega_2, \mathcal{A}_2)$ zwei meßbare Räume. $\mathcal{A}_1$ werde durch $\mathcal{E}_1$ und $\mathcal{A}_2$ werde durch $\mathcal{E}_2$ erzeugt.

Auf $\Omega = \Omega_1 \times \Omega_2$ seien die folgenden Mengensysteme definiert:

$$\mathcal{R}_1 = \{A_1 \times \Omega_2 \mid A_1 \in \mathcal{A}_1\}$$
$$\mathcal{R}_2 = \{\Omega_1 \times A_2 \mid A_2 \in \mathcal{A}_2\}$$

(a) Beweisen Sie, daß $\mathcal{R}_1$ und $\mathcal{R}_2$ σ-Algebren auf $\Omega = \Omega_1 \times \Omega_2$ sind.
Hinweis: Verwenden Sie die Projektionsabbildungen π_1 und π_2 und eine Aussage aus Lemma 1.2.

(b) Zeigen Sie, daß gilt: $\mathcal{A}_1 \otimes \mathcal{A}_2 = \sigma(\pi_1^{-1}(\mathcal{E}_1) \cup \pi_2^{-1}(\mathcal{E}_2))$.
Hinweis: Zeigen Sie $\sigma(\pi_1^{-1}(\mathcal{A}_1) \cup \pi_2^{-1}(\mathcal{A}_2)) = \sigma(\pi_1^{-1}(\mathcal{E}_1) \cup \pi_2^{-1}(\mathcal{E}_2))$.
Die Richtung $\sigma(\pi_1^{-1}(\mathcal{E}_1) \cup \pi_2^{-1}(\mathcal{E}_2)) \subseteq \sigma(\pi_1^{-1}(\mathcal{A}_1) \cup \pi_2^{-1}(\mathcal{A}_2))$ ist evident.
Um $\sigma(\pi_1^{-1}(\mathcal{A}_1) \cup \pi_2^{-1}(\mathcal{A}_2)) \subseteq \sigma(\pi_1^{-1}(\mathcal{E}_1) \cup \pi_2^{-1}(\mathcal{E}_2))$ zu zeigen, benutzen Sie die Tatsache, daß $\pi_i^{-1}(\mathcal{E}_i) \subseteq \bigcup_{i=1}^{2} \pi_i^{-1}(\mathcal{E}_i)$ für $i = 1, 2$ gilt, und verwenden Sie wieder eine Aussage aus Lemma 1.2.

(c) Setzen Sie zusätzlich voraus, daß es in $\mathcal{E}_1$ eine Folge $(E_{k1})_{k \in \mathbb{N}}$ mit $\bigcup_{k=1}^{\infty} E_{k1} = \Omega_1$ und in $\mathcal{E}_2$ eine Folge$(E_{k2})_{k \in \mathbb{N}}$ mit $\bigcup_{k=1}^{\infty} E_{k2} = \Omega_2$ gibt, und beweisen Sie, daß die σ-Algebra $\mathcal{A}_1 \otimes \mathcal{A}_2$ auch durch das Mengensystem $\mathcal{E} := \{E_1 \times E_2 \mid E_1 \in \mathcal{E}_1, E_2 \in \mathcal{E}_2\}$ erzeugt wird.

(d) Verallgemeinern Sie die Situation dieser Aufgabe für den Fall, daß $n \geq 3$ meßbare Räume $(\Omega_i, \mathcal{A}_i)$, $i = 1, 2, \ldots, n$ vorliegen. Zeigen Sie, daß sich im Spezialfall $\Omega_i = \mathbb{R}$ und $\mathcal{A}_i = \mathcal{B}$ die Aussagen der Bemerkung 1.11 ergeben.

1.4 Wahrscheinlichkeitsmaße

Das wesentliche Charakteristikum von **Zufalls**experimenten ist, daß das Eintreten oder Nichteintreten eines bestimmten Ereignisses A vom Zufall abhängt. Vor Durchführung des Zufallsexperiments kann deshalb nicht mit **absoluter Sicherheit** vorhergesagt werden, ob das Ereignis A

eintritt oder nicht, es sei denn A ist das unmögliche Ereignis $\{\,\}$ oder das sichere Ereignis Ω. Dennoch wird man bei den meisten Zufallsexperimenten eine Aussage darüber machen wollen, mit **welcher** Sicherheit mit dem Eintreten bzw. Nichteintreten eines bestimmten Ereignisses A zu **rechnen** ist. Die Formulierung solcher Aussagen setzt die Einführung eines Wahrscheinlichkeitsmaßes voraus.

Es wird sich zeigen, daß mathematisch gesehen das Wahrscheinlichkeitsmaß eine Funktion ist, die jedem Ereignis A eines meßbaren Raumes $(\Omega,\mathcal{A})$ eine reelle Zahl zuordnet. Dabei werden nur solche Funktionen als Wahrscheinlichkeitsmaße bezeichnet, die drei noch zu formulierende Axiome erfüllen. Die Entwicklung dieses Axiomensystems war historisch gesehen ein langwieriger Prozeß. Er soll an dem Beispiel WUERFEL nachvollzogen werden, bevor die mathematisch exakte Definition des Wahrscheinlichkeitsmaßes gegeben wird.

Beispiel 1.19 WUERFEL Zur Modellierung des Zufallsexperiments „Werfen eines Würfels" wählen wir den meßbaren Raum $(\Omega,\mathcal{A})$ mit $\Omega = \{1,2,3,4,5,6\}$ und $\mathcal{A} = 2^{\Omega}$. In diesem Meßraum $(\Omega,\mathcal{A})$ betrachten wir die Ereignisse

EQ5:	„Eine 5 wird gewürfelt"
EVEN:	„Eine gerade Zahl wird gewürfelt"
ODD:	„Eine ungerade Zahl wird gewürfelt"
Ω :	„Eine der Zahlen 1,2,3,4,5,6 wird gewürfelt".

Während das Ereignis Ω mit absoluter Sicherheit eintritt, läßt sich über die Sicherheit, mit der das Eintreten der anderen Ereignisse erwartet werden kann, mit unseren bisherigen Kenntnissen vergleichsweise wenig sagen, weil die Sicherheit, mit der das Eintreten dieser Ereignisse erwartet werden kann, durch den meßbaren Raum $(\Omega,\mathcal{A})$ noch nicht erfaßt wird.

Will man trotzdem entsprechende Aussagen machen, so nimmt man einen konkreten Würfel und würfelt, und zwar nicht nur einmal sondern mehrmals, sagen wir n-mal. Intuitiv scheint nämlich klar zu sein, daß die Häufigkeit, mit der ein bestimmtes Ereignis A in einer Wurfserie auftritt, ein Indikator ist für die Sicherheit, mit der das Eintreten des Ereignisses bei der einmaligen Durchführung des Zufallsexperiments erwartet werden kann.

Das Beispiel 1.19 WUERFEL legt es nahe, für ein beliebiges Zufallsexperiment zunächst den Begriff der Häufigkeit eines Ereignisses zu diskutieren. Von zentraler Bedeutung ist dabei die Vorstellung, daß dieses Zufallsexperiment n-mal wiederholt werden kann. Die Ergebnisse $\omega_1,\omega_2,\omega_3,\ldots,\omega_n$ dieser n Wiederholungen bilden eine **Ergebnisreihe**, die gegebenenfalls auch als **Versuchsreihe** bezeichnet wird.

Formal liegt ein Sonderfall der in Definition 1.7 beschriebenen Situation vor: Wenn das einzelne Zufallsexperiment durch den Meßraum $(\Omega,\mathcal{A})$ modelliert wird, dann wird das aus den n Einzelzufallsexperimenten zusammengesetzte Zufallsexperiment durch den Produktmeßraum $(\Omega^n, \bigotimes_{i=1}^{n} \mathcal{A})$ modelliert. Eine Versuchsreihe $\omega_1,\omega_2,\omega_3,\ldots,\omega_n$ ist also formal gesehen ein Element $\omega = (\omega_1,\omega_2,\omega_3,\ldots,\omega_n)$ des kartesischen Produktes Ω^n.

Definition 1.10. Ein Zufallsexperiment werde durch den meßbaren Raum $(\Omega,\mathcal{A})$ modelliert. Bei der n-maligen Durchführung des Zufallsexperiments werde das Element

$$\omega = (\omega_1,\omega_2,\omega_3,\ldots,\omega_n)$$

des kartesischen Produkts Ω^n realisiert.
Dann heißt die Funktion

$$\begin{aligned} h_n :\ & \mathcal{A} \rightarrow \mathbb{R} \\ & A \mapsto h_n(A) := |\{i\,|\omega_i \in A\}| = \sum_{i=1}^{n} 1_A(\omega_i) = \sum_{i=1}^{n} (1_A \circ \pi_i)(\omega) \end{aligned}$$

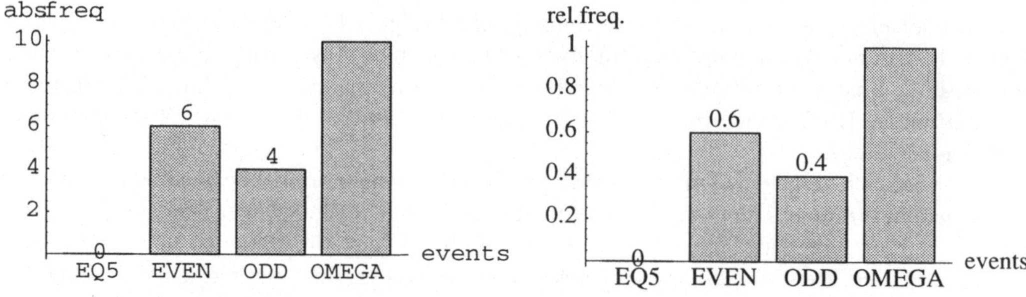

Abbildung 1.4 Balkendiagramme zu Beispiel 1.20 WUERFEL

die **absolute Häufigkeit** (bezüglich der vorliegenden Ergebnisreihe $\boldsymbol{\omega} = (\omega_1, \omega_2, \omega_3, \ldots, \omega_n)$), und die Funktion

$$\begin{aligned} r_n: \ \mathcal{A} &\to \mathbb{R} \\ A &\mapsto r_n(A) := \frac{1}{n} h_n(A) \end{aligned}$$

heißt **relative Häufigkeit** (bezüglich der vorliegenden Ergebnisreihe $\boldsymbol{\omega} = (\omega_1, \omega_2, \omega_3, \ldots, \omega_n)$).

Beispiel 1.20 WUERFEL Das 10-malige Würfeln mit einem Würfel lieferte die folgende Ergebnisreihe:

$$(3, 6, 2, 2, 1, 4, 1, 6, 3, 4)$$

Für die Ereignisse EQ5 $= \{5\}$, EVEN $= \{2,4,6\}$, ODD $= \{1,3,5\}$ und OMEGA $= \{1,2,3,4,5,6\}$ gilt dann:

$$\begin{array}{llll} h_{10}(\text{EQ5}) & = 0 & r_{10}(\text{EQ5}) & = 0 \\ h_{10}(\text{EVEN}) & = 6 & r_{10}(\text{EVEN}) & = 0.6 \\ h_{10}(\text{ODD}) & = 4 & r_{10}(\text{ODD}) & = 0.4 \\ h_{10}(\text{OMEGA}) & = 10 & r_{10}(\text{OMEGA}) & = 1 \end{array}$$

Es versteht sich von selbst, daß man bei langen Ergebnisreihen das Auszählen der absoluten Häufigkeiten heute EDV-mäßig durchführt. Alle gängigen Statistik-Programmsysteme (SAS, SPSS, ...) verfügen über entsprechende Prozeduren. Da wir in diesem Buch im wesentlichen bei dem Programmsystem Mathematica bleiben wollen, finden Sie im **Notebook NB1K1A4.ma** Funktionen, die das Auszählen der absoluten und die Berechnung der relativen Häufigkeiten für Ereignisse übernehmen und diese Häufigkeiten anschaulich in Form von Balkendiagrammen darstellen.

Für das Beispiel 1.20 WUERFEL wurde in diesem Notebook die Abbildung 1.4 erstellt.

Wenn Sie wollen, können Sie diese Grafik und auch die der folgenden Beispiele an Hand des **Notebooks NB1K1A4.ma** selber erzeugen.

Beispiel 1.21 WUERFEL Mit dem Zufallszahlengenerator von Mathematica wurden drei Wurfreihen erstellt. Bei den ersten beiden Wurfreihen würfelte Mathematica jeweils 200-mal, bei der dritten Wurfreihe 500-mal. Danach wurden für jede Wurfreihe die absoluten und relativen Häufigkeiten der Elementarereignisse $\{1\},\{2\},\{3\},\{4\},\{5\},\{6\}$ berechnet und diese anschließend in Balkendiagrammen dargestellt:

Wir betrachten zunächst die linke Hälfte der Abbildung 1.5. Dort sind die absoluten Häufigkeiten der Elementarereignisse der ersten beiden Wurfreihen mit jeweils 200 Würfen als hellgraue und dunkelgraue Säulen dargestellt. In den unterschiedlichen Höhen dieser Säulen dokumentiert sich die Tatsache, daß die absoluten Häufigkeiten voneinander verschieden sind. Wie beim Werfen eines realen Würfels erzeugt auch der Zufallszahlengenerator von Mathematica unterschiedliche Wurfreihen mit unterschiedlichen absoluten Häufigkeiten. Die grauen Säulen gehören zu der dritten Wurfserie mit 500 Würfen. Wie zu erwarten, tritt

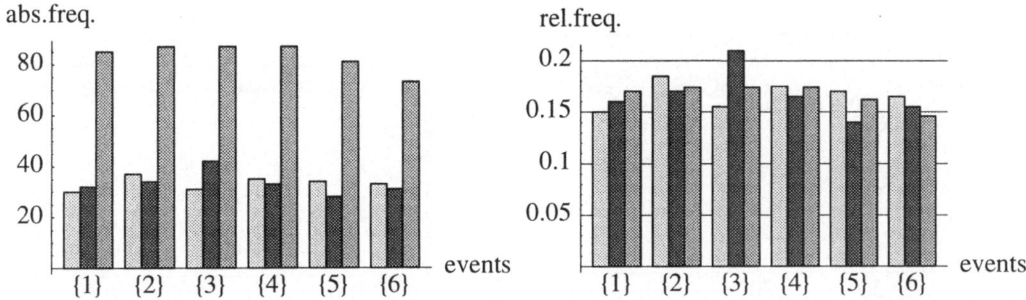

Abbildung 1.5 Balkendiagramme zu Beispiel 1.21 WUERFEL

in einer Ergebnisreihe mit 500 Würfen jedes Elementarereignis häufiger auf als in Ergebnisreihen mit nur 200 Würfen. Will man trotzdem die ersten beiden Ergebnisreihen mit der dritten vergleichen, so muß man anstelle der absoluten Häufigkeiten die (auf die Anzahl aller Ergebnisse in der entsprechenden Ergebnisreihe bezogenen) relativen Häufigkeiten heranziehen. Diese relativen Häufigkeiten sind in der rechten Hälfte der Abbildung 1.5 dargestellt.

Nachdem wir uns kurz mit der Berechnung und graphischen Darstellung von absoluten und relativen Häufigkeiten beschäftigt haben, wollen wir nun zum eigentlichen Thema dieses Abschnitts zurückkehren. Das Ziel dieses Abschnitts ist es, ein Maß für die Sicherheit zu finden, mit dem bei der Durchführung eines Zufallsexperiments das Eintreten eines bestimmten Ereignisses A erwartet werden kann. Ein erster Schritt in Richtung auf dieses Ziel wurde mit der Einführung der absoluten und relativen Häufigkeiten getan. Um das weitere Vorgehen zu motivieren, listen wir die drei entscheidenden Eigenschaften der absoluten Häufigkeiten auf, aus denen sich dann die entsprechenden Eigenschaften der relativen Häufigkeiten herleiten. Führt man ein Zufallsexperiment, das durch den meßbaren Raum $(\Omega,\mathcal{A})$ modelliert wird, n-mal durch, dann gilt:

- Für jedes Ereignis A ist die absolute Häufigkeit $h_n(A)$ mindestens 0 und höchstens n. Es gilt also: $0 \leq h_n(A) \leq n$.
- Das sichere Ereignis Ω besitzt die absolute Häufigkeit $h_n(\Omega) = n$.
- Wenn die Ereignisse A und B unvereinbar sind, dann addieren sich die absoluten Häufigkeiten $h_n(A)$ und $h_n(B)$ zur absoluten Häufigkeit $h_n(A \uplus B)$ des Ereignisses $A \uplus B$, d.h. es gilt: $h_n(A \uplus B) = h_n(A) + h_n(B)$.

Dividiert man die obigen Gleichungen bzw. Ungleichungen durch n, so ergeben sich die folgenden **Eigenschaften der relativen Häufigkeiten**:

($\boldsymbol{R1}$) Für jedes Ereignis A gilt: $0 \leq r_n(A) \leq 1$.
($\boldsymbol{R2}$) Für das sichere Ereignis Ω gilt: $r_n(\Omega) = 1$.
($\boldsymbol{R3}$) Für unvereinbare Ereignisse A und B gilt: $r_n(A \uplus B) = r_n(A) + r_n(B)$.

Die naheliegende Idee, die relativen Häufigkeiten der Ereignisse als deren Wahrscheinlichkeiten zu definieren, war historisch gesehen der erste Ansatz für die Einführung von Wahrscheinlichkeiten. Diese Idee scheiterte an der Tatsache, daß sich für ein Ereignis aus unterschiedlichen Ergebnisreihen in der Regel auch unterschiedliche relative Häufigkeiten ergeben, auch wenn die Längen der Ergebnisreihen übereinstimmen. So hat sich im Beispiel 1.21 WUERFEL für das

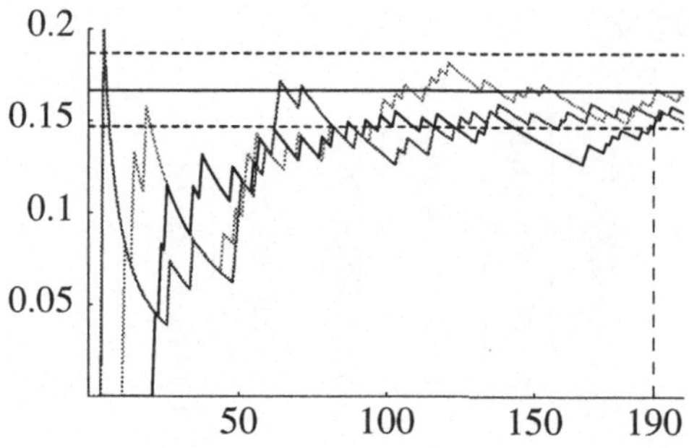

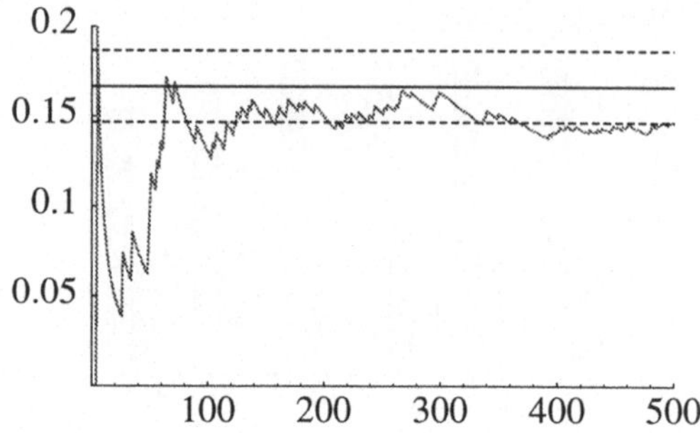

Abbildung 1.6 Stabilisierung der relativen Häufigkeiten

Ereignis „Sechs wird gewürfelt" bei jeder der beiden ersten Wurfserien eine andere relative Häufigkeit ergeben (vgl. Abbildung 1.5). In Abbildung 1.6 sind die relativen Häufigkeiten $r_n(\{6\})$ des Ereignisses „Eine Sechs wird gewürfelt" für die drei Wurfserien in Abhängigkeit von n dargestellt.

Man erkennt, daß für jede der drei Serien die relativen Häufigkeiten für kleine Werte von n noch stark schwanken, während sich für große n ein deutlicher Stabilisierungseffekt einstellt: Wie man sieht pendeln sich für alle drei Serien die relativen Häufigkeiten um den Wert $\frac{1}{6}$ ein. Für große Werte von n scheinen also die Unterschiede zwischen diesen drei relativen Häufigkeiten nicht allzu groß zu sein, und man könnte vermuten, daß die Unterschiede zwischen den relativen Häufigkeiten, die sich aus unterschiedlichen Ergebnisreihen ergeben, fast verschwinden, wenn diese Ergebnisreihen nur lang genug sind. Diese Vermutung führte zu dem historischen Versuch, die Wahrscheinlichkeit eines Ereignisses A als den Grenzwert

$$\lim_{n\to\infty} r_n(A)$$

zu definieren. Das würde bedeuten, daß man mit jeder beliebigen unendlichen Ergebnisreihe diesen Grenzwert berechnen könnte. Dieser Versuche scheiterte, weil es nicht möglich ist, für ein beliebig vorgegebenes Ereignis A die Existenz des Grenzwerts $\lim\limits_{n\to\infty} r_n(A)$ im Sinne der Analysis nachzuweisen, d.h. es gelingt nicht, folgendes zu beweisen:

$$\underset{r(A)}{\exists} \quad \underset{\varepsilon>0}{\forall} \quad \underset{n_\varepsilon\in N}{\exists} \quad \underset{n>n_\varepsilon}{\forall} \quad |r_n(A)-r(A)|<\varepsilon$$

So läßt die obere Grafik in Abb 1.6 zwar vermuten, daß man für $\varepsilon = 0.02$ mit $N_\varepsilon = 190$ eine natürliche Zahl gefunden hat, so daß für alle $n > N_\varepsilon$ die relativen Häufigkeiten $r_n(\{6\})$ im eingezeichneten ε-Streifen mit der unteren Grenze $\frac{1}{6} - \varepsilon$ und der oberen Grenze $\frac{1}{6} + \varepsilon$ liegen. Daß dies nicht zutrifft zeigt sich, wenn man in der unteren Grafik die relativen Häufigkeiten der dritten Serie weiter verfolgt. Wenn allerdings der Grenzwert existieren würde, dann ließen sich die Eigenschaften $(\boldsymbol{R1})$,$(\boldsymbol{R2})$ und $(\boldsymbol{R3})$ der relativen Häufigkeiten auf den Grenzwert übertragen.

Es ist das Verdienst von *Andrej Nikolaevich Kolmogorov* (1903–1987), die Suche nach der Definition des Begriffs Wahrscheinlichkeit dadurch beendet zu haben, daß er **jede** Funktion mit den Eigenschaften $(\boldsymbol{R1})$,$(\boldsymbol{R2})$ und einer verschärften Eigenschaft $(\boldsymbol{R3})$ als Wahrscheinlichkeitsmaß bezeichnete. Er definierte den Begriff Wahrscheinlichkeitsmaß wie folgt:

Definition 1.11. Es sei $(\Omega,\mathcal{A})$ ein meßbarer Raum. Eine Funktion $P : \mathcal{A} \to \mathbb{R}$ heißt ein **Wahrscheinlichkeitsmaß** auf $(\Omega,\mathcal{A})$, wenn gilt:

$(\boldsymbol{P1})$ $0 \leq P(A) \leq 1$ für alle $A \in \mathcal{A}$.
$(\boldsymbol{P2})$ $P(\Omega) = 1$.
$(\boldsymbol{P3})$ Für jede Folge $(A_i)_{i \in N}$ von paarweise disjunkten Ereignissen gilt:

$$P(\biguplus_{i=1}^{\infty} A_i) = \sum_{i=1}^{\infty} P(A_i).$$

Das Tripel $(\Omega, \mathcal{A}, P)$ heißt dann **Wahrscheinlichkeitsraum** (W-Raum).

Bemerkung 1.12 Setzt man in $(\boldsymbol{P3})$, alle $A_i = \{\,\}$, so folgt:

$$P(\{\,\}) = 0$$

Bemerkung 1.13 Setzt man in $(\boldsymbol{P3})$ mit n disjunkten Ereignissen $A_1, A_2, \ldots, A_n$ für die übrigen Ereignisse $A_{n+1} = A_{n+2} = \ldots = \{\,\}$, so folgt:

$$P(A_1 \uplus A_2 \uplus \ldots \uplus A_n) = P(A_1) + P(A_2) + \ldots + P(A_n).$$

Falls die Ereignis-σ-Algebra $\mathcal{A}$ endlich ist, dann ist das Axiom $(\boldsymbol{P3})$ sogar äquivalent zu der Forderung: Für je zwei disjunkte Ereignisse A_1 und A_2 gilt:

$$P(A_1 \uplus A_2) = P(A_1) + P(A_2)$$

Bemerkung 1.14 Es sei $(\Omega, \mathcal{A}, P)$ ein Wahrscheinlichkeitsraum.
Dann gilt für beliebige Ereignisse A und B:

a) $P(A) + P(\overline{A}) = 1$
b) $A \subseteq B \Rightarrow P(B \setminus A) = P(B) - P(A)$
c) $A \subseteq B \Rightarrow P(A) \leq P(B)$
d) $P(B \setminus A) = P(B) - P(A \cap B)$
e) $P(A \cup B) = P(A) + P(B) - P(A \cap B)$

Der Beweis dieser Aussagen ist Gegenstand der ersten Aufgabe zu diesem Abschnitt.

Beispiel 1.22 MUENZE Die beiden Seiten einer Münze werden wie im Beispiel 1.7 GLÜCK mit den Symbolen k für „Kopf" bzw. z für „Zahl" bezeichnet. Nach Werfen der Münze wird als Ergebnis des Zufallsexperiments das Symbol der oben liegenden Seite registriert. Für die Modellierung des Zufallsexperiments geht man von der Ergebnismenge $\Omega = \{k, z\}$ und der Ereignis-σ-Algebra $\mathcal{A} = 2^{\Omega} = \{\{\,\}, \{k\}, \{z\}, \Omega\}$ aus.

Auf dem meßbaren Raum $(\Omega, \mathcal{A})$ lassen sich verschiedene Wahrscheinlichkeitsmaße definieren. Jedes dieser Wahrscheinlichkeitsmaße ist eine Funktion $P : \mathcal{A} \to \mathbb{R}$, die jedem Ereignis $A \in \mathcal{A}$ eine reelle Zahl $P(A)$ zuordnet. Diese Funktion ist hier durch die vier Zahlen $P(\{\,\}), P(\{k\}), P(\{z\}), P(\Omega)$ festgelegt. Die Zahl $P(\Omega)$ muß wegen Axiom $(\boldsymbol{P2})$ immer den Wert 1 haben. Ebenso muß wegen Bemerkung 1.12 die Zahl $P(\{\,\})$ den Wert 0 haben. Bei der Zuordnung der Wahrscheinlichkeiten zu den beiden restlichen Ereignissen $\{k\}$ und $\{z\}$ hat man noch gewisse Freiheiten:

(a) Wählt man z.B. $P(\{k\}) = \frac{1}{2}$, so ist damit wegen Bemerkung 1.14 auch $P(\{z\}) = 1 - P(\{k\}) = \frac{1}{2}$ festgelegt. Die so definierte Funktion P ist tatsächlich ein Wahrscheinlichkeitsmaß auf $(\Omega, \mathcal{A})$, und der damit festgelegte Wahrscheinlichkeitsraum $(\Omega, \mathcal{A}, P)$ ist das mathematische Modell für die Beschreibung des Zufallsexperiments „Werfen einer fairen Münze".

(b) Wählt man $P(\{k\}) = p \in [0,1]$, so ist damit auch $P(\{z\}) = 1 - P(\{k\}) = 1 - p$ festgelegt. Für jede Wahl von p entsteht damit ein anderer Wahrscheinlichkeitsraum $(\Omega, \mathcal{A}, P)$, der für $p = \frac{1}{2}$ identisch mit dem Wahrscheinlichkeitsraum aus (a) ist.

Wir werden im folgenden häufig auf das Modell (a) für das Werfen einer fairen Münze zurückgreifen. Dabei sollte uns bewußt sein, daß das Werfen einer fairen (idealen) Münze ein Gedankenexperiment ist. Wirft man in der Praxis eine reale Münze, so ist diese in den seltensten Fällen so symmetrisch, daß $P(\{k\}) = P(\{z\}) = \frac{1}{2}$ gilt. Dies liegt daran, daß der Vorgang des Prägens einer Münze – wie jeder andere Produktionsvorgang – nicht absolut vollkommen ist. Die einzelnen Münzen weichen, wenn auch nur geringfügig, von der idealen Münze ab, und sie sind auch untereinander nicht absolut identisch. In der Praxis hat man es also in der Regel nicht mit einer fairen Münze zu tun, und bei der Modellierung des Zufallsexperiments „Werfen einer Münze" entsteht das Problem, daß der richtige Wert von p unbekannt ist.

Im Abschnitt 3 dieses Kapitels wurde darauf hingewiesen, daß Ereignisse und deren Verknüpfungen durch Venn-Diagramme veranschaulicht werden können (vgl. Abbildung 1.2). Identifiziert man die Wahrscheinlichkeit eines Ereignisses mit dem Flächeninhalt derjenigen Teilmenge, durch die das Ereignis in dem Venn-Diagramm dargestellt wird, so kann man die obigen Beziehungen zwischen den Wahrscheinlichkeiten von Ereignissen durch die Beziehungen zwischen den zugehörigen Flächeninhalten interpretieren. So ergibt sich zum Beispiel für die Gleichung

$$P(A \cup B) = P(A) + P(B) - P(A \cap B)$$

die folgende anschauliche Interpretation: Addiert man die Flächeninhalte der die Ereignisse A und B darstellenden Teilmengen, so wird der Flächeninhalt des Durchschnitts $A \cap B$ doppelt gezählt. Deshalb muß man bei der Berechnung des Flächeninhalts von $A \cup B$ von der Summe aus den einzelnen Flächeninhalten den Flächeninhalt des Durchschnitts subtrahieren.

Zum Schluß dieses Abschnitts weisen wir nochmals auf das Mathematica **Notebook NB1K1A4.ma** hin: Neben den Anweisungen und Daten, mit denen Sie das Zeichnen der Grafiken aus den Abbildungen 1.4 und 1.5 nachvollziehen können, enthält dieses Notebook auch Funktionen und Anweisungen, die es ermöglichen, die Berechnung von Häufigkeiten und deren Darstellung auch dann vorzunehmen, wenn sehr umfangreiche Ergebnisreihen mit einer großen Anzahl unterschiedlicher Ergebnisse vorliegen. Die Daten zu den beiden folgenden Beispielen sind solche Meßreihen.

Beispiel 1.23 SLAENGE Die Mathematica-Liste `laenge` enthält die Abweichungen der Längen von 100 Schrauben von ihrer Sollänge (in cm). Dem Problem entsprechend wurden die Abweichungen in cm auf zwei Nachkommastellen genau erfaßt. Das folgende linke Barchart stellt die absoluten Häufigkeiten dieser Abweichungen anschaulich dar:

Dieses Barchart ist nicht sehr übersichtlich, weil es wegen der Meßgenauigkeit eine große Anzahl unterschiedlicher Abweichungen von der Sollänge gibt. In solchen Fällen empfiehlt es sich, anstelle der Häufigkeiten der Elementarereignisse die Häufigkeiten von sogenannten Klassen zu berechnen und grafisch darzustellen. Für die rechte Grafik haben wir als Klassen die Ereignisse

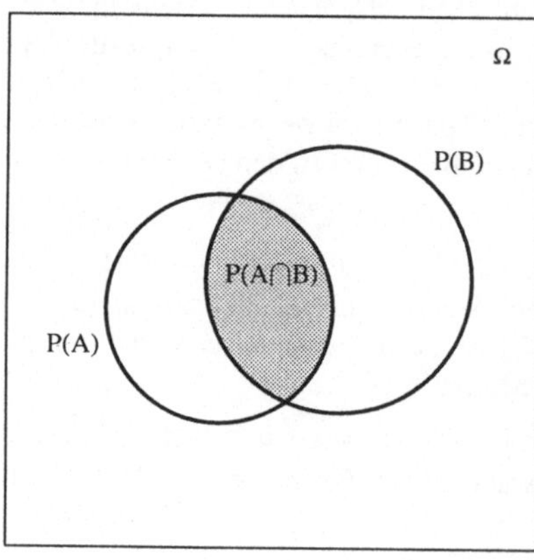

Abbildung 1.7
Venn-Diagramm zu der Gleichung
$P(A \cup B) = P(A) + P(B) - P(A \cap B)$

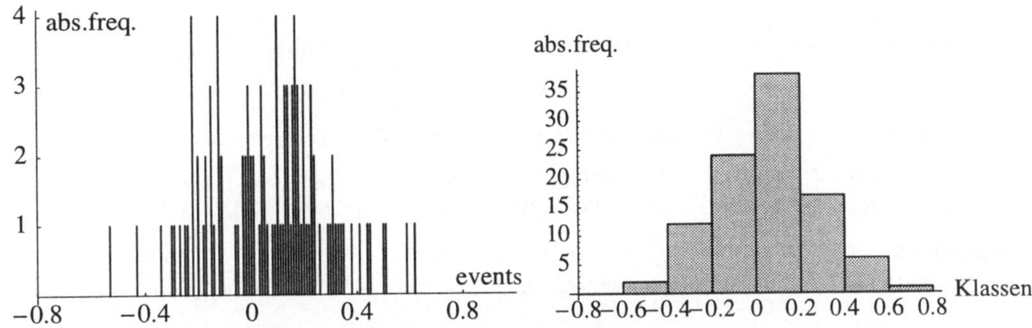

Abbildung 1.8 Balkendiagramme zum Beispiel 1.23 SLAENGE

$$(-0.8,0.6],\ (-0.6,-0.4]\,,\ \ldots,\ (0.6,0.8]$$

gewählt. Da die Klassen alle dieselbe Breite haben, spricht man hier von einer äquidistanten Klasseneinteilung.

Beispiel 1.24 KGRM Die Mathematica-Liste `groessem` enthält die **K**örper**GR**ößen von 182 erwachsenen **M**ännern. Die Daten sind ganzzahlig, weil alle Größen auf cm gerundet wurden. Es liegen wie beim vorhergehenden Beispiel 1.23 SLAENGE sehr viele unterschiedliche Einzelergebnisse vor. Erstellen Sie mit den Mathematica-Anweisungen, die Sie im Notebook **NB1K1A4.ma** finden, ein Balkendiagramm. Legen Sie dabei eine Klasseneinteilung mit den folgenden Ereignissen zu Grunde:

$$(150,155]\,,(155,160]\,,(165,170],\ldots,(200,205]$$

Aufgaben zum Abschnitt 1.4

Aufgabe 1.4.1

Beweisen Sie die in der Bemerkung 1.14 gemachten Behauptungen!

Aufgabe 1.4.2

Es sei $(\Omega,\mathcal{A},P)$ ein Wahrscheinlichkeitsraum. A, B und C seien Ereignisse. Zeigen Sie, daß gilt:

$$P(A\cup B\cup C)=P(A)+P(B)+P(C)-P(A\cap B)-P(A\cap C)-P(B\cap C)+P(A\cap B\cap C)$$

Aufgabe 1.4.3

Es sei $(\Omega,\mathcal{A},P)$ ein Wahrscheinlichkeitsraum. A und B seien Ereignisse, für die gilt:

$$P(A)=0.4 \quad P(B)=0.7 \quad P(A\setminus B)=0.2$$

Wie groß sind die Wahrscheinlichkeiten der folgenden Ereignisse:

(a) Von den beiden Ereignissen A und B tritt keines ein.

(b) Von den beiden Ereignissen A und B tritt höchstens eines ein.

(c) Von den beiden Ereignissen A und B tritt mindestens eines ein.

(d) Von den beiden Ereignissen A und B tritt genau eines ein.

(e) Von den beiden Ereignissen A und B treten beide ein.

(f) Nur das Ereignis B tritt ein.

Aufgabe 1.4.4

Es sei $(\Omega,\mathcal{A},P)$ ein Wahrscheinlichkeitsraum. A und B seien Ereignisse, für die gilt:

$$P(A)=p \quad P(B)=q \quad P(A\cup B)=r$$

Drücken Sie mit Hilfe der Zahlen p,q und r die folgendenWahrscheinlichkeiten aus:

(a) $P(A\cap B)$ (b) $P\left(A\cap\overline{B}\right)$ (c) $P\left(\overline{A}\cap B\right)$ (d) $P\left(\overline{A}\cap\overline{B}\right)$
(e) $P\left(A\cup\overline{B}\right)$ (f) $P\left(\overline{A}\cup B\right)$ (g) $P(A\setminus B)$ (h) $P(B\setminus A)$

Aufgabe 1.4.5

Es sei $(\Omega,\mathcal{A},P)$ ein Wahrscheinlichkeitsraum. $(A_i)_{i\in\mathbb{N}}$ sei eine Folge von Ereignissen mit

$$A_i\subseteq A_{i+1} \text{ für alle } i\in\mathbb{N}.$$

Zeigen Sie, daß gilt:

$$P(\bigcup_{i=1}^{\infty}A_i)=\lim_{i\to\infty}P(A_i)$$

Hinweis: Da die Folge $(A_i)_{i\in\mathbb{N}}$ eine monoton wachsende Folge von Ereignissen ist, gilt:

$$\bigcup_{i=1}^{\infty}A_i=A_1\uplus(A_2\setminus A_1)\uplus(A_3\setminus A_2)\ldots=A_1\uplus\left(\biguplus_{i=1}^{\infty}(A_{i+1}\setminus A_i)\right)$$

Aufgabe 1.4.6

Es sei $(\Omega,\mathcal{A},P)$ ein Wahrscheinlichkeitsraum. $(A_i)_{i\in\mathbb{N}}$ sei eine Folge von Ereignissen mit

$$A_i\supseteq A_{i+1} \text{ für alle } i\in\mathbb{N}.$$

Zeigen Sie, daß gilt:

$$P(\bigcap_{i=1}^{\infty}A_i)=\lim_{i\to\infty}P(A_i)$$

Hinweis: Betrachten Sie die Folge $(B_i)_{i\in\mathbb{N}}$ mit $B_i=A_1\setminus A_i$. Die Folge $(B_i)_{i\in\mathbb{N}}$ erfüllt dann die Voraussetzungen der Aufgabe 1.4.5, und es gilt:

$$\bigcup_{i=1}^{\infty}B_i=A_1\setminus\bigcap_{i=1}^{\infty}A_i$$

1.5 Beispiele für Wahrscheinlichkeitsmaße

Mit der Definition des Wahrscheinlichkeitsraumes hat die mathematische Modellierung von Zufallsexperimenten einen vorläufigen Abschluß gefunden. In diesem Abschnitt sollen die beiden für die Praxis wichtigsten Typen von Wahrscheinlichkeitsmaßen eingeführt werden, nämlich die **diskreten** und die **stetigen** Wahrscheinlichkeitsmaße.

Um eine einheitliche Darstellung der diskreten Wahrscheinlichkeitsmaße zu ermöglichen, beschäftigen wir uns im nächsten Satz zunächst mit solchen Wahrscheinlichkeitsmaßen, die nur die Werte 0 und 1 annehmen können.

Satz 1.2.

Voraussetzung: Es sei $(\Omega,\mathcal{A})$ ein meßbarer Raum, und ω_0 sei ein beliebiges Element von Ω.

Behauptung: Die Abbildung

$$\begin{aligned}\varepsilon_{\omega_0}:\ \mathcal{A} &\to \mathbb{R}\\ A &\mapsto \varepsilon_{\omega_0}(A):=\begin{cases}1 & \text{falls } \omega_0\in A\\ 0 & \text{falls } \omega_0\notin A\end{cases}\end{aligned}$$

ist ein Wahrscheinlichkeitsmaß auf $(\Omega,\mathcal{A})$.

Beweis: Es ist zu zeigen, daß ε_{ω_0} den Axiomen $(\boldsymbol{P1})$,$(\boldsymbol{P2})$ und $(\boldsymbol{P3})$ genügt.

Die Axiome $(\boldsymbol{P1})$ und $(\boldsymbol{P2})$ sind offensichtlich erfüllt.

Für den Nachweis von Axiom $(\boldsymbol{P3})$ betrachten wir eine Folge $(A_i)_{i\in\mathbb{N}}$ von paarweise disjunkten Ereignissen. Dann sind nur die beiden folgenden Fälle zu unterscheiden:

1. Fall: Keines der A_i enthält ω_0. Dann gilt:

$$\varepsilon_{\omega_0}(\biguplus_{i=1}^{\infty} A_i) = 0 = \sum_{i=1}^{\infty} \varepsilon_{\omega_0}(A_i).$$

2. Fall: Genau eines der A_i enthält ω_0. Dann gilt:

$$\varepsilon_{\omega_0}(\biguplus_{i=1}^{\infty} A_i) = 1 = \sum_{i=1}^{\infty} \varepsilon_{\omega_0}(A_i).$$ □

Definition 1.12. Das Wahrscheinlichkeitsmaß ε_{ω_0} aus Satz 1.2 heißt **das auf ω_0 konzentrierte Dirac-Maß**.

Bemerkung 1.15 Beachten Sie, daß das Dirac-Maße ε_{ω_0} auch dann definiert ist, wenn $\{\omega_0\} \notin \mathcal{A}$ ist.

Beispiel 1.25 MUENZE Auf dem meßbaren Raum $(\Omega,\mathcal{A})$ mit $\Omega = \{\mathrm{k},z\}$ und $\mathcal{A} = 2^{\Omega}$ kann man zwei Dirac-Maße definieren:

1. $\omega_1 = \mathrm{k}$: Es gilt dann: $\varepsilon_{\mathrm{k}}(\{\}) = 0, \varepsilon_k(\{k\}) = 1, \varepsilon_k(\{z\}) = 0, \varepsilon_k(\{k,z\}) = 1$
2. $\omega_2 = z$: Es gilt dann: $\varepsilon_{\mathrm{z}}(\{\}) = 0, \varepsilon_z(\{k\}) = 0, \varepsilon_z(\{z\}) = 1, \varepsilon_z(\{k,z\}) = 1$

Beispiel 1.26 WUERFEL Auf dem meßbaren Raum $(\Omega,\mathcal{A})$ mit $\Omega = \{1,2,3,4,5,6\}$ und einer beliebigen Ereignis-σ-Algebra $\mathcal{A} \subseteq 2^{\Omega}$ kann man 6 Dirac-Maße ε_{ω_i} definieren, nämlich die Dirac-Maße ε_{ω_i} mit $\omega_i = i \in \Omega$.

Dirac-Maße sind sehr einfache Wahrscheinlichkeitsmaße. Wir werden aber gleich sehen, wie man mit Hilfe von Dirac-Maßen neue Wahrscheinlichkeitsmaße konstruieren kann. Das dabei benutzte Konstruktionsverfahren wird in einem allgemeineren Zusammenhang durch den folgenden Satz begründet.

Satz 1.3.
Voraussetzung: Es sei $(\Omega,\mathcal{A})$ ein meßbarer Raum. I sei eine endliche oder abzählbare Indexmenge. Für jedes $i \in I$ sei P_i ein Wahrscheinlichkeitsmaß auf $(\Omega,\mathcal{A})$ und α_i eine nichtnegative reelle Zahl. Es gelte $\sum_{i\in I} \alpha_i = 1$.

Behauptung: Die Abbildung

$$\begin{array}{rccl} P: & \mathcal{A} & \to & \mathbb{R} \\ & A & \mapsto & P(A) := \sum_{i\in I} \alpha_i \cdot P_i(A) \end{array}$$

ist ein Wahrscheinlichkeitsmaß auf $(\Omega,\mathcal{A})$.

Beweis: Zunächst bemerken wir für den Fall, daß die Indexmenge I nicht endlich, sondern abzählbar unendlich ist: Die in der Definition von P auftretende Reihe $\sum_{i\in I} \alpha_i \cdot P_i(A)$ konvergiert wegen $P_i(A) \leq 1$ nach dem Majorantenkriterium absolut. Die Funktion P ist also wohldefiniert.

Wir müssen noch zeigen, daß P den Axiomen $(\boldsymbol{P1})$, $(\boldsymbol{P2})$ und $(\boldsymbol{P3})$ genügt.

Weil jedes P_i die Axiome $(\boldsymbol{P1})$ und $(\boldsymbol{P2})$ erfüllt, genügt offensichtlich auch P diesen beiden Axiomen.

Für den Beweis, daß die Funktion P das Axiom $(\boldsymbol{P3})$ erfüllt, betrachten wir eine Folge $(A_j)_{j\in\mathbb{N}}$ von paarweise disjunkten Ereignissen und nutzen die Tatsache, daß jedes P_i dem Axiom $(\boldsymbol{P3})$ genügt:

$$P(\biguplus_{j=1}^{\infty} A_j) = \sum_{i\in I} \alpha_i \cdot P_i(\biguplus_{j=1}^{\infty} A_j) = \sum_{i\in I} \alpha_i \cdot \sum_{j=1}^{\infty} P_i(A_j) = \sum_{j=1}^{\infty} \sum_{i\in I} \alpha_i \cdot P_i(A_j) = \sum_{j=1}^{\infty} P\left(A_j\right)$$

Dabei folgt das vorletzte Gleichheitszeichen aus der Tatsache, daß in einer absolut konvergenten Reihe die Reihenfolge der Summanden beliebig vertauscht werden darf. □

Wenn man in Satz 1.3 für die Wahrscheinlichkeitsmaße P_i Dirac-Maße einsetzt, ergibt sich das folgende Korollar:

Korollar 1.1.
Voraussetzung: Es sei $(\Omega,\mathcal{A})$ *ein meßbarer Raum. Es sei* $T = \{\omega_i \,|i \in I\}$ *eine endliche oder abzählbar unendliche Teilmenge von* Ω. *Es sei* $\boldsymbol{p} = (p_i)_{i\in I}$ *ein Vektor nichtnegativer reeller Zahlen mit* $\sum_{i\in I} p_i = 1$.
Behauptung: Die Abbildung

$$P := \sum_{i\in I} p_i \cdot \varepsilon_{\omega_i}$$

ist ein Wahrscheinlichkeitsmaß auf $(\Omega,\mathcal{A})$. *Es ordnet dem Ereignis* A *die folgende Wahrscheinlichkeit zu:*

$$P(A) = \sum_{i\in I} p_i \cdot \varepsilon_{\omega_i}(A) = \sum_{\omega_i\in A} p_i$$

Beispiel 1.27 MUENZE Wie im Beispiel 1.25 MUENZE wählen wir $\Omega = \{\text{k,z}\}$ und $\mathcal{A} = 2^{\Omega}$. Außerdem setzen wir $T = \Omega = \{\omega_1,\omega_2\}$ mit $\omega_1 = \text{k}$ und $\omega_2 = \text{z}$. Weiterhin wählen wir einen Vektor $\boldsymbol{p} = (p_1,p_2)$ mit $p_1 \geq 0$, $p_2 \geq 0$, $p_1 + p_2 = 1$. Für das im Korollar 1.1 definierte Wahrscheinlichkeitsmaß $P := \sum_{i=1}^{2} p_i \cdot \varepsilon_{\omega_i}$ gilt dann $P(A) = \sum_{i=1}^{2} p_i \cdot \varepsilon_{\omega_i}(A)$, das heißt:

$$\begin{array}{llll}
P(\{\}) & = p_1\varepsilon_{\omega_1}(\{\}) + p_2\varepsilon_{\omega_2}(\{\}) & = p_1 \cdot 0 + p_2 \cdot 0 & = 0 \\
P(\{\text{k}\}) & = p_1\varepsilon_{\omega_1}(\{\text{k}\}) + p_2\varepsilon_{\omega_2}(\{\text{k}\}) & = p_1 \cdot 1 + p_2 \cdot 0 & = p_1 \\
P(\{\text{z}\}) & = p_1\varepsilon_{\omega_1}(\{\text{z}\}) + p_2\varepsilon_{\omega_2}(\{\text{z}\}) & = p_1 \cdot 0 + p_2 \cdot 1 & = p_2 \\
P(\{\text{k,z}\}) & = p_1\varepsilon_{\omega_1}(\{\text{k,z}\}) + p_2\varepsilon_{\omega_2}(\{\text{k,z}\}) & = p_1 \cdot 1 + p_2 \cdot 1 & = 1
\end{array}$$

Wie schon im Beispiel 1.22 MUENZE erwähnt, entsteht bei der Modellierung des Zufallsriments „Werfen einer realen Münze“ das Problem, daß der Vektor $\boldsymbol{p} = (p_1,p_2)$ unbekannt ist. Für die Modellierung des Zufallsexperiments „Werfen einer fairen Münze“ wird man den Vektor $\boldsymbol{p} = \left(\frac{1}{2},\frac{}{1}2\right)$ wählen.

Definition 1.13. Es sei I eine endliche oder abzählbar unendliche Indexmenge. Ein Vektor $\boldsymbol{p} = (p_i)_{i\in I}$ reeller Zahlen heißt **Wahrscheinlichkeitsvektor**, wenn gilt: $0 \leq p_i \leq 1$ für alle $i \in I$ und $\sum_{i\in I} p_i = 1$.

Definition 1.14. Es sei $(\Omega,\mathcal{A})$ ein meßbarer Raum. Ein Wahrscheinlichkeitsmaß P auf $(\Omega,\mathcal{A})$ heißt **diskret**, wenn es eine endliche oder abzählbare Teilmenge $T = \{\omega_i \,|i \in I\} \subseteq \Omega$ und einen Wahrscheinlichkeitsvektor $\boldsymbol{p} = (p_i)_{i\in I}$ gibt, so daß P die folgende Darstellung besitzt:

$$P := \sum_{i\in I} p_i \cdot \varepsilon_{\omega_i}$$

Die Menge $T_P = \{\omega_i \in T \mid p_i > 0\}$ heißt die **Trägermenge** oder der **Träger** des diskreten Wahrscheinlichkeitsmaßes P.

Bemerkung 1.16 Ein diskretes Wahrscheinlichkeitsmaß ist also eine endliche oder abzählbar unendliche Konvexkombination von Dirac-Maßen. Bei einem diskreten Wahrscheinlichkeitsmaß kann die Menge T einerseits ersetzt werden durch die Trägermenge T_P, andererseits kann die Menge T auch ersetzt werden durch eine beliebige abzählbare Menge T^* mit $T_P \subseteq T^* \subseteq \Omega$. Dabei sind die zu $T^* \setminus T_P$ gehörenden Komponenten des Wahrscheinlichkeitsvektors $\boldsymbol{p}^*$ gleich 0 zu setzen. Um eine gewisse Eindeutigkeit bei der Darstellung eines diskreten Wahrscheinlichkeitsmaßes zu erreichen, verfahren wir im weiteren in der Regel wie folgt: Wenn P ein diskretes Wahrscheinlichkeitsmaß auf dem meßbaren Raum $(\Omega,\mathcal{A})$ mit endlicher oder abzählbar unendlicher Ergebnismenge Ω ist, setzen wir $T = \Omega$. Wenn P dagegen ein diskretes Wahrscheinlichkeitsmaß auf dem meßbaren Raum $(\Omega,\mathcal{A})$ mit überabzählbarer Ergebnismenge Ω ist, dann setzen wir T gleich der Trägermenge.

Beispiel 1.28 WUERFEL Wählt man im Korollar 1.1 für $\Omega = \{1,2,3,4,5,6\}$, für $\mathcal{A} = 2^\Omega$, setzt man $T = \{\omega_1,\omega_2,\ldots\omega_6\}$mit $\omega_i = i \in \Omega$, und wählt man einen 6-dimensionalen Wahrscheinlichkeitsvektor $\boldsymbol{p} = (p_1,p_2,p_3,p_4,p_5,p_6)$, so erhält man das diskrete Wahrscheinlichkeitsmaß $P = \sum_{i=1}^{6} p_i\varepsilon_i$.

Bei der Modellierung des Zufallsexperiments „Werfen eines realen Würfels" entsteht wieder das Problem, daß der Vektor $\boldsymbol{p}$ unbekannt ist. Nur wenn man unterstellt, daß der Würfel „fair" ist, d.h. daß alle Elementarereignisse mit derselben Wahrscheinlichkeit eintreten, ergibt sich $\boldsymbol{p} = (\frac{1}{6},\frac{1}{6},\frac{1}{6},\frac{1}{6},\frac{1}{6},\frac{1}{6})$.

Die Berechnung der Werte eines diskreten Wahrscheinlichkeitsmaßes auf einem Meßraum $(\Omega,\mathcal{A})$ mit endlicher Ergebnismenge Ω und $\mathcal{A} = 2^\Omega$ kann mit Mathematica-Funktionen realisiert werden. Erläuterungen und Beispiele hierfür finden Sie im **Notebook NB1K1A5.ma**.

Die Berechnung der Werte eines diskreten Wahrscheinlichkeitsmaßes vereinfacht sich erheblich, wenn alle Komponenten des Wahrscheinlichkeitsvektors $\boldsymbol{p}$ identisch sind, wie es bei den Zufallsexperimenten „Werfen einer fairen Münze" und „Werfen eines fairen Würfels" der Fall ist. Die Wahrscheinlichkeitsräume zur Modellierung dieser beiden Zufallsexperimente sind Sonderfälle der sogenannten Laplace-Wahrscheinlichkeitsräume:

Definition 1.15. Ein Wahrscheinlichkeitsraum $(\Omega,\mathcal{A},P)$ heißt ein **Laplace-Wahrscheinlichkeitsraum**, wenn gilt:

- $\Omega = \{\omega_1,\omega_2,\ldots,\omega_n\}$ $(n \in \mathbb{N})$ ist eine **endliche** Menge
- $\mathcal{A} = 2^\Omega$ ist die Potenzmenge von Ω
- $\bigvee_{1\leq i\leq n} P(\{\omega_i\}) = \dfrac{1}{n}$

Bemerkung 1.17 Wenn $(\Omega,\mathcal{A},P)$ ein Laplace-Wahrscheinlichkeitsraum ist, dann ist P ein diskretes Wahrscheinlichkeitsmaß mit $T = \Omega$ und $\boldsymbol{p} = \left(\frac{1}{n},\ldots,\frac{1}{n}\right)$.

Bemerkung 1.18 Während man im allgemeinen auf einer Menge Ω je nach Problemstellung unterschiedliche Ereignis-σ-Algebren betrachten kann und auf diesen jeweils wiederum verschiedene Wahrscheinlichkeitsmaße definieren kann, ist ein Laplace-Wahrscheinlichkeitsraum bereits durch die Vorgabe der endlichen Ergebnismenge Ω vollständig festgelegt. In einem Laplace-Wahrscheinlichkeitsraum ist also jede Teilmenge A von Ω ein Ereignis, und zwar mit endlich vielen Elementen. Bezeichnet man mit $|A|$ die Anzahl der Elemente von A, so gilt:

$$P(A) = \sum_{i=1}^{n} \frac{1}{n} \cdot \varepsilon_{\omega_i}(A) = \sum_{\omega_i \in A} \frac{1}{n} = \frac{1}{n} \cdot |A| = \frac{|A|}{|\Omega|}$$

In einem Laplace-Wahrscheinlichkeitsraum gilt also die einprägsame **Abzählregel**:

$$\text{Wahrscheinlichkeit des Ereignisses } A = \frac{\text{Anzahl der für } A \text{ günstigen Ergebnisse}}{\text{Anzahl aller möglichen Ergebnisse}}$$

Zufallsexperimente, die mit einem Laplace-Wahrscheinlichkeitsraum modelliert werden können, heißen **Laplace-Experimente**. In diesem Sinne spricht man bei einer fairen Münze bzw. bei einem fairen Würfel von einer **Laplace-Münze** bzw. von einem **Laplace-Würfel**.

Wir haben bisher nur solche Beispiele für diskrete Wahrscheinlichkeitsmaße behandelt, bei denen die Ergebnismenge endlich ist. Wir wenden uns jetzt einem Zufallsexperiment zu, das durch einen Wahrscheinlichkeitsraum modelliert wird, bei dem die Ergebnismenge abzählbar unendlich ist.

Beispiel 1.29 ZERFALL Zur Modellierung dieses Zufallsexperiments wurde in Abschnitt 1.1 die Ergebnismenge $\Omega = \mathbb{N}_0 = \{0,1,2,3,\ldots\}$ gewählt. Bei der Wahl der Ereignis-σ-Algebra $\mathcal{A}$ gehen wir davon aus, daß in dem meßbaren Raum $(\Omega,\mathcal{A})$ alle einelementigen Teilmengen von Ω Ereignisse sein sollen. Nach Aufgabe 1.2.3(b) ist damit $\mathcal{A} = 2^{\Omega}$ festgelegt.

Auf dem meßbaren Raum $(\Omega, 2^{\Omega})$ soll nun gemäß Korollar 1.1 ein diskretes Wahrscheinlichkeitsmaß definiert werden. Da Ω eine abzählbare Menge ist, können wir $T = \Omega = \mathbb{N}_0$ wählen. Durch jeden Wahrscheinlichkeitsvektor $\boldsymbol{p} = (p_k)_{k \in \mathbb{N}_0}$ wird dann ein Wahrscheinlichkeitsmaß P auf $(\Omega,\mathcal{A})$ definiert.

Wählt man zum Beispiel (mit $\lambda > 0$) $p_k = e^{-\lambda} \frac{\lambda^k}{k!}$, so erhält man das Wahrscheinlichkeitsmaß $P = \sum_{k=0}^{\infty} e^{-\lambda} \frac{\lambda^k}{k!} \cdot \varepsilon_k$. Dieses ordnet jedem Ereignis A die Wahrscheinlichkeit

$$P(A) = \sum_{k \in A} e^{-\lambda} \frac{\lambda^k}{k!}$$

zu. In wieweit dieses Wahrscheinlichkeitsmaß das reale physikalische Zufallsexperiment tatsächlich beschreibt, erkären wir nicht, die physikalische Bedeutung des Parameters λ werden Sie allerdings in Kapitel 2 erkennen.

Für $\lambda = 5$ ergäbe sich für das Ereignis A: „In einem Zeitintervall der vorgegebenen Länge zerfallen höchstens 10 Teilchen" die Wahrscheinlichkeit

$$P(A) = \sum_{k=0}^{\infty} p_k \cdot \varepsilon_k(A) = \sum_{k=0}^{10} e^{-5} \frac{5^k}{k!} = \frac{1}{e^5} \sum_{k=0}^{10} \frac{5^k}{k!} = 0.986305$$

Für das Ereignis $\overline{A}$: „In einem Zeitintervall der vorgegebenen Länge zerfallen mehr als 10 Teilchen" ergibt sich damit die Wahrscheinlichkeit

$$P(\overline{A}) = \sum_{k=11}^{\infty} e^{-5} \frac{5^k}{k!} = 1 - P(A) = 0.013695$$

Die Wahrscheinlichkeiten, die sich bei dem Parameterwert $\lambda = 5$ für die Elementarereignisse

$$\{0\},\{1\},\{2\},\{3\},\{4\},\{5\},\{6\},\{7\},\{8\},\{9\},\{10\}$$

ergeben, werden in dem Barchart in der Abbildung 1.9 dargestellt.

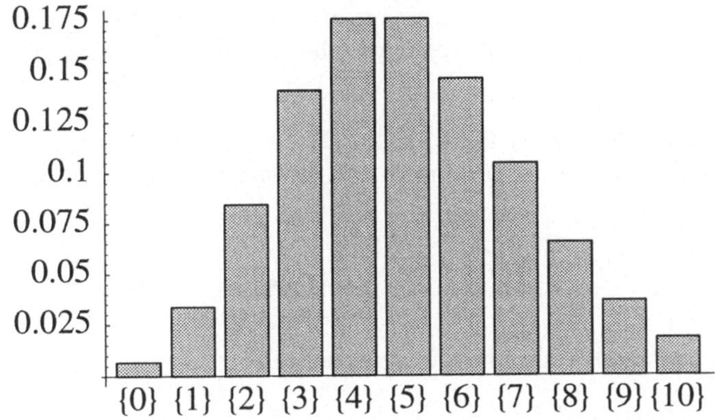

Abbildung 1.9
Balkendiagramm zu Beispiel 1.29 ZERFALL

Die Wahrscheinlichkeiten für die im Beispiel 1.29 ZERFALL betrachteten Ereignisse wurden mit Mathematica berechnet. Ist nämlich P ein diskretes Wahrscheinlichkeitsmaß auf dem meßbaren Raum $(\mathbb{N}_0, 2^{\mathbb{N}_0})$, so kann für jedes Ereignis mit endlich vielen Elementen die Berechnung seiner Wahrscheinlichkeit mit Mathematica-Funktionen realisiert werden. Erläuterungen und Beispiele hierfür finden Sie im **Notebook NB1K1A5.ma**. Untersuchen Sie, wie sich im Beispiel ZERFALL die Wahrscheinlichkeit $P(A)$ ändert, wenn der Parameter λ die Werte 1,2 und 3 annimmt. Vergleichen Sie auch die zu den Parameterwerten $\lambda = 1,2,3$ und 5 gehörenden Barcharts der Wahrscheinlichkeiten der ersten 10 Elementarereignisse miteinander.

Bemerkung 1.19 Bei den bisher behandelten Beispielen für diskrete Wahrscheinlichkeitsräume war die Ergebnismenge Ω endlich oder höchstens abzählbar unendlich, und deshalb konnte die in Korollar 1.1 als abzählbar vorausgesetzte Teilmenge T gleich der gesamten Menge Ω gewählt werden.

Wir wollen jetzt die beiden Zufallsexperimente WUERFEL und ZERFALL etwas anders modellieren, indem wir die Tatsache ausnutzen, daß bei beiden Zufallsexperimenten die Ergebnismengen Teilmengen der reellen Zahlen sind. Diese Tatsache ermöglicht es nämlich, die beiden Zufallsexperimente WUERFEL und ZERFALL einheitlich zu modellieren, indem wir auf ein und demselben meßbaren Raum, nämlich auf $(\mathbb{R}, \mathcal{B})$ lediglich unterschiedliche Wahrscheinlichkeitsmaße definieren: Für beide Beispiele wählen wir als Ergebnismenge $\Omega = \mathbb{R}$ und als Ereignis-σ-Algebra $\mathcal{B} = \mathcal{B}(\mathbb{R})$.

Im Beispiel WUERFEL wählen wir dann $T = \{1,2,3,4,5,6\}$ und für $\boldsymbol{p}$ einen 6-dimensionalen Wahrscheinlichkeitsvektor $(p_1, p_2, \dots p_6)$. $P = \sum_{i=1}^{6} p_i \varepsilon_i$ ist dann ein diskretes Wahrscheinlichkeitsmaß, das jeder Borelschen Menge B die Wahrscheinlichkeit $P(B) = \sum_{i=1}^{6} p_i \varepsilon_i(B) = \sum_{i \in B \cap T} p_i$ zuordnet. Der Wahrscheinlichkeitsraum $(\mathbb{R}, \mathcal{B}, P)$ ist allerdings für dieses Zufallsexperiment nicht das ökonomischste Modell.

Im Beispiel ZERFALL wählen wir $T = \mathbb{N}_0$ und für $\boldsymbol{p}$ den unendlich dimensionalen Wahrscheinlichkeitsvektor $\left(e^{-\lambda}\frac{\lambda^k}{k!}\right)_{k \in \mathbb{N}_0}$ mit festem $\lambda > 0$. Für jede Wahl von λ wird durch $P = \sum_{k=0}^{\infty} p_k \varepsilon_k$ auf dem Meßraum $(\mathbb{R}, \mathcal{B})$ ein Wahrscheinlichkeitsmaß festgelegt, das jeder Borelschen Menge B die Wahrscheinlichkeit $P(B) = \sum_{k=0}^{\infty} p_k \varepsilon_k(B) = \sum_{k \in B \cap \mathbb{N}_0} p_k$ zuordnet. Wie im Beispiel WUERFEL ist auch hier der Wahrscheinlichkeitsraum $(\mathbb{R}, \mathcal{B}, P)$ nicht das ökonomischste Modell.

Das wesentliche Ergebnis der Bemerkung 1.19 ist, daß wir nun unter Verzicht auf das jeweils ökonomischste Modell in der Lage sind, eine große Gruppe von Zufallsexperimenten einheitlich zu behandeln. Es handelt sich um solche Zufallsexperimente, die durch ein **diskretes** Wahrscheinlichkeitsmaß P auf einem meßbaren Raum $(\Omega, \mathcal{A})$ mit $\Omega \subseteq \mathbb{R}$ und $\mathcal{A} \subseteq \mathcal{B}$ bzw. $\Omega \in \mathcal{B}$ modelliert werden können. Dabei ist das auf dem ursprünglichen Raum $(\Omega, \mathcal{A})$ definierte Wahrscheinlichkeitsmaß die Einschränkung von P auf die σ-Algebra $\mathcal{A}$ (vgl. Aufgabe 1.5.5). Die einheitliche mathematische Beschreibung solcher Zufallsexperimente besteht dann darin, diese durch verschiedene `diskrete` Wahrscheinlichkeitsmaße auf demsselben meßbaren Raum $(\mathbb{R},\mathcal{B})$ zu modellieren.

Definition 1.16. Für ein diskretes Wahrscheinlichkeitsmaß P auf $(\mathbb{R},\mathcal{B})$ mit der Trägermenge $T_P = \{t_i \,|\, i \in I\}$ und dem Wahrscheinlichkeitsvektor $\boldsymbol{p} = (p_i)_{i\in I}$ bezeichnen wir die Funktion

$$\begin{array}{rccl} f: & \mathbb{R} & \to & \mathbb{R} \\ & t & \mapsto & f(t) := \left\{ \begin{array}{lll} p_i & \text{falls} & t = t_i \in T_P \\ 0 & \text{sonst} & \end{array} \right\} = \sum\limits_{i\in I} p_i \cdot 1_{\{t_i\}}(t) \end{array}$$

als die **diskrete Dichtefunktion** des diskreten Wahrscheinlichkeitsmaßes P.

Anhand der Darstellungen

$$P = \sum_{i\in I} p_i \cdot \varepsilon_{t_i} \quad \text{und} \quad f = \sum_{i\in I} p_i \cdot 1_{\{t_i\}}$$

erkennt man, daß durch ein disketes Wahrscheinlichkeitsmaß auf dem meßbaren Raum $(\mathbb{R},\mathcal{B})$ genau eine Dichtefunktion $f:\mathbb{R}\to\mathbb{R}$ festgelegt ist, und daß umgekehrt ein diskretes Wahrscheinlichkeitsmaß durch die Angabe seiner diskreten Dichtefunktion vollständig bestimmt ist.

Wir wenden uns jetzt den Zufallsexperimenten zu, bei denen die Ergebnismenge zwar eine Teilmenge der reellen Zahlen ist, bei denen es aber nicht sinnvoll ist, zur Modellierung ein diskretes Wahrscheinlichkeitsmaß zu verwenden. Zu diesen Zufallsexperimenten gehören die Beispiele TURBINE, BIRNE und SLAENGE. Diese Zufallsexperimente werden mit sogenannten **stetigen** Wahrscheinlichkeitsmaßen modelliert. Der Begriff des stetigen Wahrscheinlichkeitsmaßes soll durch das einfachste dieser drei Beispiele, nämlich mit dem Beispiel TURBINE, motiviert werden.

Beispiel 1.30 TURBINE Für dieses Zufallsexperiment, bei dem als Ergebnis der Rückdrehwinkel (im Bogenmaß) registriert wird, wurde bereits im Abschnitt 1.2 der geeignete meßbare Raum $(\Omega,\mathcal{A})$ beschrieben: $\Omega = (0,2\pi]$, $\mathcal{A} = \mathcal{B}((0,2\pi])$. $\mathcal{A}$ ist also die von dem System $\mathcal{I}((0,2\pi])$ aller Teilintervalle des Intervalls $(0,2\pi]$ erzeugte Ereignis-σ-Algebra der Borelschen Mengen. Das dem Zufallsexperiment adäquate Wahrscheinlichkeitsmaß P muß die folgenden intuitiv einsichtigen Eigenschaften haben:

Intervallen gleicher Länge wird dieselbe Wahrscheinlichkeit zugeordnet.

Die einem Intervall $I \subseteq \Omega = (0,2\pi]$ zugeordnete Wahrscheinlichkeit ist proportional zu seiner Länge $|I|: P(I) = \beta \cdot |I|$. Durch Einsetzen von $I = \Omega = (0,2\pi]$ ergibt sich hieraus mit dem Axiom $(\boldsymbol{P2})$ eines Wahrscheinlichkeitsmaßes $\beta = 1/2\pi$. Für jedes Teilintervall $I \subseteq (0,2\pi]$ ergibt sich also die Forderung $P(I) = |I|/2\pi$. Die Existenz eines Wahrscheinlichkeitsmaßes mit dieser Eigenschaft garantiert der folgende Satz:

Satz 1.4.

Voraussetzung: Es sei $\Omega \subseteq \mathbb{R} = (-\infty, +\infty)$ ein nicht degeneriertes Intervall, d.h die untere und obere Grenze von Ω seien voneinander verschieden. $f:\Omega\to\mathbb{R}$ sei eine Funktion mit den folgenden Eigenschaften:

(D1) *$f(t) \geq 0$ für alle $t \in \Omega$.*

(D2) *Das Riemann-Integral $\int_I f(t)dt$ existiert (im eigentlichen bzw. uneigentlichen Sinn) für jedes Intervall $I \subseteq \Omega$, und $\int_\Omega f(t)dt$ hat den Wert 1.*

Behauptung:

Dann existiert genau ein Wahrscheinlichkeitsmaß P_f auf dem meßbaren Raum $(\Omega,\mathcal{B}(\Omega))$, das jedem Teilintervall I von Ω die Wahrscheinlichkeit

$$P_f(I) := \int_I f(t)dt$$

zuordnet.

Auf den **Beweis** dieses Satzes, der ein Spezialfall des sogenannten **Fortsetzungssatzes** ist, können wir hier nicht eingehen. Wir verweisen stattdessen auf die einschlägige Literatur [Bauer, H.: Maß- und Integrationstheorie].

Der springende Punkt des Satzes 1.4 ist, daß man auf $(\Omega,\mathcal{B}(\Omega))$ ein Wahrscheinlichkeitsmaß definiert, obwohl man nur für die Intervalle $I \subseteq \Omega$ den Funktionswert $P_f(I)$ festlegt. Daher der Name Fortsetzungssatz: Die auf dem System $\mathcal{I}(\Omega)$ aller Teilintervalle von Ω definierte Funktion P_f läßt sich auf die Ereignis-σ-Algebra $\mathcal{B}(\Omega)$ der Borelschen Teilmengen von Ω fortsetzen.

Definition 1.17. Es sei $\Omega \subseteq \mathbb{R} = (-\infty, +\infty)$ ein nicht degeneriertes Intervall, und $\mathcal{B}(\Omega)$ sei die Ereignis-σ-Algebra der Borelmengen von Ω. Weiter sei $f : \Omega \to \mathbb{R}$ eine Funktion, die den Voraussetzungen aus Satz 1.4 genügt. Das auf $(\Omega,\mathcal{B}(\Omega))$ gemäß Satz 1.4 konstruierte Wahrscheinlichkeitsmaß P_f heißt **stetiges Wahrscheinlichkeitsmaß.** Die Funktion f heißt **Dichte** oder **Dichtefunktion** des Wahrscheinlichkeitsmaßes P_f.

Bemerkung 1.20 Bei den meisten in der Praxis bedeutsamen stetigen Wahrscheinlichkeitsmaßen besitzt die Dichte f außer den Eigenschaften $(\boldsymbol{D1})$ und $(\boldsymbol{D2})$ aus Satz 1.4 noch die folgenden Eigenschaften:

$(\boldsymbol{D3})$ Die Menge $T_f := \{t \in \Omega \,|\, f(t) > 0\}$ ist ein Intervall oder die disjunkte Vereinigung von endlich vielen Intervallen.

$(\boldsymbol{D4})$ f ist stetig in jedem inneren Punkt von T_f.

D.h. wir haben es in der Regel mit Funktionen f zu tun, die entweder auf ganz Ω stetig sind oder dort nur endlich viele Unstetigkeitsstellen besitzen.

Bemerkung 1.21 Der wichtigste Fall von Satz 1.4 bzw. Definition 1.17 liegt dann vor, wenn $\Omega = \mathbb{R}$ ist. Satz 1.4 bleibt dann richtig, wenn man dort das System $\mathcal{I}$ aller Teilintervall von $\mathbb{R}$ ersetzt durch

- das System $\mathcal{I}_{(\,]}$ aller beschränkten nach links offenen und rechts abgeschlossenen Teilintervalle bzw.
- das System $\mathcal{I}_{(-\infty,\,]}$ aller nach links unbeschränkten und rechts abgeschlossenen Teilintervalle von $\mathbb{R}$.

Wir verweisen auf die oben zitierte Literatur.

Beispiele für Dichten:

- Es seien $A, B \in \mathbb{R}$ mit $A < B$. Es sei Ω ein Intervall mit der unteren Grenze A und der oberen Grenze B. Die auf Ω definierte konstante Funktion $f(t) := \dfrac{1}{B-A}$ erfüllt die Bedingungen $(\boldsymbol{D1})$ und $(\boldsymbol{D2})$ aus Satz 1.4.
- $\Omega = \mathbb{R}_0^+$. Auf $\mathbb{R}_0^+$ definieren wir die Funktion $f(t) := \lambda \cdot e^{-\lambda t}$. Dabei ist λ eine beliebige aber feste positive reelle Zahl.

  Die Bedingung $(\boldsymbol{D1})$ und die Integrabilitätsbedingung aus $(\boldsymbol{D2})$ des Satzes 1.4 sind offensichtlich erfüllt. Für den Nachweis der Normierungsbedingung aus $(\boldsymbol{D2})$ berechnen wir das uneigentliche Integral

$$\int_0^\infty \lambda \cdot e^{-\lambda t} dt = \lim_{b\to\infty} \int_0^b \lambda \cdot e^{-\lambda t} dt = \lim_{b\to\infty} \left[-e^{-\lambda t}\right]_0^b = \lim_{b\to\infty} \left[-e^{-\lambda b} + 1\right] = 1$$

  Die Fläche, die sich unter dem Graphen der Funktion f zwischen 0 und $+\infty$ erstreckt, hat also für jedes $\lambda > 0$ den Inhalt 1. Wegen $f(0) = \lambda$ gilt: Je größer λ ist, umso steiler fällt die Funktionskurve ab, je kleiner λ ist, umso flacher ist der Kurvenverlauf.

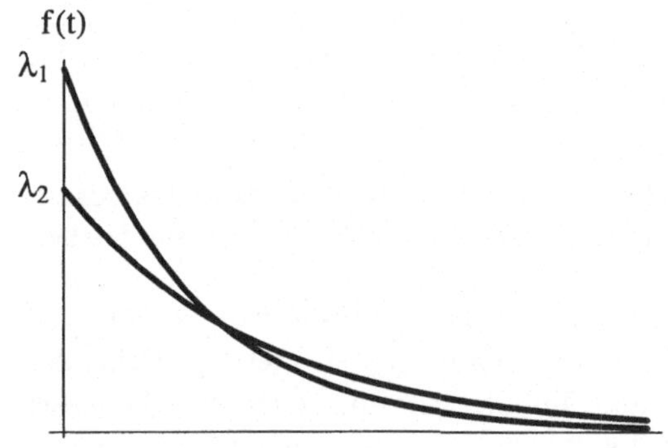

Abbildung 1.10
Graph der Dichte $f(t) = \lambda \cdot e^{-\lambda t}$

- $\Omega = \mathbb{R}$. Auf $\mathbb{R}$ definieren wir die Funktion $f(t) := \frac{1}{\sqrt{2\pi\sigma^2}} e^{-\frac{1}{2}\left(\frac{t-\mu}{\sigma}\right)^2}$. Dabei sind $\mu \in \mathbb{R}$ und $\sigma \in \mathbb{R}^+$ beliebige aber feste Zahlen.

  Auch hier ist die Bedingung $(\boldsymbol{D1})$ und die Integrabilitätsbedingung aus $(\boldsymbol{D2})$ offensichtlich erfüllt. Für den Nachweis der Normierungsbedingung aus $(\boldsymbol{D2})$ wäre das uneigentliche Integral

$$\int_{-\infty}^{+\infty} \frac{1}{\sqrt{2\pi\sigma^2}} e^{-\frac{1}{2}\left(\frac{t-\mu}{\sigma}\right)^2} dt$$

  zu berechnen. Bei der Berechnung dieses uneigentlichen Integrals, stoßen wir auf das Problem, eine Stammfunktion von $f(t)$ anzugeben. Die Funktion f ist auf ganz $\mathbb{R}$ stetig und besitzt deshalb eine Stammfunktion. Es gelingt allerdings nicht, diese durch andere elementare Funktionen darzustellen. Mit einem Trick, auf den wir erst im Abschnitt 3.1 bei der Behandlung von mehrdimensionalen zufälligen Größen eingehen können, gelingt es dennoch zu zeigen, daß der Wert dieses uneigentlichen Integrals 1 ist.

Bemerkung 1.22 Bei einem stetigen Wahrscheinlichkeitsmaß P_f kann man die Wahrscheinlichkeit $P_f(I)$ des Intervalls I mit der unteren Grenze a und der oberen Grenze b anschaulich interpretieren: $P_f(I) = \int_a^b f(t)dt$ ist der Inhalt der Fläche, die von dem Graphen der Dichtefunktion f, der t-Achse und den Geraden $t = a, t = b$ eingeschlossen wird. Diese Fläche läßt sich durch die Mathematica-Anweisung `Integrate[f[t],{t,a,b}]` berechnen. Dabei können die Grenzen a und b auch die „uneigentlichen

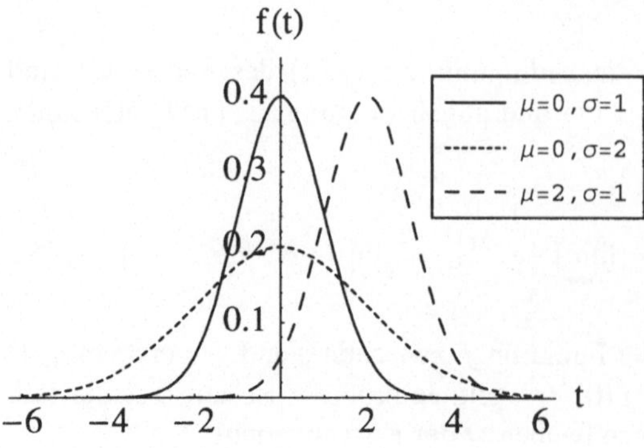

Abbildung 1.11
Graph der Dichte $f(t) = \frac{1}{\sqrt{2\pi\sigma^2}} e^{-\frac{1}{2}\left(\frac{t-\mu}{\sigma}\right)^2}$.

Zahlen" $-\infty$ und $+\infty$ annehmen. Diese werden in Mathematica mit `-Infinity` bzw. `+Infinity` bezeichnet.

Beispiel 1.31 TURBINE Definiert man

$$\begin{array}{rccc} f: & (0,2\pi] & \to & \mathbb{R} \\ & t & \mapsto & f(t) := \dfrac{1}{2\pi} \end{array}$$

so erhält man mit Hilfe von Satz 1.4 ein Wahrscheinlichkeitsmaß $P = P_f$ auf dem meßbaren Raum $((0,2\pi],\mathcal{B}((0,2\pi]))$ mit der im Beispiel 1.30 geforderten Eigenschaft: Für jedes Teilintervall $I \subseteq (0,2\pi]$ mit der unteren Grenze a und der oberen Grenze b gilt $P(I) = (b-a)/2\pi = |I|/2\pi$.

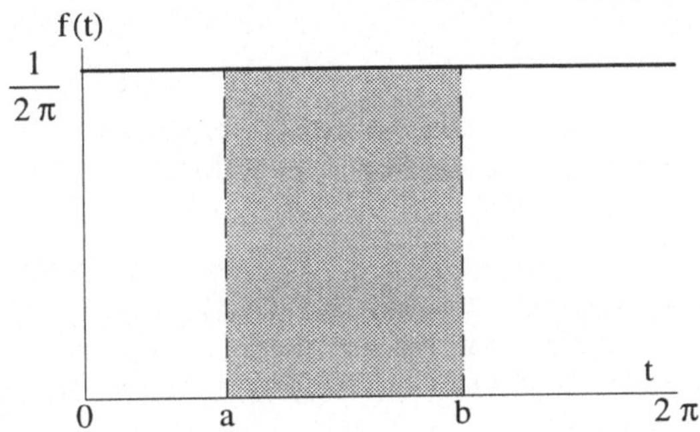

Abbildung 1.12
Dichte zum Beispiel TURBINE, Wahrscheinlichkeit als Fläche

Beispiel 1.32 BIRNE Bei diesem Zufallsexperiment wird als Ergebnis die Lebensdauer einer Glühbirne registriert. Für die Modellierung dieses Zufallsexperiments wurde im Abschnitt 1.2 der meßbare Raum $(\Omega,\mathcal{A})$ mit $\Omega = \mathbb{R}_0^+ = [0,+\infty)$ und $\mathcal{A} = \mathcal{B}(\mathbb{R}_0^+)$ gewählt. Bei der Definition eines adäquaten Wahrscheinlichkeitsmaßes auf $(\Omega,\mathcal{A})$ stellt sich die Frage, ob es möglich ist, ein solches Wahrscheinlichkeitsmaß gemäß Satz 1.4 mit einer geeigneten Funktion f zu konstruieren. Die Funktion

$$\begin{array}{rccc} f: & \mathbb{R}_0^+ & \to & \mathbb{R} \\ & t & \mapsto & f(t) := \lambda e^{-\lambda t} \end{array}$$

erfüllt, wenn λ eine positive Konstante ist, die Bedingungen aus Satz 1.4 und legt deshalb genau ein Wahrscheinlichkeitsmaß P_f auf $(\Omega,\mathcal{A})$ fest. Die Konstante λ heißt Parameter des Wahrscheinlichkeitsmaßes. Nur wenn man diesen Parameter kennt, ist die Funktion f und damit das Wahrscheinlichkeitsmaß P_f eindeutig festgelegt. Die Bestimmung des Parameters λ für eine spezielle Sorte von Glühbirnen ist in der Praxis auch hier das eigentliche Problem. Der Wert von λ hängt von verschiedenen Kenngrößen des Produktionsprozesses und von der Beanspruchung der Glühbirne ab und beeinflußt erheblich die Lebensdauer der Glühbirne.

In der folgenden Abbildung 1.13 ist für zwei verschiedene Parameter, nämlich für $\lambda = 1/200$ und $\lambda = 1/300$, die Fläche markiert, die sich unter dem Graphen der jeweiligen Dichtefunktion von 300 bis $+\infty$ erstreckt. Der Inhalt dieser Fläche stellt also die Wahrscheinlichkeit dar, daß eine Glühbirne der entsprechenden Sorte länger als 300 Tage lebt. Aus der Abbildung liest man ab, daß der zum kleineren λ-Wert $\lambda = 1/300$ gehörende Flächeninhalt größer ist als der zum größeren λ-Wert $\lambda = 1/200$ gehörende Flächeninhalt. Die Wahrscheinlichkeit länger als 300 Tage zu leben, ist also für eine Birne mit dem kleineren λ-Wert größer als die entsprechende Wahrscheinlichkeit für eine Birne mit dem größeren λ-Wert. Im nächsten Kapitel wird diese Tatsache erklärt: Dort wird klar, daß der Kehrwert $1/\lambda$ des Parameters λ die „mittlere" Lebensdauer der entsprechenden Sorte darstellt. Mit den Mathematica Anweisungen

```
Integrate[1/200*Exp[-1/200*t],{t,300,Infinity}]
Integrate[1/300*Exp[-1/300*t],{t,300,Infinity}]
```

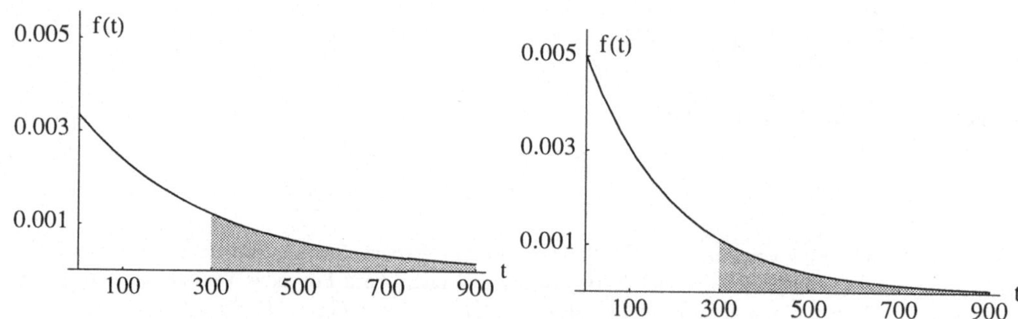

Abbildung 1.13 Dichte zum Beispiel Birne mit $\lambda = 1/200$ und $\lambda = 1/300$, Wahrscheinlichkeit als Fläche

können Sie die Zahlenwerte für die Flächeninhalte berechnen: Für die erste Sorte erhält man so die Wahrscheinlichkeit $P((300, +\infty)) = 0.22313$ und für die zweite Sorte die Wahrscheinlichkeit $P((300, +\infty)) = 0.36788$.

Beispiel 1.33 SLAENGE Bei diesem Zufallsexperiment wird als Ergebnis die Abweichung der Schraubenlänge von der Sollänge registriert. Abweichend vom Abschnitt 1.1 wählen wir jetzt als Ergebnismenge Ω die Menge aller reellen Zahlen, also $\Omega = \mathbb{R} = (-\infty, +\infty)$. Wir vernachlässigen also die Tatsache, daß aus technischen Gründen dem Betrag der Abweichung Grenzen gesetzt sind. Als Ereignis-σ-Algebra wählen wir die Borelsche Ereignis-σ-Algebra $\mathcal{B} = \mathcal{B}(\mathbb{R}) = \mathcal{B}((-\infty, +\infty))$.
Die Funktion

$$\begin{array}{rccl} f: & \mathbb{R} & \to & \mathbb{R} \\ & t & \mapsto & f(t) := \dfrac{1}{\sqrt{2\pi\sigma^2}} e^{-\frac{1}{2}\frac{(t-\mu)^2}{\sigma^2}} \end{array}$$

erfüllt, wenn $\mu \in \mathbb{R}$ und $\sigma \in \mathbb{R}^+$ gilt, die Bedingungen aus Satz 1.4 und definiert deshalb genau ein Wahrscheinlichkeitsmaß P_f auf $(\mathbb{R}, \mathcal{B}(\mathbb{R}))$. Die Konstanten μ und σ^2 heißen wieder die Parameter des Wahrscheinlichkeitsmaßes P_f. Durch die Wahl dieser Parameter ist es möglich, die technischen Gegebenheiten in dem Modell zu berücksichtigen. In der Praxis ist die Bestimmung der zu einer realen Maschine gehörenden Parameter μ und σ^2 das eigentliche Problem. Wir nehmen an, daß für eine bestimmte Maschine die Parameter $\mu = 0$ und $\sigma^2 = 0.1^2$ angemessen sind. Für diese Parameter zeigt die folgende Abbildung 1.14 den Graphen von f. Die schraffierte Fläche stellt anschaulich die Wahrscheinlichkeit des Ereignisses $T = [-0.1, +0.1]$ dar, d.h. die Wahrscheinlichkeit dafür, daß die Länge einer der Produktion entnommenen Schraube im Toleranzbereich liegt.

Weil bei dieser Wahl der Parameter die Funktion f außerhalb des Intervalls $[-1, +1]$ nahezu die Nullfunktion ist, ordnet das zugehörige Wahrscheinlichkeitsmaß P_f nur Teilintervallen von $[-1, +1]$ nennenswerte Wahrscheinlichkeiten zu. Solchen Borelmengen, die zu dem Intervall $[-1, +1]$ disjunkt sind,

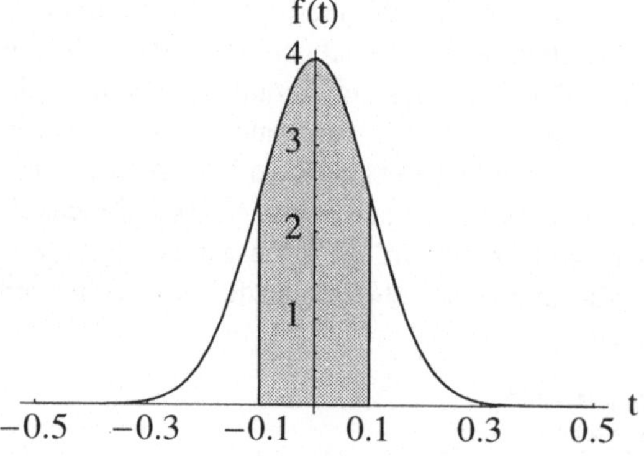

Abbildung 1.14
Dichte zum Beispiel SLAENGE, Wahrscheinlichkeit als Fläche

werden vernachlässigbar kleine Wahrscheinlichkeiten zugeordnet, selbst dann, wenn diese Mengen unbeschränkt sind (vgl. Aufgabe 1.5.6 (c)).

Bemerkung 1.23 Analog zum diskreten Fall kann man alle Zufallsexperimente, die mit einem stetigen Wahrscheinlichkeitsmaß modelliert werden, einheitlich modellieren, indem man auf ein und demselben meßbaren Raum, nämlich auf $(\mathbb{R}, \mathcal{B})$, lediglich unterschiedliche Wahrscheinlichkeitsmaße definiert. Wie im Beispiel 1.33 SLAENGE wählen wir auch für die Beispiele TURBINE und BIRNE als Ergebnismenge $\Omega = \mathbb{R}$ und als Ereignis-σ-Algebra $\mathcal{A} = \mathcal{B}(\mathbb{R})$.
Für das Beispiel TURBINE setzen wir die Dichtefunktion aus Beispiel 1.31 zu der folgenden auf ganz $\mathbb{R}$ definierten Funktion f fort:

$$\begin{array}{rcl} f: \mathbb{R} & \to & \mathbb{R} \\ t & \mapsto & f(t) := \left\{ \begin{array}{ll} \dfrac{1}{2\pi} & \text{für } 0 < t \leq 2\pi \\ 0 & \text{sonst} \end{array} \right\} = \dfrac{1}{2\pi} \cdot 1_{(0,2\pi]}(t) \end{array}$$

Diese erweiterte Funktion f erfüllt auf $\mathbb{R}$ ebenfalls die Voraussetzungen von Satz 1.4 und definiert folglich ein Wahrscheinlichkeitsmaß auf $(\mathbb{R}, \mathcal{B}(\mathbb{R}))$. Die Einschränkung dieses Wahrscheinlichkeitsmaßes auf die σ-Algebra $\mathcal{B}((0,2\pi])$ führt zu dem Wahrscheinlichkeitsraum aus Beispiel 1.31.

Für das Beispiel BIRNE setzen wir die Dichtefunktion aus Beispiel 1.32 zu der folgenden auf ganz $\mathbb{R}$ definierten Funktion f fort:

$$\begin{array}{rcl} f: \mathbb{R} & \to & \mathbb{R} \\ t & \mapsto & f(t) := \left\{ \begin{array}{ll} \lambda e^{-\lambda t} & \text{für } 0 \leq t \\ 0 & \text{sonst} \end{array} \right\} = \lambda e^{-\lambda t} \cdot 1_{[0,\infty)}(t) \end{array}$$

Diese erweiterte Funktion f erfüllt auf $\mathbb{R}$ ebenfalls die Voraussetzungen von Satz 1.4 und definiert folglich ein Wahrscheinlichkeitsmaß auf $(\mathbb{R}, \mathcal{B}(\mathbb{R}))$. Die Einschränkung dieses Wahrscheinlichkeitsmaßes auf die σ-Algebra $\mathcal{B}([0, +\infty))$ führt zu dem Wahrscheinlichkeitsraum aus Beispiel 1.32.

Bemerkung 1.24 Zusammenfassend stellen wir fest, daß es möglich ist, viele für die Praxis wichtige numerische Zufallsexperimente auf ein und demselben meßbaren Raum, nämlich auf $(\mathbb{R}, \mathcal{B})$, zu modellieren. Die unterschiedlichen Aspekte der Zufallsexperimente werden dann nur noch durch die unterschiedlichen diskreten bzw. stetigen Wahrscheinlichkeitsmaße erfaßt, die wiederum durch die Angabe ihrer Dichtefunktion festgelegt werden.

Bemerkung 1.25 Die vorausgegangene Bemerkung bezieht sich ausschließlich auf numerische Zufallsexperimente. Bei der EDV-mäßigen Erfassung wurden und werden auch heute noch die Ergebnisse nichtnumerischer Zufallsexperimente numerisch kodiert. Dies könnte dazu verleiten, die nichtnumerischen Zufallsexperimente wie die numerischen Zufallsexperimente einheitlich mit dem Meßraum $(\mathbb{R}, \mathcal{B})$ zu modellieren. Im Rahmen der bisher dargestellten Theorie ist gegen ein solches Vorgehen auch nichts einzuwenden. Beim weiteren Ausbau der Theorie in Kapitel 2 wird sich allerdings zeigen, wie problematisch es sein kann, die wahre Bedeutung der numerisch kodierten Ergebnisse zu vergessen.

Aufgaben zum Abschnitt 1.5

Aufgabe 1.5.1

Diese Aufgabe bezieht sich auf das Beispiel **ROULETTE**:

(a) Modellieren Sie das Roulettespiel unter der Annahme, daß der Roulettetisch „fair“ ist, durch einen Laplace-Wahrscheinlichkeitsraum.

(b) Berechnen Sie die Wahrscheinlichkeiten der folgenden Ereignisse:

Erstes Dutzend	Zweites Dutzend	Drittes Dutzend
Pair	Impair	
Rouge	Noir	
Manque	Passe	
Erstes Dutzend und Rouge	Erstes Dutzend oder Rouge	
Pair und Manque	Pair oder Manque	

(c) Modellieren Sie das Roulettespiel noch einmal durch ein diskretes Wahrscheinlichkeitsmaß P auf dem Meßraum $(\mathbb{R}, \mathcal{B})$.

Aufgabe 1.5.2
Es sei $(\Omega, \mathcal{A})$ der meßbare Raum mit $\Omega = \mathbb{N}_0$ und $\mathcal{A} = 2^{\Omega}$.

(a) Definieren Sie gemäß Definition 1.14 auf $(\Omega, \mathcal{A})$ das diskrete Wahrscheinlichkeitsmaß P, das dem Elementarereignis $\{k\}$ die folgende Wahrscheinlichkeit zuordnet:

$$\left(\frac{5}{6}\right)^k \cdot \frac{1}{6}$$

(b) Geben Sie die Wahrscheinlichkeiten der Elementarereignisse $\{k\}$ für $0 \leq k \leq 10$ als Dezimalzahlen an, und stellen Sie diese in Form eines Barcharts dar.

(c) Berechnen Sie die folgenden Wahrscheinlichkeiten:

$$P(\mathbb{N}) \qquad P(\{0,1,\ldots,100\}) \qquad P(\{2k \,|\, k \in \mathbb{N}_0\})$$

Aufgabe 1.5.3
Es sei f die Funktion

$$f: \mathbb{R} \to \mathbb{R}, \quad t \mapsto f(t) := \frac{1}{\pi} \cdot \frac{1}{1+t^2}$$

(a) Zeichnen Sie den zu f gehörenden Graphen.

(b) Zeigen Sie, daß f auf $\mathbb{R}$ die Bedingungen $(\boldsymbol{D1})$ und $(\boldsymbol{D2})$ einer Dichtefunktion erfüllt.

(c) Es sei P_f das durch die Funktion f gemäß Satz 1.4 auf $(\mathbb{R}, \mathcal{B})$ definierte stetige Wahrscheinlichkeitsmaß. Berechnen Sie die folgenden Wahrscheinlichkeiten:

$$P_f(\mathbb{R}_0^+) = P_f([0,+\infty]) \qquad P_f([-1,+1]) \qquad P_f([+1,+\infty]) \qquad P_f(\mathbb{N})$$

Das Wahrscheinlichkeitsmaß P_f ist nach dem Mathematiker CAUCHY benannt.

Aufgabe 1.5.4
Es sei f die Funktion

$$f: \mathbb{R} \to \mathbb{R}, \quad t \mapsto f(t) := r \cdot e^{-4|t|}$$

Dabei ist $r \in \mathbb{R}^+$ beliebig aber fest.

(a) Bestimmen Sie r so, daß f die Dichte eines Wahrscheinlichkeitsmaßes auf $(\mathbb{R}, \mathcal{B})$ ist.

(b) Zeichnen Sie den zu f gehörenden Graphen.

(c) Es sei P_f das durch die Funktion f gemäß Satz 1.4 auf $(\mathbb{R}, \mathcal{B})$ definierte stetige Wahrscheinlichkeitsmaß. Berechnen Sie die folgenden Wahrscheinlichkeiten:

$$P_f(\mathbb{R}_0^+) = P_f([0,+\infty]) \qquad P_f([-1,+1]) \qquad P_f([+1,+\infty]) \qquad P_f(\mathbb{N})$$

Aufgabe 1.5.5
Es sei $(\Omega, \mathcal{A}, P)$ ein Wahrscheinlichkeitsraum und $\mathcal{A}^*$ eine Teil-σ-Algebra von $\mathcal{A}$. D.h. $\mathcal{A}^*$ ist eine σ-Algebra auf Ω mit $\mathcal{A}^* \subseteq \mathcal{A}$.

(a) Zeigen Sie, daß die Einschränkung $P_{|\mathcal{A}^*}$ der Funktion P auf $\mathcal{A}^*$ ein Wahrscheinlichkeitsmaß auf dem meßbaren Raum $(\Omega, \mathcal{A}^*)$ist.

(b) Zeigen Sie, daß $(\Omega,\mathcal{A},P)$ mit $\Omega = \{1,2,3,4,5,6\}$, $\mathcal{A} = \{\{\},\{1,2,3,4\},\{5,6\},\Omega\}$ und $P(A) = \frac{|A|}{6}$ ein Wahrscheinlichkeitsraum ist. Machen Sie sich klar, wie man diesen Wahrscheinlichkeitsraum aus dem Laplace-Wahrscheinlichkeitsraum mit $\Omega = \{1,2,3,4,5,6\}$ erhalten kann.

Aufgabe 1.5.6

(a) Es sei $(\Omega,\mathcal{A},P)$ ein Wahrscheinlichkeitsraum und $B \in \mathcal{A}$ mit $P(B) > 0$. Es sei $\widetilde{\mathcal{A}} = \mathcal{A}_{|B}$ die Spur-σ Algebra von $\mathcal{A}$ bzgl. B (vgl. Aufgabe 1.2.6). Auf $\widetilde{\mathcal{A}}$ werde die Funktion

$$\begin{array}{rccl} \widetilde{P}: & \widetilde{\mathcal{A}} & \rightarrow & \mathbb{R} \\ & \widetilde{A} & \mapsto & \widetilde{P}(\widetilde{A}) := \dfrac{P(\widetilde{A})}{P(B)} \end{array}$$

definiert.
Zeigen Sie, daß $\widetilde{P}$ ein Wahrscheinlichkeitsmaß auf dem meßbaren Raum $\left(B,\widetilde{\mathcal{A}}\right)$ ist.

(b) Es sei P_f ein stetiges Wahrscheinlichkeitsmaß auf $(\mathbb{R},\mathcal{B})$ mit der Dichtefunktion f und $B \subseteq \mathbb{R}$ ein Intervall mit $P(B) > 0$.
Zeigen Sie, daß das gemäß Teil (a) dieser Aufgabe auf $(B,\mathcal{B}(B))$ definierte Wahrscheinlichkeitsmaß $\widetilde{P}$ die folgende Dichte besitzt:

$$\begin{array}{rccl} \widetilde{f}: & B & \rightarrow & \mathbb{R} \\ & t & \mapsto & \widetilde{f}(t) := \dfrac{f(t)}{P(B)} \end{array}$$

(c) Wenden Sie den Teil (b) dieser Aufgabe auf das Beispiel 1.33 SLAENGE an, indem Sie dort in der Dichtefunktion die Parameter $\mu = 0$ und $\sigma^2 = 0.3^2$ wählen und $B = [-1,+1]$ setzen. Berechnen und vergleichen Sie mit Mathematica für die Intervalle $[-1,0],[-1,0.5],[-1,0.9]$ die durch die Wahrscheinlichkeitsmaße P und $\widetilde{P}$ zugeordneten Wahrscheinlichkeiten.

Hinweis: Das Wahrscheinlichkeitsmaß $\widetilde{P}$ heißt das zu P gehörende **gestutzte Wahrscheinlichkeitsmaß**.

Ergänzung zu (c):
Zeichnen Sie die Funktionen f und $\widetilde{f}$ mit Mathematica über dem Intervall $[-1,+1]$. Wiederholen Sie die Aufgabe für die Parameter $\mu = 0$ und $\sigma^2 = 0.1^2$.

1.6 Bedingte Wahrscheinlichkeiten und stochastische Unabhängigkeit

In diesem Abschnitt soll ein Begriffsapparat zur Verfügung gestellt werden, der es gestattet, den Zusammenhang zwischen zwei oder mehreren Ereignissen zu untersuchen. Der dafür grundlegende Begriff der bedingten Wahrscheinlichkeit soll durch das folgenden Beispiel motiviert werden, das in der Literatur zwar schon zur Genüge diskutiert worden ist, das aber die Gemüter immer wieder erregt und insbesondere in jüngster Zeit die Gesetzgeber beschäftigt:

Beispiel 1.34 RAUCH Es sei Ω eine Menge von Menschen, z.B. die Menge aller Bürgerinnen und Bürger der Bundesrepublik Deutschland, die (zu einem bestimmten Zeitpunkt) älter als 40 Jahre sind. Wir betrachten das Zufallsexperiment, das darin besteht, aus der Menge Ω zufällig eine Person herauszugreifen. Da wir annehmen, daß jede Person mit derselben Wahrscheinlichkeit herausgegriffen werden kann, wird dieses Zufallsexperiment durch den Laplace-Wahrscheinlichkeitsraum mit der Ergebnismenge Ω modelliert. Die Ereignis-σ-Algebra ist also (vgl. Definition 1.15) die Potenzmenge $\mathcal{A} = 2^{\Omega}$ von Ω, und P ist das Laplace-Wahrscheinlichkeitsmaß auf $(\Omega,\mathcal{A})$.

R sei das Ereignis, daß eine zufällig aus der Menge Ω herausgegriffene Person Raucher bzw. Raucherin ist. L sei das Ereignis, daß eine zufällig aus der Menge Ω herausgegriffene Person Lungenkrebs hat. Für die Wahrscheinlichkeiten der Ereignisse R und L ergibt sich aus der Definition des Laplace-Wahrscheinlichkeitsmaßes

$$P(R) = \frac{|R|}{|\Omega|} \qquad \text{und} \qquad P(L) = \frac{|L|}{|\Omega|}$$

Hätte das Rauchen keinen Einfluß auf das Entstehen von Lungenkrebs, dann müßte in der Menge Ω der prozentuale Anteil der an Lungenkrebs Erkrankten unter den Rauchern (ungefähr) genauso groß sein wie der prozentuale Anteil der an Lungenkrebs Erkrankten unter den Nichtrauchern. Also müßte gelten:

$$\frac{|L \cap R|}{|R|} \approx \frac{|L \cap \overline{R}|}{|\overline{R}|}$$

bzw.

$$\frac{|L \cap R| / |\Omega|}{|R| / |\Omega|} \approx \frac{|L \cap \overline{R}| / |\Omega|}{|\overline{R}| / |\Omega|}$$

bzw.

$$\frac{P(L \cap R)}{P(R)} \approx \frac{P(L \cap \overline{R})}{P(\overline{R})}$$

Intuitiv ist der Quotient $\frac{|L \cap R|}{|R|} = \frac{P(L \cap R)}{P(R)}$ die Wahrscheinlichkeit, mit der Lungenkrebs bei Rauchern auftritt, und entsprechend ist $\frac{|L \cap \overline{R}|}{|\overline{R}|} = \frac{P(L \cap \overline{R})}{P(\overline{R})}$ die Wahrscheinlichkeit, mit der Lungenkrebs bei Nichtrauchern auftritt. Die beiden Quotienten $\frac{P(L \cap R)}{P(R)}$ bzw. $\frac{P(L \cap \overline{R})}{P(\overline{R})}$ werden gemäß der folgenden Definition als bedingte Wahrscheinlichkeiten des Ereignisses L unter der Bedingung R bzw. unter der Bedingung $\overline{R}$ bezeichnet.

Definition 1.18. Es sei $(\Omega, \mathcal{A}, P)$ ein Wahrscheinlichkeitsraum und A, B seien Ereignisse. Es gelte $P(B) > 0$. Dann heißt der Quotient

$$\frac{P(A \cap B)}{P(B)}$$

die **bedingte Wahrscheinlichkeit von** A **unter der Bedingung** B und wird abkürzend mit dem Symbol $P(A \mid B)$ bezeichnet, also:

$$P(A \mid B) := \frac{P(A \cap B)}{P(B)}$$

Bemerkung 1.26 Wenn $(\Omega, \mathcal{A}, P)$ ein Wahrscheinlichkeitsraum und $B \in \mathcal{A}$ ein Ereignis mit $P(B) > 0$ ist, dann wird durch die Funktion

$$\begin{array}{rccl} P_B: & \mathcal{A} & \to & \mathbb{R} \\ & A & \mapsto & P_B(A) := P(A \mid B) \end{array}$$

ein (neues) Wahrscheinlichkeitsmaß auf $(\Omega, \mathcal{A})$ definiert.

Machen Sie sich klar, daß für dieses Wahrscheinlichkeitsmaß gilt:

- $P_B(B) = 1$
- $(A \in \mathcal{A} \wedge A \cap B = \{\}) \Rightarrow P_B(A) = 0$
- $(A \in \mathcal{A} \wedge B \subseteq A) \Rightarrow P_B(A) = 1$

vorl. Definition 1.19. Es sei $(\Omega,\mathcal{A},P)$ ein Wahrscheinlichkeitsraum und A,B seien Ereignisse. Es gelte $0 < P(B) < 1$. Dann heißt das Ereignis A **stochastisch unabhängig** vom Ereignis B, falls

$$P(A \mid B) = P(A \mid \overline{B})$$

ist. Andernfalls heißt das Ereignis A **stochastisch abhängig** vom Ereignis B.

Beispiel 1.35 RAUCH Viele wissenschaftliche Untersuchungen belegen, daß das Auftreten von Lungenkrebs nicht unabhängig vom Raucherstatus ist. Es gilt nicht $P(L \mid R) = P(L \mid \overline{R})$ sondern vielmehr $P(L \mid R) > P(L \mid \overline{R})$

Beispiel 1.36 WUERFEL Wirft man einen fairen Würfel, so wird dieses Zufallsexperiment durch den Laplace-Wahrscheinlichkeitsraum $(\Omega,\mathcal{A},P)$ mit $\Omega = \{1,2,3,4,5,6\}$ beschrieben.

$A = \text{ODD} = \{1,3,5\}$ sei das Ereignis, daß eine ungerade Augenzahl geworfen wird, und $B = \text{GT2} = \{3,4,5,6\}$ sei das Ereignis, daß die geworfene Augenzahl mindestens 3 ist.

Dann gilt:

$$\begin{aligned} P(A) &= P(\{1,3,5\}) &&= 1/2 \\ P(B) &= P(\{3,4,5,6\}) &&= 2/3 \\ P(\overline{B}) &= P(\{1,2\}) &&= 1/3 \\ P(A \cap B) &= P(\{3,5\}) &&= 1/3 \\ P(A \cap \overline{B}) &= P(\{1\}) &&= 1/6 \end{aligned}$$

Daraus folgt:

$$P(A \mid B) = \frac{P(A \cap B)}{P(B)} = \frac{1/3}{2/3} = \frac{1}{2} = \frac{1/6}{1/3} = \frac{P(A \cap \overline{B})}{P(\overline{B})} = P(A \mid \overline{B})$$

Also ist A stochastisch unabhängig von B.

Zeigen Sie, daß das Ereignis $A = \text{ODD} = \{1,3,5\}$ nicht stochastisch unabhängig vom Ereignis $\text{EVEN} = \{2,4,6\}$ ist.

Die vorläufige Definition 1.19 ist nicht anwendbar, wenn die Wahrscheinlichkeit des bedingenden Ereignisses B gleich 0 oder 1 ist. Der folgende Satz stellt eine Prüfformel bereit, die es erlaubt den Begriff der Unabhängigkeit auch auf solche Situationen auszudehnen.

Satz 1.5.

Voraussetzung: Es sei $(\Omega,\mathcal{A},P)$ ein Wahrscheinlichkeitsraum und A,B seien Ereignisse. Es gelte $0 < P(B) < 1$.

Behauptung: Die folgenden Aussagen sind äquivalent:

(a) Das Ereignis A ist stochstisch unabhängig vom Ereignis B.

(b) $P(A \mid B) = P(A)$

(c) $P(A \cap B) = P(A) \cdot P(B)$

Beweis: Die Äquivalenz der Aussagen (b) und (c) ergibt sich sofort, wenn man in (b) die Definition der bedingten Wahrscheinlichkeit einsetzt. Für den Nachweis der Äquivalenz von (a) und (b) betrachten wir zunächst die Gleichung:

$$P(A) = P(A \cap \Omega) = P(A \cap (B \uplus \overline{B}) = P(A \cap B \uplus A \cap \overline{B}) = P(A \cap B) + P(A \cap \overline{B})$$

Daraus folgt:

$$P(A) = P(A \mid B) \cdot P(B) + P(A \mid \overline{B}) \cdot P(\overline{B}) \qquad (*)$$

Wir zeigen nun (a)$\Rightarrow$(b), indem wir in der Gleichung $(*)$ für $P(A \mid \overline{B})$ die bedingte Wahrscheinlichkeit $P(A \mid B)$ einsetzen:

$$P(A) = P(A \mid B) \cdot P(B) + P(A \mid B) \cdot P(\overline{B}) = P(A \mid B) \cdot \underbrace{(P(B) + P(\overline{B}))}_{P(\Omega)=1} = P(A \mid B)$$

Wir zeigen nun umgekehrt (b)$\Rightarrow$(a), indem wir in der Gleichung $(*)$ für $P(A \mid B)$ die Wahrscheinlichkeit $P(A)$ einsetzen:

$$P(A) = P(A) \cdot P(B) + P(A \mid \overline{B}) \cdot P(\overline{B})$$

$$\Leftrightarrow \quad P(A) \cdot \underbrace{(1 - P(B))}_{P(\overline{B})} = P(A \mid \overline{B}) \cdot P(\overline{B})$$

$$\Leftrightarrow \quad P(A) = P(A \mid \overline{B})$$

$$\Rightarrow$$

$$P(A \mid B) = P(A) = P(A \mid \overline{B})$$

□

Bemerkung 1.27 Mit Hilfe des letzten Satzes ist es möglich, den Begriff der stochastischen Unabhängigkeit auf bedingende Ereignisse vom Wahrscheinlichkeitsmaß 0 oder 1 auszudehnen, indem man in der vorläufigen Definition 1.19 die Gleichung $P(A \mid B) = P(A \mid \overline{B})$ ersetzt durch die Gleichung:

$$P(A \cap B) = P(A) \cdot P(B)$$

Die Überprüfung dieser Gleichung ist nämlich auch dann möglich, wenn $P(B) = 0$ oder $P(B) = 1$ ist. Da die Gleichung $P(A \cap B) = P(A) \cdot P(B)$ außerdem in A und B symmetrisch ist, ist das Ereignis A vom Ereignis B stochastisch unabhängig genau dann, wenn auch umgekehrt das Ereignis B vom Ereignis A stochastisch unabhängig ist. Deshalb werden wir ab sofort die vorläufige Definition der stochastischen Unabhängigkeit durch die folgende Definition ersetzen:

Definition 1.19. Es sei $(\Omega, \mathcal{A}, P)$ ein Wahrscheinlichkeitsraum und A, B seien Ereignisse. Dann heißen die Ereignisse A und B **stochastisch unabhängig**, falls gilt

$$P(A \cap B) = P(A) \cdot P(B).$$

Andernfalls heißen die Ereignisse A und B **stochastisch abhängig**.

Diese Definition ist weniger anschaulich als die ursprüngliche vorläufige Definition. Sie vereinfacht allerdings die Überprüfung der Unabhängigkeit zweier Ereignisse.

Ist die Gleichung $P(A \cap B) = P(A) \cdot P(B)$ erfüllt, so liegt stochastische Unabhängigkeit vor, ist die Gleichung nicht erfüllt, dann sind A und B stochastisch abhängig.

Beispiel 1.37 WUERFEL Wir betrachten noch einmal das Zufallsexperiment „Werfen eines fairen Würfels", das durch den Laplace-Wahrscheinlichkeitsraum $(\Omega, \mathcal{A}, P)$ mit $\Omega = \{1,2,3,4,5,6\}$ beschrieben wird.

A = ODD bzw. B = GT2 seien wieder die Ereignisse, daß eine ungerade Augenzahl geworfen wird bzw. daß die geworfene Augenzahl mindestens 3 ist. Dann gilt:

$$\begin{aligned} P(A) &= P(\{1,3,5\}) &= 1/2 \\ P(B) &= P(\{3,4,5,6\}) &= 2/3 \\ P(A \cap B) &= P(\{3,5\}) &= 1/3 \end{aligned}$$

Daraus folgt:

$$P(A \cap B) = \frac{1}{3} = \frac{1}{2} \cdot \frac{2}{3} = P(A) \cdot P(B)$$

Also sind A und B unabhängig.

Betrachten Sie zusätzlich das Ereignis C, daß die geworfene Augenzahl 2 oder 4 ist, und zeigen Sie, daß sowohl A und C als auch B und C stochastisch abhängig sind.

Bemerkung 1.28 Das Beispiel zeigt, daß die formale stochastische Unabhängigkeit nicht immer mit der intuitiven Vorstellung von der Unabhängigkeit zweier Ereignisse übereinstimmt. So gibt es in dem vorhergehenden Beispiel keine anschauliche Begründung dafür, daß die Ereignisse A und B stochastisch unabhängig sind, während die Ereignisse B und C stochastisch abhängig sind.

Außerdem zeigt das Beispiel, daß Unabhängigkeit und Unvereinbarkeit von Ereignissen verschiedene Eigenschaften sind. Die Ereignisse A und C sind unvereinbar (disjunkt) und stochastisch abhängig.

Bemerkung 1.29 Zwei Ereignisse A, B sind unabhängig, falls eines der beiden Ereignisse die Wahrscheinlichkeit 0 hat. Ist nämlich z.B. $P(B) = 0$, so folgt wegen $A \cap B \subseteq B$ auch $P(A \cap B) = 0$ und somit $P(A \cap B) = 0 = P(A) \cdot P(B)$.

Zwei Ereignisse A, B sind auch dann unabhängig, falls eines der beiden Ereignisse die Wahrscheinlichkeit 1 hat. Ist nämlich z.B. $P(B) = 1$, also $P(\overline{B}) = 0$, so gilt:

$$P(A) \cdot P(B) = P(A) = P(A \cap B) + P(A \cap \overline{B}) = P(A \cap B)$$

Sind die beiden Ereignisse A und B unabhängig, so sind auch die Ereignisse A und $\overline{B}$ unabhängig. Gilt nämlich $P(A \cap B) = P(A) \cdot P(B)$, so folgt:

$$P(A \cap \overline{B}) = P(A) - P(A \cap B) = P(A) - P(A) \cdot P(B) = P(A)(1 - P(B)) = P(A) \cdot P(\overline{B}).$$

Für viele praktische Aufgabenstellungen ist es erforderlich, den zunächst nur für zwei Ereignisse definierten Begriff der stochastischen Unabhängigkeit auf drei oder mehr Ereignisse zu übertragen. Dies geschieht mit der folgenden rekursiven Definition, bei der die Unabhängigkeit zweier Ereignisse den Rekursionsanfang darstellt.

Definition 1.20. Es sei $(\Omega, \mathcal{A}, P)$ ein Wahrscheinlichkeitsraum.

(a) Zwei Ereignisse A und B heißen **stochastisch unabhängig**, wenn gilt

$$P(A \cap B) = P(A) \cdot P(B)$$

(b) Drei Ereignisse A, B und C heißen **stochastisch unabhängig**, wenn gilt:

$$\begin{aligned} P(A \cap B) &= P(A) \cdot P(B) \\ P(A \cap C) &= P(A) \cdot P(C) \\ P(B \cap C) &= P(B) \cdot P(C) \\ P(A \cap B \cap C) &= P(A) \cdot P(B) \cdot P(C) \end{aligned}$$

(c) $n (\geq 3)$ Ereignisse $A_1, A_2, \ldots, A_n$ heißen **stochastisch unabhängig**, wenn gilt:

Je $n - 1$ der n Ereignisse sind unabhängig und
$P(A_1 \cap A_2 \cap \ldots \cap A_n) = P(A_1) \cdot P(A_2) \cdot \ldots \cdot P(A_n)$

Beispiel 1.38 LOSE In einer Urne befinden sich vier Lose, die mit den Ziffernfolgen

$$110, 101, 011, 000.$$

beschriftet sind. Der Urne wird zufällig ein Los entnommen. Als Ergebnis dieses Zufallsexperiments wird die zugehörige Ziffernfolge notiert. Wir setzen voraus, daß es sich dabei um ein Laplace-Experiment handelt, das durch den Laplace-Wahrscheinlichkeitsraum $(\Omega, \mathcal{A}, P)$ mit $\Omega = \{110, 101, 011, 000\}$ beschrieben wird. Für $k = 1,2,3$ sei A_k das Ereignis, daß in der Ziffernfolge des gezogenen Loses an der k-ten Stelle die Ziffer 1 steht. Dann gilt:

$$
\begin{array}{lllll}
P(A_1) & = P(\{110,101\}) & = 0.5 & & \\
P(A_2) & = P(\{110,011\}) & = 0.5 & & \\
P(A_3) & = P(\{101,011\}) & = 0.5 & & \\
P(A_1 \cap A_2) & = P(\{110\}) & = 0.25 & = 0.5 \cdot 0.5 & = P(A_1) \cdot P(A_2) \\
P(A_1 \cap A_3) & = P(\{101\}) & = 0.25 & = 0.5 \cdot 0.5 & = P(A_1) \cdot P(A_3) \\
P(A_2 \cap A_3) & = P(\{011\}) & = 0.25 & = 0.5 \cdot 0.5 & = P(A_2) \cdot P(A_3) \\
P(A_1 \cap A_2 \cap A_3) & = P(\{\}) & = 0 & \neq 0.5 \cdot 0.5 \cdot 0.5 & = P(A_1) \cdot P(A_2) \cdot P(A_3)
\end{array}
$$

Die drei Ereignisse A_1, A_2, A_3 sind also nicht unabhängig, obwohl jeweils zwei der drei Ereignisse unabhängig sind.

Bemerkung 1.30 Wenn bei n Ereignissen $A_1, A_2, \ldots, A_n$ je zwei Ereignisse A_i, A_j $(1 \leq i,j \leq n, i \neq j)$ unabhängig sind, so heißen die n Ereignisse **paarweise unabhängig**. Das vorangehende Beispiel zeigt, daß paarweise unabhängige Ereignisse nicht unabhängig sein müssen.

Die Begriffe sind also nicht äquivalent: Aus der Unabhängigkeit von n Ereignissen folgt zwar, daß diese paarweise unabhängig sind, die Umkehrung dieser Aussage ist jedoch falsch.

Überlegen Sie sich, wieviele Gleichungen zu überprüfen sind, wenn die Unabhängigkeit von $n = 4$ Ereignissen nachgewiesen werden soll. Es ist naheliegend, diese langwierige Prüfarbeit zu automatisieren. Zu diesem Zweck haben wir die Mathematica-Funktion `unabhaengigkeit` geschrieben, die nach dem Laden des **Probability'Master'** zur Verfügung steht. Hinweise zum Einsatz dieser Funktion und Beispiele finden Sie im **Notebook NB1K1A6.ma**. Dort wird auch die Mathematica-Funktion `Pbedingt` beschrieben, mit der man für zwei Ereignisse A und B die bedingte Wahrscheinlichkeit $P(A \mid B)$ berechnen kann.

Wie wir im Kapitel 3 sehen werden, ist der Begriff der Unabhängigkeit für den weiteren Ausbau der Wahrscheinlichkeitstheorie und Statistik von zentraler Bedeutung. Auf der anderen Seite ist es oft aber auch von Interesse, die Abhängigkeit von Ereignissen zu untersuchen bzw. auszunutzen. Wenn nämlich das Auftreten des Ereignisses A von bestimmten Gegebenheiten (Bedingungen) abhängt, kann man die Wahrscheinlichkeit $P(A)$ mit Hilfe der zugehörigen bedingten Wahrscheinlichkeiten ausdrücken. In vielen praktischen Situationen ist dieses sogar der gängige Weg, um unbekannte Wahrscheinlichkeiten über bedingte Wahrscheinlichkeiten auszurechnen.

Beispiel 1.39 WSTUECK Für die Produktion bestimmter Werkstücke setzt eine Firma zwei Maschinen ein. Die erste, ältere Maschine stellt 25% der Tagesproduktion mit einem Ausschußanteil von 4% her, während die zweite, modernere Maschine 75% der Tagesproduktion mit einem Ausschußanteil von 2% herstellt.

Gesucht ist die Wahrscheinlichkeit dafür, daß ein zufällig der Tagesproduktion entnommenes Werkstück ein Ausschußstück ist. Hierzu betrachten wir die folgenden Ereignisse:

Es sei A das Ereignis:	„Das entnommene Werkstück ist ein Ausschußstück"
Es sei M_1 das Ereignis:	„Das entnommene Werkstück stammt von der alten Maschine"
Es sei M_2 das Ereignis:	„Das entnommene Werkstück stammt von der neuen Maschine"

Während die gesuchte Wahrscheinlichkeit $P(A)$ nicht unmittelbar der Aufgabenstellung zu entnehmen ist, ergeben sich die folgenden Wahrscheinlichkeiten aus den gemachten Angaben:

$$
\begin{array}{lcrl}
P(M_1) & = & 25\% & = 0.25 \\
P(M_2) & = & 75\% & = 0.75 \\
P(A \mid M_1) & = & 4\% & = 0.04 \\
P(A \mid M_2) & = & 2\% & = 0.02
\end{array}
$$

Mit diesen Wahrscheinlichkeiten läßt sich die gesuchte Wahrscheinlichkeit $P(A)$ ausdrücken:

$$
\begin{aligned}
P(A) &= P(A \cap \Omega) = P(A \cap (M_1 \uplus M_2)) = P(A \cap M_1 \uplus A \cap M_2) \\
&= P(A \cap M_1) + P(A \cap M_2) \\
&= P(A \mid M_1) \cdot P(M_1) + P(A \mid M_2) \cdot P(M_2)
\end{aligned}
$$

Damit ergibt sich für die gesuchte Wahrscheinlichkeit:

$$P(A) = 0.04 \cdot 0.25 + 0.02 \cdot 0.75 = 0.025$$

Bei der Herleitung der Formel $P(A) = P(A \mid M_1) \cdot P(M_1) + P(A \mid M_2) \cdot P(M_2)$ (sie entspricht der Gleichung $(*)$ aus dem Beweis des Satzes 1.5) wurde ganz wesentlich ausgenutzt, daß $\{M_1, M_2\}$ eine Zerlegung von Ω ist, d.h. daß gilt: $M_1 \cap M_2 = \{\}$ und $M_1 \cup M_2 = \Omega$. Diese Situation wird in dem folgenden Satz verallgemeinert.

Satz 1.6. ***(Der Satz von der totalen Wahrscheinlichkeit)***
Voraussetzung: Es sei $(\Omega, \mathcal{A}, P)$ ein Wahrscheinlichkeitsraum und $\mathcal{Z} = \{Z_1, Z_2, \ldots, Z_n\}$ eine Zerlegung von Ω, für die gilt:

$$\underset{1 \le i \le n}{\forall} Z_i \in \mathcal{A} \quad \textit{und} \quad \underset{1 \le i \le n}{\forall} P(Z_i) > 0$$

Behauptung: Dann gilt für jedes Ereignis A

$$P(A) = \sum_{i=1}^{n} P(A \mid Z_i) \cdot P(Z_i)$$

Beweis: Gemäß Definition gilt für die Zerlegung $\mathcal{Z}$ von Ω:

$$\Omega = \biguplus_{i=1}^{n} Z_i$$

Damit folgt:

$$P(A) = P(A \cap \Omega) = P(A \cap (\biguplus_{i=1}^{n} Z_i)) = P(\biguplus_{i=1}^{n} A \cap Z_i) = \sum_{i=1}^{n} P(A \cap Z_i) = \sum_{i=1}^{n} P(A \mid Z_i) \cdot P(Z_i)$$

□

Beispiel 1.40 DREIURNE Wir betrachten drei Urnen mit roten, schwarzen und weißen Kugeln.

Die erste Urne enthält	4 rote,	3 schwarze	und	2 weiße Kugeln
Die zweite Urne enthält	3 rote,	4 schwarze	und	5 weiße Kugeln
Die dritte Urne enthält	1 rote,	11 schwarze	und	0 weiße Kugeln

Wir führen das folgende Zufallsexperiment durch:

Es wird zunächst zufällig eine der drei Urnen ausgewählt und anschließend aus dieser Urne zufällig eine Kugel gezogen. Wir nehmen dabei an, daß jede der drei Urnen mit der Wahrscheinlichkeit $1/3$ ausgewählt werden kann, und daß jede Kugel aus der ausgewählten Urne mit derselben Wahrscheinlichkeit gezogen werden kann.

Gesucht ist die Wahrscheinlichkeit, daß die gezogene Kugel rot ist. Hierzu betrachten wir die folgenden Ereignisse:

Es sei R das Ereignis:	„Die gezogene Kugel ist rot"
Es sei U_1 das Ereignis:	„Die gezogene Kugel stammt aus der 1. Urne"
Es sei U_2 das Ereignis:	„Die gezogene Kugel stammt aus der 2. Urne"
Es sei U_3 das Ereignis:	„Die gezogene Kugel stammt aus der 3. Urne"

Es ist klar, daß die Ereignisse U_1, U_2 und U_3 paarweise disjunkt sind, und daß ihre Vereinigung das sichere Ereignis ist. Der Aufgabenstellung entnimmt man die folgenden Wahrscheinlichkeiten bzw. bedingten Wahrscheinlichkeiten:

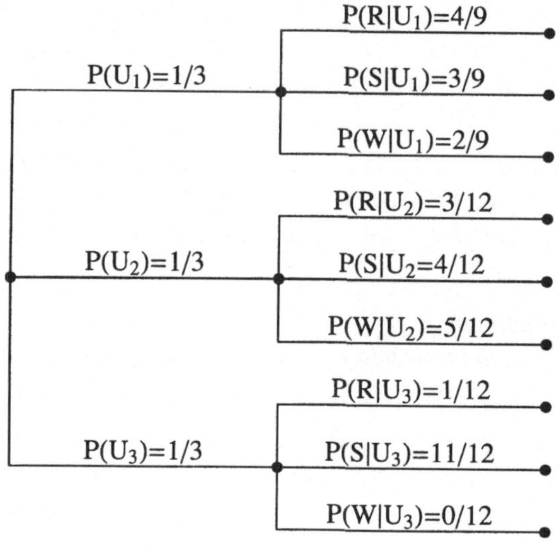

Abbildung 1.15
Wahrscheinlichkeitsbaum zum Beispiel 1.40 DREIURNE

$$\begin{array}{ll} P(U_1)=P(U_2)=P(U_3) & =1/3 \\ P(R \mid U_1) & =4/9 \\ P(R \mid U_2) & =1/4 \\ P(R \mid U_3) & =1/12 \end{array}$$

Damit läßt sich die gesuchte Wahrscheinlichkeit $P(R)$ nach Satz 1.6 berechnen:

$$P(R)=\sum_{i=1}^{3} P(R \mid U_i)\cdot P(U_i)=\frac{4}{9}\cdot\frac{1}{3}+\frac{1}{4}\cdot\frac{1}{3}+\frac{1}{12}\cdot\frac{1}{3}=\frac{7}{27}\approx 0.26$$

Berechnen Sie analog die Wahrscheinlichkeit des Ereignisses S: „Die gezogene Kugel ist schwarz" bzw. die Wahrscheinlichkeit des Ereignisses W: „Die gezogene Kugel ist weiß".

Bemerkung 1.31 Beachten Sie, daß in den Beispielen 1.39 WSTUECK bzw. 1.40 DREIURNE die Berechnung der Wahrscheinlichkeiten $P(A)$ bzw. $P(R), P(S)$ und $P(W)$ möglich war, ohne daß die zu diesen Zufallsexperimenten gehörenden Wahrscheinlichkeitsräume explizit angegeben wurden. Dennoch unterstellen wir mit der Verwendung des Symbols P immer auch die Existenz eines Wahrscheinlichkeitsraumes $(\Omega, \mathcal{A}, P)$, der das betreffende Zufallsexperiment angemessen modelliert. Ein Wahrscheinlichkeitsraum für das zweistufige Zufallsexperiment DREIURNE wird zum Beispiel im **Notebook NB1K1A6.ma** explizit angegeben.

Bemerkung 1.32 Der Satz von der totalen Wahrscheinlichkeit und die zugehörigen Anwendungsbeispiele lassen sich mit Hilfe sogenannter **Wahrscheinlichkeitsbäume** sehr schön veranschaulichen. Wir führen dies anhand des Beispiels 1.40 DREIURNE vor und überlassen es Ihnen, den Wahrscheinlichkeitsbaum für das Beispiel 1.39 WSTUECK zu zeichnen.

Graphentheoretisch betrachtet ist ein Wahrscheinlichkeitsbaum ein spezieller gewichteter Graph, nämlich ein sogenannter Wurzelbaum, dessen „Sphären" den einzelnen Stufen des Zufallsexperiments entsprechen und dessen Kantenbewertungen bedingte Wahrscheinlichkeiten sind. Im Beispiel 1.40 DREIURNE entspricht die erste Sphäre der zufälligen Auswahl einer Urne, und die zweite Sphäre entspricht dem zufälligen Ziehen einer Kugel aus dieser Urne. Dann betrachtet man alle Wege, die zu dem interessierenden Ereignis führen. In unserem Beispiel sind dies die Wege, die zum Ereignis R führen. An jede Kante eines solchen Weges schreibt man die zugehörige bedingte Wahrscheinlichkeit. Anschließend werden längs eines jeden solchen Weges diese bedingten Wahrscheinlichkeiten miteinander multipliziert. Summiert man diese Produkte über alle Wege, die zum interessierenden Ereignis führen, so erhält man die gesuchte Wahrscheinlichkeit. In unserem Beispiel liefert dieses Verfahren

$$P(R) = \sum_{i=1}^{3} P(U_i) \cdot P(R \mid U_i) \cdot = \frac{1}{3} \cdot \frac{4}{9} + \frac{1}{3} \cdot \frac{1}{4} + \frac{1}{3} \cdot \frac{1}{12} = \frac{7}{27} \approx 0.26$$

Das Berechnen der Wahrscheinlichkeit für ein Ereignis mit Hilfe von bedingten Wahrscheinlichkeiten und das Eintragen der zur Berechnung benötigten Wahrscheinlichkeiten in einen Wahrscheinlichkeitsbaum, führt insbesondere auch bei komplexeren Problemstellungen zum Ziel.

Der Satz von der totalen Wahrscheinlichkeit ermöglicht es, unbedingte Wahrscheinlichkeiten mit Hilfe bedingter Wahrscheinlichkeiten zu berechnen. Der folgende Satz 1.7 (die Formel von Bayes) wird es uns erlauben, die bedingte Wahrscheinlichkeit $P(B \mid A)$ mit Hilfe der bedingten Wahrscheinlichkeit $P(A \mid B)$ auszudrücken. Daß dieses Vertauschen des Bedingungsverhältnisses in der Praxis von Interesse ist, soll zunächst mit dem folgenden Beispiel gezeigt werden:

Beispiel 1.41 WSTUECK Wir kommen noch einmal auf das Beispiel 1.39 WSTUECK zurück. Dort setzte eine Firma für die Produktion bestimmter Werkstücke zwei unterschiedliche Maschinen ein.

Gesucht ist jetzt die Wahrscheinlichkeit dafür, daß ein zufällig der Produktion entnommenes Werkstück von der ersten Maschine stammt unter der Bedingung, daß es sich dabei um ein Ausschußstück handelt. Wie dort betrachten wir die Ereignisse

A: „Das entnommene Werkstück ist ein Ausschußstück"
M_1: „Das entnommene Werkstück stammt von der alten Maschine"
M_2: „Das entnommene Werkstück stammt von der neuen Maschine"

Gesucht ist also die bedingte Wahrscheinlichkeit $P(M_1 \mid A)$.

$$P(M_1 \mid A) = \frac{P(M_1 \cap A)}{P(A)} = \frac{P(A \mid M_1) \cdot P(M_1)}{P(A)} = \frac{P(A \mid M_1) \cdot P(M_1)}{P(A \mid M_1) \cdot P(M_1) + P(A \mid M_2) \cdot P(M_2)}$$

Dabei wurde ausgenutzt, daß $\{M_1, M_2\}$ eine Zerlegung von Ω ist, und daß deshalb nach dem Satz von der totalen Wahrscheinlichkeit gilt:

$$P(A) = P(A \mid M_1) \cdot P(M_1) + P(A \mid M_2) \cdot P(M_2).$$

Die zur Berechnung benötigten Wahrscheinlichkeiten sind der Aufgabenstellung im Beispiel 1.39 zu entnehmen:

$$P(M_1) = 0.25 \quad P(M_2) = 0.75 \quad P(A \mid M_1) = 0.04 \quad P(A \mid M_2) = 0.02$$

Mit diesen Wahrscheinlichkeiten ergibt sich:

$$P(M_1 \mid A) = \frac{0.04 \cdot 0.25}{0.04 \cdot 0.25 + 0.02 \cdot 0.75} = 0.4$$

Die Situation dieses Beispiels ist Gegenstand des folgenden Satzes.

Satz 1.7. ***(Die Formel von Bayes)***
Voraussetzung: Es sei $(\Omega, \mathcal{A}, P)$ *ein Wahrscheinlichkeitsraum, und es seien* A, B *zwei Ereignisse mit* $0 < P(A), 0 < P(\overline{A})$ *und* $0 < P(B)$.
Behauptung:

$$P(A \mid B) = \frac{P(B \mid A) \cdot P(A)}{P(B \mid A) \cdot P(A) + P(B \mid \overline{A}) \cdot P(\overline{A})}$$

Beweis: Der Beweis erfolgt analog zum Beispiel 1.41 WSTUECK mit der Zerlegung $\Omega = A \uplus \overline{A}$ und wird deshalb Ihnen überlassen. □

Bemerkung 1.33 Die Formel von Bayes läßt sich wie folgt verallgemeinern: Wird Ω in $n \geq 2$ Ereignisse A_i mit positiver Wahrscheinlichkeit zerlegt, gilt also $\Omega = \biguplus_{i=1}^{n} A_i$ mit $0 < P(A_i)$ für $1 \leq i \leq n$, so erhält man die Formel

$$P(A_i \mid B) = \frac{P(B \mid A_i) \cdot P(A_i)}{\sum_{k=1}^{n} P(B \mid A_k) \cdot P(A_k)}$$

für jedes Ereignis B mit $0 < P(B)$.

Beispiel 1.42 DREIURNE Wir betrachten nochmals das Zufallsexperiment aus dem Beispiel 1.40. Für die Ereignisse R bzw. S bzw. W, daß die gezogene Kugel rot bzw. schwarz bzw. weiß ist und für die Ereignisse U_i mit $1 \leq i \leq 3$, daß die gezogene Kugel aus der i-ten Urne stammt, ergeben sich die folgenden bedingten Wahrscheinlichkeiten:

$$\begin{array}{llllll} P(R \mid U_1) = & 4/9 & P(S \mid U_1) = & 3/9 & P(W \mid U_1) = & 2/9 \\ P(R \mid U_2) = & 3/12 & P(S \mid U_2) = & 4/12 & P(W \mid U_2) = & 3/12 \\ P(R \mid U_3) = & 1/12 & P(S \mid U_3) = & 11/12 & P(W \mid U_3) = & 0/12 \end{array}$$

Gesucht ist jetzt die Wahrscheinlichkeit, daß die gezogene Kugel aus der ersten Urne stammt, unter der Bedingung, daß sie rot ist. Gesucht ist also die bedingte Wahrscheinlichkeit $P(U_1 \mid R)$. Mit der Formel von Bayes erhält man:

$$P(U_1 \mid R) = \frac{P(R \mid U_1) \cdot P(U_1)}{\sum_{i=1}^{3} P(R \mid U_i) \cdot P(U_i)} = \frac{\frac{4}{9} \cdot \frac{1}{3}}{\frac{4}{9} \cdot \frac{1}{3} + \frac{3}{12} \cdot \frac{1}{3} + \frac{1}{12} \cdot \frac{1}{3}} = \frac{\frac{4}{27}}{\frac{7}{27}} = \frac{4}{7}$$

Berechnen Sie analog die bedingte Wahrscheinlichkeit dafür, daß die gezogene Kugel aus der zweiten Urne stammt unter der Bedingung, daß sie schwarz ist bzw. die bedingte Wahrscheinlichkeit dafür, daß die gezogene Kugel aus der dritten Urne stammt unter der Bedingung, daß sie weiß ist.

In den bisherigen Beispielen dieses Abschnitts wurden ausschließlich diskrete Wahrscheinlichkeitsräume behandelt. Das folgende Beispiel 1.43 BIRNE zeigt, wie man im stetigen Fall bedingte Wahrscheinlichkeiten durch Auswerten von Integralen über die Dichtefunktion des entsprechenden stetigen Wahrscheinlichkeitsmaßes berechnet. Sie werden dabei feststellen, daß das Wahrscheinlichkeitsmaß P, das wir bei der Modellierung des Zufallsexperiments BIRNE zugrunde legen, eine bemerkenswerte Eigenschaft besitzt.

Beispiel 1.43 BIRNE Dieses Zufallsexperiment wird gemäß Beispiel 1.32 BIRNE und Bemerkung 1.23 durch den Wahrscheinlichkeitsraum $(\mathbb{R}, \mathcal{B}(\mathbb{R}), P)$ modelliert, wobei das Wahrscheinlichkeitsmaß P die Dichtefunktion $f(t) = \lambda e^{-\lambda t} \cdot 1_{[0,\infty)}(t)$ besitzt. Zunächst stellen wir fest, daß dieses Wahrscheinlichkeitsmaß auf das Intervall $[0,\infty)$ konzentriert ist. Sind also t_1 und t_2 reelle Zahlen mit $0 \leq t_1 \leq t_2$, so berechnet sich die Wahrscheinlichkeit für das Ereignis $(t_1,t_2]$ „Eine zufällig der Produktion entnommene Glühbirne besitzt eine Lebensdauer, die im Zeitintervall $(t_1,t_2]$ liegt" zu

$$P((t_1,t_2]) = \int_{t_1}^{t_2} \lambda e^{-\lambda t} dt = \left[-e^{-\lambda t}\right]_{t_1}^{t_2} = e^{-\lambda t_1} - e^{-\lambda t_2}.$$

Für $t_0 \geq 0$ und $\Delta t > 0$ betrachten wir die Ereignisse

$(t_0, t_0 + \Delta t]$	„Die Birne fällt im Zeitintervall $(t_0, t_0 + \Delta t]$ aus"
(t_0, ∞)	„Die Birne besitzt eine Lebensdauer die größer als t_0 ist"

Mit der oben bereitgestellten Formel für $P((t_1,t_2])$ berechnet sich die bedingte Wahrscheinlichkeit $P((t_0,t_0 + \Delta t] \mid (t_0,\infty))$ für das Ereignis „Die Birne fällt im Zeitintervall $(t_0, t_0 + \Delta t]$ aus, unter derBedingung, daß sie eine Lebensdauer größer als t_0 besitzt" zu

$$\begin{aligned} P((t_0,t_0+\Delta t] \mid (t_0,\infty)) &= \frac{P((t_0,t_0+\Delta t] \cap (t_0,\infty))}{P((t_0,\infty))} = \frac{P((t_0,t_0+\Delta t])}{P((t_0,\infty))} \\ &= \frac{e^{-\lambda t_0}(1-e^{-\lambda \Delta t})}{e^{-\lambda t_0}} = (1-e^{-\lambda \Delta t}) = P((0,\Delta t]) \end{aligned}$$

Das Ergebnis $P((t_0,t_0+\Delta t] \mid (t_0,\infty)) = P((0,\Delta t])$ besagt: Die Wahrscheinlichkeit für das Ereignis, daß die Glühbirne im Zeitintervall $(t_0,t_0+\Delta t]$ ausfällt unter der Bedingung, daß sie eine Lebensdauer größer als t_0 besitzt, wird nicht von der Mindestlebensdauer t_0, sondern nur vom Zeitintervall Δt bestimmt. Diese Wahrscheinlichkeit ist gleich $P((0,\Delta t])$, also gleich der Wahrscheinlichkeit, daß die Glühbirne im Zeitintervall $(0,\Delta t]$ ausfällt. In diesem Sinne erlaubt es dieses Wahrscheinlichkeitsmaß P den Glühbirnen nicht, sich an ihr Alter zu erinnern. Deshalb nennt man dieses auf $[0,\infty)$ konzentrierte Wahrscheilichkeitsmaß P ein **nicht alterndes** Wahrscheinlichkeitsmaß oder auch ein Wahrscheinlichkeitsmaß **ohne Gedächtnis**. Wir werden in Abschnitt 2.2 begründen, warum alle stetigen nicht alternden Wahrscheinlichkeitsmaße auf $(\mathbb{R},\mathcal{B})$, die auf das Intervall $[0,\infty)$ konzentriert sind, eine Dichte der Gestalt $\lambda e^{-\lambda t} \cdot 1_{[0,\infty)}(t)$ besitzen, wobei $\lambda > 0$ eine geeignete reelle Zahl ist.

Aufgaben zum Abschnitt 1.6

Aufgabe 1.6.1

Ein Unternehmen bemüht sich in den Ländern Alpha und Beta um je einen Auftrag zur Errichtung eines Kernkraftwerks. Die Wahrscheinlichkeit, daß das Land Alpha den Auftrag an das Unternehmen erteilt, beträgt 0.75. Die Wahrscheinlichkeit, daß das Land Beta den Auftrag an das Unternehmen erteilt, beträgt 0.6. Die Wahrscheinlichkeit, daß das Unternehmen von beiden Ländern den Auftrag erhält, beträgt 0.5.

(a) Sind die beiden Ereignisse A : „Das Land Alpha erteilt den Auftrag" und B: „Das Land Beta erteilt den Auftrag" stochastisch unabhängig ?

(b) Wie groß ist die Wahrscheinlichkeit, daß das Unternehmen von mindestens einem Land den Auftrag bekommt ?

(c) Wie groß ist die Wahrscheinlichkeit, daß das Unternehmen den Auftrag von Land Beta bekommt, wenn der Auftrag von Land Alpha bereits erteilt wurde.

Aufgabe 1.6.2

A und B seien Ereignisse im Wahrscheinlichkeitsraum $(\Omega,\mathcal{A},P)$. Es gelte:

$$P(B) = 0.4, \quad P(A \cup B) = 0.7 \quad \text{und} \quad P(A \mid B) = 0.5.$$

(a) Berechnen Sie die Wahrscheinlichkeit $P(A)$.

(b) Sind die Ereignisse A und B stochastisch unabhängig?

(c) Wie groß ist die Wahrscheinlichkeit dafür, daß höchstens eins der beiden Ereignisse A und B eintritt ? Wie groß ist die Wahrscheinlichkeit dafür, daß keines der beiden Ereignisse A und B eintritt?

Aufgabe 1.6.3

A und B seien Ereignisse im Wahrscheinlichkeitsraum $(\Omega,\mathcal{A},P)$. Es gelte:
Die Wahrscheinlichkeit dafür, daß keines der beiden Ereignisse A und B eintritt, ist 0.3 und die Wahrscheinlichkeit dafür, daß höchstens eines der beiden Ereignisse eintritt, ist 0.8.

(a) Wie groß ist die Wahrscheinlichkeit dafür, daß beide Ereignisse eintreten?

(b) Wie groß ist die Wahrscheinlichkeit dafür, daß genau eines der beiden Ereignisse eintritt?

(c) Wie groß muß man die Wahrscheinlichkeiten $P(A)$ und $P(B)$ wählen , damit die beiden Ereignisse A und B stochastisch unabhängig sind?

Aufgabe 1.6.4

A und B seien Ereignisse im Wahrscheinlichkeitsraum $(\Omega, \mathcal{A}, P)$. Es gelte: $P(A) = \frac{1}{4}$. Die Wahrscheinlichkeit dafür, daß weder das Ereignis A noch das Ereignis B eintritt, betrage $\frac{2}{3}$. Die Ereignisse A und B seien stochastisch unabhängig.

(a) Wie groß ist die Wahrscheinlichkeit $P(B)$?

(b) Wie groß ist die Wahrscheinlichkeit dafür, daß von den beiden Ereignissen A und B höchstens eins eintritt?

Aufgabe 1.6.5

Durch einen Test werden Studienanfänger auf ihre Kenntnisse in Wahrscheinlichkeitsrechnung geprüft. Es interessieren die Ereignisse

M: „Testperson ist Mathematiker" und

B: „Testperson besteht den Test".

Die folgende Tabelle enthält die Wahrscheinlichkeiten der Ereignisse $P(M \cap \overline{B})$, $P(M \cap B)$, $P(\overline{M} \cap B)$ und $P(\overline{M} \cap \overline{B})$:

	nicht bestanden	bestanden
Mathematiker	0.2	0.25
Nichtmathematiker	0.3	0.25

Sind die Ereignisse M und B stochastisch unabhängig ?

Aufgabe 1.6.6

Die Produktion einer Abteilung wird von zwei Kontrolleuren überprüft. Der erste Kontrolleur prüft 30%, der zweite Kontrolleur 70% der Werkstücke. Für den ersten Kontrolleur beträgt die Wahrscheinlichkeit, eine Fehlentscheidung zu treffen, 0.03. Für den zweiten Kontrolleur beträgt diese Wahrscheinlichkeit 0.05.

(a) Berechnen Sie für ein zufällig ausgewähltes Werkstück die Wahrscheinlichkeit dafür, daß es richtig einsortiert wird.

(b) Es wird ein fehlerhaft einsortiertes Werkstück gefunden. Wie groß ist die Wahrscheinlichkeit dafür, daß dieses Teil vom zweiten Kontrolleur sortiert wurde ?

Aufgabe 1.6.7

60% einer bestimmten Population seien Frauen, 40% seien Männer. 5% der Männer und 1% der Frauen seien zuckerkrank.

(a) Wie groß ist die Wahrscheinlichkeit dafür, daß eine zufällig ausgewählte Person zuckerkrank ist ?

(b) Sind die Ereignisse „Person ist zuckerkrank" und „Person ist weiblich" stochastisch unabhängig?

(c) Eine zufällig ausgewählte Person sei zuckerkrank. Mit welcher Wahrscheinlichkeit ist diese Person ein Mann?

Aufgabe 1.6.8

Diese Aufgabe bezieht sich auf das Beispiel **ROULETTE**. Unter der Annahme, daß der Roulettetisch „fair" ist, wurde das Roulettespiel in der Aufgabe 1.5.1 durch einen Laplace-Wahrscheinlichkeitsraum modelliert.

(a) Berechnen Sie mit der Mathematica-Funktion `Pbedingt` die folgenden bedingten Wahrscheinlichkeiten:

$P(\text{Erstes Dutzend} \mid \text{Rouge})$ $\quad P(\text{Rouge} \mid \text{Erstes Dutzend})$
$P(\text{Rouge} \mid \text{Pair} \cup \text{Manque})$ $\quad P(\text{Rouge} \mid \text{Pair} \cap \text{Manque})$

(b) Untersuchen Sie mit der Mathematica-Funktion `unabhaengigkeit` die folgenden Paare von Ereignissen auf Unabhängigkeit:

Erstes Dutzend , Pair Erstes Dutzend , Manque

Aufgabe 1.6.9

Auf $(\mathbb{R},\mathcal{B})$ ist das Wahrscheinlichkeitsmaß P mit der folgenden Dichte f gegeben:

$$\begin{array}{rccl} f: & \mathbb{R} & \to & \mathbb{R} \\ & t & \mapsto & f(t) = 3 \cdot t^2 e^{-t^3} \cdot 1_{[0,\infty)}(t) \end{array}$$

Berechnen Sie für $0 < t_0, \Delta t$ die bedingte Wahrscheinlichkeit $P((t_0, t_0 + \Delta t] \mid (t_0, \infty))$. Ist P ein Wahrscheinlichkeitsmaß ohne Gedächtnis?

1.7 Produkträume

In diesem letzten Abschnitt von Kapitel 1 behandeln wir noch einmal die Modellierung zusammengesetzter Zufallsexperimente. Wir betrachten jetzt die spezielle bisher nur intuitiv erfaßbare Situation, daß sich die Einzelzufallsexperimente gegenseitig nicht beeinflussen, also in einem gewissen Sinne unabhängig voneinander sind. Die formale Erfassung dieser Unabhängigkeit erfolgt durch die Festlegung eines geeigneten Wahrscheinlichkeitsmaßes P auf dem im Abschnitt 1.3 eingeführten Produktmeßraum. Wir erläutern das Vorgehen am Beispiel 1.16 GLUECK.

Beispiel 1.44 GLUECK Bei diesem zusammengesetzten Zufallsexperiment werden die beiden Einzelzufallsexperimente MUENZE und WUERFEL hintereinander ausgeführt. Zur Modellierung des Einzelzufallsexperiments MUENZE definieren wir auf dem meßbaren Raum $(\Omega_1, \mathcal{A}_1)$ mit $\Omega_1 = \{k,z\}$ und $\mathcal{A}_1 = 2^{\Omega_1}$ ein diskretes Wahrscheinlichkeitsmaß P_1 mit $T_1 = \{k,z\} = \{\omega_1, \omega_2\}$ und einem geeigneten Wahrscheinlichkeitsvektor $\boldsymbol{p}_1$. Zur Modellierung des Einzelzufallsexperiments WUERFEL wählen wir den meßbaren Raum $(\Omega_2, \mathcal{A}_2)$ mit $\Omega_2 = \{1,2,3,4,5,6\}$ und $\mathcal{A}_2 = \{\{\}, \{5,6\}, \{1,2,3,4\}, \{1,2,3,4,5,6\}\}$. Das Wahrscheinlichkeitsmaß P_2 definieren wir durch

$$P_2(\{\}) = 0,\ P_2(\{5,6\}) = \frac{\;}{1}3,\ P_2(\{1,2,3,4\}) = \frac{2}{3},\ P_2(\{1,2,3,4,5,6\}) = 1$$

Für die Modellierung des zusammengesetzten Zufallsexperiments ergibt sich also gemäß Abschnitt 1.3 der Produktmeßraum $(\Omega, \mathcal{A})$ mit

$$\Omega = \Omega_1 \times \Omega_2 \text{ und } \quad \mathcal{A} = \mathcal{A}_1 \otimes \mathcal{A}_2$$

Es stellt sich jetzt die Aufgabe, auf diesem Produktmeßraum ein geeignetes Wahrscheinlichkeitsmaß P festzulegen. Bei der Festlegung von P soll, wie bereits dargelegt, formal die Tatsache erfaßt werden, daß sich die Zufallsexperimente MUENZE und WUERFEL gegenseitig nicht beeinflussen. In diesem Zusammenhang erinnern wir daran, daß in Abschnitt 1.6 die Unabhängigkeit nur für **Ereignisse**, und zwar für Ereignisse **desselben** Wahrscheinlichkeitsraums definiert wurde. Wir betten deshalb die meßbaren Räume $(\Omega_1, \mathcal{A}_1)$ und $(\Omega_2, \mathcal{A}_2)$ in den meßbaren Raum $(\Omega, \mathcal{A})$ ein:

Dazu stellen wir jedes Ereignis A_1 des meßbaren Raums $(\Omega_1, \mathcal{A}_1)$ als Ereignis $G_1 = A_1 \times \Omega_2$ im meßbaren Raum $(\Omega, \mathcal{A})$, also im Gesamtexperiment dar. Analog stellen wir jedes Ereignis A_2 des meßbaren Raums $(\Omega_2, \mathcal{A}_2)$ als Ereignis $G_2 = \Omega_1 \times A_2$ im meßbaren Raum $(\Omega, \mathcal{A})$ dar. Bei der Festlegung des Wahrscheinlichkeitsmaßes P auf $(\Omega, \mathcal{A})$ lassen wir uns von der Vorstellung leiten, daß für jedes Ereignis A_1 des Wahrscheinlichkeitsraumes $(\Omega_1, \mathcal{A}_1, P_1)$ und für das zugehörige Ereignis $G_1 = A_1 \times \Omega_2$ des Wahrscheinlichkeitsraums $(\Omega, \mathcal{A}, P)$ gelten soll: $P(G_1) = P(A_1 \times \Omega_2) = P_1(A_1)$. So muß zum Beispiel das verbal formulierte Ereignis „Beim Münzwurf liegt Kopf oben“ in den beiden Wahrscheinlichkeitsräumen $(\Omega_1, \mathcal{A}_1, P_1)$ und $(\Omega, \mathcal{A}, P)$ dieselbe Wahrscheinlichkeit besitzen. Analog muß für jedes Ereignis A_2 des Wahrscheinlichkeitsraumes $(\Omega_2, \mathcal{A}_2, P_2)$ und für das zugehörige Ereignis $G_2 = \Omega_1 \times A_2$ des Wahrscheinlichkeitsraums $(\Omega, \mathcal{A}, P)$ gelten: $P(G_2) = P(\Omega_1 \times A_2) = P_2(A_2)$.

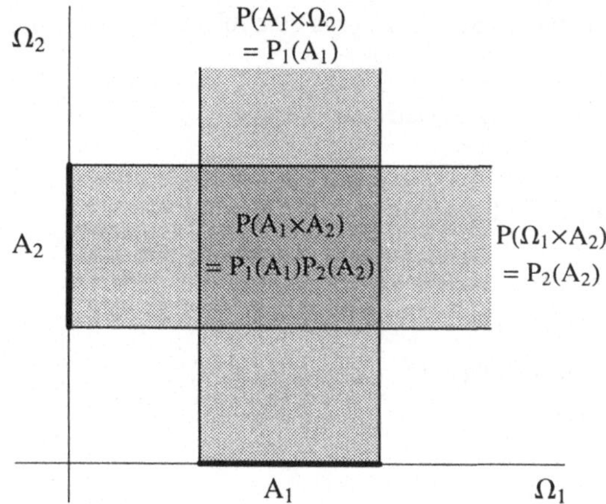

Abbildung 1.16
Festlegung des Produktwahrscheinlichkeitsmaßes P auf den Rechteckmengen: $P(A_1 \times A_2) = P_1(A_1) \cdot P_2(A_2)$

Wenn auf dem meßbaren Raum $(\Omega,\mathcal{A})$ überhaupt ein Wahrscheinlichkeitsmaß P mit diesen Eigenschaften festgelegt werden kann, so läßt sich die Unabhängigkeit der beiden Ereignisse $A_1 \in \mathcal{A}_1$ und $A_2 \in \mathcal{A}_2$ in Einklang mit der Definition 1.19 aus Abschnitt 1.6 über die Unabhängigkeit der beiden zugehörigen Ereignisse G_1 und G_2 des zusammengesetzten Zufallsexperiments ausdrücken:

$$P(G_1 \cap G_2) = P(G_1) \cdot P(G_2)$$

Wegen

$$P(G_1 \cap G_2) = P((A_1 \times \Omega_2) \cap (\Omega_1 \times A_2)) = P(A_1 \times A_2)$$

und

$$P(G_1) \cdot P(G_2) = P_1(A_1) \cdot P_2(A_2)$$

läßt sich die Unabhängigkeit von A_1 und A_2 durch die Gleichung

$$P(A_1 \times A_2) = P_1(A_1) \cdot P_2(A_2)$$

ausdrücken.

Fassen wir zusammen: Wenn es überhaupt ein Wahrscheinlichkeitsmaß P gibt, mit dem man die Unabhängigkeit der beiden Einzelexperimente adäquat modellieren kann, so muß dieses P für alle Ereignisse $A_1 \in \mathcal{A}_1$ und alle Ereignisse $A_2 \in \mathcal{A}_2$ der Gleichung $P(A_1 \times A_2) = P_1(A_1) \cdot P_2(A_2)$ genügen. Die Existenz eines solchen Wahrscheinlichkeitsmaßes und seine Eindeutigkeit garantiert der folgende Satz, dessen Beweis mit dem Fortsetzungssatz geführt werden kann.

Satz 1.8.
Voraussetzung: Es seien n Wahrscheinlichkeitsräume $(\Omega_i,\mathcal{A}_i,P_i)$, $i = 1,2,\ldots n$ gegeben.
Behauptung: Dann existiert genau ein Wahrscheinlichkeitsmaß P auf dem Produktmeßraum $(\Omega,\mathcal{A}) = (\bigtimes_{i=1}^{n} \Omega_i, \bigotimes_{i=1}^{n} \mathcal{A}_i)$ mit der Eigenschaft:

$$\forall_{A_1\in\mathcal{A}_1, A_2\in\mathcal{A}_2,\ldots,A_n\in\mathcal{A}_n} \quad P(A_1 \times A_2 \times \ldots \times A_n) = P_1(A_1) \cdot P_2(A_2) \cdot \ldots \cdot P_n(A_n)$$

Definition 1.21. Das im Satz 1.8 eingeführte Wahrscheinlichkeitsmaß P heißt **Produktwahrscheinlichkeitsmaß** oder auch **Produktmaß** aus $P_1, P_2, \ldots, P_n$ und wird mit $P_1 \otimes P_2 \otimes \cdots \otimes P_n$ bzw. mit $\bigotimes_{i=1}^{n} P_i$ bezeichnet. Der Wahrscheinlichkeitsraum

$$(\Omega,\mathcal{A},P) = (\mathop{\times}_{i=1}^{n} \Omega_i, \bigotimes_{i=1}^{n} \mathcal{A}_i, \bigotimes_{i=1}^{n} P_i)$$

heißt der **Produktwahrscheinlichkeitsraum** aus den Wahrscheinlichkeitsräumen $(\Omega_i,\mathcal{A}_i,P_i)$, $i = 1,2,\ldots n$. Der Wahrscheinlichkeitsraum $(\Omega_i,\mathcal{A}_i,P_i)$ heißt der i-te **Komponentenraum** des Produktwahrscheinlichkeitsraums.

Bemerkung 1.34 Die Funktion P wird auch hier zunächst auf einem speziellen Teilsystem der Produkt-σ-Algebra $\mathcal{A}$, nämlich auf dem System der Rechteckmengen

$$\mathcal{R}_n = \{A_1 \times A_2 \times \ldots \times A_n \,|\, A_1 \in \mathcal{A}_1, A_2 \in \mathcal{A}_2, \ldots, A_n \in \mathcal{A}_n\},$$

durch die Vorgabe $P(A_1 \times A_2 \times \ldots \times A_n) = P_1(A_1) \cdot P_2(A_2) \cdot \ldots \cdot P_n(A_n)$ festgelegt. Der Fortsetzungssatz garantiert dann, daß diese Funktion zu genau einem Wahrscheinlichkeitsmaß P auf ganz $\mathcal{A}$ fortgesetzt werden kann.

Der Produktwahrscheinlichkeitsraum ist insbesondere ein Modell für die Beschreibung von zusammengesetzten Zufallsexperimenten, bei denen dasselbe Zufallsexperiment mehrmals wiederholt wird.

Beispiel 1.45 MEHRWURF Im Beispiel 1.8 MEHRWURF wird ein fairer Würfel n mal geworfen. Das Gesamtzufallsexperiment wird dann durch den Wahrscheinlichkeitsraum

$$(\Omega,\mathcal{A},P) = (\mathop{\times}_{i=1}^{n} \Omega_i, \bigotimes_{i=1}^{n} \mathcal{A}_i, \bigotimes_{i=1}^{n} P_i)$$

mit $\Omega_i = W = \{1,2,3,4,5,6\}, \mathcal{A}_i = 2^W$ und $P_i = \sum_{k=1}^{6} \frac{1}{6}\varepsilon_k$ für $i = 1,2,\ldots,n$ modelliert. Betrachtet man speziell für $n = 5$ das Ereignis „Beim ersten Wurf liegt eine Sechs und beim vierten Wurf liegt eine gerade Zahl oben“ so besitzt dieses die Wahrscheinlichkeit

$$\begin{aligned} P(\{6\} \times W \times W \times \{2,4,6\} \times W) &= \\ &= P_1(\{6\}) \cdot P_2(W) \cdot P_3(W) \cdot P_4(\{2,4,6\}) \cdot P_5(W) \\ &= \frac{1}{6} \cdot 1 \cdot 1 \cdot \frac{3}{6} \cdot 1 \\ &= \frac{1}{12} \end{aligned}$$

Liegen nicht nur endlich viele Wahrscheinlichkeitsräume vor, sondern ist sogar eine Folge $((\Omega_i,\mathcal{A}_i,P_i))_{i\in\mathbb{N}}$ von Wahrscheinlichkeitsräumen gegeben, so zeigt der nächste Satz, daß man auch in diesem Fall auf dem Produktmeßraum $(\mathop{\times}_{i=1}^{\infty} \Omega_i, \bigotimes_{i=1}^{\infty} \mathcal{A}_i)$ ein geeignetes Produktwahrscheinlichkeitsmaß definieren kann. Zum Beweis dieses Satzes verweisen wir auf die einschlägige Literatur [Halmos, P.R.: Measure Theory].

Satz 1.9.
Voraussetzung: Gegeben sei eine Folge $((\Omega_i,\mathcal{A}_i,P_i))_{i\in\mathbb{N}}$ *von Wahrscheinlichkeitsräumen. Für jedes* $n \in \mathbb{N}$ *sei* $\mathcal{R}_n = \{A_1 \times A_2 \times \ldots \times A_n \,|\, A_1 \in \mathcal{A}_1, A_2 \in \mathcal{A}_2, \ldots, A_n \in \mathcal{A}_n\}$ *das System der Rechteckmengen im Meßraum* $(\mathop{\times}_{i=1}^{n} \Omega_i \bigotimes_{i=1}^{n} \mathcal{A}_i)$.

Behauptung: Es existiert genau ein Wahrscheinlichkeitsmaß P *auf dem Produktmeßraum* $(\Omega,\mathcal{A}) = (\mathop{\times}_{i=1}^{\infty} \Omega_i, \bigotimes_{i=1}^{\infty} \mathcal{A}_i)$ *mit der Eigenschaft:*

Für jedes $n \in \mathbb{N}$ *gilt für jeweils alle Rechteckmengen* $A_1 \times A_2 \times \ldots \times A_n \in \mathcal{R}_n$*:*

$$P(A_1 \times A_2 \times \ldots \times A_n \times \Omega_{n+1} \times \Omega_{n+2} \times \ldots) = P_1(A_1) \cdot P_2(A_2) \cdot \ldots \cdot P_n(A_n).$$

Definition 1.22. Das im Satz 1.9 eingeführte Wahrscheinlichkeitsmaß P heißt **Produktwahrscheinlichkeitsmaß** oder auch **Produktmaß** aus den Wahrscheinlichkeitsmaßen P_i, $i \in \mathbb{N}$ und wird mit $\bigotimes_{i=1}^{\infty} P_i$ bezeichnet. Der Wahrscheinlichkeitsraum

$$(\Omega,\mathcal{A},P) = (\bigtimes_{i=1}^{\infty} \Omega_i, \bigotimes_{i=1}^{\infty}\mathcal{A}_i, \bigotimes_{i=1}^{\infty} P_i)$$

heißt der **Produktwahrscheinlichkeitsraum** aus den Wahrscheinlichkeitsräumen $(\Omega_i,\mathcal{A}_i,P_i)$, $i \in \mathbb{N}$. Der Wahrscheinlichkeitsraum $(\Omega_i,\mathcal{A}_i,P_i)$ heißt der i-te **Komponentenraum** des Produktwahrscheinlichkeitsraums.

Beispiel 1.46 ∞-WURF Im Beispiel 1.9 ∞-WURF wird ein fairer Würfel unendlich oft geworfen. Das Gesamtzufallsexperiment wird dann durch den Wahrscheinlichkeitsraum

$$(\Omega,\mathcal{A},P) = (\bigtimes_{i=1}^{\infty} \Omega_i, \bigotimes_{i=1}^{\infty}\mathcal{A}_i, \bigotimes_{i=1}^{\infty} P_i)$$

mit $\Omega_i = W = \{1,2,3,4,5,6\},\mathcal{A}_i = 2^W$ und $P_i = \sum_{k=1}^{6} \frac{1}{6}\varepsilon_k$ für $i \in \mathbb{N}$ modelliert.

Das Ereignis S_4 „Genau nach dem vierten Wurf tritt zum ersten mal eine Sechs auf" besitzt dann die Wahrscheinlichkeit

$$\begin{aligned} P(S_4) &= P(\overline{\{6\}} \times \overline{\{6\}} \times \overline{\{6\}} \times \overline{\{6\}} \times \{6\} \times W \times W \times \ldots) \\ &= \left(\prod_{i=1}^{4} P_i(\overline{\{6\}})\right) \cdot P_5(\{6\}) = \left(\frac{5}{6}\right)^4 \cdot \frac{1}{6} = 0.080376. \end{aligned}$$

Allgemein besitzt das Ereignis S_k „Genau nach dem k-ten Wurf tritt zum ersten mal eine Sechs auf" die Wahrscheinlichkeit $P(S_k) = (\frac{5}{6})^k \cdot (\frac{1}{6})$. Die folgende Tabelle zeigt, wie schnell diese Wahrscheinlichkeiten mit wachsendem k abnehmen.

$k =$	0	1	2	3	...	10	...	100	...
$P(S_k) =$	0.166..	0.1388..	0.116	0.096		0.0269		$0.201 \cdot 10^{-8}$	

Bemerkung 1.35 Betrachten man mit $I = \{1,2,\ldots,,n\}$ bzw. $I = \mathbb{N}$ den aus den Wahrscheinlichkeitsräumen $(\Omega_i,\mathcal{A}_i,P_i)$, $i \in I$ gebildeten Produktwahrscheinlichkeitsraum $(\bigtimes_{i\in I} \Omega_i, \bigotimes_{i\in I} \mathcal{A}_i, \bigotimes_{i\in I} P_i)$, so gilt:

- Ist $J \subseteq I$ eine endliche Teilmenge von I und ist $A_j \in \mathcal{A}_j$ für jedes $j \in J$ ein beliebiges Ereignis in dem Komponentenraum $(\Omega_j,\mathcal{A}_j,P_j)$, so sind im Produktwahrscheinlichkeitsraum die $|J|$ Ereignisse

  $$\begin{aligned} G_j &= \pi_j^{-1}(A_j) = \Omega_1 \times \Omega_2 \times \ldots \times \Omega_{j-1} \times A_j \times \Omega_{j+1} \times \ldots \times \Omega_n \text{ bzw.} \\ G_j &= \pi_j^{-1}(A_j) = \Omega_1 \times \Omega_2 \times \ldots \times \Omega_{j-1} \times A_j \times \Omega_{j+1} \times \ldots \times \Omega_n \times \Omega_{n+1} \times \ldots \end{aligned}$$

  stochastisch unabhängig.

- Lebt man nur im i-ten Komponentenraum $(\Omega_i,\mathcal{A}_i,P_i)$ und betrachtet dort das Ereignis $A_i \in \mathcal{A}_i$, dann besitzt dieses dort die Wahrscheinlichkeit $P_i(A_i)$. Diese Wahrscheinlichkeit ist wegen $P_i(A_i) = (\bigotimes_{k\in I} P_k)(\pi_i^{-1}(A_i))$ gleich der Wahrscheinlichkeit, die das Ereignis $G_i = \pi_i^{-1}(A_i)$ im Gesamtzufallsexperiment besitzt.

Bemerkung 1.36 Sind in einem Produktwahrscheinlichkeitsraum mit endlich vielen Komponenten alle Komponentenräume diskrete Wahrscheinlichkeitsräume, dann ist auch der Produktwahrscheinlichkeitsraum ein diskreter Wahrscheinlichkeitsraum. Für einen Produktwahrscheinlichkeitsraum aus zwei diskreten Wahrscheinlichkeitsräumen sieht man dies wie folgt: Es sei also P_1 ein diskretes Wahrscheinlichkeitsmaß auf dem meßbaren Raum $(\Omega_1, \mathcal{A}_1)$ und P_2 ein diskretes Wahrscheinlichkeitsmaß auf dem meßbaren Raum $(\Omega_2, \mathcal{A}_2)$. Nach Definition des diskreten Wahrscheinlichkeitsmaßes existieren dann zwei endliche oder abzählbar unendliche Teilmengen

$$T_1 = \{\alpha_i \,|\, i \in I\} \subseteq \Omega_1 \qquad T_2 = \{\beta_j \,|\, j \in J\} \subseteq \Omega_2$$

und zwei Wahrscheinlichkeitsvektoren

$$\boldsymbol{p}_1 = (u_i)_{i \in I} \qquad \boldsymbol{p}_2 = (v_j)_{j \in J},$$

so daß gilt:

$$P_1 = \sum_{i \in I} u_i \varepsilon_{\alpha_i} \qquad P_2 = \sum_{j \in J} v_j \varepsilon_{\beta_j}$$

Dann ist aber auch

$$T = T_1 \times T_2 = \{(\alpha_i, \beta_j) \,|\, i \in I, j \in J\}$$

eine endliche oder abzählbar unendliche Teilmenge von $\Omega = \Omega_1 \times \Omega_2$, und für das Produktmaß $P = P_1 \otimes P_2$ gilt:

$$\underset{A_1 \in \mathcal{A}_1, A_2 \in \mathcal{A}_2}{\forall} \quad P(A_1 \times A_2) = P_1(A_1) \cdot P_2(A_2) = \sum_{i \in I} u_i \varepsilon_{\alpha_i}(A_1) \cdot \sum_{j \in J} v_j \varepsilon_{\beta_j}(A_2) = \sum_{i \in I} \sum_{j \in J} u_i v_j \varepsilon_{\alpha_i}(A_1) \cdot \varepsilon_{\beta_j}(A_2)$$

bzw.

$$\underset{A_1 \in \mathcal{A}_1, A_2 \in \mathcal{A}_2}{\forall} \quad P(A_1 \times A_2) = \sum_{i \in I} \sum_{j \in J} u_i v_j \varepsilon_{(\alpha_i, \beta_j)}(A_1 \times A_2)$$

Dabei ist $\varepsilon_{(\alpha_i, \beta_j)}$ das auf das Paar (α_i, β_j) konzentrierte Dirac-Maß auf $(\Omega_1 \times \Omega_2, \mathcal{A}_1 \otimes \mathcal{A}_2)$. Wegen der Eindeutigkeit des Produktwahrscheinlichkeitsmaßes folgt daraus, daß gilt:

$$P = P_1 \otimes P_2 = \sum_{i \in I} \sum_{j \in J} u_i v_j \varepsilon_{(\alpha_i, \beta_j)}$$

Bemerkung 1.37 Der für die Praxis wichtigste Fall von Definition 1.21 bzw. Definition 1.22 liegt wieder dann vor, wenn für alle Komponentenräumen $(\Omega_i, \mathcal{A}_i, P_i) = (\mathbb{R}, \mathcal{B}(\mathbb{R}), P_i)$ gilt, wenn also der Produktwahrscheinlichkeitsraum die Gestalt $(\bigtimes_{i \in I} \mathbb{R}, \bigotimes_{i \in I} \mathcal{B}(\mathbb{R}), \bigotimes_{i \in I} P_i)$ hat, wobei I eine endliche oder abzählbar unendliche Indexmenge ist. In diesem Spezialfall gelten Satz 1.8 bzw. Satz 1.9 auch dann, wenn man dort das System der Rechteckmengen $\mathcal{R}_n = \{A_1 \times A_2 \times \ldots \times A_n \,|\, A_1 \in \mathcal{A}_1, A_2 \in \mathcal{A}_2, \ldots, A_n \in \mathcal{A}_n\}$ durch Systeme spezieller Rechteckmengen ersetzt, z.B.

- durch das Mengensystem aller n-dimensionalen Intervalle

$$\mathcal{I}(\mathbb{R}^n) = \{I_1 \times I_2 \times \ldots \times I_n \,|\, I_1, I_2, \ldots, I_n \in \mathcal{I}(\mathbb{R})\}$$

- durch das Mengensystem aller beschränkten nach links offenen und nach rechts abgeschlossenen n-dimensionalen Intervalle

$$\{(a_1, b_1] \times (a_2, b_2] \times \ldots \times (a_n, b_n] \,|\, a_1, b_1, a_2, b_2, \ldots, a_n, b_n \in \mathbb{R} \text{ mit } a_1 \leq b_1, a_2 \leq b_2, \ldots, a_n \leq b_n\}$$

- durch das Mengensystem aller nach links unbeschränkten und nach rechts abgeschlossenen n-dimensionalen Intervalle

$$\{(-\infty, b_1] \times (-\infty, b_2] \times \ldots \times (-\infty, b_n] \,|\, b_1, b_2, \ldots, b_n \in \mathbb{R}\}$$

Bemerkung 1.38 In Bemerkung 1.36 wurde gezeigt, daß das Produktmaß aus zwei diskreten Wahrscheinlichkeitsmaßen wieder ein diskretes Wahrscheinlichkeitsmaß ist. Sind insbesondere P_1 und P_2 zwei diskrete Wahrscheinlichkeitsmaße auf $(\mathbb{R},\mathcal{B})$, dann besitzen die diskreten Wahrscheinlichkeitsmaße P_1, P_2 und $P_1 \otimes P_2$ mit den Bezeichnungen aus Bemerkung 1.36 die Darstellungen $P_1 = \sum_{i\in I} u_i\varepsilon_{\alpha_i}$, $P_2 = \sum_{j\in J} v_j\varepsilon_{\beta_j}$ und $P_1 \otimes P_2 = \sum_{i\in I}\sum_{j\in J} u_i v_j \varepsilon_{(\alpha_i,\beta_j)}$. Die diskreten Dichtefunktionen von P_1 und P_2 sind $f_1 = \sum_{i\in I} u_i 1_{\{\alpha_i\}}$ und $f_2 = \sum_{j\in J} v_j 1_{\{\beta_j\}}$. Es liegt nahe für das Wahrscheinlichkeitsmaß $P_1 \otimes P_2 = \sum_{i\in I}\sum_{j\in J} u_i v_j \varepsilon_{(\alpha_i,\beta_j)}$ auf $(\mathbb{R}^2,\mathcal{B}(\mathbb{R}^2))$ die diskrete Dichtefunktion f wie folgt zu definieren (vgl. Kapitel 3): $f := \sum_{i\in I}\sum_{j\in J} u_i v_j 1_{\{(\alpha_i,\beta_j)\}}$. Man sieht unmittelbar, daß dann $f = \sum_{i\in I}\sum_{j\in J} u_i v_j 1_{\{(\alpha_i,\beta_j)\}} = (\sum_{i\in I} u_i 1_{\{\alpha_i\}}) \cdot (\sum_{j\in J} v_j 1_{\{\beta_j\}}) = f_1 \cdot f_2$ gilt.

Im Vorgriff auf Kapitel 3 halten wir fest: Sind P_1 und P_2 zwei diskrete Wahrscheinlichkeitsmaße auf $(\mathbb{R},\mathcal{B})$ mit den diskreten Dichtefunktionen f_1 bzw. f_2, so ist die Funktion

$$\begin{array}{rccl} f: & \mathbb{R}^2 & \to & \mathbb{R} \\ & (t_1,t_2) & \mapsto & f(t_1,t_2) := f_1(t_1)\cdot f_2(t_2) \end{array}$$

die diskrete Dichtefunktion des Produktwahrscheinlichkeitsmaß $P = P_1 \otimes P_2$ auf $(\mathbb{R}^2,\mathcal{B}(\mathbb{R}^2))$.

Beispiel 1.47 MEHRWURF Im Beispiel 1.45 MEHRWURF wird ein fairer Würfel n mal geworfen. Das Gesamtzufallsexperiment wird dann durch den Wahrscheinlichkeitsraum

$$\left(\bigtimes_{i=1}^{n} \Omega_i, \bigotimes_{i=1}^{n} \mathcal{A}_i, \bigotimes_{i=1}^{n} P_i\right)$$

mit $\Omega_i = W = \{1,2,3,4,5,6\}, \mathcal{A}_i = 2^W$ und $P_i = \sum_{k=1}^{6} \frac{1}{6}\varepsilon_k$ für $i = 1,2,\ldots,n$ modelliert.

Modelliert man dagegen jedes der fünf Einzelzufallsexperimente entsprechend Bemerkung 1.19 durch den Wahrscheinlichkeitsraum $(\mathbb{R},\mathcal{B},P_i)$, wobei P_i das diskrete Wahrscheinlichkeitsmaß mit der diskreten Dichtefunktion

$$\begin{array}{rccl} f_i: & \mathbb{R} & \to & \mathbb{R} \\ & t & \mapsto & f_i(t) := \begin{cases} 1/6 & \text{falls } t \in W \\ 0 & \text{sonst} \end{cases} \end{array}$$

ist, so wird das zusammengesetzte Zufallsexperiment durch den Wahrscheinlichkeitsraum $(\mathbb{R}^n,\mathcal{B}(\mathbb{R}^n),P)$ modelliert, bei dem das Produktwahrscheinlichkeitsmaß $P = \bigotimes_{i=1}^{n} P_i$ das diskrete Wahrscheinlichkeitsmaß mit der folgenden diskreten Dichtefunktion ist:

$$\begin{array}{rccl} f: & \mathbb{R}^n & \to & \mathbb{R} \\ & (t_1,t_2,\ldots,t_n) & \mapsto & f(t_1,t_2,\ldots,t_n) := \begin{cases} (1/6)^n & \text{falls } (t_1,t_2,\ldots,t_n) \in W^n \\ 0 & \text{sonst} \end{cases} \end{array}$$

Für den Fall, daß bei allen Komponentenräumen $(\Omega_i,\mathcal{A}_i,P_i)$ die Menge Ω_i endlich ist, kann der Produktmeßraum wie im Abschnitt 1.3 besprochen mit Hilfe der Mathematica-Funktionen `kartesischeProdukt`, `systemRechtecke` und `erzAlgebra` konstruiert werden. Diese Funktionen stehen nach dem Laden des **Probability'Master'** zur Verfügung.

Zur Berechnung des Produktwahrscheinlichkeitsmaßes wurde die Mathematica-Funktion `pProdukt` geschrieben, die ebenfalls nach dem Laden des Probability'Master' verfügbar ist. Hinweise und Beispiele hierzu finden Sie im **Notebook NB1K1A7.ma**.

Bemerkung 1.39 Wir wollen die Überlegungen der Bemerkung 1.36 auf den stetigen Fall übertragen: Es seien P_1 bzw. P_2 stetige Wahrscheinlichkeitsmaße auf $(\mathbb{R},\mathcal{B})$ mit den Dichten f_1 bzw. f_2. Dann ordnet das auf dem Produktmeßraum $(\mathbb{R}\times\mathbb{R},\mathcal{B}\otimes\mathcal{B})$ definierte Produktmaß $P = P_1 \otimes P_2$ jedem Intervall $I = I_1 \times I_2 \subseteq \mathbb{R}\times\mathbb{R}$ folgende Wahrscheinlichkeit zu:

$$\begin{aligned} P(I) &= P(I_1 \times I_2) = P_1(I_1) \cdot P_2(I_2) \\ &= \int_{I_1} f_1(t_1)\, dt_1 \cdot \int_{I_2} f_2(t_2)\, dt_2 = \int_{I_1}\int_{I_2} f_1(t_1) \cdot f_2(t_2)\, dt_2\, dt_1 = \int_I f(t_1,t_2)\, d(t_1,t_2) \end{aligned}$$

Dabei ist f die folgende Funktion:

$$f: \begin{array}{ccc} \Omega_1 \times \Omega_2 & \rightarrow & \mathbb{R} \\ \begin{pmatrix} t_1 \\ t_2 \end{pmatrix} & \mapsto & f(t_1,t_2) := f_1(t_1) \cdot f_2(t_2) \end{array}$$

Diese Funktion bezeichnen wir im Vorgriff auf Kapitel 3 als Dichtefunktion des Produktmaßes $P = P_1 \otimes P_2$.

Beispiel 1.48 BIRNEN In eine Deckenbeleuchtung werden gleichzeitig eine Glühbirne des Herstellers 1 und eine des Herstellers 2 eingesetzt. Die Wahrscheinlichkeitsräume, mit denen man die Lebensdauer der Glühbirnen modelliert, sind dann gemäß Beispiel 1.31 BIRNE und Bemerkung 1.23 die Wahrscheinlichkeitsräume $(\Omega_1,\mathcal{A}_1,P_1) = (\mathbb{R},\mathcal{B}(\mathbb{R}),P_1)$ und $(\Omega_2,\mathcal{A}_2,P_2) = (\mathbb{R},\mathcal{B}(\mathbb{R}),P_2)$. Dabei sind P_1 und P_2 stetige Wahrscheinlichkeitsmaße mit den Dichten

$$f_1(t) := \begin{cases} \lambda_1 e^{-\lambda_1 t} & \text{für} \quad t \geq 0 \\ 0 & \text{sonst} \end{cases} \qquad f_2(t) := \begin{cases} \lambda_2 e^{-\lambda_2 t} & \text{für} \quad t \geq 0 \\ 0 & \text{sonst} \end{cases}$$

Die verbal formulierte Tatsache „Die Glühbirne von Hersteller 2 hat eine längere Lebensdauer als die von Hersteller 1“ ist im Produktmeßraum $(\mathbb{R} \times \mathbb{R},\mathcal{B}(\mathbb{R}) \otimes \mathcal{B}(\mathbb{R}))$ die Borelsche Menge $B = \{(t_1,t_2) \in \mathbb{R} \times \mathbb{R} \,|\, t_2 > t_1\}$. Für die Wahrscheinlichkeit dieses Ereignisses erhält man im Produktwahrscheinlichkeitsraum $(\Omega,\mathcal{A},P) = (\mathbb{R} \times \mathbb{R},\mathcal{B}(\mathbb{R}) \otimes \mathcal{B}(\mathbb{R}),P_1 \otimes P_2)$:

$$P(B) =$$

$$\int_B f_1(t_1) \cdot f_2(t_2)\, d(t_1,t_2) = \int_0^\infty \lambda_1 e^{-\lambda_1 t_1} (\int_{t_1}^\infty \lambda_2 e^{-\lambda_2 t_2} dt_2) dt_1 = \frac{\lambda_1}{\lambda_1 + \lambda_2} = \frac{1}{1 + \frac{\lambda_2}{\lambda_1}}$$

Ist λ_2 sehr groß gegenüber λ_1, so wird diese Wahrscheinlichkeit sehr klein. Diese Tatsache findet im nächsten Kapitel eine Erklärung: Dort wird gezeigt, daß $1/\lambda_1$ die mittlere Lebensdauer der Glühbirnen von Hersteller 1 bzw. $1/\lambda_2$ die mittlere Lebensdauer der Glühbirnen von Hersteller 2 darstellt.

Im übrigen kann man das letzte uneigentliche Doppelintegral mit den folgenden Anweisungen durch Mathematica berechnen lassen:

```
f[t1_,t2_]:=lambda1*Exp[-lambda1*t1]*lambda2*Exp[-lambda2*t2]
Integrate[f[t1,t2],{t1,0,Infinity},{t2,t1,Infinity}]
```

Aufgaben zum Abschnitt 1.7

Aufgabe 1.7.1

Eine faire Münze wird 3 mal geworfen.

(a) Geben Sie für dieses zusammengesetzte Zufallsexperiment den Produktwahrscheinlichkeitsraum an.

(b) Stellen Sie in diesem Produktwahrscheinlichkeitsraum das Ereignis A: „Kopf liegt genau zweimal oben“ dar.

(c) Geben Sie die zugehörige Wahrscheinlichkeit an.

(d) Bearbeiten Sie die Aufgabe (c) noch einmal für den Fall, daß eine unsymmetrische Münze geworfen wird.

Aufgabe 1.7.2

Diese Aufgabe bezieht sich auf das **ROULETTE**. Wir nehmen an, daß an einem fairen Roulettetisch zweimal hintereinander gespielt wird. Wie groß sind die Wahrscheinlichkeiten der folgenden Ereignisse:

(a) Bei beiden Spielen ist das Ergebnis keine rote Zahl.

(b) Bei höchstens einem Spiel ist das Ergebnis eine rote Zahl.

(c) Bei mindestens einem Spiel ist das Ergebnis eine rote Zahl.

(d) Bei genau einem Spiel ist das Ergebnis eine rote Zahl.

(e) Bei beiden Spielen ist das Ergebnis eine rote Zahl.

Hinweis: Benutzen Sie – wie in der Aufgabe 1.2.7 – die Bezeichnung **Rouge** für die Zahlenmenge $\{1, 3, 5, 7, 9, 12, 14, 16, 18, 19, 21, 23, 25, 27, 30, 32, 34, 36\}$.

Aufgabe 1.7.3

Es seien $(\Omega_1, \mathcal{A}_1, P_1)$ und $(\Omega_2, \mathcal{A}_2, P_2)$ zwei Laplace-Wahrscheinlichkeitsräume.
Zeigen Sie, daß dann auch der Produktwahrscheinlichkeitsraum ein Laplace-Wahrscheinlichkeitsraum ist.

2 Zufallsvariable und ihre Verteilungen

2.1 Meßbare Funktionen und Zufallsvariable

Das Ziel von Kapitel 1 war es, ein mathematisches Modell für die Beschreibung von Zufallsexperimenten aufzubauen. Dieses Ziel wurde mit der Einführung von Wahrscheinlichkeitsräumen prinzipiell erreicht. Hat man zu einem Zufallsexperiment den zugehörigen Wahrscheinlichkeitsraum konstruiert, so kann im Rahmen dieses Modells die Wahrscheinlichkeit für jedes Ereignis berechnet werden.

Viele Zufallsexperimente sind aber so komplex, daß es nicht gelingt, den zugehörigen Wahrscheinlichkeitsraum zu konstruieren, d.h. man kann keinen Wahrscheinlichkeitsraum angeben, der **alle** Aspekte des Zufallsexperiments berücksichtigt. So ist zum Beispiel die Produktion einer Glühbirne ein Vorgang, der unüberschaubar vielen Einflüssen unterliegt. Aus diesem Grunde haben wir uns im Kapitel 1 darauf beschränkt, einen einzigen Aspekt dieses Zufallsexperiments zu betrachten, nämlich die Lebensdauer der Glühbirne. Dies ist sicher der interessanteste Aspekt dieses Zufallsexperiments, aber nicht der einzige. So könnte man sich z.B. zunächst einmal dafür interessieren, ob das Gewinde der Glühbirne einwandfrei ist, und ob die angegebene Leistung nicht überschritten wird. Der Zustand des Gewindes und der tatsächliche Energieverbrauch sind neben der Lebensdauer weitere Merkmale, die von den die Produktion bestimmenden Einflüssen abhängen.

Noch komplizierter sind Zufallsexperimente, bei denen die Untersuchungseinheiten Lebewesen sind, wie z.B. Menschen in der Medizin oder Psychologie. Jeder Mensch ist mit all seinen körperlichen, seelischen und geistigen Eigenheiten das Ergebnis eines komplexen Prozesses, der unüberschaubar vielen genetischen, sozialen, ökologischen und sonstigen Einflüssen unterliegt. Bei Untersuchungen mit Menschen muß man sich also notgedrungen auf einige wenige, **beobachtbare** Merkmale beschränken, wie z.B. auf das Geschlecht, die Blutgruppe, das Körpergewicht oder die Körpergröße.

Die Idee, nicht das ganze komplexe Zufallsexperiment sondern nur die Auswirkungen auf einzelne beobachtbare Merkmale zu modellieren, soll durch die Einführung von Zufallsvariablen in die mathematische Modellbildung einbezogen werden. Zur Vorbereitung der Definition des Begriffs der Zufallsvariablen beginnen wir mit einem Beispiel, das im Gegensatz zum Produktionsprozeß bei der Glühbirne oder zum Entwicklungsprozeß beim Menschen so einfach ist, daß man den zu dem Zufallsexperiment gehörenden Wahrscheinlichkeitsraum explizit angeben kann.

Beispiel 2.1 RAD Auf vielen Jahrmärkten wird das folgende Zufallsexperiment mit einem in verschiedene Sektoren eingeteilten Glücksrad durchgeführt. Das Glücksrad wird angedreht, und es wird abgewartet, welcher Sektor nach dem Auslaufen des Rades oben steht. Wir nehmen an, daß ein bestimmtes Glücksrad in vier Sektoren aufgeteilt ist, die **blau, gelb, rot** und **schwarz** eingefärbt sind.

Als Ergebnis des Zufallsexperiments RAD wird die Farbe des Sektors registriert, der nach dem Auslaufen des Rades oben steht.

Für jedes Spiel mit dem Glücksrad betrage der Einsatz 1 DM. Die Auszahlung ergibt sich aus der folgenden Tabelle:

DM	0.0	, falls der **schwarze** Sektor oben steht
DM	0.5	, falls der **rote** oder **blaue** Sektor oben steht
DM	2.0	, falls der **gelbe** Sektor oben steht

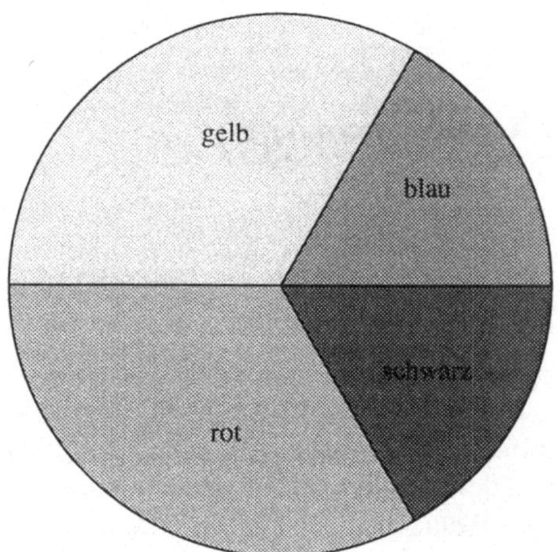

Abbildung 2.1
Glücksrad

Wie würden Sie an dieser Stelle spontan die Frage beantworten, für wen sich dieses Glücksspiel lohnt:

☐ für den Spieler
☐ für den Betreiber des Glücksrades

Im Abschnitt 3 dieses Kapitels werden wir diese Frage objektiv beantworten können, und zwar durch die Angabe einer Zahl.

Zunächst beginnen wir aber damit, einen Wahrscheinlichkeitsraum zu konstruieren, der das Glücksspiel RAD modelliert: Wir wählen für Ω die Menge

$$\Omega = \{\omega_1, \omega_2, \omega_3, \omega_4\} = \{\textbf{blau}, \textbf{gelb}, \textbf{rot}, \textbf{schwarz}\}$$

und als Ereignis-σ-Algebra $\mathcal{A}$ die Potenzmenge von Ω. Für die Festlegung des richtigen Wahrscheinlichkeitsmaßes postulieren wir, daß die Wahrscheinlichkeit dafür, daß ein bestimmter Sektor oben stehen bleibt, proportional zu seinem Flächeninhalt ist. Wie die obenstehende Abbildung 2.1 zeigt, ist der *gelbe* Sektor genauso groß wie der **rote** Sektor, und der **blaue** Sektor genauso groß wie der **schwarze** Sektor. Außerdem ist der **gelbe** Sektor doppelt so groß wie der **blaue** Sektor. Analog zum Beispiel 1.30 TURBINE aus Kapitel 1 ergeben sich deshalb für die Elementarereignisse die folgenden Wahrscheinlichkeiten:

$$P(\{\textbf{blau}\}) = 1/6 \quad P(\{\textbf{gelb}\}) = 2/6 \quad P(\{\textbf{rot}\}) = 2/6 \quad P(\{\textbf{schwarz}\}) = 1/6$$

P ist also ein diskretes Wahrscheinlichkeitsmaß mit $T = \Omega = \{\omega_1, \omega_2, \omega_3, \omega_4\}$ und dem Wahrscheinlichkeitsvektor $\boldsymbol{p} = (1/6, 2/6, 2/6, 1/6) = (p_1, p_2, p_3, p_4)$. Damit ist das mathematische Modell für das Zufallsexperiment „Glücksrad“ zwar abgeschlossen, aber dieses Modell beinhaltet noch nicht explizit das eigentliche Interesse des Spielers, das seinem Nettogewinn gilt. Dieser Nettogewinn des Spielers beträgt:

DM -1.0 , falls der **schwarze** Sektor oben steht
DM -0.5 , falls der **rote** oder **blaue** Sektor oben steht
DM $+1.0$, falls der **gelbe** Sektor oben steht

Aus der Sicht des Spielers ist also die Ergebnismenge $\Omega' = \{-1.0, \ -0.5, \ +1.0\}$ von Interesse. Als Ereignis-σ-Algebra $\mathcal{A}'$ wählen wir die Potenzmenge von Ω'. Den Elementarereignissen in diesem meßbaren Raum $(\Omega', \mathcal{A}')$ sind die folgenden Wahrscheinlichkeiten zuzuordnen:

$$\begin{aligned} P'(\{-1.0\}) &= P(\{\textbf{schwarz}\}) &= 1/6 \\ P'(\{-0.5\}) &= P(\{\textbf{rot,blau}\}) &= 3/6 \\ P'(\{+1.0\}) &= P(\{\textbf{gelb}\}) &= 2/6 \end{aligned}$$

Durch diese Wahrscheinlichkeiten ist auf dem meßbaren Raum $(\Omega',\mathcal{A}')$ ein diskretes Wahrscheinlichkeitsmaß P' mit

$$T' = \Omega' = \{-1.0, -0.5, +1.0\} = \{\omega_1', \omega_2', \omega_3'\} \text{ und}$$
$$\mathbf{p}' = (1/6, 3/6, 2/6) = (p_1', p_2', p_3')$$

eindeutig festgelegt. In dem Wahrscheinlichkeitsraum $(\Omega',\mathcal{A}',P')$ kann der Spieler seine Gewinnchancen schon wesentlich besser beurteilen. Dies gilt auch für Sie: Bleiben Sie bei Ihrem oben abgegebenen Tip?

Hinter der Konstruktion des Wahrscheinlichkeitsraums $(\Omega',\mathcal{A}',P')$ steht mathematisch gesehen die folgende Idee: Der Nettogewinn, den wir mit dem Symbol X bezeichnen wollen, ordnet jedem Element ω von Ω ein Element $\omega' = X(\omega)$ aus der Menge Ω' zu:

$$X(\textbf{blau}) = -0.5 \quad X(\textbf{gelb}) = +1.0 \quad X(\textbf{rot}) = -0.5 \quad X(\textbf{schwarz}) = -1.0$$

Der Nettogewinn ist also eine Funktion X, die man üblicherweise wie folgt notiert:

$$\begin{array}{rcl} X: \ \Omega & \to & \Omega' \\ \omega & \mapsto & X(\omega) := \begin{cases} -1.0 & \text{falls } \omega = \textbf{schwarz} \\ -0.5 & \text{falls } \omega = \textbf{blau} \text{ oder } \omega = \textbf{rot} \\ +1.0 & \text{falls } \omega = \textbf{gelb} \end{cases} \end{array}$$

Diese Funktion X bildet die Menge Ω auf die Menge Ω' ab und transformiert dabei gleichzeitig das Wahrscheinlichkeitsmaß P, das auf dem meßbaren Raum $(\Omega,\mathcal{A})$ definiert ist, in ein Wahrscheinlichkeitsmaß P' auf dem meßbaren Raum $(\Omega',\mathcal{A}')$. Dabei beruhen die intuitiv einsichtigen Gleichungen, mit denen das Wahrscheinlichkeitsmaß P' festgelegt wurde, auf dem folgenden Prinzip. Für jedes Ereignis A' aus $\mathcal{A}'$ bestimmt man die Menge A aller Urbilder der Elemente von A'. Mit der Symbolik der Analysis gilt also:

$$A = \{\omega \in \Omega \,|\, X(\omega) \in A'\} = X^{-1}(A')$$

Da das Ereignis A' genau dann eintritt, wenn das Ereignis A eintritt, wird A' die Wahrscheinlichkeit von A zugeordnet:

$$P'(A') = P(A) = P(X^{-1}(A'))$$

Dieses Prinzip des „Transportierens eines Wahrscheinlichkeitsmaßes" soll im folgenden verallgemeinert werden. Dabei gibt es eigentlich nur noch einen Punkt, der besonderer Beachtung bedarf: In dem obigen Beispiel war die Ereignis-σ-Algebra $\mathcal{A}$ die gesamte Potenzmenge von Ω. Deshalb war das Urbild A eines jeden Ereignisses A' von $\mathcal{A}'$ trivialerweise ein Element der Ereignis-σ-Algebra $\mathcal{A}$. Dies ist im allgemeinen nicht erfüllt, wenn $\mathcal{A}$ nicht die Potenzmenge von Ω ist. Um in solchen allgemeineren Situationen jedem Ereignis A' die Wahrscheinlichkeit des Urbildes $P(X^{-1}(A'))$ zuordnen zu können, muß sichergestellt sein, daß $X^{-1}(A')$ ein Element der Ereignis-σ-Algebra $\mathcal{A}$ ist. Dies führt zu der folgenden Definition:

Definition 2.1. Es seien $(\Omega,\mathcal{A})$ und $(\Omega',\mathcal{A}')$ zwei meßbare Räume. f sei eine Abbildung von Ω in Ω'. Dann heißt f **meßbar** bezüglich der σ-Algebren $\mathcal{A}$ und $\mathcal{A}'$ oder auch $\mathcal{A}-\mathcal{A}'$-meßbar, wenn gilt:

$$\underset{A' \in \mathcal{A}'}{\forall} \ f^{-1}(A') \in \mathcal{A}$$

Meßbarkeit der Abbildung f bedeutet also, daß für jede meßbare Menge A' des Bildraums $(\Omega',\mathcal{A}')$ das Urbild $A = \{\omega \in \Omega \,|\, f(\omega) \in A'\}$ eine meßbare Menge im Definitionsraum $(\Omega,\mathcal{A})$ ist. Mit der Bezeichnung $f^{-1}(\mathcal{A}') = \{f^{-1}(A') \,|\, A' \in \mathcal{A}'\}$ läßt sich die Meßbarkeitsbedingung auch wie folgt formulieren:

$$f^{-1}(\mathcal{A}') \subseteq \mathcal{A}$$

Definition 2.2. Es sei $(\Omega,\mathcal{A},P)$ ein Wahrscheinlichkeitsraum und $(\Omega',\mathcal{A}')$ ein meßbarer Raum. $X:\Omega\to\Omega'$ sei eine meßbare Abbildung bezüglich der σ-Algebren $\mathcal{A}$ und $\mathcal{A}'$. Dann heißt X eine **Zufallsvariable** auf dem Wahrscheinlichkeitsraum $(\Omega,\mathcal{A},P)$ mit Werten in dem meßbaren Raum $(\Omega',\mathcal{A}')$.

Wenn X eine Zufallsvariable ist, kann jedem Ereignis des Bildraums die Wahrscheinlichkeit des zugehörigen Urbildes zugeordnet werden. Der folgende Satz garantiert, daß durch diese Zuordnung ein Wahrscheinlichkeitsmaß auf dem Bildraum definiert wird.

Satz 2.1.
Voraussetzung: Es sei $(\Omega,\mathcal{A},P)$ ein Wahrscheinlichkeitsraum und $(\Omega',\mathcal{A}')$ ein meßbarer Raum. $X:\Omega\to\Omega'$ sei eine Zufallsvariable auf dem Wahrscheinlichkeitsraum $(\Omega,\mathcal{A},P)$ mit Werten in dem meßbaren Raum $(\Omega',\mathcal{A}')$.
Behauptung: Dann ist die Abbildung

$$\begin{aligned} P_X:\ \mathcal{A}' &\to \mathbb{R} \\ A' &\mapsto P_X(A') := P(X^{-1}(A')) \end{aligned}$$

ein Wahrscheinlichkeitsmaß auf dem meßbaren Raum $(\Omega',\mathcal{A}')$.

Beweis: Es ist zu zeigen, daß die Abbildung P_X die drei Axiome eines Wahrscheinlichkeitsmaßes erfüllt (vgl. Kapitel 1, Definition 1.11). Dies ist eine leichte Aufgabe, die wir Ihnen als Übung überlassen. Sie sollten sich dabei an die aus der Analysis bekannten Aussagen über die zu einer Funktion gehörenden Mengenabbildungen erinnern (vgl. Kapitel 0, Abschnitt 0.2). □

Definition 2.3. Das in dem vorangegangenen Satz auf dem meßbaren Raum $(\Omega',\mathcal{A}')$ definierte Wahrscheinlichkeitsmaß P_X heißt das **Bildmaß von P unter X**. P_X heißt auch das durch die Abbildung X auf $(\Omega',\mathcal{A}')$ **induzierte Wahrscheinlichkeitsmaß** oder die **Verteilung der Zufallsvariablen X**. Der Wahrscheinlichkeitsraum $(\Omega',\mathcal{A}',P_X)$ heißt **Bildwahrscheinlichkeitsraum**.

Mit dieser Definition der Verteilung einer Zufallsvariablen X ist die zunächst an dem Beispiel 2.1 RAD entwickelte Idee des „Transportierens von Wahrscheinlichkeitsmaßen" abgeschlossen. Das folgende Beispiel dient der Vertiefung des Verständnisses für diesen Vorgang.

Beispiel 2.2 MEHRWURF Das zweimalige Werfen eines fairen Würfels wird gemäß Beispiel 1.45 MEHRWURF und Aufgabe 1.7.3 modelliert durch den Laplace-Wahrscheinlichkeitsraum $(\Omega,\mathcal{A},P)$ mit

$$\Omega=\{1,2,3,4,5,6\}\times\{1,2,3,4,5,6\}=\{(i,j)\,|\,i,j\in\{1,2,3,4,5,6\}\}$$

Auf diesem Wahrscheinlichkeitsraum betrachten wir zwei verschiedene Zufallsvariable. Zur Unterscheidung bezeichnen wir diese mit X_1 bzw. X_2 und die zugehörigen Bildräume mit $(\Omega_1,\mathcal{A}_1,P_1)$ bzw. $(\Omega_2,\mathcal{A}_2,P_2)$:

(1) Zum einen interessieren wir uns ausschließlich für die mit den beiden Würfen erzielte Augensumme. Wir definieren deshalb $\Omega_1=\{2,3,4,5,6,7,8,9,10,11,12\}$, $\mathcal{A}_1=2^{\Omega_1}$ und die Funktion X_1 durch:

$$\begin{aligned} X_1:\quad \Omega &\to \Omega_1 \\ (i,j) &\mapsto X_1(i,j):=i+j \end{aligned}$$

X_1 ist eine Zufallsvariable, denn wegen $\mathcal{A}=2^{\Omega}$ ist die Meßbarkeitsbedingung trivialerweise erfüllt. Das auf dem Bildraum $(\Omega_1,\mathcal{A}_1)$ durch X_1 definierte Bildmaß P_{X_1} ordnet den Elementarereignissen $\{k\}\in\mathcal{A}_1$, $k=2,3,\ldots,12$ die folgenden Wahrscheinlichkeiten zu, die man mit der Abzählregel aus der linken Grafik der Abbildung 2.2 ermittelt. Für jede Menge $\{k\}$ der Zerlegung $\{\{k\}\,|\,k\in\Omega_1\}$ von Ω_1 sucht man das entsprechende Urbild in der Zerlegung $X_1^{-1}(\{\{k\}\,|\,k\in\Omega_1\})$ von Ω, und bestimmt so die Anzahl der in diesem Urbild enthaltenen Elemente:

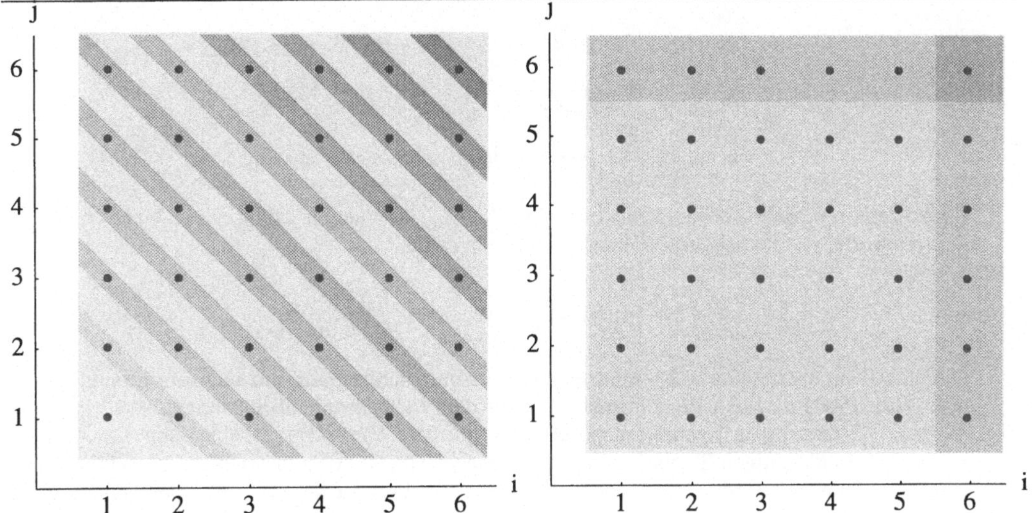

Abbildung 2.2 Beispiel MEHRWURF,
Zerlegungen $X_1^{-1}(\{\{\omega_1\}|\omega_1 \in \Omega_1\})$ und $X_2^{-1}(\{\{\omega_2\}|\omega_2 \in \Omega_2\})$

$$\begin{array}{llll} P_{X_1}(\{2\}) & = P(X_1^{-1}(\{2\})) & = P(\{(1,1)\}) & = 1/36 \\ P_{X_1}(\{3\}) & = P(X_1^{-1}(\{3\})) & = P(\{(1,2),(2,1)\}) & = 2/36 \\ \vdots & \vdots & \vdots & \vdots \\ P_{X_1}(\{k\}) & = P(X_1^{-1}(\{k\})) & = P(\{(i,j)\,|\,i+j=k\}) & = |\{(i,j)\,|\,i+j=k\}|/36 \\ \vdots & \vdots & \vdots & \vdots \\ P_{X_1}(\{12\}) & = P(X_1^{-1}(\{12\})) & = P(\{(6,6)\}) & = 1/36 \end{array}$$

Der so definierte Wahrscheinlichkeitsraum $(\Omega_1, \mathcal{A}_1, P_{X_1})$ ist kein Laplace-Wahrscheinlichkeitsraum. P_{X_1} ist ein diskretes Wahrscheinlichkeitsmaß mit

$$T_1 = \Omega_1 = \{2,3,4,5,6,7,8,9,10,11,12\} \qquad \text{und}$$
$$\boldsymbol{p}_1 = \left\{\frac{1}{36}, \frac{2}{36}, \frac{3}{36}, \frac{4}{36}, \frac{5}{36}, \frac{6}{36}, \frac{5}{36}, \frac{4}{36}, \frac{3}{36}, \frac{2}{36}, \frac{1}{36}\right\}.$$

(2) Zum andern interessieren wir uns ausschließlich für die Anzahl der geworfenen Sechsen. Wir definieren deshalb $\Omega_2 = \{0,1,2\}$, $\mathcal{A}_2 = 2^{\Omega_2}$ und die Funktion X_2 durch:

$$\begin{array}{rcl} X_2: \quad \Omega & \to & \Omega_2 \\ (i,j) & \mapsto & X_2(i,j) := \begin{cases} 0 & \text{falls } i \neq 6 \text{ und } j \neq 6 \\ 2 & \text{falls } i = 6 \text{ und } j = 6 \\ 1 & \text{sonst} \end{cases} \end{array}$$

Zur Zerlegung $\{\{0\},\{1\},\{2\}\}$ von Ω_2 gehört jetzt die Zerlegung $X_2^{-1}(\{\{0\},\{1\},\{2\}\}) = \{\text{KS},\text{ES},\text{ZS}\}$ von Ω (vgl. rechte Grafik in Abbildung 2.2). Dabei sind KS, ES und ZS die folgenden Ereignisse im Ursprungsraum

$$\begin{array}{rl} \text{KS} = & \{1,2,3,4,5\} \times \{1,2,3,4,5\} \\ \text{ES} = & \{6\} \times \{1,2,3,4,5\} \cup \{1,2,3,4,5\} \times \{6\} \\ \text{ZS} = & \{(6,6)\} \end{array}$$

Das auf dem meßbaren Raum $(\Omega_2, \mathcal{A}_2)$ mit $\mathcal{A}_2 = 2^{\Omega_2}$ durch die Abbildung X_2 induzierte Bildmaß P_{X_2} ordnet den Elementarereignissen von $(\Omega_2, \mathcal{A}_2)$ die folgenden Wahrscheinlichkeiten zu:

$$P_{X_2}(\{0\}) = P(X_2^{-1}(\{0\})) = P(\text{KS}) = 25/36$$

$$P_{X_2}(\{1\}) = P(X_2^{-1}(\{1\})) = P(\text{ES}) = 10/36$$

$$P_{X_2}(\{2\}) = P(X_2^{-1}(\{2\})) = P(\text{ZS}) = 1/36$$

Der so definierte Wahrscheinlichkeitsraum $(\Omega_2, \mathcal{A}_2, P_{X_2})$ ist ebenfalls kein Laplace-Wahrscheinlichkeitsraum. P_{X_2} ist ein diskretes Wahrscheinlichkeitsmaß mit

$$T_2 = \Omega_2 = \{0,1,2\} \quad \text{und} \quad \mathfrak{p}_2 = \left\{\frac{25}{36}, \frac{10}{36}, \frac{1}{36}\right\}.$$

Die Zufallsvariablen X_1 bzw. X_2 reduzieren den ursprünglichen Wahrscheinlichkeitsraum $(\Omega, \mathcal{A}, P)$ mit seiner 36-elementigen Ergebnismenge Ω auf den Wahrscheinlichkeitsraum $(\Omega_1, \mathcal{A}_1, P_{X_1})$ mit der nur 11-elementigen Ergebnismenge Ω_1 bzw. auf den Wahrscheinlichkeitsraum $(\Omega_2, \mathcal{A}_2, P_{X_2})$ mit der nur 3-elementigen Ergebnismenge Ω_2. Dennoch sind diese reduzierten Wahrscheinlichkeitsräume völlig ausreichend für die Modellierung des Zufallsexperiments, wenn man sich entweder ausschließlich für die geworfene Augensumme oder ausschließlich für die Anzahl der geworfenen Sechsen interessiert.

Wegen der grundlegenden Bedeutung dieses Vorgangs des Transformierens eines Wahrscheinlichkeitsraums $(\Omega, \mathcal{A}, P)$ in einen anderen Wahrscheinlichkeitsraum durch eine Zufallsvariable empfehlen wir Ihnen, sich die Funktionen X_1 und X_2 graphisch zu veranschaulichen.

Für den Fall, daß eine Zufallsvariable X auf einem Wahrscheinlichkeitsraum $(\Omega, \mathcal{A}, P)$ mit endlichem Ω definiert ist, kann die Konstruktion des Bildmaßes auf dem Bildmeßraum $(\Omega', \mathcal{A}')$ mit Mathematica-Funktionen realisiert werden. Erläuterungen und Beispiele hierfür finden Sie im **Notebook B1K2A1.ma.**

Die Konstruktion von Bildmaßen sollten Sie jetzt verstanden haben. Die entscheidende Voraussetzung dafür, daß die auf dem Wahrscheinlichkeitsraum $(\Omega, \mathcal{A}, P)$ definierte Abbildung X auf dem Bildraum $(\Omega', \mathcal{A}')$ ein Wahrscheinlichkeitsmaß induzieren kann, ist die Meßbarkeit von X. Sie besagt, daß die Urbildmenge eines jeden Ereignisses $A' \in \mathcal{A}'$ ein Element der Ereignis-σ-Algebra $\mathcal{A}$ ist. In den beiden Beispielen 2.1 RAD und 2.2 MEHRWURF war die Ereignis-σ-Algebra $\mathcal{A}$ des Wahrscheinlichkeitsraums $(\Omega, \mathcal{A}, P)$ die gesamte Potenzmenge von Ω. Aus diesem Grund erübrigte sich die Überprüfung der Meßbarkeit der Abbildungen X bzw. X_1 und X_2. Immer dann, wenn ein Wahrscheinlichkeitsraum $(\Omega, \mathcal{A}, P)$ mit $\mathcal{A} = 2^{\Omega}$ vorliegt, ist die Meßbarkeitsbedingung für jede beliebige Abbildung $X : \Omega \to \Omega'$ erfüllt, und zwar unabhängig davon, welche Ereignis-σ-Algebra $\mathcal{A}'$ auf Ω' definiert ist.

In allgemeineren Situationen, in denen die Ereignis-σ-Algebra $\mathcal{A}$ des Wahrscheinlichkeitsraums $(\Omega, \mathcal{A}, P)$ eine echte Teilmenge der Potenzmenge von Ω ist, kann auf den Nachweis der Meßbarkeit nicht verzichtet werden. Will man in einer solchen Situation die Meßbarkeit einer Funktion X gemäß Definition 2.1 überprüfen, so muß man für jedes Ereignis A' des Bildraums $(\Omega', \mathcal{A}')$ nachweisen, daß das Urbild $A = \{\omega \in \Omega \mid f(\omega) \in A'\}$ eine meßbare Menge im Definitionsraum $(\Omega, \mathcal{A})$ ist.

Beispiel 2.3 RAD Wir modifizieren das Beispiel 2.1 wie folgt: Wir wählen

$\Omega :=$ {**blau,gelb,rot,schwarz**}
$\mathcal{A} :=$ {{},{ **rot**},{ **schwarz**},{ **blau,gelb**},{ **rot,schwarz**}, {**blau,gelb,rot**},{ **blau,gelb,schwarz**}, { **blau,gelb,rot,schwarz**}}

$$\Omega' := \{-1.0, -0.5, +1.0, +2.0\}$$
$$\mathcal{A}' := \{\{\},\{-1.0\},\{2.0\},\{-1.0,2.0\},\{-0.5,1.0\}, \{-1.0,-0.5,1.0\},\{-0.5,1.0,2.0\},\{-1.0,-0.5,1.0,2.0\}\}$$

und als Abbildung die Funktion

$$\begin{array}{rcl} X: \ \Omega & \to & \Omega' \\ \omega & \mapsto & X(\omega) := \begin{cases} -1.0 & \text{falls } \omega = \textbf{schwarz} \\ -0.5 & \text{falls } \omega = \textbf{blau} \text{ oder } \omega = \textbf{rot} \\ +1.0 & \text{falls } \omega = \textbf{gelb} \end{cases} \end{array}$$

Nehmen Sie sich an dieser Stelle die Zeit und zeigen Sie zunächst, daß $\mathcal{A}$ und $\mathcal{A}'$ σ-Algebren sind. Zeigen Sie anschließend, daß die Abbildung X $\mathcal{A}-\mathcal{A}'$ meßbar ist, indem Sie für jedes Ereignis $A' \in \mathcal{A}'$ nachweisen, daß die Urbildmenge $X^{-1}(A')$ ein Element von $\mathcal{A}$ ist.

Für weitere Beispiele, bei denen Ω und Ω' endliche Mengen sind, können Sie die Überprüfung der Meßbarkeit durch die Mathematica-Funktion `messbarkeit` erledigen lassen, die Ihnen nach dem Laden des **Probability'Master'** zur Verfügung steht. Diese ist so allgemein gehalten, daß sie für eine beliebige Funktion $f: \Omega \to \Omega'$ und zwei beliebige Teilsysteme $\mathcal{S} \subseteq 2^{\Omega}$ und $\mathcal{S}' \subseteq 2^{\Omega'}$ überprüft, ob $f^{-1}(\mathcal{S}') \subseteq \mathcal{S}$ gilt. Erläuterungen und Beispiele zum Einsatz der Funktion `messbarkeit` finden Sie im **Notebook B1K2A1.ma**.

Auch wenn uns nun eine Mathematica-Funktion zur Verfügung steht, mit der die Meßbarkeit einer auf einem Wahrscheinlichkeitsraum definierten Abbildung X im endlichen Fall überprüft werden kann, so lohnt es sich doch, den folgenden Satz zu kennen:

Satz 2.2.
Voraussetzung: Es seien $(\Omega,\mathcal{A})$ und $(\Omega',\mathcal{A}')$ zwei beliebige Meßräume, und es sei $f: \Omega \to \Omega'$ eine beliebige Funktion. $\mathcal{E}'$ sei ein Erzeugendensystem der Ereignis-σ-Algebra $\mathcal{A}'$.

Behauptung: f ist genau dann meßbar bezüglich der Ereignis-σ-Algebren $\mathcal{A}$ und $\mathcal{A}'$, wenn gilt:

$$f^{-1}(\mathcal{E}') = \left\{ f^{-1}(E') \,\middle|\, E' \in \mathcal{E}' \right\} \subseteq \mathcal{A}$$

Beweis: Setzen wir einerseits voraus, daß f bezüglich der σ-Algebren $\mathcal{A}$ und $\mathcal{A}'$ meßbar ist, daß also $f^{-1}(\mathcal{A}') \subset \mathcal{A}$ gilt, dann folgt wegen $\mathcal{E}' \subseteq \mathcal{A}'$ auch $f^{-1}(\mathcal{E}') \subseteq \mathcal{A}$.
Setzen wir andererseits voraus, daß $f^{-1}(\mathcal{E}') \subseteq \mathcal{A}$ gilt, dann folgt $\sigma(f^{-1}(\mathcal{E}')) \subseteq \sigma(\mathcal{A}) = \mathcal{A}$. Gemäß Teil (c) von Lemma 1.2 gilt für die linke Seite dieser Inklusion $\sigma(f^{-1}(\mathcal{E}')) = f^{-1}(\sigma(\mathcal{E}'))$, woraus wegen $\sigma(\mathcal{E}') = \mathcal{A}'$ schließlich $f^{-1}(\mathcal{A}') \subseteq \mathcal{A}$ folgt. □

Beispiel 2.4 RAD Die Ereignis-σ-Algebra $\mathcal{A}'$ auf $\Omega' = \{-1.0, -0.5, 1.0, 2.0\}$ aus Beispiel 2.3 RAD wird durch das Sytem $\mathcal{E}' = \{\{-1.0\}, \{-0.5, 1.0\}\}$ erzeugt. Mit Satz 2.2 reduziert sich die Überprüfung der Meßbarkeit von X auf 2 Überprüfungen, während im Beispiel 2.3 RAD 8 Überprüfungen erforderlich waren. Allerdings muß man vorher nachweisen, daß $\mathcal{E}'$ tatsächlich ein Erzeugendensystem von $\mathcal{A}'$ ist. In diesem Zusammenhang erinnern wir an die Mathematica-Funktionen `pruefAlgebra` und `erzAlgebra`, die nach dem Laden des **Probability'Master'** zur Verfügung stehen und im **Notebook B1K1A2.ma** erläutert wurden.

In den nächsten drei Beispielen stellen wir drei für die Praxis wichtige Bildwahrscheinlichkeitsmaße vor. Bei diesen ist der Bildmeßraum immer der Meßraum $(\mathbb{R},\mathcal{B})$.

Beispiel 2.5 WUERFEL Das Zufallsexperiment WUERFEL, bei dem wir einen nicht notwendigerweise fairen Würfel einmal werfen, wird durch den Wahrscheinlichkeitsraum $(W,\mathcal{A},P)$ mit

$$W = \{1,2,3,4,5,6\},\ \mathcal{A} = 2^W \quad \text{und} \quad P = \sum_{i=1}^{6} p_i \varepsilon_i$$

modelliert, wobei $\boldsymbol{p} = (p_i)_{i=1,2,\ldots,6}$ ein beliebiger Wahrscheinlichkeitsvektor ist.

Die Wahrscheinlichkeit, mit der das Ereignis „Eine Sechs liegt oben", also das Ereignis $S = \{6\}$ eintritt, bezeichnen wir mit $p = P(S) = p_6$. Die Abbildung

$$\begin{array}{llll} X: & W & \rightarrow & \mathbb{R} \\ & \omega & \mapsto & X(\omega) := 1_S(\omega) := \begin{cases} 1 & \text{falls} \quad \omega \in S \\ 0 & \text{falls} \quad \omega \in \overline{S} \end{cases} \end{array}$$

ist dann $\mathcal{A} - \mathcal{B}$-meßbar (vgl. Aufgabe 2.1.1(a)). X nimmt genau dann den Wert 1 an, wenn das Ereignis S eintritt. Es gilt $X(\Omega) = \{0,1\}$. Das Bildwahrscheinlichkeitsmaß P_X ist ein Wahrscheinlichkeitsmaß auf $(\mathbb{R},\mathcal{B})$ mit $P_X(\{0\}) = 1 - p$ und $P_X(\{1\}) = p$, woraus $P_X(\{0,1\}) = 1$ folgt. P_X ist also ein diskretes Wahrscheinlichkeitsmaß auf $(\mathbb{R},\mathcal{B})$ mit $T = \{0,1\}$ und dem zugehörigen Wahrscheinlichkeitsvektor $\boldsymbol{p}_X = (1-p,p)$, der im Falle eines fairen Würfels gleich $(\frac{5}{6},\frac{1}{6})$ ist.

Beispiel 2.6 MEHRWURF Ein nicht notwendigerweise fairer Würfel wird $n \in \mathbb{N}$ mal geworfen. Das Gesamtzufallsexperiment wird dann durch den Produktwahrscheinlichkeitsraum

$$(\bigtimes_{i=1}^{n} \Omega_i, \bigotimes_{i=1}^{n} \mathcal{A}_i, \bigotimes_{i=1}^{n} P_i) \text{ mit } \Omega_i = W,\ \mathcal{A}_i = \mathcal{A} \text{ und } P_i = P$$

modelliert. Dabei ist $(W,\mathcal{A},P)$ der Wahrscheinlichkeitsraum, mit dem im dem vohergehenden Beispiel 2.5 WUERFEL das einmalige Werfen eines Würfels beschrieben wurde. $S = \{6\}$ ist wie dort das Ereignis, daß im Einzelzufallsexperiment eine Sechs gewürfelt wird, es tritt mit der Wahrscheinlichkeit $p = P(S) = p_6$ auf. Die Abbildung

$$\begin{array}{llll} X: & W^n & \rightarrow & \mathbb{R} \\ & \omega = (\omega_1,\omega_2,\ldots,\omega_n) & \mapsto & X(\omega) := \sum_{i=1}^{n} 1_S(\omega_i) \end{array}$$

zählt für jedes $\omega \in \Omega^n$ aus, in wievielen der n Einzelzufallsexperimenten das Ereignis S eintritt. Aus der Darstellung

$$X = 1_{S\times W\times W\times\ldots\times W} + 1_{W\times S\times W\times\ldots\times W} + 1_{W\times W\times S\times\ldots\times W} + \ldots + 1_{W\times W\times W\times\ldots\times S}$$

geht hervor, daß X als endliche Summe von Indikatorfunktionen $\bigotimes_{i=1}^{n} \mathcal{A}_i - \mathcal{B}$-meßbar ist (vgl. Aufgabe 2.1.1(a) und Aufgabe 2.1.4(c)). Es gilt $X(\Omega) = \{0,1,2,\ldots,n\}$.

X nimmt den Wert k mit $0 \le k \le n$ an, wenn im Gesamtzufallsexperiment ein Ereignis $A_1 \times A_2 \times \ldots \times A_n$ eintritt, bei dem genau k der insgesamt n Faktormengen A_i gleich S, und die restlichen $(n-k)$ Faktormengen gleich $\overline{S}$ sind. Ein solches Ereignis besitzt die Wahrscheinlichkeit $p^k(1-p)^{n-k}$. Ein Satz aus der Kombinatorik lehrt, daß es im kartesischen Produkt $A_1 \times A_2 \times \ldots \times A_n$ genau $\binom{n}{k}$ Möglichkeiten gibt, k Stellen mit der Faktormenge S, und die restlichen $(n-k)$ Stellen jeweils mit der Faktormenge $\overline{S}$ zu besetzen. Das Bildwahrscheinlichkeitsmaß $(\bigotimes_{i=1}^{n} P)_X$ ist also ein Wahrscheinlichkeitsmaß auf $(\mathbb{R},\mathcal{B})$ mit

$$(\bigotimes_{i=1}^{n} P)_X(\{k\}) = \binom{n}{k} p^k(1-p)^{n-k} \quad \text{für} \quad k = 0,1,2,3,\ldots,n.$$

Mit der **binomischen Formel** folgt $(\bigotimes_{i=1}^{n} P)_X(\{0,1,\ldots,n\}) = \sum_{k=0}^{n} (_n)kp^k(1-p)^{n-k} = 1$.

$(\bigotimes_{i=1}^{n} P)_X$ ist also ein diskretes Wahrscheinlichkeitsmaß auf $(\mathbb{R},\mathcal{B})$ mit $T = \{0,1,2,\ldots,n\}$ und dem zugehörigen Wahrscheinlichkeitsvektor $\boldsymbol{p}_X = (\binom{n}{k} p^k \cdot (1-p)^{n-k})_{k=0,1,2,\ldots,n}$. Für $n = 1$ erhalten wir natürlich das Bildmaß P_X aus dem Beispiel 2.5 WUERFEL.

Satz 2.3.
Voraussetzung: Es sei $(\Omega, \mathcal{A}, P)$ *ein Wahrscheinlichkeitsraum.* $A \in \mathcal{A}$ *sei ein Ereignis, das mit der Wahrscheinlichkeit* $p = P(A)$ *eintritt. Das Zufallsexperiment werde* $n \in \mathbb{N}$ *mal durchgeführt und das Gesamtzufallsexperiment werde durch den Produktwahrscheinlichkeitsraum*

$$\left(\bigtimes_{i=1}^{n} \Omega, \bigotimes_{i=1}^{n} \mathcal{A}, \bigotimes_{i=1}^{n} P\right)$$

modelliert.
Behauptung: Für die Abbildung

$$\begin{array}{llll} X: & \Omega^n & \to & \mathbb{R} \\ & \omega = (\omega_1, \omega_2, \ldots, \omega_n) & \mapsto & X(\omega) := \sum_{i=1}^{n} 1_A(\omega_i) = \sum_{i=1}^{n} 1_A \circ \pi_i(\omega), \end{array}$$

die jedem $\omega \in \Omega^n$ *die Anzahl der Einzelexperimente zuordnet, in denen das Ereignis A eintritt, gilt:*

- *X ist eine Zufallsvariable auf dem Produktwahrscheinlichkeitsraum* $(\bigtimes_{i=1}^{n} \Omega, \bigotimes_{i=1}^{n} \mathcal{A}, \bigotimes_{i=1}^{n} P)$ *mit Werten in* $(\mathbb{R}, \mathcal{B})$.
- *Die Verteilung* $(\bigotimes_{i=1}^{n} P)_X$ *von X ist ein diskretes Wahrscheinlichkeitsmaß auf* $(\mathbb{R}, \mathcal{B})$ *mit* $T = \{0, 1, 2, 3, \ldots, n\}$ *und dem dazugehörigen Wahrscheinlichkeitvektor* $p_X = (\binom{n}{k} p^k \cdot (1-p)^{n-k})_{k=0,1,2,\ldots,n}$ *,d.h.*

$$\left(\bigotimes_{i=1}^{n} P\right)_X(\{k\}) = \left(\bigotimes_{i=1}^{n} P\right)(X^{-1}(\{k\}) = \binom{n}{k} p^k \cdot (1-p)^{n-k} \text{ für } k = 0, 1, 2, \ldots, n.$$

Beweis: Die Überlegungen in dem Beispiel 2.6 MEHRWURF wurden so allgemein geführt, daß sich der Beweis direkt aus diesem Beispiel ergibt, wenn wir dort anstelle von W die Ergebnismenge Ω, anstelle von 2^W die σ-Algebra $\mathcal{A}$ und anstelle von S das Ereignis A betrachten. Eine andere und einfachere Herleitung der Verteilung der Zufallsvariablen X ist Gegenstand der Aufgabe 2.2.2. □

Beispiel 2.7 ∞-WURF Ein nicht notwendigerweise fairer Würfel wird unendlich oft geworfen. Das Gesamtzufallsexperiment wird dann durch den Produktwahrscheinlichkeitsraum

$$\left(\bigtimes_{i=1}^{\infty} \Omega_i, \bigotimes_{i=1}^{\infty} \mathcal{A}_i, \bigotimes_{i=1}^{\infty} P_i\right) \text{ mit } \Omega_i = W,\ \mathcal{A}_i = \mathcal{A} \text{ und } P_i = P$$

modelliert. Dabei ist $(W, \mathcal{A}, P)$ der Wahrscheinlichkeitsraum, mit dem im dem Beispiel 2.5 das einmalige Werfen eines Würfels beschrieben wurde. $S = \{6\}$ ist wieder das Ereignis, daß im Einzelzufallsexperiment eine Sechs gewürfelt wird, es tritt mit der Wahrscheinlichkeit $p = P(S) = p_6$ auf. Im Gesamtzufallsexperiment bezeichen wir (vgl. Beispiel 1.9 und Beispiel 1.40 MEHRWURF) mit $S_k = \bigtimes_{i=1}^{k} \overline{S} \times S \times W \times W \times \ldots$ das Ereignis, daß genau nach Durchführung des k-ten Einzelzufallsexperiments zum ersten mal das Ereignis S eintritt. Die Funktion $k \cdot 1_{S_k} : \bigtimes_{i=1}^{\infty} \Omega_i \to \mathbb{R}$ nimmt genau dann den Wert k an, wenn als Ergebnis eine unendliche Folge realisiert wird, bei der jede der ersten k-Komponenten kein Element von S (also keine Sechs), die $(k+1)$-te Komponente ein Element von S (also eine Sechs), und jede der restlichen Komponenten ein beliebiges Elemente aus W ist. Die Abbildung

$$\begin{array}{llll} X: & W^\infty & \to & \mathbb{R} \\ & \omega & \mapsto & X(\omega) := \sum\limits_{k=0}^{\infty} k \cdot 1_{S_k}(\omega), \end{array}$$

die jeder unendlichen Folge ω mit Glieder aus W die Anzahl seiner führenden Komponenten, die nicht in S liegen, zuordnet, ist dann $\bigotimes\limits_{i=1}^{\infty} \mathcal{A}_i$-$\mathcal{B}$-meßbar:

Da $X(W^\infty) = \mathbb{N}_0 \subset \mathbb{R}$ abzählbar ist, müssen wir gemäß Aufgabe 2.16 nur zeigen, daß $X^{-1}(\{k\}) \in \bigotimes\limits_{i=1}^{\infty} \mathcal{A}_i$ für alle $k \in \mathbb{N}_0$ gilt. Dies ist aber wegen $X^{-1}(\{k\}) = S_k$ trivialerweise erfüllt. Das Bildwahrscheinlichkeitsmaß $(\bigotimes\limits_{i=1}^{\infty} P)_X$ ist also ein Wahrscheinlichkeitsmaß auf $(\mathbb{R}, \mathcal{B})$ mit

$$(\bigotimes_{i=1}^{\infty} P)_X(\{k\}) = (\bigotimes_{i=1}^{\infty} P)(S_k) = (\prod_{i=0}^{k} P(\overline{S})) \cdot P(S) = (1-p)^k p \text{ für } k \in \mathbb{N}_0.$$

Mit der Summenformel für die **geometrische Reihe** folgt $(\bigotimes\limits_{i=1}^{\infty} P)_X(\mathbb{N}_0) = \sum\limits_{k=0}^{\infty} (1-p)^k p = 1$. Das Bildmaß P_X ist also ein diskretes Wahrscheinlichkeitsmaß auf $(\mathbb{R}, \mathcal{B})$ mit $T = \mathbb{N}_0$ und dem zugehörigen Wahrscheinlichkeitsvektor $\boldsymbol{p}_X = ((1-p)^k p)_{k \in \mathbb{N}_0}$.

Satz 2.4.

Voraussetzung: Es sei $(\Omega, \mathcal{A}, P)$ ein Wahrscheinlichkeitsraum. $A \in \mathcal{A}$ sei ein Ereignis, das mit der Wahrscheinlichkeit $p = P(A)$ eintritt. Das Zufallsexperiment werde unendlich oft durchgeführt und das Gesamtzufallsexperiment werde durch den Produktwahrscheinlichkeitsraum

$$(\bigtimes_{i=1}^{\infty} \Omega, \bigotimes_{i=1}^{\infty} \mathcal{A}, \bigotimes_{i=1}^{\infty} P)$$

modelliert.

In diesem sei A_k das Ereignis, daß nach der Durchführung von k Einzelzufallsexperimenten im $(k+1)$-ten Einzelzufallsexperiment zum ersten mal das Ereignis A eintritt.

Behauptung: Für die Abbildung

$$\begin{array}{llll} X: & \Omega^\infty & \to & \mathbb{R} \\ & \omega = (\omega_1, \omega_2, \ldots) & \mapsto & X(\omega) := \sum\limits_{k=0}^{\infty} k \cdot 1_{A_k}(\omega), \end{array}$$

die jeder Folge ω mit Gliedern aus Ω die Anzahl ihrer führenden Komponenten zuordnet, in denen das Ereignis A nicht eintritt, gilt:

- *X ist eine Zufallsvariable auf dem Produktwahrscheinlichkeitsraum $(\bigtimes\limits_{i=1}^{\infty} \Omega, \bigotimes\limits_{i=1}^{\infty} \mathcal{A}, \bigotimes\limits_{i=1}^{\infty} P)$ mit Werten in $(\mathbb{R}, \mathcal{B})$.*

- *Die Verteilung $(\bigotimes\limits_{i=1}^{\infty} P)_X$ von X ist ein diskretes Wahrscheinlichkeitsmaß auf $(\mathbb{R}, \mathcal{B})$ mit $T = \mathbb{N}_0$ und dem dazugehörigen Wahrscheinlichkeitvektor $\boldsymbol{p}_X = (\,(1-p)^k p)_{k \in \mathbb{N}_0}$ d.h.*

$$(\bigotimes_{i=1}^{\infty} P)_X(\{k\}) = (\bigotimes_{i=1}^{\infty} P)(X^{-1}(\{k\}) = (1-p)^k p \text{ für } k \in \mathbb{N}_0.$$

Beweis: Die Überlegungen in dem Beispiel 2.7 ∞-WURF wurden wieder so allgemein geführt, daß sich der Beweis direkt aus diesem Beispiel ergibt, wenn wir dort anstelle von W die Ergebnismenge Ω, anstelle von 2^W die σ-Algebra $\mathcal{A}$, anstelle von S das Ereignis A und an Stelle von S_k das Ereignis A_k betrachten. □

Bemerkung 2.1 An dieser Stelle kommen wir noch einmal auf die zu Beginn dieses Abschnitts gemachten Überlegungen zu sehr komplexen Zufallsexperimenten zurück. Wenn ein Zufallsexperiment so komplex ist, daß man keinen Wahrscheinlichkeitsraum angeben kann, der das gesamte Zufallsexperiment modelliert, so bietet die Einführung von Zufallsvariablen die Möglichkeit, aus den verschiedenen Aspekten des Zufallsexperiments den aktuell interessierenden herauszufiltern und diesen durch den Bildraum $(\Omega',\mathcal{A}',P_X)$ einer Zufallsvariablen X zu modellieren. In solchen Fällen ist es in der Regel dann aber nicht möglich, die Zufallsvariable X – wie in der Analysis üblich – vollständig durch die explizite Angabe von Definitionsbereich und Funktionsvorschrift zu beschreiben. Trotzdem geht man von der Existenz eines im Hintergrund stehenden **Basismodells** $(\Omega,\mathcal{A},P)$ und einer meßbaren Funktion $X : \Omega \to \Omega'$ aus.

Diese Vorgehensweise und die dabei auftretenden praktischen Probleme sollten Sie sich an dem folgenden Beispiel nochmals bewußt machen.

Beispiel 2.8 WAHL Wir betrachten noch einmal das Beispiel 1.2 WAHL aus Kapitel 1: Die politische Einstellung eines Wahlberechtigten wird durch viele Faktoren beeinflußt. Es ist nicht möglich, ein Wahrscheinlichkeitsmodell anzugeben, das alle diese Faktoren berücksichtigt. Wahlforscher gehen trotzdem davon aus, daß ein solcher Wahrscheinlichkeitsraum $(\Omega,\mathcal{A},P)$ existiert, und daß die Stimmabgabe modelliert werden kann durch eine auf dem Wahrscheinlichkeitsraum $(\Omega,\mathcal{A},P)$ definierte meßbare Funktion X mit Werten in dem meßbaren Raum $(\Omega',\mathcal{A}')$ mit $\Omega' = \{$Liste1,Liste2, … ,Liste15,ungültige Wahl,Wahlenthaltung$\}$ und $\mathcal{A}' = 2^{\Omega'}$. Es ist das Ziel aller Wahlforscher, die unbekannte Verteilung P_X zu bestimmen.

Aufgaben zum Abschnitt 2.1

Aufgabe 2.1.1

(a) Es seien $(\Omega,\mathcal{A})$ ein Meßraum und $M \subseteq \Omega$ eine beliebige Teilmenge von Ω. Es sei 1_M die Indikatorfunktion von M. Beweisen Sie: 1_M ist $\mathcal{A}-\mathcal{B}$-meßbar $\Leftrightarrow M \in \mathcal{A}$

(b) Es sei $(\bigotimes_{i\in I} \Omega_i, \bigotimes_{i\in I} \mathcal{A}_i)$ das Produkt aus den Meßräumen $(\Omega_i,\mathcal{A}_i)_{i\in I}$, wobei I eine endliche oder höchstens abzählbar unendliche Indexmenge ist. Zeigen Sie: Für jedes $k \in I$ ist die Projektionsabbildung $\pi_k : \bigotimes_{i\in I} \Omega_i \to \Omega_k$ eine $\bigotimes_{i\in I} \mathcal{A}_i - \mathcal{A}_k$- meßbare Abbildung.

Aufgabe 2.1.2

(a) Es seien $(\Omega,\mathcal{A})$ und $(\Omega',\mathcal{A}')$ zwei beliebige Meßräume, und es sei $f : \Omega \to \Omega'$ eine konstante Funktion.
Beweisen Sie: f ist $\mathcal{A}-\mathcal{A}'$-meßbar.

(b) Es sei $(\Omega,\mathcal{A})$ ein Meßraum und $f : \Omega \to \mathbb{R}$ eine beliebige Abbildung.
Beweisen Sie:

$$f \text{ ist } \mathcal{A}-\mathcal{B}\text{-meßbar} \Leftrightarrow \underset{b\in\mathbb{R}}{\forall} \{\omega \in \Omega | X(\omega) \leq b\} \in \mathcal{A} \qquad (*)$$

Bemerkung: Die Aussage $(*)$ bleibt richtig, wenn man das Zeichen $\leq$ durch $<$ oder $>$ oder $\geq$ ersetzt. Warum?

Aufgabe 2.1.3

(a) Es sei $(\Omega,\mathcal{A})$ ein beliebiger Meßraum. $f,g:\Omega\to\mathbb{R}$ seien zwei $\mathcal{A}-\mathcal{B}$-meßbare Funktionen. Zeigen Sie, daß dann auch die Funktionen $\max(f,g)$ und $\min(f,g)$ $\mathcal{A}-\mathcal{B}$-meßbar sind.

(b) Es sei $(\Omega,\mathcal{A})$ ein beliebiger Meßraum und $(f_n)_{n\in\mathbb{N}}$ mit $f_n:\Omega\to\mathbb{R}$ eine Folge $\mathcal{A}-\mathcal{B}$-meßbarer Funktionen. Zeigen Sie:

Existieren die Funktionen $\sup\limits_{n\in\mathbb{N}}(f_n)$ bzw. $\inf\limits_{n\in\mathbb{N}}(f_n)$ so sind diese $\mathcal{A}-\mathcal{B}$ meßbar.

(c) Es sei $(\Omega,\mathcal{A})$ ein beliebiger Meßraum und $(f_n)_{n\in\mathbb{N}}$ mit $f_n:\Omega\to\mathbb{R}$ eine Folge $\mathcal{A}-\mathcal{B}$-meßbarer Funktionen. Zeigen Sie:

Existieren die Funktionen $\lim_n\sup f_n$ bzw. $\lim_n\inf f_n$ so sind diese $\mathcal{A}-\mathcal{B}$ meßbar.

Aufgabe 2.1.4

Es sei $(\Omega,\mathcal{A})$ ein beliebiger Meßraum, es seien $f,g:\Omega\to\mathbb{R}$ zwei $\mathcal{A}-\mathcal{B}$-meßbare Funktionen, und es sei a eine beliebige reelle Zahl. Beweisen Sie:

(a) $a+f$ ist eine $\mathcal{A}-\mathcal{B}$-meßbare Funktion.

(b) $a\cdot f$ ist eine $\mathcal{A}-\mathcal{B}$-meßbare Funktion.

(c) $f+g$ ist eine $\mathcal{A}-\mathcal{B}$-meßbare Funktion.

Aufgabe 2.1.5

Es seien $(\Omega,\mathcal{A}),(\Omega',\mathcal{A}')$ und $(\Omega'',\mathcal{A}'')$ drei beliebige Meßräume. Es sei $f:\Omega\to\Omega'$ eine $\mathcal{A}-\mathcal{A}'$-meßbare Funktion, und es sei $g:\Omega'\to\Omega''$ eine $\mathcal{A}'-\mathcal{A}''$-meßbare Funktion. Beweisen Sie, daß die folgende Abbildung eine $\mathcal{A}-\mathcal{A}''$-meßbare Funktion ist:

$$\begin{array}{rccl} h:=g\circ f: & \Omega & \to & \Omega'' \\ & \omega & \mapsto & h(\omega):=g(f(\omega)) \end{array}$$

Aufgabe 2.1.6

Es sei $(\Omega,\mathcal{A})$ ein Meßraum und $X:\Omega\to\mathbb{R}$ eine Funktion, deren Bildmenge $X(\Omega)$ endlich oder abzählbar unendlich ist, d.h. $X(\Omega)=\{x_i\,|i\in I\}$ mit endlicher oder abzählbar unendlicher Indexmenge I. Beweisen Sie:

$$X \text{ ist } \mathcal{A}-\mathcal{B}\text{-meßbar} \Leftrightarrow \underset{i\in I}{\forall}\, X^{-1}(\{x_i\})\in\mathcal{A}$$

Aufgabe 2.1.7

Es sei $\Omega\subseteq\mathbb{R}$ ein Intervall und $X:\Omega\to\mathbb{R}$ eine stetige Funktion. Beweisen Sie:

$$X \text{ ist } \mathcal{B}(\Omega)-\mathcal{B}\text{-meßbar}$$

2.2 Zufällige Größen und spezielle Verteilungen

In diesem Abschnitt gehen wir von einem Wahrscheinlichkeitsraum $(\Omega,\mathcal{A},P)$ aus und betrachten ausschließlich solche auf $(\Omega,\mathcal{A},P)$ definierte Zufallsvariable, die ihre Werte in dem meßbaren Raum $(\mathbb{R},\mathcal{B})$ annehmen. Solche Zufallsvariable werden wir als zufällige Größen bezeichnen:

Definition 2.4. Es sei $(\Omega,\mathcal{A},P)$ ein Wahrscheinlichkeitsraum und $X:\Omega\to\mathbb{R}$ eine $\mathcal{A}-\mathcal{B}$-meßbare Funktion. Dann heißt X eine **numerische Zufallsvariable** oder eine **zufällige Größe** auf dem Wahrscheinlichkeitsraum $(\Omega,\mathcal{A},P)$.

Beachten Sie, daß in der Definition der zufälligen Größe nicht nur vorausgesetzt wird, daß $X(\Omega)$ eine Teilmenge der reellen Zahlen ist, sondern daß der formale Wertebereich ganz $\mathbb{R}$ ist. In diesem strengen Sinn sind die Zufallsvariablen X bzw. X_1 und X_2 aus den Beispielen 2.1 RAD bzw. 2.2 MEHRWURF keine zufälligen Größen, wohingegen die Zufallsvariablen X aus den Beispielen 2.5 WUERFEL, 2.6 MEHRWURF und 2.7 ∞-WURF nach Definition 2.4 zufällige Größen sind.

Bemerkung 2.2 Hat man eine zufällige Größe X, so definiert diese auf dem Bildraum $(\mathbb{R},\mathcal{B})$ ein Wahrscheinlichkeitsmaß P_X, das jeder Borelschen Menge B die Wahrscheinlichkeit

$$P_X(B) = P(X^{-1}(B)) = P(\{\omega | X(\omega) \in B\})$$

zuordnet. Da aus $\mathbb{R} \supseteq B \supseteq X(\Omega)$ stets $X^{-1}(B) \supseteq X^{-1}(X(\Omega)) \supseteq \Omega$ folgt, gilt:

$$\forall_{B\in\mathcal{B}} \quad B \supseteq X(\Omega) \Rightarrow P_X(B) = 1$$
$$\forall_{B\in\mathcal{B}} \quad B \subseteq \overline{X(\Omega)} \Rightarrow P_X(B) = 0$$

Für spezielle Borelsche Mengen, nämlich die Intervalle, haben sich die folgenden abkürzenden Schreibweisen eingebürgert:

$$\begin{array}{llll}
P_X([a,b)) & = P(X^{-1}([a,b))) & = P(\{\omega\in\Omega | a \le X(\omega) < b\}) & =: P(a \le X < b) \\
P_X((a,\infty)) & = P(X^{-1}((a,\infty))) & = P(\{\omega\in\Omega | a < X(\omega)\}) & =: P(a < X) \\
P_X((-\infty,b]) & = P(X^{-1}((-\infty,b])) & = P(\{\omega\in\Omega | X(\omega) \le b\}) & =: P(X \le b) \\
P_X([a,a]) & = P(X^{-1}([a,a])) & = P(\{\omega\in\Omega | a \le X(\omega) \le a\}) & =: P(X = a)
\end{array}$$

Für andere Intervalltypen werden analoge Schreibweisen verwendet, und wir gehen davon aus, daß Sie diese Schreibweisen beherrschen.

Wir kommen nun zu dem wichtigen Begriff der Verteilungsfunktion einer zufälligen Größe. Dieser Begriff läßt sich übrigens nicht für beliebige nichtnumerische Zufallsvariable definieren, da er voraussetzt, daß der Wertebereich der Zufallsvariablen X geordnet ist.

Definition 2.5. Es sei X eine zufällige Größe auf dem Wahrscheinlichkeitsraum $(\Omega,\mathcal{A},P)$. Dann heißt die Funktion

$$\begin{array}{llll}
F: & \mathbb{R} & \to & \mathbb{R} \\
 & x & \mapsto & F(x) := P(X \le x) = P_X((-\infty,x])
\end{array}$$

die **Verteilungsfunktion** (engl.: *Cumulative Distribution Function*, abgekürzt **CDF**) der zufälligen Größe X.

Beachten Sie, daß der Definitionsbereich für die Verteilungsfunktion einer beliebigen zufälligen Größe X ganz $\mathbb{R}$ ist, auch dann, wenn die Bildmenge $X(\Omega)$ nur eine echte Teilmenge von $\mathbb{R}$ ist.

Beispiel 2.9 RAD Es sei $(\Omega,\mathcal{A},P)$ der Wahrscheinlichkeitsraum aus dem Beispiel 2.1 RAD, d.h. es ist $\Omega = \{\textbf{blau},\textbf{gelb},\textbf{rot},\textbf{schwarz}\}$, $\mathcal{A} = 2^{\Omega}$, und P ist das diskrete Wahrscheinlichkeitsmaß, das den Elementarereignissen die Wahrscheinlichkeiten

$$P(\{\textbf{blau}\}) = 1/6, \quad P(\{\textbf{gelb}\}) = 2/6, \quad P(\{\textbf{rot}\}) = 2/6, \quad P(\{\textbf{schwarz}\}) = 1/6$$

zuordnet. Abweichend vom Beispiel 2.1 bezeichnen wir jetzt mit X **die zufällige Größe**

$$\begin{array}{llll}
X: & \Omega & \to & \mathbb{R} \\
 & \omega & \mapsto & X(\omega) := \begin{cases} -1.0 & \text{falls } \omega = \textbf{schwarz} \\ -0.5 & \text{falls } \omega = \textbf{blau} \text{ oder } \omega = \textbf{rot} \\ +1.0 & \text{falls } \omega = \textbf{gelb} \end{cases}
\end{array}$$

und betrachten das durch X auf $(\mathbb{R},\mathcal{B})$ induzierte Bildmaß P_X. (Beachten Sie, daß alle einelementigen Teilmengen von $\mathbb{R}$ Borelmengen sind, und daß damit auch deren endliche oder abzählbar unendliche Vereinigungen zu $\mathcal{B}$ gehören.):

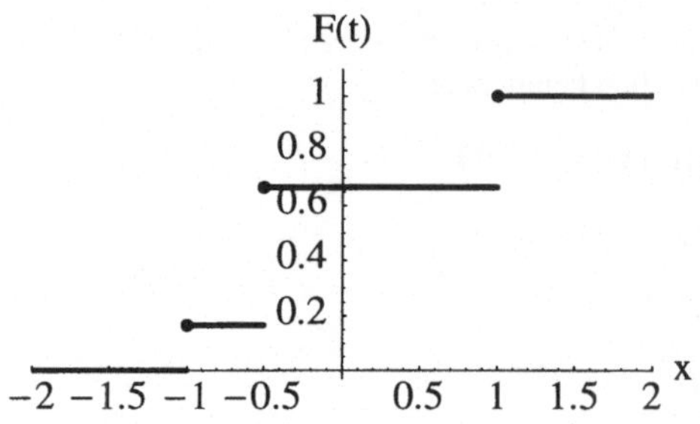

Abbildung 2.3
Verteilungsfunktion zum Nettogewinn des Beispiels 2.6 RAD

$$\begin{aligned} P_X(\{-1.0\}) &= P(X=-1.0) &= 1/6 &= p_1 \\ P_X(\{-0.5\}) &= P(X=-0.5) &= 3/6 &= p_2 \\ P_X(\{+1.0\}) &= P(X=+1.0) &= 2/6 &= p_3 \end{aligned}$$

Für die spezielle Borelsche Menge $T := X(\Omega) = \{-1.0, -0.5, +1.0\} = \{x_1, x_2, x_3\}$ gilt:

$$P_X(T) = P\left(X^{-1}(T)\right) = P(\Omega) = 1 \quad \text{und} \quad P_X(\overline{T}) = 0$$

Für jede Borelsche Menge B, die keines der x_i enthält, gilt:

$$P_X(B) = P_X(B \cap \overline{T}) = 0$$

Für alle Borelschen Mengen B ist

$$P_X(B) = P_X(B \cap (T \uplus \overline{T})) = P_X((B \cap T) \uplus (B \cap \overline{T})) = P_X(B \cap T) + P_X(B \cap \overline{T})) = P_X(B \cap T)$$

Daraus folgt:

$$P_X(B) = P_X(\biguplus_{i=1}^{3}(B \cap \{x_i\})) = \sum_{i=1}^{3} P_X(B \cap \{x_i\}) = \sum_{i=1}^{3} P(X = x_i) \cdot \varepsilon_{x_i}(B)$$

Dabei sind $\varepsilon_{x_1}, \varepsilon_{x_2}, \varepsilon_{x_3}$ die auf $x_1 = -1.0, x_2 = -0.5, x_3 = +1.0$ konzentrierten Dirac-Maße auf $(\mathbb{R}, \mathcal{B})$. X induziert also auf $(\mathbb{R}, \mathcal{B})$ das diskrete Wahrscheinlichkeitsmaß P_X mit der Trägermenge $T = \{-1.0, -0.5, +1.0\} = \{x_1, x_2, x_3\} = X(\Omega)$ und dem Wahrscheinlichkeitsvektor

$$\boldsymbol{p} = (P(X = x_1), P(X = x_2), P(X = x_3)) = (p_1, p_2, p_3) = \left(\frac{1}{6}, \frac{3}{6}, \frac{2}{6}\right)$$

(gemäß Beispiel 2.1).
Für die Angabe der Verteilungsfunktion F hat man für jedes $x \in \mathbb{R}$ den Funktionswert $F(x) = P(X \leq x) = P_X((-\infty, x]) = \sum_{x_i \in (-\infty, x]} P(X = x_i) = \sum_{x_i \leq x} P(X = x_i)$ zu berechnen. Es ergibt sich die Funktionsvorschrift:

$$F: \mathbb{R} \to \mathbb{R}$$
$$x \mapsto \begin{cases} 0 & \text{für} \quad x < -1.0 \\ 1/6 & \text{für} \quad -1.0 \leq x < -0.5 \\ 4/6 & \text{für} \quad -0.5 \leq x < +1.0 \\ 1 & \text{für} \quad +1.0 \leq x \end{cases}$$

Der Graph dieser Funktion ist also eine Treppenfunktion. Die Sprungstellen sind die Elemente x_1, x_2, x_3 der Menge T, die Höhe der Stufe an der Stelle x_i ist gleich der Wahrscheinlichkeit $P(X = x_i)$. Die erste und die letzte Stufe haben unendliche Breite.

Die Abbildung 2.3 zeigt den Graphen der Verteilungsfunktion F der zufälligen Größe X aus dem Beispiel 2.9 RAD über dem Intervall $[-2, +2]$:

Die Abbildung 2.3 wurde übrigens nicht mit der Mathematica-Anweisung `Plot` erstellt. Die mit `Plot` erzeugt Abbildung enthält nämlich an den Sprungstellen parallel zur y-Achse verlaufende Verbindungslinien und stellt damit die Funktion F nicht korrekt dar. Näheres hierzu finden Sie im **Notebook B1K2A2.ma**. Dieses enthält auch die Mathematica-Anweisungen, mit denen die Abbildung 2.3 erzeugt wurde.

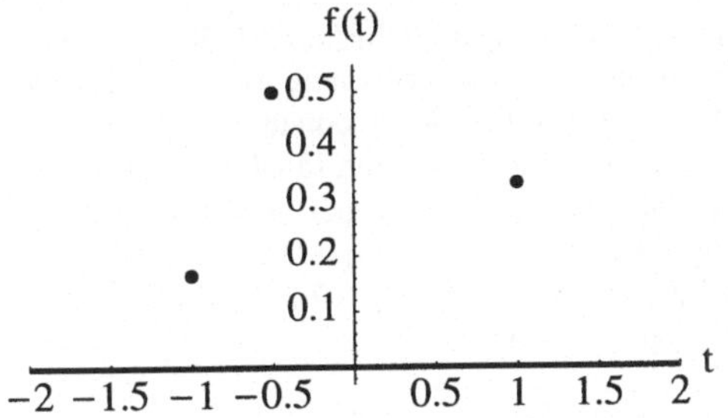

Abbildung 2.4
Diskrete Dichtefunktion zum Nettogewinn des Beispiels 2.6 RAD

Im folgenden verallgemeinern wir die Situation des Beispiels 2.9 RAD.

Satz 2.5.
Voraussetzung: Es sei X eine zufällige Größe auf dem Wahrscheinlichkeitsraum $(\Omega,\mathcal{A},P)$ mit endlicher oder abzählbar unendlicher Ergebnismenge $X(\Omega)=\{x_i \mid i\in I\}$.
Behauptung: Dann induziert X auf $(\mathbb{R},\mathcal{B})$ ein diskretes Wahrscheinlichkeitsmaß P_X mit $T=X(\Omega)$ und $\mathbf{p}=(p_i)_{i\in I}=(P(X=x_i))_{i\in I}$.

Hinweis: An dieser Stelle weichen wir von der in Bemerkung 1.16 getroffenen Vereinbarung ab: Nicht für alle $x_i \in X(\Omega)$ muß $p_i=P(X=x_i)$ positiv sein. T kann deshalb eine echte Obermenge der Trägermenge von P_X sein.
Beweis: Es genügt zu zeigen, daß für alle $B\in\mathcal{B}$ gilt:

$$P_X(B)=\sum_{i\in I} p_i\cdot\varepsilon_{x_i}(B)$$

Wir zeigen dies, indem wir die Bemerkung 2.2 anwenden und Argumente aus dem Beispiel 2.9 RAD verallgemeinern:

$$\begin{aligned}P_X(B) &= P_X((B\cap T)\uplus(B\cap\overline{T}))-P_X(B\cap T)+P_X(B\cap\overline{T}))=P_X(B\cap T)\\ &= P_X(B\cap \biguplus_{i\in I}\{x_i\})=\sum_{i\in I}P_X(B\cap\{x_i\})=\sum_{i\in I}P_X(\{x_i\})\cdot\varepsilon_{x_i}(B)\\ &= \sum_{i\in I} p_i\cdot\varepsilon_{x_i}(B)\end{aligned}$$ □

Definition 2.6. Eine zufällige Größe X auf einem Wahrscheinlichkeitsraum $(\Omega,\mathcal{A},P)$ heißt **diskret**, wenn $X(\Omega)$ eine endliche oder abzählbare Teilmenge von $\mathbb{R}$ ist, die keinen Häufungspunkt besitzt. Die diskrete Dichtefunktion

$$f:\ \begin{array}{ccc}\mathbb{R} & \to & \mathbb{R}\\ t & \mapsto & f(t):=P(X=t)\end{array}$$

des Bildmaßes (vgl. Definition 1.16) bezeichnen wir als **diskrete Dichtefunktion** (engl.: *Probability Density Function*, abgekürzt **PDF**) **der diskreten zufälligen Größe** X.

Die folgende Abbildung stellt die diskrete Dichtefunktion des Nettogewinns X aus dem Beispiel 2.6 RAD dar.

Auch die Abbildung 2.4 wurde nicht mit der Mathematica-Anweisung `Plot` erstellt. Näheres hierzu finden Sie wieder im **Notebook B1K2A2.ma**.

Bemerkung 2.3 Fassen wir zusammen: Eine zufällige Größe X heißt nach Definition 2.6 diskret, wenn $X(\Omega)$ eine endliche oder abzählbar unendliche, häufungspunktfreie Teilmenge von $\mathbb{R}$ ist. Eine diskrete zufällige Größe X induziert nach Satz 2.5 auf $(\mathbb{R},\mathcal{B})$ ein diskretes Wahrscheinlichkeitsmaß P_X. Dabei kann die Trägermenge von P_X eine echte Teilmenge von $X(\Omega)$ sein. Bezeichnen wir nun in Übereinstimmung mit Bemerkung 1.16 die Trägermenge von P_X mit T, so gilt: Die diskrete Dichtefunktion f der diskreten zufälligen Größe X verschwindet für alle $t \notin T$ (vgl. Abbildung 2.4). Die Verteilungsfunktion F der diskreten zufälligen Größe X ist eine Treppenfunktion. Die Sprungstellen sind die Stellen $x_i \in T$. Die Sprunghöhen sind die zugehörigen Wahrscheinlichkeiten $p_i = P(X = x_i)$ (vgl. Abbildung 2.3).

Bemerkung 2.4 Wenn X eine diskrete zufällige Größe mit endlicher Bildmenge $X(\Omega)$ ist, dann ist auch die Trägermenge T des Bildmaßes P_X endlich, also $T = \{x_i \,|1 \leq i \leq n\}$. In diesem Fall nehmen wir in Zukunft ohne Beschränkung der Allgemeinheit an, daß die Elemente von T aufsteigend sortiert sind, daß also gilt: $x_1 \leq x_2 \leq \ldots \leq x_n$. Die Funktionswerte der Verteilungsfunktion F an den Stellen x_i lassen sich dann über die folgende Rekursionsformel berechnen:

$$\begin{aligned} F(x_1) &= p_1 \\ F(x_i) &= F(x_{i-1}) + p_i \text{ für } 2 \leq i \leq n \end{aligned}$$

Beispiel 2.10 MEHRWURF Für $n = 2$ wird dieses Zufallsexperiment durch den Laplace-Wahrscheinlichkeitsraum $(\Omega,\mathcal{A},P)$ mit $\Omega = \{1,2,3,4,5,6\} \times \{1,2,3,4,5,6\}$ modelliert.

Wir bezeichen jetzt mit X_1 die **zufällige Größe**, die die geworfene Augensumme beschreibt, also

$$\begin{array}{rccl} X_1: & \Omega & \rightarrow & \mathbb{R} \\ & (\omega_1,\omega_2) & \mapsto & X(\omega_1,\omega_2) := \omega_1 + \omega_2 \end{array}$$

X_1 induziert auf $(\mathbb{R},\mathcal{B})$ ein diskretes Wahrscheinlichkeitsmaß P_{X_1}. Für die diskrete Dichtefunktion f_1 von X_1 folgt aus dem Beispiel 2.2 :

$$\begin{array}{rcl} f_1: \mathbb{R} & \rightarrow & \mathbb{R} \\ t & \mapsto & f_1(t) := \begin{cases} (t-1)/36 & \text{falls} \quad t \in \{2,3,4,5,6,7\} \\ (12-t+1)/36 & \text{falls} \quad t \in \{8,9,10,11,12\} \\ 0 & \text{sonst} \end{cases} \end{array}$$

Die Verteilungsfunktion der zufälligen Größe X_1 ist also eine Treppenfunktion mit 11 Sprungstellen und 12 Stufen.

Bezeichnet man dagegen mit X_2 die **zufällige Größe**, die die Anzahl der geworfenen Sechsen beschreibt, so ergibt sich für die diskrete Dichtefunktion f_2 von X_2 gemäß Beispiel 2.2 :

$$\begin{array}{rcl} f_2: \mathbb{R} & \rightarrow & \mathbb{R} \\ t & \mapsto & f_2(t) := \begin{cases} 25/36 & \text{falls} \quad t = 0 \\ 10/36 & \text{falls} \quad t = 1 \\ 1/36 & \text{falls} \quad t = 2 \\ 0 & \text{sonst} \end{cases} \end{array}$$

Die Verteilungsfunktion der zufälligen Größe X_2 ist wie im Beispiel 2.6 RAD eine Treppenfunktion mit 3 Sprungstellen, die hier bei $x_1 = 0, x_2 = 1$ und $x_3 = 2$ liegen. Schreiben Sie für die beiden Verteilungsfunktionen F_1 und F_2 die Funktionsvorschrift ausführlich auf, und zeichnen Sie den zugehörigen Graphen.

Beispiel 2.11 ZERFALL Zur Modellierung dieses Zufallsexperiments wurde im Beispiel 1.29 auf dem meßbaren Raum $(\Omega,\mathcal{A})$ mit $\Omega = \mathbb{N}_0$ und $\mathcal{A} = 2^{\Omega}$ das diskrete Wahrscheinlichkeitsmaß P mit $T = \Omega = \mathbb{N}_0$ und $\boldsymbol{p} = (p_k)_{k \in \mathbb{N}_0}$ mit $p_k = e^{-\lambda} \frac{\lambda^k}{k!}$ definiert. Auf dem Wahrscheinlichkeitsraum $(\Omega,\mathcal{A},P)$ definieren wir durch die folgende formale Vorschrift eine zufällige Größe X:

$$X: \begin{array}{rcl} \mathbb{N}_0 & \to & \mathbb{R} \\ k & \mapsto & X(k) := k \end{array}$$

Diese zufällige Größe X, die jeder natürlichen Zahl $k \in \mathbb{N}_0$ die reelle Zahl k zuordnet, ist also die Einbettung von $\mathbb{N}_0$ in $\mathbb{R}$. Im Vergleich zu den in den Beispielen 2.6 RAD und 2.7 MEHRWURF betrachteten zufälligen Größen ist die hier eingeführte zufällige Größe X einigermaßen simpel. Das hat folgenden Grund: In den Beispielen RAD und MEHRWURF stellte der gewählte Wahrscheinlichkeitsraum eine Art Basismodell für das Zufallsexperiment dar, und die zufälligen Größen dienten dazu, den jeweils interessierenden Aspekt des Zufalls-experiments herauszufiltern. Im Beispiel 1.29 ZERFALL wurde der interessierende Aspekt bereits bei der Modellierung des Zufallsexperiments berücksichtigt.

Das durch X auf $(\mathbb{R},\mathcal{B})$ induzierte Bildmaß P_X ist wieder ein diskretes Wahrscheinlichkeitsmaß mit der diskreten Dichtefunktion

$$f: \begin{array}{rcl} \mathbb{R} & \to & \mathbb{R} \\ t & \mapsto & f(t) := \left\{ \begin{array}{ll} e^{-\lambda}\dfrac{\lambda^t}{t!} & \text{falls} \quad t \in \mathbb{N}_0 \\ 0 & \text{sonst} \end{array} \right\} = e^{-\lambda}\dfrac{\lambda^t}{t!} \cdot 1_{\mathbb{N}_0}(t) \end{array}$$

Für die Angabe der Verteilungsfunktion F hat man für jedes $x \in \mathbb{R}$ den Funktionswert

$$F(x) = P(X \leq x) = P_X((-\infty,x]) = \sum_{k \leq x} P(X = k) = \sum_{k \leq x} p_k = \sum_{k \leq x} e^{-\lambda} \cdot \frac{\lambda^k}{k!}$$

zu berechnen, d.h. man muß die Wahrscheinlichkeiten p_k über diejenigen k aus $\mathbb{N}_0$ summieren, die kleiner gleich x sind.

Bemerkung 2.5 Mit den bisher behandelten Beispielen sollte zunächst einmal gezeigt werden, wie mit Hilfe einer zufälligen Größe auf dem Meßraum $(\mathbb{R},\mathcal{B})$ ein diskretes Wahrscheinlichkeitsmaß induziert werden kann. Für das weitere Vorgehen ist eine andere Sicht der Dinge erforderlich, die wir am Beispiel ZERFALL erläutern: Wir werden in Zukunft davon ausgehen, daß es einen Wahrscheinlichkeitsraum $(\Omega,\mathcal{A},P)$ gibt, der das Zufallsexperiment modelliert. Obwohl wir über diesen im Hintergrund stehenden Wahrscheinlichkeitsraum nichts weiter aussagen können, nehmen wir an, daß es eine auf diesem Wahrscheinlichkeitsraum definierte zufällige Größe X gibt, die die Anzahl der zerfallenden Teilchen beschreibt, und die auf dem meßbaren Raum $(\mathbb{R},\mathcal{B})$ das diskrete Wahrscheinlichkeitsmaß mit der diskreten Dichtefunktion

$$f: \begin{array}{rcl} \mathbb{R} & \to & \mathbb{R} \\ t & \mapsto & f(t) := e^{-\lambda}\dfrac{\lambda^t}{t!} \cdot 1_{\mathbb{N}_0}(t) \end{array}$$

induziert. Diese zufällige Größe besitzt also dieselbe Verteilung wie die triviale zufällige Größe aus dem Beispiel 2.11, bei der es sich lediglich um die Einbettung von $\mathbb{N}_0$ in $\mathbb{R}$ handelt.

Für die Verteilung der zufälligen Größen X aus den Beispielen 2.5 WUERFEL, 2.6 MEHRWURF, 2.7 ∞-WURF und 2.11 ZERFALL haben sich Namen eingebürgert, die gelegentlich die Namen bedeutender Mathematiker tragen:

Definition 2.7. Es sei X eine diskrete zufällige Größe auf dem Wahrscheinlichkeitsraum $(\Omega,\mathcal{A},P)$.

- X heißt **Bernoulli-verteilt mit dem Parameter** $p \in [0,1]$, wenn $X(\Omega) = \{0,1\}$ ist, und wenn gilt:

$$P(X=1) = p \quad P(X=0) = 1-p = q$$

- X heißt **Binomial-verteilt mit den Parametern** $n \in \mathbb{N}$ und $p \in [0,1]$, wenn $X(\Omega) = \{0,1,2,\ldots,n\}$ ist, und wenn gilt:

$$P(X=k) = \binom{n}{k} \cdot p^k (1-p)^{n-k} \quad \text{für } 0 \leq k \leq n$$

- X heißt **geometrisch-verteilt mit dem Parameter** $p \in [0,1]$, wenn $X(\Omega) = \mathbb{N}_0$ ist, und wenn gilt:
$$P(X=k) = (1-p)^k p \quad \text{für alle } k \in \mathbb{N}_0$$

- X heißt **Poisson-verteilt mit dem Parameter** $\lambda \in \mathbb{R}^+$, wenn $X(\Omega) = \mathbb{N}_0$ ist, und wenn gilt:
$$P(X=k) = e^{-\lambda}\frac{\lambda^k}{k!} \quad \text{für alle } k \in \mathbb{N}_0$$

Bemerkung 2.6
Wenn die zufällige Größe X Binomial-verteilt ist mit den Parametern n und p, so schreibt man: X ist $\mathrm{B}(n,p)$-verteilt oder
$$X \sim \mathrm{B}(n,p)$$
Eine $\mathrm{B}(1,p)$-verteilte zufällige Größe ist eine mit dem Parameter p Bernoulli-verteilte zufällige Größe.

Wenn die zufällige Größe X Poisson-verteilt ist mit dem Parameter λ, so schreibt man: X ist $\mathrm{Poi}(\lambda)$-verteilt oder
$$X \sim \mathrm{Poi}(\lambda)$$

Beispiel 2.12 WUERFEL Es sei $(\Omega, \mathcal{A}, P)$ der Laplace-Wahrscheinlichkeitsraum mit $\Omega = \{1,2,3,4,5,6\}$. X sei die zufällige Größe
$$X: \Omega \to \mathbb{R}, \quad \omega \mapsto \begin{cases} 1 & \text{falls } \omega = 6 \\ 0 & \text{sonst} \end{cases}$$
Dann ist X eine mit dem Parameter $p = \frac{1}{6}$ Bernoulli-verteilte zufällige Größe.

Beispiel 2.13 MEHRWURF Die zufällige Größe X_2 aus dem Beispiel 2.10 MEHRWURF ist $B(2,\frac{1}{6})$-verteilt, denn es gilt:
$$P(X_2=0) = \frac{25}{36} = \binom{2}{0} \cdot \left(\frac{1}{6}\right)^0 \left(\frac{5}{6}\right)^{2-0}$$
$$P(X_2=1) = \frac{10}{36} = \binom{2}{1} \cdot \left(\frac{1}{6}\right)^1 \left(\frac{5}{6}\right)^{2-1}$$
$$P(X_2=2) = \frac{1}{36} = \binom{2}{2} \cdot \left(\frac{1}{6}\right)^2 \left(\frac{5}{6}\right)^{2-2}$$

Beispiel 2.14 ZERFALL Die zufällige Größe X aus dem Beispiel 2.11 ist Poisson-verteilt mit dem Parameter $\lambda \in \mathbb{R}^+$.

Bemerkung 2.7 Wie wir gesehen haben, ist bei einer diskreten numerischen Zufallsvariablen das auf $(\mathbb{R}, \mathcal{B})$ definierte Bildmaß P_X bereits durch die Angabe der Bildmenge $X(\Omega) = \{x_i \,|\, i \in I\}$ und der zugehörigen Wahrscheinlichkeiten $p_i = P(X = x_i)$ festgelegt. Deshalb ist es üblich, auch die Menge der Paare (x_i, p_i), also die Menge
$$\{(x_i, p_i) \,|\, i \in I\}$$
als die Verteilung der diskreten numerischen Zufallsvariablen X zu bezeichen. Übersichtlich wird die Menge dieser Paare in einer Tabelle dargestellt:

x_i	x_1	x_2	x_3	$\ldots$
$P(X=x_i)$	p_1	p_2	p_3	$\ldots$

Bemerkung 2.8 In Mathematica existieren Statistik-Pakete für die Evaluierung der wichtigsten Verteilungen. Mit der folgenden Anweisung werden diese Pakete geladen

```
Needs["Statistics`Master`"]
```

Danach kann man für eine Reihe diskreter Verteilungen zu beliebigen reellen Zahlen t und x die Wahrscheinlichkeiten $f(t) = P(X = t)$ und $F(x) = P(X \leq x)$ berechnen. Dies geschieht mit den Anweisungen

```
PDF[Verteilung,t]
CDF[Verteilung,x]
```

Dabei steht die Abkürzung **PDF** für die **P**robability **D**ensity **F**unction. **CDF** steht für **C**umulative **D**istribution **F**unction (vgl. Definition 2.5 und 2.6.)

Entsprechend der Bemerkung 2.8 können wir z.B. mit den folgenden Mathematica-Anweisungen die Funktionswerte der diskreten Dichtefunktion und der Verteilungsfunktion einer $B(10,0.5)$-verteilten zufälligen Größe X an den Stellen $0,1,2,3,\ldots,9,10$ berechnen:

```
Needs["Statistics`Master`"]
Verteilung=BinomialDistribution[10,0.5];
f[t_]:=PDF[Verteilung,t]
F[x_]:=CDF[Verteilung,x]
TableForm[Table[{k,f[k],F[k]},{k,0,10}],
          TableHeadings->{None,{"k","f(k)","F(k)"}}]
```

Mathematica liefert dann eine Tabelle mit den Werten von k, $f(k)$ und $F(k)$ für $k = 0,1,\ldots,10$. Die Abbildung 2.5 zeigt die diskrete Dichtefunktion und die Verteilungsfunktion dieser Binomial-Verteilung über dem Intervall $(-1,12)$.

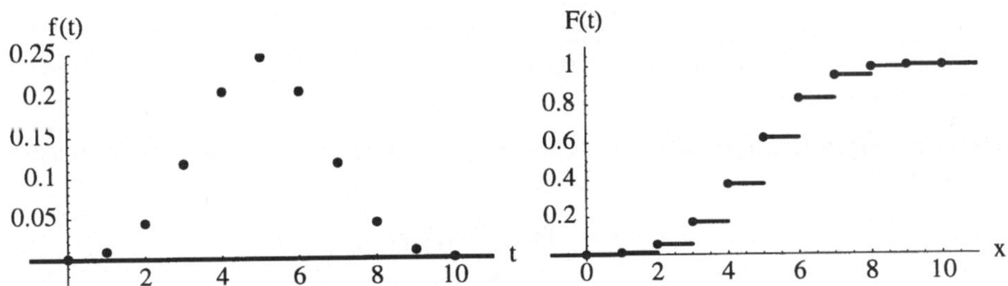

Abbildung 2.5 Dichtefunktion und Verteilungsfunktion der B(10,0.5)-Verteilung

Analog lassen sich mit den folgenden Mathematica-Anweisungen die Funktionswerte der diskreten Dichtefunktion und der Verteilungsfunktion einer mit dem Parameter $\lambda = 5.0$ Poisson-verteilten zufälligen Größe X an den Stellen $0,1,2,3,\ldots,9$ berechnen:

```
Verteilung=PoissonDistribution[5.0];
f[t_]:=PDF[Verteilung,t]
F[x_]:=CDF[Verteilung,x]
TableForm[Table[{k,f[k],F[k]},{k,0,9}],
          TableHeadings->{None,{"k","f(k)","F(k)"}}]
```

Die Abbildung 2.6 zeigt die diskrete Dichtefunktion und die Verteilungsfunktion dieser Poisson-Verteilung über dem Intervall $(-1,10)$.

Wir wenden uns jetzt einem völlig anderen Typ von zufälligen Größen zu. Bei diesen zufälligen Größen ist das Bildmaß P_X auf $(\mathbb{R},\mathcal{B})$ ein stetiges Wahrscheinlichkeitsmaß, wie es in der Definition 1.17 des Kapitels 1 eingeführt wurde.

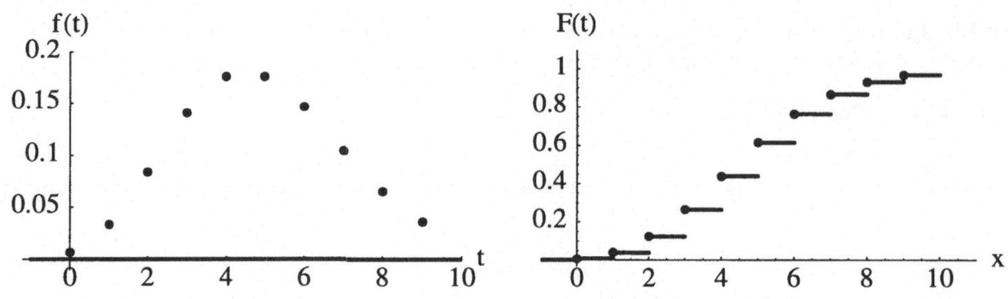

Abbildung 2.6 Dichtefunktion und Verteilungsfunktion der Poi(0.5)-Verteilung

Definition 2.8. Es sei $(\Omega,\mathcal{A},P)$ ein Wahrscheinlichkeitsraum und $X:\Omega\to\mathbb{R}$ eine numerische Zufallsvariable. Dann heißt X **stetige zufällige Größe** oder **stetige numerische Zufallsvariable**, wenn das von X auf $(\mathbb{R},\mathcal{B})$ induzierte Wahrscheinlichkeitsmaß P_X ein stetiges Wahrscheinlichkeitsmaß ist. Die Dichtefunktion f des Bildmaßes P_X heißt dann **Dichtefunktion** oder **Dichte** der stetigen zufälligen Größe X.

Bemerkung 2.9 In der Definition 2.6 wurde (in Übereinstimmung mit der Definition 1.16) der Begriff der diskreten Dichtefunktion für diskrete zufällige Größen eingeführt. Die Definition 2.8 führt (in Übereinstimmung mit Definition 1.17) den Begriff der Dichtefunktion für stetige zufällige Größen ein. In Zukunft werden Sie aus dem Zusammenhang erkennen müssen, ob eine Dichte f die diskrete Dichtefunktion einer diskreten zufälligen Größe oder die Dichtefunktion einer stetigen zufälligen Größe ist.

Bemerkung 2.10 Wenn f Dichtefunktion der stetigen zufälligen Größe X ist, so gilt für die Verteilungsfunktion der zufälligen Größe X:

$$F(x)=P(X\leq x)=P_X((-\infty,x])=\int_{-\infty}^{x} f(t)\,dt$$

Die Definition einer stetigen zufälligen Größe beinhaltet implizit die Forderung, daß für die Dichtefunktion f das uneigentliche Integral

$$\int_{-\infty}^{x} f(t)dt := \lim_{a\to-\infty}\int_{a}^{x} f(t)dt$$

für alle $x\in\mathbb{R}$ existiert. Außerdem gilt:

$$\lim_{x\to+\infty} F(x)=\lim_{x\to+\infty}\int_{-\infty}^{x} f(t)dt=\int_{-\infty}^{+\infty} f(t)dt=1$$

Bemerkung 2.11 Anschaulich ist der Funktionswert $F(x)$ der Verteilungsfunktion F an der Stelle x der Inhalt der Fläche unter dem Graphen der Dichtefunktion f von $-\infty$ bis x. Für die Verteilung P_X einer stetigen zufälligen Größe X mit der Verteilungsfunktion F und der Dichte f gilt:

$$\begin{aligned}P(a<X\leq b) &= P_X((a,b])=P_X((-\infty,b])-P_X((-\infty,a])\\ &= F(b)-F(a)=\int_{-\infty}^{b} f(t)dt-\int_{-\infty}^{a} f(t)dt=\int_{a}^{b} f(t)dt\end{aligned}$$

Anschaulich ist die Wahrscheinlichkeit $P_X((a,b])$ der Inhalt der Fläche unter dem Graphen der Dichtefunktion f über dem Intervall mit der unteren Grenze a und der oberen Grenze b.

Bemerkung 2.12 Die Verteilungsfunktion F einer stetigen zufälligen Größe X ist wegen der in Abschnitt 1.5 an die Dichte f gestellten Voraussetzungen auf ganz $\mathbb{R}$ stetig. Außerdem gilt in jedem Stetigkeitspunkt x_0 von f :

$$f(x_0) = F'(x_0)$$

Bemerkung 2.13 Bei den folgenden Beispielen betrachten wir häufig stetige zufällige Größen, die auf Wahrscheinlichkeitsräumen $(\Omega,\mathcal{A},P)$ definiert sind, bei denen $\Omega \subseteq \mathbb{R}$ ein Intervall, $\mathcal{A} = \mathcal{B}(\Omega)$ und P ein stetiges Wahrscheinlichkeitsmaß auf $(\Omega,\mathcal{A})$ ist. Zur Unterscheidung zwischen den Dichten von P und P_X bezeichnen wir in solchen Fällen die Dichte von P mit g und die Dichte von P_X mit f. Dann gilt also: $P = P_g$ und $P_X = P_f$.

Beispiel 2.15 TURBINE: Dieses Zufallsexperiment, bei dem als Ergebnis der Rückdrehwinkel im Bogenmaß registriert wird, wurde im Beispiel 1.30 mit dem folgenden Wahrscheinlichkeitsraum $(\Omega,\mathcal{A},P)$ modelliert: $\Omega = (0,2\pi]$, $\mathcal{A} = \mathcal{B}((0,2\pi])$, $P = P_g$ mit

$$\begin{array}{rccl} g: & (0,2\pi] & \to & \mathbb{R} \\ & \omega & \mapsto & g(\omega) := \dfrac{1}{2\pi} \end{array}$$

Definiert man nun

$$\begin{array}{rccl} X: & (0,2\pi] & \to & \mathbb{R} \\ & \omega & \mapsto & X(\omega) := \omega \end{array}$$

so ist X eine meßbare Abbildung, weil für alle $B \in \mathcal{B}(\mathbb{R})$ gilt (vgl. Aufgabe 1.2.6):

$$X^{-1}(B) = B \cap (0,2\pi] \in \mathcal{B}((0,2\pi])$$

Also ist X eine zufällige Größe , die auf $(\mathbb{R},\mathcal{B})$ das Wahrscheinlichkeitsmaß P_X definiert, das jedem Intervall $I \subseteq \mathbb{R}$ die Wahrscheinlichkeit

$$P_X(I) = P\left(X^{-1}(I)\right) = P(I \cap (0,2\pi]) = \int\limits_{I\cap(0,2\pi]} g(t)\,dt$$

zuordnet. Definiert man nun

$$\begin{array}{rccl} f: & \mathbb{R} & \to & \mathbb{R} \\ & t & \mapsto & f(t) := \left\{ \begin{array}{ll} g(t) & \text{für } t \in (0,2\pi] \\ 0 & \text{für } t \notin (0,2\pi] \end{array} \right\} = g(t)\cdot 1_{(0,2\pi]}(t) \end{array}$$

so gilt: f erfüllt auf $\mathbb{R}$ die Voraussetzungen $(\boldsymbol{D1})$ und $(\boldsymbol{D2})$aus Abschnitt 1.5.

$$P_X(I) = \int\limits_I f(t)\,dt$$

Also ist f die Dichte des Bildmaßes P_X bzw. die Dichte von X. Insbesondere gilt für die Verteilungsfunktion von X:

$$F(x) = P_X((-\infty,x]) = \int\limits_{(-\infty,x]} f(t)dt = \int\limits_{-\infty}^{x} f(t)dt$$

Die Auswertung des letzten Integrals liefert für die Verteilungsfunktion von X:

$$F(x) = \left\{ \begin{array}{cl} 0 & \text{für } x < 0 \\ x/2\pi & \text{für } 0 \le x < 2\pi \\ 1 & \text{für } 2\pi \le x. \end{array} \right.$$

Obwohl die Dichtefunktion f von X an den Stellen 0 und 2π unstetig ist, erhält man eine auf ganz $\mathbb{R}$ stetige Verteilungsfunktion F (vgl. Bemerkung 2.12)

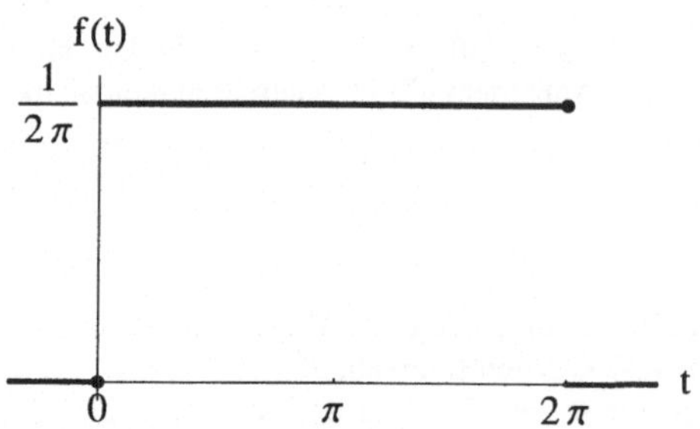

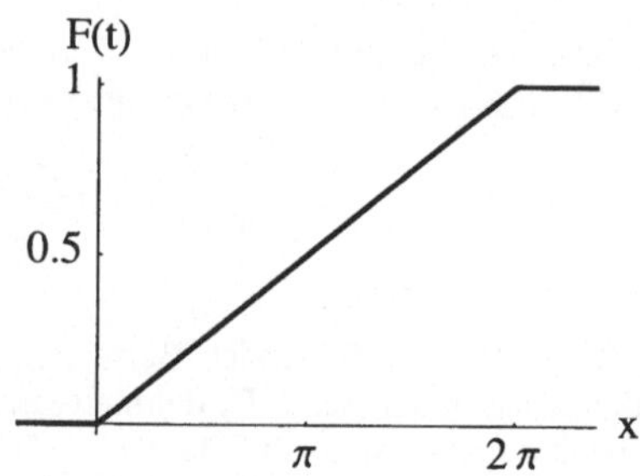

Abbildung 2.7 Dichte und Verteilungsfunktion zum Beispiel Turbine.

Wie im Beispiel 2.11 ZERFALL ist die zufällige Größe im Beispiel 2.15 TURBINE die Einbettung einer Teilmenge $\Omega \subset \mathbb{R}$ in $\mathbb{R}$. Analog zu dem in der Bemerkung 2.5 Gesagten nehmen wir in Zukunft an, daß es für das Zufallsexperiment TURBINE einen Wahrscheinlichkeitsraum $(\Omega,\mathcal{A},P)$ gibt, der das ganze Zufallsexperiment angemessen modelliert. Wir nehmen weiter an, daß es eine auf diesem Wahrscheinlichkeitsraum definierte zufällige Größe gibt, die den Rückdrehwinkel im Bogenmaß beschreibt, und deren Verteilung mit der Verteilung der zufälligen Größe X aus dem Beispiel 2.15 übereinstimmt.

In der folgenden Definition wird diese Verteilung verallgemeinert: An die Stelle des Intervalls $\Omega = (0,2\pi]$ tritt dabei ein beliebiges endliches (d.h. beschränktes) Intervall Ω.

Definition 2.9. Es sei $\Omega \subset \mathbb{R}$ ein endliches Intervall mit der unteren Grenze A und der oberen Grenze B, wobei $A < B$ vorausgesetzt wird. Eine zufällige Größe X heißt **gleichverteilt auf dem Intervall** Ω, wenn sie die folgende Dichtefunktion besitzt:

$$\begin{aligned} f:\ \mathbb{R} &\to \mathbb{R} \\ t &\mapsto f(t) := \left\{ \begin{array}{ll} \dfrac{1}{B-A} & \text{für } t \in \Omega \\ 0 & \text{für } t \notin \Omega \end{array} \right\} = \frac{1}{B-A} \cdot 1_\Omega(t) \end{aligned}$$

In diesem Fall schreiben wir: X ist $\mathrm{R}(A,B)$-verteilt oder

$$X \sim \mathrm{R}(A,B)$$

Bemerkung 2.14 Eine auf einem Intervall Ω gleichverteilte zufällige Größe X definiert auf $(\mathbb{R},\mathcal{B})$ ein Wahrscheinlichkeitsmaß P_X, das die gesamte Wahrscheinlichkeit auf das endliche Intervall Ω konzentriert und über dem Intervall Ω so „verschmiert", daß Teilintervallen gleicher Länge dieselbe Wahrscheinlichkeit zugeordnet wird. Deshalb heißt das Wahrscheinlichkeitsmaß P_X **Gleichverteilung** auf dem Intervall Ω. Die Verteilungsfunktion F einer auf dem Intervall Ω gleichverteilten zufälligen Größe lautet:

$$\begin{aligned} F:\ \mathbb{R} &\to \mathbb{R} \\ x &\mapsto F(x) := \left\{ \begin{array}{ll} 0 & \text{für } x < A \\ \dfrac{x-A}{B-A} & \text{für } A \le x < B \\ 1 & \text{für } B \le x \end{array} \right. \end{aligned}$$

und zwar unabhängig davon, ob das Intervall Ω offen, abgeschlossen oder halboffen ist. Überzeugen Sie sich zunächst davon, daß für eine auf dem Intervall $\Omega = (A,B]$ gleichverteilte zufällige Größe die Verteilungsfunktion die oben angegebene Gestalt hat. Bei der formalen Berechnung der Verteilungsfunktion $F(x) = \int_{-\infty}^{x} f(t)dt$ sind wegen der stückweisen Definition der Dichtefunktion f die Fälle $x \le A$, $A < x \le B$ und $B < x$ zu unterscheiden. Betrachtet man anschließend eine zufällige Größe, die auf dem Intervall $[A,B]$

gleichverteilt ist, so unterscheidet sich deren Dichtefunktion von der Dichtefunktion einer auf dem Intervall $(A,B]$ gleichverteilten zufälligen Größe nur an der Stelle A, was auf das Riemann-Integral $\int_{-\infty}^{x} f(t)dt$ keinen Einfluß hat. Analog erhält man für eine zufällige Größe, die auf dem Intervall (A,B) bzw. auf dem Intervall $[A,B)$ gleichverteilt ist, die oben angegebene Verteilungsfunktion F.

Bemerkung 2.15 Von besonderer Bedeutung sind zufällige Größen, die auf dem Intervall $[0,1]$ gleichverteilt sind. Sie spielen bei der Erzeugung von **Zufallszahlen** mit sogenannten **Zufallszahlengeneratoren** eine entscheidende Rolle (vgl. Abschnitt 3.3).

Die Gleichverteilung auf einem Intervall ist eine sehr spezielle stetige Verteilung. Bevor wir in den folgenden Beispielen weitere stetige Verteilungen betrachten, möchten wir noch einmal auf die bereits erwähnten Statistik-Pakete von Mathematica zurückkommen. Diese ermöglichen es, für eine Reihe stetiger Verteilungen zu beliebigem $t \in \mathbb{R}$ den Wert $f(t)$ der Dichtefunktion (Probability Density Function) und den Wert $F(x)$ der Verteilungsfunktion (Cumulative Distribution Function) zu berechnen. Dies geschieht wieder (d.h. wie im diskreten Fall) mit den Mathematica-Anweisungen

```
PDF[Verteilung,t]
CDF[Verteilung,x]
```

Will man für das Beispiel 2.15 TURBINE Funktionswerte der Dichtefunktion bzw. der Verteilungsfunktion berechnen, so lauten die entsprechenden Mathematica-Anweisungen:

```
f[t_]:=PDF[UniformDistribution[0,2*Pi],t]
F[x_]:=CDF[UniformDistribution[0,2*Pi],x]
```

Im nächsten Beispiel betrachten wir eine zufällige Größe X, deren Bildmaß P_X die gesamte Wahrscheinlichkeit nicht auf ein endliches Intervall, sondern auf das unbeschränkte Intervall $[0,\infty)$ „verschmiert“. Dabei ist es zwangsläufig nicht möglich, allen Teilintervallen gleicher Länge dieselbe Wahrscheinlichkeit zuzuordnen. Das Verschmieren der Gesamtwahrscheinlichkeit wird durch die Dichtefunktion f erreicht.

Beispiel 2.16 BIRNE Dieses Zufallsexperiment, bei dem als Ergebnis die Lebensdauer einer Glühbirne registriert wird, wurde im Beispiel 1.32 mit dem folgenden Wahrscheinlichkeitsraum $(\Omega,\mathcal{A},P)$ modelliert: $\Omega = \mathbb{R}_0^+ = [0,\infty)$, $\mathcal{A} = \mathcal{B}([0,\infty))$, $P = P_g$ mit

$$g: \begin{array}{ccc} [0,\infty) & \to & \mathbb{R} \\ t & \mapsto & g(t) := \lambda e^{-\lambda t} \end{array}$$

Definiert man nun die Abbildung

$$X: \begin{array}{ccc} [0,\infty) & \to & \mathbb{R} \\ \omega & \mapsto & X(\omega) := \omega \end{array}$$

so gilt analog zum Beispiel 2.15 TURBINE: X ist eine zufällige Größe, die auf $(\mathbb{R},\mathcal{B})$ das stetige Wahrscheinlichkeitsmaß P_X mit der folgenden Dichte induziert:

$$f: \begin{array}{ccc} \mathbb{R} & \to & \mathbb{R} \\ t & \mapsto & f(t) := \left\{ \begin{array}{ll} g(t) & \text{für } t \in [0,\infty) \\ 0 & \text{für } t \notin [0,\infty) \end{array} \right\} = g(t) \cdot 1_{[0,\infty)}(t) \end{array}$$

Für die Verteilungsfunktion von X gilt:

$$F(x) = P_X((-\infty,x]) = \int_{(-\infty,x]} f(t)dt = \int_{-\infty}^{x} f(t)dt = \left\{ \begin{array}{ll} 0 & \text{für } x < 0 \\ 1 - e^{-\lambda x} & \text{für } 0 \leq x \end{array} \right.$$

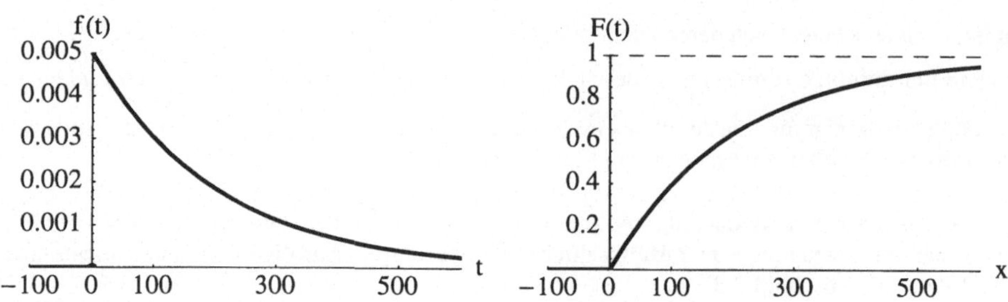

Abbildung 2.8 Dichte und Verteilungsfunktion der Exponentialverteilung mit dem Parameter $\lambda = 0.005$

Auch für das Zufallsexperiment BIRNE nehmen wir in Zukunft an, daß es einen Wahrscheinlichkeitsraum $(\Omega, \mathcal{A}, P)$ gibt, der das ganze komplexe Zufallsexperiment der Produktion einer Glühbirne modelliert. Wir nehmen weiter an, daß es eine auf diesem Wahrscheinlichkeitsraum definierte zufällige Größe gibt, die die Lebensdauer der Glühbirne beschreibt, und deren Verteilung mit der Verteilung der zufälligen Größe X aus dem Beispiel 2.16 übereinstimmt. Die Verteilung dieser die Lebensdauer beschreibenden zufälligen Größe hat einen speziellen Namen:

Definition 2.10. Eine zufällige Größe X heißt **exponentialverteilt mit dem Parameter** $\lambda \in \mathbb{R}^+$, wenn sie die folgende Dichtefunktion besitzt:

$$\begin{array}{rcl} f: & \mathbb{R} & \rightarrow \mathbb{R} \\ t & \mapsto & f(t) := \left\{ \begin{array}{ll} \lambda e^{-\lambda t} & \text{für } t \in [0,\infty) \\ 0 & \text{für } t \notin [0,\infty) \end{array} \right\} = \lambda e^{-\lambda t} \cdot 1_{[0,\infty)}(t) \end{array}$$

In diesem Fall schreiben wir: X ist Exp(λ)-verteilt oder

$$X \sim \text{Exp}(\lambda)$$

Mit den folgenden Mathematica-Anweisungen definieren wir die Dichte und die Verteilungsfunktion einer mit dem Parameter $\lambda = 1/200 = 0.005$ exponentialverteilten zufälligen Größe X

```
f[t_]:=PDF[ExponentialDistribution[1/200],t]
F[x_]:=CDF[ExponentialDistribution[1/200],x]
```

Zur Übung empfehlen wir Ihnen, für eine mit dem Parameter $\lambda = 1$ exponentialverteilte zufällige Größe X mit Mathematica die folgenden Wahrscheinlichkeiten zu berechnen:

$$\begin{array}{lll} P(X \leq 2) & = P_X((-\infty,2]) & = F(2) \\ P(1 < X \leq 2) & = P_X((1,2]) & = F(2) - F(1) \end{array}$$

Mit dem folgenden Beispiel wollen wir die für die Praxis wichtigste stetige Verteilung einführen.

Beispiel 2.17 SLAENGE Dieses Zufallsexperiment, bei dem als Ergebnis die Abweichung der Schraubenlänge von der Sollänge registriert wird, wurde bereits im Beispiel 1.33 mit dem Wahrscheinlichkeitsraum $(\mathbb{R}, \mathcal{B}, P_f)$ mit

$$\begin{array}{rcl} f: & \mathbb{R} & \rightarrow \mathbb{R} \\ t & \mapsto & f(t) := \dfrac{1}{\sqrt{2\pi \cdot 0.1^2}} e^{-\frac{1}{2} \cdot \frac{t^2}{0.1^2}} \end{array}$$

modelliert. Das so definierte Wahrscheinlichkeitsmaß P_f ist bereits ein Wahrscheinlichkeitsmaß auf $(\mathbb{R},\mathcal{B})$. Wir gehen deshalb davon aus, daß $(\mathbb{R},\mathcal{B},P_f)$ bereits der Bildraum einer zufälligen Größe X ist, das heißt, wir fordern die Existenz eines Wahrscheinlichkeitsraumes $(\Omega,\mathcal{A},P)$, in dem der ganze komplexe Vorgang der Produktion einer Schraube erfaßt ist, und fordern die Existenz einer zufälligen Größe X auf $(\Omega,\mathcal{A},P)$ mit der Dichtefunktion f, die den interessierenden Aspekt „Schraubenlänge" herausfiltert. Die Verteilungsfunktion F dieser zufälligen Größe X lautet:

$$\begin{array}{rcl} F: \mathbb{R} & \to & \mathbb{R} \\ x & \mapsto & F(x) := \int\limits_{-\infty}^{x} \frac{1}{\sqrt{2\pi \cdot 0.1^2}} e^{-\frac{1}{2}\cdot\frac{t^2}{0.1^2}} dt \end{array}$$

Die Verteilungsfunktion $F(x)$ der zufälligen Größe X aus dem Beispiel 2.17 SLAENGE läßt sich nicht geschlossen durch bekannte Funktionen ausdrücken. Auf dieses Problem werden wir im Anschluß an die folgende Definition noch ausführlich zu sprechen kommen.

Definition 2.11. Es sei μ eine beliebige und σ eine positive reelle Zahl. Eine zufällige Größe X heißt **normalverteilt mit den Parametern μ und σ^2**, wenn sie die folgende Dichtefunktion besitzt:

$$\begin{array}{rcl} f: \mathbb{R} & \to & \mathbb{R} \\ t & \mapsto & f(t) := \frac{1}{\sqrt{2\pi\sigma^2}} e^{-\frac{1}{2}\cdot\frac{(t-\mu)^2}{\sigma^2}} \end{array}$$

Man schreibt dann: X ist $\mathrm{N}(\mu,\sigma^2)$-verteilt oder

$$X \sim \mathrm{N}(\mu,\sigma^2)$$

Für den Spezialfall $\mu = 0$ und $\sigma = 1$ heißt die zufällige Größe **standardisiert normalverteilt** oder **standardnormalverteilt**. In diesem Spezialfall bezeichnet man die Dichtefunktion mit φ und die Verteilungsfunktion mit Φ. Es ist also

$$\varphi(t) = \frac{1}{\sqrt{2\pi}} e^{-\frac{1}{2}\cdot t^2} \quad \text{und} \quad \Phi(x) = \int\limits_{-\infty}^{x} \frac{1}{\sqrt{2\pi}} e^{-\frac{1}{2}\cdot t^2} dt$$

Bemerkung 2.16 In manchen Büchern und auch bei Mathematica wird die Größe σ und nicht σ^2 als Parameter der Normalverteilung bezeichnet. Erst in Kapitel 3 werden wir begründen können, warum wir σ^2 als Parameter wählen. Konsequenterweise bezeichnen wir die Standardnormalverteilung als $\mathrm{N}(0,1^2)$-Verteilung.

Wir wenden uns nun dem Problem der Berechnung der Verteilungsfunktion einer Normalverteilung zu. Zunächst zeigen wir in dem folgenden Satz, daß zwischen den Verteilungsfunktionen der verschiedenen Normalverteilungen ein wichtiger Zusammenhang besteht:

Satz 2.6.
Voraussetzung: Es sei F die Verteilungsfunktion einer $\mathrm{N}(\mu,\sigma^2)$*-verteilten zufälligen Größe.*

Behauptung: Dann gilt:

$$F(x) = \Phi\left(\frac{x-\mu}{\sigma}\right)$$

Beweis: Für jede reelle Zahl x ist

$$F(x) = \int_{-\infty}^{x} \frac{1}{\sqrt{2\pi\sigma^2}} e^{-\frac{1}{2}\cdot\frac{(t-\mu)^2}{\sigma^2}} dt = \int_{-\infty}^{\frac{x-\mu}{\sigma}} \frac{1}{\sqrt{2\pi\sigma^2}} e^{-\frac{1}{2}u^2} \sigma\, du = \Phi(\frac{x-\mu}{\sigma})$$

Dabei wurde die Substitution $u = \frac{t-\mu}{\sigma}$ benutzt. □

Bemerkung 2.17 Der vorangegangene Satz reduziert das Problem der Berechnung der Verteilungsfunktion einer Normalverteilung auf die Berechnung der Verteilungsfunktion Φ der standardisierten Normalverteilung. Aber auch für die standardisierte Normalverteilung gilt, was im Anschluß an das Beispiel 2.17 SLAENGE schon gesagt wurde: Die Verteilungsfunktion Φ läßt sich nicht durch bekannte Funktionen ausdrücken, so daß man darauf angewiesen ist, für jedes einzelne $x \in \mathbb{R}$ den Funktionswert $\Phi(x)$ mit Verfahren der numerischen Integration zu berechnen. Deshalb enthalten auch heute noch die meisten Lehrbücher zur Wahrscheinlichkeitsrechnung und Statistik eine Wertetabelle der Funktion Φ. Wir werden die Berechnung der Funktionswerte der Funktion Φ mit Mathematica durchführen:

Mit den Mathematica-Anweisungen

```
f[t_]:=PDF[NormalDistribution[0,1],t]
F[x_]:=CDF[NormalDistribution[0,1],x]
```

definieren wir die Dichte und die Verteilungsfunktion einer standardnormalverteilten zufälligen Größe X. Die entsprechenden Plot-Anweisungen erzeugen dann die Abbildung 2.9.

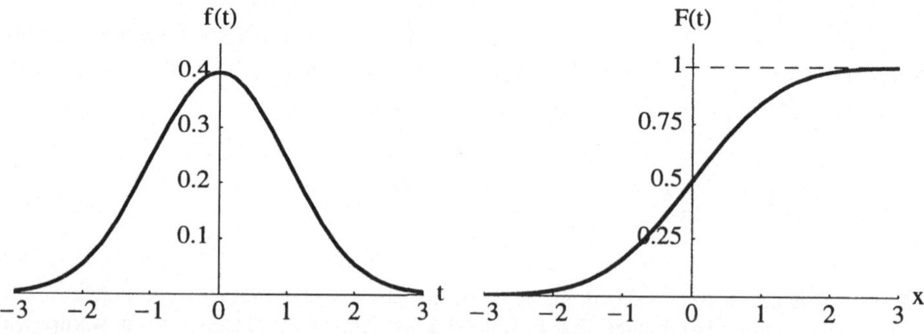

Abbildung 2.9 Dichte und Verteilungsfunktion der $\mathrm{N}(0,1^2)$-Verteilung

Bemerkung 2.18 Die Abbildung 2.9 verdeutlicht die Symmetrie der Dichte φ der Standard-Normalverteilung:

$$\varphi(-t) = \varphi(+t) \text{ für alle } t \in \mathbb{R}$$

Für die Verteilungsfunktion Φ der Standard-Normalverteilung folgt hieraus für alle $x \in \mathbb{R}$:

$$\Phi(-x) = 1 - \Phi(+x)$$

Die folgende Abbildung 2.10 veranschaulicht diese Gleichheit. Diese Eigenschaft der Funktion Φ wird bei den in Bemerkung 2.18 erwähnten Wertetabellen ausgenutzt: Dort sind die Funktionswerte $\Phi(x)$ nur für positive Werte von x tabelliert.

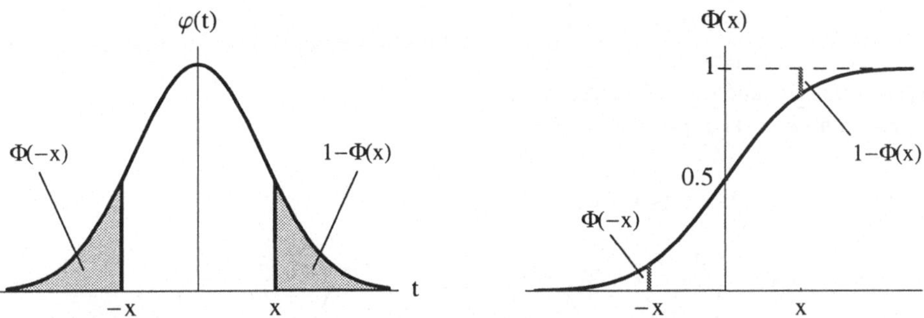

Abbildung 2.10 Veranschaulichung der Gleichung $\phi(-x) = 1 - \phi(x)$

Der folgende Satz beleuchtet noch einmal den Zusammenhang zwischen Normalverteilungen mit verschiedenen Parametern. Wir erinnern in diesem Zusammenhang an die Aufgabe 2.1.4: Ist X eine zufällige Größe auf dem Wahrscheinlichkeitsraum $(\Omega, \mathcal{A}, P)$, dann ist $Y := a + bX$ mit $a \in \mathbb{R}$ und $b \in \mathbb{R}$ ebenfalls eine zufällige Größe auf $(\Omega, \mathcal{A}, P)$. Der folgende Satz zeigt eine bedeutsame Eigenschaft der Normalverteilungen: Bei einer solchen linearen Transformation geht eine normalverteilte zufällige Größe X in eine ebenfalls normalverteilte zufällige Größe Y über. Insbesondere kann jede normalverteilte zufällige Größe X mit einer speziellen linearen Transformation in eine standardisierte normalverteilte zufällige Größe U überführt werden.

Satz 2.7.
Voraussetzung: Die zufällige Größe X sei $\mathrm{N}(\mu, \sigma^2)-$ verteilt.

Behauptung: Dann besitzt die zufällige Größe

$$U := \frac{X - \mu}{\sigma}$$

die Verteilungsfunktion Φ einer $\mathrm{N}(0, 1^2)$-Verteilung.
Allgemeiner gilt für zwei beliebige Konstanten $a \in \mathbb{R}$ und $b \in \mathbb{R}, b \neq 0$: Die zufällige Größe

$$Y := a + bX$$

besitzt die Verteilungsfunktion einer Normalverteilung mit den Parametern

$$\mu_Y = a + b\mu \text{ und } \sigma_Y^2 = b^2 \sigma^2.$$

Beweis: Es seien F_X bzw F_U bzw. F_Y die Verteilungsfunktionen der zufälligen Größen X bzw. U bzw. Y. Dann gilt

$$F_U(u) = P(U \leq u) = P(\frac{X - \mu}{\sigma} \leq u) = P(X \leq \mu + \sigma u) = F_X(\mu + \sigma u) = \Phi(u)$$

Dabei folgt das letzte Gleichheitszeichen aus dem Satz 2.6.

Für die Verteilungsfunktion F_Y der zufälligen Größe Y gilt für $b > 0$:

$$\begin{aligned} F_Y(y) &= P(Y \leq y) = P(\frac{Y - a}{b} \leq \frac{y - a}{b}) = P(X \leq \frac{y - a}{b}) \\ &= F_X(\frac{y - a}{b}) = \Phi\left(\frac{\frac{y-a}{b} - \mu}{\sigma}\right) = \Phi\left(\frac{y - a - b\mu}{b\sigma}\right) = \Phi\left(\frac{y - (a + b\mu)}{b\sigma}\right) \end{aligned}$$

Nach Satz 2.6 ist $\Phi\left(\frac{y-(a+b\mu)}{b\sigma}\right)$ die Verteilungsfunktion einer Normalverteilung mit den Parametern $\mu_Y = a+b\mu$ und $\sigma_Y^2 = b^2\sigma^2$ an der Stelle y.

Für den Fall, daß $b < 0$ ist, gilt entsprechend:

$$\begin{aligned}
F_Y(y) &= P(Y \leq y) = P(Y-a \leq y-a) = P(\frac{Y-a}{b} \geq \frac{y-a}{b}) \\
&= 1 - F_X(\frac{y-a}{b}) = 1 - \Phi\left(\frac{\frac{y-a}{b} - \mu}{\sigma}\right) = 1 - \Phi\left(\frac{y-a-b\mu}{b\sigma}\right) \\
&= 1 - \Phi\left(\frac{y-(a+b\mu)}{b\sigma}\right) = \Phi\left(\frac{-y+(a+b\mu)}{b\sigma}\right) = \Phi\left(\frac{y-(a+b\mu)}{|b|\sigma}\right)
\end{aligned}$$

Dabei ergibt sich das vorletzte Gleichheitszeichen aus der Bemerkung 2.18.

Nach Satz 2.6 ist $\Phi\left(\frac{y-(a+b\mu)}{|b|\sigma}\right)$ für $b < 0$ die Verteilungsfunktion einer Normalverteilung mit den Parametern $\mu_Y = a+b\mu$ und $\sigma_Y^2 = b^2\sigma^2$ an der Stelle y. □

Mit dem Satz 2.7 schließen wir die Betrachtung der Verteilungsfunktionen von Normalverteilungen vorläufig ab und wenden uns noch einmal der Verteilungsfunktion einer beliebigen zufälligen Größe zu, von der wir nicht einmal voraussetzen, daß sie diskret oder stetig ist. Der folgende Satz 2.8 faßt die drei wesentlichen Eigenschaften der Verteilungsfunktion einer zufälligen Größe zusammen. Der Satz 2.9 besagt dann, daß eine Funktion F, die diese drei Eigenschaften besitzt, die Verteilungsfunktion einer zufälligen Größe X ist:

Satz 2.8.

Voraussetzung: Es sei X eine beliebige zufällige Größe auf dem Wahrscheinlichkeitsraum $(\Omega, \mathcal{A}, P)$.

Behauptung: Die Verteilungsfunktion F von X besitzt die folgenden Eigenschaften:

(*F1*) *F ist monoton wachsend auf ganz $\mathbb{R}$.*
(*F2*) *F ist in jedem $x \in \mathbb{R}$ von rechts stetig.*
(*F3*) $\lim_{x\to-\infty} F(x) = 0$ *und* $\lim_{x\to+\infty} F(x) = 1$.

Beweis:

(*F1*): Es sei $x_1 \leq x_2$. Dann gilt

$$\begin{aligned}
(-\infty, x_1] \subseteq (-\infty, x_2] \quad &\Rightarrow X^{-1}((-\infty, x_1]) \subseteq X^{-1}((-\infty, x_2]) \\
&\Rightarrow P\left(X^{-1}((-\infty, x_1])\right) \leq P\left(X^{-1}((-\infty, x_2])\right) \\
&\Rightarrow P(X \leq x_1) \leq P(X \leq x_2) \\
&\Rightarrow F(x_1) \leq F(x_2)
\end{aligned}$$

Dabei ergibt sich die zweite Folgerung aus der Monotonieeigenschaft des Wahrscheinlichkeitsmaßes (vgl. Bemerkung 1.14 (c)).

(*F2*): Es sei $x_0 \in \mathbb{R}$ beliebig und $(x_i)_{i\in\mathbb{N}}$ eine monoton fallende gegen x_0 konvergente Folge reeller Zahlen. Dann gilt:

$$F(x_i) = P(X \leq x_i) = P\left(X^{-1}((-\infty, x_i])\right) = P(A_i)$$

Die Ereignisse $A_i := X^{-1}((-\infty,x_i])$ erfüllen die Voraussetzungen der Aufgabe 1.4.6. Deshalb gilt:

$$\begin{aligned}\lim_{i\to\infty} F(x_i) &= \lim_{i\to\infty} P(A_i) = P\left(\bigcap_{i=1}^{\infty} A_i\right) = P\left(\bigcap_{i=1}^{\infty} X^{-1}((-\infty,x_i])\right) \\ &= P\left(X^{-1}\left(\bigcap_{i=1}^{\infty}(-\infty,x_i]\right)\right) = P\left(X^{-1}((-\infty,x_0])\right) \\ &= F(x_0)\end{aligned}$$

$(\boldsymbol{F3})$: Es sei $(x_i)_{i\in\mathbb{N}}$ eine beliebige monoton wachsende, nach oben unbeschränkte Folge reeller Zahlen. Definiere: $A_i = (-\infty,x_i]$ für $i \in \mathbb{N}$. Dann gilt wegen Aufgabe 1.4.5 für das Bildmaß P_X der zufälligen Größe X:

$$1 = P_X(\mathbb{R}) = P_X\left(\bigcup_{i=1}^{\infty} A_i\right) = \lim_{i\to\infty} P_X(A_i) = \lim_{i\to\infty} F(x_i)$$

Es sei weiter $(x_i)_{i\in\mathbb{N}}$ eine beliebige monoton fallende, nach unten unbeschränkte Folge reeller Zahlen. Definiere: $A_i = (-\infty,x_i]$ für $i \in \mathbb{N}$. Dann gilt wegen Aufgabe 1.4.6 für das Bildmaß P_X der zufälligen Größe X:

$$0 = P_X(\{\}) = P_X\left(\bigcap_{i=1}^{\infty} A_i\right) = \lim_{i\to\infty} P_X(A_i) = \lim_{i\to\infty} F(x_i) \qquad \square$$

Satz 2.9.
Voraussetzung: $F : \mathbb{R} \to \mathbb{R}$ *sei eine Funktion mit den Eigenschaften* $(\boldsymbol{F1}),(\boldsymbol{F2})$ *und* $(\boldsymbol{F3})$.
Behauptung: Dann existiert eine zufällige Größe X, deren Verteilungsfunktion die Funktion F ist, und jede zufällige Größe mit der Verteilungsfunktion F besitzt dieselbe Verteilung.

Beim **Beweis** dieses Satzes definiert man zunächst auf dem System $\mathcal{I}_{(-\infty,]} = \{(-\infty,b] \,|b \in \mathbb{R}\}$ aller nach links unbeschränkten und nach nach rechts abgeschlossenen Intervalle die Funktion P durch $P((-\infty,b]) = F(b)$. Der in Kapitel 1 erwähnte, aber nicht näher ausgeführte Fortsetzungssatz garantiert, daß man P dann zu genau einem Wahrscheinlichkeitsmaß auf $\mathcal{B}$ fortsetzen kann (vgl. auch Bemerkung 1.21). Z.B. gilt für die zufällige Größe $X := \mathrm{id}_{\mathbb{R}}$, wobei $\mathrm{id}_{\mathbb{R}}$ die identische Abbildung auf $\mathbb{R}$ ist, dann $P_X = P$.

Es ist festzuhalten, daß es zwar unterschiedliche zufällige Größen mit derselben Verteilungsfunktion F gibt, daß diese aber alle dieselbe Verteilung besitzen. Es gibt also eine eineindeutige Zuordnung zwischen der Menge aller Verteilungen und der Menge aller Verteilungsfunktionen: Zu jeder Verteilung gehört eindeutig eine Verteilungsfunktion, jede Verteilungsfunktion definiert eindeutig eine Verteilung.

Diese eineindeutige Zuordnung zwischen der Verteilung P_X und der Verteilungsfunktion F einer zufälligen Größe X ist für die Praxis von großer Bedeutung: Wie bereits erläutert, ist es bei den meisten Zufallsexperimenten gar nicht möglich, das **Basismodell** $(\Omega,\mathcal{A},P)$, das das gesamte komplexe Zufallsexperiment modelliert, und die auf Ω definierte zufällige Größe X explizit anzugeben. Diese Unkenntnis über das Basismodell $(\Omega,\mathcal{A},P)$ und über die Funktionsvorschrift $X : \Omega \to \mathbb{R}$ wirkt sich im Bildraum $(\mathbb{R},\mathcal{B},P_X)$ nur im Wahrscheinlichkeitsmaß P_X aus.

Das Problem der Suche nach dem geeigneten Wahrscheinlichkeitsmaß P_X ist äquivalent zu dem Problem der Suche nach der zugehörigen Verteilungsfunktion F, da jeder Verteilung P_X genau eine Verteilungsfunktion F zugeordnet ist und umgekehrt.

Das Instrument der Verteilungsfunktion bietet eine Möglichkeit, die unterschiedlichsten zufälligen Größen einheitlich zu bearbeiten. Die Definition 2.5 der Verteilungsfunktion

$$F(x) = P(X \leq x) = P_X((-\infty,x])$$

gilt für alle Typen von zufälligen Größen, also für diskrete und stetige gleichermaßen. Aus der Definition der Verteilungsfunktion folgt unmittelbar für je zwei reelle Zahlen a,b mit $a \leq b$:

$$P_X((a,b]) = P_X((-\infty,b]) - P_X((-\infty,a]) = F(b) - F(a).$$

Diese grundlegende Gleichung ermöglicht es, die Wahrscheinlichkeit $P_X(I)$ für beliebige reelle Intervalle I mit Hilfe der Verteilungsfunktion zu berechnen. Insbesondere ist

$$\begin{aligned} P(X=b) = P_X([b,b]) &= \lim_{n\to\infty} P_X\left(\left(b-\tfrac{1}{n},b\right]\right) = \lim_{n\to\infty}(F(b)-F(b-\tfrac{1}{n})) \\ &= F(b) - \lim_{n\to\infty} F(b-\tfrac{1}{n}) = F(b) - F(b-0) \end{aligned}$$

In allen Stetigkeitspunkten b von F gilt $F(b-0) = F(b)$ und deshalb $P(X=b) = 0$.

Ist F die Verteilungsfunktion einer diskreten zufälligen Größe X mit der diskreten Dichte f, so ist F eine Treppenfunktion und deshalb nicht auf ganz $\mathbb{R}$ stetig. An den Stetigkeitsstellen b von F gilt auch hier $P(X=b) = F(b) - F(b-0) = 0$. An den Unstetigkeitsstellen (Sprungstellen) b von F gilt dagegen: $P(X=b) = F(b) - F(b-0) = f(b) > 0$.

Ist F die Verteilungsfunktion einer stetigen zufälligen Größe X mit der Dichte f, so ist jede Stelle $b \in \mathbb{R}$ ein Stetigkeitspunkt von F. Somit gilt für jede stetige zufällige Größe und für jede reelle Zahl b: $P(X=b) = 0$

Das nächste Beispiel demonstriert wie effizient das Arbeiten mit Verteilungsfunktionen ist. Dort wird mit Hilfe der Verteilungsfunktion, das in Beispiel 1.43 gestellte Problem, die Gestalt aller nichtalternden stetigen Wahrscheinlichkeitsmaße zu finden, gelöst.

Beispiel 2.18 BIRNE In Beispiel 1.43 BIRNE wurde festgestellt, daß die Verteilung P_X einer exponentialverteilten zufälligen Größe X ein nichtalterndes Wahrscheinlichkeitsmaß oder ein Wahrscheinlichkeitsmaß ohne Gedächtnis ist, es galt nämlich für alle $x, \Delta x \in [0,\infty)$:

$$\begin{aligned} P_X((x,x+\Delta x] \mid ([x,\infty)) = P_X((0,\Delta x]) \text{ bzw.} \\ P(x < X \leq x+\Delta x \mid x < X) = P(0 < X \leq \Delta x) \end{aligned}$$

Die Wahrscheinlichkeit, daß die Lebensdauer einer zufällig der Produktion entnommenen Glühbirne im Zeitintervall $(x,x+\Delta x]$ endet unter der Bedingung, daß die Lebensdauer größer als x ist, ist gleich der Wahrscheinlichkeit $P(0 < X \leq \Delta x)$. Wir stellen uns jetzt die Frage, ob es neben der Exponentialverteilung noch andere stetige Verteilungen ohne Gedächtnis gibt. Natürlich muß für eine zufällige Größe X, die Lebensdauern beschreibt, die Forderung $P(X < 0) = 0$ erfüllt sein, da die Wahrscheinlichkeit für negative Lebensdauern gleich 0 sein soll. Ferner soll für alle $x \in [0,\infty)$ die Ungleichung $P(x < X) > 0$ bzw. $P(X \leq x) < 1$ gelten, wodurch die Tatsache ausgedrückt wird, daß die Wahrscheinlichkeit, jede noch so große Lebenszeit $x \geq 0$ zu erreichen, größer als 0 ist. Gesucht sind also Verteilungen P_X bzw. stetige zufällige Größen X, für die neben der Forderungen $P(X < 0) = 0$, für alle $x \geq 0$ die Ungleichung $P(X \leq x) < 1$ und die folgende Gleichung erfüllt ist:

$$\begin{aligned} P(x < X \leq x+\Delta x \mid x < X) \quad &= \quad P(0 < X \leq \Delta x) \qquad \text{bzw.} \\ \frac{P((x < X \leq x+\Delta x)}{P(x < X)} \quad &= \quad P(0 < X \leq \Delta x) \end{aligned}$$

Wir drücken die an die zufällige Größe X gestellten Forderungen mit Hilfe ihrer Verteilungsfunktion F aus: Für $x < 0$ muß wegen $P(X < 0) = 0$ stets $F(x) = 0$ gelten. Für $x \geq 0$ wird die Ungleichung $P(X \leq x) < 1$ zu $F(x) < 1$, und die obige Gleichung lautet:

$$\frac{F(x+\Delta x) - F(x)}{1 - F(x)} = F(\Delta x) - F(0) \text{ bzw.}$$
$$\frac{F(x_0+\Delta x) - F(x)}{\Delta x} = \frac{F(\Delta x) - F(0)}{\Delta x}(1 - F(x))$$

Setzen wir voraus, daß F für alle $x \in [0, \infty)$ differenzierbar ist, so ergibt sich

$$\lim_{\Delta x \to 0} \frac{F(x+\Delta x) - F(x)}{\Delta x} = (1 - F(x)) \lim_{\Delta x \to 0} \frac{F(\Delta x) - F(0)}{\Delta x} \text{ bzw. } F'(x) = (1 - F(x)) \cdot F'(0)$$

Berücksichtigt man, daß $F(x) < 1$, so erhält man durch Umformen und Integration:

$$\frac{F'(x)}{1 - F(x)} = F'(0) \Rightarrow \int_0^x \frac{F'(\xi)}{1 - F(\xi)} d\xi = \int_0^x F'(0) d\xi \Rightarrow \ln(1 - F(x)) = -F'(0) \cdot x$$

Wir haben also gezeigt, daß eine zufällige Größe X, die den obigen drei Forderungen genügt, die folgende Verteilungsfunktion F besitzt:

$$F(x) = \begin{cases} 0 & \text{für} \quad x < 0 \\ 1 - e^{-F'(0) \cdot x} & \text{für} \quad x \geq 0 \end{cases}$$

Wir sehen, daß dies die Verteilungsfunktion einer Exponentialverteilung mit dem Parameter $\lambda = F'(0)$ ist.

Aufgaben zum Abschnitt 2.2

Aufgabe 2.2.1

Eine faire Münze werde dreimal geworfen.

(a) Modellieren Sie das Zufallsexperiment durch den geeigneten Produktwahrscheinlichkeitsraum.

(b) Definieren Sie auf diesem Produktwahrscheinlichkeitsraum die zufällige Größe X, die die Anzahl der geworfenen „Köpfe" beschreibt.

(c) Zeigen Sie, daß X eine $B(3, \frac{1}{2})$–Verteilung besitzt.

(d) Zeichnen Sie die Verteilungsfunktion der zufälligen Größe X.

(e) Berechnen Sie die Wahrscheinlichkeit $P(X \geq 2)$.

Aufgabe 2.2.2

Ein **Bernoulli-Experiment** ist ein Zufallsexperiment, bei dem die Ergebnismenge nur zwei Elemente enthält. Das eine Ergebnis wird als „Erfolg", das andere als „Mißerfolg" bezeichnet. Die Wahrscheinlichkeit für das Ereignis $\{\text{Erfolg}\}$ wird mit p bezeichnet und heißt der **Parameter** des Bernoulli-Experiments.

Ein Bernoulli-Experiment werde n-mal ausgeführt.

(a) Modellieren Sie das zusammengesetzte Zufallsexperiment durch den geeigneten Produktwahrscheinlichkeitsraum. Wählen Sie dabei wie üblich das Symbol 0 für Mißerfolg und das Symbol 1 für Erfolg. Als Ergebnismenge des Einzelzufallsexperiments ist also die Menge $\{0, 1\}$ zu wählen.

(b) Definieren Sie auf diesem Produktwahrscheinlichkeitsraum die zufällige Größe X, die die Anzahl der Bernoulli-Erfolge beschreibt.

(c) Zeigen Sie, daß X eine $\mathrm{B}(n, p)$-Verteilung besitzt.

(d) Drücken Sie die folgenden Wahrscheinlichkeiten durch die Parameter n und p aus:

$$P(X=0),\ P(X=1),\ P(X \geq 2),\ P(X=n)$$

Aufgabe 2.2.3

Bei einem neuen Impfstoff bestehe eine Risikowahrscheinlichkeit von $p = 0.01$ für das Auftreten einer speziellen Nebenwirkung. Es sei X die Anzahl der Nebenwirkungsfälle bei 10 Probanden. Berechnen Sie die folgenden Wahrscheinlichkeiten:

$$P(X=0), P(X=1), P(X>1)$$

Aufgabe 2.2.4

Ein Obsthändler muß sich auf dem Großmarkt entscheiden, ob er eine ihm angebotene Wagenladung mit Apfelsinen annimmt oder nicht. Er will die Wagenladung ablehnen, wenn diese 10% oder mehr faule Apfelsinen enthält.

Hierfür hat sich der Obsthändler die folgende Strategie ausgedacht: Er überprüft die Wagenladung, indem er zufällig 20 Apfelsinen herausgreift und aufschneidet. Er kauft die Wagenladung, wenn in der Stichprobe höchstens eine faule Apfelsine ist.

Wie groß ist die Wahrscheinlichkeit, daß der Obsthändler einen Waggon annimmt, obwohl dieser 20% faule Apfelsinen enthält?

Hinweis: Das Ziehen einer einzelnen Apfelsine ist ein Bernoulli-Experiment. Da die Menge der Apfelsinen in einem Waggon relativ groß ist, ändert sich der Prozentsatz der faulen Apfelsinen durch das Entnehmen von 20 Apfelsinen nicht wesentlich. In erster Näherung nehmen wir also an, daß das Entnehmen der 20 Apfelsinen 20 unabhängigen Wiederholungen desselben Bernoulli-Experiments entspricht.

Aufgabe 2.2.5

Die zufällige Größe X sei Poisson-verteilt mit dem Parameter $\lambda = 0.1$. Berechnen Sie die Wahrscheinlichkeiten

$$P(X=0), P(X=1), P(X>1)$$

und vergleichen Sie die Zahlen mit den Wahrscheinlichkeiten aus der Aufgabe 2.2.3.

Aufgabe 2.2.6

Eine stetige zufällige Größe X besitze die Dichte

$$f(x) := \begin{cases} 0 & \text{falls} \quad x < 0 \\ \frac{1}{2} - cx & \text{falls} \quad 0 \leq x \leq 4 \quad \text{mit } c \in \mathbb{R} \\ 0 & \text{falls} \quad 4 < x \end{cases}$$

Bestimmen Sie

(a) die Konstante c

(b) die Verteilungsfunktion von X (Vorschrift und Graph der Funktion)

(c) die Wahrscheinlichkeiten $P(X > 3)$ und $P(1 < X \leq 3)$

(d) die reelle Zahl $x_{0.5}$, für die gilt: $P(X \leq x_{0.5}) = F(x_{0.5}) = 0.5$

Hinweis: Es sei $\alpha \in (0,1)$. Eine reelle Zahl x_α mit $F(x_\alpha) = \alpha$ heißt **α-Quantil** der Verteilung von X. Das 0.5-Quantil $x_{0.5}$ heißt **Median** der Verteilung von X.

Aufgabe 2.2.7

Eine stetige zufällige Größe X besitze die Dichte

$$f(x) := \begin{cases} cx \cdot (1-x) & \text{falls } 0 \leq x \leq 1 \\ 0 & \text{sonst} \end{cases}$$

Bestimmen Sie

(a) die Konstante c

(b) die Verteilungsfunktion von X (Vorschrift und Graph der Funktion)

(c) die Wahrscheinlichkeiten $P(X > 0.5)$ und $P(0.2 < X \leq 0.8)$

(d) die reellen Zahlen $x_{0.25}$ und $x_{0.75}$, für die gilt: $P(X \leq x_{0.25}) = F(x_{0.25}) = 0.25$ bzw. $P(X \leq x_{0.75}) = F(x_{0.75}) = 0.75$

Hinweis: Das 0.25-Quantil $x_{0.25}$ heißt **unteres Quartil** der Verteilung von X. Das 0.75-Quantil $x_{0.75}$ heißt **oberes Quartil** der Verteilung von X. Die Differenz $x_{0.75} - x_{0.25}$ heißt der **Quartilsabstand**.

Aufgabe 2.2.8

Eine zufällige Größe sei $\mathrm{N}\left(3, \left(\frac{1}{2}\right)^2\right)$-verteilt. Berechnen Sie die Wahrscheinlichkeiten:

(a) $P(2.5 < X \leq 4)$ (b) $P(|X| > 3)$

(c) $P(|X-2| \leq 1)$ (d) $P(|X-3| < 0.5)$

Aufgabe 2.2.9

Eine zufällige Größe sei $\mathrm{N}(\mu, \sigma^2)$-verteilt. Berechnen Sie die Wahrscheinlichkeiten:

(a) $P\left(\mu - \frac{1}{2}\sigma \leq X \leq \mu + \frac{1}{2}\sigma\right)$ (b) $P(X > \mu - 3\sigma)$

(c) $P(|X - \mu| \leq 2\sigma)$ (d) $P(|X - \mu| < \sigma)$

Aufgabe 2.2.10

Eine zufällige Größe sei $\mathrm{N}(\mu, \sigma^2)$-verteilt. Bestimmen Sie $r \in \mathbb{R}$ so, daß gilt:

$$P(\mu - r\sigma \leq X \leq \mu + r\sigma) = 0.95$$

Aufgabe 2.2.11

Die Körpergröße erwachsener Männer kann als $\mathrm{N}(180, 7^2)$-verteilte zufällige Größe X angesehen werden. Berechnen Sie die Wahrscheinlichkeit dafür, daß ein zufällig ausgewählter Mann

(a) höchstens 190 cm groß ist

(b) mindestens 175 cm groß ist

(c) zwischen 175 und 185 cm groß ist.

Aufgabe 2.2.12

Die zufällige Größe X besitze die Dichte

$$\begin{array}{rccl} f: & \mathbb{R} & \to & \mathbb{R} \\ & t & \mapsto & f(t) = (1-p) \cdot 1_{\{0\}}(t) + p\lambda e^{-\lambda \cdot t} \cdot 1_{[0,\infty)}(t) \quad \text{mit } \lambda > 0 \text{ und } p \in (0,1) \end{array}$$

Bestimmen Sie die Verteilungsfunktion F von X (Sie müssen dabei Summieren und Integrieren). Nehmen Sie an, daß die zufällige Größe X die Lebensdauer von Aggregaten beschreibt. Welche praktische Bedeutung besitzt der diskrete Anteil in der Dichte bzw. in der Verteilungsfunktion von X. Berechnen Sie für $x_0, \Delta x > 0$ die bedingte Wahrscheinlichkeit $P(x_0 < X \leq x_0 + \Delta x \,|\, x_0 < X)$ und interpretieren Sie das Ergebnis.

Aufgabe 2.2.13

(a) Es sei X eine diskrete zufällige Größe. Drücken Sie mit Hilfe der Verteilungsfunktion F und der diskreten Dichtefunktion f von X die folgenden Wahrscheinlichkeiten aus:

$$P(X > a), P(X < b), P(a < X < b), P(a \leq X < b), P(a \leq X \leq b)$$

(b) Es sei X eine stetige zufällige Größe. Drücken Sie mit Hilfe der Verteilungsfunktion F von X die folgenden Wahrscheinlichkeiten aus, und interpretieren Sie diese anschaulich als Flächen:

$$P(X > a), P(X < b), P(a < X < b), P(a \leq X < b), P(a \leq X \leq b)$$

2.3 Kennzahlen von zufälligen Größen

Ziel dieses Abschnittes ist es, die Verteilung einer zufälligen Größe durch einige wenige Kennzahlen zu charakterisieren. Wir motivieren das Vorgehen an dem Glücksspiel, das im Beispiel 2.1 RAD eingeführt wurde:

Beispiel 2.19 RAD Bei diesem Glücksspiel wurde der Gewinn des Spielers durch eine diskrete zufällige Größe X mit der diskreten Dichtefunktion

$$\begin{array}{rcl} f: \mathbb{R} & \to & \mathbb{R} \\ t & \mapsto & f(t) := \begin{cases} p_1 = 1/6 & \text{falls} \quad t = x_1 = -1.0 \\ p_2 = 3/6 & \text{falls} \quad t = x_2 = -0.5 \\ p_3 = 2/6 & \text{falls} \quad t = x_3 = +1.0 \\ 0 & \text{sonst} \end{cases} \end{array}$$

modelliert. Nachdem wir in den Abschnitten 2.1 und 2.2 die theoretischen Grundlagen bereit-gestellt haben, wollen wir nun die dort gestellte Frage, für wen sich dieses Glücksspiel lohnt, beantworten.

Ein Spieler, der unbelastet ist von der Modellbildung in der Wahrscheinlichkeitstheorie und nur mit gesundem Menschenverstand seine Gewinnchancen einschätzen soll, wird wie folgt vorgehen: Er wird zunächst eine andere Person beim Spiel mit dem Glücksrad beobachten und registrieren, ob diese „im Schnitt" gewinnt oder verliert. Mathematisch präziser formuliert bedeutet dies: Der Spieler registriert bei n Spielen die Gewinne $g_1, g_2, \ldots, g_n$ der beobachteten Person und berechnet damit den durchschnittlichen Gewinn:

$$\frac{1}{n}\sum_{i=1}^{n} g_i$$

Da der Einzelgewinn nur die Werte $x_1 = -1.0, x_2 = -0.5$ und $x_3 = 1.0$ annehmen kann, kann man diesen durchschnittlichen Gewinn auch wie folgt berechnen: Wir bezeichnen mit $h_n(X = x_i)$, $i = 1,2,3$, die Häufigkeit des Ereignisses $\{\omega \mid X(\omega) = x_i\}$, d.h. $h_n(X = x_i)$ gibt an, wie oft die zufällige Größe X den Wert x_i annimmt. Dann gilt:

$$\frac{1}{n}\sum_{i=1}^{n} g_i = \frac{1}{n}\sum_{i=1}^{3} x_i \cdot h_n(X = x_i) = \sum_{i=1}^{3} x_i \cdot \frac{h_n(X = x_i)}{n} = \sum_{i=1}^{3} x_i \cdot r_n(X = x_i)$$

Dabei ist $r_n(X = x_i)$ die relative Häufigkeit des Gewinns x_i.

Die so berechnete Größe ist noch nicht die angekündigte objektive Zahl, mit der die Gewinnchancen beim Spiel mit dem Glücksrad beurteilt werden können, weil der Wert von der Anzahl n und von der speziell beobachteten Spielserie abhängt. Eine andere Serie von Spielen mit dem Glücksrad ergäbe in der Regel einen anderen durchschnittlichen Gewinn, auch dann, wenn die Länge der Serie wieder n wäre. Wir stoßen damit auf dasselbe Problem, das wir im Abschnitt 1.4 vor der axiomatischen Einführung des Begriffs Wahrscheinlichkeitsmaß ausführlich diskutiert haben. Wir lösen das Problem, indem wir in der Summe $\sum_{i=1}^{3} x_i \cdot r_n(X = x_i)$ die relativen Häufigkeiten $r_n(X = x_i)$ durch die Wahrscheinlichkeiten $P(X = x_i) = p_i = f(x_i)$ ersetzen. Die so gewonnene Formel $\sum_{i=1}^{3} x_i \cdot f(x_i)$ ordnet der zufälligen Größe X eine Zahl zu, die unabhängig ist von der speziellen Spielserie :

$$\sum_{i=1}^{3} x_i \cdot f(x_i) = (-1)\cdot\frac{1}{6} + (-0.5)\cdot\frac{3}{6} + (+1)\cdot\frac{2}{6} = -\frac{1}{12} = -0.0833\ldots$$

Die folgende Definition verallgemeinert die Überlegungen aus dem Beispiel 2.19 RAD für beliebige diskrete zufällige Größen.

Definition 2.12. Es sei X eine auf dem Wahrscheinlichkeitsraum $(\Omega,\mathcal{A},P)$ definierte diskrete zufällige Größe mit der Wertemenge $X(\Omega)=\{x_i \,|\, i\in I\}$ und der diskreten Dichtefunktion f. Der **Erwartungswert** (engl.: *expectation* oder *mean*) von X ist definiert als die Zahl

$$E(X) := \sum_{i\in I} x_i \cdot f(x_i)\,,$$

falls die Summe $\sum\limits_{i\in I} x_i \cdot f(x_i)$ unbedingt, d.h. absolut konvergiert.

Bemerkung 2.19 Der einfachste Anwendungsfall der Definition 2.12 ergibt sich, wenn $(\Omega,\mathcal{A},P)$ ein beliebiger Wahrscheinlichkeitsraum und

$$\begin{array}{rccl} X: & \Omega & \to & \mathbb{R} \\ & \omega & \mapsto & X(\omega) := c \end{array}$$

eine beliebige konstante Funktion ist. Dann ist X eine $\mathcal{A}-\mathcal{B}$-meßbare Funktion, also eine zufällige Größe, mit der diskreten Dichtefunktion:

$$\begin{array}{rccl} f: & \mathbb{R} & \to & \mathbb{R} \\ & t & \mapsto & \left\{ \begin{array}{ll} 1 & \text{falls} \quad t=c \\ 0 & \text{sonst} \end{array} \right\} = 1_{\{c\}}(t) \end{array}$$

Damit ergibt sich aus der Definiton 2.12 für den Erwartungswert von X: $E(X)=c$

Beispiel 2.20 ROULETTE Setzt ein Spieler z.B. 5 DM auf „Pair", so verliert er seinen Einsatz, wenn die Kugel auf einer ungeraden Zahl ausrollt. Er erhält seinen Einsatz zurück und zusätzlich 5 DM, falls die Kugel auf einer geraden Zahl ≥ 2 ausrollt. Für den Fall, daß die Kugel auf der 0 liegen bleibt, gelten besondere Regelungen. In den meisten Spielkasinos bleibt der Einsatz stehen, und der Spieler hat noch eine weitere Chance. Damit das Beispiel hier nicht zu kompliziert wird, vereinbaren wir wie schon in der Aufgabe 1.3.2 für **unser** Spielkasino, daß der Spieler beim Auftreten der 0 seinen Einsatz verliert. Mit dieser Spielregel wird der Nettogewinn eines Spielers, der 5 DM auf „Pair" setzt, durch die folgende zufällige Größe beschrieben:

$$\begin{array}{rccl} X: & \Omega & \to & \mathbb{R} \\ & \omega & \mapsto & X(\omega) := \left\{ \begin{array}{ll} -5 & \text{falls } \omega \text{ eine ungerade Zahl ist} \\ -5 & \text{falls } \omega \text{ gleich 0 ist} \\ +5 & \text{sonst} \end{array} \right. \end{array}$$

X ist also eine diskrete zufällige Größe mit der diskreten Dichtefunktion

$$\begin{array}{rccl} f: & \mathbb{R} & \to & \mathbb{R} \\ & t & \mapsto & f(t) := \left\{ \begin{array}{lll} 19/37 & \text{falls} & t=-5 \\ 18/37 & \text{falls} & t=+5 \\ 0 & \text{sonst} & \end{array} \right. \end{array}$$

Daraus ergibt sich für X der Erwartungswert:

$$E(X) = -5\cdot\frac{19}{37} + 5\cdot\frac{18}{37} = -\frac{5}{37} = -0.13514$$

Die Tatsache, daß der Erwartungswert hier negativ ist, bedeutet, daß sich das Spiel in unserem Spielcasino für den Spieler nicht lohnt. Jedes reale Spielkasino trifft für den Fall, daß die Kugel auf der 0 liegen bleibt, eine Regelung, die den Erwartungswert des Nettogewinns des Spielers negativ macht. Es gibt beim Roulette keine Spielstrategie, bei der der Erwartungswert des Nettogewinns für den Spieler positiv ist. Dies gilt für alle gängigen Glücksspiele. Gesetzliche Regelungen sorgen allerdings dafür, daß dieser Erwartungswert bei den öffentlich zugelassenen Spielen nicht allzu negativ ist.

Die Definition 2.12 erklärt den Begriff des Erwartungswertes nur für diskrete zufällige Größen. Eine einheitliche Definition des Erwartungswertes, die sowohl für diskrete als auch für stetige als auch für allgemeinere numerische Zufallsvariable gültig ist, kann nur mit Hilfe des Lebesgue-Integrals erfolgen:

Definition 2.13. Es sei $(\Omega,\mathcal{A},P)$ ein Wahrscheinlichkeitsraum und $X:\Omega\to\mathbb{R}$ eine Lebesgue-integrierbare zufällige Größe. Dann ist der **Erwartungswert** von X definiert als das Lebesgue-Integral

$$E(X):=\int X\,dP$$

Bemerkung 2.20 Falls Sie mit dem Lebesgue-Integral nicht vetraut sind, so stellt dies kein Handicap für die **praktische Berechnung** des Erwartungswertes einer zufälligen Größe X dar, solange X entweder diskret oder stetig ist:

- Ist X eine diskrete zufällige Größe mit der diskreten Dichte f, und konvergiert die unendliche Reihe $\sum\limits_{i\in I} x_i\cdot f(x_i)$ absolut, so gilt nämlich

$$\int X\,dP=\sum_{i\in I}x_i\cdot f(x_i),$$

  d.h. $E(X)$ berechnet sich gemäß Definition 2.12

- Ist X dagegen eine stetige zufällige Größe mit der Dichte f, und existiert das Riemann-Integral $\int\limits_{-\infty}^{+\infty} x\cdot f(x)\,dx$, so gilt

$$\int X\,dP=\int_{-\infty}^{+\infty}x\cdot f(x)\,dx,$$

  d.h. $E(X)$ berechnet sich als uneigentliches Riemann-Integral.

Bemerkung 2.21 Beschränkt man sich also auf die beiden für die Praxis wichtigsten Typen von numerischen Zufallsvariablen, nämlich auf die diskreten und auf die stetigen zufälligen Größen, so kommt man bei der zahlenmäßigen Berechnung des Erwartungswertes gemäß Bemerkung 2.20 mit der Theorie der unendlichen Reihen bzw. mit der Theorie des Riemann-Integrals aus. Will man jedoch die theoretischen Eigenschaften des Erwartungswertes untersuchen, so ist die Lebesgue-Theorie das einzig angemessene Werkzeug. Da wir im folgenden nicht voraussetzen wollen, daß Sie mit der Lebesgue-Theorie vertraut sind, werden wir auf den Beweis einer Eigenschaft des Erwartungswerts zufälliger Größen immer dann verzichten, wenn sich der Beweis aus den bekannten Sätzen der Lebesgue-Theorie ergibt, sich aber ohne diese Integrationstheorie formal äußerst aufwendig gestaltet.

Wie wir gesehen haben, kann der Erwartungswert der zufälligen Größen in den Beispielen 2.15 RAD und 2.16 ROULETTE als mittlerer Gewinn interpretiert werden. Die Tatsache, daß der Erwartungswert jeweils negativ ist, bedeutet, daß sich das Spiel für den Spieler nicht lohnt. Die Kenngröße „Erwartungswert" ist für jedes Glücksspiel das Kriterium, mit dem man objektiv die Gewinnchancen beurteilen kann.

In dem folgenden Beispiel wird der Erwartungswert der stetigen zufälligen Größe X aus dem Beispiel 2.16 BIRNE berechnet. Dieser läßt sich als mittlere Lebensdauer der Glühbirnen interpretieren.

Beispiel 2.21 BIRNE Wie im Beispiel 2.16 nehmen wir an, daß die Lebensdauer von Glühbirnen durch eine zufällige Größe X beschrieben werden kann, die exponentialverteilt ist mit dem Parameter λ. X besitzt also die folgende Dichte:

$$\begin{array}{rccl} f: & \mathbb{R} & \to & \mathbb{R} \\ & t & \mapsto & f(t):=\left\{\begin{array}{ll}\lambda e^{-\lambda t} & \text{falls } t\geq 0\\ 0 & \text{falls } t<0\end{array}\right\}=\lambda e^{-\lambda t}\cdot 1_{[0,\infty)}(t)\end{array}$$

Dabei ist λ eine positive reelle Zahl. Daraus ergibt sich für den Erwartungswert:

$$E(X) = \int_{-\infty}^{+\infty} t \cdot f(t)\,dt = \int_{-\infty}^{0} t \cdot 0\,dt + \int_{0}^{+\infty} t \cdot \lambda e^{-\lambda t}\,dt = \int_{0}^{+\infty} t \cdot \lambda e^{-\lambda t}\,dt$$

Dieses uneigentliche Integral wird gemäß Definition wie folgt ausgewertet:

$$\begin{aligned}\int_{0}^{+\infty} t \cdot \lambda e^{-\lambda t}\,dt &= \lim_{b\to\infty} \int_{0}^{b} t \cdot \lambda e^{-\lambda t}\,dt = \lim_{b\to\infty} \left[-\tfrac{1}{\lambda} e^{-\lambda t} - t e^{-\lambda t}\right]_0^b \\ &= \lim_{b\to\infty} \left(-\tfrac{1}{\lambda} e^{-\lambda b} - b e^{-\lambda b} + \tfrac{1}{\lambda}\right) = \tfrac{1}{\lambda}\end{aligned}$$

Dabei wird als bekannt vorausgesetzt, daß für jede Zahl $k \in \mathbb{N}_0$ und jedes $\lambda \in \mathbb{R}^+$ gilt:

$$\lim_{b\to\infty} b^k e^{-\lambda b} = \lim_{b\to\infty} \frac{b^k}{e^{\lambda b}} = 0$$

Für den Erwartungswert einer mit dem Parameter λ exponentialverteilten zufällige Größe X gilt also:

$$E(X) = \frac{1}{\lambda}$$

Dasselbe Ergebnis erhält man auch mit der Mathematica-Anweisung

```
Integrate[t*lambda*Exp[-lambda*t],{t,0,Infinity}]
```

Bemerkung 2.22 Der Erwartungswert einer diskreten zufälligen Größe X mit einer endlichen Ergebnismenge $X(\Omega) = \{x_i \,|\, i \in I\}$ läßt die folgende physikalische Interpretation zu, die für den technisch vorgebildeten Leser hilfreich sein mag: Wir denken uns einen Balken, der an den Stellen x_i die Gewichte $f(x_i) = P(X = x_i)$ trägt. Der physikalische Schwerpunkt dieses Balkens ist der Punkt, in dem man den Balken unterstützen muß, damit er im Gleichgewicht bleibt. Die Position s des Schwerpunkts berechnet sich, indem man die Hebelarme mit den jeweiligen Gewichten multipliziert, über diese Produkte summiert und das Ergebnis durch das Gesamtgewicht dividiert. Es gilt also:

$$s = \frac{\sum_{i\in I} x_i \cdot f(x_i)}{\sum_{i\in I} f(x_i)} = \sum_{i\in I} x_i \cdot f(x_i) = E(X)$$

Dabei ergibt sich das zweite Gleichheitszeichen aus der Tatsache, daß $\sum_{i\in I} f(x_i) = 1$ gilt.

Die folgende Abbildung veranschaulicht den Erwartungswert des Nettogewinns aus dem Beispiel 2.15 RAD:

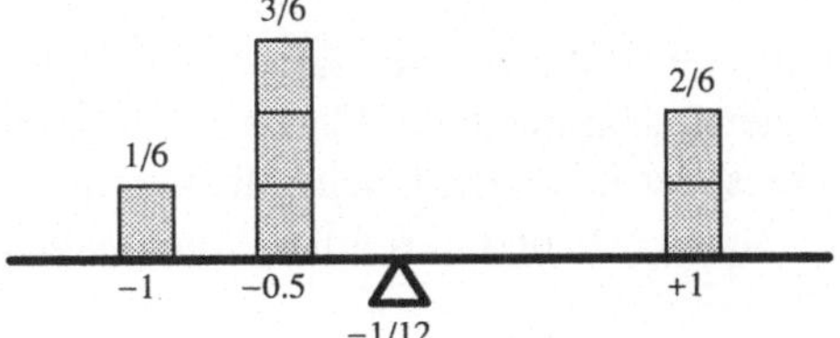

Abbildung 2.11
Interpretation des Erwartungswertes als Schwerpunkt

Ist die Besetzung des Balkens symmetrisch zu einer Stelle x^*, so ist x^* der Schwerpunkt s des Balkens. In diesem Fall ergibt sich ohne Rechnung $E(X) = x^*$.

Bemerkung 2.23 Auch der Erwartungswert einer stetigen zufälligen Größe X mit der Dichte f läßt eine anschauliche physikalische Interpretation zu.

$$x_s = \frac{\int\limits_{-\infty}^{+\infty} x \cdot f(x)dx}{\int\limits_{-\infty}^{+\infty} f(x)dx} = \frac{\int\limits_{-\infty}^{+\infty} x \cdot f(x)dx}{1} = \int\limits_{-\infty}^{+\infty} x \cdot f(x)dx$$

ist die x-Koordinate des Schwerpunktes der Fläche, die von der x-Achse und dem Graphen der Funktion f eingeschlossen wird. Ist diese Fläche symmetrisch zur Geraden $x = x^*$, so ist die x-Koordinate des Schwerpunktes $x_s = x^*$, d.h. ohne jede Rechnung ergibt sich $E(X) = x^*$.

Die in den Bemerkungen 2.22 und 2.23 angeprochene spezielle Situation einer symmetrischen Verteilung tritt in der Praxis relativ häufig auf. Sie soll deshalb in der folgenden Definition präzisiert werden:

Definition 2.14. Eine zufällige Größe X heißt **symmetrisch verteilt**, wenn es ein $x^* \in \mathbb{R}$ gibt mit der Eigenschaft:

$$\underset{x\in\mathbb{R}}{\forall} P(X \leq x^* - x) = P(X \geq x^* + x)$$

Die Zahl x^* heißt das **Symmetriezentrum** der Verteilung.

Mit Hilfe der Verteilungsfunktion F von X läßt sich diese Symmetrieforderung wie folgt formulieren:

$$\underset{x\in\mathbb{R}}{\forall} F(x^* - x) = 1 - F(x^* + x) + P(X = x^* + x)$$

Aus der Definition der Symmetrie einer Verteilung ergeben sich einige Folgerungen, deren formaler Nachweis Gegenstand der Aufgabe 2.3.14 ist:

- Die beliebige zufällige Größe X ist symmetrisch verteilt mit dem Zentrum x^* genau dann, wenn die zufällige Größe $X - x^*$ symmetrisch verteilt ist mit dem Zentrum 0.

- Eine beliebige symmetrisch verteilte zufällige Größe X besitzt genau ein Symmetriezentrum.

- Eine stetige zufällige Größe X mit der Dichte f ist genau dann symmetrisch verteilt mit dem Zentrum x^*, wenn gilt:

$$\underset{x\in\mathbb{R}}{\forall} F(x^* - x) = 1 - F(x^* + x)$$

  Dies bedeutet anschaulich, daß für jedes $x \in \mathbb{R}$ der Inhalt der Fläche, die sich unter der Dichte f von $-\infty$ bis zur Stelle $x^* - x$ erstreckt, gleich dem Inhalt der Fläche ist, die sich unter f von $x^* + x$ bis $+\infty$ erstreckt. Insbesondere ist der Inhalt der Fläche, die sich unter der Dichte f von $-\infty$ bis zur Stelle x^* erstreckt, gleich 0.5, und dies gilt gleichermaßen für die Fläche, die sich unter f von x^* bis $+\infty$ erstreckt.

- Wenn X eine stetige oder diskrete zufällige Größe mit der Dichte f ist, ist die Symmetrieforderung aus der Definition 2.14 äquivalent zu der Bedingung

$$\underset{x\in\mathbb{R}}{\forall} f(x^* - x) = f(x^* + x)$$

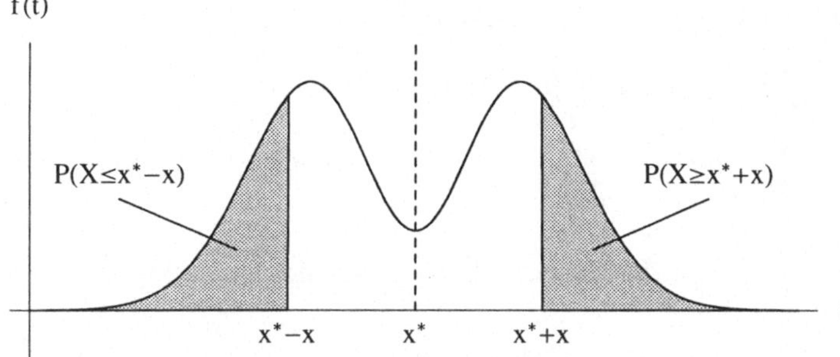

Abbildung 2.12
Symmetrie einer stetigen Verteilung

Beispiel 2.22 SLAENGE Wie im Beispiel 2.17 nehmen wir an, daß die zufällige Größe X, die die Abweichung der Schraubenlänge von ihrer Sollänge beschreibt, eine normalverteilte zufällige Größe ist mit den Parametern $\mu = 0$ und $\sigma^2 = 0.1^2$. (kurz: $X \sim \mathrm{N}(0,0.1^2)$). Da die Dichtefunktion f von X symmetrisch ist zur Achse $x = 0$, ergibt sich gemäß Bemerkung 2.23 ohne jede Rechnung $E(X) = 0$. Allgemein gilt

$$X \sim \mathrm{N}(\mu,\sigma^2) \Rightarrow E(X) = \mu$$

Wir wollen nun die theoretischen Eigenschaften des Erwartungswertes näher untersuchen. Zunächst interessiert uns die Frage, wie sich der Erwartungswert einer zufälligen Größe X ändert, wenn man auf diese eine Transformation anwendet. Der folgende Satz behandelt eine besonders einfache Transformation, die sich auch anschaulich leicht interpretieren läßt:

Satz 2.10.
Voraussetzung: Es sei X eine auf dem Wahrscheinlichkeitsraum $(\Omega,\mathcal{A},P)$ definierte zufällige Größe, deren Erwartungswert $E(X)$ existiert. Weiter seien a und b beliebige reelle Zahlen.

Behauptung: Dann existiert auch der Erwartungswert der zufälligen Größe $Z = a + b \cdot X$, und es gilt:

$$E(Z) = E(a + b \cdot X) = a + b \cdot E(X)$$

Beweis: Für $b = 0$ ist Z eine konstante zufällige Größe, und die Behauptung folgt aus der Bemerkung 2.19.
Für $b \neq 0$ folgt die Behauptung unmittelbar aus der Linearität des Lebesgue-Integrals.
Wir beweisen diesen Satz ohne Lebesgue-Theorie nur für die beiden Fälle, daß X entweder eine diskrete oder eine stetige zufällige Größe ist:

(1) Es sei X eine diskrete zufällige Größe mit der Bildmenge $X(\Omega) = \{x_i \,|\, i \in I\}$ und der diskreten Dichtefunktion

$$\begin{aligned} f_X : \ & \mathbb{R} \to \mathbb{R} \\ & t \mapsto f_X(t) := \begin{cases} P(X = x_i) & \text{falls} \quad t = x_i \\ 0 & \text{sonst} \end{cases} \end{aligned}$$

Wegen der Annahme $b \neq 0$ ist Z eine diskrete zufällige Größe mit der Bildmenge $Z(\Omega) = \{z_i \,|\, i \in I\} = \{a + b \cdot x_i \,|\, i \in I\}$ und der diskreten Dichtefunktion

$$\begin{aligned} f_Z : \ & \mathbb{R} \to \mathbb{R} \\ & t \mapsto f_Z(t) := \begin{cases} \left. \begin{array}{l} P(Z = z_i) = P(a + bX = a + bx_i) \\ \qquad = f_X(x_i) \end{array} \right\} & \text{falls } t = z_i \\ 0 & \text{sonst} \end{cases} \end{aligned}$$

Deshalb gilt für den Erwartungswert der zufälligen Größe Z:

$$\begin{aligned}E(Z) &= \sum_{i\in I} z_i \cdot f_Z(z_i) = \sum_{i\in I} (a+bx_i)\cdot f_X(x_i)\\ &= a\sum_{i\in I} f_X(x_i) + b\sum_{i\in I} x_i \cdot f_X(x_i) = a + bE(X)\end{aligned}$$

(2) Es sei X eine stetige zufällige Größe mit der Dichtefunktion f_X und der Verteilungsfunktion F_X.

Wegen der Annahme $b \neq 0$ ist Z eine stetige zufällige Größe mit der Verteilungsfunktion

$$F_Z(z) = P(Z \leq z) = P(a + b\cdot X \leq z) = P(b\cdot X \leq z - a)$$

Falls $b > 0$ ist, gilt:

$$F_Z(z) = P\left(X \leq \frac{z-a}{b}\right) = F_X\left(\frac{z-a}{b}\right) = \int_{-\infty}^{(z-a)/b} f_X(t)\,dt = \int_{-\infty}^{z} \frac{1}{b}\cdot f_X\left(\frac{u-a}{b}\right) du$$

Dabei ergibt sich das letzte Gleichheitszeichen mit der Substitution $u = a + bt$.
Falls $b < 0$ ist, gilt analog:

$$\begin{aligned}F_Z(z) &= P\left(X \geq \frac{z-a}{b}\right) = \int_{(z-a)/b}^{+\infty} f_X(t)\,dt = \int_{z}^{-\infty} \frac{1}{b}\cdot f_X\left(\frac{u-a}{b}\right) du\\ &= \int_{-\infty}^{z} -\frac{1}{b}\cdot f_X\left(\frac{u-a}{b}\right) du\end{aligned}$$

Die Dichtefunktion f_Z der zufälligen Größe $Z = a + b\cdot X$ ist also

$$f_Z(z) = \left.\begin{cases} \frac{1}{b}\cdot f_X\left(\frac{z-a}{b}\right) & \text{falls } b > 0 \\ -\frac{1}{b}\cdot f_X\left(\frac{z-a}{b}\right) & \text{falls } b < 0 \end{cases}\right\} = \frac{f_X\left(\frac{z-a}{b}\right)}{|b|}$$

Daraus ergibt sich für den Erwartungswert der zufälligen Größe Z für $b > 0$:

$$E(Z) = \int_{-\infty}^{+\infty} z\cdot f_Z(z)\,dz = \int_{-\infty}^{+\infty} z\cdot\frac{1}{b}\cdot f_X\left(\frac{z-a}{b}\right) dz$$

Mit der Substitution $x = \dfrac{z-a}{b}$

$$\begin{aligned}E(Z) &= \int_{-\infty}^{+\infty} (a + b\cdot x)\cdot f_X(x)\,dx = a\cdot\int_{-\infty}^{+\infty} f_X(x)\,dx + b\cdot\int_{-\infty}^{+\infty} x\cdot f_X(x)\,dx\\ &= a + b\cdot E(X)\end{aligned}$$

Analog ergibt sich für den Erwartungswert der zufälligen Größe Z für $b < 0$:

$$E(Z) = \int_{-\infty}^{+\infty} z \cdot f_Z(z)\,dz = \int_{-\infty}^{+\infty} z \cdot (-\frac{1}{b}) \cdot f_X(\frac{z-a}{b})\,dz$$

$$= \int_{+\infty}^{-\infty} (a + b \cdot x) \cdot (-1) \cdot f_X(x)\,dx = \int_{-\infty}^{+\infty} (a + b \cdot x) \cdot f_X(x)\,dx$$

$$= a + b \cdot E(X)$$

Für alle $a,b \in \mathbb{R}$ gilt also:

$$E(Z) = \int_{-\infty}^{+\infty} (a + bx) \cdot f_X(x)\,dx = a + b \cdot E(X)$$

falls das uneigentliche Integral existiert.

Dies ist genau dann der Fall, wenn $E(X) = \int_{-\infty}^{+\infty} x \cdot f(x)dx$ existiert. □

Bemerkung 2.24 Bezeichnet man mit g die Funktion

$$\begin{array}{llll} g: & \mathbb{R} & \rightarrow & \mathbb{R} \\ & x & \rightarrow & g(x) := a + b \cdot x \end{array}$$

so ergibt sich aus dem Beweis des Satzes 2.8 für die transformierte zufällige Größe $g \circ X = g(X)$:

$$E(g(X)) = \begin{cases} \sum_{i \in I} (a + b \cdot x_i) \cdot f_X(x_i) & = \sum_{i \in I} g(x_i) \cdot f_X(x_i) \quad \text{im diskreten Fall} \\ \int_{-\infty}^{+\infty} (a + bx) \cdot f(x)\,dx & = \int_{-\infty}^{+\infty} g(x) \cdot f_X(x)\,dx \quad \text{im stetigen Fall} \end{cases}$$

Bemerkung 2.25 Im Rahmen der Lebesgue-Theorie kann man die Gleichung

$$E(g(X)) = \begin{cases} \sum_{i \in I} g(x_i) \cdot f_X(x_i) & \text{für eine diskrete zufällige Größe} \\ \int_{-\infty}^{+\infty} g(x) \cdot f_X(x)\,dx & \text{für eine stetige zufällige Größe} \end{cases}$$

für alle $\mathcal{B} - \mathcal{B}$-meßbaren Funktionen $g: \mathbb{R} \rightarrow \mathbb{R}$ beweisen, für die die Summe $\sum_{i \in I} |g(x_i)| \cdot f_X(x_i)$ konvergiert bzw. das uneigentliche Riemann-Integral $\int_{-\infty}^{+\infty} g(x) \cdot f_X(x)\,dx$ existiert.

Für eine diskrete zufällige Größe X ist dieser Beweis Gegenstand der Aufgabe 2.3.10.

Der Fall einer stetigen zufälligen Größe wird für zwei besonders wichtige Funktionen, nämlich für $g(x) = |x|$ und $g(x) = x^2$, in den Aufgaben 2.3.11 und 2.3.12 behandelt. Die zugehörigen Lösungen sind relativ mühselig, da sie ohne die Lebesgue-Theorie auskommen.

Wir kommen auf das eigentliche Ziel dieses Abschnitts zurück, die Verteilung einer zufälligen Größe durch einige wenige Kennzahlen zu charakterisieren. Der Erwartungswert ist eine solche Kenngröße.

Das Problem ist, daß zufällige Größen mit sehr unterschiedlichen Verteilungen denselben Erwartungswert besitzen können. Wenn X_1 z.B. eine diskrete zufällige Größe ist, die die Werte $-1, 0, +1$ mit den Wahrscheinlichkeiten $\frac{1}{3}, \frac{1}{3}, \frac{1}{3}$ annimmt, und wenn X_2 eine weitere diskrete zufällige Größe ist, die die Werte $-100, 0, 100$ mit den Wahrscheinlichkeiten $\frac{1}{3}, \frac{1}{3}, \frac{1}{3}$ annimmt, so besitzen beide zufällige Größen aus Symmetriegründen denselben Erwartungswert 0. Dennoch unterscheiden sich die beiden zufälligen Größen wesentlich voneinander. Während die Werte, die die zufällige Größe X_1 annehmen kann, relativ dicht beieinander und damit auch in der Nähe des Erwartungswertes liegen, liegen die möglichen Werte der zufälligen Größe X_2 weiter auseinander und damit auch weiter vom Erwartungswert entfernt. Dieser Unterschied soll durch die Einführung einer weiteren Kennzahl erfaßt werden:

Definition 2.15. Für eine zufällige Größe X, deren Erwartungswert $E(X)$ existiert, definieren wir die **Varianz** (engl. *variance*) als die Zahl

$$\operatorname{Var}(X) := E\left((X - E(X))^2\right),$$

falls dieser Erwartungswert existiert.

Die positive Wurzel aus der Varianz heißt die **Standardabweichung** oder **Streuung** (engl. *standard deviation*) von X.

Bemerkung 2.26 Für eine konstante zufällige Größe (vgl. Bemerkung 2.19) hat die Varianz den Wert 0.

Bemerkung 2.27 Nach der Bemerkung 2.25 berechnet sich die Varianz einer diskreten zufälligen Größe X mit der Wertemenge $X(\Omega) = \{x_i \mid i \in I\}$ und der diskreten Dichtefunktion f nach der Formel:

$$\operatorname{Var}(X) = \sum_{i \in I} (x_i - E(X))^2 \cdot f(x_i)$$

Analog berechnet sich die Varianz einer stetigen zufälligen Größe X mit der Dichte f:

$$\operatorname{Var}(X) = \int_{-\infty}^{+\infty} (x - E(X))^2 \cdot f(x)\,dx$$

Für die oben eingeführten zufälligen Größen X_1 und X_2 ergibt sich aus daraus:

$$\operatorname{Var}(X_1) = (-1-0)^2 \cdot \tfrac{1}{3} + (0-0)^2 \cdot \tfrac{1}{3} + (1-0)^2 \cdot \tfrac{1}{3} = \tfrac{2}{3} \text{ und}$$
$$\operatorname{Var}(X_2) = (-100-0)^2 \cdot \tfrac{1}{3} + (0-0)^2 \cdot \tfrac{1}{3} + (100-0)^2 \cdot \tfrac{1}{3} = \tfrac{20000}{3}$$

Für die Standardabweichungen der beiden zufälligen Größen X_1 und X_2 ergeben sich daraus die Werte 0.8165 bzw. 81.65.Varianz bzw. Standardabweichung sind offensichtlich geeignet, die oben beschriebenen Unterschiede zwischen den beiden zufälligen Größen X_1 und X_2 zu erfassen.

Beispiel 2.23 RAD Im Beispiel 2.19 wurde bereits für die zufällige Größe X, die den Nettogewinn beschreibt, der Erwartungswert berechnet: $E(X) = -\frac{1}{12}$. Daraus ergibt sich für die Varianz:

$$\operatorname{Var}(X) = \left(-1 + \frac{1}{12}\right)^2 \cdot \frac{1}{6} + \left(-0.5 + \frac{1}{12}\right)^2 \cdot \frac{3}{6} + \left(+1 + \frac{1}{12}\right)^2 \cdot \frac{2}{6} = \frac{89}{144} \approx 0.62$$

Beispiel 2.24 ROULETTE Der Nettogewinn eines Spielers, der in **unserem** Spielkasino 5 DM auf „Pair" setzt, ist gemäß Beispiel 2.20 eine diskrete zufällige Größe mit $E(X) = -\frac{5}{37}$. Damit ergibt sich für die Varianz:

$$\mathrm{Var}(X) = (-5+\frac{5}{37})^2 \cdot \frac{19}{37} + (5+\frac{5}{37})^2 \cdot \frac{18}{37} = \frac{34200}{1369} = 24.982$$

und für die Standardabweichung der Wert $\sqrt{24.982} = 4.9982$.

Beispiel 2.25 TURBINE Im Beispiel 2.21 wurde bereits für die zufällige Größe X, die die Lebensdauer von Glühbirnen beschreibt, der Erwartungswert berechnet. Unter der Annahme, daß X mit dem Parameter λ exponentialverteilt ist, besitzt, ergab sich dort $E(X) = \frac{1}{\lambda}$. Daraus folgt:

$$\mathrm{Var}(X) = \int_{-\infty}^{+\infty} (t-\frac{1}{\lambda})^2 \cdot f(t)\,dt = \int_{0}^{+\infty} (t-\frac{1}{\lambda})^2 \cdot \lambda e^{-\lambda t}\,dt$$

Mit diesem uneigentlichen Integral verfährt man wie mit dem uneigentlichen Integral in Beispiel 2.21. Eine Stammfunktion von $(t-\frac{1}{\lambda})^2 \cdot \lambda e^{-\lambda t}$ gewinnt man wie dort mittels partieller Integration. Man kann das uneigentliche Integral natürlich auch mit Mathematica berechnen und erhält mit der Mathematica-Anweisung

```
Integrate[(t-1/lambda)^2*lambda*Exp[-lambda*t],{t,0,Infinity}]
```

das Ergebnis:

$$\int_{0}^{+\infty} (t-\frac{1}{\lambda})^2 \cdot \lambda e^{-\lambda t}\,dt = \frac{1}{\lambda^2}$$

Beispiel 2.26 SLAENGE Für die Abweichung der Schraubenlänge von der Sollänge ergab sich im Beispiel 2.22 der Erwartungswert 0. Allgemein wurde bereits festgestellt, daß eine $\mathrm{N}(\mu,\sigma^2)$–verteilte zufällige Größe X aus Symmetriegründen den Erwartungswert μ besitzt.

Für die Berechnung der Varianz betrachten wir zunächst den Spezialfall einer standardisierten normalverteilten zufälligen Größe U, d.h. $U \sim \mathrm{N}(0,1^2)$. Für eine solche zufällige Größe U ergibt sich:

$$\mathrm{Var}(U) = \int_{-\infty}^{+\infty} (u-0)^2 \cdot \varphi(u)\,du = \int_{-\infty}^{+\infty} u^2 \cdot \frac{1}{\sqrt{2\pi}} e^{-\frac{1}{2}u^2}\,du$$

$$= 2 \cdot \frac{1}{\sqrt{2\pi}} \int_{0}^{+\infty} u^2 \cdot e^{-\frac{1}{2}u^2}\,du = 2 \cdot \frac{1}{\sqrt{2\pi}} \int_{0}^{+\infty} u \cdot u e^{-\frac{1}{2}u^2}\,du = 1$$

Dabei wird das uneigentliche Integral $\int_{0}^{+\infty} u \cdot u e^{-\frac{1}{2}u^2}\,du$ mittels partieller Integration berechnet und anschließend die Tatsache ausgenutzt, daß gilt $\int_{0}^{+\infty} e^{-\frac{1}{2}u^2}\,du = \frac{1}{2}\sqrt{2\pi}$.

Es gilt also:

$$U \sim \mathrm{N}(0,1^2) \Rightarrow \mathrm{Var}(U) = 1$$

Allgemein ergibt sich für eine $\mathrm{N}(\mu,\sigma^2)$–verteilte zufällige Größe X :

$$\mathrm{Var}(X) = \int_{-\infty}^{+\infty} (x-\mu)^2 \cdot f(x)\,dx = \int_{-\infty}^{+\infty} (x-\mu)^2 \cdot \frac{1}{\sqrt{2\pi\sigma^2}} e^{-\frac{1}{2}(\frac{x-\mu}{\sigma})^2}\,dx$$

$$= 2\int_{\mu}^{+\infty} (x-\mu)^2 \cdot \frac{1}{\sqrt{2\pi\sigma^2}} e^{-\frac{1}{2}(\frac{x-\mu}{\sigma})^2}\,dx = \sigma^2$$

Dabei wird das Integral $\int\limits_{\mu}^{+\infty}(x-\mu)^2\cdot\frac{1}{\sqrt{2\pi\sigma^2}}e^{-\frac{1}{2}(\frac{x-\mu}{\sigma})^2}dx$ mittels der Substitution $u=\frac{x-\mu}{\sigma}$ auf das Integral $\frac{1}{\sqrt{2\pi}}\int\limits_{0}^{+\infty}u^2e^{-\frac{1}{2}u^2}du=\frac{1}{2}$ zurückgeführt.

Es gilt also:

$$X\sim \mathrm{N}(\mu,\sigma^2)\Rightarrow \mathrm{Var}(X)=\sigma^2$$

Die hier durchgeführten Berechnungen kann man auch mit den folgenden Mathematica-Anweisungen ausführen:

```
Integrate[t^2*Exp[-t^2/2]/Sqrt[2*Pi],{t,-Infinity,Infinity}]
Integrate[(t-mue)^2*Exp[-(t-mue)^2/(2*sigma^2)]/
          Sqrt[2*Pi*sigma^2],{t,-Infinity,Infinity}]
```

Bemerkung 2.28 Bei einer $\mathrm{N}(\mu,\sigma^2)$-verteilten zufälligen Größe X sind also Erwartungswert und Varianz gerade die Parameter. Deshalb ist die Verteilung einer normalverteilten zufälligen Größe X durch die Vorgabe des Erwartungswertes μ und der Varianz σ^2 bzw. durch die Vorgabe von Erwartungswert und Standardabweichung vollständig festgelegt.

Bemerkung 2.29 Es hat sich eingebürgert, auch bei anders verteilten zufälligen Größen den Erwartungswert mit μ, die Varianz mit σ^2 und die Standardabweichung mit σ zu bezeichnen. Wir werden diese Bezeichnungsweise übernehmen. Für den Nettogewinn X eines Spielers, der in unserem Spielkasino auf „Pair“ setzt, schreiben wir also $\mu=-\frac{5}{37},\sigma^2=\frac{34200}{1369}$, obwohl X keine normalverteilte zufällige Größe ist.

Wir haben mit unseren Standardbeispielen die Berechnung von Erwartungswert und Varianz einer zufälligen Größe eingeübt. Die folgende Ungleichung, die nach Tschebyscheff benannt wurde, beleuchtet die Bedeutung und den Zusammenhang dieser beiden Kenngrößen einer Verteilung.

Satz 2.11. ***(Tschebyscheffsche Ungleichung)***
Voraussetzung: Es sei X eine zufällige Größe, für die die Varianz σ^2 exsistiert. Weiter sei ε eine positive reelle Zahl.
Behauptung:

$$P(|X-\mu|\geq\varepsilon)\leq\frac{\sigma^2}{\varepsilon^2}$$

Beweis: Die Ungleichung wird von uns nur für den Fall bewiesen, daß X eine stetige zufällige Größe mit der Dichte f ist. (Beweisen Sie analog die Ungleichung für den Fall, daß X eine diskrete zufällige Größe mit der diskreten Dichtefunktion f ist.)

Es sei also X eine stetige zufällige Größe mit der Dichte f. Dann gilt für die Varianz (vgl. lonke Graphik in Abbildung 2.13):

$$\sigma^2=\int\limits_{-\infty}^{+\infty}(t-\mu)^2\cdot f(t)dt=\int\limits_{-\infty}^{\mu-\varepsilon}(t-\mu)^2\cdot f(t)dt+\int\limits_{\mu-\varepsilon}^{\mu+\varepsilon}(t-\mu)^2\cdot f(t)dt+\int\limits_{\mu+\varepsilon}^{+\infty}(t-\mu)^2\cdot f(t)dt$$
$$\geq\int\limits_{-\infty}^{\mu-\varepsilon}(t-\mu)^2\cdot f(t)dt+\int\limits_{\mu+\varepsilon}^{+\infty}(t-\mu)^2\cdot f(t)dt\geq\int\limits_{-\infty}^{\mu-\varepsilon}\varepsilon^2\cdot f(t)dt+\int\limits_{\mu+\varepsilon}^{+\infty}\varepsilon^2\cdot f(t)dt$$
$$=\varepsilon^2P(X\leq\mu-\varepsilon)+\varepsilon^2P(X\geq\mu+\varepsilon)=\varepsilon^2(P(X-\mu\leq-\varepsilon)+P(X-\mu\geq+\varepsilon))$$
$$=\varepsilon^2P(|X-\mu|\geq\varepsilon)$$

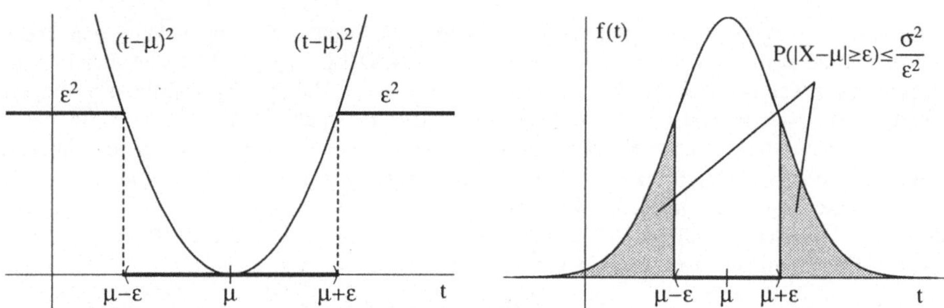

Abbildung 2.13 Zur Tschebyscheffschen Ungleichung

Also gilt:

$$\sigma^2 \geq \varepsilon^2 P(|X-\mu| \geq \varepsilon)$$

□

Bemerkung 2.30 Für die anschauliche Interpretation der Tschebyscheffschen Ungleichung stellen wir den Erwartungswert μ und das Intervall $(\mu-\varepsilon, \mu+\varepsilon)$ auf dem Zahlenstrahl dar: Die Wahrscheinlichkeit dafür, daß die zufällige Größe X einen Wert annimmt, der außerhalb des Intervalls $(\mu-\varepsilon, \mu+\varepsilon)$ liegt, ist höchstens $\frac{\sigma^2}{\varepsilon^2}$. Diese obere Schranke hängt einerseits von der Varianz σ^2 der zufälligen Größe X ab. Sie wird andererseits durch die Wahl von ε beeinflußt: Je kleiner die Varianz σ^2 und je größer ε ist, desto kleiner ist die obere Schranke für die Wahrscheinlichkeit, daß die zufällige Größe X einen Wert annimmt, der außerhalb des Intervalls $(\mu-\varepsilon, \mu+\varepsilon)$ liegt, und um so größer ist die untere Schranke $1-\frac{\sigma^2}{\varepsilon^2}$ für die Wahrscheinlichkeit, daß X einen Wert in dem Intervall $(\mu-\varepsilon, \mu+\varepsilon)$ annimmt. Ist z.B. X eine normalverteilte zufällige Größe mit den Parametern μ und σ^2, so kann man in die Skizze den Graphen der zugehörigen Dichtefunktionen einzeichnen (vgl. rechte Graphik in Abbildung 2.13). Die exakte Wahrscheinlichkeit $P(|X-\mu| \geq \varepsilon)$ entspricht dann der Summe der Inhalte der beiden schraffierten Flächen. Überlegen Sie sich, wie sich die beiden schraffierten Flächen verändern, wenn man für dasselbe μ

- bei festgehaltenem ε am Parameter σ^2 dreht
- bei festgehaltenem Parameter σ^2 an der Größe ε dreht

Bemerkung 2.31 Wenn X eine zufällige Größe mit dem Erwartungswert μ und der Varianz $\sigma^2 = 0$ ist, dann gilt:

$$\begin{aligned} & \underset{\varepsilon>0}{\forall} \quad P(|X-\mu| \geq \varepsilon) \leq 0 \\ \Rightarrow \quad & \underset{\varepsilon>0}{\forall} \quad P(|X-\mu| \geq \varepsilon) = 0 \\ \Rightarrow \quad & \quad P(\{\omega \in \Omega | X(\omega) \neq \mu\}) = 0 \end{aligned}$$

Die Verteilung von X ist also das auf den Erwartungswert μ konzentrierte Dirac-Maß.

Bemerkung 2.32 Wenn X eine zufällige Größe mit dem Erwartungswert μ und der Varianz $\sigma^2 > 0$ ist, dann gilt: Setzt man in der Tschebyscheffschen Ungleichung für $\varepsilon = k\sigma$, $k = 1,2,3,4,5\ldots$ so erhält man die folgenden Abschätzungen:

$$\begin{array}{lll} P(|X-\mu| \geq 1\sigma) & \leq 1 & \\ P(|X-\mu| \geq 2\sigma) & \leq 1/4 & = 0.25 \\ P(|X-\mu| \geq 3\sigma) & \leq 1/9 & \approx 0.11 \\ P(|X-\mu| \geq 4\sigma) & \leq 1/16 & \approx 0.06 \\ P(|X-\mu| \geq 5\sigma) & \leq 1/25 & = 0.04 \\ \vdots & & \end{array}$$

Die erste dieser Abschätzungen ist ohne praktische Bedeutung. Auch ohne die Ungleichung von Tschebyscheff ist klar, daß die Wahrscheinlichkeit des Ereignisses $\{\omega \in \Omega \mid |X-\mu| \geq \sigma\}$ kleiner gleich 1 sein muß. Die Bedeutung der weiteren Abschätzungen liegt darin, daß sie für alle zufälligen Größen gelten, und zwar unabhängig davon, welcher spezielle Verteilungstyp vorliegt. Es spielt also z.B. keine Rolle, ob die zufällige Größe X diskret oder stetig ist. Einzige Bedingung ist, daß der Erwartungswert μ und die Varianz σ^2 existieren. Diese Allgemeingültigkeit wird durch den Verlust an Schärfe erkauft, denn für einzelne Verteilungen können die Ungleichungen sehr grob sein.
Ist z.B. X eine $N(\mu,\sigma^2)$-verteilte zufällige Größe, so lassen sich die Wahrscheinlichkeiten $P(|X-\mu| \geq k\sigma)$ bis auf numerische Ungenauigkeiten exakt angeben:

$$\begin{array}{llll}
P(|X-\mu| \geq 1\sigma) & = 1-P(\mu-1\sigma < X < \mu+1\sigma) & = 1-(\Phi(1)-\Phi(-1)) & = 0.317311 \\
P(|X-\mu| \geq 2\sigma) & \leq 1-P(\mu-2\sigma < X < \mu+2\sigma) & = 1-(\Phi(2)-\Phi(-2)) & = 0.0455003 \\
P(|X-\mu| \geq 3\sigma) & \leq 1-P(\mu-3\sigma < X < \mu+3\sigma) & = 1-(\Phi(3)-\Phi(-3)) & = 0.0026998 \\
P(|X-\mu| \geq 4\sigma) & \leq 1-P(\mu-4\sigma < X < \mu+4\sigma) & = 1-(\Phi(4)-\Phi(-4)) & = 0.0000633425 \\
P(|X-\mu| \geq 5\sigma) & \leq 1-P(\mu-5\sigma < X < \mu+5\sigma) & = 1-(\Phi(5)-\Phi(-5)) & = 5.73303\cdot 10^{-7} \\
\vdots & & &
\end{array}$$

Diese unter der Annahme einer Normalverteilung berechneten Wahrscheinlichkeiten sind deutlich kleiner als die mit der Ungleichung von Tschebyscheff berechneten Grenzen.

Die Ungleichung von Tschebyscheff wird also insbesondere dann eingesetzt, wenn der Erwartungswert μ und die Varianz σ^2 einer zufälligen Größe X bekannt sind, über den Verteilungstyp aber keine Aussage gemacht werden kann.

Nachdem die Bedeutung der Varianz einer Verteilung mit der Ungleichung von Tschebyscheff klar geworden sein sollte, geht es jetzt darum, die Berechnung der Varianz einer zufälligen Größe zu vereinfachen.

Satz 2.12.
Voraussetzung: Es sei X eine zufällige Größe, für die die Erwartungswerte $E(X)$ und $E(X^2)$ existieren.
Behauptung: Dann existiert die Varianz von X, und es gilt:

$$\mathrm{Var}(X) = E(X^2) - (E(X))^2$$

Beweis: Die Behauptung wird von uns nur für den Fall bewiesen, daß X eine diskrete zufällige Größe mit der diskreten Dichtefunktion f ist. (Beweisen Sie analog die Ungleichung für den Fall, daß X eine stetige zufällige Größe mit der Dichte f ist.)
Im **diskreten Fall** folgt gemäß Bemerkung 2.27 aus der Existenz von $E(X)$ und der Existenz von $E(X^2)$:

$$\begin{aligned}
E(X^2)-((E(X))^2 &= E(X^2)-2E(X)E(X)+((E(X))^2 \\
&= \sum_{i\in I} x_i^2\cdot f(x_i) - 2E(X)\sum_{i\in I} x_i\cdot f(x_i) + ((E(X))^2\sum_{i\in I} f(x_i) \\
&= \sum_{i\in I}\left(x_i^2-2E(X)x_i+(E(X))^2\right)\cdot f(x_i) \\
&= \sum_{i\in I}(x_i-E(X))^2\cdot f(x_i) \\
&= E\left((X-E(X))^2\right) \\
&= \mathrm{Var}(X)
\end{aligned}$$

□

Im Satz 2.12 wurde die Existenz von $E(X)$ und $E(X^2)$ vorausgesetzt. Dies vereinfachte den Nachweis der Existenz von $\mathrm{Var}(X)$. Es hätte jedoch genügt, die Existenz von $E(X^2)$ vorauszusetzen, denn man kann zeigen, daß aus der Existenz von $E(X^2)$ die Existenz von $E(X)$ folgt.

Bemerkung 2.33 Bei der Formulierung und im Beweis des Satzes 2.12 haben wir bewußt für den Erwartungswert und die Varianz einer zufälligen Größe X die Symbole $E(X)$ und $\mathrm{Var}(X)$ verwendet. Wie bereits vereinbart werden wir in Zukunft für Erwartungswert und Varianz einer beliebigen zufälligen Größe X die Symbole μ und σ^2 benutzen. Dann schreibt sich die Behauptung des Satzes 2.12 wie folgt:

$$\sigma^2 = E\left((X-\mu)^2\right) = E\left(X^2\right) - \mu^2$$

Wir wenden den Satz 2.12 noch einmal auf zwei unserer Standardbeispiele an:

Beispiel 2.27 RAD Im Beispiel 2.19 wurde für den Erwartungswert des Nettogewinns der Wert $\mu = -\frac{1}{12}$ berechnet. Weiter gilt gemäß Bemerkung 2.25:

$$E(X^2) = (-1)^2 \cdot \frac{1}{6} + (-0.5)^2 \cdot \frac{3}{6} + (+1)^2 \cdot \frac{2}{6} = \frac{3.75}{6} = \frac{5}{8} = 0.625$$

Mit Satz 2.12 ergibt sich daraus für die Varianz σ^2:

$$\sigma^2 = E(X^2) - \mu^2 = \frac{5}{8} - (-\frac{1}{12})^2 = \frac{89}{144} = 0.61805\ldots$$

Beispiel 2.28 BIRNE Im Beispiel 2.17 wurde für die zufällige Größe X, die die Lebensdauer von Glühbirnen beschreibt, der Erwartungswert berechnet. Unter der Annahme, daß X mit dem Parameter λ exponentialverteilt ist, ergab sich dort $\mu = \frac{1}{\lambda}$.

Weiter gilt:

$$E(X^2) = \int_{-\infty}^{+\infty} t^2 \cdot f(t)\,dt = \int_{0}^{+\infty} t^2 \cdot \lambda e^{-\lambda t}\,dt$$

Mit diesem uneigentlichen Integral verfährt man wie mit dem uneigentlichen Integral in Beispiel 2.17. Eine Stammfunktion von $t^2 \cdot \lambda e^{-\lambda t}$ gewinnt man wie dort mittels partieller Integration. Man kann das uneigentliche Integral natürlich auch mit Mathematica berechnen und erhält mit der Mathematica-Anweisung

```
Integrate[t^2*lambda*Exp[-lambda*t],{t,0,Infinity}]
```

das Ergebnis

$$\int_{0}^{+\infty} t^2 \cdot \lambda e^{-\lambda t}\,dt = \frac{2}{\lambda^2}$$

Mit Satz 2.12 ergibt sich daraus für die Varianz σ^2:

$$\sigma^2 = E(X^2) - \mu^2 = \frac{2}{\lambda^2} - (\frac{1}{\lambda})^2 = \frac{1}{\lambda^2}$$

Satz 2.13.

Voraussetzung: Es sei X eine zufällige Größe, deren Varianz $\mathrm{Var}(X)$ *existiert. Weiter seien a und b beliebige reelle Zahlen.*

Behauptung: Dann existiert auch die Varianz der zufälligen Größe $Z = a + b \cdot X$, und es gilt:

$$\mathrm{Var}(Z) = \mathrm{Var}(a + b \cdot X) = b^2 \cdot \mathrm{Var}(X)$$

Beweis: Nach Satz 2.10 gilt:

$$E(Z) = E(a+bX) = a+bE(X).$$

Daraus ergibt sich:

$$\begin{aligned}\mathrm{Var}(Z) &= E\left((Z-E(Z))^2\right) = E\left((a+bX-a-bE(X))^2\right)\\ &= E\left((b(X-E(X)))^2\right) = E\left(b^2(X-E(X))^2\right)\\ &= b^2 \cdot E\left((X-E(X))^2\right) = b^2 \cdot \mathrm{Var}(X)\end{aligned}$$

□

Bemerkung 2.34 Beachten Sie, daß der Wert von a keinen Einfluß auf die Varianz der zufälligen Größe $a+bX$ hat, während der Faktor b quadratisch eingeht.

Bisher wurden die beiden wichtigsten Kenngrößen einer zufälligen Größe, nämlich Erwartungswert und Varianz, eingeführt und diskutiert. Die im folgenden zu definierenden höheren Momente sind weitere Kenngrößen, mit deren Hilfe weitere Aussagen über die Verteilung einer zufälligen Größe gemacht werden können.

Definition 2.16. Es sei X eine zufällige Größe und k eine natürliche Zahl. Falls die entsprechenden Zahlen existieren, heißt

- die reelle Zahl $E(X^k)$ das k**-te Moment** der zufälligen Größe X und
- die reelle Zahl $E(|X|^k)$ das k**-te absolute Moment** der zufälligen Größe X.

Analog heißt

- die reelle Zahl $E((X-\mu)^k)$ das k**-te zentrale Moment** und
- die reelle Zahl $E(|X-\mu|^k)$ das k**-te zentrale absolute Moment**

der zufälligen Größe X.

Die natürliche Zahl k wird als **Ordnung** des entsprechenden Momentes bezeichnet. Es gibt folglich für eine zufällige Größe X vier Momente der Ordnung k: Das k-te Moment $E(X^k)$, das k-te absolute Moment $E(|X|^k)$, das k-te zentrale Moment $E((X-\mu)^k)$ und das k-te absolute zentrale Moment $E(|X-\mu|^k)$.

Der Erwartungswert $E(X)$ ist also das 1. Moment von X, und die Varianz $\mathrm{Var}(X) = E((X-\mu)^2)$ das 2. zentrale Moment von X.

Mit Hilfe des dritten bzw. vierten zentralen Momentes werden zwei weitere Kenngrößen einer zufälligen Größe definiert, nämlich **Schiefe** und **Wölbung** (vgl. Aufgaben 2.3.7 und 2.3.8 zu diesem Abschnitt).

Die in diesem Abschnitt eingeführten Kenngrößen einer Verteilung können mit Mathematica wie aus einer Formelsammlung abgerufen werden. Nach dem Laden des **Statistics'Master'** stehen die wichtigsten diskreten und stetigen Verteilungen zur Verfügung. Erwartungswert, Varianz und weitere Kenngrößen erhält man dann mit den folgenden Anweisungen:

```
Mean[Verteilung]
Variance[Verteilung]
StandardDeviation[Verteilung]
Skewness[Verteilung]
Kurtosis[Verteilung]
```

Weitere Anregungen zum Einsatz von Mathematica in diesem Abschnitt finden Sie im **Notebook B1K2A3.ma**.

Aufgaben zum Abschnitt 2.3

Aufgabe 2.3.1
Ein Spieler bietet Ihnen das folgende Spiel an: Beim Werfen zweier fairer Würfel erhalten Sie 10 DM, wenn bei beiden Würfeln die Sechs oben liegt, und 2 DM, wenn bei genau einem Würfel die Sechs oben liegt. Ansonsten erhalten Sie nichts. Für jedes Spiel müssen Sie einen Einsatz von 1 DM zahlen. Für die zufällige Größe X, die Ihren Nettogewinn beschreibt, ist anzugeben:

(a) die Verteilung von X

(b) die Verteilungsfunktion $F(x)$ von X

(c) der Erwartungswert und die Varianz von X. Lohnt sich das Spiel für Sie?

Aufgabe 2.3.2
Berechnen Sie Erwartungswert und Varianz für

(a) eine $\mathrm{B}(1,p)$-verteilte zufällige Größe X

(b) eine $\mathrm{B}(n,p)$-verteilte zufällige Größe X

(c) eine $\mathrm{Poi}(\lambda)$-verteilte zufällige Größe X

Aufgabe 2.3.3
Eine stetige zufällige Größe X besitze die Dichte

$$\begin{array}{rccl} f: & \mathbb{R} & \rightarrow & \mathbb{R} \\ & t & \mapsto & f(t) := c \cdot \left|t^3\right| \cdot e^{-|t|} \end{array}$$

(a) Bestimmen Sie die Konstante c.

(b) Skizzieren Sie den Graphen von f.

(c) Berechnen und skizzieren Sie die Verteilungsfunktion F von X.

(d) Berechnen Sie den Erwartungswert und die Varianz von X.

Aufgabe 2.3.4
Eine stetige zufällige Größe X besitze die Dichte

$$\begin{array}{rccl} f: & \mathbb{R} & \rightarrow & \mathbb{R} \\ & t & \mapsto & f(t) := \begin{cases} 0 & \text{für} \quad t < 0 \\ r \cdot t^2 & \text{für} \quad 0 \leq t \leq 1 \\ 0 & \text{für} \quad 1 < t \end{cases} \end{array}$$

(a) Bestimmen Sie die Konstante r.

(b) Skizzieren Sie den Graphen von f.

(c) Berechnen und skizzieren Sie die Verteilungsfunktion F von X.

(d) Berechnen Sie den Erwartungswert und die Varianz von X.

(e) Geben Sie für ein beliebiges p mit $0 < p < 1$ das p-Quantil an. Geben Sie insbesondere den Median der Verteilung an.

(f) Berechnen Sie $P\left(|X-\mu| \geq \frac{1}{4}\right)$.

(g) Geben Sie mit Hilfe der Tschebyscheffschen Ungleichung für $P\left(|X-\mu| \geq \frac{1}{4}\right)$ eine obere Schranke an, und vergleichen Sie diese mit dem exakten Ergebnis aus (f).

Aufgabe 2.3.5

(a) Für die Dichte f einer stetigen zufälligen Größe X gelte:

$$f(t) = 0 \text{ für alle } t < 0.$$

Zeigen Sie, daß für alle reellen Zahlen $c > 0$ die folgende Ungleichung gilt:

$$P(X \geq c) \leq \frac{E(X)}{c}$$

Verfahren Sie dabei wie bei der Herleitung der Tschebyscheffschen Ungleichung: Bei der Berechnung von $E(X)$ teilen Sie den Integrationsbereich bei $t = c$ auf.

(b) Wenden Sie die Ungleichung aus (a) auf eine mit dem Parameter $\lambda = 2$ exponentialverteilte zufällige Größe X an, und vergleichen Sie die obere Schranke mit der exakten Wahrscheinlichkeit $P(X \geq c)$.

(c) Für die Dichte f einer stetigen zufälligen Größe X gelte die Bedingung aus (a) und außerdem: f ist symmetrisch zur Stelle $t = a > 0$.
Zeigen Sie, daß sich dann aus (a) die Abschätzung

$$P(X \geq 2a) \leq \frac{1}{2}$$

ergibt, und geben Sie den exakten Wert von $P(X \geq 2a)$ an.

Aufgabe 2.3.6
Eine stetige zufällige Größe X besitze die Dichte

$$\begin{array}{rccl} f: & \mathbb{R} & \to & \mathbb{R} \\ & t & \mapsto & f(t) := 2 \cdot e^{-4|t|} \end{array}$$

aus der Aufgabe 1.5.4

(a) Berechnen und skizzieren Sie die Verteilungsfunktion von X.

(b) Berechnen Sie den Erwartungswert von X.

(c) Geben Sie das untere und das obere Quartil der Verteilung von X an.

(d) Berechnen Sie $P(|X| \leq 2)$

Aufgabe 2.3.7
Es sei X eine zufällige Größe, für die das 3. Moment existiert. Dann heißt die reelle Zahl

$$\frac{E((X-\mu)^3)}{\sigma^3}$$

die **Schiefe** (englisch: **skewness**) von X. Eine zufällige Größe, für die die Schiefe positiv ist, heißt **rechtsschief**, eine zufällige Größe, für die die Schiefe negativ ist, heißt **linksschief**.

(a) Berechnen Sie die Schiefe der diskreten zufälligen Größen aus den Beispielen 2.27 RAD und 2.24 ROULETTE.

(b) Zeigen Sie, daß die Schiefe einer exponentialverteilten zufälligen Größe X unabhängig vom Parameter λ den Wert 2 hat.

(c) Zeigen Sie, daß die Schiefe einer $\mathrm{N}(\mu,\sigma^2)$-verteilten zufälligen Größe X den Wert 0 hat.

Aufgabe 2.3.8
Es sei X eine zufällige Größe, für die das 4. Moment existiert. Dann heißt die reelle Zahl

$$\frac{E((X-\mu)^4)}{\sigma^4}$$

die **Wölbung** (englisch: *kurtosis*). von X.

(a) Berechnen Sie die Wölbung der diskreten zufälligen Größen aus den Beispielen 2.23 RAD und 2.20 ROULETTE.

(b) Zeigen Sie, daß die Wölbung einer exponentialverteilten zufälligen Größe X unabhängig vom Parameter λ den Wert 9 hat.

(c) Zeigen Sie, daß die Wölbung einer $N(\mu,\sigma^2)$-verteilten zufälligen Größe X den Wert 3 hat.

Bemerkung: Die Zahl

$$\frac{E((X-\mu)^4)}{\sigma^4}-3$$

wird als **Exzeß** der zufälligen Größe X bezeichnet. Bei einer normalverteilten zufälligen Größe verschwinden also Schiefe und Exzeß.

Aufgabe 2.3.9

Es sei X eine zufällige Größe, die auf dem Intervall $[A,B]$ gleichverteilt ist. Zeigen Sie:

(a) $E(X)=\frac{A+B}{2}$

(b) $\mathrm{Var}(X)=\frac{(B-A)^2}{12}$

(c) Die Schiefe von X hat den Wert 0.

(d) Die Wölbung von X hat den Wert $\frac{9}{5}$.

Aufgabe 2.3.10

Es sei X eine auf dem Wahrscheinlichkeitsraum $(\Omega,\mathcal{A},P)$ definierte diskrete zufällige Größe mit der Bildmenge $X(\Omega)=\{x_i\,|\,i\in I\}$ und der diskreten Dichtefunktion f. Ferner sei $g:\mathbb{R}\to\mathbb{R}$ eine $\mathcal{B}-\mathcal{B}$-meßbare Funktion. Zeigen Sie für die zufällige Größe $Z=g\circ X$:

$$E(Z)=E(g\circ X)=E(g(X))=\sum_{i\in I}g(x_i)\cdot f(x_i),$$

vorausgesetzt, daß diese Summe absolut konvergiert.

Aufgabe 2.3.11

Es sei X eine stetige zufällige Größe mit der Dichtefunktion f_X und der Verteilungsfunktion F_X. Es sei g die Funktion

$$\begin{array}{rccl} g: & \mathbb{R} & \to & \mathbb{R} \\ & x & \mapsto & g(x):=|x| \end{array}$$

Zeigen Sie für die zufällige Größe $Z=g\circ X=|X|$:

(a) Z besitzt die Verteilungsfunktion

$$\begin{array}{rccl} F_Z: & \mathbb{R} & \to & \mathbb{R} \\ & z & \mapsto & F_Z(z):==\begin{cases} 0 & \text{falls } z\le 0 \\ F(z)-F(-z) & \text{falls } z>0 \end{cases} \end{array}$$

(b) Z besitzt die Dichtefunktion

$$\begin{array}{rccl} f_Z: & \mathbb{R} & \to & \mathbb{R} \\ & z & \mapsto & f_Z(z):=\begin{cases} 0 & \text{falls } z<0 \\ f(z)+f(-z) & \text{falls } z>0 \end{cases} \end{array}$$

(c)

$$E(Z)=\int_{-\infty}^{+\infty} z\cdot f_z(z)dz=\int_{-\infty}^{+\infty} |t|\,f(t)dt=\int_{-\infty}^{+\infty} g(t)f(t)dt,$$

falls das uneigentliche Integral $\int_{-\infty}^{+\infty} g(t)f(t)$ existiert.

Aufgabe 2.3.12

Es sei X eine stetige zufällige Größe mit der Dichtefunktion f_X und der Verteilungsfunktion F_X. Es sei g die Funktion

$$\begin{array}{rccl} g: & \mathbb{R} & \to & \mathbb{R} \\ & x & \mapsto & g(x) := x^2 \end{array}$$

Zeigen Sie für die zufällige Größe $Z = g \circ X = X^2$:

(a) Z besitzt die Verteilungsfunktion

$$\begin{array}{rccl} F_Z: & \mathbb{R} & \to & \mathbb{R} \\ & z & \mapsto & F_Z(z) := \begin{cases} 0 & \text{falls } z \leq 0 \\ F(+\sqrt{z}) - F(-\sqrt{z}) & \text{falls } z > 0 \end{cases} \end{array}$$

(b) Z besitzt die Dichtefunktion

$$\begin{array}{rccl} f_Z: & \mathbb{R} & \to & \mathbb{R} \\ & z & \mapsto & f_Z(z) := \begin{cases} 0 & \text{falls } z \leq 0 \\ \dfrac{1}{2\sqrt{z}}(f(+\sqrt{z}) + f(-\sqrt{z})) & \text{falls } z > 0 \end{cases} \end{array}$$

(c)

$$E(Z) = \int_{-\infty}^{+\infty} z \cdot f_z(z)dz = \int_{-\infty}^{+\infty} t^2 f(t)dt = \int_{-\infty}^{+\infty} g(t)f(t)dt,$$

falls das uneigentliche Integral $\int_{-\infty}^{+\infty} g(t)f(t)$ existiert.

Aufgabe 2.3.13

Es sei X entweder eine diskrete zufällige Größe mit der Wertemenge $X(\Omega) = \{x_i \,|\, i \in I\}$ und der diskreten Dichtefunktion f, oder es sei X eine stetige zufällige Größe mit der Dichte f. Der Erwartungswert $E(X)$ existiere. Unter entsprechenden Konvergenzannahmen definieren wir die Funktion

$$\begin{array}{rccl} Q: & \mathbb{R} & \to & \mathbb{R} \\ & \xi & \mapsto & Q(\xi) := \begin{cases} \sum\limits_{i \in I} (x_i - \xi)^2 \cdot f(x_i) & \text{im diskreten Fall} \\ \int\limits_{-\infty}^{+\infty} (x - \xi)^2 \cdot f(x)\,dx & \text{im stetigen Fall} \end{cases} \end{array}$$

Zeigen Sie: Die Funktion Q nimmt genau dann ihr absolutes Minimum an, wenn ist $\xi = E(X)$ ist, d.h.

$$Q_{\min} = Q(E(X)) = \left\{ \begin{array}{ll} \sum\limits_{i \in I} (x_i - E(X))^2 \cdot f(x_i) & \text{im diskreten Fall} \\ \int\limits_{-\infty}^{+\infty} (x - E(X))^2 \cdot f(x)\,dx & \text{im stetigen Fall} \end{array} \right\} = \mathrm{Var}(X)$$

Aufgabe 2.3.14

Diese Aufgabe bezieht sich auf die Diskussion der Eigenschaften symmetrischer Verteilungen. Führen Sie, ausgehend von der Definition 2.14, den formalen Beweis für die folgenden Aussagen:

(a) X ist genau dann eine mit dem Zentrum x^* symmetrisch verteilte zufällige Größe, wenn $X - x^*$ eine mit dem Zentrum 0 symmetrisch verteilte zufällige Größe ist.

(b) Ist X eine symmetrisch verteilte zufällige Größe, dann existiert genau ein Symmetriezentrum.

(c) Ist X eine stetige zufällige Größe mit der Dichte f und der Verteilungsfunktion F, so ist X genau dann symmetrisch verteilt mit dem Zentrum x^*, wenn gilt:

$$\underset{x\in\mathbb{R}}{\forall} f(x^*-x) = f(x^*+x)$$

(d) Ist X eine diskrete zufällige Größe mit der diskreten Dichtefunktion f und der Verteilungsfunktion F, so ist X genau dann symmetrisch verteilt mit dem Zentrum x^*, wenn gilt:

$$\underset{x\in\mathbb{R}}{\forall} f(x^*-x) = f(x^*+x)$$

(e) Ist X eine stetige oder diskrete zufällige Größe, die symmetrisch verteilt ist mit dem Zentrum x^*, so gilt:

$$E(X) = x^*$$

(f) Ist X eine stetige oder diskrete zufällige Größe, die symmetrisch verteilt ist mit dem Zentrum x^*, so verschwinden alle zentralen Momente ungerader Ordnung von X.

(f*) Insbesondere verschwindet bei jeder symmetrischen zufälligen Größe die Schiefe.

2.4 Charakteristische Funktionen

Die charakteristischen Funktionen sind ein elegantes Hilfsmittel beim Arbeiten mit zufälligen Größen. Die Grundidee besteht darin, der Verteilung bzw. der Verteilungsfunktion einer zufälligen Größe eine komplexwertige Funktion einer reellen Variablen zuzuordnen. Dabei ist wesentlich, daß diese Zuordnung eineindeutig ist, d.h.: zu jeder Verteilungsfunktion gehört genau eine charakteristische Funktion, und verschiedene Verteilungsfunktionen besitzen auch verschiedene charakteristische Funktionen. Diese Bijektion zwischen der Menge aller Verteilungsfunktionen und der Menge aller charakteristischen Funktionen gestattet es, Aussagen über die Verteilungsfunktion einer zufälligen Größe durch äquivalente Aussagen über die zugehörige charakteristische Funktion zu formulieren.

Bevor wir die Definition der charakteristischen Funktion einer Verteilung angeben, erinnern wir noch an die sogenannte **Eulersche Gleichung**, die besagt, daß für alle $t \in \mathbb{R}$ gilt:

$$e^{it} = \cos t + i \sin t$$

Dabei bedeutet i die imaginäre Einheitszahl. Aus der Eulerschen Gleichung ergeben sich wiederum die folgenden Gleichungen:

$$\begin{aligned} e^{-it} &= \cos t - i \sin t \\ \cos t &= \tfrac{1}{2}\left(e^{it} + e^{-it}\right) \\ \sin t &= \tfrac{1}{2i}\left(e^{it} - e^{-it}\right) \end{aligned}$$

Definition 2.17. Es sei X eine zufällige Größe mit der Verteilungsfunktion F. Dann heißt die Funktion

$$\begin{aligned} \varphi:\ \mathbb{R} &\to \mathbb{C} \\ t &\mapsto \varphi(t) := E(e^{itX}) \end{aligned}$$

charakteristische Funktion der Verteilungsfunktion F.

Bemerkung 2.35 Die charakteristische Funktion $\varphi(t)$ einer zufälligen Größe ist also eine komplexwertige Funktion einer reellen Variablen. Solche Funktionen werden in dem Teilgebiet der Mathematik behandelt, das als „Komplexe Analysis" oder „Funktionentheorie" bezeichnet wird. Aus dieser Theorie übernehmen wir die Tatsache, daß zu jeder Verteilungsfunktion die charakteristische Funktion existiert, und daß man bei ihrer Berechnung die imaginäre Einheitszahl wie eine reelle Konstante behandeln kann.

Bemerkung 2.36 Bei der Berechnung des Erwartungswertes $E(e^{itX})$ ist prinzipiell nach Bemerkung 2.25 zu verfahren, wobei für die dort auftretende reellwertige Funktion g der reellen Variablen x jetzt die folgende komplexwertige Funktion zu setzen ist :

$$\begin{array}{rccl} g: & \mathbb{R} & \to & \mathbb{C} \\ & x & \mapsto & g(x) := e^{itx} = \cos(tx) + i\sin(tx) \end{array}$$

Ist X also eine diskrete zufällige Größe mit der Bildmenge $X(\Omega) = \{x_k \,|k \in K\}$ und der diskreten Dichtefunktion f, so ist

$$\varphi(t) = E(e^{itX}) = \sum_{k\in K} e^{itx_k} \cdot f(x_k)$$

bzw.

$$\varphi(t) = E(\cos(tX) + i\sin(tX)) = \sum_{k\in K} \cos(tx_k) \cdot f(x_k) + i \cdot \sum_{k\in K} \sin(tx_k) \cdot f(x_k).$$

Ist X dagegen eine stetige zufällige Größe mit der Dichtefunktion f, so ist

$$\varphi(t) = E(e^{itX}) = \int_{-\infty}^{+\infty} e^{itx} \cdot f(x)\,dx$$

bzw.

$$\varphi(t) = E(\cos(tX) + i\sin(tX)) = \int_{-\infty}^{+\infty} \cos(tx) \cdot f(x)\,dx + i \int_{-\infty}^{+\infty} \sin(tx) \cdot f(x)\,dx.$$

Bemerkung 2.37 Unabhängig von der speziellen Verteilung der zufälligen Größe X ergibt sich für $t = 0$:

$$\varphi(0) = E(1) = 1$$

Bemerkung 2.38 Stellt man für jedes $t \in \mathbb{R}$ den Funktionswert $\varphi(t)$ als Punkt in der komplexen Zahlenebene dar, so entsteht eine Kurve, die wegen

$$\varphi(-t) = \overline{\varphi(t)}$$

spiegelsymmetrisch zur reellen Achse verläuft.

Bemerkung 2.39 Für eine konstante zufällige Größe

$$\begin{array}{rccl} X: & \Omega & \to & \mathbb{R} \\ & \omega & \mapsto & X(\omega) := c \end{array}$$

ergibt sich:

$$\varphi(t) = E(e^{itX}) = e^{itc} = \cos(tc) + i\sin(tc)$$

Beispiel 2.29 MUENZE Wir betrachten den Laplace-Wahrscheinlichkeitsraum $(\Omega, \mathcal{A}, P)$, der das Zufallsexperiment „Werfen einer fairen Münze" beschreibt, d.h. es ist:

$$\Omega = \{\textbf{Kopf,Zahl}\}, \qquad \mathcal{A} = 2^{\Omega}, \qquad P(\{\omega\}) = \frac{1}{2} \quad \text{für } \omega \in \Omega$$

Auf diesem Wahrscheinlichkeitsraum definieren wir die zufällige Größe

$$\begin{array}{rcl} X: \ \Omega & \to & \mathbb{R} \\ \omega & \mapsto & X(\omega) := \begin{cases} 1 & \text{falls } \omega = \textbf{Kopf} \text{ ist} \\ 0 & \text{falls } \omega = \textbf{Zahl} \text{ ist} \end{cases} \end{array}$$

X ist eine mit dem Parameter $p = \frac{1}{2}$ Bernoulli-verteilte zufällige Größe. Für die charakteristische Funktion erhält man:

$$\varphi(t) = E(e^{itX}) = \sum_{k=0}^{1} e^{itk} P(X = k) = e^{it0}\frac{1}{2} + e^{it1}\frac{1}{2} = \frac{1}{2} + \frac{1}{2}e^{it}$$

Die charakteristische Funktion φ aus dem Beispiel 2.29 ordnet jeder reellen Zahl t die komplexe Zahl $\varphi(t) = \frac{1}{2} + \frac{1}{2}e^{it} = 0.5 + 0.5\cos t + i \cdot 0.5\sin t$ zu. Die zu φ gehörende Kurve in der komplexen Zahlenebene kann wegen der Periodizität von $\cos t$ und $\sin t$ mit der folgenden Mathematica-Anweisung erzeugt werden:

```
ParametricPlot[{0.5+0.5*Cos[t],0.5*Sin[t]},{t,0,2*Pi},
               PlotStyle->RGBColor[1.000,0.000,0.000],
               AxesLabel->{Re,Im},
               AspectRatio->Automatic]
```

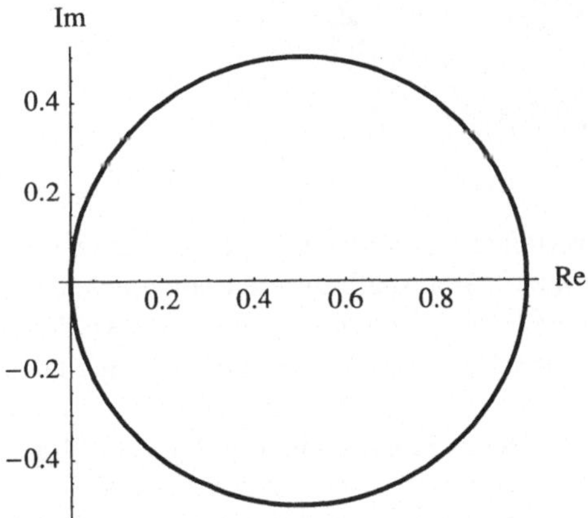

Abbildung 2.14
Charakteristische Funktion der $B(1, 0.5)$-Verteilung

Schränkt man also den Definitionsbereich von φ auf das Intervall $[0, 2\pi)$ ein, so ist φ eine Parameterdarstellung des entgegen dem Uhrzeigersinn einmal durchlaufenen Kreises in der komplexen Zahlenebene. Der Mittelpunkt dieses Kreises besitzt die Koordinaten $x_0 = 0.5$ und $y_0 = 0$, der Radius des Kreises ist $r = 0.5$.

Bemerkung 2.40 Eine Verallgemeinerung der Rechnung aus dem Beispiel 2.29 ergibt für eine mit dem Parame-ter p Bernoulli-verteilte zufällige Größe X die charakteristische Funktion

$$\varphi(t) \quad = E(e^{itX}) = \sum_{k=0}^{1} e^{itk} P(X = k) = e^{it0}q + e^{it1}p = q + pe^{it} = 1 - p + pe^{it}$$

und für eine $B(n, p)$-verteilte zufällige Größe X die charakteristische Funktion

$$\begin{aligned}\varphi(t) &= E(e^{itX}) = \sum_{k=0}^{n} e^{itk} P(X=k) = \sum_{k=0}^{n} e^{itk} \binom{n}{k} p^k (1-p)^{n-k} \\ &= \sum_{k=0}^{n} \binom{n}{k} (e^{it}p)^k (1-p)^{n-k} = (1-p+pe^{it})^n\end{aligned}$$

Die charakteristische Funktion der $\mathrm{B}(1,p)$-Verteilung ist wieder die Parameterdarstellung eines Kreises in der komplexen Zahlenebene. Der Mittelpunkt besitzt die Koordinaten $x_0 = 1-p$ und $y_0 = 0$, und der Radius ist $r = p$.

Für $n \geq 2$ ist die charakteristische Funktion der $\mathrm{B}(n,p)$-Verteilung zwar kein Kreis, aber eine mit der Periode 2π periodische Funktion. Sie läßt sich deshalb mit den entsprechenden Mathematica-Anweisungen vollständig darstellen. Hierzu verweisen wir auf das **Notebook B1K2A4.ma** zu diesem Abschnitt. Untersuchen Sie, wie sich der Kurvenverlauf ändert, wenn man die Parameter n und p der Binomialverteilung variiert.

Beispiel 2.30 ZERFALL Die zufällige Größe X, die die Anzahl der von einem radioaktiven Präparat in einem Zeitintervall vorgegebener Länge ausgesandten Teilchen registriert, ist Poisson-verteilt mit dem Parameter λ, d.h. X besitzt die diskrete Dichtefunktion

$$\begin{aligned} f: \quad & \mathbb{R} \to \mathbb{R} \\ t \quad & \mapsto \quad f(t) := \left\{ \begin{array}{ll} \frac{\lambda^t}{t!} e^{-\lambda} & \text{falls } t = k \in \mathbb{N}_0 \\ 0 & \text{sonst} \end{array} \right\} = \frac{\lambda^t}{t!} e^{-\lambda} \cdot 1_{\mathbb{N}_0}(t) \end{aligned}$$

Für die charakteristische Funktion erhält man:

$$\begin{aligned}\varphi(t) &= E(e^{itX}) = \sum_{k=0}^{\infty} e^{itk} f(k) = \sum_{k=0}^{\infty} e^{itk} \frac{\lambda^k}{k!} e^{-\lambda} = e^{-\lambda} \sum_{k=0}^{\infty} e^{itk} \frac{\lambda^k}{k!} \\ &= e^{-\lambda} \sum_{k=0}^{\infty} \frac{(e^{it}\lambda)^k}{k!} = e^{-\lambda} e^{\lambda e^{it}} = e^{\lambda(e^{it}-1)}\end{aligned}$$

Auch die charakteristische Funktion der $\mathrm{Poi}(\lambda)$-Verteilung ist für jeden Wert des Parameters λ eine mit der Periode 2π periodische Funktion. Sie läßt sich deshalb mit den entsprechenden Mathematica-Anweisungen vollständig darstellen. Hierzu verweisen wir wieder auf das **Notebook B1K2A4.ma.** Untersuchen Sie auch hier, wie sich der Kurvenverlauf ändert, wenn man den Parameter λ der Poisson-Verteilung variiert.

Wir wenden uns nun der Berechnung der charakteristischen Funktion von stetigen zufälligen Größen zu.

Beispiel 2.31 TURBINE Wir betrachten die zufällige Größe X aus dem Beispiel 2.15, die den Rückdrehwinkel im Bogenmaß beschreibt. X ist eine auf dem Intervall $(0, 2\pi]$ gleichverteilte zufällige Größe, d.h. X ist eine stetige zufällige Größe mit der Dichtefunktion

$$f(x) = \left\{ \begin{array}{ll} \frac{1}{2\pi} & \text{für } 0 < x \leq 2\pi \\ 0 & \text{sonst} \end{array} \right\} = \frac{1}{2\pi} \cdot 1_{(0,2\pi]}$$

Für die charakteristische Funktion erhält man für $t \neq 0$:

$$\varphi(t) = E(e^{itX}) = \int_{-\infty}^{+\infty} e^{itx} f(x)\,dx = \int_{0}^{2\pi} e^{itx} \frac{1}{2\pi}\,dx = \frac{1}{2\pi} \left[\frac{e^{itx}}{it} \right]_0^{2\pi} = \frac{1}{2\pi i t} (e^{it \cdot 2\pi} - 1)$$

Die charakteristische Funktion $\varphi(t)$ aus dem Beispiel 2.31 ist keine periodische Funktion. Wegen

$$\varphi(t) = e^{it\pi} \cdot \frac{e^{it\pi} - e^{-it\pi}}{2i} \cdot \frac{1}{\pi t} = e^{it\pi} \cdot \frac{\sin \pi t}{\pi t}$$

ergibt sich für $t \geq 0$ das Bild einer Spirale mit dem Anfangspunkt (1,0). Die Abbildung 2.15 stellt diese Spirale für $0 \leq t \leq \pi$ dar.

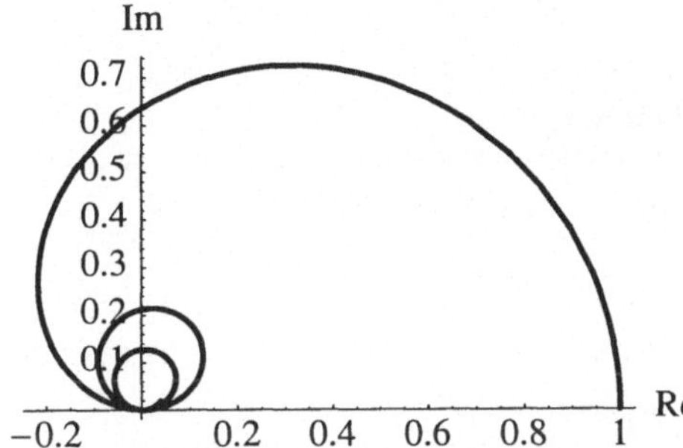

Abbildung 2.15

Spiegelt man diese Spirale an der reellen Achse, so erhält man nach Bemerkung 2.38 das Bild von φ für $-\pi \leq t \leq 0$. Das **Notebook B1K2A4.ma** enthält das Mathematica-Programm, mit dem die Abbildung 2.15 erzeugt wurde.

Bemerkung 2.41 Verallgemeinert man die Situation aus dem Beispiel 2.31 entsprechend, so erhält man für eine auf dem Intervall $[A, B]$ gleichverteilte zufällige Größe X die charakteristische Funktion

$$\varphi(t) = \int_A^B e^{itx} \frac{1}{B-A} dx = \begin{cases} 1 & \text{für } t = 0 \\ \frac{1}{B-A} \cdot \frac{1}{it}(e^{itB} - e^{itA}) & \text{für } t \neq 0 \end{cases}$$

Eine auf dem Intervall $[-1, +1]$ gleichverteilte zufällige Größe besitzt demnach die charakteristische Funktion

$$\varphi(t) = \begin{cases} 1 & \text{für } t = 0 \\ \frac{1}{2} \cdot \frac{1}{it}(e^{it} - e^{-it}) = \frac{\sin t}{t} & \text{für } t \neq 0 \end{cases}$$

Bemerkung 2.42 Im Fall einer auf dem Intervall $[-1, +1]$ gleichverteilten zufälligen Größe ist die charakteristische Funktion $\varphi(t)$ also eine reellwertige Funktion. Die eigentliche Ursache liegt in der Symmetrie der Gleichverteilung über dem Intervall $[-1, +1]$. Allgemein gilt nämlich: Wenn die zufällige Größe X eine symmetrische Verteilung mit dem Zentrum $x^* = 0$ besitzt (vgl. Definition 2.14), ist die charakteristische Funktion eine reellwertige Funktion. Der Beweis dieser Tatsache für den Fall einer diskreten zufälligen Größe X ist Gegenstand der Aufgabe 2.4.4(a). Wir führen hier den Beweis für den Fall vor, daß X eine stetige zufällige Größe mit der zur y-Achse symmetrischen Dichtefunktion f ist. In diesem Fall gilt

$$\begin{aligned} \varphi(t) &= E(e^{itX}) = \int_{-\infty}^{+\infty} e^{itx} f(x)\,dx = \int_{-\infty}^{+\infty} (\cos(tx) + i \sin(tx)) \cdot f(x)\,dx \\ &= \int_{-\infty}^{+\infty} \cos(tx) \cdot f(x)\,dx + i \int_{-\infty}^{+\infty} \sin(tx) \cdot f(x)\,dx \end{aligned}$$

Das zweite Integral verschwindet, denn bezogen auf die y-Achse ist f eine symmetrische Funktion, die Sinus-Funktion eine antisymmetrische Funktion und somit das Produkt wiederum antisymmetrisch. Für die charakteristische Funktion φ erhält man also die reellwertige Funktion

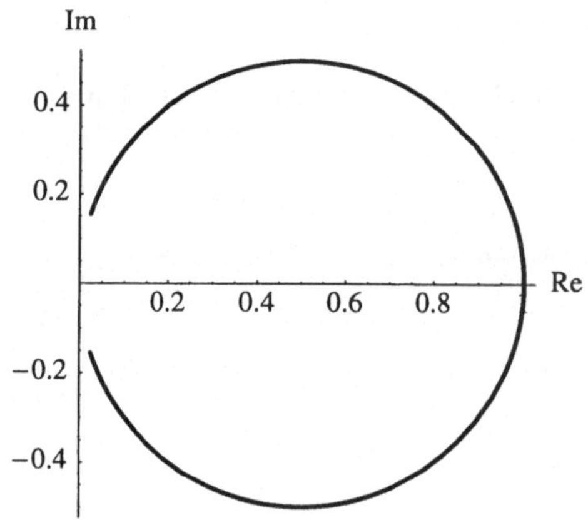

Abbildung 2.16
Charakteristische Funktion der Exponentialverteilung

$$\varphi(t) = \int_{-\infty}^{+\infty} \cos(tx) \cdot f(x)\,dx$$

Eine Verallgemeinerung der Bemerkung 2.42 wird in der Aufgabe 2.4.4 (b) behandelt.

Beispiel 2.32 BIRNE In Beispiel 2.16 wurde angenommen, daß die zufällige Größe X, die die Lebensdauer von Glühbirnen beschreibt, eine Exponentialverteilung besitzt. Für die charakteristische Funktion gilt deshalb:

$$\begin{aligned} \varphi(t) &= E(e^{itX}) = \int_{-\infty}^{+\infty} e^{itx} f(x)\,dx = \int_{0}^{+\infty} e^{itx}\,\lambda \cdot e^{-\lambda x}\,dx = \int_{0}^{+\infty} \lambda \cdot e^{(it-\lambda)x}\,dx \\ &= \lim_{b\to\infty} \left[\lambda \cdot \frac{1}{it-\lambda} \cdot e^{(it-\lambda)x}\right]_0^b = \frac{\lambda}{\lambda - it} \end{aligned}$$

Die Umformung

$$\varphi(t) = \frac{\lambda}{\lambda - it} = \frac{\lambda \cdot (\lambda + it)}{(\lambda - it)\cdot(\lambda + it)} = \frac{\lambda^2 + \lambda it}{\lambda^2 + t^2} = \frac{\lambda^2}{\lambda^2 + t^2} + i\,\frac{\lambda t}{\lambda^2 + t^2}$$

zeigt, daß $\varphi(t)$ für alle $\lambda \in \mathbb{R}^+$ die Parameterdarstellung eines (punktierten) Kreises in der komplexen Zahlenebene ist. Der Mittelpunkt dieses Kreises hat die Koordinaten $x_0 = 0.5$ und $y_0 = 0$, der Radius des Kreises ist 0.5. Der (punktierte) Kreis wird genau einmal durchlaufen. Für $t \leq 0$ ergibt sich der entgegen dem Uhrzeigersinn orientierte untere Halbkreis mit dem Endpunkt (1,0). Für $t \geq 0$ ergibt sich der entgegen dem Uhrzeigersinn orientierte obere Halbkreis mit dem Anfangspunkt (1,0). Die folgende Abbildung 2.16 zeigt die zu $\varphi(t)$ gehörende Kurve für $\lambda = 1.5$ und $t \in [-3\pi, +3\pi]$:

Der Punkt (0,0) gehört nicht zur Punktmenge $\{\varphi(t)\,|\,t \in \mathbb{R}\}$, allerdings gilt:

$$\varphi(t) \to 0 \text{ für } t \to +\infty \qquad \text{und} \qquad \varphi(t) \to 0 \text{ für } t \to -\infty$$

Beispiel 2.33 SLAENGE In Beispiel 2.17 wurde angenommen, daß die zufällige Größe X, die die Abweichung der Schraubenlänge von der Sollänge beschreibt, eine Normalverteilung besitzt.

Wir betrachten zunächst den Spezialfall der Standardnormalverteilung, d.h. X besitzt die zur y-Achse symmetrische Dichtefunktion $f(x) = \frac{1}{\sqrt{2\pi}} e^{-\frac{1}{2}x^2}$. Die charakteristische Funktion ist deshalb die reellwertige Funktion:

$$\begin{aligned}\varphi(t) &= \int_{-\infty}^{+\infty} f(x)\cos tx\,dx = \int_{-\infty}^{+\infty} \cos tx \frac{1}{\sqrt{2\pi}} e^{-\frac{1}{2}x^2}\,dx \\ &= \frac{2}{\sqrt{2\pi}} \int_{0}^{+\infty} \cos tx \cdot e^{-\frac{1}{2}x^2} dx\end{aligned}$$

Die Auswertung dieses uneigentlichen Integrals liefert :

$$\varphi(t) = e^{-\frac{1}{2}t^2}$$

Die Berechnung der charakteristischen Funktion einer N(μ,σ^2)-Verteilung kann nun mit Hilfe des folgenden Satzes 2.14 durchgeführt werden:

Satz 2.14.

Voraussetzung: Es sei X eine zufällige Größe mit der charakteristischen Funktion φ_X. Weiter seien a und $b \neq 0$ beliebige reelle Konstanten.

Behauptung: Die zufällige Größe $Y := a + bX$ besitzt die charakteristische Funktion

$$\varphi_Y(t) = e^{iat}\varphi_X(bt)$$

Beweis: Rechnet man gemäß Bemerkung 2.35 mit der komplexen Zahl i wie mit einer reellen Konstanten, dann ist auch e^{ita} wie eine Konstante zu behandeln, die gemäß Satz 2.10 aus dem Erwartungswert ausgeklammert werden kann:

$$\begin{aligned}\varphi_Y(t) &= E\left(e^{itY}\right) = E\left(e^{it(a+bX)}\right) \\ &= E\left(e^{ita} \cdot e^{itbX}\right) = e^{ita} \cdot E\left(e^{i(tb)X}\right) = e^{iat} \cdot \varphi_X(bt)\end{aligned}$$ □

Als erste Anwendung dieses sogenannten **Verschiebungssatzes** leiten wir die charakteristische Funktion einer beliebigen Normalverteilung aus der charakteristischen Funktion einer $N(0,1)$-Verteilung her (vgl. Beispiel 2.33):

Beispiel 2.34 SLAENGE Wenn die zufällige Größe X, die die Abweichung der Schraubenlänge von der Sollänge beschreibt, gemäß Beispiel 2.14 eine N$(0,\sigma^2)$-Verteilung besitzt, dann ist die zufällige Größe $U = X/\sigma$ gemäß Satz 2.7 standardnormalverteilt. Deshalb folgt für die charakteristische Funktion der zufälligen Größe X aus Satz 2.14 und Beispiel 2.33 mit $a = 0, b = \sigma$:

$$\varphi_X(t) = e^{i0t} \cdot \varphi_U(\sigma t) = e^{-\frac{1}{2}(\sigma t)^2}$$

Bemerkung 2.43 Analog erhält man für eine N(μ,σ^2)-verteilte zufällige Größe X die charakteristische Funktion

$$\varphi_X(t) = e^{i\mu t} \cdot \varphi_U(\sigma t) = e^{i\mu t} \cdot e^{-\frac{1}{2}(\sigma t)^2}$$

Dabei ist $U = \dfrac{X-\mu}{\sigma}$ bzw. $X = \mu + \sigma U$.

Für $\mu \neq 0$ und $\sigma > 0$ ist die zur charakteristischen Funktion $\varphi(t) = e^{i\mu t} \cdot e^{-\frac{1}{2}(\sigma t)^2}$ gehörende Kurve in der komplexen Zahlenebene für $t \geq 0$ eine Spirale mit dem Anfangspunkt $(1,0)$. Spiegelt man diese Spirale an der reellen Achse, so erhält man nach Bemerkung 2.38 die Punktmenge $\{\varphi(t)\,|\,t \in \mathbb{R}\}$.

Das **Notebook B1K2A4.ma** enthält die Mathematica-Programme, mit denen Sie die zu diesen charakteristischen Funktion gehörenden Graphen zeichnen können. Untersuchen Sie, wie sich der Kurvenverlauf ändert, wenn man die Parameter der Normalverteilung variiert oder das Definitionsintervall für t ändert.

Nachdem wir das Berechnen von charakteristischen Funktionen an einigen Beispielen eingeübt haben, kommen wir nun auf die eingangs erwähnte Eineindeutigkeit der Zuordnung zwischen der Menge der Verteilungsfunktionen und der Menge der charakteristischen Funktionen zu sprechen. Und zwar gilt der folgende

Satz 2.15. *Verschiedene Verteilungsfunktionen besitzen verschiedene charakteristische Funktionen.*

Für den Beweis dieses **Eindeutigkeitssatzes** verweisen wir auf die Literatur [z.B. Bauer, H.: Maß und Integrationstheorie]. Allerdings ist es schwierig, aus der charakteristischen Funktion φ einer zufälligen Größe X ihre Verteilungsfunktion F zu berechnen. Unter gewissen zusätzlichen Voraussetzungen gilt aber die folgende **Umkehrformel**

$$f(x) = \frac{1}{2\pi} \int_{-\infty}^{+\infty} e^{-itx} \cdot \varphi(t)\, dt,$$

die es gestattet, aus der charakteristischen Funktion φ einer **stetigen** zufälligen Größe X ihre Dichtefunktion f zu berechnen.

Am Ende dieses Abschnitts behandeln wir nun eine der wichtigsten Anwendungen der charakteristischen Funktionen, die darin besteht, aus den Ableitungen der charakteristischen Funktion einer zufälligen Größe deren Momente zu berechnen, soweit diese existieren.

Machen Sie sich bewußt, daß die Momente über Summen bzw. Integrale definiert sind. (vgl. Definition 2.16 und Bemerkung 2.25). Selbst mit Formelsammlung kann sich die Auswertung dieser Integrale bzw. Summen als recht mühsam erweisen. Der Vorteil des im folgenden zu beschreibenden Verfahrens beruht auf der Tatsache, daß der Summations- bzw. Integrationsvorgang nur ein einziges Mal, nämlich bei der Berechnung der charakteristischen Funktion, durchgeführt werden muß. Danach erfolgt die Berechnung aller existierenden Momente durch Differenzieren, was in der Regel auch ohne Formelsammlung gelingen sollte.

Satz 2.16.
Voraussetzung: Es sei X eine zufällige Größe mit der charakteristischen Funktion φ.
Behauptung: Falls für ein $k \in \mathbb{N}$ das k-te Moment $E(X^k)$ existiert, dann existiert auch $\varphi^{(k)}(0)$, und es gilt:

$$\varphi^{(k)}(0) = i^k E(X^k)$$

Umgekehrt folgt aus der Existenz von $\varphi^{(k)}(0)$ auch die Existenz von $E(X^k)$, und es gilt:

$$E(X^k) = i^{-k} \cdot \varphi^{(k)}(0)$$

Beweis: Die Existenzaussagen dieses Satzes, auf deren Beweis wir hier nicht eingehen, erlauben die Vertauschung der Differentiation mit der Summation bzw. der Integration. Damit ergeben sich die behaupteten Gleichungen durch die folgende formale Rechnung:

$$\varphi(t) = E\left(e^{itX}\right) \Rightarrow \varphi^{(k)}(t) = E\left((iX)^k e^{itX}\right) = i^k \cdot E\left(X^k \cdot e^{itX}\right)$$

$$\Rightarrow \varphi^{(k)}(0) = i^k E(X^k) \qquad \square$$

Bemerkung 2.44 Speziell für $k = 1$ und $k = 2$ entnimmt man dem vorangegangenen Satz:

$$\begin{aligned} \varphi'(0) &= i \cdot E(X) \quad \text{bzw.} \quad E(X) &= \frac{1}{i} \cdot \varphi'(0) = -i \cdot \varphi'(0) \\ \varphi''(0) &= i^2 \cdot E(X^2) \quad \text{bzw.} \quad E(X^2) &= \frac{1}{i^2} \cdot \varphi''(0) = -\varphi''(0) \end{aligned}$$

Es gilt also:

$$\begin{aligned} \mu &= E(X) &&= -i \cdot \varphi'(0) \\ \mu^2 &= (E(X))^2 &&= -(\varphi'(0))^2 \\ \sigma^2 &= \mathrm{Var}(X) &&= E(X^2) - \mu^2 = -\varphi''(0) + (\varphi'(0))^2 \end{aligned}$$

Versuchen Sie mit diesen Formeln, den Erwartungswert und die Varianz für die im Abschnitt 2.3 besprochenen Verteilungen zu berechnen.

Bemerkung 2.45 Unter entsprechenden Differenzierbarkeitsannahmen ist die Taylorreihe der charakteristischen Funktion φ entwickelt an der Stelle $t_0 = 0$:

$$\begin{aligned} \varphi(t) &= \sum_{k=0}^{\infty} \tfrac{t^k}{k!} \cdot \varphi^{(k)}(0) = \varphi(0) + t \cdot \varphi'(0) + \tfrac{t^2}{2} \cdot \varphi''(0) + o(t^2) \\ &= 1 + itE(X) - \tfrac{t^2}{2} E(X^2) + o(t^2) \end{aligned}$$

Ist X eine beliebige zufällige Größe mit $E(X) = 0$ und $\mathrm{Var}(X) = 1$, so gilt für die charakteristische Funktion:

$$\varphi(t) = 1 - \frac{t^2}{2} + o(t^2)$$

Diese Talorreihenentwicklung wird im nächsten Kapitel Grundlage für eine weitere wichtige Anwendung der charakteristischen Funktionen sein.

Aufgaben zum Abschnitt 2.4

Aufgabe 2.4.1
Berechnen Sie die charakteristische Funktion der diskreten zufälligen Größe

(a) aus dem Beispiel 2.19 RAD
(b) aus dem Beispiel 2.20 ROULETTE.

Aufgabe 2.4.2
Eine zufällige Größe X besitze die Verteilungsfunktion

$$\begin{aligned} F : \mathbb{R} &\to \mathbb{R} \\ x &\mapsto F(x) := \begin{cases} 0 & \text{für } x < -2 \\ \frac{1}{4} & \text{für } -2 \le x < 0 \\ \frac{3}{4} & \text{für } 0 \le x < 2 \\ 1 & \text{für } 2 \le x \end{cases} \end{aligned}$$

(a) Zeigen Sie, daß die zufällige Größe X die charakteristische Funktion

$$\varphi(t) = \frac{1}{2}(1 + \cos(2t))$$

besitzt.

(b) Berechnen Sie mit Hilfe von φ den Erwartungswert, die Varianz, die Schiefe, die Wölbung und den Exzeß von X (vgl. Aufgaben 2.3.7 und 2:3.8).

Aufgabe 2.4.3

Eine stetige zufällige Größe X besitze die Dichte

$$\begin{aligned} f:\ \mathbb{R} &\to \mathbb{R} \\ t &\mapsto f(t) := 2\cdot e^{-4|t|} \end{aligned}$$

aus der Aufgabe 2.3.6

(a) Zeigen Sie, daß die zufällige Größe X die charakteristische Funktion

$$\varphi(t) = \frac{16}{16+t^2}$$

besitzt.

(b) Berechnen Sie mit Hilfe von φ den Erwartungswert $E(X)$ und die Varianz $\mathrm{Var}(X)$.

Aufgabe 2.4.4

Diese Aufgabe ergänzt und verallgemeinert die Bemerkung 2.42.

(a) Es sei X eine diskrete zufällige Größe mit der Bildmenge $X(\Omega) = \{x_k \,|k \in K\}$ und der diskreten Dichtefunktion $f : \mathbb{R} \to \mathbb{R}$. Zeigen Sie:

Wenn die Verteilung von X symmetrisch mit dem Zentrum $x^* = 0$ ist, dann ist die charakteristische Funktion dieser Verteilung eine reellwertige Funktion.

(b) Es sei X eine diskrete oder stetige zufällige Größe. Zeigen Sie:

Wenn die Verteilung von X symmetrisch mit dem Zentrum x^* ist, dann existiert eine reellwertige Funktion $\psi(t)$, so daß für die charakteristische Funktion $\varphi(t)$ der Verteilung von X gilt:

$$\varphi(t) = e^{itx^*}\cdot\psi(t)$$

Aufgabe 2.4.5

Die charakteristische Funktion einer auf dem Intervall $[A,B]$ gleichverteilten zufälligen Größe Z soll noch einmal berechnet werden, indem, ausgehend von einer auf dem Intervall $[-1,+1]$ gleichverteilten zufälligen Größe U, der Verschiebungssatz angewandt wird. Benutzen Sie die Tatsache, daß die zufällige Größe U gemäß Bemerkung 2.41 die charakteristische Funktion

$$\varphi_U(t) = \begin{cases} \dfrac{\sin t}{t} & \text{für} \quad t \neq 0 \\ 1 & \text{für} \quad t = 0 \end{cases}$$

besitzt und zeigen Sie:

(a) Die zufällige Größe $Y := \frac{1}{2}(U+1) = \frac{1}{2} + \frac{1}{2}U$, die auf dem Intervall $[0,+1]$ gleichverteilt ist, besitzt nach dem Verschiebungssatz die charakteristische Funktion

$$\varphi_Y(t) = \begin{cases} e^{i\frac{1}{2}t}\cdot\frac{t}{2}\sin\frac{t}{2} & \text{für} \quad t \neq 0 \\ 1 & \text{für} \quad t = 0 \end{cases}$$

(b) Die zufällige Größe $Z := A + (B-A)\cdot Y$, die auf dem Intervall $[A,B]$ gleichverteilt ist, besitzt nach dem Verschiebungssatz die charakteristische Funktion

$$\varphi_Z(t) = \begin{cases} e^{i\frac{1}{2}(A+B)t} \cdot \dfrac{\sin\frac{1}{2}(B-A)t}{\frac{1}{2}(B-A)t} & \text{für} \quad t \neq 0 \\ 1 & \text{für} \quad t = 0 \end{cases}$$

(c) Interpretieren Sie das Ergebnis von Teil (b) dieser Aufgabe vor dem Hintergrund der Aufgabe 2.4.4 (b).

3 Grundannahmen für die Analyse statistischer Daten

Dieses Kapitel hat eine Art Brückenfunktion zwischen der in den Kapiteln 1 und 2 behandelten **Wahrscheinlichkeitstheorie** und der in den Kapiteln 4 bzw. 5 zu behandelnden **Schließenden Statistik**. Ein wesentliches Ziel dieses Kapitels ist es nämlich, die Lücke zu schließen, die bis jetzt noch zwischen **realen statistischen Daten** (d.h. beobachteten Versuchsergebnissen) und der **wahrscheinlichkeitstheoretischen Modellierung von Zufallsexperimenten** besteht. Erst danach können wir Schließende Statistik betreiben. Der Weg dahin ist weder kurz noch leicht und erfordert von Ihnen die Bereitschaft, weitere Begriffsbildungen aufzunehmen und zu verinnerlichen.

3.1 Mehrstellige Zufallsvariable und mehrdimensionale zufällige Größen

Wir erinnern daran, daß im Kapitel 2 der Begriff der Zufallsvariablen eingeführt wurde, um einzelne beobachtbare Aspekte eines komplexen Zufallsexperiments herauszufiltern. Formal ist eine Zufallsvariable eine meßbare Abbildung X von einem Wahrscheinlichkeitsraum $(\Omega,\mathcal{A},P)$ in einen meßbaren Raum $(\Omega',\mathcal{A}')$, die das Wahrscheinlichkeitsmaß P in das Bildmaß $P' = P_X$ transformiert. Mit dem so konstruierten Bildwahrscheinlichkeitsraum $(\Omega',\mathcal{A}',P')$ steht ein effizientes Modell für die Beschreibung des interessierenden Aspekts des Zufallsexperiments zur Verfügung.

In vielen praktischen Anwendungen und in den meisten bisher behandelten Beispielen ist der Bildmeßraum $(\Omega',\mathcal{A}')$ der meßbare Raum $(\mathbb{R},\mathcal{B})$, und man spricht von numerischen Zufallsvariablen oder von zufälligen Größen.

In diesem Abschnitt betrachten wir Zufallsvariable, bei denen der meßbare Raum $(\Omega',\mathcal{A}')$ ein Produktmeßraum ist. Solche sogenannten mehrstelligen Zufallsvariablen treten in der Praxis dann auf, wenn es darum geht, mehrere Aspekte desselben Zufallsexperiments zu modellieren und deren Zusammenhang zu erfassen. Zum Beispiel kann man sich dafür interessieren, ob ein Zusammenhang zwischen dem Geschlecht einer wahlberechtigten Person und ihrer Wahlentscheidung für eine bestimmte Partei besteht. Wie bei einstelligen Zufallsvariablen tritt in der Praxis sehr häufig der Fall auf, bei dem der Bildmeßraum $(\Omega',\mathcal{A}')$ der Produktmeßraum aus n Exemplaren von $(\mathbb{R},\mathcal{B})$, also der $(\mathbb{R}^n,\mathcal{B}(\mathbb{R}^n))$ ist. Die Wertemenge der mehrstelligen Zufallsvariablen ist dann also der $\mathbb{R}^n$, und $\mathcal{B}(\mathbb{R}^n)$ ist die von dem Mengensystem der n-dimensionalen Intervalle erzeugte Ereignis-σ-Algebra. Eine solche n-stellige Zufallsvariable, bei der der Bildmeßraum der $(\mathbb{R}^n,\mathcal{B}(\mathbb{R}^n))$ ist, heißt n-stellige numerische Zufallsvariable oder n-dimensionale zufällige Größe. Eine 2-dimensionale zufällige Größe benötigt man zum Beispiel dann, wenn man bei erwachsenen Menschen den Zusammenhang zwischen Körpergröße und Körpergewicht untersuchen will. Wir beginnen aber mit einem einfacheren Beispiel:

Beispiel 3.1 WUERFEL Wir betrachten den Laplace-Wahrscheinlichkeitsraum $(\Omega,\mathcal{A},P)$ mit $\Omega = \{1,2,3,4,5,6\}$, der das Zufallsexperiment „Werfen eines fairen Würfels“ beschreibt. Auf diesem Wahrscheinlichkeitsraum definieren wir die beiden Abbildungen

$$\begin{array}{rccl} X_1: & \Omega & \to & \mathbb{R} \\ & \omega & \mapsto & X_1(\omega) := \begin{cases} 1 & \text{falls } \omega \text{ durch 3 teilbar ist} \\ 0 & \text{sonst} \end{cases} \end{array}$$

und

$$\begin{array}{rccl} X_2: & \Omega & \to & \mathbb{R} \\ & \omega & \mapsto & X_2(\omega) := \begin{cases} 1 & \text{falls } \omega \text{ eine gerade Zahl ist} \\ 0 & \text{sonst} \end{cases} \end{array}$$

Die beiden Abbildungen X_1 und X_2 sind, da die Ereignis-σ-Algebra $\mathcal{A}$ die Potenzmenge von Ω ist, $\mathcal{A}$-$\mathcal{B}(\mathbb{R})$-meßbare Abbildungen. X_1 und X_2 sind also zwei zufällige Größen, die beide auf demselben Wahrscheinlichkeitsraum definiert sind.

Um den Zusammenhang zwischen den beiden zufälligen Größen X_1 und X_2 formal zu beschreiben, faßt man diese zufälligen Größen zu einem zweidimensionalen Vektor zusammen:

$$\begin{array}{rccl} \boldsymbol{X}: & \Omega & \to & \mathbb{R}^2 \\ & \omega & \mapsto & \boldsymbol{X}(\omega) := \begin{pmatrix} X_1(\omega) \\ X_2(\omega) \end{pmatrix} \end{array}$$

Der Vektor $\boldsymbol{X}$ ist eine $\mathcal{A}$-$\mathcal{B}(\mathbb{R}^2)$-meßbare Abbildung. Wie bei den eindimensionalen zufälligen Größen bezeichnen wir das durch $\boldsymbol{X}$ auf $(\mathbb{R}^2, \mathcal{B}(\mathbb{R}^2))$ induzierte Wahrscheinlichkeitsmaß $P_{\boldsymbol{X}}$ als Verteilung der zweidimensionalen zufälligen Größe $\boldsymbol{X}$.

Satz 3.1.

Voraussetzung: Es sei $(\Omega,\mathcal{A})$ *ein meßbarer Raum, und es sei* $(\Omega',\mathcal{A}')$ *der Produktmeßraum aus den n Meßräumen* $(\Omega_i',\mathcal{A}_i')_{1\le i\le n}$. $\boldsymbol{X} = (X_1, X_2, \ldots, X_n)^T$ *sei eine Abbildung von* Ω *in* Ω'.

Behauptung: Die Abbildung $\boldsymbol{X}$ *ist genau dann* $\mathcal{A}$-$\mathcal{A}'$-*meßbar, wenn jede ihrer Koordinatenfunktionen* X_i *eine* $\mathcal{A}$-$\mathcal{A}_i'$-*meßbare Abbildung ist.*

Beweis: Wir zeigen zunächst, daß aus der Meßbarkeit von $\boldsymbol{X}$ die Meßbarkeit jeder Koordinatenfunktion X_i folgt. Es gilt nämlich für jedes $A_i' \in \mathcal{A}_i'$:

$$X_i^{-1}(A_i') = \boldsymbol{X}^{-1}(\Omega_1' \times \ldots \times \Omega_{i-1}' \times A_i' \times \Omega_{i+1}' \times \ldots \times \Omega_n') \in \mathcal{A}$$

Um zu zeigen, daß umgekehrt aus der Meßbarkeit aller Koordinatenfunktionen die Meßbarkeit von $\boldsymbol{X}$ folgt, erinnern wir daran, daß das Mengensystem

$$\mathcal{E}' = \{A_1' \times A_2' \times \ldots \times A_n' \,|\, A_1' \in \mathcal{A}_1', A_2' \in \mathcal{A}_2', \ldots, A_n' \in \mathcal{A}_n'\}$$

die Produkt-σ-Algebra $\mathcal{A}'$ erzeugt. Die Behauptung folgt deshalb aus Satz 2.2, wenn man die folgende für alle $E' = A_1' \times A_2' \times \ldots \times A_n' \in \mathcal{E}'$ gültige Aussage berücksichtigt:

$$\boldsymbol{X}^{-1}(E') = \boldsymbol{X}^{-1}(A_1' \times A_2' \times \ldots \times A_n') = \bigcap_{i=1}^{n} X_i^{-1}(A_i') \in \mathcal{A}$$

□

Definition 3.1. Es sei $(\Omega,\mathcal{A},P)$ ein Wahrscheinlichkeitsraum und $(\Omega',\mathcal{A}') = \left(\bigtimes_{i=1}^{n} \Omega_i', \bigotimes_{i=1}^{n} \mathcal{A}_i'\right)$ der Produktmeßraum aus den n Meßräumen $(\Omega_i',\mathcal{A}_i')_{1\le i\le n}$. Eine Abbildung

$$\begin{array}{rccl} \boldsymbol{X}: & \Omega & \to & \Omega' \\ & \omega & \mapsto & \boldsymbol{X}(\omega) := (X_1(\omega), X_2(\omega), \ldots, X_n(\omega))^T \end{array}$$

heißt **n-stellige Zufallsvariable** mit den **Koordinatenfunktionen** $X_1, X_2, \ldots, X_n$, wenn sie $\mathcal{A}$-$\mathcal{A}'$-meßbar ist. Falls speziell $(\Omega',\mathcal{A}') = (\mathbb{R}^n, \mathcal{B}(\mathbb{R}^n))$ ist, heißt $\boldsymbol{X}$ eine **n-dimensionale numerische Zufallsvariable** oder **n-dimensionale zufällige Größe** oder ein **n-dimensionaler Zufallsvektor**.

Unter den Voraussetzungen der Definition 3.1 induziert $\boldsymbol{X}$ auf $(\Omega',\mathcal{A}')$ ein Wahrscheinlichkeitsmaß $P_{\boldsymbol{X}}$. Andererseits ist jede Koordinatenfunktion X_i einer n-stelligen Zufallsvariablen $\boldsymbol{X}$ eine Zufallsvariable mit Werten in dem Komponentenraum $(\Omega_i',\mathcal{A}_i')$ und induziert dort also das Bildmaß P_{X_i}. Wir führen deshalb folgende Begriffe ein:

Definition 3.2. Sei $\boldsymbol{X}$ eine n-stellige Zufallsvariable auf dem Wahrscheinlichkeitsraum $(\Omega,\mathcal{A},P)$ mit Werten in dem Produktmeßraum $(\Omega',\mathcal{A}') = \left(\bigtimes_{i=1}^{n} \Omega_i', \bigotimes_{i=1}^{n} \mathcal{A}_i'\right)$. Das auf $(\Omega',\mathcal{A}')$ durch $\boldsymbol{X}$ induzierte Wahrscheinlichkeitsmaß $P' = P_{\boldsymbol{X}}$ heißt die Verteilung von $\boldsymbol{X}$ oder die **gemeinsame Verteilung der Zufallsvariablen** $X_1,X_2,\ldots,X_n$. Die Verteilungen $P_{X_1}, P_{X_2},\ldots,P_{X_n}$ der Koordinatenfunktionen $X_1,X_2,\ldots,X_n$ heißen die **Randverteilungen** der n-stelligen Zufallsvariablen $\boldsymbol{X}$.

Bemerkung 3.1 Setzt man in Satz 3.1 für $(\Omega',\mathcal{A}') = (\mathbb{R}^n,\mathcal{B}(\mathbb{R}^n))$, dann folgt: $\boldsymbol{X}$ ist genau dann eine n-dimensionale zufällige Größe, wenn jede ihrer Komponenten eine 1-dimensionale zufällige Größe ist. In dieser Situation kann man wie im 1-dimensionalen Fall den Begriff der Verteilungsfunktion einführen:

Definition 3.3. Es sei $\boldsymbol{X} = (X_1,X_2,\ldots,X_n)^T$ eine n-dimensionale zufällige Größe auf dem Wahrscheinlichkeitsraum $(\Omega,\mathcal{A},P)$. Dann heißt die Funktion

$$\begin{array}{llll} F: & \mathbb{R}^n & \to & \mathbb{R} \\ & (x_1,\ldots,x_n)^T & \mapsto & F(x_1,\ldots,x_n) := P(X_1 \le x_1,\ldots,X_n \le x_n) \\ & & & = P(\{\omega \mid X_1(\omega) \le x_1 \wedge \ldots \wedge X_n(\omega) \le x_n\}) \\ & & & = P\left(\bigcap_{i=1}^{n} \{\omega \mid X_i(\omega) \le x_i\}\right) \end{array}$$

die **Verteilungsfunktion des Zufallsvektors** $\boldsymbol{X}$ bzw. **gemeinsame Verteilungsfunktion der zufälligen Größen** $X_1,X_2,\ldots,X_n$.

Bemerkung 3.2 Die in Satz 2.8 aufgeführten Eigenschaften der Verteilungsfunktion einer 1-dimensionalen zufälligen Größe lassen sich analog auch für die Verteilungsfunktion $F:\mathbb{R}^n \to \mathbb{R}$ einer n-dimensionalen zufälligen Größe beweisen:

- **(*F*1)** F ist in jeder Variablen monoton steigend.
- **(*F*2)** F ist in jeder Variablen von rechts stetig.
- **(*F*3)** $\forall_{1\le i\le n} \; \forall_{x_1^0,\ldots,x_{i-1}^0,x_{i+1}^0,\ldots,x_n^0} \; \lim_{x_i\to-\infty} F(x_1^0,\ldots,x_{i-1}^0,x_i,x_{i+1}^0,\ldots,x_n^0) = 0$
  und
  $\lim_{x_1\to\infty,\ldots,x_n\to\infty} F(x_1,\ldots,x_n) = 1$

Die Begriffe „gemeinsame Verteilung" bzw. „gemeinsame Verteilungsfunktion" sollen nun an verschiedenen Beispielen eingeübt und veranschaulicht werden.

Beispiel 3.2 WUERFEL In Beispiel 3.1 wurden die 1-dimensionalen zufälligen Größen

$$\begin{array}{llll} X_1: & \Omega & \to & \mathbb{R} \\ & \omega & \mapsto & X_1(\omega) := \begin{cases} 1 & \text{falls } \omega \text{ durch 3 teilbar ist} \\ 0 & \text{sonst} \end{cases} \end{array}$$

und

$$\begin{array}{llll} X_2: & \Omega & \to & \mathbb{R} \\ & \omega & \mapsto & X_2(\omega) := \begin{cases} 1 & \text{falls } \omega \text{ eine gerade Zahl ist} \\ 0 & \text{sonst} \end{cases} \end{array}$$

in dem 2-dimensionalen Zufallsvektor $\boldsymbol{X} = (X_1, X_2)^T$ zusammengefaßt. Da die beiden zufälligen Größen X_1 und X_2 jeweils nur die Werte 0 und 1 annehmen können, kann der Zufallsvektor $\boldsymbol{X}$ nur die 4 Wertepaare $(0,0), (0,1), (1,0)$ und $(1,1)$ annehmen. $\boldsymbol{X}$ ist also ein Zufallsvektor mit endlicher Ergebnismenge $\boldsymbol{X}(\Omega) = \{(0,0), (0,1), (1,0), (1,1)\}$, dessen Verteilung wie im 1-dimensionalen Fall durch die Angabe der Wahrscheinlichkeiten

$$P\left(\boldsymbol{X} = (0,0)^T\right), \quad P\left(\boldsymbol{X} = (0,1)^T\right), \quad P\left(\boldsymbol{X} = (1,0)^T\right) \text{ und } P\left(\boldsymbol{X} = (1,1)^T\right)$$

festgelegt ist. Es gilt

$$\begin{aligned} P\left(\boldsymbol{X} = (0,0)^T\right) &= P\left((X_1, X_2)^T = (0,0)^T\right) = P(X_1 = 0, X_2 = 0) \\ &= P(\{\omega \in \Omega \mid X_1(\omega) = 0 \wedge X_2(\omega) = 0\}) \\ &= P(\{\omega \in \Omega \mid X_1(\omega) = 0\} \cap \{\omega \in \Omega \mid X_2(\omega) = 0\}) \\ &= P(\{\omega \in \Omega \mid \omega \text{ ist nicht durch 3 teilbar }\} \cap \{\omega \in \Omega \mid \omega \text{ ist nicht gerade}\}) \\ &= P(\{1,2,4,5\} \cap \{1,3,5\}) = P(\{1,5\}) = \frac{1}{3} \end{aligned}$$

Analog berechnet man die drei anderen Wahrscheinlichkeiten der folgenden Tabelle

$P(\boldsymbol{X} = (0,0)^T)$	$= 1/3$
$P(\boldsymbol{X} = (0,1)^T)$	$= 1/3$
$P(\boldsymbol{X} = (1,0)^T)$	$= 1/6$
$P(\boldsymbol{X} = (1,1)^T)$	$= 1/6$

Zur Berechnung der Funktionswerte $F(x_1, x_2)$ der Verteilungsfunktion F sind zunächst 9 Fälle zu unterscheiden:

$x_1 \in (-\infty, 0)$	$x_2 \in (-\infty, 0)$	$F(x_1, x_2) = 0$
$x_1 \in (-\infty, 0)$	$x_2 \in [0, 1)$	$F(x_1, x_2) = 0$
$x_1 \in (-\infty, 0)$	$x_2 \in [1, +\infty)$	$F(x_1, x_2) = 0$
$x_1 \in [0, 1)$	$x_2 \in (-\infty, 0)$	$F(x_1, x_2) = 0$
$x_1 \in [0, 1)$	$x_2 \in [0, 1)$	$F(x_1, x_2) = 1/3$
$x_1 \in [0, 1)$	$x_2 \in [1, +\infty)$	$F(x_1, x_2) = 2/3$
$x_1 \in [1, +\infty)$	$x_2 \in (-\infty, 0)$	$F(x_1, x_2) = 0$
$x_1 \in [1, +\infty)$	$x_2 \in [0, 1)$	$F(x_1, x_2) = 1/2$
$x_1 \in [1, +\infty)$	$x_2 \in [1, +\infty)$	$F(x_1, x_2) = 1$

In der üblichen Notation für Funktionen würde man diese Verteilungsfunktion wie folgt angeben:

$$\begin{aligned} F: \quad & \mathbb{R}^2 \quad \to \quad \mathbb{R} \\ & (x_1, x_2)^T \quad \mapsto \quad F(x_1, x_2) := \begin{cases} 0 & \text{falls } x_1 < 0 & \text{oder} & x_2 < 0 \\ 1/3 & \text{falls } 0 \le x_1 < 1 & \text{und} & 0 \le x_2 < 1 \\ 2/3 & \text{falls } 0 \le x_1 < 1 & \text{und} & 1 \le x_2 \\ 1/2 & \text{falls } 1 \le x_1 & \text{und} & 0 \le x_2 < 1 \\ 1 & \text{falls } 1 \le x_1 & \text{und} & 1 \le x_2 \end{cases} \end{aligned}$$

In diesem Beispiel und in den beiden nächsten Beispielen besitzt der Zufallsvektor $\boldsymbol{X}$ eine endliche Ergebnismenge. Analog zum 1-dimensionalen Fall (Definition 2.6) definieren wir:

Definition 3.4. Der auf einem Wahrscheinlichkeitsraum $(\Omega, \mathcal{A}, P)$ definierte n-dimensionale Zufallsvektor $\boldsymbol{X}$ heißt **diskret**, wenn $\boldsymbol{X}(\Omega)$ eine endliche oder abzählbar unendliche Teilmenge von $\mathbb{R}^n$ ist, die keinen Häufungspunkt besitzt.

Bemerkung 3.3 Wenn $\boldsymbol{X}$ ein diskreter n-dimensionaler Zufallsvektor ist, dann induziert $\boldsymbol{X}$ auf dem Meßraum $(\mathbb{R}^n, \mathcal{B}(\mathbb{R}^n))$ ein diskretes Wahrscheinlichkeitsmaß. Wie im 1-dimensionalen Fall (vgl. Bemerkung 2.7) ist die Verteilung eines n-dimensionalen diskreten Zufallsvektors $\boldsymbol{X}$ vollständig durch die Funktion

$$\begin{array}{rccl} f: & \mathbb{R}^n & \to & \mathbb{R} \\ & \boldsymbol{t} & \mapsto & f(\boldsymbol{t}) := \boldsymbol{P}(\boldsymbol{X} = \boldsymbol{t}) \end{array}$$

festgelegt. f wird als **diskrete Dichtefunktion** des Zufallsvektors $\boldsymbol{X}$ bzw. als **gemeinsame Dichtefunktion** der Koordinatenfunktionen $X_1, \ldots, X_n$ bezeichnet. f verschwindet außer an endlich vielen oder höchstens abzählbar unendlich vielen Stellen. Offensichtlich sind die Randverteilungen eines diskreten Zufallsvektors ebenfalls diskrete Verteilungen.

Bemerkung 3.4 Die Verteilungsfunktion eines n-dimensionalen diskreten Zufallsvektors $\boldsymbol{X}$ ist eine stückweise konstante Funktion, also eine Treppenfunktion. Für den Zufallsvektor $\boldsymbol{X}$ des Beispiels 3.2 ergibt sich das Bild in Abbildung 3.1.

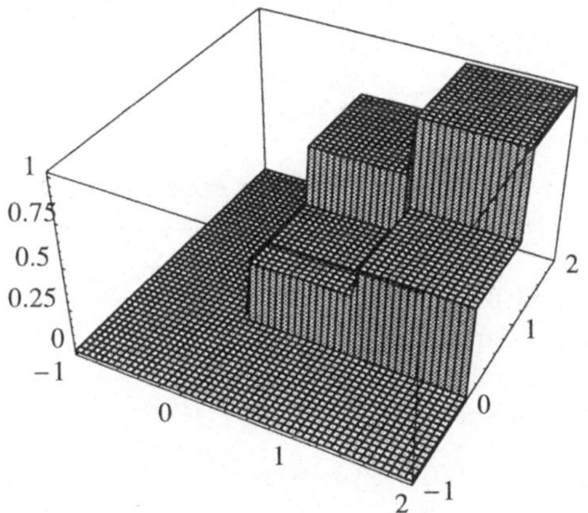

Abbildung 3.1
Verteilungsfunktion des Zufallsvektors X aus dem Beispiel 3.2

Beispiel 3.3 GLUECK Wir kommen auf das Beispiel 1.44 zurück, mit dem im Abschnitt 1.7 der Begriff des Produktwahrscheinlichkeitraumes motiviert wurde. Dort wurde ein Zufallsexperiment beschrieben, das aus den beiden Einzelzufallsexperimenten MUENZE und WUERFEL zusammengesetzt ist. Diese beiden Einzelzufallsexperimente modellieren wir durch die beiden Wahrscheinlichkeitsräume $(\Omega_1, \mathcal{A}_1, P_1)$ und $(\Omega_2, \mathcal{A}_2, P_2)$ mit:

$$\begin{array}{lll} \Omega_1 = \{\boldsymbol{k}, \boldsymbol{z}\} & \mathcal{A}_1 = 2^{\Omega_1} & P_1(\{\boldsymbol{k}\}) = p, P_1(\{\boldsymbol{z}\}) = q \\ \Omega_2 = \{1,2,3,4,5,6\} & \mathcal{A}_2 = 2^{\Omega_2} & P_2(A_2) = |A_2|/6 \text{ für } A_2 \in \mathcal{A}_2 \end{array}$$

Das zusammengesetzte Zufallsexperiment wird dann durch den Produktwahrscheinlichkeitsraum $(\Omega, \mathcal{A}, P) = (\Omega_1 \times \Omega_2, \mathcal{A}_1 \otimes \mathcal{A}_2, P_1 \otimes P_2)$ modelliert. Wir definieren jetzt die folgenden Abbildungen:

$$\begin{array}{rccl} X_1: & \Omega & \to & \mathbb{R} \\ & (\omega_1, \omega_2)^T & \mapsto & X_1(\omega_1, \omega_2) := \left\{ \begin{array}{ll} 1 & \text{falls} \quad \omega_1 = k \\ 0 & \text{falls} \quad \omega_1 = z \end{array} \right. \end{array}$$

$$\begin{array}{rccl} X_2: & \Omega & \to & \mathbb{R} \\ & (\omega_1, \omega_2)^T & \mapsto & X_2(\omega_1, \omega_2) := \omega_2 \end{array}$$

$$\begin{array}{rccl} X_3: & \Omega & \to & \mathbb{R} \\ & (\omega_1, \omega_2)^T & \mapsto & X_3(\omega_1, \omega_2) := X_1(\omega_1, \omega_2) + X_2(\omega_1, \omega_2) \end{array}$$

Diese drei Abbildungen fassen wir zu einer vektorwertigen Abbildung zusammen:

$$\begin{array}{llll} \boldsymbol{X}: & \Omega & \to & \mathbb{R}^3 \\ & (\omega_1,\omega_2)^T & \mapsto & \boldsymbol{X}(\omega_1,\omega_2) = \begin{pmatrix} X_1(\omega_1,\omega_2) \\ X_2(\omega_1,\omega_2) \\ X_3(\omega_1,\omega_2) \end{pmatrix} \end{array}$$

$\boldsymbol{X}$ ist also ein 3-dimensionaler Zufallsvektor, der auf einem Wahrscheinlichkeitsraum $(\Omega,\mathcal{A},P)$ definiert ist, der selbst ein Produktraum ist. Die Verteilungsfunktion von $\boldsymbol{X}$ ist eine Abbildung $F:\mathbb{R}^3\to\mathbb{R}$, die sich nicht mehr anschaulich darstellen läßt. Auch die explizite Angabe der Funktionsvorschrift der Funktion F analog zum Beispiel 3.2 ist eine kaum zumutbare Aufgabe. Wir haben diese Aufgabe mit Mathematica gelöst (vgl. **Notebook NB1K3A1.ma).**

Beispiel 3.4 WAHL Bei den hessischen Kommunalwahlen für den Frankfurter Römer waren 1993 insgesamt $n = 398162$ Personen wahlberechtigt. Vor Schließung der Wahllokale war nicht klar, wie hoch die Wahlbeteiligung sein würde. Es sei p die unbekannte Wahrscheinlichkeit dafür, daß eine beliebige aus der Gruppe der Wahlberechtigten ausgewählte Person zur Wahl geht. Bezeichnet man mit X_1 die Anzahl der Personen, die zur Wahl gehen, so ist X_1 gemäß Aufgabe 2.2.2 eine $\mathrm{B}(n,p)$-verteilte zufällige Größe, d.h. es gilt:

$$P(X_1=k)=\binom{n}{k}p^k(1-p)^{n-k} = \frac{n!}{k!\cdot(n-k)!}\cdot p^k(1-p)^{n-k} \text{ für alle } k \text{ mit } 0\le k\le n$$

Bezeichnet man weiterhin mit X_2 die Anzahl der Personen, die nicht zur Wahlurne gehen, so ist $\boldsymbol{X} = (X_1,X_2)^T$ ein 2-dimensionaler Zufallsvektor, der nur solche Werte $(x_1,x_2)^T\in\mathbb{R}^2$ annehmen kann, für die gilt:

$$x_1\in\mathbb{N}_0, x_2\in\mathbb{N}_0, x_1+x_2=n$$

$\boldsymbol{X}$ ist also ein diskreter 2-dimensionaler Zufallsvektor mit der Bildmenge

$$\boldsymbol{X}(\Omega) = \left\{(k,n-k)^T \,|\, k\in\mathbb{N}_0, k\le n\right\}.$$

Für jedes $k\in\mathbb{N}_0$ mit $k\le n$ gilt:

$$P(X_1=k, X_2=n-k) = P(X_1=k) = \frac{n!}{k!\cdot(n-k)!}\cdot p^k(1-p)^{n-k}$$

$\boldsymbol{X}$ besitzt deshalb die diskrete Dichtefunktion

$$\begin{array}{llll} f: & \mathbb{R}^2 & \to & \mathbb{R} \\ & (t_1,t_2)^T & \mapsto & f(t_1,t_2) := \begin{cases} \binom{n}{t_1}\cdot p^{t_1}(1-p)^{t_2} & \text{falls } (t_1,t_2)^T\in X(\Omega) \\ 0 & \text{sonst} \end{cases} \end{array}$$

Definition 3.5. Es sei n eine natürliche Zahl und $\boldsymbol{p} = (p_1,\ldots,p_m)$ ein Wahrscheinlichkeitsvektor. Ein m-dimensionaler Zufallsvektor $\boldsymbol{X} = (X_1,\ldots,X_m)^T$ heißt **multinomialverteilt mit den Parametern n und $\boldsymbol{p}$**, wenn er die folgende diskrete Dichtefunktion besitzt:

$$f(t_1,\ldots,t_m) = \begin{cases} \dfrac{n!}{t_1!\cdot t_2!\cdot\ldots\cdot t_m!}\cdot p_1^{t_1}\cdot p_2^{t_2}\cdot\ldots\cdot p_m^{t_m} & \text{falls } (t_1,\ldots,t_m)^T\in\mathbb{N}_0^m \\ & \text{und } t_1+\ldots+t_m=n \\ 0 & \text{sonst} \end{cases}$$

Wir schreiben dann:

$$\boldsymbol{X}\sim M(n,m,\boldsymbol{p})$$

Bemerkung 3.5 Da $\boldsymbol{p} = (p_1, \ldots, p_m)$ ein Wahrscheinlichkeitsvektor ist, gilt für jedes $(t_1, \ldots, t_m)^T \in \mathbb{N}_0^m$ mit $t_1 + \ldots + t_m = n$:

$$\begin{aligned} f(t_1, \ldots, t_m) &= \frac{n!}{t_1! \cdot t_2! \cdot \ldots \cdot t_m!} \cdot p_1^{t_1} \cdot p_2^{t_2} \cdot \ldots \cdot p_m^{t_m} \\ &= \frac{n!}{t_1! \cdot t_2! \ldots \cdot t_{m-1}! \cdot (n - t_1 - \ldots - t_{m-1})!} \cdot \\ &\quad \cdot p_1^{t_1} \cdot p_2^{t_2} \cdot \ldots \cdot p_{m-1}^{t_{m-1}} \cdot (1 - p_1 - p_2 - \ldots - p_{m-1})^{n - t_1 - t_2 - \ldots - t_{m-1}} \end{aligned}$$

Für den Spezialfall $m = 2$ lautet die diskrete Dichtefunktion also:

$$f(t_1, t_2) = \begin{cases} \dfrac{n!}{t_1! \cdot (n - t_1)!} \cdot p_1^{t_1} \cdot (1 - p_1)^{n - t_1} & \text{falls } 0 \leq t_1 \leq n \\ 0 & \text{sonst} \end{cases}$$

Dies ist die diskrete Dichtefunktion einer $\mathrm{B}(n, p_1)$-Verteilung. Die $\mathrm{B}(n, p)$-Verteilung ist also eine 2-dimensionale Multinomialverteilung mit dem Parametervektor $\boldsymbol{p} = (p, 1 - p)$. Dies erklärt erst den Namen Binomialverteilung.

Beispiel 3.5 WAHL Fassen wir die Informationen aus den Beispielen 1.2 und 3.4 noch einmal zusammen: Bei den hessischen Kommunalwahlen 1993 kandidierten für den Frankfurter Römer 15 Listen. $n = 398162$ Personen waren wahlberechtigt. Deshalb läßt sich das Zufallsexperiment WAHL durch einen Zufallsvektor $\boldsymbol{X} = (X_1, \ldots, X_{15}, X_{16}, X_{17})^T$ modellieren, wobei $X_i, 1 \leq i \leq 15$ die Anzahl der wahlberechtigten Personen ist, die die Liste i wählen, X_{16} die Anzahl der wahlberechtigten Personen ist, die einen ungültigen Stimmzettel abgeben und X_{17} die Anzahl der wahlberechtigten Personen ist, die nicht zur Wahl gehen.

Der Zufallsvektor $\boldsymbol{X}$ besitzt also eine 17-dimensionale Multinomialverteilung mit den Parametern $n = 398162$ und $\boldsymbol{p} = (p_1, \ldots, p_{15}, p_{16}, p_{17})$. Dabei bezeichnet $p_i, 1 \leq i \leq 15$, die unbekannte Wahrscheinlichkeit dafür, daß eine wahlberechtigte Person eine gültige Stimme für die Liste i abgibt. Weiterhin ist p_{16} die unbekannte Wahrscheinlichkeit dafür, daß eine wahlberechtigte Person einen ungültigen Stimmzettel abgibt, und p_{17} ist die unbekannte Wahrscheinlichkeit dafür, daß eine wahlberechtigte Person nicht zur Wahl geht. Es ist das Ziel aller Wahlforscher, vor der Wahl die Komponenten des unbekannten Parametervektors $\boldsymbol{p}$ möglichst gut zu „schätzen". Da $\boldsymbol{p}$ ein Wahrscheinlichkeitsvektor ist, genügt es, die Komponenten $p_1, \ldots, p_{16}$ zu schätzen.

Nachdem wir den Begriff einer n-dimensionalen diskreten zufälligen Größe an Hand von Beispielen ausführlich diskutiert haben, wollen wir nun erklären, was man unter einer n-dimensionalen stetigen zufälligen Größe versteht. (Zufallsvektoren, die weder diskret noch stetig sind, werden wir wie im eindimensionalen Fall nicht behandeln.) Der Begriff einer n-dimensionalen stetigen zufälligen Größe wird prinzipiell wie der Begriff einer 1-dimensionalen stetigen zufälligen Größe eingeführt, indem man voraussetzt, daß die Verteilung $P_{\boldsymbol{X}}$ des Zufallsvektors $\boldsymbol{X}$ mit Hilfe einer Dichte $f : \mathbb{R}^n \to \mathbb{R}$ definiert werden kann:

Definition 3.6. Es sei $(\Omega, \mathcal{A}, P)$ ein Wahrscheinlichkeitsraum und $\boldsymbol{X} : \Omega \to \mathbb{R}^n$ eine n-dimensionale zufällige Größe. Dann heißt $\boldsymbol{X}$ eine **stetige n-dimensionale zufällige Größe** oder ein **n-dimensionaler stetiger Zufallsvektor**, wenn es eine nichtnegative Funktion $f : \mathbb{R}^n \to \mathbb{R}$ gibt, so daß für die Verteilungsfunktion F von $\boldsymbol{X}$ gilt:

$$\underset{(x_1, \ldots, x_n)^T \in \mathbb{R}^n}{\forall} \quad F(x_1, \ldots, x_n) = P_{\boldsymbol{X}}((-\infty, x_1] \times \ldots \times (-\infty, x_n]) = \int\limits_{(-\infty, x_1] \times \ldots \times (-\infty, x_n]} f(\boldsymbol{t}) d\boldsymbol{t}$$

Die Funktion f heißt **Dichtefunktion des Bildmaßes $P_{\boldsymbol{X}}$** oder **Dichte des Zufallsvektors $\boldsymbol{X}$**.

Bemerkung 3.6 Bei den meisten für die Praxis wichtigen stetigen Zufallsvektoren ist die Dichte f entweder in jedem Punkt $\boldsymbol{t} = (t_1, \ldots, t_n)^T \in \mathbb{R}^n$ stetig, oder es gilt: f ist beschränkt, die Menge

$$T_f := \{\boldsymbol{t} \in \mathbb{R}^n \,|\, f(\boldsymbol{t}) > 0\}$$

ist das stetige Bild eines nicht degenerierten n-dimensionalen Intervalls, und f ist in jedem inneren Punkt von T_f stetig. Wir setzen deshalb im folgenden voraus, daß die Dichtefunktion f eines stetigen Zufallsvektors auf T_f stetig ist.

Bei einem 2-dimensionalen stetigen Zufallsvektor $\boldsymbol{X}$ kann die Dichtefunktion als Fläche im Raum dargestellt werden, und die Wahrscheinlichkeit $P_{\boldsymbol{X}}(\boldsymbol{I})$ läßt sich anschaulich interpretieren als Inhalt des 3-dimensionalen Bereichs

$$\{(t_1,t_2,z) \,|\, (t_1,t_2) \in \boldsymbol{I},\, 0 \leq z \leq f(t_1,t_2)\},$$

der über dem Intervall $\boldsymbol{I}$ und unterhalb der durch f definierten Fläche liegt:

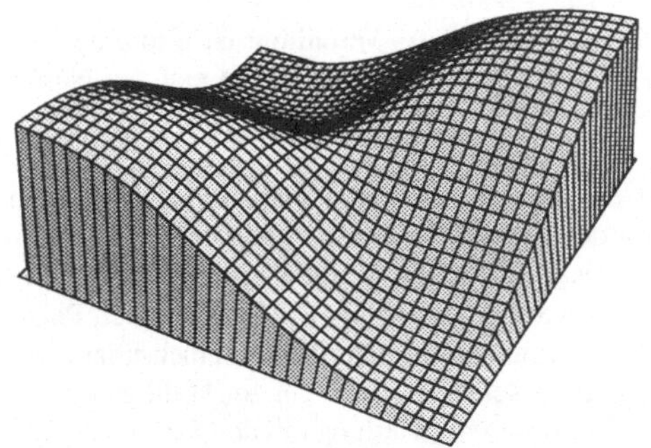

Abbildung 3.2
Darstellung der Wahrscheinlichkeit $P_X(\boldsymbol{I})$ als Volumen

Beispiel 3.6 DART Wir betrachten das bekannte Spiel, bei dem mit Pfeilen auf eine Kreisscheibe vom Radius R geworfen wird. Wir betrachten die Kreisscheibe als Punktmenge in einem 2-dimensionalen Koordinatensystem, dessen Ursprung der Scheibenmittelpunkt ist.

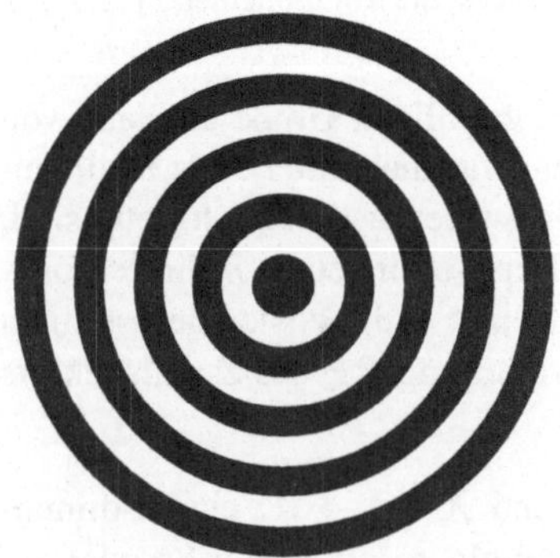

Abbildung 3.3
Dartscheibe

Das Ergebnis eines Wurfes ist dann ein 2-dimensionaler Zufallsvektor $\boldsymbol{X} = (X_1, X_2)^T$. Es stellt sich die Frage, welche Verteilung dieser Zufallsvektor besitzt. Wir nehmen zunächst an:

- Ein Spieler trifft auf jeden Fall die Kreisscheibe, (was bei geübten Spielern einigermaßen realistisch ist).
- Die Wahrscheinlichkeit, eine bestimmte Teilfläche zu treffen, ist proportional zu deren Inhalt.

Unter diesen beiden Annahmen besitzt $\boldsymbol{X}$ eine stetige Verteilung mit der Dichte:

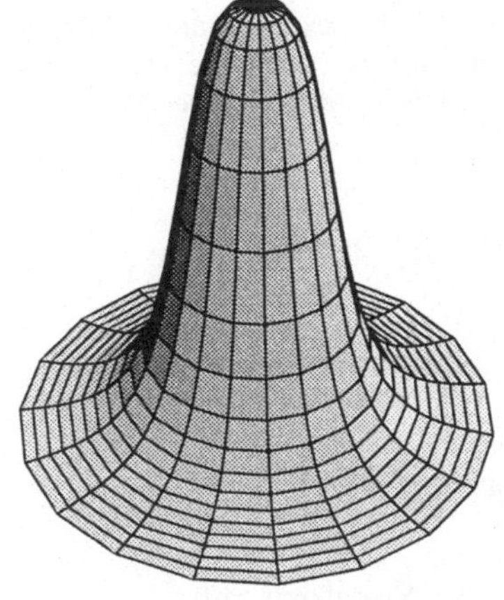

Abbildung 3.4

$$
\begin{array}{llll}
f: & \mathbb{R}^2 & \to & \mathbb{R} \\
 & (t_1,t_2)^T & \mapsto & f(t_1,t_2) := \begin{cases} \frac{1}{\pi \cdot R^2} & \text{falls } t_1^2+t_2^2 \le R^2 \\ 0 & \text{sonst} \end{cases}
\end{array}
$$

Läßt man die beiden Annahmen aber fallen, so muß man konsequenterweise mit anderen Dichtefunktionen arbeiten. Eine sinnvolle Dichtefunktion könnte sein:

$$
\begin{array}{llll}
f: & \mathbb{R}^2 & \to & \mathbb{R} \\
 & (t_1,t_2)^T & \mapsto & f(t_1,t_2) := \frac{2}{\pi^2} \cdot \frac{1}{1+(t_1^2+t_2^2)^2}
\end{array}
$$

Der Graph dieser Dichtefunktion ist in der Abbildung 3.4 dargestellt.

Diese Funktion trägt der Tatsache Rechnung, daß Bereiche, die weiter entfernt vom Mittelpunkt liegen, mit geringerer Wahrscheinlichkeit getroffen werden. Dies gilt auch für die folgende Dichtefunktion:

$$
\begin{array}{llll}
f: & \mathbb{R}^2 & \to & \mathbb{R} \\
 & (t_1,t_2)^T & \mapsto & f(t_1,t_2) := \frac{1}{2\pi\sigma^2} \cdot e^{-\frac{1}{2\sigma^2}\cdot(t_1^2+t_2^2)}
\end{array}
$$

Der Graph dieser Dichtefunktion ist in der Abbildung 3.5 dargestellt.

Die Abbildungen 3.4 und 3.5 zeigen sehr ähnliche Funktionsflächen. Zur Untersuchung der Unterschiede verweisen wir auf die Aufgabe 3.1.2.

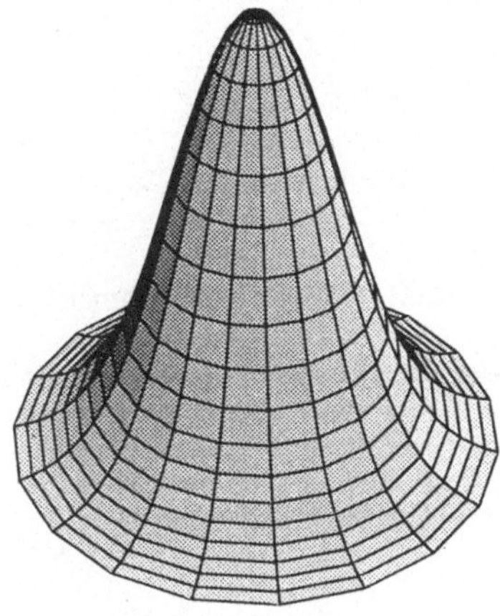

Abbildung 3.5

Ob eine der hier vorgestellten Dichtefunktionen oder eine andere das Zufallsexperiment DART angemessen modelliert, kann an dieser Stelle noch nicht entschieden werden. Aber erst wenn die angemessene Dichtefunktion f bekannt ist, kann die Wahrscheinlichkeit dafür berechnet werden, daß der Pfeil einen bestimmten Teil der Dartscheibe trifft. So ist für $R_1 < R_2$

$$P_X(K) = \int_K f(t_1,t_2)\,d(t_1,t_2) = \int_0^{2\pi} \left(\int_{R_1}^{R_2} f(r\cos\varphi, r\sin\varphi)\cdot r\,dr \right) d\varphi$$

die Wahrscheinlichkeit dafür, daß der Pfeil den Kreisring K zwischen den Radien R_1 und R_2 trifft, und

$$P_X(Q_1) = \int_{Q_1} f(t_1,t_2)\,d(t_1,t_2) = \int_0^{\pi/2} \left(\int_0^{R} f(r\cos\varphi, r\sin\varphi)\cdot r\,dr \right) d\varphi$$

die Wahrscheinlichkeit dafür, daß der Pfeil den im 1. Quadranten liegenden Viertelkreis trifft.

Verallgemeinerungen der ersten und der dritten Dichte aus dem Beispiel 3.6 treten in der Praxis häufig auf. Deshalb definieren wir:

Definition 3.7. Es sei $\boldsymbol{B} \subset \mathbb{R}^n$ eine beschränkte Teilmenge des $\mathbb{R}^n$ mit positivem n-dimensionalen Volumen $|\boldsymbol{B}|$. Eine stetige n-dimensionale zufällige Größe $\boldsymbol{X}$ heißt **gleichverteilt über dem Bereich $\boldsymbol{B}$**, wenn ihre Dichte f die folgende Gestalt hat:

$$\begin{array}{rccl} f: & \mathbb{R}^n & \to & \mathbb{R} \\ & \boldsymbol{t} & \mapsto & f(\boldsymbol{t}) := \begin{cases} \dfrac{1}{|\boldsymbol{B}|} & \text{falls } \boldsymbol{t} \in \boldsymbol{B} \\ 0 & \text{sonst} \end{cases} \end{array}$$

Wir schreiben dann: $\boldsymbol{X}$ ist $\mathrm{R}(\boldsymbol{B})$-verteilt bzw.

$$\boldsymbol{X} \sim \mathrm{R}(\boldsymbol{B})$$

Definition 3.8. Es sei $\boldsymbol{\mu} \in \mathbb{R}^n$ und ° eine positiv definite $n \times n$-Matrix. Eine stetige n-dimensionale zufällige Größe $\boldsymbol{X}$ heißt **normalverteilt mit den Parametern $\boldsymbol{\mu}$ und Σ**, wenn ihre Dichte f die folgende Gestalt hat:

$$\begin{array}{rccl} f: & \mathbb{R}^n & \to & \mathbb{R} \\ & \boldsymbol{t} & \mapsto & f(\boldsymbol{t}) := \dfrac{1}{\sqrt{(2\pi)^n \cdot \det(\Sigma)}} \cdot e^{-\frac{1}{2}(\boldsymbol{t}-\boldsymbol{\mu})^T \Sigma^{-1} (\boldsymbol{t}-\boldsymbol{\mu})} \end{array}$$

Wir schreiben dann: $\boldsymbol{X}$ ist $\mathrm{N}(\boldsymbol{\mu},\Sigma)$-verteilt bzw.

$$\boldsymbol{X} \sim \mathrm{N}(\boldsymbol{\mu},\Sigma)$$

Bemerkung 3.7 Erinnern Sie sich daran, daß eine $n \times n$-Matrix $\boldsymbol{A}$ positiv definit heißt, wenn sie symmetrisch ist, und wenn für alle $\boldsymbol{x} \in \mathbb{R}^n \setminus \{\boldsymbol{0}\}$ gilt: $\boldsymbol{x}^T \boldsymbol{A}\,\boldsymbol{x} > 0$.

Machen Sie sich außerdem klar, daß man die dritte Dichte aus Beispiel 3.6 erhält, wenn man in der Definition 3.8 für $n, \boldsymbol{\mu}$ und Σ die folgenden Werte wählt:

$$n = 2 \quad \boldsymbol{\mu} = \begin{pmatrix} 0 \\ 0 \end{pmatrix} \quad \Sigma = \begin{pmatrix} \sigma^2 & 0 \\ 0 & \sigma^2 \end{pmatrix}$$

Mit der Definition der mehrdimensionalen Normalverteilung ist die Einführung von speziellen Verteilungen von Zufallsvektoren vorläufig abgeschlossen. Wie bei 1-dimensionalen zufälligen Größen haben wir ausschließlich die beiden Fälle betrachtet, daß $\boldsymbol{X}$ ein diskreter bzw. ein stetiger Zufallsvektor ist. In beiden Fällen ist die Verteilung $P_{\boldsymbol{X}}$ durch Vorgabe der Dichtefunktion eindeutig festgelegt. Deshalb ist es zweckmäßig, mit der Dichte von $\boldsymbol{X}$ und den Dichten der Randverteilungen zu arbeiten. Der nächste Satz zeigt, wie man die Dichtefunktionen der Randverteilungen aus der Dichtefunktion von $\boldsymbol{X}$ gewinnt.

Satz 3.2.
Voraussetzung: Es sei $\boldsymbol{X} = (X_1, X_2, \ldots, X_n)^T$ ein diskreter oder ein stetiger Zufallsvektor auf dem Wahrscheinlichkeitsraum $(\Omega, \mathcal{A}, P)$ mit der Dichtefunktion f.

Behauptung: Dann ergibt sich die Dichtefunktion f_i der zur Komponente X_i gehörenden Randverteilung P_{X_i} im diskreten Fall durch Summation

$$f_i(t_i) = \sum_{t_1 \in X_1(\Omega)} \cdots \sum_{t_{i-1} \in X_{i-1}(\Omega)} \sum_{t_{i+1} \in X_{i+1}(\Omega)} \cdots \sum_{t_n \in X_n(\Omega)} f(t_1, \ldots, t_{i-1}, t_i, t_{i+1}, \ldots, t_n)$$

im stetigen Fall durch Integration

$$f_i(t_i) = \int_{\mathbb{R}^{n-1}} f(t_1, \ldots, t_{i-1}, t_i, t_{i+1}, \ldots, t_n)\, d(t_1, \ldots, t_{i-1}, t_{i+1}, \ldots, t_n)$$

Beweis: Wir führen den Beweis nur für den Fall $n = 2$ vor, die Verallgemeinerung für $n \geq 3$ ist offensichtlich.

Wenn $\boldsymbol{X} = (X_1, X_2)^T$ ein diskreter Zufallsvektor mit der Dichtefunktion f ist, so ergibt sich die Behauptung aus dem Satz über die totale Wahrscheinlichkeit:

$$\begin{aligned}
\underset{t_1 \in \mathbb{R}}{\forall} \quad f_1(t_1) &= P(X_1 = t_1) = \sum_{t_2 \in X_2(\Omega)} P(X_1 = t_1, X_2 = t_2) = \sum_{t_2 \in X_2(\Omega)} f(t_1, t_2) \\
\underset{t_2 \in \mathbb{R}}{\forall} \quad f_2(t_2) &= P(X_2 = t_2) = \sum_{t_1 \in X_1(\Omega)} P(X_1 = t_1, X_2 = t_2) = \sum_{t_1 \in X_1(\Omega)} f(t_1, t_2)
\end{aligned}$$

Wenn $\boldsymbol{X} = (X_1, X_2)^T$ ein stetiger Zufallsvektor mit der Dichtefunktion f ist, so gilt zunächst für die Verteilungsfunktionen F_1, F_2 der zufälligen Größen X_1, X_2:

$$\begin{aligned}
F_1(x_1) &= P(X_1 \leq x_1) = \lim_{x_2 \to \infty} P(X_1 \leq x_1, X_2 \leq x_2) = \lim_{x_2 \to \infty} F(x_1, x_2) \\
&= \lim_{x_2 \to \infty} \int_{-\infty}^{x_1} \int_{-\infty}^{x_2} f(t_1, t_2)\, d(t_1, t_2) = \int_{-\infty}^{x_1} \left(\int_{-\infty}^{\infty} f(t_1, t_2)\, dt_2 \right) dt_1
\end{aligned}$$

Analog ergibt sich:

$$F_2(x_2) = \int_{-\infty}^{x_2} \left(\int_{-\infty}^{\infty} f(t_1, t_2)\, dt_1 \right) dt_2$$

Die Dichtefunktionen f_1 bzw. f_2 der zufälligen Größen X_1, X_2 sind deshalb:

$$f_1(t_1) = \int_{-\infty}^{\infty} f(t_1, t_2)\, dt_2 \qquad f_2(t_2) = \int_{-\infty}^{\infty} f(t_1, t_2)\, dt_1$$

□

Bemerkung 3.8 Die Dichtefunktion f_i der zur Komponente X_i gehörenden Randverteilung des Zufallsvektors $\boldsymbol{X}$ heißt **Randdichte**.

Beispiel 3.7 WUERFEL Die Dichtefunktion des in Beispiel 3.2 definierten diskreten Zufallsvektors $\boldsymbol{X}$ ist

$$\begin{array}{rclcl} f: & \mathbb{R}^2 & \rightarrow & \mathbb{R} & \\ & (t_1,t_2)^T & \mapsto & f(t_1,t_2) := & \begin{cases} 2/6 & \text{falls } (t_1,t_2)^T = (0,0)^T \\ 2/6 & \text{falls } (t_1,t_2)^T = (0,1)^T \\ 1/6 & \text{falls } (t_1,t_2)^T = (1,0)^T \\ 1/6 & \text{falls } (t_1,t_2)^T = (1,1)^T \\ 0 & \text{sonst} \end{cases} \end{array}$$

Die Randdichten ergeben sich aus der Summationsformel des Satzes 3.2 :

$$f_1(t_1) = \sum_{t_2=0}^{1} f(t_1,t_2) = \begin{cases} f(0,0)+f(0,1) & =4/6 & \text{falls } t_1 = 0 \\ f(1,0)+f(1,1) & =2/6 & \text{falls } t_1 = 1 \\ 0 & & \text{sonst} \end{cases}$$

$$f_2(t_2) = \sum_{t_1=0}^{1} f(t_1,t_2) = \begin{cases} f(0,0)+f(1,0) & =3/6 & \text{falls } t_2 = 0 \\ f(0,1)+f(1,1) & =3/6 & \text{falls } t_2 = 1 \\ 0 & & \text{sonst} \end{cases}$$

Die gemeinsame Dichte und die Randdichten der diskreten zufälligen Größen X_1, X_2 lassen sich übersichtlich in der folgenden sogenannten **Kreuztabelle** darstellen. Die Werte der Randdichten stehen dabei am rechten bzw. am unteren Rand der Kreuztabelle. Dies erklärt den Begriff **Randverteilung**. Die Werte der Randverteilungen ergeben sich durch Summation über die Zeilen bzw. Spalten der Kreuztabelle.

		X_2		
		0	1	
X_1	0	2/6	2/6	4/6
	1	1/6	1/6	2/6
		3/6	3/6	

Beispiel 3.8 DART Für den in Beispiel 3.6 eingeführten Zufallsvektor $\boldsymbol{X}$ wurden verschiedene Verteilungen zur Diskussion gestellt. Unter der Annahme, daß ein Spieler auf jeden Fall die Kreisscheibe trifft, und unter der weiteren Annahme, daß die Wahrscheinlichkeit, eine bestimmte Teilfläche zu treffen, proportional zu deren Inhalt ist, besitzt $\boldsymbol{X}$ die Dichtefunktion:

$$\begin{array}{rclcl} f: & \mathbb{R}^2 & \rightarrow & \mathbb{R} & \\ & (t_1,t_2)^T & \mapsto & f(t_1,t_2) := & \begin{cases} \frac{1}{\pi \cdot R^2} & \text{falls } t_1^2+t_2^2 \leq R^2 \\ 0 & \text{sonst} \end{cases} \end{array}$$

Die Randdichten ergeben sich aus der zweiten Formel des Satzes 3.2 :

$$f_1(t_1) = \int_{-\infty}^{+\infty} f(t_1,t_2)\,dt_2 = \begin{cases} \displaystyle\int_{-\sqrt{R^2-t_1^2}}^{+\sqrt{R^2-t_1^2}} \frac{1}{\pi \cdot R^2}\,dt_2 = \frac{2\sqrt{R^2-t_1^2}}{\pi \cdot R^2} & \text{falls } t_1^2 \leq R^2 \\ 0 & \text{sonst} \end{cases}$$

$$f_2(t_2) = \int_{-\infty}^{+\infty} f(t_1,t_2)\,dt_1 = \begin{cases} \displaystyle\int_{-\sqrt{R^2-t_2^2}}^{+\sqrt{R^2-t_2^2}} \frac{1}{\pi \cdot R^2}\,dt_1 = \frac{2\sqrt{R^2-t_2^2}}{\pi \cdot R^2} & \text{falls } t_2^2 \leq R^2 \\ 0 & \text{sonst} \end{cases}$$

Läßt man die beiden Annahmen fallen, und trägt der Tatsache Rechnung, daß Bereiche, die weiter entfernt vom Scheibenmittelpunkt liegen, mit geringerer Wahrscheinlichkeit getroffen werden, so könnte der Zufallsvektor $\boldsymbol{X}$ die folgende Dichtefunktion einer speziellen Normalverteilung besitzen:

$$\begin{aligned} f: \quad \mathbb{R}^2 &\to \mathbb{R} \\ (t_1,t_2)^T &\mapsto f(t_1,t_2) := \frac{1}{2\pi\sigma^2} \cdot e^{-\frac{1}{2\sigma^2}\cdot(t_1^2+t_2^2)} \end{aligned}$$

In diesem Fall ergeben sich als Randdichten die Dichten der $N(0,\sigma^2)$-Verteilung:

$$f_1(t_1) = \int_{-\infty}^{+\infty} f(t_1,t_2)\,dt_2 = \frac{1}{\sqrt{2\pi\sigma^2}} \cdot e^{-\frac{1}{2\sigma^2}\cdot t_1^2} \int_{-\infty}^{+\infty} \frac{1}{\sqrt{2\pi\sigma^2}} \cdot e^{-\frac{1}{2\sigma^2}t_2^2}\,dt_2 = \frac{1}{\sqrt{2\pi\sigma^2}} \cdot e^{-\frac{1}{2\sigma^2}\cdot t_1^2}$$

$$f_2(t_2) = \int_{-\infty}^{+\infty} f(t_1,t_2)\,dt_1 = \frac{1}{\sqrt{2\pi\sigma^2}} \cdot e^{-\frac{1}{2\sigma^2}\cdot t_2^2} \int_{-\infty}^{+\infty} \frac{1}{\sqrt{2\pi\sigma^2}} \cdot e^{-\frac{1}{2\sigma^2}t_1^2}\,dt_1 = \frac{1}{\sqrt{2\pi\sigma^2}} \cdot e^{-\frac{1}{2\sigma^2}\cdot t_2^2}$$

Aufgaben zum Abschnitt 3.1

Aufgabe 3.1.1

Ein 2-dimensionaler Zufallsvektor $\boldsymbol{X} = (X_1, X_2)^T$ sei gleichverteilt über der Ellipse

$$\boldsymbol{B} = \left\{ (x,y)^T \,\middle|\, \frac{x^2}{a^2} + \frac{y^2}{b^2} \le 1 \right\}.$$

(a) Zeigen Sie (gegebenenfalls unter Einsatz von Mathematica), daß $|\boldsymbol{B}| = \pi ab$ ist.

(b) Berechnen Sie die Randdichten f_1 und f_2.

Aufgabe 3.1.2

(a) Berechnen Sie die Höhenlinien der (zweiten) Dichtefunktion

$$\begin{aligned} f: \quad \mathbb{R}^2 &\to \mathbb{R} \\ (t_1,t_2)^T &\mapsto f(t_1,t_2) := \frac{2}{\pi^2} \cdot \frac{1}{1+(t_1^2+t_2^2)^2} \end{aligned}$$

aus dem Beispiel 3.6 DART.

(b) Berechnen Sie die Höhenlinien der (dritten) Dichtefunktion

$$\begin{aligned} f: \quad \mathbb{R}^2 &\to \mathbb{R} \\ (t_1,t_2)^T &\mapsto f(t_1,t_2) := \frac{1}{2\pi} \cdot e^{-\frac{1}{2}\cdot(t_1^2+t_2^2)} \end{aligned}$$

aus dem Beispiel 3.6 DART für den Sonderfall $\sigma = 1$.

(c) Auf welchem Niveau c durchdringt die Dichte aus (a) die Dichte aus (b)?

(d) Erstellen Sie einen ContourPlot für die beiden Dichten aus (a) und (b)!

Aufgabe 3.1.3

Ein 2-dimensionaler Zufallsvektor $\boldsymbol{X} = (X_1, X_2)^T$ sei normalverteilt mit den Parametern

$$\boldsymbol{\mu} = \begin{pmatrix} \mu_1 \\ \mu_2 \end{pmatrix}, \quad \boldsymbol{\Sigma} = \begin{pmatrix} \sigma_{11} & \sigma_{12} \\ \sigma_{12} & \sigma_{22} \end{pmatrix}$$

(a) Schreiben Sie die Dichtefunktion ausführlich auf.

(b) Zeichnen Sie die Dichtefunktion der 2-dimensionalen Normalverteilung (und erstellen Sie den zugehörigen ContourPlot) für verschiedene Werte der Parameter μ und Σ, z.B. für:

$$\mu = \begin{pmatrix} 0 \\ 0 \end{pmatrix} \quad \Sigma = \begin{pmatrix} 1 & 0 \\ 0 & 1 \end{pmatrix}$$

bzw.

$$\mu = \begin{pmatrix} 0 \\ 0 \end{pmatrix} \quad \Sigma = \begin{pmatrix} 1 & 0.8 \\ 0.8 & 1 \end{pmatrix}$$

bzw.

$$\mu = \begin{pmatrix} 0 \\ 0 \end{pmatrix} \quad \Sigma = \begin{pmatrix} 3 & 0 \\ 0 & 1 \end{pmatrix}$$

usw.

3.2 Unabhängigkeit von Zufallsvariablen

Nachdem im Abschnitt 1.6 der Begriff der Unabhängigkeit von Ereignissen eingeführt wurde, soll nun in diesem Abschnitt erklärt werden, was unter der Unabhängigkeit von Zufallsvariablen zu verstehen ist. Dabei setzen wir voraus, daß die Zufallsvariablen auf demselben Wahrscheinlichkeitsraum $(\Omega,\mathcal{A},P)$ definiert sind.

Wir gehen zunächst nur von 2 Zufallsvariablen X_1 bzw. X_2 aus, die auf demselben Wahrscheinlichkeitsraum $(\Omega,\mathcal{A},P)$ definiert sind, und deren Bildmeßräume $(\Omega'_1,\mathcal{A}'_1)$ bzw. $(\Omega'_2,\mathcal{A}'_2)$ sind. Es ist naheliegend, die beiden Zufallsvariablen X_1 und X_2 dann als unabhängig zu bezeichnen, wenn für je zwei Ereignisse $A'_1 \in \mathcal{A}'_1$, $A'_2 \in \mathcal{A}'_2$ die beiden Ereignisse

$$X_1^{-1}(A'_1) = \{\omega \in \Omega | X_1(\omega) \in A'_1\} \in \mathcal{A}$$
$$X_2^{-1}(A'_2) = \{\omega \in \Omega | X_2(\omega) \in A'_2\} \in \mathcal{A}$$

unabhängig voneinander sind, wenn also gilt:

$$P(X_1^{-1}(A'_1) \cap X_2^{-1}(A'_2)) = P(X_1^{-1}(A'_1)) \cdot P(X_2^{-1}(A'_2))$$

bzw.

$$P(X_1 \in A'_1, X_2 \in A'_2) = P(X_1 \in A'_1) \cdot P(X_2 \in A'_2)$$

Führt man die 2-stellige Zufallsvariable $\boldsymbol{X} = (X_1,X_2)^T$ ein, und betrachtet man die auf dem Produktmeßraum $(\Omega'_1 \times \Omega'_2, \mathcal{A}'_1 \otimes \mathcal{A}'_2)$ definierte Verteilung $P_{\boldsymbol{X}}$ und die auf den Komponentenräumen $(\Omega'_1,\mathcal{A}'_1)$ bzw. $(\Omega'_2,\mathcal{A}'_2)$ definierten Randverteilungen P_{X_1} und P_{X_2} so lautet die letzte Gleichung:

$$P_{\boldsymbol{X}}(A'_1 \times A'_2) = P_{X_1}(A'_1) \cdot P_{X_2}(A'_2)$$

Die gemeinsame Verteilung $P_{\boldsymbol{X}}$ ist dann also das Produktwahrscheinlichkeitsmaß aus den einzelnen Verteilungen P_{X_1} und P_{X_2}.

Definition 3.9. Auf dem Wahrscheinlichkeitsraum $(\Omega,\mathcal{A},P)$ seien n Zufallsvariable mit den Bildmeßräumen $(\Omega'_1,\mathcal{A}'_1)$, $(\Omega'_2,\mathcal{A}'_2),\ldots,(\Omega'_n,\mathcal{A}'_n)$ definiert. Die Zufallsvariablen $X_1,X_2,\ldots,X_n$ heißen **stochastisch unabhängig** oder kurz **unabhängig**, wenn die auf dem Produktmeßraum $(\Omega'_1 \times \Omega'_2 \times \ldots \times \Omega'_n, \mathcal{A}'_1 \otimes \mathcal{A}'_2 \otimes \ldots \otimes \mathcal{A}'_n)$ definierte Verteilung $P_{\boldsymbol{X}}$ der n-stelligen Zufallsvariablen $\boldsymbol{X} = (X_1,X_2,\ldots,X_n)^T$ das Produktwahrscheinlichkeitsmaß aus den einzelnen Verteilungen P_{X_1}, $P_{X_2},\ldots,P_{X_n}$ ist, wenn also gilt:

$$\underset{A'_1 \in \mathcal{A}'_1, A'_2 \in \mathcal{A}'_2,\ldots,A'_n \in \mathcal{A}'_n}{\forall} P_{\boldsymbol{X}}(A'_1 \times A'_2 \times \ldots \times A'_n) = P_{X_1}(A'_1) \cdot P_{X_2}(A'_2) \cdot \ldots \cdot P_{X_n}(A'_n)$$

Handelt es sich bei den Zufallsvariablen $X_1, X_2, \ldots, X_n$ um numerische Zufallsvariablen, dann sind die Ereignisse A_i' Borelsche Mengen. In diesem Fall läßt sich die Unabhängigkeit der zufälligen Größen $X_1, X_2, \ldots, X_n$ elegant mit Hilfe ihrer Verteilungsfunktionen und der gemeinsamen Verteilungsfunktion überprüfen. Es gilt nämlich der

Satz 3.3.
Voraussetzung: Auf dem Wahrscheinlichkeitsraum $(\Omega, \mathcal{A}, P)$ *seien n zufällige Größen* $X_1, X_2, \ldots, X_n$ *mit den Verteilungsfunktionen* $F_1, F_2, \ldots, F_n$ *und der gemeinsamen Verteilungsfunktion F definiert.*

Behauptung: $X_1, X_2, \ldots, X_n$ *sind genau dann unabhängig, wenn ihre gemeinsame Verteilungsfunktion F das Produkt der Randverteilungsfunktionen* $F_1, F_2, \ldots, F_n$ *ist, wenn also gilt:*

$$\underset{(x_1,x_2,\ldots,x_n)^T \in \mathbb{R}^n}{\forall} \quad F(x_1,x_2,\ldots,x_n) = F_1(x_1) \cdot F_2(x_2) \cdot \ldots \cdot F_n(x_n)$$

Bemerkung 3.9 Die Prüfgleichung aus dem Satz 3.3 folgt unmittelbar aus der Definitionsgleichung der Unabhängigkeit, wenn man dort für die Ereignisse $A_i' \in \mathcal{B}$ die Intervalle $(-\infty, x_i]$ einsetzt. Daß umgekehrt aus der Gültigkeit der Aussage

$$\underset{(x_1,\ldots,x_n)^T \in \mathbb{R}^n}{\forall} \quad P_{\mathbf{X}}((-\infty,x_1] \times \ldots \times (-\infty,x_n]) = P_{X_1}((-\infty,x_1]) \cdot \ldots \cdot P_{X_n}((-\infty,x_n])$$

die Gültigkeit der Gleichung

$$P_{\mathbf{X}}(A_1' \times A_2' \times \ldots \times A_n') = P_{X_1}(A_1') \cdot P_{X_2}(A_2') \cdot \ldots \cdot P_{X_n}(A_n')$$

aus der Definition 3.9 für alle $A_1' \in \mathcal{B}, A_2' \in \mathcal{B}, \ldots, A_n' \in \mathcal{B}$ folgt, ergibt sich wieder aus dem Fortsetzungssatz und aus der Tatsache, daß die σ-Algebra $\mathcal{B}(\mathbb{R}^n)$ der Borelschen Mengen des $\mathbb{R}^n$ von den Intervallen der Form $(-\infty, b_1] \times \ldots \times (-\infty, b_n]$ erzeugt wird (vgl. Bemerkung 1.9 für den Fall $n = 1$).

Der Satz 3.3 liefert ein Kriterium zur Überprüfung der Unabhängigkeit zufälliger Größen mit Hilfe der Verteilungsfunktionen. In der Praxis arbeitet man aber bevorzugt mit einem Kriterium, das zur Überprüfung der Unabhängigkeit die Dichtefunktionen heranzieht. Wir formulieren zunächst das entsprechende Kriterium für den diskreten Fall:

Satz 3.4.
Voraussetzung: Auf dem Wahrscheinlichkeitsraum $(\Omega, \mathcal{A}, P)$ *sei ein diskreter Zufallsvektor* $\mathbf{X} = (X_1, X_2, \ldots, X_n)^T$ *mit der diskreten Dichtefunktion f definiert. Die zu den Koordinatenfunktionen gehörenden Randdichten seien* $f_1, f_2, \ldots, f_n$.

Behauptung: $X_1, X_2, \ldots, X_n$ *sind genau dann unabhängig, wenn ihre gemeinsame Dichtefunktion f das Produkt der Randdichten ist, wenn also gilt:*

$$\underset{(t_1 t_2,\ldots,t_n)^T \in \mathbb{R}^n}{\forall} \quad f(t_1,t_2,\ldots,t_n) = f_1(t_1) \cdot f_2(t_2) \cdot \ldots \cdot f_n(t_n)$$

Beweis: Wir führen den Beweis für $n = 2$ vor, die Verallgemeinerung für $n \geq 3$ ist offensichtlich. Wir nehmen zunächst an, daß die zufälligen Größen X_1, X_2 unabhängig sind. Dann gilt nach Definition 3.9 für alle $A_1', A_2' \in \mathcal{B}$:

$$P_{\mathbf{X}}(A_1' \times A_2') = P_{X_1}(A_1') \cdot P_{X_2}(A_2')$$

bzw.

$$P(X_1 \in A_1', X_2 \in A_2') = P(X_1 \in A_1') \cdot P(X_2 \in A_2')$$

Setzt man in dieser Gleichung $A'_1 = \{t_1\}$ und $A'_2 = \{t_2\}$ mit beliebigen Zahlen $t_1, t_2 \in \mathbb{R}$, so folgt:

$$P(X_1 = t_1, X_2 = t_2) = P(X_1 = t_1) \cdot P(X_2 = t_2)$$

bzw.

$$f(t_1, t_2) = f_1(t_1) \cdot f_2(t_2)$$

Wir nehmen nun umgekehrt an, daß diese Gleichung für alle $t_1, t_2 \in \mathbb{R}$ gilt. Dann ergibt sich für alle $A'_1, A'_2 \in \mathcal{B}$ mit der Bezeichnung $B'_i := A'_i \cap X_i(\Omega)$:

$$\begin{aligned} P_{\mathbf{X}}(A'_1 \times A'_2) &= \sum_{(t_1,t_2) \in B'_1 \times B'_2} f(t_1,t_2) &= \sum_{t_1 \in B'_1} \sum_{t_2 \in B'_2} f_1(t_1) \cdot f_2(t_2) \\ &= \sum_{t_1 \in B'_1} f_1(t_1) \cdot \sum_{t_2 \in B'_2} f_2(t_2) &= P_{X_1}(A'_1) \cdot P_{X_2}(A'_2) \end{aligned}$$

Das aber bedeutet nach Definition 3.9 die Unabhängigkeit von X_1 und X_2. □

Bemerkung 3.10 Will man mit Hilfe der Gleichung aus Satz 3.4 die Unabhängigkeit von n diskreten zufälligen Größen nachweisen, so genügt es offensichtlich, die Gleichung für die $(t_1, t_2, \dots, t_n)^T \in \mathbb{R}^n$ mit $t_1 \in X_1(\Omega), t_2 \in X_2(\Omega), \dots, t_n \in X_n(\Omega)$ zu überprüfen. In allen anderen Fällen gilt nämlich

$$f(t_1, t_2, \dots, t_n) = 0 = f_1(t_1) \cdot f_2(t_2) \cdot \ldots \cdot f_n(t_n)$$

Wir wenden den Satz 3.4 auf zwei Beispiele aus Abschnitt 3.1 an.

Beispiel 3.9 WUERFEL Wir betrachten die zufälligen Größen X_1 und X_2, die im Beispiel 3.1 eingeführt wurden, und übernehmen die zugehörige Kreuztabelle mit der gemeinsamen Dichtefunktion und den Randdichten aus dem Beispiel 3.7 :

		X_2: 0	1	
X_1	0	2/6	2/6	4/6
	1	1/6	1/6	2/6
		3/6	3/6	

Unabhängigkeit der beiden zufälligen Größen X_1 und X_2 liegt genau dann vor, wenn gilt:

$$\forall_{(t_1,t_2)^T \in X_1(\Omega) \times X_2(\Omega)} \quad f(t_1, t_2) = f_1(t_1) \cdot f_2(t_2)$$

Es genügt also, diese Gleichung für die Paare $(t_1, t_2) \in \mathbb{R}^2$ mit $t_1 \in \{0, 1\}$ und $t_2 \in \{0, 1\}$ zu überprüfen:

$$\begin{aligned} f(0,0) &= \frac{2}{6} = \frac{4}{6} \cdot \frac{3}{6} = f_1(0) \cdot f_2(0) \\ f(0,1) &= \frac{2}{6} = \frac{4}{6} \cdot \frac{3}{6} = f_1(0) \cdot f_2(1) \\ f(1,0) &= \frac{1}{6} = \frac{2}{6} \cdot \frac{3}{6} = f_1(1) \cdot f_2(0) \\ f(1,1) &= \frac{1}{6} = \frac{2}{6} \cdot \frac{3}{6} = f_1(1) \cdot f_2(1) \end{aligned}$$

Die Überprüfung zeigt, daß X_1 und X_2 unabhängige zufällige Größen sind, d.h.: Beim Werfen eines idealen Würfels sind die Teilbarkeit durch 3 und die Teilbarkeit durch 2 voneinander unabhängige Eigenschaften der geworfenen Augenzahl.
Machen Sie sich bewußt, daß wir überprüft haben, ob für alle i und j die Wahrscheinlichkeit in der i-ten Zeile und j-ten Spalte der Kreuztabelle das Produkt aus der i-ten Zeilensumme und der j-ten Spaltensumme ist.

Beispiel 3.10 GLUECK Wir betrachten die drei zufälligen Größen X_1, X_2 und X_3 aus dem Beispiel 3.3. Für die gemeinsame Verteilung von X_1 und X_2 gilt z.B.:

$$P(X_1 = 0, X_2 = 1) \\ = P(\{(\omega_1, \omega_2) \,|\, \omega_1 = z, \omega_2 = 1\}) = P(\{z\} \times \{1\}) = P_1(\{z\}) \cdot P_2(\{1\}) = q/6$$

Dabei ergibt sich das vorletzte Gleichheitszeichen aus der Tatsache, daß P das Produktwahrscheinlichkeitsmaß von P_1 und P_2 ist.

Analog erhält man die anderen Werte der folgenden Kreuztabelle mit der gemeinsamen Dichtefunktion und den Randdichten der zufälligen Größen X_1 und X_2:

		X_2						
		1	2	3	4	5	6	
X_1	0	$q/6$	$q/6$	$q/6$	$q/6$	$q/6$	$q/6$	q
	1	$p/6$	$p/6$	$p/6$	$p/6$	$p/6$	$p/6$	p
		$1/6$	$1/6$	$1/6$	$1/6$	$1/6$	$1/6$	

Aus der Kreuztabelle ist abzulesen, daß die zufälligen Größen X_1 und X_2 unabhängig sind.

Für die gemeinsame Verteilung von X_2 und X_3 gilt z.B.:

$$P(X_2 = 1, X_3 = 1) = P(X_1 = 0, X_2 = 1) = q/6$$
$$P(X_2 = 1, X_3 = 2) = P(X_1 = 1, X_2 = 1) = p/6$$

Analog erhält man die anderen Werte der folgenden Kreuztabelle mit der gemeinsamen Dichtefunktion und den Randdichten der zufälligen Größen X_2 und X_3:

		X_3							
		1	2	3	4	5	6	7	
X_2	1	$q/6$	$p/6$	0	0	0	0	0	$1/6$
	2	0	$q/6$	$p/6$	0	0	0	0	$1/6$
	3	0	0	$q/6$	$p/6$	0	0	0	$1/6$
	4	0	0	0	$q/6$	$p/6$	0	0	$1/6$
	5	0	0	0	0	$q/6$	$p/6$	0	$1/6$
	6	0	0	0	0	0	$q/6$	$p/6$	$1/6$
		$q/6$	$1/6$	$1/6$	$1/6$	$1/6$	$1/6$	$p/6$	

Aus dieser Kreuztabelle ist abzulesen, daß die zufälligen Größen X_2 und X_3 abhängig sind.

Bemerkung 3.11 Bei der Überprüfung der Unabhängigkeit von n diskreten zufälligen Größen $X_1, \ldots, X_n$ ist zu zeigen, daß für alle $(t_1, \ldots, t_n)^T \in \mathbb{R}^n$ mit $t_1 \in X_1(\Omega), \ldots, t_n \in X_n(\Omega)$ die Gleichung

$$f(t_1, \ldots, t_n) = f_1(t_1) \cdot \ldots \cdot f_n(t_n)$$

erfüllt ist. Will man dagegen die Abhängigkeit von n diskreten zufälligen Größen $X_1, \ldots, X_n$ nachweisen, so genügt es ein $(t_1, \ldots, t_n)^T \in X_1(\Omega) \times \ldots \times X_n(\Omega)$ zu finden, für das diese Gleichung verletzt ist.

Bemerkung 3.12 Beachten Sie, daß der Satz 3.4 nur für numerische Zufallsvariable $X_1, \dots, X_n$ formuliert ist, während die Definition 3.9 auch kategorielle Zufallsvariable erfaßt. Für diesen Fall läßt sich der Satz 3.4 wie folgt formulieren: Auf dem Wahrscheinlichkeitsraum $(\Omega, \mathcal{A}, P)$ seien n kategorielle Zufallsvariable $X_1, \dots, X_n$ definiert. Diese sind genau dann unabhängig, wenn gilt:

$$\underset{(t_1,\dots,t_n)^T \in X_1(\Omega)\times\dots\times X_n(\Omega)}{\forall} \quad P(X_1 = t_1, \dots, X_n = t_n) = P(X_1 = t_1) \cdot \ldots \cdot P(X_n = t_n)$$

Es soll nun das zum Satz 3.4 analoge Kriterium für den stetigen Fall formuliert werden:

Satz 3.5.

Voraussetzung: *Auf dem Wahrscheinlichkeitsraum* $(\Omega, \mathcal{A}, P)$ *sei ein stetiger Zufallsvektor* $\boldsymbol{X} = (X_1, X_2, \dots, X_n)^T$ *mit der Dichtefunktion* f *definiert. Die zu den Koordinatenfunktionen* $X_1, X_2, \dots, X_n$ *gehörenden Randdichten seien* $f_1, f_2, \dots, f_n$.

Behauptung: $X_1, X_2, \dots, X_n$ *sind genau dann unabhängig, wenn ihre gemeinsame Dichtefunktion* f *in jedem Stetigkeitspunkt von* f *das Produkt der Randdichten ist, wenn also in jedem Stetigkeitspunkt von* f *gilt:*

$$f(t_1, t_2, \dots, t_n) = f_1(t_1) \cdot f_2(t_2) \cdot \ldots \cdot f_n(t_n)$$

Beweis: Wir führen den Beweis wieder nur für $n = 2$ vor. Wir nehmen zunächst an, daß die zufälligen Größen X_1, X_2 unabhängig sind. Dann gilt nach Satz 3.3 für die gemeinsame Verteilungsfunktion F und die Randverteilungsfunktionen F_1 und F_2:

$$\underset{x_1, x_2 \in \mathbb{R}}{\forall} \; F(x_1, x_2) = F_1(x_1) \cdot F_2(x_2)$$

bzw.

$$\underset{x_1, x_2 \in \mathbb{R}}{\forall} \int_{-\infty}^{x_2} \left(\int_{-\infty}^{x_1} f(t_1, t_2) dt_1 \right) dt_2 = \int_{-\infty}^{x_1} f_1(t_1) dt_1 \cdot \int_{-\infty}^{x_2} f_2(t_2) dt_2$$

Durch Differentiation nach x_2 und anschließende Differentiation nach x_1 erhält man für jeden Stetigkeitspunkt $(t_1, t_2)^T$ von f die Aussage:

$$\underset{x_1, x_2 \in \mathbb{R}}{\forall} \; f(x_1, x_2) = f_1(x_1) \cdot f_2(x_2)$$

Geht man umgekehrt davon aus, daß für jeden Stetigkeitspunkt $(t_1, t_2)^T$ von f die Gleichung

$$f(t_1, t_2) = f_1(t_1) \cdot f_2(t_2)$$

gilt, so erhält man für alle $x_1, x_2 \in \mathbb{R}$ durch Integration über das 2-dimensionale Intervall $(-\infty, x_1] \times (-\infty, x_2]$ die Gleichung:

$$F(x_1, x_2) = F_1(x_1) \cdot F_2(x_2)$$

□

Beispiel 3.11 DART Geht man davon aus, daß der Zufallsvektor $\boldsymbol{X}$ auf der Kreisscheibe gleichverteilt ist, so gilt gemäß Beispiel 3.8 für alle Punkte $(t_1, t_2)^T \in \mathbb{R}^2$ mit $t_1^2 + t_2^2 \le R^2$:

$$f_1(t_1) \cdot f_2(t_2) = \frac{2\sqrt{R^2 - t_1^2}}{\pi R^2} \cdot \frac{2\sqrt{R^2 - t_2^2}}{\pi R^2} \neq \frac{1}{\pi R^2} = f(t_1, t_2)$$

In diesem Fall sind die beiden Koordinatenfunktionen des Zufallsvektors $\boldsymbol{X}$ abhängig. Die Grafiken der Abbildung 3.6 veranschaulichen diesen Sachverhalt: Beide Grafiken stellen die Randdichten $f_1(t_1)$ und $f_2(t_2)$ als Kurven über der t_1-Achse bzw. über der t_2-Achse dar. Die linke Abbildung stellt zusätzlich die gemeinsame Dichte $f(t_1, t_2)$ als Fläche über der t_1-t_2-Ebene dar. Die rechte Abbildung stellt dagegen das Produkt $f_1(t_1) \cdot f_2(t_2)$ der beiden Randdichten als Fläche über der t_1-t_2-Ebene dar.

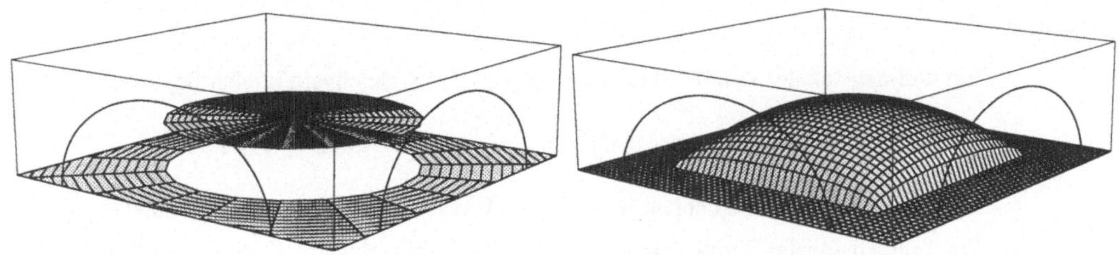

Abbildung 3.6

Wir nehmen nun an, daß der Zufallsvektor $\boldsymbol{X}$ die spezielle Normalverteilung mit

$$\boldsymbol{\mu} = \begin{pmatrix} 0 \\ 0 \end{pmatrix} \qquad \text{und} \qquad \Sigma = \begin{pmatrix} \sigma^2 & 0 \\ 0 & \sigma^2 \end{pmatrix}$$

besitzt. Dann gilt gemäß Beispiel 3.8 für alle Punkte $(t_1,t_2)^T \in \mathbb{R}^2$:

$$f_1(t_1) \cdot f_2(t_2) = \frac{1}{\sqrt{2\pi\sigma^2}} e^{-\frac{1}{2\sigma^2}t_1^2} \cdot \frac{1}{\sqrt{2\pi\sigma^2}} e^{-\frac{1}{2\sigma^2}t_2^2} = \frac{1}{2\pi\sigma^2} e^{-\frac{1}{2\sigma^2}(t_1^2+t_1^2)} = f(t_1,t_2)$$

In diesem Fall sind die beiden Koordinatenfunktionen des Zufallsvektors $\boldsymbol{X}$ also unabhängig. Dies liegt (vgl. Aufgabe 3.2.3) genau daran, daß das Nebendiagonalelement der Matrix Σ den Wert 0 hat. Die Abbildung 3.7 veranschaulicht diesen Sachverhalt wieder. Sie stellt die gemeinsame Dichte $f(t_1,t_2)$ als Fläche über der $t_1 - t_2$-Ebene und die Randdichten $f_1(t_1)$ und $f_2(t_2)$ als Kurven über der t_1-Achse bzw. über der t_2-Achse dar.

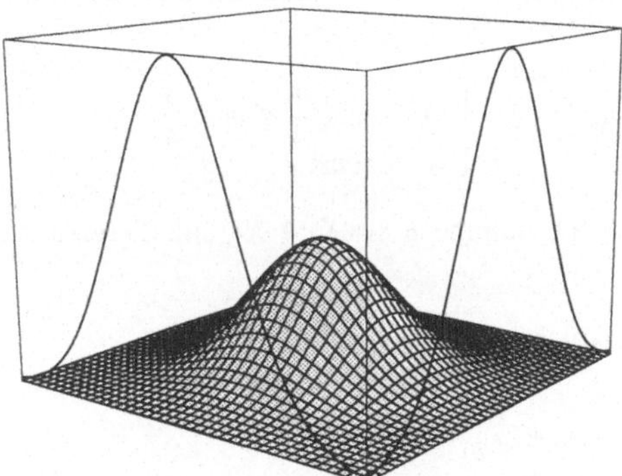

Abbildung 3.7

Aufgaben zum Abschnitt 3.2

Aufgabe 3.2.1

Betrachten Sie die beiden zufälligen Größen X_1 und X_3 aus dem Beispiel 3.3 GLUECK.

(a) Stellen Sie in einer Kreuztabelle die gemeinsame Verteilung und die Randverteilungen von X_1 und X_3 dar.

(b) Untersuchen Sie die beiden zufälligen Größen X_1 und X_3 auf Unabhängigkeit.

Aufgabe 3.2.2

(a) Ein 2-dimensionaler Zufallsvektor $\boldsymbol{X} = (X_1, X_2)^T$ sei gleichverteilt über dem Rechteck

$$R = [A,B] \times [C,D] = \left\{ (x,y)^T \,|A \leq x \leq B, C \leq y \leq D \right\}.$$

Berechnen Sie die Randdichten f_1 und f_2, und zeigen Sie, daß X_1 und X_2 unabhängig sind.

(b) Ein 2-dimensionaler Zufallsvektor $\boldsymbol{X} = (X_1, X_2)^T$ sei gleichverteilt über der Ellipse

$$E = \left\{ (x,y)^T \,\middle|\, \frac{x^2}{a^2} + \frac{y^2}{b^2} \leq 1 \right\}.$$

Zeigen Sie, daß X_1 und X_2 abhängig sind. (Die Randdichten f_1 und f_2 wurden bereits in der Aufgabe 3.1.1(b) berechnet.)

Aufgabe 3.2.3
Ein 2-dimensionaler Zufallsvektor $\boldsymbol{X} = (X_1, X_2)^T$ sei normalverteilt mit den Parametern

$$\boldsymbol{\mu} = \begin{pmatrix} \mu_1 \\ \mu_2 \end{pmatrix} \quad , \quad \Sigma = \begin{pmatrix} \sigma_{11} & \sigma_{12} \\ \sigma_{12} & \sigma_{22} \end{pmatrix}$$

(a) Berechnen Sie die Randdichten f_1 und f_2.

(b) Zeigen Sie, daß X_1 und X_2 genau dann unabhängig sind, wenn $\sigma_{12} = 0$ ist.

Aufgabe 3.2.4
Es sei $(\Omega, \mathcal{A})$ der meßbare Raum mit $\Omega = [0,1]$ und $\mathcal{A} = \mathcal{B}([0,1])$. P sei das Wahrscheinlichkeitsmaß auf $(\Omega, \mathcal{A})$, das jedem Teilintervall von Ω seine Länge zuordnet. Auf dem Wahrscheinlichkeitsraum $(\Omega, \mathcal{A}, P)$ definieren wir die folgenden zufälligen Größen:

$$X_1(\omega) := \begin{cases} 0 & \text{falls } 0 \leq \omega < \frac{1}{2} \\ 1 & \text{sonst} \end{cases} \qquad X_2(\omega) := \begin{cases} 1 & \text{falls } \frac{1}{4} \leq \omega < \frac{3}{4} \\ 0 & \text{sonst} \end{cases}$$

Außerdem definieren wir die zufällige Größe K als die Summe $K := X_1 + X_2$ und die zufällige Größe $U : \Omega \to \mathbb{R}$ durch:

$$U(\omega) := \begin{cases} 4\omega & \text{falls } 0 \leq \omega < \frac{1}{4} \\ 4\omega - 1 & \text{falls } \frac{1}{4} \leq \omega < \frac{1}{2} \\ 4\omega - 2 & \text{falls } \frac{1}{2} \leq \omega < \frac{3}{4} \\ 4\omega - 3 & \text{sonst} \end{cases}$$

(a) Zeichnen Sie die Funktionen X_1, X_2, K und U.

(b) Zeigen Sie, daß X_1 und X_2 unabhängige $\mathrm{B}(1, \frac{1}{2})$-verteilte zufällige Größen sind.

(c) Zeigen Sie, daß U eine auf dem Intervall $[0,1]$ gleichverteilte zufällige Größe ist.

(d) Zeigen Sie, daß die zufälligen Größen K und U unabhängig sind.

3.3 Empirische und mathematische Stichproben

An dieser Stelle ist es an der Zeit, noch einmal an die Zielsetzung der Wahrscheinlichkeitstheorie zu erinnern. Das Ziel ist es, ein mathematisches Modell aufzubauen, das es ermöglicht, im Rahmen der sogenannten **Schließenden Statistik** „aus statistischen Daten gewisse Schlüsse zu ziehen". Wir sind jetzt erstmals in der Lage, diese umgangssprachlich formulierte Aufgabenstellung der Schließenden Statistik mathematisch zu präzisieren und die Voraussetzungen zu formulieren, unter denen die Schließende Statistik arbeitet.

Statistische Daten fallen bei der Durchführung von Zufallsexperimenten an. Sie beinhalten jeweils einen beobachtbaren Aspekt, dessen Untersuchung der eigentliche Zweck des Experiments ist. Interessiert man sich im Beispiel WUERFEL ausschließlich für die geworfene Augenzahl, und würfelt man deshalb probeweise n mal, so erhält man eine Ergebnisreihe $x_1, x_2, \dots, x_n$ von Zahlen aus der Menge $\{1,2,3,4,5,6\}$. Interessiert man sich im Beispiel SLAENGE ausschließlich für die Abweichung der Schraubenlänge von ihrer Sollänge und entnimmt deshalb der Produktion n Schrauben, so erhält man eine Ergebnisreihe $x_1, x_2, \dots, x_n$ von reellen Zahlen.

Wir wollen nun voraussetzen, daß die einzelnen Ausführungen des zugehörigen Zufallsexperiments (Würfeln bzw. Produktion einer Schraube) unter identischen Bedingungen erfolgen, daß sie sich gegenseitig nicht beeinflussen, und daß die Ergebnisse $x_1, x_2, \dots, x_n$ mit demselben Zufallsmechanismus erzeugt werden. Im Rahmen der bisher entwickelten Theorie lassen sich diese Annahmen wie folgt präzisieren. Wir postulieren:

- die Existenz eines Wahrscheinlichkeitsraums $(\Omega, \mathcal{A}, P)$
- die Existenz von n auf diesem Wahrscheinlichkeitsraum definierten Zufallsvariablen X_1, $X_2, \dots, X_n$, die **unabhängig** und **identisch verteilt** sind
- die Existenz eines $\omega \in \Omega$ mit $x_1 = X_1(\omega), x_2 = X_2(\omega), \dots, x_n = X_n(\omega)$

Die Aufgabe der Schließenden Statistik ist es nun, unter diesen Annahmen Angaben über die Verteilung der Zufallsvariablen $X_1, X_2, \dots, X_n$ zu machen. Wenn der hinter dem Datenmaterial stehende Wahrscheinlichkeitsraum $(\Omega, \mathcal{A}, P)$ und die darauf definierten Funktionen $X_1, X_2, \dots, X_n$ bekannt wären, dann könnte man die Verteilung der Zufallsvariablen $X_1, X_2, \dots, X_n$ explizit berechnen, und die Aufgabe der Statistik wäre gelöst. In der Praxis ist es nun aber in der Regel so, daß man weder den Wahrscheinlichkeitsraum $(\Omega, \mathcal{A}, P)$ noch die Zufallsvariablen $X_1, X_2, \dots, X_n$ explizit angeben kann. Dies ist genau das Problem, das wir bereits im Kapitel 2 angesprochen haben, und das hier im Rahmen des Beispiels RAD noch einmal diskutiert werden soll:

Beispiel 3.12 RAD Wir stellen uns vor, daß ein Spieler n-mal an dem in Beispiel 2.1 beschriebenen Glücksspiel teilnimmt. Wenn man das Glücksspiel nur einmal durchführt und sich dabei ausschließlich für den Nettogewinn interessiert, so modellieren wir den Vorgang wie im Beispiel 2.9, d.h. wir definieren auf dem Wahrscheinlichkeitsraum $(\Omega_1, \mathcal{A}_1, P_1)$ mit

$$\Omega_1 = \{\textbf{blau,gelb,rot,schwarz}\} \qquad \mathcal{A}_1 = 2^{\Omega_1}$$

$$P_1(\{\textbf{blau}\}) = \tfrac{1}{6} \quad P_1(\{\textbf{gelb}\}) = \tfrac{2}{6} \quad P_1(\{\textbf{rot}\}) = \tfrac{2}{6} \quad P_1(\{\textbf{schwarz}\}) = \tfrac{1}{6}$$

die zufällige Größe

$$\begin{array}{rcl} X: \Omega_1 & \to & \mathbb{R} \\ \omega & \mapsto & X(\omega) := \begin{cases} -1.0 & \text{falls } \omega = \textbf{schwarz} \\ -0.5 & \text{falls } \omega = \textbf{blau} \text{ oder } \omega = \textbf{rot} \\ +1.0 & \text{falls } \omega = \textbf{gelb} \end{cases} \end{array}$$

Die n-malige Durchführung des Zufallsexperiments modellieren wir mit dem Produktwahrscheinlichkeitsraum

$$(\Omega,\mathcal{A},P) := (\Omega_1^n, \bigotimes_{i=1}^{n} \mathcal{A}_1, \bigotimes_{i=1}^{n} P_1).$$

Den Nettogewinn bei der i-ten Durchführung des Zufallsexperiments beschreiben wir durch die zufällige Größe

$$\begin{array}{llll} X_i: & \Omega & \to & \mathbb{R} \\ & (\omega_1,\omega_2,\ldots,\omega_n)^T & \mapsto & X_i(\omega_1,\omega_2,\ldots,\omega_n) := X(\omega_i) \end{array}$$

Wir stellen fest, daß die zufälligen Größen $X_1,X_2,\ldots,X_n$ auf demselben Wahrscheinlichkeitsraum $(\Omega,\mathcal{A},P)$ definiert sind, daß sie unabhängig sind, und daß sie alle dieselbe Verteilung besitzen wie die zufällige Größe X. Die zufälligen Größen $X_1,X_2,\ldots,X_n$ sind also identisch verteilt. (Beachten Sie aber, daß dies nicht bedeutet, daß die Funktionen $X_1,X_2,\ldots,X_n$ identisch sind!) In dieser Situation läßt sich die Verteilung der zufälligen Größen $X_1,X_2,\ldots,X_n$ explizit angeben, und die Aufgabe der Statistik ist gelöst.

Wenn wir uns nun aber vorstellen, daß ein Beobachter nur die erzielten Nettogewinne $x_1,\ldots,x_n$ registrieren kann, den dahinter stehenden Zufallsmechanismus (das Drehen des Glücksrades und die Auszahlungsvorschrift) aber nicht kennt und dennoch Aussagen über die Verteilung des Nettogewinns machen soll, dann haben wir genau die Situation, wie sie sich in der Regel dem Statistiker darstellt.

Bemerkung 3.13 Bei der Analyse statistischer Daten werden wir in Zukunft von der Annahme ausgehen, daß diese Realisierungen von n unabhängigen, identisch verteilten Zufallsvariablen $X_1,X_2,\ldots,X_n$ sind. (Im Englischen heißt dies: $X_1,X_2,\ldots,X_n$ are **i**ndependent and **i**dentically **d**istributed, was mit **i. i. d.** abgekürzt wird.) Für das Spiel mit dem Glücksrad haben wir im Beispiel 3.12 gezeigt, wie diese Annahme realisiert werden kann. Das dort verwendete Konstruktionsprinzip läßt sich verallgemeinern:

Wenn das Ergebnis eines beliebigen (nicht notwendig numerischen) Zufallsexperiments durch eine auf einem Wahrscheinlichkeitsraum $(\Omega_1,\mathcal{A}_1,P_1)$ definierte Zufallsvariable X mit Werten in dem meßbaren Raum $(\Omega',\mathcal{A}')$ beschrieben wird, so lassen sich auf dem Produktwahrscheinlichkeitsraum $(\Omega,\mathcal{A},P) := (\Omega_1^n, \bigotimes_{i=1}^{n} \mathcal{A}_1, \bigotimes_{i=1}^{n} P_1)$ n Zufallsvariable

$$\begin{array}{llll} X_i: & \Omega & \to & \Omega' \\ & (\omega_1,\omega_2,\ldots,\omega_n)^T & \mapsto & X_i(\omega_1,\omega_2,\ldots,\omega_n) := X(\omega_i) \end{array}$$

definieren, die unabhängig und identisch (wie X) verteilt sind. Dasselbe Prinzip läßt sich sogar verwenden, um eine unendliche Folge $(X_i)_{i\in\mathbb{N}}$ von Zufallsvariablen zu konstruieren, die unabhängig und identisch (wie X) verteilt sind. Allerdings muß man dann die Zufallsvariablen X_i auf dem Produkt von abzählbar vielen Exemplaren des Wahrscheinlichkeitsraums $(\Omega_1,\mathcal{A}_1,P_1)$ definieren.

Die hier beschriebene Methode ist nicht die einzige, die Idee von n auf demselben Wahrscheinlichkeitsraum definierten unabhängigen und identisch verteilten zufälligen Größen zu realisieren (vgl. für $n = 2$ die Aufgabe 3.2.4). Deshalb vereinbaren wir für das Folgende: Wenn wir von n unabhängigen identisch verteilten Zufallsvariablen ausgehen, so machen wir über den im Hintergrund stehenden Wahrscheinlichkeitsraum $(\Omega,\mathcal{A},P)$ keine weiteren Aussagen. Es kann sich um einen Produktwahrscheinlichkeitsraum handeln, es kann aber auch irgendein anderer Wahrscheinlichkeitsraum sein.

Wir gehen also im folgenden immer davon aus, daß hinter einer Ergebnisreihe $x_1,x_2,\ldots,x_n$ eine Reihe $X_1,X_2,\ldots,X_n$ von unabhängigen identisch verteilten Zufallsvariablen steht. Zur Unterscheidung führen wir die folgenden Begriffe ein:

Definition 3.10. Eine **mathematische Stichprobe vom Umfang** n ist eine auf einem Wahrscheinlichkeitsraum $(\Omega,\mathcal{A},P)$ definierte n-stellige Zufallsvariable $\boldsymbol{X} = (X_1,X_2,\ldots,X_n)^T$, deren Koordinatenfunktionen **unabhängig** und **identisch** verteilt sind. Eine **empirische Stichprobe vom Umfang** n ist dagegen eine **Realisierung**

$$\boldsymbol{x} = (x_1,x_2,\ldots,x_n)^T = (X_1(\omega),X_2(\omega),\ldots,X_n(\omega))^T ,$$

also der Funktionswert von $\boldsymbol{X}$ an einer Stelle ω.

Die Fragestellungen der Schließenden Statistik lassen sich erst dann mathematisch präzise formulieren, wenn man die hinter einer empirischen Stichprobe stehende mathematische Stichprobe betrachtet.

Beispiel 3.13 SLAENGE Wir stellen uns vor, daß wir uns für die Frage interessieren, ob die mittlere Abweichung der Schrauben 0 ist, oder positiv (dann wären die Schrauben tendenziell zu lang) oder negativ (dann wären die Schrauben tendenziell zu kurz). Hierzu entnehmen wir der Produktion zufällig n Schrauben und erhalten eine Ergebnisreihe $x_1,x_2,\ldots,x_n$ von Dezimalzahlen. Unter der Annahme, daß die Ergebnisreihe $x_1,x_2,\ldots,x_n$ aus Realisierungen von n unabhängigen, identisch normalverteilten zufälligen Größen $X_1,X_2,\ldots,X_n$ besteht, läßt sich die Frage nach der mittleren Abweichung präzisieren: Wir fragen, ob der Erwartungswert der Verteilung, nach der jede der zufälligen Größen $X_1,X_2,\ldots,X_n$ verteilt ist, gleich 0 ist, oder ob er positiv bzw. negativ ist.

Beispiel 3.14 BIRNE Wir stellen uns jetzt vor, daß wir eine Zahl z suchen, für die folgendes gilt: 50% der Glühbirnen haben eine Lebensdauer kleiner gleich z und 50% der Glühbirnen haben eine Lebensdauer größer z. Hierzu betrachten wir eine Stichprobe $x_1,x_2,\ldots,x_n$ vom Umfang n. Unter der Annahme, daß die Ergebnisreihe $x_1,x_2,\ldots,x_n$ aus Realisierungen von n unabhängigen , identisch verteilten zufälligen Größen $X_1,X_2,\ldots,X_n$ besteht, läßt sich die Zahl z exakt definieren: Gesucht ist der Median der Verteilung, nach der jede der zufälligen Größen $X_1,X_2,\ldots,X_n$ verteilt ist.

Die in den Beispielen 3.13 und 3.14 formulierten Fragen nach dem Erwartungswert bzw. nach dem Median der Verteilung einer zufälligen Größe sind typische Fragestellungen der Schließenden Statistik. Obwohl sie sich auf die hinter der empirischen Stichprobe stehende mathematische Stichprobe beziehen, kann der Statistiker zur Beantwortung dieser und ähnlicher Fragen nur das Datenmaterial der jeweiligen empirischen Stichprobe heranziehen. Dazu wird die in der empirischen Stichprobe enthaltene Information „verdichtet". So wird es sich im Beispiel 3.13 SLAENGE als sinnvoll erweisen, das arithmetische Mittel $\overline{x} = \frac{1}{n}\sum_{i=1}^{n} x_i$ zu berechnen. $\overline{x}$ ist Realisierung der zufälligen Größe $\overline{X} = \frac{1}{n}\sum_{i=1}^{n} X_i$. Im Beispiel 3.14 BIRNE dagegen wird es sich als zweckmäßig erweisen, das Datenmaterial zunächst aufsteigend zu sortieren und mit der geordneten Stichprobe $x_{(1)},x_{(2)},\ldots,x_{(n)}$ anschließend den in der Mitte liegenden Wert $\widehat{z}$ zu bestimmen. Allgemein wird also auf den Datenvektor $\boldsymbol{x} = (x_1,\ldots,x_n)^T$ eine reellwertige Funktion g von n Variablen angewandt. Wenn die Funktion $g : \mathbb{R}^n \to \mathbb{R}$ meßbar ist bezüglich der σ-Algebren $\mathcal{B}(\mathbb{R}^n)$ und $\mathcal{B} = \mathcal{B}(\mathbb{R})$, dann ist der berechnete Funktionswert $g(x_1,\ldots,x_n)$ Realisierung der zufälligen Größe $Z = g(X_1,\ldots,X_n) = g \circ \boldsymbol{X}$. Diese zufällige Größe wird in der Schließenden Statistik als **Prüfgröße** oder als **Testgröße** bezeichnet. Häufig findet man auch die Begriffe **Prüfstatistik**, **Teststatistik** oder auch nur **Statistik**.

Im nächsten Abschnitt werden wir uns mit Funktionen zufälliger Größen und deren Verteilungen beschäftigen. Außerdem werden wir die wichtigsten Prüfgrößen der Schließenden Statistik kennenlernen.

Aufgaben zum Abschnitt 3.3

Aufgabe 3.3.1

Es sei $X_1,X_2,\ldots,X_n$ eine mathematische Stichprobe.

(a) Drücken Sie die Verteilungsfunktion der zufälligen Größe $Y := \max\limits_{1\le i\le n} X_i$ durch die Verteilungsfunktion der zufälligen Größen X_i aus.

(b) Drücken Sie die Verteilungsfunktion der zufälligen Größe $Z := \min\limits_{1\le i\le n} X_i$ durch die Verteilungsfunktion der zufälligen Größen X_i aus.

Hinweis: Die zufälligen Größen Z bzw. Y heißen erste bzw. n-te **Ordnungsstatistik** der zufälligen Größen $X_1, \ldots, X_n$.

Aufgabe 3.3.2

(a) Wie lautet die Verteilungsfunktion der zufälligen Größe Y aus der Aufgabe 3.3.1(a) für den Sonderfall, daß die zufälligen Größen $X_1, X_2, \ldots, X_n$ Exp(λ)-verteilt sind?

(b) Wie lautet die Verteilungsfunktion der zufälligen Größe Z aus der Aufgabe 3.3.1(b) für den Sonderfall, daß die zufälligen Größen $X_1, X_2, \ldots, X_n$ Exp(λ)-verteilt sind?

(c) Eine Verkehrsampel ist defekt, wenn die rote, die gelbe oder die grüne Lampe ausfällt. Die zufällige Größe X beschreibe die Lebensdauer der Verkehrsampel in Tagen.

Berechnen Sie die Verteilungsfunktion F und die Dichte f der zufälligen Größe X unter folgenden Annahmen: Jede der drei Lampen ist mit einer Glühbirne bestückt, deren Lebensdauern durch drei unabhängige Exp(λ)-verteilte zufällige Größen X_1, X_2 und X_3 beschrieben werden.

Berechnen Sie auch die sogenannte **Überlebensfunktion** (engl.: *Survivor function*), die wie folgt definiert ist:

$$S(x) := P(X > x) = 1 - F(x)$$

Wie ändert sich die Verteilung der zufälligen Größe X, wenn jede der drei Lampen mit 2 Glühbirnen bestückt wird?

Aufgabe 3.3.3

Diese Aufgabe bezieht sich auf die **Erzeugung von Zufallszahlen** mittels sogenannter **Zufallszahlengeneratoren. Zufallszahlen** sind die Realisierungen von zufälligen Größen. Sie entstehen bei der Durchführung von numerischen Zufallsexperimenten, also zum Beispiel beim Roulette-Spiel (Monte-Carlo-Methoden!) oder bei Verkehrszählungen.

Die in den verschiedenen Statistiksystemen implementierten Zufallszahlengeneratoren erzeugen keine echten Zufallszahlen, sondern eine Folge $(x_k)_{1 \leq k \leq n}$ von sogenannten **Pseudozufallszahlen**, d.h. die Zahlen $x_1, x_2, \ldots, x_n$ verhalten sich ähnlich wie die Zahlen einer empirischen Stichprobe. Ausgehend von einem **Startwert** (engl.: *seed*) werden nach einer geeigneten Rekursionsvorschrift zunächst solche Zahlen berechnet, die sich wie Realisierungen einer auf dem Intervall $[0,1)$ gleichverteilten zufälligen Größe U verhalten.

Bei vielen Systemen ist der Algorithmus, mit dem diese auf dem Intervall $[0,1)$ gleichverteilten Zufallszahlen erzeugt werden, ein sogenannter **Kongruenzgenerator**. Der einfachste Kongruenzgenerator arbeitet nach der Formel:

$$z_{k+1} = (a + b \cdot z_k) \bmod m$$

Dabei sind a, b und m geeignete natürliche Zahlen, und der Startwert z_1 ist eine natürliche Zahl kleiner als m. Die Folge $(z_k)_{1 \leq k \leq n}$ besteht dann aus nichtnegativen ganzen Zahlen, die kleiner als m sind. Dividiert man diese Zahlen durch m, so entsteht eine Folge $(u_k)_{1 \leq k \leq n}$ von Zahlen, die sich ähnlich wie Realisierungen von n unabhängigen auf dem Intervall $[0,1)$ gleichverteilten zufälligen Größen $U_1, U_2, \ldots, U_n$ verhalten. Der TI 59, einer der ersten programmierbaren Taschenrechner, arbeitete mit den Werten:

$$a = 99991 \quad b = 24298 \quad m = 199017$$

Diesen speziellen Kongruenzgenerator sollen Sie in Teil (a) dieser Aufgabe in Mathematica realisieren.

Es gibt verschiedene Methoden, mit denen man die auf dem Intervall $[0,1)$ gleichverteilten Zufallszahlen $(u_k)_{1 \leq k \leq n}$ in Zahlen $(x_k)_{1 \leq k \leq n}$ transformieren kann, die sich so ähnlich verhalten wie die Realisierungen von unabhängigen identisch verteilten zufälligen Größen $X_1, X_2, \ldots, X_n$ mit der Verteilungsfunktion F. Das sogenannte **Inversionsverfahren** wendet auf die Folge $(u_k)_{1 \leq k \leq n}$ die Funktion F^{-1} an. Es gilt nämlich der folgende

Satz

Voraussetzung: Die zufällige Größe U sei auf dem Intervall $[0,1)$ gleichverteilt. Die Funktion $F : \mathbb{R} \to (0,1)$ sei eine stetige, streng monoton wachsende Verteilungsfunktion.

Behauptung: Dann existiert die Umkehrfunktion $F^{-1} : (0,1) \to \mathbb{R}$*, und die zufällige Größe*

$$X := F^{-1}(U)$$

besitzt die Verteilungsfunktion F.

Beweis: Aus der Stetigkeit und der strengen Monotonie von F folgt, daß $F : \mathbb{R} \to (0,1)$ eine bijektive Funktion ist. Daraus ergibt sich die Existenz der ebenfalls stetigen und streng monoton wachsenden Umkehrfunktion F^{-1} von F. Daraus folgt für die Verteilungsfunktion von X :

$$P(X \leq x) = P(F^{-1}(U) \leq x) = P(U \leq F(x)) = F(x) \qquad \square$$

Wenn die Voraussetzungen dieses Satzes nicht erfüllt sind, kann man anstelle der Umkehrfunktion die folgende Funktion verwenden:

$$F^{-1}(\eta) := \inf\{\xi \,|\, F(\xi) \geq \eta\}$$

Will man zum Beispiel n Zufallszahlen erzeugen, die sich wie die Realisierungen von n unabhängigen $\mathrm{N}(0,1^2)$-verteilten zufälligen Größen verhalten, so hat man für jedes u_k das Quantil $x_k := \Phi^{-1}(u_k)$ zu berechnen und erhält die gewünschte Folge $(x_k)_{1 \leq k \leq n}$ von standardnormalverteilten Zufallszahlen. (Teil (b) dieser Aufgabe)

Will man dagegen n Zufallszahlen erzeugen, die sich wie die Realisierungen von n unabhängigen $\mathrm{Exp}(\lambda)$-verteilten zufälligen Größen verhalten, so hat man für jedes u_k das Quantil $x_k := F^{-1}(u_k) = -\frac{1}{\lambda}\ln(1-u_k)$ zu berechnen und erhält die gewünschte Folge $(x_k)_{1 \leq k \leq n}$ von exponentialverteilten Zufallszahlen. (Teil (c) dieser Aufgabe)

(a) Realisieren Sie den Zufallszahlengenerator des TI 59 mit Mathematica. Erzeugen Sie 100 auf dem Intervall $[0,1)$ gleichverteilte Zufallszahlen, und speichern Sie diese in der Mathematica-Liste `ZZU01`. Stellen Sie das Datenmaterial in Form eines Barcharts dar (vgl. Abschnitt 1.4).

(b) Transformieren Sie die 100 in (a) erzeugten Zufallszahlen in $\mathrm{N}(0,1^2)$-verteilte Zufallszahlen. Benutzen Sie dabei die Mathematica-Funktion `Quantile` (vgl. Aufgaben zum Abschnitt 2.2). Speichern Sie die transformierten Daten in der Mathematica-Liste `ZZN01`. Stellen Sie das Datenmaterial wieder in Form eines Barcharts dar.

(c) Transformieren Sie die 100 in (a) erzeugten Zufallszahlen in Exp(1)-verteilte Zufallszahlen, und speichern Sie diese in der Mathematica-Liste `ZZExp1`. Stellen Sie das Datenmaterial in Form eines Barcharts dar.

(d) Zufallszahlen, die einem der gängigen Verteilungsgesetze folgen, können auch mit der Mathematica-Funktion `Random` erzeugt werden. Mit dem Aufruf der Funktion `Random` wird der Zufallszahlengenerator von Mathematica aktiviert, von dem wir nicht wissen, nach welchem Algorithmus er arbeitet.

Erzeugen Sie mit dem Zufallszahlengenerator von Mathematica jeweils 100 auf $[0,1)$ gleichverteilte bzw. $\mathrm{N}(0,1^2)$-verteilte bzw. Exp(1)-verteilte Zufallszahlen. Erstellen Sie analog zu den Teilen (a), (b) und (c) dieser Aufgabe die zugehörigen Barcharts.

3.4 Funktionen mehrerer zufälliger Größen und ihre Verteilungen

Wie schon im vorigen Abschnitt angekündigt, werden wir jetzt Funktionen von Zufallsvariablen $X_1, X_2, \ldots, X_n$ betrachten, die alle auf demselben Wahrscheinlichkeitsraum $(\Omega, \mathcal{A}, P)$ definiert sind. Dabei beschränken wir uns auf numerische Zufallsvariable und auf Funktionen $g : \mathbb{R}^n \to \mathbb{R}$. Wendet man eine solche Funktion g auf den Zufallsvektor $\boldsymbol{X} = (X_1, X_2, \ldots, X_n)^T$ an, so erhält man, falls g eine $\mathcal{B}(\mathbb{R}^n) - \mathcal{B}(\mathbb{R}^1)$-meßbare Funktion ist, die eindimensionale zufällige Größe $Z = g(X_1, X_2, \ldots, X_n) = g \circ X$.

Wenn $\boldsymbol{X}$ ein diskreter Zufallsvektor mit der diskreten Dichtefunktion $f : \mathbb{R}^n \to \mathbb{R}$ ist, so gilt, falls die Summe $\sum_{\boldsymbol{x} \in \boldsymbol{X}(\Omega)} |g(\boldsymbol{x})| \cdot f(\boldsymbol{x})$ existiert, für die Berechnung des Erwartungswertes von $Z = g \circ X$ (vgl. Bemerkung 2.25):

$$E(Z) = E(g(\boldsymbol{X})) = \sum_{\boldsymbol{x} \in \boldsymbol{X}(\Omega)} g(\boldsymbol{x}) \cdot f(\boldsymbol{x}) = \sum_{x_1 \in X_1(\Omega)} \cdots \sum_{x_n \in X_n(\Omega)} g(x_1, \ldots, x_n) \cdot f(x_1, \ldots, x_n)$$

Wenn $\boldsymbol{X}$ dagegen ein stetiger Zufallsvektor mit der Dichte $f : \mathbb{R}^n \to \mathbb{R}$ ist, so folgt aus der Existenz des uneigentlichen Integrals $\int_{\mathbb{R}^n} g(\boldsymbol{x}) \cdot f(\boldsymbol{x}) d\boldsymbol{x}$:

$$E(Z) = E(g(\boldsymbol{X})) = \int_{\mathbb{R}^n} g(\boldsymbol{x}) \cdot f(\boldsymbol{x}) d\,\boldsymbol{x} = \int_{-\infty}^{+\infty} \cdots \int_{-\infty}^{+\infty} g(x_1, \ldots, x_n) \cdot f(x_1, \ldots, x_n) d(x_1, \ldots, x_n)$$

In den Beispielen und Sätzen dieses Abschnitts wenden wir diesen Sachverhalt im wesentlichen auf solche Funktionen $g : \mathbb{R}^n \to \mathbb{R}$ an, die als Summe bzw. als Produkt von n Funktionen $g_i : \mathbb{R} \to \mathbb{R}$ darstellbar sind, also die Darstellung

$$\begin{array}{lccl} g: & \mathbb{R}^n & \to & \mathbb{R} \\ & (x_1, x_2, \ldots, x_n)^T & \mapsto & g(x_1, x_2, \ldots, x_n) := g_1(x_1) + g_2(x_2) + \ldots + g_n(x_n) \end{array}$$

oder

$$\begin{array}{lccl} g: & \mathbb{R}^n & \to & \mathbb{R} \\ & (x_1, x_2, \ldots, x_n)^T & \mapsto & g(x_1, x_2, \ldots, x_n) := g_1(x_1) \cdot g_2(x_2) \cdot \ldots \cdot g_n(x_n) \end{array}$$

besitzen.

Beispiel 3.15 GLUECK Wir betrachten die beiden diskreten zufälligen Größen X_1 und X_2 aus dem Beispiel 3.3 und die Funktion:

$$\begin{array}{lccl} g: & \mathbb{R}^2 & \to & \mathbb{R} \\ & (x_1, x_2)^T & \mapsto & g(x_1, x_2) := x_1 + x_2 \end{array}$$

Die Funktion g ist auf ganz $\mathbb{R}^2$ stetig, also $\mathcal{B}(\mathbb{R}^2) - \mathcal{B}(\mathbb{R}^1)$-meßbar. Wendet man g auf den Zufallsvektor $\boldsymbol{X} = (X_1, X_2)^T$ an, so erhält man die diskrete zufällige Größe $Z = X_1 + X_2$, die mit der zufälligen Größe X_3 aus Beispiel 3.10 übereinstimmt. Z ist also eine diskrete zufällige Größe mit $Z(\Omega) = \{1,2,3,4,5,6,7\} = \{z_1, z_2, \ldots, z_7\}$. Wir wollen jetzt den Erwartungswert $E(Z)$ berechnen. Hierfür können wir aus dem Beispiel 3.10 die diskrete Dichtefunktion f der zufälligen Größe Z direkt übernehmen :

$$\begin{array}{llll} f(z_1) = \frac{1}{6}q; & f(z_2) = \frac{1}{6}; & f(z_3) = \frac{1}{6}; & f(z_4) = \frac{1}{6}; \\ f(z_5) = \frac{1}{6}; & f(z_6) = \frac{1}{6}; & f(z_7) = \frac{1}{6}p; & \end{array}$$

Daraus folgt:

$$E(Z) = \sum_{i=1}^{7} z_i \cdot f(z_i) = 1 \cdot \frac{1}{6}q + (2+3+4+5+6) \cdot \frac{1}{6} + 7 \cdot \frac{1}{6}p = p + \frac{7}{2}$$

Andererseits gilt:

$$E(X_1) = 0 \cdot q + 1 \cdot p = p \text{ und } E(X_2) = \sum_{i=1}^{6} i \cdot \frac{1}{6} = \frac{7}{2}$$

Es ist also:

$$E(Z) = E(X_1 + X_2) = E(X_1) + E(X_2)$$

Die letzte Gleichung aus dem Beispiel 3.15 läßt sich verallgemeinern: Wir nehmen an, X_1 und X_2 sind zwei auf demselben Wahrscheinlichkeitsraum $(\Omega,\mathcal{A},P)$ definierte diskrete zufällige Größen mit den Bildmengen $X_1(\Omega)$ bzw. $X_2(\Omega)$ und der gemeinsamen Dichtefunktion $f(\boldsymbol{t}) = f(t_1,t_2)$. Dann ist $Z = X_1 + X_2$ eine auf $(\Omega,\mathcal{A},P)$ definierte diskrete zufällige Größe mit dem Erwartungswert

$$\begin{aligned} E(Z) &= \sum_{x_1\in X_1(\Omega)}\sum_{x_2\in X_2(\Omega)} (x_1+x_2)\cdot f(x_1,x_2) \\ &= \sum_{x_1\in X_1(\Omega)}\sum_{x_2\in X_2(\Omega)} x_1\cdot f(x_1,x_2) + \sum_{x_1\in X_1(\Omega)}\sum_{x_2\in X_2(\Omega)} x_2\cdot f(x_1,x_2) \\ &= \sum_{x_1\in X_1(\Omega)} x_1 \sum_{x_2\in X_2(\Omega)} f(x_1,x_2) + \sum_{x_2\in X_2(\Omega)} x_2 \sum_{x_1\in X_1(\Omega)} f(x_1,x_2) \\ &= \sum_{x_1\in X_1(\Omega)} x_1\cdot f_1(x_1) + \sum_{x_2\in X_2(\Omega)} x_2\cdot f_2(x_2) \\ &= E(X_1)+E(X_2), \end{aligned}$$

falls $E(X_1)$ und $E(X_2)$ existieren. Wenn X_1 und X_2 stetige zufällige Größen sind, ergibt sich analog:

$$\begin{aligned} E(Z) &= \int_{-\infty}^{+\infty}\int_{-\infty}^{+\infty} (t_1+t_2)\cdot f(t_1,t_2)\,dt_1dt_2 \\ &= \int_{-\infty}^{+\infty}\int_{-\infty}^{+\infty} t_1\cdot f(t_1,t_2)\,dt_1dt_2 + \int_{-\infty}^{+\infty}\int_{-\infty}^{+\infty} t_2\cdot f(t_1,t_2)\,dt_1dt_2 \\ &= \int_{-\infty}^{+\infty}\left(t_1\cdot\int_{-\infty}^{+\infty} f(t_1,t_2)\,dt_2\right)dt_1 + \int_{-\infty}^{+\infty}\left(t_2\cdot\int_{-\infty}^{+\infty} f(t_1,t_2)\,dt_1\right)dt_2 \\ &= \int_{-\infty}^{+\infty} t_1\cdot f_1(t_1)\,dt_1 + \int_{-\infty}^{+\infty} t_2\cdot f_2(t_2)\,dt_2 \\ &= E(X_1)+E(X_2), \end{aligned}$$

falls $E(X_1)$ und $E(X_2)$ existieren. Die Gleichung $E(X_1+X_2) = E(X_1)+E(X_2)$ läßt sich weiter verallgemeinern:

Satz 3.6.
Voraussetzung: Es seien $X_1,X_2,\ldots,X_n$ zufällige Größen, die auf demselben Wahrscheinlichkeitsraum $(\Omega,\mathcal{A},P)$ definiert sind, und deren Erwartungswerte existieren.

Behauptung: Dann existiert auch der Erwartungswert der zufälligen Größe $X_1+X_2+\ldots+X_n$, und es gilt:

$$E(X_1+X_2+\ldots+X_n) = E(X_1)+E(X_2)+\ldots+E(X_n)$$

Bemerkung 3.14 Beachten Sie, daß im Satz 3.6 nicht vorausgesetzt wird, daß die n zufälligen Größen entweder alle diskret oder alle stetig sind. Die Aussage des Satzes gilt auch für allgemeinere numerische zufällige Größen, bei denen der Erwartungswert nur über das Lebesgue-Integral definiert ist (vgl. Def. 2.13). Unter den Voraussetzungen des Satzes 3.6 folgt mit Satz 2.10 für beliebige reelle Zahlen $a_1,\ldots,a_n$:

$$E(a_1X_1+a_2X_2+\ldots+a_nX_n) = a_1E(X_1)+a_2E(X_2)+\ldots+a_nE(X_n)$$

Wir untersuchen jetzt die Varianz der Summe von zwei zufälligen Größen. Mit der Bemerkung 3.14 erhält man:

$$\begin{aligned}\operatorname{Var}(X_1+X_2) &= E[((X_1+X_2)-E(X_1+X_2))^2] = E[((X_1-E(X_1))+(X_2-E(X_2)))^2]\\ &= E[((X_1-E(X_1))^2+(X_2-E(X_2))^2+2(X_1-E(X_1))(X_2-E(X_2))]\\ &= E[((X_1-E(X_1))^2]+E[(X_2-E(X_2))^2]+2E[(X_1-E(X_1))(X_2-E(X_2))]\\ &= \operatorname{Var}(X_1)+\operatorname{Var}(X_2)+2E[(X_1-E(X_1))(X_2-E(X_2))],\end{aligned}$$

vorausgesetzt, daß $\operatorname{Var}(X_1)$, $\operatorname{Var}(X_2)$ und $2E[(X_1-E(X_1))(X_2-E(X_2))]$ existieren. Der Erwartungswert $E[(X_1-E(X_1))(X_2-E(X_2))]$ wird in der folgenden Definition 3.11 als Kovarianz bezeichnet. Da man mit Hilfe der Ungleichung von Cauchy-Schwarz zeigen kann, daß aus der Existenz von $\operatorname{Var}(X_1)$ und $\operatorname{Var}(X_2)$ die Existenz des Erwartungswertes $E[(X_1-E(X_1))(X_2-E(X_2))]$ folgt, lautet die Definition:

Definition 3.11. Es seien X_1 und X_2 zwei zufällige Größen, die auf demselben Wahrscheinlichkeitsraum $(\Omega,\mathcal{A},P)$ definiert sind, und deren Varianzen existieren. Dann heißt der Erwartungswert

$$\operatorname{Cov}(X_1,X_2) := E[(X_1-E(X_1))(X_2-E(X_2))]$$

die **Kovarianz** (engl.: *covariance*) der zufälligen Größen X_1 und X_2. Für die Kovarianz $\operatorname{Cov}(X_1,X_2)$ ist auch die Bezeichnung σ_{12} gebräuchlich. Für den Fall, daß $\operatorname{Var}(X_1)\neq 0$ und $\operatorname{Var}(X_2)\neq 0$ gilt, heißt der Quotient

$$\rho(X_1,X_2) := \frac{\operatorname{Cov}(X_1,X_2)}{\sqrt{\operatorname{Var}(X_1)}\cdot\sqrt{\operatorname{Var}(X_2)}}$$

der **Korrelationskoeffizient** (engl.: *correlation coefficient*) von X_1 und X_2. Sind auf einem Wahrscheinlichkeitsraum $(\Omega,\mathcal{A},P)$ die n zufälligen Größen $X_1,X_2,\dots,X_n$ definiert, und existieren alle Varianzen $\operatorname{Var}(X_i)$, so heißt die Matrix

$$\Sigma = (\sigma_{ij})_{1\le i\le n,1\le j\le n}$$

mit $\sigma_{ij}=\operatorname{Cov}(X_i,X_j)$ die **Varianz-Kovarianz-Matrix** des Zufallsvektors $\boldsymbol{X}=(X_1,X_2,\dots,X_n)^T$. Anstelle des Symbols Σ wird häufig auch das Symbol $\operatorname{Var}(\boldsymbol{X})$ benutzt.

Bemerkung 3.15

- Setzt man in der Definition der Kovarianz $X_1=X_2=X$, so erhält man

  $$\operatorname{Cov}(X,X)=\operatorname{Var}(X) \quad \text{und} \quad \rho(X,X)=1.$$

  Auf der Hauptdiagonalen der Varianz-Kovarianz-Matrix ° des Zufallsvektors $\boldsymbol{X}$ stehen also die Varianzen $\sigma_{ii}=\operatorname{Var}(X_i)=\sigma_i^2$ der einzelnen Koordinatenfunktionen X_i.

- Gemäß Satz 2.12 berechnet man die Varianz einer zufälligen Größe X nach der Formel:

  $$\operatorname{Var}(X)=E(X^2)-(E(X))^2$$

  Analog gilt für die Kovarianz von zwei zufälligen Größen X_1 und X_2:

  $$\operatorname{Cov}(X_1,X_2)=E(X_1\cdot X_2)-E(X_1)\cdot E(X_2)$$

  Diese Gleichung ergibt für den Sonderfall $X_1=X_2=X$ wieder die vorletzte Gleichung.

Bemerkung 3.16 Es ist kein Zufall, daß wir für die Varianz-Kovarianz-Matrix Σ eines Zufallsvektors $\boldsymbol{X} = (X_1, X_2, \ldots, X_n)^T$ dasselbe Symbol Σ verwenden, das wir schon in Abschnitt 3.1 bei der Einführung der mehrdimensionalen Normalverteilung in der Definition 3.8 für den zweiten Parameter verwendet haben. Man kann nämlich zeigen, daß für einen $N(\boldsymbol{\mu},\Sigma)$-verteilten Zufallsvektors $\boldsymbol{X} = (X_1, X_2, \ldots, X_n)^T$ der Parameter Σ gerade die Varianz-Kovarianz-Matrix von $\boldsymbol{X}$ ist. Weiterhin gilt für einen $N(\boldsymbol{\mu},\Sigma)$-verteilten Zufallsvektors $\boldsymbol{X}$, daß die Koordinaten $X_1, X_2, \ldots,$ X_n genau dann unabhängige zufällige Größen sind, wenn die Varianz-Kovarianz-Matrix Σ eine Diagonalmatrix ist. (vgl. Aufgabe 3.4.5)

Mit dem Begriff der Kovarianz läßt sich die Varianz der Summe zweier zufälliger Größen wie folgt schreiben:

$$\mathrm{Var}(X_1 + X_2) = \mathrm{Var}(X_1) + \mathrm{Var}(X_2) + 2\mathrm{Cov}(X_1, X_2)$$

Auch diese Gleichung läßt sich verallgemeinern:

Satz 3.7.
Voraussetzung: Es seien $X_1, X_2, \ldots, X_n$ zufällige Größen, die auf demselben Wahrscheinlichkeitsraum $(\Omega, \mathcal{A}, P)$ definiert sind, und deren Varianzen existieren.

Behauptung: Dann existiert auch die Varianz der zufälligen Größe $X_1 + \ldots + X_n$, und es gilt:

$$\mathrm{Var}(X_1 + X_2 + \ldots + X_n) = \sum_{i=1}^{n} \mathrm{Var}(X_i) + 2\sum_{i=1}^{n} \sum_{j=i+1}^{n} \mathrm{Cov}(X_i, X_j)$$

Bemerkung 3.17

- Die Varianz der Summe $X_1 + X_2 + \ldots + X_n$ ist also die Summe aller Elemente der Varianz-Kovarianz-Matrix des Zufallsvektors $\boldsymbol{X} = (X_1, X_2, \ldots, X_n)^T$.
- Unter den Voraussetzungen des Satzes 3.7 folgt mit den Sätzen 2.10 und 2.13 für beliebige reelle Zahlen $a_1, a_2, \ldots, a_n$:

$$\mathrm{Var}(a_1 X_1 + a_2 X_2 + \ldots + a_n X_n) = \sum_{i=1}^{n} a_i^2 \mathrm{Var}(X_i) + 2\sum_{i=1}^{n} \sum_{j=i+1}^{n} a_i a_j \mathrm{Cov}(X_i, X_j)$$

In die Berechnung der Varianz der Summe von zufälligen Größen gehen also neben den Varianzen der einzelnen zufälligen Größen auch deren Kovarianzen ein. Wenn allerdings alle Kovarianzen verschwinden, dann reduziert sich die letzte Gleichung zu $\mathrm{Var}(a_1 X_1 + a_2 X_2 + \ldots + a_n X_n) = \sum_{i=1}^{n} a_i^2 \mathrm{Var}(X_i)$.

Definition 3.12. Es seien X_1 und X_2 zwei zufällige Größen, die auf demselben Wahrscheinlichkeitsraum $(\Omega, \mathcal{A}, P)$ definiert sind, und deren Varianzen existieren. Dann heißen X_1 und X_2 **unkorreliert** (engl.: *uncorrelated*), wenn gilt: $\mathrm{Cov}(X_1, X_2) = 0$

Bemerkung 3.18 Die Definition 3.12 beinhaltet auch den Sonderfall, daß X_1 oder X_2 konstante zufällige Größen sind, also $\mathrm{Var}(X_1) = 0$ oder $\mathrm{Var}(X_2) = 0$ gilt. Falls allerdings $\mathrm{Var}(X_1) \neq 0$ und $\mathrm{Var}(X_2) \neq 0$ ist, sind die zufälligen Größen X_1 und X_2 genau dann unkorreliert, wenn

$$\rho(X_1, X_2) = 0$$

ist, wenn also der Korrelationskoeffizient von X_1 und X_2 verschwindet. Dies erklärt den Begriff **unkorreliert**.

Bemerkung 3.19 Für zwei zufällige Größen X_1 und X_2 gilt gemäß Bemerkung 3.15:

$$\operatorname{Cov}(X_1,X_2)=0 \Leftrightarrow E(X_1\cdot X_2)=E(X_1)\cdot E(X_2)$$

X_1,X_2 sind also genau dann unkorreliert, wenn der Erwartungswert des Produktes $X_1\cdot X_2$ gleich dem Produkt $E(X_1)\cdot E(X_2)$ der einzelnen Erwartungswerte ist.

Der folgende Satz zeigt, daß aus der Unabhängigkeit von zwei zufälligen Größen ihre Unkorreliertheit folgt. In den Aufgaben sollen Sie zeigen, daß bei normalverteilten zufälligen Größen auch die Umkehrung dieser Aussage gilt, während sie im allgemeinen nicht richtig ist. (vgl. Aufgabe 3.4.5 und Aufgabe 3.4.2)

Satz 3.8.
Voraussetzung: Es seien X_1 und X_2 zwei unabhängige zufällige Größen, die auf demselben Wahrscheinlichkeitsraum $(\Omega,\mathcal{A},P)$ definiert sind, und deren Varianzen existieren.
Behauptung: Dann gilt: $\operatorname{Cov}(X_1,X_2)=0$

Beweis: Wir führen den Beweis für den Fall aus, daß X_1 und X_2 zwei diskrete zufällige Größen mit den Bildmengen $X_1(\Omega)$ bzw. $X_2(\Omega)$, den Randdichten f_1 bzw. f_2 und der gemeinsamen Dichtefunktion f sind. Dann gilt:

$$\begin{aligned}
E(X_1\cdot X_2) &= \sum_{x_1\in X_1(\Omega)}\sum_{x_2\in X_2(\Omega)} x_1x_2 f(x_1,x_2)\\
&= \sum_{x_1\in X_1(\Omega)}\sum_{x_2\in X_2(\Omega)} x_1x_2 f_1(x_1) f_2(x_2)\\
&= \sum_{x_1\in X_1(\Omega)} x_1 f_1(x_1)\cdot \sum_{x_2\in X_2(\Omega)} x_2 f_2(x_2)\\
&= E(X_1)\cdot E(X_2)
\end{aligned}$$

Wegen Bemerkung 3.15 ist damit die Behauptung bewiesen. Der Beweis für den Fall, daß X_1 und X_2 zwei stetige zufällige Größen mit den Dichten f_1 und f_2 sind, ergibt sich analog: Dort sind die Summen durch Integrale zu ersetzen. □

Bemerkung 3.20 Der springende Punkt im Satz 3.8 ist, daß im Fall der Unabhängigkeit von zwei zufälligen Größen X_1 und X_2 die Gleichung $E(X_1\cdot X_2)=E(X_1)\cdot E(X_2)$ gilt. Allgemeiner gilt unter den Voraussetzungen des Satzes 3.8 für jede Funktion $g:\mathbb{R}^2\to\mathbb{R}$, die sich als Produkt von zwei $\mathcal{B}-\mathcal{B}$-meßbaren Funktionen $g_1,g_2:\mathbb{R}\to\mathbb{R}$ schreiben läßt:

$$E(g(X_1,X_2))=E(g_1(X_1))\cdot g_2(X_2))=E(g_1(X_1))\cdot E(g_2(X_2))$$

vorausgesetzt, daß die Erwartungswerte $E(g_1(X_1))$ und $E(g_2(X_2))$ existieren. Diese Gleichung läßt sich auf den Fall übertragen, bei dem $n\geq 2$ unabhängige zufällige Größen $X_1,X_2,\ldots,X_n$ und n $\mathcal{B}-\mathcal{B}$-meßbare Funktionen $g_i:\mathbb{R}\to\mathbb{R}$ vorliegen.

Bemerkung 3.21 Für den Fall, daß n zufällige Größen $X_1,\ X_2,\ldots,X_n$ paarweise unkorreliert sind, gilt also:

$$\operatorname{Var}(X_1+X_2+\ldots+X_n)=\sum_{i=1}^{n}\operatorname{Var}(X_i)$$

bzw. allgemeiner:

$$\operatorname{Var}(a_1X_1+a_2X_2+\ldots+a_nX_n)=\sum_{i=1}^{n}a_i^2\operatorname{Var}(X_i)$$

Bemerkung 3.22 Wir wenden unsere Überlegungen auf den Fall an, daß die n zufälligen Größen $X_1, X_2, \ldots, X_n$ eine mathematische Stichprobe bilden. Gemäß Definition 3.10 sind $X_1, X_2, \ldots, X_n$ dann unabhängig, also paarweise unkorreliert. Außerdem sind $X_1, X_2, \ldots, X_n$ identisch verteilt und besitzen deshalb alle denselben Erwartungswert μ und dieselbe Varianz σ^2, vorausgesetzt, daß diese Kenngrößen überhaupt existieren. Daraus folgt:

$$\begin{aligned} E(X_1+X_2+\ldots+X_n) &= \sum_{i=1}^{n} E(X_i) = n \cdot \mu \\ \operatorname{Var}(X_1+X_2+\ldots+X_n) &= \sum_{i=1}^{n} \operatorname{Var}(X_i) = n \cdot \sigma^2 \end{aligned}$$

bzw. allgemeiner:

$$\begin{aligned} E(a_1X_1+a_2X_2+\ldots+a_nX_n) &= \sum_{i=1}^{n} a_i E(X_i) &= \mu \cdot \sum_{i=1}^{n} a_i \\ \operatorname{Var}(a_1X_1+a_2X_2+\ldots+a_nX_n) &= \sum_{i=1}^{n} a_i^2 \operatorname{Var}(X_i) &= \sigma^2 \cdot \sum_{i=1}^{n} a_i^2 \end{aligned}$$

Betrachtet man insbesondere die zufällige Größe

$$\overline{X} = \frac{1}{n} \sum_{i=1}^{n} X_i$$

so ergibt sich mit $a_1 = a_2 = \ldots = a_n = \dfrac{1}{n}$:

$$E(\overline{X}) = \mu \qquad \text{und} \qquad \operatorname{Var}(\overline{X}) = \tfrac{1}{n}\sigma^2$$

Die beiden letzten Gleichungen sind von zentraler Bedeutung für die gesamte Statistik.

In diesem Abschnitt wurden bisher im wesentlichen Summen von zufälligen Größen betrachtet. Die Sätze 3.6 und 3.7 machten Aussagen über den Erwartungswert bzw. die Varianz solcher Summen. Bemerkenswert ist die Tatsache, daß es beim Beweis dieser beiden Sätze weder der vollständigen Kenntnis der Verteilung der Summanden noch der vollständigen Kenntnis der Verteilung ihrer Summe bedarf.

Bei vielen Verfahren der Schließenden Statistik benötigt man aber auch Aussagen über die Verteilung solcher Summen. Derartige Aussagen gewinnen wir, wenn die Verteilung der zufälligen Größen $X_1, \ldots, X_n$ bekannt ist, mit dem in Abschnitt 2.4 eingeführten Hilfsmittel der charakteristischen Funktionen. Erinnern Sie sich daran, daß für eine zufällige Größe X die charakteristische Funktion $\varphi_X(t)$ definiert ist durch den Erwartungswert $E(e^{itX})$, und daß für eine Reihe von diskreten und stetigen Verteilungen die Berechnung der charakteristischen Funktion mit Hilfe der Mathematica-Anweisung `CharacteristicFunction[Verteilung,t]` erfolgen kann.

Satz 3.9.

Voraussetzung: Es seien $X_1, X_2, \ldots, X_n$ unabhängige zufällige Größen, die auf demselben Wahrscheinlichkeitsraum $(\Omega, \mathcal{A}, P)$ definiert sind.

Behauptung: Die charakteristische Funktion der Summe

$$S_n := X_1 + X_2 + \ldots + X_n$$

ist das Produkt der einzelnen charakteristischen Funktionen:

$$\varphi_{S_n}(t) = \varphi_{X_1}(t) \cdot \varphi_{X_2}(t) \cdot \ldots \cdot \varphi_{X_n}(t)$$

Beweis: Offensichtlich genügt es, den Beweis für $n = 2$ zu führen.

$$\varphi_{S_2}(t) = E(e^{it(X_1+X_2)}) = E(e^{itX_1} \cdot e^{itX_2}) = E(e^{itX_1}) \cdot E(e^{itX_2}) = \varphi_{X_1}(t) \cdot \varphi_{X_2}(t)$$

Dabei ergibt sich das dritte Gleichheitszeichen aus der Unabhängigkeit von X_1und X_2 mit der Bemerkung 3.20, wenn man dort auch komplexwertige Funktionen zuläßt. □

Bemerkung 3.23 Wenn $X_1, X_2, \ldots, X_n$ unabhängige zufällige Größen auf demselben Wahrscheinlichkeitsraum $(\Omega, \mathcal{A}, P)$ und $a_1, a_2, \ldots, a_n$ beliebige reelle Zahlen sind, dann folgt aus dem Satz 3.9 und aus dem **Verschiebungssatz** für charakteristische Funktionen, daß die Summe

$$S_n := a_1 X_1 + a_2 X_2 + \ldots + a_n X_n$$

die folgende charakteristische Funktion besitzt:

$$\varphi_{S_n}(t) = \varphi_{X_1}(a_1 t) \cdot \varphi_{X_2}(a_2 t) \cdot \ldots \cdot \varphi_{X_n}(a_n t)$$

Die Bedeutung des Satzes 3.9 in Verbindung mit dem Eindeutigkeitssatz für charakteristische Funktionen soll in den folgenden Beispielen und Sätzen demonstriert werden:

Beispiel 3.16 MEHRWURF Ein idealer Würfel wird n-mal geworfen. Wir modellieren den k-ten Wurf durch den Laplace-Wahrscheinlichkeitsraum $(\Omega_k, \mathcal{A}_k, P_k)$ mit $\Omega_k = \{1,2,3,4,5,6\}$ und das Gesamtzufallsexperiment durch den Produktwahrscheinlichkeitsraum $(\Omega, \mathcal{A}, P) = (\times_{k=1}^{n} \Omega_k, \bigotimes_{k=1}^{n} \mathcal{A}_k, \bigotimes_{k=1}^{n} P_k)$. Auf diesem Wahrscheinlichkeitsraum definieren wir die folgenden zufälligen Größen:

$$\begin{array}{llll} X_k: & \Omega & \rightarrow & \mathbb{R} \\ & (\omega_1, \omega_2, \ldots, \omega_n) & \mapsto & X_k(\omega_1, \omega_2, \ldots, \omega_n) := \begin{cases} 1 & \text{falls} \quad \omega_k = 6 \\ 0 & \text{sonst} \end{cases} \end{array}$$

und mit diesen die zufällige Größe $S_n := X_1 + X_2 + \ldots + X_n$. Jede zufällige Größe $X_k$ist $\mathrm{B}(1,p)$-verteilt mit $p = \frac{1}{6}$ und besitzt deshalb gemäß Abschnitt 2.4 die charakteristische Funktion

$$\varphi_{X_k}(t) = 1 - \frac{1}{6} + \frac{1}{6} e^{it}.$$

Laut Satz 3.9 besitzt S_n die charakteristische Funktion

$$\varphi_{S_n}(t) = \prod_{k=1}^{n} \varphi_{X_k}(t) = (1 - \frac{1}{6} + \frac{1}{6} e^{it})^n$$

Dies ist aber gemäß Abschnitt 2.4 die charakteristische Funktion einer $\mathrm{B}(n,p)$-verteilten zufälligen Größe mit $p = \frac{1}{6}$. Nach dem **Eindeutigkeitssatz** für charakteristische Funktionen **ist** die Summe S_n also $B(n, \frac{1}{6})$-verteilt.

Analog beweist man den folgenden

Satz 3.10.
Voraussetzung: Es seien $X_1, X_2, \ldots, X_n$ unabhängige $\mathrm{B}(1,p)$-verteilte zufällige Größen, die auf demselben Wahrscheinlichkeitsraum $(\Omega, \mathcal{A}, P)$ definiert sind.
Behauptung: Dann ist die Summe $S_n := X_1 + X_2 + \ldots + X_n$ $\mathrm{B}(n,p)$-verteilt.

Erinnern Sie sich daran, daß wir die Aussage dieses Satzes im Kapitel 2 schon einmal bewiesen haben, dort allerdings ausschließlich mit Argumenten aus der Kombinatorik.

Beispiel 3.17 KGRM Für die Körpergröße erwachsener Männer sei eine empirische Stichprobe vom Umfang n gegeben. Die zugehörige mathematische Stichprobe ist ein auf einem Wahrscheinlichkeitsraum $(\Omega, \mathcal{A}, P)$ definierter n-dimensionaler Zufallsvektor $\boldsymbol{X} = (X_1, X_2, \ldots, X_n)^T$, dessen Koordinatenfunktionen $X_1, X_2, \ldots, X_n$ unabhängige, identisch verteilte zufällige Größen sind. Unter der Annahme, daß es sich dabei um eine Normalverteilung mit den (unbekannten) Parametern μ und σ^2 handelt, besitzt jede zufällige Größe X_k gemäß Abschnitt 2.4 die charakteristische Funktion

$$\varphi_{X_k}(t) = e^{i\mu t} \cdot e^{-\frac{1}{2}\sigma^2 t^2}.$$

Laut Bemerkung 3.23 besitzt die zum arithmetischen Mittel $\overline{x} = \frac{1}{n}(x_1 + x_2 + \ldots + x_n)$ gehörende zufällige Größe $\overline{X} = \frac{1}{n}(X_1 + X_2 + \ldots + X_n)$ die charakteristische Funktion

$$\varphi_{\overline{X}}(t) = \prod_{k=1}^{n} \varphi_{X_k}(\frac{1}{n} \cdot t) = (e^{i\mu \frac{t}{n}} \cdot e^{-\frac{1}{2}\sigma^2 (\frac{t}{n})^2})^n = e^{i\mu t} \cdot e^{-\frac{1}{2}\left(\frac{\sigma}{\sqrt{n}}\right)^2 \cdot t^2}$$

Dies ist aber gemäß Abschnitt 2.4 die charakteristische Funktion einer normalverteilten zufälligen Größe mit den Parametern μ und $\dfrac{\sigma^2}{n}$. Nach dem Eindeutigkeitssatz für charakteristische Funktionen ist das arithmetische Mittel $\overline{X}$ der mathematischen Stichprobe also $\mathrm{N}(\mu, \dfrac{\sigma^2}{n})$-verteilt.

Analog beweist man den

Satz 3.11.
Voraussetzung: Auf dem Wahrscheinlichkeitsraum $(\Omega, \mathcal{A}, P)$ seien n unabhängige normalverteilte zufällige Größen $X_1, X_2, \ldots, X_n$ definiert. Es gelte $E(X_k) = \mu_k$ und $\mathrm{Var}(X_k) = \sigma_k^2$.

Behauptung: Dann ist die Summe $S_n := X_1 + X_2 + \ldots + X_n$ $\mathrm{N}(\mu, \sigma^2)$-verteilt mit $\mu = \sum_{k=1}^{n} \mu_k$ und $\sigma^2 = \sum_{k=1}^{n} \sigma_k^2$.

Die zentrale Bedeutung dieses Satzes liegt nicht in den beiden Gleichungen $\mu = \sum_{k=1}^{n} \mu_k$ und $\sigma^2 = \sum_{k=1}^{n} \sigma_k^2$. (Diese Gleichungen ergeben sich ohne spezielle Verteilungsannahmen aus dem Satz 3.6 und aus der Bemerkung 3.21.) Die Bedeutung des Satzes liegt vielmehr in der Aussage, daß die Summe von unabhängigen normalverteilten zufälligen Größen wieder normalverteilt ist. Diese Tatsache, die ein wesentliches Merkmal der Normalverteilung ist, spielt bei vielen Verfahren der Schließenden Statistik eine Rolle.

Von ähnlicher Bedeutung ist es, daß man Aussagen über die Verteilung der Summe der Quadrate von n unabhängigen $\mathrm{N}(0, 1^2)$-verteilten zufälligen Größen machen kann. Und zwar gilt der folgende Satz 3.12, für dessen Formulierung wir zunächst die Γ-Funktion einführen müssen:

Definition 3.13. Die **Gamma-Funktion** ist definiert durch

$$\begin{aligned} \Gamma: \quad \mathbb{R}^+ &\to \mathbb{R} \\ \alpha &\mapsto \Gamma(\alpha) := \int_0^{+\infty} t^{\alpha-1} e^{-t}\, dt \end{aligned}$$

Bemerkung 3.24 Mittels partieller Integration kann man zeigen, daß die Gamma-Funktion für alle $\alpha \in \mathbb{R}^+$ der Gleichung

$$\Gamma(\alpha + 1) = \alpha \cdot \Gamma(\alpha)$$

genügt. Daraus folgt wegen $\Gamma(1) = \int\limits_0^{+\infty} e^{-t}\,dt = 1$ für alle $n \in \mathbb{N}$

$$\Gamma(n) = (n-1)!$$

und wegen $\Gamma(\frac{1}{2}) = \int\limits_0^{+\infty} \frac{e^{-t}}{\sqrt{t}}\,dt = \sqrt{\pi}$ für alle ungeraden $n \geq 3$

$$\Gamma(\frac{n}{2}) = \frac{n-2}{2} \cdot \ldots \cdot \frac{3}{2} \cdot \frac{1}{2} \cdot \sqrt{\pi}\,.$$

Die Berechnung weiterer Funktionswerte der Γ-Funktion und das Plotten der zugehörigen Funktionskurve können Sie mit der Mathematica-Funktion `Gamma` erledigen lassen. In diesem Zusammenhang verweisen wir auf das **Notebook NB1K3A4.ma** zu diesem Abschnitt.

Satz 3.12. *Voraussetzung: Auf dem Wahrscheinlichkeitsraum* $(\Omega, \mathcal{A}, P)$ *seien* n *unabhängige* $\mathrm{N}(0,1^2)$*-verteilte zufällige Größen* $U_1, U_2, \ldots, U_n$ *definiert.*
Behauptung: Dann besitzt die Summe

$$\chi_n^2 := U_1^2 + U_2^2 + \ldots + U_n^2$$

die Dichtefunktion

$$\begin{array}{rcl} f_n : \mathbb{R} & \to & \mathbb{R} \\ t & \mapsto & f_n(t) := \begin{cases} 0 & \textit{falls } t \leq 0 \\ \dfrac{1}{2^{\frac{n}{2}}\Gamma\left(\frac{n}{2}\right)} \cdot t^{\frac{n-2}{2}} \cdot e^{-\frac{t}{2}} & \textit{falls } t > 0 \end{cases} \end{array}$$

Beweis: Wir betrachten zunächst den Fall $n = 1$: Die zufällige Größe $\chi_1^2 := U_1^2$ besitzt die Verteilungsfunktion

$$P(\chi_1^2 \leq x) = P(U_1^2 \leq x) = \begin{cases} 0 & \text{falls } x \leq 0 \\ P(-\sqrt{x} \leq U_1 \leq \sqrt{x}) & \text{falls } x > 0 \end{cases}$$

Für positive Werte von x gilt:

$$P(\chi_1^2 \leq x) = \int\limits_{-\sqrt{x}}^{\sqrt{x}} \frac{1}{\sqrt{2\pi}} e^{-\frac{t^2}{2}}\,dt = 2\int\limits_0^{\sqrt{x}} \frac{1}{\sqrt{2\pi}} e^{-\frac{t^2}{2}}\,dt = \int\limits_0^{x} \frac{1}{\sqrt{2\pi}} z^{-\frac{1}{2}} e^{-\frac{z}{2}}\,dz$$

Dabei ergibt sich das letzte Gleichheitszeichen mit der Substitution $z = t^2$. Wegen $\sqrt{\pi} = \Gamma\left(\frac{1}{2}\right)$ besitzt die zufällige Größe χ_1^2 also die Dichtefunktion

$$\begin{array}{rcl} f_1 : \mathbb{R} & \to & \mathbb{R} \\ t & \mapsto & f_1(t) := \begin{cases} 0 & \text{falls } t \leq 0 \\ \dfrac{1}{2^{\frac{1}{2}}\Gamma\left(\frac{1}{2}\right)} \cdot t^{-\frac{1}{2}} \cdot e^{-\frac{t}{2}} & \text{falls } t > 0 \end{cases} \end{array}$$

f_1 entspricht für den Fall $n = 1$ der Behauptung. Die charakteristische Funktion der zufälligen Größe χ_1^2 ist

$$\varphi_{\chi_1^2}(t) = \int\limits_0^{\infty} e^{itx} \frac{1}{2^{\frac{1}{2}}\Gamma\left(\frac{1}{2}\right)} x^{-\frac{1}{2}} e^{-\frac{x}{2}}\,dx = \frac{1}{2^{\frac{1}{2}}\Gamma\left(\frac{1}{2}\right)} \int\limits_0^{\infty} x^{-\frac{1}{2}} e^{itx-\frac{x}{2}}\,dx$$

Die Auswertung dieses Integrals z.B. mit der Mathematica-Anweisung

```
Integrate[Exp[i*t*x-x/2]*x^(-1/2),{x,0,Infinity}]
```

ergibt:

$$\varphi_{\chi_1^2}(t) = (1-2it)^{-\frac{1}{2}}$$

Wir betrachten nun den Fall $n \geq 2$: Die zufälligen Größen $U_1^2, U_2^2, \ldots, U_n^2$ sind unabhängig und identisch verteilt. Sie besitzen alle dieselbe charakteristische Funktion, nämlich $\varphi_{\chi_1^2}(t)$. Deshalb besitzt die zufällige Größe χ_n^2 gemäß Satz 3.9 die charakteristische Funktion

$$\varphi_{\chi_n^2}(t) = (\varphi_{\chi_1^2}(t))^n = (1-2it)^{-\frac{n}{2}}$$

Dies ist aber die charakteristische Funktion der Dichtefunktion f_n, denn:

$$\int_0^\infty e^{itx} \frac{1}{2^{\frac{n}{2}}\Gamma\left(\frac{n}{2}\right)} x^{\frac{n-2}{2}} e^{-\frac{x}{2}} dx = \frac{1}{2^{\frac{n}{2}}\Gamma\left(\frac{n}{2}\right)} \int_0^\infty x^{\frac{n-2}{2}} e^{itx-\frac{x}{2}} dx = (1-2it)^{-\frac{n}{2}}$$

Nach dem Eindeutigkeitssatz ist damit die Behauptung bewiesen. □

Definition 3.14. Wenn eine zufällige Größe Z die Dichte f_n aus dem Satz 3.12 besitzt, heißt sie **Chi-Quadrat-verteilt mit n Freiheitsgraden**, kurz **χ_n^2-verteilt**, und wir schreiben:

$$Z \sim \chi_n^2$$

Bemerkung 3.25 Für Erwartungswert und Varianz einer χ_n^2-verteilten zufälligen Größe X gilt:

$$E(X) = n \quad \text{und} \quad \mathrm{Var}(X) = 2n$$

Bei der Berechnung der Verteilungsfunktion einer χ_n^2-verteilten zufälligen Größe entstehen, jedenfalls bei ungeradem n, dieselben Integrationsprobleme, wie sie bei der Berechnung der Verteilungsfunktion einer normalverteilten zufälligen Größe auftreten. Hinzu kommt noch die Schwierigkeit, daß sich die Verteilungsfunktionen der verschiedenen Chi-Quadrat-Verteilungen nicht auf eine Standard-Chi-Quadrat-Verteilung zurückführen lassen. Deshalb enthalten auch heute noch die meisten Lehrbücher zur Wahrscheinlichkeitsrechnung und Statistik eine Tabelle, die für ausgewählte Freiheitsgrade ($n = 1,2,3,4,5,6,7,8,9,10,20, \ldots, 100,200,\ldots$) und für ausgewählte Werte von x den Wert $F_n(x)$ der Verteilungsfunktion angibt. Wir führen die Berechnung der Funktionswerte der Funktionen f_n und F_n mit den folgenden Mathematica-Anweisungen durch:

```
Needs[''Statistics'Master'']
f[t_]:=PDF[ChiSquareDistribution[n],t]
F[x_]:=CDF[ChiSquareDistribution[n],x]
```

Die Abbildung 3.8 zeigt die Dichten der χ_n^2-Verteilungen für verschiedene Freiheitsgrade.

Die Abbildung 3.8 und eine ausführliche Kurvendiskussion zeigen: Für $n = 1$ ist f eine auf $\mathbb{R}^+$ streng monoton fallende Funktion, und mit $t \searrow 0$ gilt $f(t) \to \infty$. Für $n = 2$ ist f ebenfalls eine auf $\mathbb{R}^+$ streng monoton fallende Funktion, und mit $t \searrow 0$ gilt $f(t) \to 0.5$. Für alle $n \geq 3$ ist f im Nullpunkt stetig und besitzt an der Stelle $x = n-2$ ein strenges relatives Maximum. Für $n = 3,4$ besitzt f nur einen Wendepunkt, für alle $n \geq 5$ besitzt f zwei Wendepunkte.

Die für die Praxis wichtigste Anwendung der Chi-Quadrat-Verteilung basiert auf dem folgenden Satz:

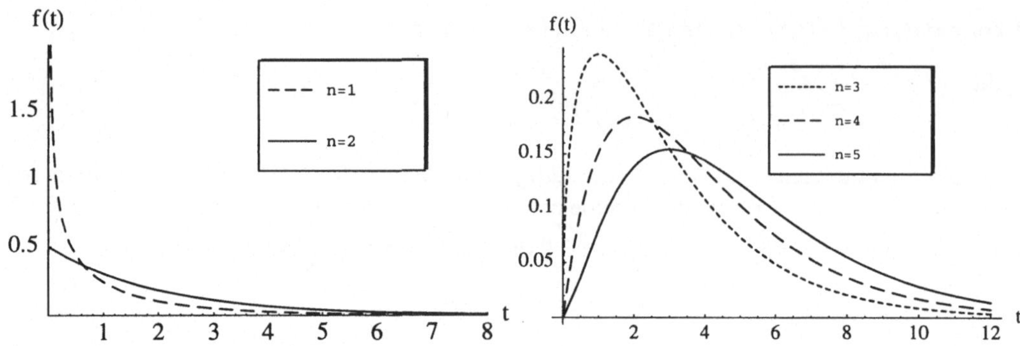

Abbildung 3.8 Dichten der Chi-Quadrat-Verteilungen

Satz 3.13.

Voraussetzung: Auf dem Wahrscheinlichkeitsraum $(\Omega, \mathcal{A}, P)$ *seien n unabhängige* $\mathrm{N}(0,1^2)$*-verteilte zufällige Größen* $U_1, U_2, \ldots, U_n$ *definiert.*

Behauptung: Dann besitzt die zufällige Größe

$$\sum_{i=1}^{n}(U_i - \overline{U})^2$$

mit $\overline{U} = \frac{1}{n}\sum_{i=1}^{n} U_i$ *eine Chi-Quadrat-Verteilung mit* $n-1$ *Freiheitsgraden.*

Beweis: Wir wenden auf den n-dimensionalen Zufallsvektors $\boldsymbol{U} = (U_1, \ldots, U_n)^T$ die folgende Matrix an:

$$\boldsymbol{A} = \begin{pmatrix} \frac{1}{\sqrt{1\cdot 2}} & -\frac{1}{\sqrt{1\cdot 2}} & 0 & 0 & \ldots & 0 & 0 \\ \frac{1}{\sqrt{2\cdot 3}} & \frac{1}{\sqrt{2\cdot 3}} & -\frac{2}{\sqrt{2\cdot 3}} & 0 & \ldots & 0 & 0 \\ \vdots & \vdots & \vdots & \vdots & \ddots & \vdots & \vdots \\ \frac{1}{\sqrt{(n-1)\cdot n}} & \frac{1}{\sqrt{(n-1)\cdot n}} & \frac{1}{\sqrt{(n-1)\cdot n}} & \frac{1}{\sqrt{(n-1)\cdot n}} & \ldots & \frac{1}{\sqrt{(n-1)\cdot n}} & -\frac{n-1}{\sqrt{(n-1)\cdot n}} \\ \frac{1}{\sqrt{n}} & \frac{1}{\sqrt{n}} & \frac{1}{\sqrt{n}} & \frac{1}{\sqrt{n}} & \ldots & \frac{1}{\sqrt{n}} & \frac{1}{\sqrt{n}} \end{pmatrix}$$

Aus der Tatsache, daß $\boldsymbol{A}$ eine orthogonale Matrix ist, deren erste $n-1$ Zeilensummen den Wert 0 haben, ergibt sich für den n-dimensionalen Zufallsvektor $\boldsymbol{Y} = (Y_1, \ldots, Y_n)^T = \boldsymbol{A} \cdot \boldsymbol{U}$:

- $Y_1, \ldots, Y_n$ sind ebenfalls $\mathrm{N}(0,1^2)$-verteilte zufällige Größen.
- $\mathrm{Cov}(Y_i, Y_j) = 0$ für $1 \leq i,j \leq n$ und $i \neq j$

d.h. $Y_1, \ldots, Y_n$ sind unabhängige standardnormalverteilte zufällige Größen. Aus der Orthogonalität der Matrix folgt weiterhin:

$$\sum_{i=1}^{n} Y_i^2 = \boldsymbol{Y}^T\boldsymbol{Y} = (\boldsymbol{A}\boldsymbol{U})^T(\boldsymbol{A}\boldsymbol{U}) = \boldsymbol{U}^T(\boldsymbol{A}^T\boldsymbol{A})\boldsymbol{U} = \boldsymbol{U}^T\boldsymbol{U} = \sum_{i=1}^{n} U_i^2$$

Daraus ergibt sich mit $Y_n = \frac{1}{\sqrt{n}}\sum_{i=1}^{n} U_i = \sqrt{n}\cdot\overline{U}$:

$$\sum_{i=1}^{n}(U_i-\overline{U})^2=\sum_{i=1}^{n}U_i^2-n\cdot\overline{U}^2=\sum_{i=1}^{n}Y_i^2-Y_n^2=\sum_{i=1}^{n-1}Y_i^2$$

Wegen Satz 3.12 ist $\sum_{i=1}^{n-1} Y_i^2$ also χ^2_{n-1}-verteilt, woraus die Behauptung folgt. □

Bemerkung 3.26 Hat man abweichend zu den Voraussetzungen des Satzes 3.13 unabhängige N(μ,σ^2)-verteilte zufällige Größen $X_1,\ X_2,\dots,X_n$, so besitzt die zufällige Größe

$$\frac{1}{\sigma^2}\sum_{i=1}^{n}(X_i-\overline{X})^2$$

eine χ^2_{n-1}-Verteilung. Dies ergibt sich aus der Gleichung

$$\frac{1}{\sigma^2}\sum_{i=1}^{n}(X_i-\overline{X})^2=\frac{1}{\sigma^2}\sum_{i=1}^{n}(X_i-\mu-(\overline{X}-\mu))^2=\sum_{i=1}^{n}(\frac{X_i-\mu}{\sigma}-\frac{\overline{X}-\mu}{\sigma})^2$$

und aus dem Satz 3.13, wenn man dort für U_i die zufällige Größe $U_i=\dfrac{X_i-\mu}{\sigma}$ setzt, die gemäß Satz 2.7 standardnormalverteilt ist.

Beispiel 3.18 KGRM Für die Körpergröße erwachsener Männer sei eine empirische Stichprobe vom Umfang n gegeben. Die zugehörige mathematische Stichprobe ist ein auf einem Wahrscheinlichkeitsraum $(\Omega,\mathcal{A},P)$ definierter n-dimensionaler Zufallsvektor $\boldsymbol{X}=(X_1,X_2,\dots,X_n)^T$, dessen Koordinatenfunktionen $X_1,X_2,\dots,X_n$ unabhängige, identisch verteilte zufällige Größen sind. Wie im Beispiel 3.17 nehmen wir an, daß die zufälligen Größen $X_1,X_2,\dots,X_n$ normalverteilt sind mit den unbekannten Parametern μ und σ^2. Dann besitzt die zufällige Größe

$$Z:=\frac{1}{\sigma^2}\sum_{i=1}^{n}(X_i-\overline{X})^2$$

eine χ^2_{n-1}-Verteilung. Z ist also eine zufällige Größe, die einerseits den unbekannten Parameter σ^2 der Verteilung der zufälligen Größen $X_1,X_2,\dots,X_n$ explizit enthält, andererseits aber dennoch eine bekannte Verteilung besitzt. Dies ist eine bemerkenswerte Eigenschaft der zufälligen Größe Z, die bei verschiedenen Verfahren der Schließenden Statistik eine entscheidende Rolle spielt.

In der Schließenden Statistik sind noch zwei weitere Verteilungen von Bedeutung, die eng mit der Normalverteilung und der Chi-Quadrat-Verteilung verbunden sind. Die erste dieser beiden Verteilungen ist die Verteilung der zufälligen Größe

$$Z=\frac{X/m}{Y/n}.$$

Dabei ist X eine χ^2_m-verteilte und Y eine von X unabhängige χ^2_n-verteilte zufällige Größe. Die zweite dieser beiden Verteilungen ist die Verteilung der zufälligen Größe

$$Z=\frac{X}{\sqrt{\frac{Y}{n}}}.$$

Dabei ist X eine N$(0,1^2)$-verteilte und Y eine von X unabhängige χ^2_n-verteilte zufällige Größe. Die folgenden beiden Sätze machen eine Aussage über die Dichten dieser beiden Quotienten:

Satz 3.14.
Voraussetzung: Auf dem Wahrscheinlichkeitsraum $(\Omega,\mathcal{A},P)$ *seien eine* χ^2_m*-verteilte zufällige Größe* X *und eine* χ^2_n*-verteilte zufällige Größe* Y *definiert. Die beiden zufälligen Größen seien unabhängig.*

Behauptung: Dann besitzt die zufällige Größe $Z := \dfrac{X/m}{Y/n}$ *die Dichtefunktion*

$$
\begin{aligned}
f_{m,n}: \quad & \mathbb{R} \quad \to \quad \mathbb{R} \\
& t \quad \mapsto \quad f_{m,n}(t) := \begin{cases} 0 & \textit{falls} \quad t \le 0 \\ \dfrac{\Gamma(\frac{m+n}{2})}{\Gamma(\frac{m}{2})\Gamma(\frac{n}{2})} m^{\frac{m}{2}} n^{\frac{n}{2}} \dfrac{t^{\frac{m-2}{2}}}{(mt+n)^{\frac{m+n}{2}}} & \textit{falls} \quad t > 0 \end{cases}
\end{aligned}
$$

Beweis: Da die zufälligen Größen X und Y unabhängig sind, ist ihre gemeinsame Dichtefunktion $g(x,y)$ das Produkt $g_m(x)\cdot g_n(y)$ aus der Dichte $g_m(x)$ einer χ^2_m-Verteilung und der Dichte $g_n(y)$ einer χ^2_n-Verteilung. D.h.

$$g(x,y) = 0 \text{ falls } x \le 0 \text{ oder } y \le 0$$

und

$$g(x,y) = \frac{}{1}2^{\frac{}{m}2}\Gamma\left(\frac{}{m}2\right)\cdot x^{\frac{m-2}{2}}\cdot e^{-\frac{}{x}2}\cdot\frac{}{1}2^{\frac{}{n}2}\Gamma\left(\frac{}{n}2\right)\cdot y^{\frac{n-2}{2}}\cdot e^{-\frac{}{y}2} \text{ falls } x>0, y>0$$

Wir bezeichnen im folgenden mit $c_{n,m}$ das Produkt

$$c_{n,m} = \frac{1}{2^{\frac{m}{2}}\Gamma\left(\frac{m}{2}\right)}\cdot\frac{1}{2^{\frac{n}{2}}\Gamma\left(\frac{n}{2}\right)}$$

Für die Verteilungsfunktion $F(z)$ der zufälligen Größe $Z = \frac{X/m}{Y/n}$ gilt:

$$F(z) = P(Z \le z) = P\left(\frac{X/m}{Y/n} \le z\right) = P\left(X \le \frac{mY}{n}z\right)$$

Für $z \le 0$ gilt also

$$F(z) = 0 = \int_{-\infty}^{z} f_{m,n}(t)\,dt.$$

Für $z > 0$ ist

$$F(z) = c_{n,m}\cdot\int_0^{+\infty}\int_0^{\frac{my}{n}z} x^{\frac{m-2}{2}}\cdot e^{-\frac{x}{2}}\cdot y^{\frac{n-2}{2}}\cdot e^{-\frac{y}{2}}\,dx\,dy.$$

Im inneren Integral substituieren wir $t = \frac{nx}{my}$. Dann folgt:

$$F(z) = c_{n,m}\cdot\int_0^{+\infty}\int_0^{z}\left(\frac{myt}{n}\right)^{\frac{m-2}{2}}\cdot e^{-\frac{myt}{2n}}\cdot y^{\frac{n-2}{2}}\cdot e^{-\frac{y}{2}}\cdot\frac{my}{n}\,dt\,dy$$

Vertauschung der Integrationsreihenfolge führt zu:

$$F(z) = c_{n,m}\cdot\int_0^{z}\frac{m}{n}\cdot\left(\frac{mt}{n}\right)^{\frac{m-2}{2}}\int_0^{+\infty} y^{\frac{m+n-2}{2}}\cdot e^{-\frac{y}{2}\left(\frac{mt}{n}+1\right)}\,dy\,dt$$

Substituiert man nun im inneren Integral bei festem t

$$v = \frac{y}{2}\left(\frac{mt}{n}+1\right) = \frac{y}{2}\cdot\frac{mt+n}{n} \quad \text{bzw.} \quad y = 2\frac{n}{mt+n}v,$$

so erhält man:

$$F(z) = c_{n,m}\cdot\int_0^z \frac{m}{n}\cdot\left(\frac{mt}{n}\right)^{\frac{m-2}{2}} \int_0^{+\infty}\left(2\frac{n}{mt+n}\right)^{\frac{m+n-2}{2}} v^{\frac{m+n-2}{2}} e^{-v}\cdot 2\frac{n}{mt+n}\,dv\,dt$$

Vereinfachung ergibt:

$$F(z) = c_{n,m}\cdot\int_0^z m^{\frac{m}{2}} n^{\frac{n}{2}}\cdot 2^{\frac{m+n}{2}}\cdot\frac{t^{\frac{m-2}{2}}}{(mt+n)^{\frac{m+n}{2}}}\int_0^{+\infty} v^{\frac{m+n}{2}-1} e^{-v}\,dv\,dt$$

Das innere Integral ergibt den Wert $\Gamma(\frac{m+n}{2})$. Daraus folgt:

$$F(z) = c_{n,m}\cdot\Gamma\left(\frac{m+n}{2}\right)\cdot m^{\frac{m}{2}} n^{\frac{n}{2}}\cdot 2^{\frac{m+n}{2}}\cdot\int_0^z \frac{t^{\frac{m-2}{2}}}{(mt+n)^{\frac{m+n}{2}}}\,dt$$

Nach Einsetzen der Bedeutung von $c_{n,m}$ erhält man:

$$F(z) = \frac{\Gamma(\frac{m+n}{2})}{\Gamma(\frac{m}{2})\cdot\Gamma(\frac{n}{2})}\cdot m^{\frac{m}{2}}\cdot n^{\frac{n}{2}}\cdot\int_0^z \frac{t^{\frac{m-2}{2}}}{(mt+n)^{\frac{m+n}{2}}}\,dt = \int_{-\infty}^z f_{m,n}(t)\,dt$$

□

Satz 3.15.
Voraussetzung: Auf dem Wahrscheinlichkeitsraum $(\Omega,\mathcal{A},P)$ *seien eine* $N(0,1^2)$*-verteilte zufällige Größe* X *und eine* χ^2_n*-verteilte zufällige Größe* Y *definiert. Die beiden zufälligen Größen* X *und* Y *seien unabhängig.*

Behauptung: Dann besitzt die zufällige Größe $Z := \frac{X}{\sqrt{Y/n}}$ *die Dichtefunktion*

$$\begin{aligned} f_n : \ \mathbb{R} &\to \mathbb{R} \\ t &\mapsto f_n(t) := \frac{1}{\sqrt{n\pi}}\cdot\frac{\Gamma(\frac{n+1}{2})}{\Gamma(\frac{n}{2})}\cdot\frac{1}{(1+\frac{t^2}{n})^{\frac{n+1}{2}}} \end{aligned}$$

Beweis: Da die zufälligen Größen X und Y unabhängig sind, ist ihre gemeinsame Dichtefunktion $g(x,y)$ das Produkt $\varphi(x)\cdot g_n(y)$ aus der Dichte der $N(0,1^2)$-Verteilung und der Dichte $g_n(y)$ einer χ^2_n-Verteilung. D.h.

$$g(x,y) = 0 \text{ falls } y \leq 0$$

und

$$g(x,y) = \frac{}{1}\sqrt{2\pi}\cdot e^{-\frac{x^2}{2}}\cdot\frac{}{1}2^{\frac{}{n}2}\Gamma\left(\frac{}{n}2\right)\cdot y^{\frac{n-2}{2}}\cdot e^{-\frac{}{y}2} \text{ falls } y > 0$$

Wir bezeichnen im folgenden mit c_n das Produkt

$$c_n = \frac{1}{\sqrt{2\pi}}\cdot\frac{1}{2^{\frac{n}{2}}\Gamma(\frac{n}{2})}$$

Für die Verteilungsfunktion $F(z)$ der zufälligen Größe $Z = \dfrac{X}{\sqrt{Y/n}}$ gilt:

$$F(z) = P(Z \leq z) = P(\frac{X}{\sqrt{Y/n}} \leq z) = P(X \leq \sqrt{\frac{Y}{n}} \cdot z)$$

Daraus folgt:

$$F(z) = c_n \cdot \int_0^{+\infty} \int_{-\infty}^{\sqrt{\frac{y}{n}} \cdot z} e^{-\frac{x^2}{2}} \cdot y^{\frac{n-2}{2}} \cdot e^{-\frac{y}{2}} dx\, dy$$

Mit der Substitution $t = x\sqrt{n/y}$ und anschließender Vertauschung der Integrationsreihenfolge läßt sich der Beweis analog zum Beweis des Satzes 3.14 beenden. □

Definition 3.15. Wenn eine zufällige Größe Z die Dichte $f_{m,n}$ aus dem Satz 3.14 besitzt, heißt sie **F-verteilt mit m,n Freiheitsgraden**, kurz **$F_{m,n}$-verteilt**, und wir schreiben:

$$Z \sim F_{m,n}$$

Definition 3.16. Wenn eine zufällige Größe Z die Dichte f_n aus dem Satz 3.15 besitzt, heißt sie **t-verteilt mit n Freiheitsgraden**, kurz **t_n-verteilt**, und wir schreiben:

$$Z \sim t_n$$

Wir diskutieren zunächst die t-Verteilung. Diese wurde von WILLIAM SEALY GOSSET (1876–1937) eingeführt, der sie unter dem Pseudonym STUDENT veröffentlichte. Deshalb heißt die Verteilung häufig auch **Student-Verteilung** oder **Student-t-Verteilung**.

Bemerkung 3.27 Offensichtlich ist die t_n-Verteilung symmetrisch mit dem Symmetriezentrum $t^* = 0$. Deshalb ist der Erwartungswert einer t_n-verteilten zufälligen Größe für jeden Freiheitsgrad gleich 0. Für $n = 1$ und $n = 2$ existiert die Varianz nicht. Für $n \geq 3$ erhält man die Varianz $\dfrac{n}{n-2}$.

Die Berechnung der Funktionswerte der Dichte bzw. der Verteilungsfunktion erfolgt nach dem Aufruf des **Statistics'Master '** mit den Mathematica-Anweisungen:

```
f[t_]:=PDF[StudentTDistribution[n],t]
F[x_]:=CDF[StudentTDistribution[n],x]
```

Die Abbildung 3.9 zeigt die Dichten der t_n-Verteilungen für $n = 1$, $n = 2$ und für $n = 10$ Freiheitsgrade. Die Funktionskurven ähneln der Funktionskurve der Dichte der $N(0,1^2)$-Verteilung. Die Übereinstimmung ist umso besser, je größer die Anzahl n der Freiheitsgrade ist.

Die große Bedeutung der t-Verteilung für die Schließende Statistik ergibt sich im wesentlichen aus dem folgenden

Satz 3.16.
Voraussetzung: Die zufälligen Größen $X_1, X_2, \ldots, X_n$ seien unabhängig und identisch $N(\mu,\sigma^2)$-*verteilt.*

Behauptung: Dann besitzt die zufällige Größe $T := \sqrt{n}\dfrac{\overline{X} - \mu}{S}$ mit

$$\overline{X} = \frac{1}{n}\sum_{i=1}^{n} X_i \text{ und } S^2 = \frac{1}{n-1}\sum_{i=1}^{n}(X_i - \overline{X})^2$$

eine t_{n-1}-Verteilung.

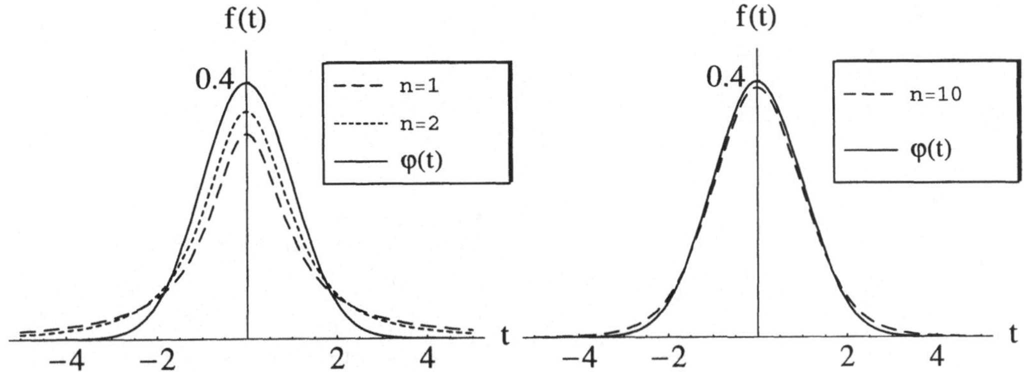

Abbildung 3.9 Dichten der t-Verteilungen

Beweis: Zunächst gilt:

$$T = \sqrt{n}\frac{\overline{X}-\mu}{S} = \frac{\sum\limits_{i=1}^{n} \frac{X_i-\mu}{\sigma\cdot\sqrt{n}}}{\sqrt{\frac{1}{n-1}\sum\limits_{i=1}^{n}(\frac{X_i-\overline{X}}{\sigma})^2}} = \frac{\sum\limits_{i=1}^{n}\frac{U_i}{\sqrt{n}}}{\sqrt{\frac{1}{n-1}\cdot\sum\limits_{i=1}^{n}U_i^2}}$$

Dabei sind

$$U_i := \frac{X_i-\mu}{\sigma}, 1 \leq i \leq n$$

die unabhängigen standardisierten zufälligen Größen. Wendet man auf den Zufallsvektor $\boldsymbol{U} = (U_1,\ldots,U_n)^T$ wieder die Transformation $\boldsymbol{Y} = \boldsymbol{AU}$ aus dem Beweis des Satzes 3.13 an, so ist

$$T = \frac{Y_n}{\sqrt{\frac{1}{n-1}\cdot\sum\limits_{i=1}^{n-1}Y_i^2}}$$

mit unabhängigen $\mathrm{N}(0,1^2)$-verteilten zufälligen Größen $Y_1,\ldots,Y_n$. Der Rest des Beweises folgt nun aus den Sätzen 3.13 und 3.15. □

Beispiel 3.19 KGRM Wir greifen die Situation des Beispiels 3.18 noch einmal auf: Unter der Annahme, daß die zufälligen Größen $X_1, X_2, \ldots, X_n$ der mathematischen Stichprobe $\mathrm{N}(\mu,\sigma^2)$-verteilt sind, ist die zufällige Größe

$$T := \sqrt{n}\frac{\overline{X}-\mu}{S}$$

t_{n-1}-verteilt. T enthält also einerseits den unbekannten Erwartungswert μ der zufälligen Größen $X_1, X_2, \ldots, X_n$ und besitzt andererseits aber dennoch eine bekannte Verteilung. Diese Eigenschaft der zufälligen Größe T spielt bei verschiedenen Verfahren der Schließenden Statistik eine entscheidende Rolle.

Wir wenden uns nun der Diskussion der F-Verteilung zu. Diese wurde von SIR RONALD AYLMER FISHER (1890–1962) eingeführt.

Bemerkung 3.28 Es ist offensichtlich, daß die Verteilung einer $F_{m,n}$-verteilten zufälligen Größe X auf die nichtnegative reelle Achse konzentriert ist. Erwartungswert und Varianz berechnen sich zu

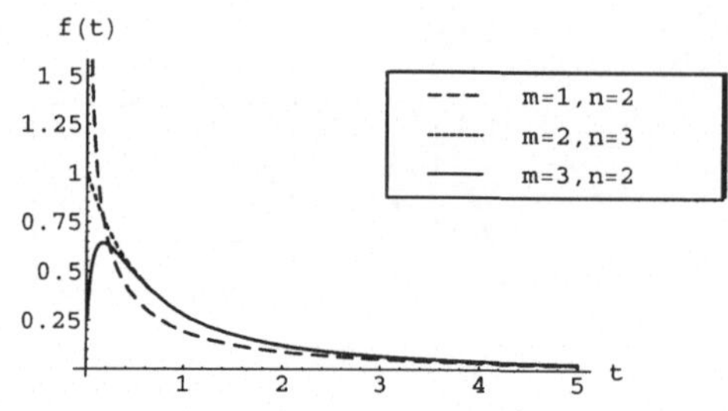

Abbildung 3.10
Dichten der F-Verteilungen

$$E(X) = \frac{n}{n-2} \quad \text{und} \quad \mathrm{Var}(X) = \frac{2n^2(m+n-2)}{m(n-4)(n-2)^2}$$

Die Berechnung der Funktionswerte der Dichte bzw. der Verteilungsfunktion erfolgt nach dem Aufruf des **Statistics'Master '** mit den Mathematica-Anweisungen:

```
f[t_]:=PDF[FRatioDistribution[m,n],t]
F[x_]:=CDF[FRatioDistribution[m,n],x]
```

Die Abbildung 3.10 zeigt die Dichten der $F_{1,2}$-Verteilung, der $F_{2,3}$-Verteilung und der $F_{3,2}$-Verteilung.

Aufgaben zum Abschnitt 3.4

Aufgabe 3.4.1
Betrachten Sie die beiden zufälligen Größen X_1 und X_3 aus dem Beispiel 3.3 GLUECK.

(a) Berechnen Sie die Kovarianz von X_1 und X_3.

(b) Für welche Werte von p wären die beiden zufälligen Größen X_1 und X_3 unkorreliert?

Aufgabe 3.4.2
Betrachten Sie den 2-dimensionalen Zufallsvektor $\boldsymbol{X} = (X_1, X_2)^T$ aus dem Beispiel 3.6 DART, und nehmen Sie an, daß $\boldsymbol{X}$ über der Kreisfläche

$$K_R := \left\{ (t_1,t_2)^T \middle| t_1^2 + t_2^2 \leq R^2 \right\}.$$

gleichverteilt ist.

(a) Berechnen Sie $E(X_1 \cdot X_2) = \int\limits_{\mathbb{R}^2} x_1 x_2 \cdot f(x_1,x_2)\, d(x_1,x_2)$ und die Erwartungswerte $E(X_1)$ bzw. $E(X_2)$ der Randverteilungen.

(b) Schließen Sie aus (a) , daß die zufälligen Größen X_1 und X_2 zwar unkorreliert, aber nicht unabhängig sind.

Aufgabe 3.4.3
Beweisen Sie mit Hilfe der Sätze 3.9 und 2.16 noch einmal, daß für zwei unabhängige zufällige Größen X_1 und X_2 gilt:

(a) $E(X_1 + X_2) = E(X_1) + E(X_2)$

(b) $\mathrm{Var}(X_1 + X_2) = \mathrm{Var}(X_1) + \mathrm{Var}(X_2)$

Aufgabe 3.4.4
Es seien X_1 und X_2 zwei stetige zufällige Größen, die auf demselben Wahrscheinlichkeitsraum definiert sind. $f(t_1,t_2)$ sei die gemeinsame Dichtefunktion, $f_1(t_1)$ bzw. $f_2(t_2)$ seien die Randdichten. Weiter sei die zufällige Größe Z definiert durch $Z = X_1 + X_2$.

(a) Zeigen Sie, Z besitzt die Verteilungsfunktion:

$$H(z) = \int_{-\infty}^{z} \int_{-\infty}^{+\infty} f(t_1, x - t_1)\, dt_1\, dx$$

(b) Schließen Sie aus (a), daß $Z = X_1 + X_2$ die folgende Dichtfunktion besitzt:

$$h(z) = \int_{-\infty}^{+\infty} f(t_1, z - t_1)\, dt_1$$

(c) Wie kann man $h(z)$ im Fall der Unabhängigkeit von X_1 und X_2 schreiben?

Bemerkung: Die Verteilung $P_{X_1+X_2}$ der Summe von zwei unabhängigen zufälligen Größen X_1 und X_2 heißt **Faltung** der Verteilungen P_{X_1} und P_{X_2}.

Aufgabe 3.4.5
Ein 2-dimensionaler Zufallsvektor $\boldsymbol{X} = (X_1, X_2)^T$ sei normalverteilt mit den Parametern

$$\boldsymbol{\mu} = \begin{pmatrix} \mu_1 \\ \mu_2 \end{pmatrix}, \qquad \Sigma = \begin{pmatrix} \sigma_{11} & \sigma_{12} \\ \sigma_{12} & \sigma_{22} \end{pmatrix}$$

(a) Zeigen Sie, daß $\mathrm{Var}(\boldsymbol{X}) = \Sigma$ ist.

(b) Zeigen Sie, daß X_1 und X_2 genau dann unabhängig sind, wenn sie unkorreliert sind.

Bemerkung: Bei einer Normalverteilung sind die Begriffe „Unabhängigkeit" und „Unkorreliertheit" also äquivalent.

3.5 Der zentrale Grenzwertsatz

In diesem Abschnitt werden wir einen Satz kennenlernen, der wegen seiner zentralen Bedeutung für die Wahrscheinlichkeitstheorie und für die Schließende Statistik als zentraler Grenzwertsatz bezeichnet wird. Es gibt verschiedene Formulierungen des zentralen Grenzwertsatzes. Alle besagen, daß unter geeigneten Bedingungen an die Momente der zufälligen Größen $X_1, X_2, \ldots, X_n$, aber unabhängig von der speziellen Verteilung der X_i gilt:

$$\lim_{n\to\infty} P\left(a \leq \frac{\sum_{i=1}^{n}(X_i - \mu_i)}{\sqrt{\sum_{i=1}^{n}\sigma_i^2}} \leq b\right) = \Phi(b) - \Phi(a)$$

Zur Vorbereitung der Diskussion dieses Phänomens betrachten wir zwei unabhängige auf dem Intervall $[0,1]$ gleichverteilte zufällige Größen X_1 und X_2. Die Dichte h der Summe $Z = X_1 + X_2$ berechnet sich gemäß Aufgabe 3.4.4 nach der Faltungsformel:

$$h(z) = \int_{-\infty}^{+\infty} f_1(t_1) \cdot f_2(z - t_1)\, dt_1$$

Der Integrand ist nur dann von 0 verschieden, wenn gilt: $f_1(t_1) \neq 0$ und $f_2(z - t_1) \neq 0$ Das heißt:

$$0 \leq t_1 \leq 1 \wedge 0 \leq z - t_1 \leq 1 \quad \text{bzw.} \quad 0 \leq t_1 \leq 1 \wedge z - 1 \leq t_1 \leq z$$

Daraus folgt:

$$h(z) = \begin{cases} 0 & \text{falls } z < 0 \\ \int\limits_0^z f_1(t_1) \cdot f_2(z-t_1)\,dt_1 = z & \text{falls } 0 \le z \le 1 \\ \int\limits_{z-1}^1 f_1(t_1) \cdot f_2(z-t_1)\,dt_1 = 2-z & \text{falls } 1 \le z \le 2 \\ 0 & \text{falls } 2 < z \end{cases}$$

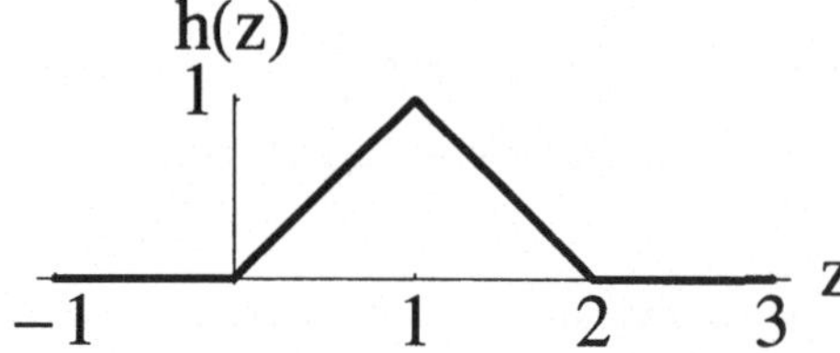

Abbildung 3.11
Dichte der Faltung von zwei Gleichverteilungen auf dem Intervall $[0,1]$

Die Funktion h ist weder die Dichte einer Gleichverteilung auf dem Intervall $[0,1]$, noch die Dichte einer Gleichverteilung auf einem anderen Intervall. Der Typ der Verteilung verändert sich also bei der Summation. Würde man nicht nur 2 sondern 3,4 oder allgemein n unabhängige auf dem Intervall $[0,1]$ gleichverteilte zufällige Größen $X_1, X_2, \ldots, X_n$ addieren, so würde sich die Dichtefunktion der Summenvariablen $Z_n = \sum\limits_{i=1}^{n} X_i$ weiter verändern, und man würde feststellen, daß sich die Dichte der Summe immer mehr der Dichte einer Normalverteilung anpaßt. Wir wollen uns nun der Begründung dieses Phänomens zuwenden. Hierfür benötigen wir den folgenden Konvergenzbegriff:

Definition 3.17. $(X_n)_{n\in\mathbb{N}}$ sei eine Folge zufälliger Größen auf dem Wahrscheinlichkeitsraum $(\Omega, \mathcal{A}, P)$. Es sei $(F_n)_{n\in\mathbb{N}}$ die Folge der zugehörigen Verteilungsfunktionen. X sei eine weitere zufällige Größe auf $(\Omega, \mathcal{A}, P)$ mit der Verteilungsfunktion F. Die Folge $(X_n)_{n\in\mathbb{N}}$ **konvergiert schwach** gegen X, wenn in jedem Stetigkeitspunkt x_0 der Verteilungsfunktion F von X gilt:

$$\lim_{n\to\infty} F_n(x_0) = F(x_0)$$

In diesem Fall schreiben wir: $P_{X_n} \to P_X$

Schwache Konvergenz einer Folge $(X_n)_{n\in\mathbb{N}}$ von zufälligen Größen gegen eine zufällige Größe X bedeutet also „nur", daß die Verteilung der X_n gegen die Verteilung von X konvergiert.

Betrachten wir zum Beispiel die folgende Situation: Es sei $\Omega = [0,1]$ und $\mathcal{A} = \mathcal{B}(\Omega)$. P sei das stetige Wahrscheinlichkeitsmaß auf $(\Omega, \mathcal{A})$ mit der Dichte $f \equiv 1$. Auf dem Wahrscheinlichkeitsraum $(\Omega, \mathcal{A}, P)$ seien die folgenden zufälligen Größen definiert:

$$\begin{aligned} X_n :\ \Omega &\to \mathbb{R} \\ \omega &\mapsto X_n(\omega) := \begin{cases} n & \text{falls } 0 \le \omega \le \frac{1}{n} \\ 0 & \text{sonst} \end{cases} \end{aligned} \qquad \begin{aligned} X :\ \Omega &\to \mathbb{R} \\ \omega &\mapsto X(\omega) := 0 \end{aligned}$$

Für die Verteilungsfunktionen F_n bzw. F der zufälligen Größen X_n bzw. X gilt:

$$F_n(x) = \begin{cases} 0 & \text{falls } x < 0 \\ 1 - \frac{1}{n} & \text{falls } 0 \le x < n \\ 1 & \text{falls } n \le x \end{cases} \qquad F(x) = \begin{cases} 0 & \text{falls } x < 0 \\ 1 & \text{falls } 0 \le x \end{cases}$$

Die Funktion F ist stetig außer an der Stelle 0. Für jeden Stetigkeitspunkt von F, d.h. für jedes $x_0 \neq 0$ gilt:

$$\lim_{n\to\infty} F_n(x_0) = \begin{cases} 0 & = F(x_0) \quad \text{falls} \quad x_0 < 0 \\ \lim_{n\to\infty}(1 - \frac{1}{n}) = 1 & = F(x_0) \quad \text{falls} \quad 0 < x_0 < n \\ 1 & = F(x_0) \quad \text{falls} \quad n \leq x_0 \end{cases}$$

Die Folge $(X_n)_{n\in\mathbb{N}}$ konvergiert also schwach gegen X.

Der Nachweis der schwachen Konvergenz einer Folge $(X_n)_{n\in\mathbb{N}}$ wird meistens mit Hilfe der charakteristischen Funktionen geführt. Es gilt nämlich der folgende

Satz 3.17.
Voraussetzung: Es sei $(\Omega,\mathcal{A},P)$ ein Wahrscheinlichkeitsraum. $(X_n)_{n\in\mathbb{N}}$ sei eine Folge zufälliger Größen auf $(\Omega,\mathcal{A},P)$. Es sei $(F_n)_{n\in\mathbb{N}}$ die Folge der zugehörigen Verteilungsfunktionen und $(\varphi_n)_{n\in\mathbb{N}}$ die Folge der zugehörigen charakteristischen Funktionen. X sei eine weitere zufällige Größe auf $(\Omega,\mathcal{A},P)$ mit der Verteilungsfunktion F und der charakteristischen Funktion φ. Für alle $t \in \mathbb{R}$ gelte:

$$\lim_{n\to\infty} \varphi_n(t) = \varphi(t)$$

Behauptung:

$$P_{X_n} \to P_X$$

Bemerkung 3.29 Der Satz 3.17 heißt **Stetigkeitssatz für charakteristische Funktionen** aus folgendem Grund: Betrachtet man die Abbildung Ψ, die auf der Menge D aller Verteilungsfunktionen definiert ist und jeder Verteilungsfunktion ihre charakteristische Funktion zuordnet, so ist Ψ gemäß Satz 2.15 eine eineindeutige Abbildung auf die Menge W aller charakteristischen Funktionen. Der Satz 3.17 besagt nun, daß die Umkehrfunktion $\Psi^{-1} : W \to D$, die jeder charakteristischen Funktion ihre Verteilungsfunktion zuordnet, in jedem $\varphi \in W$ stetig ist.

Nach diesen Vorbereitungen sind wir nun in der Lage, eine erste Formulierung des zentralen Grenzwertsatzes zu beweisen:

Satz 3.18. ***(Ein zentraler Grenzwertsatz)***
Voraussetzung: $(X_n)_{n\in\mathbb{N}}$ sei eine Folge unabhängiger, identisch verteilter zufälliger Größen mit dem Erwartungswert 0 und der Varianz 1, deren 3. absolutes Moment $E(|X_n^3|)$ existiert. Für jedes $n \in \mathbb{N}$ sei die zufällige Größe Y_n definiert durch

$$Y_n = \frac{X_1 + X_2 + \ldots + X_n}{\sqrt{n}}$$

Behauptung:

$$P_{Y_n} \to N(0,1^2)$$

Beweis: Jede zufällige Größe der Folge $(X_n)_{n\in\mathbb{N}}$ besitzt dieselbe charakteristische Funktion φ. Die zufällige Größe $Z_n = X_1 + X_2 + \ldots + X_n$ besitzt deshalb nach Satz 3.9 die charakteristische Funktion

$$\varphi_{Z_n}(t) = (\varphi(t))^n .$$

Nach dem Verschiebungssatz besitzt die zufällige Größe $Y_n = \frac{Z_n}{\sqrt{n}}$ die charakteristische Funktion

$$\varphi_{Y_n}(t) = \varphi_{Z_n}\left(\frac{1}{\sqrt{n}}t\right) = \left(\varphi(\frac{t}{\sqrt{n}})\right)^n$$

Wir approximieren φ durch das Taylorpolynom 3. Grades entwickelt um $t_0 = 0$:

$$\varphi(\frac{t}{\sqrt{n}}) = \varphi(0) + \frac{t}{\sqrt{n}} \cdot \varphi'(0) + \frac{t^2}{2n} \cdot \varphi''(0) + \frac{t^3}{6n\sqrt{n}} \cdot \varphi'''(\vartheta_n \frac{t}{\sqrt{n}}) \quad \text{mit} \quad \vartheta_n \in (0,1)$$

Nach Satz 2.16 folgt aus den Voraussetzungen:

$$\varphi(\frac{t}{\sqrt{n}}) = 1 - \frac{t^2}{2n} + \frac{t^3}{6n\sqrt{n}} \cdot \varphi'''(\vartheta_n \frac{t}{\sqrt{n}})$$

Die zufällige Größe Y_n besitzt deshalb die charakteristische Funktion

$$\varphi_{Y_n}(t) = \left(1 - \frac{t^2}{2n} + \frac{t^3}{6n\sqrt{n}} \cdot \varphi'''(\vartheta_n \frac{t}{\sqrt{n}})\right)^n$$

Dabei gilt: $\varphi'''(\vartheta_n \frac{t}{\sqrt{n}}) = i^3 E(X_n^3 \cdot e^{i\vartheta_n tX/\sqrt{n}})$ und $\left|\varphi'''(\vartheta_n \frac{t}{\sqrt{n}})\right| \leq E(|X_n^3|)$. Für jedes $t \in \mathbb{R}$ folgt daraus:

$$\lim_{n\to\infty} \varphi_{Y_n}(t) = \lim_{n\to\infty} \left(1 - \frac{t^2}{2n} + o(\frac{t^2}{n})\right)^n = e^{-\frac{t^2}{2}}$$

Nun ist $e^{-\frac{t^2}{2}}$ die charakteristische Funktion einer $\mathrm{N}(0,1^2)$-Verteilung. Damit ergibt sich die Behauptung aus dem Satz 3.17. □

Der Satz 3.18 ist ein zentraler Grenzwertsatz. Ein weiterer zentraler Grenzwertsatz beinhaltet eine naheliegende Verallgemeinerung:

Satz 3.19.

Voraussetzung: $(X_n)_{n\in\mathbb{N}}$ *sei eine Folge unabhängiger identisch verteilter zufälliger Größen mit dem Erwartungswert* μ *und der Varianz* σ^2, *für die* $E(\left|\frac{X_n - \mu}{\sigma}\right|^3)$ *existiert. Für jedes* $n \in \mathbb{N}$ *sei die zufällige Größe* Y_n *definiert durch*

$$Y_n = \frac{X_1 + X_2 + \ldots + X_n - n\mu}{\sqrt{n} \cdot \sigma} = \sqrt{n} \cdot \frac{\overline{X} - \mu}{\sigma}$$

Behauptung:

$$P_{Y_n} \to N(0,1^2)$$

Beweis: Die standardisierten zufälligen Größen $\frac{X_i - \mu}{\sigma}$ erfüllen die Voraussetzungen des Satzes 3.18, woraus die Behauptung folgt. □

Ist also die zu Beginn dieses Abschnitts betrachtete Situation gegeben, und ist $(X_n)_{n\in\mathbb{N}}$ eine Folge unabhängiger auf dem Intervall $[0,1]$ gleichverteilter zufälliger Größen, so ist der Erwartungswert $\mu = \frac{1}{2}$ und die Varianz $\sigma^2 = \frac{1}{12}$. Das Moment $E\left(\left|\frac{X_n - \mu}{\sigma}\right|^3\right)$ existiert (und hat den Wert $12 \cdot \sqrt{12} \cdot \int_0^1 |x - 0.5|^3 \, dx = 0.75 \cdot \sqrt{3}$). Deshalb gilt für die Folge $(Y_n)_{n\in\mathbb{N}}$ mit

$$Y_n = \sqrt{12} \cdot \frac{X_1 + X_2 + \ldots + X_n - n \cdot 0.5}{\sqrt{n}}$$

die Aussage: $P_{Y_n} \to N(0,1^2)$

Bemerkung 3.30 Unter den Voraussetzungen des Satzes 3.19, die keine speziellen Verteilungsannahmen enthalten, gilt für große Werte von n näherungsweise:

$$\frac{X_1+X_2+\ldots+X_n-n\mu}{\sqrt{n}\cdot\sigma}\sim \mathrm{N}(0,1^2)$$

bzw.

$$X_1+X_2+\ldots+X_n-n\mu\sim \mathrm{N}(0,n\sigma^2)$$

bzw.

$$X_1+X_2+\ldots+X_n\sim \mathrm{N}(n\mu,n\sigma^2)$$

bzw.

$$\overline{X}=\frac{X_1+X_2+\ldots+X_n}{n}\sim \mathrm{N}(\mu,\frac{\sigma^2}{n})$$

Also kann für große Werte von n die Summe bzw. das arithmetische Mittel der zufälligen Größen $X_1, X_2, \ldots, X_n$ näherungsweise als normalverteilt angesehen werden.

Bemerkung 3.31 Wie schon erwähnt, gibt es weitere zentrale Grenzwertsätze. Ihnen gemeinsam ist die Behauptung

$$\lim_{n\to\infty} P\left(a\le \frac{\sum\limits_{i=1}^{n}(X_i-\mu_i)}{\sqrt{\sum\limits_{i=1}^{n}\sigma_i^2}}\le b\right)=\Phi(b)-\Phi(a),$$

Die verschiedenen Fassungen des zentralen Grenzwertsatzes unterscheiden sich durch die (hinreichenden) Voraussetzungen, unter denen diese Behauptung gilt. Zwei der wichtigsten zentralen Grenzwertsätze stammen von *Alexander Ljapunov* (1857–1918) und *Lindeberg* (1922). Beide Sätze verzichten auf die Voraussetzung, daß die zufälligen Größen X_i identisch verteilt sind, und ersetzen die Forderung, daß die 3. Momente existieren, durch schwächere Annahmen. Dabei enthält die Formulierung des zentralen Grenzwertsatzes von Lindeberg eine Bedingung, die nicht nur hinreichend, sondern auch notwendig für die Behauptung des Satzes ist. Weitere Formulierungen des zentralen Grenzwertsatzes verzichten insbesondere auf die Unabhängigkeit der zufälligen Größen X_i.

Zusammenfassend läßt sich feststellen, daß der zentrale Grenzwertsatz unter sehr allgemeinen Bedingungen gilt, und daß folglich unter sehr allgemeinen Bedingungen die Summe von n zufälligen Größen $X_1, X_2, \ldots, X_n$ bei großem n als normalverteilt angesehen werden kann. Dies ist der Grund für die herausragende Bedeutung der Normalverteilung für die Wahrscheinlichkeitstheorie und für die Schließende Statistik: Immer dann, wenn sich viele zufällige Einflüsse addieren, kann das Ergebnis als eine normalverteilte zufällige Größe angesehen werden.

Bemerkung 3.32 Ist $(X_n)_{n\in\mathbb{N}}$ eine Folge diskreter zufälliger Größen, so ist auch für jedes beliebige aber feste n die Summe $Z=X_1+X_2+\ldots+X_n$ eine diskrete zufällige Größe mit einer höchstens abzählbaren Bildmenge $Z(\Omega)=\{z_i\,|i\in I\}$, und es gilt für alle $z_i\in Z(\Omega)$

$$P(Z\le z_i)+P(Z\ge z_i)=1+P(Z=z_i).$$

Erfüllt nun die Folge $(X_n)_{n\in\mathbb{N}}$ die Voraussetzungen des Satzes 3.19, so gilt $P(Z\le z_i)\approx F(z_i)$, wobei F die Verteilungsfunktion einer Normalverteilung ist. Daraus ergibt sich:

$$P(Z\le z_i)+P(Z\ge z_i)\approx F(z_i)+1-F(z_i)=1$$

Diese Unstimmigkeit entsteht grundsätzlich, wenn man eine diskrete Verteilung durch eine stetige Verteilung approximiert. In solchen Fällen empfiehlt es sich deshalb, eine sogenannte **Stetigkeitskorrektur** durchzuführen.

Nehmen wir zum Beispiel an, daß die möglichen Werte $z_i, i\in I$ einer diskreten zufälligen Größe Z aufeinanderfolgende ganze Zahlen sind. Wenn die Verteilungsfunktion von Z durch die Verteilungsfunktion F einer stetigen Verteilung approximiert werden kann, arbeitet man am besten mit folgenden Formeln:

$$P(Z \leq z) \approx F(z+\frac{1}{2}) \quad \text{und} \quad P(Z \geq z) = 1 - F(z-\frac{1}{2})$$

Dann ergibt sich nämlich wieder für $z = z_i \in Z(\Omega)$:

$$\begin{aligned} P(Z \leq z_i) + P(Z \geq z_i) &\approx F(z_i + \tfrac{1}{2}) + 1 - F(z_i - \tfrac{1}{2}) \\ &\approx 1 + P(z_i - \tfrac{1}{2} < Z \leq z_i + \tfrac{1}{2}) \quad = 1 + P(Z = z_i) \end{aligned}$$

In der Aufgabe 3.5.2 sollen Sie die Stetigkeitskorrektur bei der Approximation der Binomialverteilung durch die Normalverteilung anwenden.

Aufgaben zum Abschnitt 3.5

Aufgabe 3.5.1
Es seien $X_1, X_2, \ldots, X_n$ unabhängige $B(1,p)$-verteilte zufällige Größen.

(a) Geben Sie die exakte Verteilung der zufälligen Größe $Z_n := X_1 + X_2 + \ldots + X_n$ an. Geben Sie auch $E(Z_n)$ und $\text{Var}(Z_n)$ an.

(b) Welches sind die Parameter der asymptotischen Normalverteilung?

Aufgabe 3.5.2
70 Studenten eines technischen Fachbereichs haben die Vorlesung zur Mathematik I belegt. Es sei p die (für alle Studenten identische) Wahrscheinlichkeit, tatsächlich an der Klausur teilzunehmen. Der Dozent hat 40 Kopien des Aufgabenblattes anfertigen lassen.

(a) Berechnen Sie die Wahrscheinlichkeit, daß die Anzahl der Kopien ausreicht, für den Wert $p = 0.5$ exakt und asymptotisch, letzteres ohne und mit Stetigkeitskorrektur.

(b) Für welchen Wert von p reicht die Anzahl der Kopien mit ca. 85%-iger Wahrscheinlichkeit aus? (Nehmen Sie als Näherungswert für das 85%-Quantil der $N(0,1^2)$-Verteilung die Zahl 1!)

Aufgabe 3.5.3
Das Gewicht von sogenannten 1 kg Zuckerpäckchen ist eine zufällige Größe X. Wir nehmen an, daß der Erwartungswert von X gleich 1000 g ist, und daß die Standardabweichung von X gleich 15 g ist.

(a) Wie groß ist die Wahrscheinlichkeit dafür, daß nach Abfüllen von 1000 Zuckerpäckchen aus einer Ladung Zucker mit exakt 1000 kg Zucker noch mindestens 1000 g übrig sind ?

(b) Wie groß ist die Wahrscheinlichkeit dafür, daß nach Abfüllen von 999 Zuckerpäckchen aus dieser Ladung weniger als 1000 g übrig sind ?

Aufgabe 3.5.4
Es seien $X_1, X_2, \ldots, X_n$ unabhängige $N(0,1^2)$-verteilte zufällige Größen.

(a) Geben Sie die exakte Verteilung der zufälligen Größe $Z_n := X_1^2 + X_2^2 + \ldots + X_n^2$ an. Geben Sie auch $E(Z_n)$ und $\text{Var}(Z_n)$ an.

(b) Welches sind die Parameter der asymptotischen Normalverteilung ?

(c) Plotten Sie mit Mathematica für verschiedene Werte von n die Dichte der exakten Verteilung und die Dichte der asymptotischen Normalverteilung.

4 Das Schätzen von Parametern

Nachdem wir uns in den Kapiteln 1, 2 und 3 die entsprechenden wahrscheinlichkeitstheoretischen Voraussetzungen erarbeitet haben, sind wir nun in der Lage, reale statistische Daten zu analysieren. Wir gehen also in diesem und im nächsten Kapitel von einer empirischen Stichprobe aus und versuchen, auf der Basis dieser Stichprobe Aussagen über die Verteilung der Koordinatenfunktionen der zugehörigen mathematischen Stichprobe zu machen (vgl. Abschnitt 3.3).

Empirische Stichproben entstehen bei der Durchführung von Zufallsexperimenten. Meistens betrachten wir Zufallsexperimente, bei denen das interessierende Ergebnis durch eine eindimensionale numerische Zufallsvariable X beschrieben wird. Wiederholt man das Experiment n-mal, so erhält man eine empirische Stichprobe $\boldsymbol{x} = (x_1,x_2,\ldots,x_n)^T \in \mathbb{R}^n$. Die Stichprobenvariablen $X_1,X_2,\ldots,X_n$ der zugehörigen mathematischen Stichprobe sind unabhängige und identisch (wie X) verteilte zufällige Größen, die auf einem im Hintergrund stehenden Wahrscheinlichkeitsraum $(\Omega,\mathcal{A},P)$ definiert sind. Der Zufallsvektor $\boldsymbol{X} = (X_1,X_2,\ldots,X_n)^T$ erzeugt auf $(\mathbb{R}^n,\mathcal{B}(\mathbb{R}^n))$ das Wahrscheinlichkeitsmaß $P_{\boldsymbol{X}}$. Da die Koordinatenfunktionen $X_1,X_2,\ldots,X_n$ unabhängig und identisch verteilt sind, gilt:

$$P_{\boldsymbol{X}} = P_{X_1} \otimes P_{X_2} \otimes \ldots \otimes P_{X_n} \quad \text{mit} \quad P_{X_i} = P_{X_j} \quad \text{für alle} \quad 1 \leq i,j \leq n$$

Für die statistische Analyse der empirischen Stichprobe sind zwei Fälle zu unterscheiden: Im ersten Fall ist wenigstens der Typ der Randverteilungen P_{X_i} a priori bekannt, d.h. man weiß zum Beispiel, daß die zufälligen Größen $X_1,X_2,\ldots,X_n$ exponentialverteilt sind, oder man weiß, daß sie normalverteilt sind. In diesem Fall konzentriert sich die Schließende Statistik auf den oder die unbekannten Parameter. Wir werden deshalb besprechen, wie man aus den Stichprobenwerten „Näherungswerte" oder „Schätzer" für die wahren aber unbekannten Parameter gewinnen kann, und mit welchen Kriterien man die Qualität solcher Schätzer beurteilen kann. Im zweiten Fall ist nicht einmal der Typ der Randverteilungen P_{X_i} bekannt. Dann stellt sich neben der Frage nach Schätzern für die wichtigsten Kennzahlen wie Erwartungswert und Varianz der Verteilung auch noch die Aufgabe, die Werte der Verteilungsfunktion zu schätzen.

Im weiteren Verlauf des Kapitels 4 betrachten wir auch solche Zufallsexperimente, bei denen das interessierende Ergebnis durch einen zweidimensionalen Zufallsvektor $(X,Y)^T$ beschrieben wird. Die n-malige Wiederholung des Zufallsexperiments liefert eine empirische Stichprobe $(x_1,y_1)^T,\ldots,(x_n,y_n)^T$ geordneter Paare reeller Zahlen. Die Koordinatenfunktionen der zugehörigen mathematischen Stichprobe sind dann also 2-dimensionale Zufallsvektoren $(X_1,Y_1)^T$, $\ldots,(X_n,Y_n)^T$, die wieder als unabhängig und identisch (wie $(X,Y)^T$) verteilt angenommen werden. In dieser Situation schätzen wir zum Beispiel die Kovarianz der zufälligen Größen X und Y bzw. ihren Korrelationskoeffizienten ρ_{XY}.

Beachten Sie, daß nichtnumerische Zufallsexperimente in diesem Kapitel nur insoweit berücksichtigt werden, als sie sich im Rahmen der anstehenden statistischen Fragestellung sinnvoll numerisch codieren lassen. Falls dies nicht möglich ist, liegt ein Problem der kategoriellen Datenanalyse vor, auf die wir im Rahmen dieses Buches nicht weiter eingehen.

4.1 Maximum-Likelihood-Schätzer und Least-Square-Schätzer

In diesem Abschnitt gehen wir von einer empirischen Stichprobe $\boldsymbol{x} = (x_1,..,x_n)^T \in \mathbb{R}^n$ aus und nehmen zunächst an, daß der Typ der Verteilung der zugehörigen Stichprobenvariablen und damit auch der Typ der Verteilung $P_{\boldsymbol{X}}$ bekannt ist.

Wenn wir im folgenden die Redewendung benutzen: „Die Verteilung $P_{\boldsymbol{X}}$ der mathematischen Stichprobe $\boldsymbol{X} = (X_1, X_2, \ldots, X_n)^T$ enthält einen unbekannten Parameter u“, so bedeutet dies: Die Verteilung $P_{\boldsymbol{X}}$ gehört zu einer parametrisierbaren Familie von auf $(\mathbb{R}^n, \mathcal{B}(\mathbb{R}^n))$ definierten Wahrscheinlichkeitsmaßen

$$P_{\boldsymbol{X}} \in \{P_u \,|\, u \in \Theta\} \quad \text{mit} \quad \Theta \subseteq \mathbb{R}\,,$$

und der konkrete Wert von u ist unbekannt.

Wenn die Verteilung $P_{\boldsymbol{X}}$ nicht nur einen sondern $k \geq 2$ unbekannte Parameter enthält, so fassen wir diese zu einem Parametervektor $\boldsymbol{u}$ zusammen. Formal bedeutet dies:

$$P_{\boldsymbol{X}} \in \{P_{\boldsymbol{u}} \,|\, \boldsymbol{u} \in \boldsymbol{\Theta}\} \quad \text{mit} \quad \boldsymbol{\Theta} \subseteq \mathbb{R}^k$$

In den meisten Beispielen wird aber $k = 1$ sein, so auch im

Beispiel 4.1 MUENZE Wir stellen uns für eine reale Münze die Frage: „Mit welcher Wahrscheinlichkeit p wird beim einmaligen Werfen der Münze das Ergebnis $Kopf$ erzielt?“ Zur Beantwortung dieser Frage werfen wir die Münze n-mal und erhalten, wenn wir das Ergebnis $Kopf$ mit 1 und das Ergebnis $Zahl$ mit 0 codieren, eine empirische Stichprobe $(x_1, x_2, \ldots, x_n)^T \in \mathbb{R}^n$.

Die Koordinatenfunktionen X_i der zugehörigen mathematischen Stichprobe $(X_1, X_2, \ldots, X_n)^T$ sind auf einem Wahrscheinlichkeitsraum $(\Omega, \mathcal{A}, P)$ definierte, unabhängige $\mathrm{B}(1,p)$-verteilte zufällige Größen. Es gilt also:

$$P_{X_i} \in \{\mathrm{B}(1,p) \,|\, p \in [0,1]\}$$

Aber auch die Menge der denkbaren Verteilungen des Zufallsvektors $\boldsymbol{X} = (X_1, X_2, \ldots, X_n)^T$ wird durch den Parameter p beschrieben, denn $P_{\boldsymbol{X}}$ ist das Produktwahrscheinlichkeitsmaß aus n $\mathrm{B}(1,p)$-Verteilungen. Mit der Bezeichnung $P_p = \bigotimes_{i=1}^{n} B(1,p)$ gilt deshalb:

$$P_{\boldsymbol{X}} \in \{P_p \,|\, p \in [0,1]\}$$

Mit den zu Beginn dieses Abschnitts eingeführten Bezeichnungen ist also $u = p$ und $\Theta = [0,1]$.

Die Frage nach der Wahrscheinlichkeit, mit der beim einmaligen Werfen der Münze das Ergebnis $Kopf$ erzielt wird, lautet deshalb: „Welchen Wert hat der Parameter p?“ Auf der Basis der Stichprobe kann der Parameter p nur geschätzt werden, d.h. für eine noch näher zu bestimmende Funktion

$$g: \quad \mathbb{R}^n \quad \to \quad [0,1]$$

ist eine Zahl $\widetilde{p} = g(x_1, x_2, \ldots, x_n)$ zu berechnen, die als sinnvolle Näherung für den wahren, aber unbekannten Wert p des Parameters angesehen werden kann.

Definition 4.1. Es sei $\boldsymbol{x} = (x_1, x_2, \ldots, x_n)^T \in \mathbb{R}^n$ eine empirische Stichprobe. Die Verteilung der zugehörigen mathematischen Stichprobe $\boldsymbol{X} = (X_1, X_2, \ldots, X_n)^T$ enthalte einen unbekannten Parameter u mit Werten in einem Intervall $\Theta \subseteq \mathbb{R}$. Dann heißt jede $\mathcal{B}(\mathbb{R}^n) - \mathcal{B}(\Theta)$-meßbare Funktion $g : \mathbb{R}^n \to \Theta$ **Schätzfunktion** für den Parameter u, und der Funktionswert $\widetilde{u} = g(x_1, \ldots, x_n)$ heißt **Schätzer** (engl.: *estimator*) für u.

Wenn die Verteilung $P_{\boldsymbol{X}}$ einen unbekannten Parametervektor $\boldsymbol{u}$ mit Werten in einem Intervall $\boldsymbol{\Theta} \subseteq \mathbb{R}^k$ enthält, definieren wir analog: Eine Schätzfunktion für den Parametervektor $\boldsymbol{u}$ ist eine $\mathcal{B}(\mathbb{R}^n) - \mathcal{B}(\boldsymbol{\Theta})$-meßbare Funktion $\boldsymbol{g} : \mathbb{R}^n \to \boldsymbol{\Theta}$.

Bemerkung 4.1 Wendet man die Schätzfunktion $g : \mathbb{R}^n \to \Theta$ bzw. $g : \mathbb{R}^n \to \boldsymbol{\Theta}$ nicht auf die empirische Stichprobe, sondern auf die mathematische Stichprobe an, so erhält man eine neue zufällige Größe $\widetilde{U} = g(X_1, X_2, \ldots, X_n) = g \circ \boldsymbol{X}$, die wir als **Schätzvariable** bezeichnen. Diese Schätzvariable wird insbesondere in den Abschnitten 4.2 und 4.3 von großer Bedeutung sein.

Die Definition des Begriffs Schätzfunktion ist sehr allgemein. Deshalb stellt sich die Frage, wie man aus der Menge aller denkbaren Schätzfunktionen eine geeignete Schätzfunktion auswählen kann. Eine Methode zur Gewinnung von Schätzfunktionen ist die sogenannte **Maximum-Likelihood-Methode**. Wir erläutern die Grundidee dieser Methode wiederum am

Beispiel 4.2 MUENZE Bezeichnet man mit f_p die diskrete Dichtefunktion der $B(1,p)$-Verteilung, dann gilt für alle Stichprobenwerte x_i, $1 \leq i \leq n$:

$$P(X_i = x_i) = f_p(x_i) = \begin{cases} p & \text{falls } x_i = 1 \\ 1-p & \text{falls } x_i = 0 \end{cases}$$

Wegen der Unabhängigkeit der Koordinatenfunktionen $X_1, X_2, \ldots, X_n$ ist

$$P(X_1 = x_1, X_2 = x_2, \ldots, X_n = x_n) = \prod_{i=1}^{n} P(X_i = x_i) = \prod_{i=1}^{n} f_p(x_i)$$

die Wahrscheinlichkeit dafür, daß beim n-maligen Werfen der Münze genau die empirische Stichprobe realisiert wird. Dabei ist das Produkt auf der rechten Seite bei gegebenen Stichprobenwerten $x_1, x_2, \ldots, x_n$ eine Funktion des unbekannten Parameters p. Die Grundidee der Maximum-Likelihood-Methode (die englischen Begriffe „likely“ bzw. „likelihood“ bedeuten „wahrscheinlich“ bzw. „Wahrscheinlichkeit“) ist nun, als Schätzer für den unbekannten Parameter p die Zahl zu nehmen, die die folgende Funktion maximiert:

$$\begin{array}{llll} L: & [0,1] & \to & \mathbb{R} \\ & p & \mapsto & L(p) := \prod_{i=1}^{n} f_p(x_i) \end{array}$$

Definition 4.2. Es sei $(x_1, x_2, \ldots, x_n)^T \in \mathbb{R}^n$ eine empirische Stichprobe. Jede Koordinatenfunktion X_i der zugehörigen mathematischen Stichprobe $\boldsymbol{X} = (X_1, X_2, \ldots, X_n)^T$ besitze die (diskrete bzw. stetige) Dichtefunktion f_u mit $u \in \Theta \subseteq \mathbb{R}$. Dann heißt die Funktion

$$\begin{array}{llll} L: & \Theta & \to & \mathbb{R} \\ & u & \mapsto & L(u) := \prod_{i=1}^{n} f_u(x_i) \end{array}$$

die **Likelihood-Funktion** (engl. *likelihood function*), und jede reelle Zahl $u^* \in \Theta$ mit

$$L(u^*) = \max_{u \in \Theta} L(u)$$

heißt **Maximum-Likelihood-Schätzer** (engl. *Maximum Likelihood Estimator*, abgekürzt: **MLE**) für u.

Wenn die Verteilung der Koordinatenfunktionen X_i einen unbekannten Parametervektor $\boldsymbol{u}$ enthält, so ist die Likelihood-Funktion eine reellwertige Funktion von mehreren Variablen.

Bemerkung 4.2 Beachten Sie, daß die Likelihood-Funktion an der Stelle u^* ihr absolutes Maximum (und nicht nur ein relatives Maximum) annimmt.

Beispiel 4.3 MUENZE Wenn $(x_1,x_2,\ldots,x_n)^T \in \mathbb{R}^n$ eine empirische Stichprobe und f_p die Dichtefunktion der Bernoulli-Verteilung mit dem unbekannten Parameter p ist, gilt für jeden Stichprobenwert x_i:

$$f_p(x_i) = P(X_i = x_i) = \begin{cases} p & \text{falls } x_i = 1 \text{ ist} \\ 1-p & \text{falls } x_i = 0 \text{ ist} \end{cases} = p^{x_i}(1-p)^{1-x_i}$$

Die Likelihood-Funktion ist also

$$\begin{array}{rcll} L: & [0,1] & \to & \mathbb{R} \\ & p & \mapsto & L(p) := \prod_{i=1}^{n} f_p(x_i) = p^{\sum_{i=1}^{n} x_i} \cdot (1-p)^{n-\sum_{i=1}^{n} x_i} \\ & & & \quad = p^{n\cdot\overline{x}}(1-p)^{n-n\cdot\overline{x}} \end{array}$$

Dabei ist $\overline{x} = \frac{1}{n} \cdot \sum_{i=1}^{n} x_i$ das arithmetische Mittel der Stichprobenwerte.

Für die weitere Diskussion der Likelihood-Funktion haben wir **drei Fälle** zu unterscheiden:

1. Falls alle Stichprobenwerte gleich 0 sind, gilt $\overline{x} = 0$ und $L(p) = (1-p)^n$. In diesem Fall ist $p^* = 0 = \overline{x}$ der gesuchte Maximum-Likelihood-Schätzer.
2. Falls alle Stichprobenwerte gleich 1 sind, gilt $\overline{x} = 1$ und $L(p) = p^n$. In diesem Fall ist $p^* = 1 = \overline{x}$ der gesuchte Maximum-Likelihood-Schätzer.
3. In allen anderen Fällen gilt $0 < \overline{x} < 1$, und die Funktion L nimmt an beiden Rändern ihres Definitionsintervalls den Funktionswert 0 an, während sie im Innern des Definitionsintervalls positiv ist. Der Maximum-Likelihood-Schätzer wird also an einer Stelle p^* im Innern des Definitionsintervalls angenommen. Das Auffinden dieser Stelle wird wesentlich erleichtert, wenn man berücksichtigt, daß die Likelihood-Funktion L genau dann maximal ist, wenn die Funktion

$$l = \ln L = n \cdot \overline{x} \cdot \ln p + (n - n \cdot \overline{x}) \ln(1-p)$$

maximal ist. (Die Logarithmusfunktion ist auf dem Intervall $(0,1)$ streng monoton wachsend.) Da die Funktion l auf dem Intervall $(0,1)$ stetig differenzierbar ist, gilt: Notwendig für das Vorliegen eines Maximums im Intervall $(0,1)$ ist das Verschwinden von l'.

$$l'(p) = n \cdot \left(\frac{\overline{x}}{p} - \frac{1-\overline{x}}{1-p}\right)$$

$$l'(p) = 0 \Leftrightarrow \overline{x} - \overline{x} \cdot p = p - \overline{x} \cdot p \Leftrightarrow p = \overline{x}$$

Nur an der Stelle $p^* = \overline{x}$ kann die Funktion l (bzw. die Funktion L) ihr absolutes Maximum annehmen. Eine Überprüfung der 2. Ableitung zeigt, daß $l''(p^*) = l''(\overline{x}) < 0$ ist.

In allen drei Fällen ist also $p^* = \overline{x}$ der Maximum-Likelihood-Schätzer für p. Weiter gilt:

$$L(p^*) = L(\overline{x}) = \left(\overline{x}^{\overline{x}} \cdot (1-\overline{x})^{1-\overline{x}}\right)^n$$

Bemerkung 4.3 Im Beispiel 4.3 hängt der Verlauf des Graphen der Likelihood-Funktion einerseits vom Stichprobenumfang n, andererseits vom arithmetischen Mittel $\overline{x}$ der Stichprobenwerte $x_1,x_2,\ldots,x_n$ ab. Die Abbildung 4.1 enthält die Graphen der Likelihood-Funktion für den Stichprobenumfang $n = 10$ und die Stichprobenmittel $\overline{x} = 0.4$ bzw. $\overline{x} = 0.5$ bzw. $\overline{x} = 0.6$.

Bemerkung 4.4 Wenn das absolute Maximum der Likelihood-Funktion L nicht auf analytischem Wege berechnet werden kann, sondern mit numerische Methoden bestimmt werden muß, so ist zu beachten, in welcher Größenordnung die Funktionswerte von L liegen. Für die drei Likelihood-Funktionen der Abbildung 4.1 zum Stichprobenumfang $n = 10$ berechnet Mathematica:

$$\overline{x} = 0.4 : L(p^*) \approx 0.00119 \qquad \overline{x} = 0.5 : L(p^*) \approx 0.00098 \qquad \overline{x} = 0.6 : L(p^*) \approx 0.00119$$

Wäre der Stichprobenumfang dagegen $n = 100$, so ergäbe sich für dieselben Stichprobenmittel:

$$\overline{x} = 0.4 : L(p^*) \approx 5.9 * 10^{-30} \quad \overline{x} = 0.5 : L(p^*) \approx 7.9 * 10^{-30} \quad \overline{x} = 0.6 : L(p^*) \approx 5.9 * 10^{-30}$$

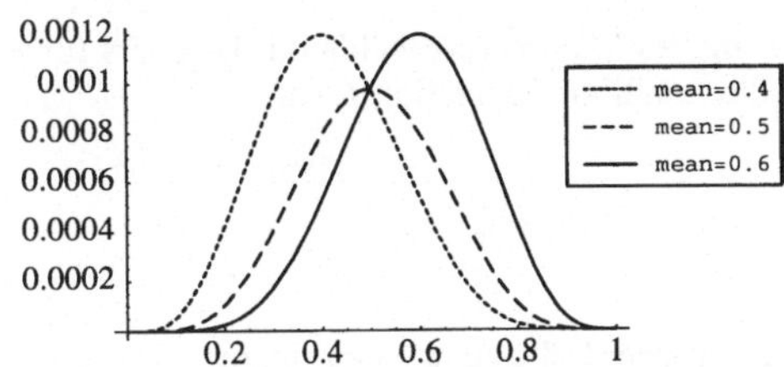

Abbildung 4.1
Graphen der Likelihood-Funktion zum Beispiel 4.3 MUENZE

Beispiel 4.4 ZERFALL Die zufällige Größe X, die die Anzahl der von einem radioaktiven Präparat in einem Zeitintervall vorgegebener Länge ausgesandten Teilchen registriert, besitzt eine diskrete Verteilung. Nur wenn wir für X einen speziellen Verteilungstyp annehmen, kann die Maximum-Likelihood-Methode zur Anwendung kommen. Wie im Beispiel 2.11 nehmen wir an, daß X Poisson-verteilt ist. Dann besitzt X die diskrete Dichtefunktion

$$\begin{array}{llll} f_\lambda : & \mathbb{R} & \to & \mathbb{R} \\ & x & \mapsto & f_\lambda(x) := \begin{cases} e^{-\lambda} \cdot \dfrac{\lambda^x}{x!} & \text{falls } x \in \mathbb{N}_0 \\ 0 & \text{sonst} \end{cases} \end{array}$$

die den unbekannten Parameter $\lambda \in \mathbb{R}_0^+$ enthält. Zur Bestimmung des Maximum-Likelihood-Schätzers für λ stellen wir mit Hilfe einer Stichprobe $\boldsymbol{x} = (x_1, x_2, \ldots, x_n)^T \in \mathbb{R}^n$ die Likelihood-Funktion L auf:

$$\begin{array}{lllll} L: & \mathbb{R}_0^+ & \to & \mathbb{R} & \\ & \lambda & \mapsto & L(\lambda) & := \prod\limits_{i=1}^{n} f_\lambda(x_i) = \prod\limits_{i=1}^{n} e^{-\lambda} \cdot \lambda^{x_i} \cdot \dfrac{1}{x_i!} \\ & & & & = e^{-n\lambda} \cdot \lambda^{n \cdot \overline{x}} \cdot \dfrac{1}{x_1! \cdot x_2! \cdot \ldots \cdot x_n!} \end{array}$$

Hier sind nun **zwei Fälle** zu unterscheiden:

1. Falls alle Stichprobenwerte 0 sind, ist $L(\lambda) = e^{-n\lambda}$. Diese Funktion ist maximal genau dann, wenn $\lambda = 0$ ist. In diesem Fall ist $\lambda^* = 0 = \overline{x}$ der gesuchte Maximum-Likelihood-Schätzer.
2. In allen anderen Fällen gilt $\overline{x} > 0$ und deshalb:

$$L(0) = 0 \quad \text{und} \quad \lim_{\lambda \to \infty} L(\lambda) = 0$$

Da die Funktion L auf dem gesamten Definitionsintervall $[0, +\infty)$ positiv und stetig ist, wird der Maximum-Likelihood-Schätzer also an einer Stelle $\lambda^* \in (0, +\infty)$ angenommen. Das Auffinden dieser Stelle wird wieder erleichtert, wenn man die logarithmierte Likelihood-Funktion betrachtet:

$$l(\lambda) = -\ln(x_1! \cdot x_2! \cdot \ldots \cdot x_n!) - n \cdot \lambda + n \cdot \overline{x} \cdot \ln \lambda$$
$$l'(\lambda) = -n + \frac{n \cdot \overline{x}}{\lambda}, \; l''(\lambda) = -\frac{n \cdot \overline{x}}{\lambda^2}$$
$$l'(\lambda) = 0 \Leftrightarrow \lambda = \overline{x}, \; l''(\overline{x}) = -\frac{n}{\overline{x}} < 0$$

In beiden Fällen ist also $\lambda^* = \overline{x}$ der Maximum-Likelihood-Schätzer für λ.

Beispiel 4.5 BIRNE Die zufällige Größe X, die die Lebensdauer der Glühbirnen einer bestimmten Sorte beschreibt, besitzt eine stetige Verteilung. Wie im Beispiel 2.16 nehmen wir an, daß X exponentialverteilt ist. Dann besitzt X die Dichtefunktion

$$\begin{array}{llll} f_\lambda : & \mathbb{R} & \to & \mathbb{R} \\ & x & \mapsto & f_\lambda(x) := \begin{cases} \lambda e^{-\lambda x} & \text{falls } x \geq 0 \\ 0 & \text{sonst} \end{cases} \end{array}$$

die den unbekannten Parameter $\lambda > 0$ enthält. Zur Bestimmung des Maximum-Likelihood-Schätzers für λ stellen wir mit Hilfe einer Stichprobe $\boldsymbol{x} = (x_1, x_2, \ldots, x_n)^T$ die Likelihood-Funktion L auf:

$$\begin{array}{rccl} L: & \mathbb{R}^+ & \rightarrow & \mathbb{R} \\ & \lambda & \mapsto & L(\lambda) := \prod\limits_{i=1}^{n} f_\lambda(x_i) = \prod\limits_{i=1}^{n} \lambda e^{-\lambda x_i} = \lambda^n e^{-\lambda n \overline{x}} \end{array}$$

Für die weitere Diskussion der Likelihood-Funktion sind wieder **zwei Fälle** zu unterscheiden:

1. Falls alle Stichprobenwerte 0 sind, ist $L(\lambda) = \lambda^n$. Diese Funktion ist auf $\mathbb{R}^+$unbeschränkt. In diesem Fall existiert der Maximum-Likelihood-Schätzer nicht.
2. In allen anderen Fällen gilt $\overline{x} > 0$ und deshalb:

$$\lim_{\lambda \to 0} L(\lambda) = 0 \quad \text{bzw.} \quad \lim_{\lambda \to \infty} L(\lambda) = 0$$

Dann ist $\lambda^* = \frac{1}{\overline{x}}$ der Maximum-Likelihood-Schätzer für λ.

Beispiel 4.6 KGRM Die zufällige Größe X, die die Körpergröße erwachsener Männer beschreibt, besitzt eine stetige Verteilung. Wir nehmen an, daß X normalverteilt ist. Dann enthält die Dichtefunktion die beiden unbekannten Parameter $\mu \in \mathbb{R}, \sigma^2 \in \mathbb{R}^+$ bzw. den unbekannten Parametervektor $\boldsymbol{u} = (\mu, \sigma^2) \in \mathbb{R} \times \mathbb{R}^+$. Zur Bestimmung des Maximum-Likelihood-Schätzers für $\boldsymbol{u} = (\mu, \sigma^2)$ stellen wir mit Hilfe einer Stichprobe $\boldsymbol{x} = (x_1, x_2, \ldots, x_n)^T$ die Likelihood-Funktion L auf:

$$\begin{array}{rccl} L: & \mathbb{R} \times \mathbb{R}^+ & \rightarrow & \mathbb{R} \\ & (\mu, \sigma^2) & \mapsto & L(\mu, \sigma^2) := \prod\limits_{i=1}^{n} f_{(\mu, \sigma^2)}(x_i) \end{array}$$

Es gilt:

$$L(\mu, \sigma^2) := \prod_{i=1}^{n} \frac{1}{\sqrt{2\pi\sigma^2}} e^{-\frac{1}{2\sigma^2}(x_i - \mu)^2} = \left(\frac{1}{2\pi\sigma^2} \right)^{\frac{n}{2}} e^{-\frac{1}{2\sigma^2} \sum\limits_{i=1}^{n} (x_i - \mu)^2}$$

und für die logarithmierte Likelihood-Funktion:

$$l(\mu, \sigma^2) = -\frac{n}{2} \ln(2\pi\sigma^2) - \frac{1}{2\sigma^2} \sum_{i=1}^{n} (x_i - \mu)^2$$

In diesem Fall ist also das absolute Maximum einer Funktion von zwei Variablen gesucht. Die Funktion l (bzw. die Funktion L) ist maximal genau dann, wenn gilt:

$$\mu = \overline{x}, \sigma^2 = \frac{1}{n} \sum_{i=1}^{n} (x_i - \overline{x})^2$$

$\mu^* = \overline{x}$ und $\sigma^{2*} = \frac{1}{n} \sum\limits_{i=1}^{n} (x_i - \overline{x})^2$ sind also die Maximum-Likelihood-Schätzer für die Parameter μ und σ^2 einer Normalverteilung.

Bemerkung 4.5 Beachten Sie, daß in den Beispielen ZERFALL, BIRNE und KGRM die Maximum-Likelihood-Methode nur zur Anwendung kommen konnte, weil Verteilungsannahmen gemacht wurden. Dabei können wir die speziellen Verteilungsannahmen in den einzelnen Beispielen zum jetzigen Zeitpunkt noch nicht schlüssig begründen. Klar ist lediglich, daß dem Beispiel MUENZE eine Bernoulli-Verteilung zugrunde liegt.

Die Maximum-Likelihood-Methode ist nur eine von mehreren Methoden zur Gewinnung eines Schätzers $\widetilde{u} = g(x_1, x_2, \ldots, x_n)$ für den unbekannten Parameter u einer Verteilung. Ein anderes wichtiges Verfahren für die Gewinnung von Parameterschätzern ist die **Methode der kleinsten Quadrate** (engl.: **Least Square Method**). Diese Methode macht im Gegensatz zur Maximum-Likelihood-Methode keine Verteilungsannahmen, sie setzt aber voraus, daß der Zusammenhang zwischen der empirischen Stichprobe und dem zu schätzenden Parameter u (bzw. dem zu schätzenden Parametervektor $\boldsymbol{u}$) durch ein sogenanntes **lineares Modell** beschrieben wird. Lineare Modelle und die Methode der kleinsten Quadrate finden ihre Anwendung insbesondere in der **Regressionsanalyse** und der **Varianzanalyse**, zwei wichtigen Gebieten der Schließenden Statistik, die aber im Rahmen dieses Buches nicht besprochen werden. Wir beschränken uns deshalb für die Erläuterung der Methode der kleinsten Quadrate auf den Sonderfall, daß der Erwartungswert einer Verteilung zu schätzen ist, und demonstrieren die Idee am Beispiel KGRM:

Beispiel 4.7 KGRM Wir stellen uns vor, daß es nur darum geht, den Erwartungswert μ der Körpergröße erwachsener Männer auf der Basis einer empirischen Stichprobe $\boldsymbol{x} = (x_1, x_2, \ldots, x_n)^T$ zu schätzen. Zwischen den beobachteten Körpergrößen und dem Parameter μ bestehe der Zusammenhang:

$$x_i = \mu + e_i$$

Dabei sind die Abweichungen $e_i = x_i - \mu$ der Stichprobenwerte vom unbekannten Erwartungswert μ Realisierungen von n unabhängigen, identisch verteilten zufälligen Größen E_i, deren Erwartungswert 0 ist, und deren Varianz gleich der (in der Regel unbekannten) Varianz σ^2 der zufälligen Größe X_i ist. Die Grundidee der Methode der kleinsten Quadrate ist nun, als Schätzer für den Erwartungswert μ die Zahl zu nehmen, die die Summe $\sum_{i=1}^{n} e_i^2$ der Abweichungsquadrate minimiert. Gesucht ist also das absolute Minimum der Funktion

$$\begin{array}{rccl} Q: & \mathbb{R} & \to & \mathbb{R} \\ & \mu & \mapsto & Q(\mu) := \sum_{i=1}^{n} (x_i - \mu)^2 \end{array}$$

Durch Anwendung der Standardmethoden der Analysis ergibt sich, daß Q genau dann minimal ist, wenn $\mu = \overline{x}$ ist. Also ist $\widehat{\mu} = \overline{x}$ der Least Square Schätzer für den Erwartungswert μ.

Beachten Sie, daß im Beispiel 4.7 keine Annahme über die Verteilung der zufälligen Größen $X_1, X_2, \ldots, X_n$ gemacht wurde. Deshalb können wir das Vorgehen in der folgende Definition verallgemeinern:

Definition 4.3. Es sei $\boldsymbol{x} = (x_1, x_2, \ldots, x_n)^T \in \mathbb{R}^n$ eine empirische Stichprobe. Die Verteilung der Koordinatenfunktionen $X_1, X_2, \ldots, X_n$ der zugehörigen mathematischen Stichprobe $\boldsymbol{X}$ besitze den unbekannten Erwartungswert μ. Dann heißt die Zahl $\widehat{\mu}$, die die Funktion

$$\begin{array}{rccl} Q: & \mathbb{R} & \to & \mathbb{R} \\ & \mu & \mapsto & Q(\mu) := \sum_{i=1}^{n} (x_i - \mu)^2 \end{array}$$

minimiert, **Schätzer für μ im Sinne der Methode der kleinsten Quadrate** (engl.: *Least Square Estimator*, abgekürzt: **LSE**).

Bemerkung 4.6 Die zum Least Square Estimator $\widehat{\mu} = \overline{x} = \frac{1}{n} \sum_{i=1}^{n} x_i$ gehörende Schätzvariable ist $\overline{X} = \frac{1}{n} \sum_{i=1}^{n} X_i$. Außerdem gilt, daß der minimale Funktionswert der Zielfunktion Q, also die Zahl

$$Q_{\min} = Q(\overline{x}) = \sum_{i=1}^{n} (x_i - \overline{x})^2,$$

Realisierung der zufälligen Größe

$$\sum_{i=1}^{n}(X_i-\overline{X})^2$$

ist. Diese zufällige Größe war schon im Abschnitt 3.4 Gegenstand ausführlicher Diskussionen und wird in den nächsten Abschnitten weiter an Bedeutung gewinnen.

Am Ende dieses Abschnitts machen wir Sie noch darauf aufmerksam, daß wir für die Schätzwerte folgende **Bezeichnungen** verwendet haben und auch in Zukunft verwenden werden:

Ist u irgendein Parameter oder irgendeine Kennzahl einer Verteilung, so bezeichnen wir allgemein einen Schätzwert für u mit dem Symbol $\widetilde{u}$. Ist dieser Schätzer der Maximum-Likelihood-Schätzer, und wollen wir darauf hinweisen, so bezeichnen wir ihn mit u^*. Ist dieser Schätzer dagegen der Least-Square-Schätzer, und wollen wir dies betonen, so bezeichnen wir ihn mit $\widehat{u}$.

Aufgaben zum Abschnitt 4.1

Aufgabe 4.1.1

Eine diskrete zufällige Größe X heißt **geometrisch verteilt mit dem Parameter** $\vartheta \in (0,1]$, wenn $X(\Omega)=\mathbb{N}$ ist, und wenn gilt:

$$\underset{k\in\mathbb{N}}{\forall}\; P(X=k)=(1-\vartheta)^{k-1}\cdot\vartheta$$

(a) Ein idealer Würfel werde solange geworfen, bis erstmals die Augenzahl 6 erscheint. Zeigen Sie, daß die Nummer des letzten Versuches eine geometrisch verteilte zufällige Größe X ist, deren Parameter $\vartheta=\frac{1}{6}$ ist.

(b) Der Parameter ϑ einer geometrischen Verteilung sei unbekannt. Auf der Basis einer Stichprobe $\boldsymbol{x}=(x_1,x_2,\dots,x_n)^T$ soll ϑ nach der Maximum-Likelihood-Methode geschätzt werden. Stellen Sie die Likelihood-Funktion $L(\vartheta)$ auf. Bestimmen Sie den Maximum-Likelihood-Schätzer ϑ^* von ϑ.

Aufgabe 4.1.2

Es sei X eine zufällige Größe, die auf einem Intervall der Form $[0,b]$ mit $b>0$ gleichverteilt ist. Auf der Basis einer Stichprobe $\boldsymbol{x}=(x_1,x_2,\dots,x_n)^T$ soll b nach der Maximum-Likelihood-Methode geschätzt werden.

(a) Stellen Sie die Likelihood-Funktion $L(b)$ auf.

(b) Bestimmen Sie den Maximum-Likelihood-Schätzer b^* von b.

Aufgabe 4.1.3

Testen Sie den Zufallszahlengenerator von Mathematica:

(a) Erzeugen Sie 100 Poi(4)-verteilte Zufallszahlen, und berechnen Sie den Maximum-Likelihood-Schätzer λ^*, der sich aus dieser empirischen Stichprobe ergibt. Berechnen Sie auch den Funktionswert $L(\lambda^*)$ der Likelihood-Funktion.

(b) Erzeugen Sie 100 Exp(0.01) -verteilte Zufallszahlen, und berechnen Sie den Maximum-Likelihood-Schätzer λ^*, der sich aus dieser empirischen Stichprobe ergibt. Berechnen Sie auch den Funktionswert $L(\lambda^*)$ der Likelihood-Funktion.

Aufgabe 4.1.4

Durch eine Punktwolke $(x_i,y_i), 1\le i\le n$ soll eine Ausgleichsgerade $y=a+bx$ gelegt werden.

(a) Bestimmen Sie die Parameter a und b der Ausgleichsgeraden nach der Methode der kleinsten Quadrate, also so daß die Summe

$$\sum_{i=1}^{n}(a+bx_i-y_i)^2$$

der Abweichungsquadrate minimal wird.

(b) Im **Mathematica-Notebook NB1K4A1.ma** stehen in der Mathematica-Liste `KGRKGEWM` die Angaben (x_i,y_i) zu **Körpergröße** (x_i) und **Körpergewicht** (y_i) von $n=46$ **Männern**. Berechnen Sie die Ausgleichsgerade nach der Methode der kleinsten Quadrate. Zeichnen Sie die Punktwolke und die berechnete Ausgleichsgerade.

Hinweis: Die Berechnung der Ausgleichsgeraden kann auch mit der Standardfunktion `Fit` von Mathematica erfolgen.

4.2 Erwartungstreue Schätzfunktionen

In diesem und im nächsten Abschnitt suchen wir Antworten auf die folgende Frage: „Wie kann man die Qualität eines Schätzers $\widetilde{u}$ für den Parameter u bzw. für die Kennzahl u einer Verteilung beurteilen, unabhängig von der Methode, mit der er gewonnen wurde?“ Der in der folgenden Definition einzuführende Begriff des erwartungstreuen Schätzers liefert einen ersten Qualitätsmaßstab zur Beurteilung von Schätzern.

Definition 4.4. Es sei $\boldsymbol{x}=(x_1,x_2,\dots,x_n)^T\in\mathbb{R}^n$ eine empirische Stichprobe. Die Verteilung der zugehörigen mathematischen Stichprobe $\boldsymbol{X}=(X_1,X_2,\dots,X_n)^T$ enthalte einen unbekannten Parameter $u\in\Theta\subseteq\mathbb{R}$. Eine Schätzfunktion $g:\mathbb{R}^n\to\Theta$ heißt **erwartungstreu** (engl.: *unbiased*), und der Funktionswert $\widetilde{u}=g(x_1,x_2,\dots,x_n)$ heißt **erwartungstreuer Schätzer** für u, wenn für die Schätzvariable $\widetilde{U}=g(X_1,\dots,X_n)$ gilt:

$$E(\widetilde{U})=u$$

$\widetilde{U}$ heißt dann auch **erwartungstreue Schätzvariable.**

Bemerkung 4.7 Der Zufallsvektor $\boldsymbol{X}=(X_1,X_2,\dots,X_n)^T$ ist auf einem im Hintergrund stehenden Wahrscheinlichkeitsraum $(\Omega,\mathcal{A},P)$ definiert. Deshalb ist auch die Schätzvariable $\widetilde{U}=g(X_1,X_2,\dots,X_n)=g\circ\boldsymbol{X}$ eine auf demselben Wahrscheinlichkeitsraum $(\Omega,\mathcal{A},P)$ definierte zufällige Größe. Es gilt also:

$$\boxed{(\Omega,\mathcal{A},P)\xrightarrow{\boldsymbol{X}}(\mathbb{R}^n,\mathcal{B}(\mathbb{R}^n),P_{\boldsymbol{X}})\xrightarrow{g}(\mathbb{R},\mathcal{B},P_g)}$$

Aus der Definition des Erwartungswertes und mit dem Transformationssatz der Lebesgue-Theorie folgt:

$$E(\widetilde{U})=\int\widetilde{U}\,dP=\int g\circ\boldsymbol{X}\,dP=\int g\,dP_{\boldsymbol{X}}=\int g\,dP_u=:E_u(g)$$

Die meßbare Funktion $g:\mathbb{R}^n\to\Theta$ ist also genau dann eine erwartungstreue Schätzfunktion für u, wenn für alle $u\in\Theta$ gilt:

$$E_u(g)=u$$

Satz 4.1. *Voraussetzung: Die zufälligen Größen $X_1, X_2, \ldots, X_n$ seien unabhängig und identisch verteilt. Weiter existiere*

$$E(X_i) = \mu \text{ bzw. } \operatorname{Var}(X_i) = \sigma^2 .$$

Behauptung: Für die zufälligen Größen

$$\overline{X} := \tfrac{1}{n} \sum_{i=1}^{n} X_i \quad \text{bzw.} \quad S^2 := \tfrac{1}{n-1} \sum_{i=1}^{n} (X_i - \overline{X})^2$$

gilt:

$$E(\overline{X}) = \mu \quad \text{bzw.} \quad E(S^2) = \sigma^2$$

Beweis: Gemäß Bemerkung 3.22 gilt:

$$E(\overline{X}) = E(\frac{1}{n} \sum_{i=1}^{n} X_i) = \frac{1}{n} \sum_{i=1}^{n} E(X_i) = \frac{1}{n} \cdot n\mu = \mu$$

Für den Nachweis der Gleichung $E(S^2) = \sigma^2$ führen wir zunächst die folgenden Umformungen durch:

$$\begin{aligned}
\sum_{i=1}^{n} (X_i - \overline{X})^2 &= \sum_{i=1}^{n} X_i^2 - 2\overline{X} \sum_{i=1}^{n} X_i + n\overline{X}^2 = \sum_{i=1}^{n} X_i^2 - 2\overline{X} \cdot n\overline{X} + n\overline{X}^2 \\
&= \sum_{i=1}^{n} X_i^2 - n\overline{X}^2 = \sum_{i=1}^{n} X_i^2 - \frac{1}{n} \left(\sum_{i=1}^{n} X_i \right)^2 \\
&= \sum_{i=1}^{n} X_i^2 - \frac{1}{n} \left(\sum_{i=1}^{n} X_i^2 + 2 \sum_{i=1}^{n} \sum_{j=i+1}^{n} X_i X_j \right) \\
&= \frac{n-1}{n} \sum_{i=1}^{n} X_i^2 - \frac{2}{n} \sum_{i=1}^{n} \sum_{j=i+1}^{n} X_i X_j \, .
\end{aligned}$$

Damit ergibt sich wieder gemäß Bemerkung 3.22 und mit Bemerkung 3.20:

$$\begin{aligned}
E(\sum_{i=1}^{n} (X_i - \overline{X})^2) &= \frac{n-1}{n} \sum_{i=1}^{n} E(X_i^2) - \frac{2}{n} \sum_{i=1}^{n} \sum_{j=i+1}^{n} E(X_i X_j) \\
&= \frac{n-1}{n} \sum_{i=1}^{n} E(X_i^2) - \frac{2}{n} \sum_{i=1}^{n} \sum_{j=i+1}^{n} E(X_i) E(X_j) \\
&= \frac{n-1}{n} \sum_{i=1}^{n} E(X_i^2) - \frac{2}{n} \cdot \frac{n(n-1)}{2} \mu^2 \\
&= \frac{n-1}{n} \sum_{i=1}^{n} \left(E(X_i^2) - \mu^2 \right) = \frac{n-1}{n} \cdot n \cdot \sigma^2 \\
&= (n-1) \cdot \sigma^2
\end{aligned}$$

Daraus folgt die Behauptung:

$$E(S^2) = E(\frac{1}{n-1} \sum_{i=1}^{n} (X_i - \overline{X})^2) = \sigma^2$$

□

Beachten Sie, daß für den Nachweis der Gleichung $E(\overline{X}) = \mu$ die Unabhängigkeit der zufälligen Größen $X_1, X_2, \ldots, X_n$ nicht erforderlich wäre.

Bemerkung 4.8 Nach Satz 4.1 folgt (ohne zusätzliche Verteilungannahmen):

$\overline{x} := \frac{1}{n} \sum_{i=1}^{n} x_i$ ist ein erwartungstreuer Schätzer für den Erwartungswert μ.

$s^2 := \frac{1}{n-1} \sum_{i=1}^{n} (x_i - \overline{x})^2$ ist ein erwartungstreuer Schätzer für die Varianz σ^2.

Dagegen ist die Zahl $\sigma^{2*} = \frac{1}{n} \sum_{i=1}^{n} (x_i - \overline{x})^2$, die sich als Maximum-Likelihood-Schätzer für die Varianz σ^2 einer Normalverteilung ergeben hat (vgl. Beispiel 4.6 KGRM), für keine Verteilung ein erwartungstreuer Schätzer der Varianz σ^2, da sie eine **Verzerrung** (engl.: einen *bias*) besitzt:

$$E\left(\frac{1}{n}\sum_{i=1}^{n}(X_i - \overline{X})^2\right) = \frac{n-1}{n} \cdot E(S^2) = \frac{n-1}{n} \cdot \sigma^2$$

Die Verzerrung wird allerdings umso kleiner, je größer der Stichprobenumfang n ist, und für $n \to \infty$ verschwindet die Verzerrung. $\frac{1}{n} \sum_{i=1}^{n} (x_i - \overline{x})^2$ ist ein **asymptotisch erwartungstreuer Schätzer** für die Varianz σ^2.

Beachten Sie, daß $s^2 = \frac{1}{n-1} \sum_{i=1}^{n} (x_i - \overline{x})^2$ bei jeder Verteilung ein erwartungstreuer Schätzer für die Varianz σ^2 ist, daß aber $s := +\sqrt{s^2}$ die Standardabweichung σ nicht erwartungstreu schätzt. Dies ist einer der Gründe, weswegen wir als zweiten Parameter einer Normalverteilung σ^2 (und nicht σ) angeben.

Bei vielen Verteilungen lassen sich die Parameter durch den Erwartungswert μ der Verteilung ausdrücken. So gilt für den Parameter p einer Bernoulli-Verteilung und für den Parameter λ einer Poisson-Verteilung: $p = \mu$ bzw. $\lambda = \mu$. Bei diesen beiden Verteilungen ist also der Maximum-Likelihood-Schätzer $\overline{x}$ ein erwartungstreuer Schätzer für den unbekannten Parameter. Beachten Sie aber, daß bei der Exponentialverteilung $\overline{x}$ zwar ein erwartungstreuer Schätzer für μ ist, daß aber der Maximum-Likelihood-Schätzer $\lambda^* = \dfrac{1}{\overline{x}}$ kein erwartungstreuer Schätzer für den Parameter $\lambda = \dfrac{1}{\mu}$ ist.

Nachdem der Satz 4.1 ein Verfahren liefert, den Erwartungswert und die Varianz einer Verteilung erwartungstreu zu schätzen, wenden wir uns nun dem Problem zu, die Kovarianz von zwei zufälligen Größen X und Y zu schätzen:

Satz 4.2.
Voraussetzung: Die 2-dimensionalen Zufallsvektoren

$$(X_1,Y_1)^T,(X_2,Y_2)^T,\ldots,(X_n,Y_n)^T$$

seien auf demselben Wahrscheinlichkeitsraum $(\Omega,\mathcal{A},P)$ definiert und unabhängig, d.h. für alle $x_1,y_1,x_2,y_2,\ldots,x_n,y_n \in \mathbb{R}$ gelte:

$$\begin{aligned} &P(X_1 \leq x_1, Y_1 \leq y_1, X_2 \leq x_2, Y_2 \leq y_2, \ldots, X_n \leq x_n, Y_n \leq y_n) \\ &\quad = P(X_1 \leq x_1, Y_1 \leq y_1) \cdot P(X_2 \leq x_2, Y_2 \leq y_2) \cdot \ldots \cdot P(X_n \leq x_n, Y_n \leq y_n) \end{aligned}$$

Weiter seien die 2-dimensionalen Zufallsvektoren $(X_i,Y_i)^T$ identisch verteilt, und

$$\sigma_{XY} = \mathrm{Cov}(X_i,Y_i) = E(X_iY_i) - E(X_i) \cdot E(Y_i)$$

sei die (von i unabhängige) Kovarianz der zufälligen Größen X_i und Y_i.

Behauptung: Für die zufällige Größe

$$S_{XY} := \frac{1}{n-1}\sum_{i=1}^{n}(X_i-\overline{X})(Y_i-\overline{Y})$$

gilt:

$$E(S_{XY}) = \sigma_{XY}$$

Beweis: Analog zum Beweis des Satzes 4.1 formen wir zunächst um:

$$\begin{aligned}
\sum_{i=1}^{n}(X_i-\overline{X})(Y_i-\overline{Y}) &= \sum_{i=1}^{n}X_iY_i-\overline{Y}\sum_{i=1}^{n}X_i-\overline{X}\sum_{i=1}^{n}Y_i+n\overline{X}\,\overline{Y}=\sum_{i=1}^{n}X_iY_i-n\overline{X}\,\overline{Y}\\
&= \sum_{i=1}^{n}X_iY_i-\frac{1}{n}\left(\sum_{i=1}^{n}X_i\right)\left(\sum_{j=1}^{n}Y_j\right)=\sum_{i=1}^{n}X_iY_i-\frac{1}{n}\sum_{i=1}^{n}\sum_{j=1}^{n}X_iY_j\\
&= \sum_{i=1}^{n}X_iY_i-\frac{1}{n}\left(\sum_{i=1}^{n}X_iY_i+\sum_{i=1}^{n}\sum_{\substack{j=1\\ i\neq j}}^{n}X_iY_j\right)\\
&= \frac{n-1}{n}\sum_{i=1}^{n}X_iY_i-\frac{1}{n}\sum_{i=1}^{n}\sum_{\substack{j=1\\ i\neq j}}^{n}X_iY_j
\end{aligned}$$

Damit ergibt sich wieder gemäß Bemerkung 3.22:

$$E\Big(\sum_{i=1}^{n}(X_i-\overline{X})(Y_i-\overline{Y})\Big)=\frac{n-1}{n}\sum_{i=1}^{n}E(X_iY_i)-\frac{1}{n}\sum_{i=1}^{n}\sum_{\substack{j=1\\ i\neq j}}^{n}E(X_iY_j)$$

In der zweiten Summe stehen nur Erwartungswerte von Produkten X_iY_j mit $j\neq i$. Nun folgt aus der Unabhängigkeit der 2-dimensionalen Zufallsvektoren $(X_1,Y_1)^T,\ldots,(X_n,Y_n)^T$ die Unabhängigkeit der eindimensionalen zufälligen Größen X_i,Y_j für den Fall $j\neq i$. Damit ergibt sich:

$$E\Big(\sum_{i=1}^{n}(X_i-\overline{X})(Y_i-\overline{Y})\Big)=\frac{n-1}{n}\sum_{i=1}^{n}E(X_iY_i)-\frac{1}{n}\sum_{i=1}^{n}\sum_{\substack{j=1\\ i\neq j}}^{n}E(X_i)E(Y_j)$$

Aus der Tatsache, daß die 2-dimensionalen Zufallsvektoren $(X_1,Y_1)^T,\ldots,(X_n,Y_n)^T$ identisch verteilt sind, folgt weiter:

$$\begin{aligned}
E\Big(\sum_{i=1}^{n}(X_i-\overline{X})(Y_i-\overline{Y})\Big) &= (n-1)E(X_1Y_1)-(n-1)E(X_1)E(Y_1)\\
&= (n-1)(E(X_1Y_1)-E(X_1)E(Y_1))=(n-1)\sigma_{XY}
\end{aligned}$$

Daraus ergibt sich die Behauptung. □

Bemerkung 4.9 Es sei $(x_1,y_1)^T,(x_2,y_2)^T,\ldots,(x_n,y_n)^T$ eine 2-dimensionale empirische Stichprobe. Nach Satz 4.2 ist

$$s_{xy} := \frac{1}{n-1}\sum_{i=1}^{n}(x_i-\overline{x})(y_i-\overline{y})$$

ein erwartungstreuer Schätzer für die Kovarianz σ_{XY} der zufälligen Größen X_i und Y_i der zugehörigen mathematischen Stichprobe $(X_1,Y_1)^T,(X_2,Y_2)^T,\ldots,(X_n,Y_n)^T$. Beachten Sie aber, daß

$$r_{xy} := \frac{s_{xy}}{s_x s_y} = \frac{\sum\limits_{i=1}^{n}(x_i-\overline{x})(y_i-\overline{y})}{\sqrt{\sum\limits_{i=1}^{n}(x_i-\overline{x})^2}\cdot\sqrt{\sum\limits_{i=1}^{n}(y_i-\overline{y})^2}}$$

kein erwartungstreuer Schätzer für den von i unabhängigen Korrelationskoeffizienten

$$\rho_{XY} = \frac{\mathrm{Cov}(X_i,Y_i)}{\sqrt{\mathrm{Var}(X_i)}\cdot\sqrt{\mathrm{Var}(Y_i)}}$$

ist. Dennoch wird r_{xy} häufig als Schätzer für den Korrelationskoeffizienten ρ_{XY} verwendet.

Am Ende dieses Abschnitts kommen wir noch einmal auf die im Abschnitt 1.4 diskutierte Problematik zurück: Dort wurden die Schwierigkeiten dargelegt, auf die man bei der Entwicklung des mathematischen Wahrscheinlichkeitsbegriffs gestoßen ist. Auf einer intuitiven Ebene war der Zusammenhang zwischen dem Wahrscheinlichkeitsbegriff und dem Begriff der relativen Häufigkeit zwar einsichtig, allerdings scheiterte der Versuch, die Wahrscheinlichkeit $P(A)$ eines Ereignisses A als Grenzwert einer Folge $r_n(A)$ relativer Häufigkeiten dieses Ereignisses zu definieren. Es gelang nämlich nicht, die Aussage $\lim\limits_{n\to\infty} r_n(A) = P(A)$ im Sinne der Analysis zu beweisen.

Es wurde gezeigt, daß KOLMOGOROV diese Schwierigkeiten beseitigt hat, indem er die Eigenschaften der relativen Häufigkeiten zu dem Axiomensystem für den Begriff des Wahrscheinlichkeitsmaßes erhob. Das axiomatische Vorgehen KOLMOGOROVS ließ aber die Frage offen, ob und wie der intuitiv einsichtige Zusammenhang zwischen dem Wahrscheinlichkeitsbegriff und dem Begriff der relativen Häufigkeit mathematisch erfaßt werden kann.

Eine erste Antwort auf diese Frage bietet der folgende

Satz 4.3.
Voraussetzung: Es sei $(\Omega,\mathcal{A},P)$ ein Wahrscheinlichkeitsraum und $A\in\mathcal{A}$ ein beliebiges Ereignis mit der Wahrscheinlichkeit $P(A)$. Auf dem Produktwahrscheinlichkeitsraum $(\Omega^n, \bigotimes\limits_{i=1}^{n}\mathcal{A}, \bigotimes\limits_{i=1}^{n}P)$ definieren wir n zufällige Größen $X_1,\ldots,X_n$ durch

$$\begin{array}{llll} X_i: & \Omega^n & \to & \mathbb{R} \\ & (\omega_1,\omega_2,\ldots,\omega_n)^T & \mapsto & X_i(\omega_1,\omega_2,\ldots,\omega_n) := \begin{cases} 1 & \text{falls } \omega_i\in A \\ 0 & \text{sonst} \end{cases} \end{array}$$

Behauptung:

$$E(\overline{X}) = P(A)$$

Beweis: Die zufälligen Größen $X_1,X_2,\ldots,X_n$ sind unabhängig und $\mathrm{B}(1,p)$-verteilt mit $p = P(A)$. Damit folgt die Behauptung aus dem Satz 4.1:

$$E(\overline{X}) = \mu = p = P(A)$$ □

Bemerkung 4.10 Wird ein Zufallsexperiment durch den Wahrscheinlichkeitsraum $(\Omega,\mathcal{A},P)$ modelliert, so gilt mit den Bezeichnungen des Satzes 4.3: Die Summe $\sum_{i=1}^{n} X_i$ ist die absolute Häufigkeit, mit der bei der n-maligen Wiederholung des Zufallsexperiments das Ereignis A eintritt, und das arithmetische Mittel $\overline{X} = \frac{1}{n}\sum_{i=1}^{n} X_i$ ist die zugehörige relative Häufigkeit. Die inhaltliche Bedeutung des Satzes 4.3 ist also die folgende: Wiederholt man ein Zufallsexperiment n-mal, so ist die relative Häufigkeit des Ereignisses A ein erwartungstreuer Schätzer für $P(A)$.

Wird insbesondere das Ergebnis eines Zufallsexperiments durch eine zufällige Größe X mit der Verteilung P_X beschrieben, und ist $B \in \mathcal{B}$ ein beliebiges Ereignis des Bildmeßraums $(\mathbb{R},\mathcal{B})$ mit der unbekannten Wahrscheinlichkeit $P_X(B)$, so kann $P_X(B)$ erwartungstreu geschätzt werden durch die relative Häufigkeit, mit der das Ereignis B bei der n-maligen Wiederholung des Zufallsexperiments eintritt.

Diese letzte Aussage gilt allgemeiner: Wird das Ergebnis eines Zufallsexperiments durch eine (nicht notwendig numerische) Zufallsvariable X mit der Verteilung P_X beschrieben, und ist $A' \in \mathcal{A}'$ ein beliebiges Ereignis des Bildmeßraums $(\Omega',\mathcal{A}')$ mit der unbekannten Wahrscheinlichkeit $P_X(A')$, so kann $P_X(A')$ erwartungstreu geschätzt werden durch die relative Häufigkeit, mit der das Ereignis A' bei der n-maligen Wiederholung des Zufallsexperiments eintritt.

Ein wesentliches Ziel des nächsten Abschnitts ist es, einen anderen Konvergenzbegriff einzuführen, der es schließlich doch gestattet, die Wahrscheinlichkeit eines Ereignisses als „Grenzwert" einer Folge relativer Häufigkeiten zu interpretieren.

Aufgaben zum Abschnitt 4.2

Aufgabe 4.2.1

Es sei X eine zufällige Größe, die auf einem Intervall der Form $[0,b]$ mit $b > 0$ gleichverteilt ist. Auf der Basis einer Stichprobe $\boldsymbol{x} = (x_1,x_2,\ldots,x_n)^T$ wird b durch den Maximum-Likelihood-Schätzer b^* geschätzt. (vgl. Aufgabe 4.1.2).

Untersuchen Sie, ob b^* ein erwartungstreuer Schätzer für b ist.

Aufgabe 4.2.2

Es sei X eine zufällige Größe, deren Erwartungswert, Varianz, Schiefe und Wölbung existieren. Auf der Basis einer Stichprobe $\boldsymbol{x} = (x_1,x_2,\ldots,x_n)^T$ sollen Varianz, Schiefe und Wölbung geschätzt werden. Beweisen Sie:

(a) Wenn der Erwartungswert μ bekannt ist, ist $\frac{1}{n}\sum_{i=1}^{n}(x_i-\mu)^2$ ein erwartungstreuer Schätzer für die Varianz σ^2.

(b) Wenn der Erwartungswert μ und die Varianz σ^2 bekannt sind, sind

$$\frac{1}{n\sigma^3}\sum_{i=1}^{n}(x_i-\mu)^3 \text{ bzw. } \frac{1}{n\sigma^4}\sum_{i=1}^{n}(x_i-\mu)^4$$

erwartungstreue Schätzer für die Schiefe bzw. für die Wölbung der zufälligen Größen $X_1,X_2,\ldots,X_n$.

Aufgabe 4.2.3

(a) Berechnen Sie für die reale Stichprobe zum Beispiel KGRM, die im **Mathematica-Notebook NB1K4A2.ma** in der Mathematica-Liste `groessem` steht, den Umfang n der Stichprobe und die folgenden Kennzahlen:

- das arithmetische Mittel $m = \overline{x}$ als Schätzer für den Erwartungswert μ
- die Zahl $var = s^2 = \frac{1}{n-1}\sum_{i=1}^{n}(x_i-\overline{x})^2$ als Schätzer für die Varianz σ^2

- die Zahl $stddev = \sqrt{s^2}$ als Schätzer für die Standardabweichung σ
- die Zahl $\frac{n}{(n-1)(n-2)} \cdot \frac{1}{s^3} \sum_{i=1}^{n} (x_i - \overline{x})^3$ als Schätzer für die Schiefe
- die Zahl $\frac{n(n+1)}{(n-1)(n-2)(n-3)} \cdot \frac{1}{s^4} \sum_{i=1}^{n} (x_i - \overline{x})^4 - 3 \cdot \frac{(n-1)^2}{(n-2)(n-3)}$ als Schätzer für den Exzeß

(b) Berechnen Sie für die Stichprobe aus Teil (a) noch einmal die Parameterschätzer, jetzt aber mit den Standard-Funktionen `Mean, Variance, StandardDeviation, Skewness und Kurtosis` von Mathematica.

Hinweis: Bei den Formeln für die Schätzung von Schiefe, Wölbung und Exzeß unterscheiden sich die verschiedenen Programmsysteme geringfügig. Die in (a) angegebenen Formeln führen zu den Schätzern, mit denen das Programmsystem SAS arbeitet. Dabei gibt SAS den Schätzer für den Exzeß fälschlich unter dem Namen kurtosis aus.

Aufgabe 4.2.4
Im **Mathematica-Notebook NB1K4A2.ma** stehen in der Mathematica-Liste `KGRKGEWM` von 46 Männern die Angaben (x_i, y_i) zu Körpergröße und Körpergewicht. Berechnen Sie die folgenden Kennzahlen:

- die arithmetischen Mittel m_x und m_y als Schätzer für die Erwartungswerte μ_X und μ_Y
- die Zahlen s_x und s_y als Schätzer für die Standardabweichungen σ_X und σ_Y
- die Zahl $s_{xy} = \frac{1}{n-1} \sum_{i=1}^{n} (x_i - \overline{x})(y_i - \overline{y})$ als Schätzer für die Kovarianz σ_{XY}
- die Zahl $r_{xy} = \frac{s_{xy}}{s_x s_y}$ als Schätzer für den Korrelationskoeffizienten ρ_{XY}

Hinweis: In der Version 3.0 von Mathematica können die Schätzer s_{xy} bzw. r_{xy} für die Kovarianz bzw. den Korrelationskoffizienten mit den Mathematica-Funktionen `Covariance` bzw. `Correlation` berechnet werden, wenn vorher das Zusatzpaket `Statistics'MultiDescriptiveStatistics'` geladen wurde.

4.3 Konsistente Folgen von Schätzfunktionen

Auch in diesem Abschnitt gehen wir von dem Problem aus, einen unbekannten Parameter u einer Verteilung zu schätzen. Im Abschnitt 4.2 haben wir bereits eine Möglichkeit besprochen, die Qualität einer Schätzfunktion zu beurteilen, unabhängig von der Methode, mit der sie gewonnen wurde: Eine Schätzfunktion $g : \mathbb{R}^n \to \Theta$ heißt erwartungstreue Schätzfunktion für den Parameter u der Verteilung von $\boldsymbol{X}$, wenn für die Schätzvariable $\widetilde{U} = g \circ \boldsymbol{X}$ gilt: $E(\widetilde{U}) = u$.

Nun ist die Erwartungstreue aus zwei Gründen kein hinreichender Qualitätsmaßstab. Zum einen garantiert die Erwartungstreue nur, daß die Realisierungen der Schätzvariablen $\widetilde{U}$ um den wahren Wert u des Parameters streuen, sie macht aber keine Aussage darüber, wie stark diese Streuung ist. Zum anderen geht der Stichprobenumfang n nicht in die Erwartungstreue ein. So ist das arithmetische Mittel $\overline{x}$ einer empirischen Stichprobe ein erwartungstreuer Schätzer für den Erwartungswert μ, unabhängig vom Stichprobenumfang n. Die intuitive Vorstellung, daß ein größerer Stichprobenumfang eine bessere Schätzung ermöglicht, findet sich in der Eigenschaft der Erwartungstreue also nicht wieder.

Es ist das Ziel dieses Abschnittes, einen weiteren Qualitätsmaßstab zur Beurteilung von Schätzfunktionen zu entwickeln, der diesen beiden Überlegungen Rechnung trägt. Hierfür verlassen wir die Vorstellung, daß der Stichprobenumfang n eine zwar beliebige aber feste Zahl ist, und gehen stattdessen von der Annahme aus, daß es möglich ist, eine unendliche Folge $(x_n)_{n\in\mathbb{N}}$ von Stichprobenwerten zu erhalten (vgl. Bemerkung 3.13). Für jedes beliebige n kann dann eine Schätzfunktion $g_n : \mathbb{R}^n \to \Theta$ angegeben werden, die den ersten n Stichprobenwerten $x_1,x_2,\ldots,x_n$ den Schätzwert $\widetilde{u}_n = g_n(x_1,x_2,\ldots,x_n)$ zuordnet. Die zugehörigen Schätzvariablen $\widetilde{U}_n = g_n(X_1,X_2,\ldots,X_n)$ bilden eine Folge $(\widetilde{U}_n)_{n\in\mathbb{N}}$ von zufälligen Größen, deren Konvergenzverhalten der zu entwickelnde Qualitätsmaßstab sein wird. Zuvor ist es jedoch erforderlich, einen neuen Konvergenzbegriff für Folgen von zufälligen Größen einzuführen, der sich von dem im Abschnitt 3.5 eingeführten Begriff der schwachen Konvergenz unterscheidet:

Definition 4.5. Es sei $(\Omega,\mathcal{A},P)$ ein Wahrscheinlichkeitsraum. $(X_n)_{n\in\mathbb{N}}$ sei eine Folge zufälliger Größen auf $(\Omega,\mathcal{A},P)$, und es sei X eine weitere zufällige Größe auf $(\Omega,\mathcal{A},P)$. Die Folge $(X_n)_{n\in\mathbb{N}}$ **konvergiert nach Wahrscheinlichkeit** gegen X, wenn für jedes $\varepsilon > 0$ gilt:

$$\lim_{n\to\infty} P(|X_n - X| \geq \varepsilon) = \lim_{n\to\infty} P(\{\omega \in \Omega \,|\, |X_n(\omega) - X(\omega)| \geq \varepsilon\}) = 0$$

In diesem Fall schreiben wir:

$$X_n \xrightarrow{P} X$$

Zur Erläuterung dieses Konvergenzbegriffs betrachten wir noch einmal das abstrakte Beispiel, das wir im Abschnitt 3.5 zur Erläuterung des Begriffs der schwachen Konvergenz benutzt haben: Es sei also $\Omega = [0,1]$ und $\mathcal{A} = \mathcal{B}(\Omega)$. P sei das stetige Wahrscheinlichkeitsmaß auf $(\Omega,\mathcal{A})$ mit der Dichte $f \equiv 1$. Auf dem Wahrscheinlichkeitsraum $(\Omega,\mathcal{A},P)$ seien die folgenden zufälligen Größen definiert:

$$\begin{aligned} X_n :\ \Omega &\to \mathbb{R} \\ \omega &\mapsto X_n(\omega) := \begin{cases} n & \text{falls} \quad 0 \leq \omega \leq \frac{1}{n} \\ 0 & \text{sonst} \end{cases} \end{aligned} \qquad \begin{aligned} X :\ \Omega &\to \mathbb{R} \\ \omega &\mapsto X(\omega) := 0 \end{aligned}$$

Zunächst gilt, daß die Folge $(X_n)_{n\in\mathbb{N}}$ nicht punktweise gegen X konvergiert, denn die Folge $(X_n(0))_{n\in\mathbb{N}} = (n)_{n\in\mathbb{N}}$ divergiert. Andererseits gilt für jedes $\varepsilon > 0$:

$$\lim_{n\to\infty} P(|X_n - X| \geq \varepsilon) = \lim_{n\to\infty} P(|X_n| \geq \varepsilon) \leq \lim_{n\to\infty} P([0,\frac{1}{n}]) = \lim_{n\to\infty} \frac{1}{n} = 0$$

Die Folge $(X_n)_{n\in\mathbb{N}}$ konvergiert also nach Wahrscheinlichkeit gegen X.

Der Begriff der „Konvergenz nach Wahrscheinlichkeit" ist auf einen speziellen Grenzwertsatz der Wahrscheinlichkeitstheorie zugeschnitten, der unter dem Namen „Schwaches Gesetz der Großen Zahlen" bekannt ist. Es gibt verschiedene Schwache Gesetze der Großen Zahlen. Sie alle besagen, daß unter geeigneten Voraussetzungen das arithmetische Mittel

$$\frac{1}{n}\sum_{i=1}^{n} X_i$$

einer Folge $(X_n)_{n\in\mathbb{N}}$ zufälliger Größen nach Wahrscheinlichkeit gegen eine Konstante konvergiert.

Satz 4.4. ***(Ein Schwaches Gesetz der Großen Zahlen)***
Voraussetzung: Es sei $(X_n)_{n\in\mathbb{N}}$ eine Folge von paarweise unkorrelierten zufälligen Größen, für die gilt:

$$E(X_n) = \mu \text{ und } \operatorname{Var}(X_n) \leq \gamma$$

Weiter sei $Y_n := \frac{1}{n}\sum_{i=1}^{n} X_i$.

Behauptung:

$$Y_n \xrightarrow{P} \mu$$

Beweis: Y_n ist eine zufällige Größe mit

$$E(Y_n) = \mu \text{ und } \operatorname{Var}(Y_n) = \frac{1}{n^2}\sum_{i=1}^{n} \operatorname{Var}(X_i) \leq \frac{\gamma}{n}$$

Nach der Ungleichung von Tschebyscheff gilt deshalb für jedes $\varepsilon > 0$:

$$P(|Y_n - \mu| \geq \varepsilon) \leq \frac{\operatorname{Var}(Y_n)}{\varepsilon^2} \leq \frac{\gamma}{\varepsilon^2 n}$$

Wegen $\lim\limits_{n\to\infty} \frac{\gamma}{\varepsilon^2 n} = 0$ konvergiert die Folge $(Y_n)_{n\in\mathbb{N}}$ nach Wahrscheinlichkeit gegen μ. □

Bemerkung 4.11 Die Voraussetzungen dieses Schwachen Gesetzes der Großen Zahlen sind zum Beispiel dann erfüllt, wenn alle zufälligen Größen X_i dieselbe Varianz besitzen. Ist insbesondere $(X_n)_{n\in\mathbb{N}}$ eine Folge unabhängiger, identisch verteilter zufälliger Größen mit dem Erwartungswert μ und der Varianz σ^2, so gilt für die Folge $(Y_n)_{n\in\mathbb{N}}$ mit $Y_n := \frac{1}{n}\sum_{i=1}^{n} X_i$ einerseits nach Satz 4.1

$$\forall_{n\in\mathbb{N}} \quad E(Y_n) = \mu$$

und andererseits gemäß Satz 4.4:

$$Y_n \xrightarrow{P} \mu$$

Beispiel 4.8 MUENZE Wir gehen davon aus, daß es theoretisch möglich ist, eine reale Münze unendlich oft zu werfen. Kodieren wir das Ergebnis „Kopf" mit 1 und das Ergebnis „Zahl" mit 0, so entsteht eine unendliche Folge $(x_n)_{n\in\mathbb{N}}$ aus Nullen und Einsen. Wir postulieren nun (vgl. Bemerkung 3.13):

- die Existenz eines Wahrscheinlichkeitsraums $(\Omega, \mathcal{A}, P)$
- die Existenz einer Folge $(X_n)_{n\in\mathbb{N}}$ von auf $(\Omega, \mathcal{A}, P)$ definierten unabhängigen $B(1,p)$-verteilten zufälligen Größen
- die Existenz eines Elementes $\omega \in \Omega$ mit $x_n = X_n(\omega)$

Nach Satz 4.1 ist $Y_n = \frac{1}{n}\sum_{i=1}^{n} X_i$ eine erwartungstreue Schätzvariable für den Parameter p. Nach Satz 4.4 konvergiert die Folge $(Y_n)_{n\in\mathbb{N}}$ nach Wahrscheinlichkeit gegen p.

Definition 4.6. Es sei $(X_n)_{n\in\mathbb{N}}$ eine Folge von unabhängigen, identisch verteilten zufälligen Größen. Die Verteilung, nach der jede zufällige Größe X_i verteilt ist, enthalte einen unbekannten Parameter $u \in \Theta \subseteq \mathbb{R}$. Eine Folge $(g_n)_{n\in\mathbb{N}}$ von Schätzfunktionen

$$g_n : \quad \mathbb{R}^n \quad \to \quad \Theta$$

heißt **konsistent** für u , wenn für die zufälligen Größen $\widetilde{U}_n := g_n(X_1, X_2, \ldots, X_n)$ gilt:

$$\widetilde{U}_n \xrightarrow{P} u$$

In diesem Fall heißt auch die Folge $(\widetilde{U}_n)_{n\in\mathbb{N}}$ der Schätzvariablen bzw. die Folge $(\widetilde{u}_n)_{n\in\mathbb{N}}$ der Schätzwerte konsistent.

Bemerkung 4.12 Die wesentlichste Konsequenz des Satzes 4.4 ist: Die Folge $Y_n = \frac{1}{n}\sum_{i=1}^{n} X_i$ der arithmetischen Mittel einer Folge $(X_n)_{n\in\mathbb{N}}$ unabhängiger, identisch verteilter zufälliger Größen ist eine konsistente Folge von Schätzvariablen für den Erwartungswert μ der zufälligen Größen X_i.

Satz 4.5.
Voraussetzung: Es sei $(X_n)_{n\in\mathbb{N}}$ eine Folge von unabhängigen, identisch verteilten zufälligen Größen. Die Verteilung, nach der jede zufällige Größe X_i verteilt ist, enthalte einen unbekannten Parameter $u \in \Theta \subseteq \mathbb{R}$. Es sei $(g_n)_{n\in\mathbb{N}}$ eine Folge von erwartungstreuen Schätzfunktionen $g_n : \mathbb{R}^n \to \Theta$. Für die Schätzvariablen $\widetilde{U}_n := g_n(X_1, X_2, \ldots, X_n)$ gelte:

$$\lim_{n\to\infty} \operatorname{Var}(\widetilde{U}_n) = 0$$

Behauptung: Dann ist $(g_n)_{n\in\mathbb{N}}$ eine für u konsistente Folge von Schätzfunktionen.

Beweis: Wegen der Erwartungstreue der Schätzfunktionen gilt nach Tschebyscheff für alle $\varepsilon > 0$:

$$P\left(|g_n(X_1, X_2, \ldots, X_n) - u| \geq \varepsilon\right) = P\left(\left|\widetilde{U}_n - E(\widetilde{U}_n)\right| \geq \varepsilon\right) \leq \frac{\operatorname{Var}(\widetilde{U}_n)}{\varepsilon^2}$$

Wegen $\lim_{n\to\infty} \operatorname{Var}(\widetilde{U}_n) = 0$ folgt:

$$\forall_{\varepsilon>0} \quad \lim_{n\to\infty} P\left(|g_n(X_1, X_2, \ldots, X_n) - u| \geq \varepsilon\right) = 0$$

□

Bei einer Folge von erwartungstreuen Schätzern hat also die Varianz der Schätzvariablen entscheidenden Einfluß auf die Konsistenz. Insofern erfüllt der neue Qualitätsmaßstab „Konsistenz“ den eingangs formulierten Anspruch: Er berücksichtigt die Streuung der Schätzvariablen und ihr Verhalten bei wachsendem Stichprobenumfang.

Aus Satz 4.5 läßt sich noch einmal die Aussage der Bemerkung 4.11 gewinnen. Für das arithmetischen Mittel $Y_n = \frac{1}{n}\sum_{i=1}^{n} X_i$ von n unabhängigen, identisch verteilten zufälligen Größen $X_1, X_2, \ldots, X_n$, deren Erwartungswert μ und deren Varianz σ^2 ist, gilt nämlich:

$$E(Y_n) = \mu \quad \text{und} \quad \operatorname{Var}(Y_n) = \frac{\sigma^2}{n} \to 0 \text{ für } n \to \infty$$

Eine weitere Anwendung des Satzes 4.5 beinhaltet der Beweis des folgenden Satzes:

Satz 4.6.
Voraussetzung: Es sei $(X_n)_{n\in\mathbb{N}}$ eine Folge von unabhängigen $\mathrm{N}(\mu,\sigma^2)$*-verteilten zufälligen Größen. Es sei*

$$s_n^2 := \frac{1}{n-1}\sum_{i=1}^{n}(x_i-\overline{x})^2$$

Behauptung: Die Folge $(s_n^2)_{n\in\mathbb{N}}$ ist eine konsistente Folge von Schätzwerten für die Varianz σ^2 der zufälligen Größen X_i.

Beweis: Da s_n^2 eine Folge von erwartungstreuen Schätzern für σ^2 ist, genügt es gemäß Satz 4.5 zu zeigen, daß die Folge der Varianzen der zugehörigen Schätzvariablen S_n^2 eine Nullfolge ist.

$$\mathrm{Var}(S_n^2) = \mathrm{Var}\Big(\frac{1}{n-1}\sum_{i=1}^{n}(X_i-\overline{X})^2\Big) = \frac{\sigma^4}{(n-1)^2}\cdot\mathrm{Var}\Big(\frac{1}{\sigma^2}\sum_{i=1}^{n}(X_i-\overline{X})^2\Big)$$

Die zufällige Größe $\frac{1}{\sigma^2}\sum_{i=1}^{n}(X_i-\overline{X})^2$ besitzt nach Satz 3.13 und der Bemerkung 3.26 eine χ^2_{n-1}-Verteilung, also gemäß Bemerkung 3.25 die Varianz $2(n-1)$. Daraus folgt:

$$\lim_{n\to\infty}\mathrm{Var}(S_n^2) = \lim_{n\to\infty}\frac{\sigma^4}{(n-1)^2}\cdot 2(n-1) = \lim_{n\to\infty}\frac{2\sigma^4}{n-1} = 0$$

□

Beachten Sie, daß der Beweis dieses Satzes entscheidend von der Voraussetzung der Normalverteilung abhängt. Ohne diese Voraussetzung gelingt es nicht, die Konsistenz der Schätzerfolge $(s_n^2)_{n\in\mathbb{N}}$ zu beweisen. Unter der Voraussetzung der Normalverteilung ist aber auch der in Abschnitt 4.1 ermittelte Maximum-Likelihood-Schätzer für die Varianz konsistent. Es gilt nämlich der folgende Satz:

Satz 4.7.
Voraussetzung: Es sei $(X_n)_{n\in\mathbb{N}}$ eine Folge von unabhängigen $\mathrm{N}(\mu,\sigma^2)$*-verteilten zufälligen Größen. Es sei*

$$(s_n^2)^* := \frac{1}{n}\sum_{i=1}^{n}(x_i-\overline{x})^2$$

Behauptung: Die Folge $(s_n^2)^*_{n\in\mathbb{N}}$ ist eine konsistente Folge von Schätzwerten für die Varianz σ^2 der zufälligen Größen X_i.

Beweis: Es sei

$$(S_n^2)^* := \frac{1}{n}\sum_{i=1}^{n}(X_i-\overline{X})^2$$

die zu $(s_n^2)^*$ gehörende Schätzvariable. Zu zeigen ist für jedes $\varepsilon > 0$:

$$\lim_{n\to\infty}P\big(\big|(S_n^2)^*-\sigma^2\big|\geq\varepsilon\big) = 0 \text{ bzw. } \lim_{n\to\infty}P\big(\big|(S_n^2)^*-\sigma^2\big|<\varepsilon\big) = 1$$

Es sei also $\varepsilon > 0$ beliebig aber fest vorgegeben. Dann gilt zunächst:

$$\begin{aligned}
\left|(S_n^2)^* - \sigma^2\right| < \varepsilon \quad &\Leftrightarrow \left|(S_n^2)^* - \frac{n-1}{n}\sigma^2 - \frac{1}{n}\sigma^2\right| < \varepsilon \\
&\Leftrightarrow \left|\frac{n-1}{n}\left(\frac{n}{n-1}(S_n^2)^* - \sigma^2\right) - \frac{1}{n}\sigma^2\right| < \varepsilon \\
&\Leftrightarrow \left|\frac{n-1}{n}\left(S_n^2 - \sigma^2\right) - \frac{1}{n}\sigma^2\right| < \varepsilon \\
&\Leftarrow \frac{n-1}{n}\left|S_n^2 - \sigma^2\right| + \frac{1}{n}\sigma^2 < \varepsilon \\
&\Leftarrow \frac{n-1}{n}\left|S_n^2 - \sigma^2\right| < \frac{\varepsilon}{2} \wedge \frac{1}{n}\sigma^2 < \frac{\varepsilon}{2} \\
&\Leftarrow \left|S_n^2 - \sigma^2\right| < \frac{\varepsilon}{2} \wedge n > \frac{2\sigma^2}{\varepsilon}
\end{aligned}$$

Daraus folgt:

$$\lim_{n\to\infty} P(\left|(S_n^2)^* - \sigma^2\right| < \varepsilon) \geq \lim_{n\to\infty} P(\left|\left(S_n^2 - \sigma^2\right)\right| < \frac{\varepsilon}{2}) = 1$$

Dabei ergibt sich das letzte Gleichheitszeichen aus der bereits nachgewiesenen Konsistenz der Schätzerfolge $(s_n^2)_{n\in\mathbb{N}}$. □

Wir kommen nun noch einmal auf die Aussagen des Satzes 4.3 und der Bemerkung 4.10 zurück: Die Wahrscheinlichkeit $P(A)$ eines Ereignisses A kann erwartungstreu durch die relative Häufigkeit geschätzt werden, mit der das Ereignis A in einer empirischen Stichprobe vom Umfang n eintritt. Der folgende Satz besagt, daß die Folge der relativen Häufigkeiten eine konsistente Schätzerfolge für $P(A)$ ist. Der formale Beweis des Satzes basiert auf der Tatsache, daß die in der Voraussetzung definierten Abbildungen X_i $\mathrm{B}(1,p)$-verteilte zufällige Größen auf dem Produktwahrscheinlichkeitsraum aus abzählbar unendlich vielen Exemplaren des Wahrscheinlichkeitsraums $(\Omega,\mathcal{A},P)$ sind. Dabei ist $p = P(A)$. Die Behauptung ergibt sich deshalb aus dem Satz 4.4 und der Bemerkung 4.12.

Satz 4.8.

Voraussetzung: Es sei $(\Omega,\mathcal{A},P)$ ein Wahrscheinlichkeitsraum und $A \in \mathcal{A}$ ein beliebiges Ereignis mit der Wahrscheinlichkeit $P(A)$. Auf der Menge Ω^∞ aller Folgen $\omega = (\omega_i)_{i\in\mathbb{N}}$ von Elementen aus Ω definieren wir die folgenden Abbildungen:

$$\begin{aligned}
X_i : \quad \Omega^\infty &\rightarrow \mathbb{R} \\
\omega &\mapsto X_i(\omega) := \begin{cases} 1 & \textit{falls } \omega_i \in A \\ 0 & \textit{sonst} \end{cases}
\end{aligned}$$

und

$$\begin{aligned}
Y_n : \quad \Omega^\infty &\rightarrow \mathbb{R} \\
\omega &\mapsto Y_n(\omega) := \frac{1}{n}\sum_{i=1}^{n} X_i(\omega)
\end{aligned}$$

Behauptung: Die Folge $(Y_n)_{n\in\mathbb{N}}$ ist eine konsistente Folge von Schätzvariablen für die Wahrscheinlichkeit $P(A)$.

Die folgende Bemerkung ergänzt die Aussagen der Bemerkung 4.10:

Bemerkung 4.13 Wird das Ergebnis eines Zufallsexperiments durch eine (nicht notwendig numerische) Zufallsvariable X mit der Verteilung P_X beschrieben, und ist $A' \in \mathcal{A}'$ ein beliebiges Ereignis des Bildmeßraums $(\Omega',\mathcal{A}')$ mit der unbekannten Wahrscheinlichkeit $P_X(A')$, so kann $P_X(A')$ auf der Basis einer Stichprobe $\omega' = (\omega_1',\omega_2',\omega_3',\ldots)^T$ unendlichen Umfangs erwartungstreu und konsistent geschätzt werden durch die Folge der relativen Häufigkeiten

$$r_n(A') := \frac{1}{n} \cdot \left|\{i \in \{1,2,\ldots,n\} \,|\, \omega_i' \in A'\}\right|.$$

Wird insbesondere das Ergebnis eines Zufallsexperiments durch eine zufällige Größe X mit der unbekannten Verteilungsfunktion F beschrieben, so läßt sich für jedes $x \in \mathbb{R}$ der Funktionswert $F(x) = P_X((-\infty,x])$ auf der Basis einer Stichprobe $\boldsymbol{x} = (x_1,x_2,\ldots)^T$ unendlichen Umfangs erwartungstreu und konsistent schätzen durch die Folge der Funktionswerte $\widetilde{F_n}(x)$ der sogenannten **empirischen Verteilungsfunktionen:**

$$\begin{array}{rccl} \widetilde{F}_n : & \mathbb{R} & \to & \mathbb{R} \\ & x & \mapsto & \widetilde{F}_n(x) := \frac{1}{n} \cdot \left|\{i \in \{1,2,\ldots,n\} \,|\, x_i \leq x\}\right| = r_n((-\infty,x]) \end{array}$$

(Die empirische Verteilungsfunktion $\widetilde{F}_n$ ist eine auf ganz $\mathbb{R}$ definierte stückweise konstante Funktion, also eine Treppenfunktion, deren Sprungstellen die Elemente der Menge $\{x_1,x_2,\ldots x_n\}$ sind.) Ist F die Verteilungsfunktion einer stetigen Verteilung mit der Dichte f, so wird für jedes Intervall $(a,b]$ die Wahrscheinlichkeit

$$F(b) - F(a) = \int_a^b f(t)\,dt = P_X((a,b])$$

erwartungstreu und konsistent geschätzt durch

$$\widetilde{F}_n(b) - \widetilde{F}_n(a) = r_n((a,b]) := \frac{}{1}n \cdot \left|\{i \in \{1,2,\ldots,n\} \,|\, x_i \in (a,b]\}\right| .$$

Damit erhalten die Histogramme aus dem Abschnitt 1.4 **eine neue Bedeutung**: Zerlegt man das Intervall $(a,b]$ in k disjunkte Teilintervalle

$$(a,a_1],(a_1,a_2],\ldots,(a_{k-1},b],$$

so ist der Inhalt des Rechtecks mit der Grundlinie $(a_{\nu-1},a_\nu]$ und der Höhe $\frac{r_n((a_{\nu-1},a_\nu])}{a_\nu - a_{\nu-1}}$ ein erwartungstreuer und konsistenter Schätzer für den Flächeninhalt, der von der Dichtefunktion f über dem Intervall $(a_{\nu-1},a_\nu]$ eingeschlossen wird.

Am Ende dieses Abschnittes verweisen wir noch auf dic Aufgabc 4.3.3 zum sogenannten **Wahrscheinlichkeitspapier**. Das Wahrscheinlichkeitspapier war (und ist in abgewandelter Form auch heute noch) ein Hilfsmittel, das mit Hilfe der empirischen Verteilungsfunktion eine erste Möglichkeit bietet, auf graphischem Wege zu überprüfen, ob eine zufällige Größe normalverteilt ist. Annahmen über die Parameter μ und σ^2 der Verteilung sind dabei nicht erforderlich.

Man kann das Wahrscheinlichkeitspapier im Handel kaufen oder aber wie folgt selber herstellen: Man geht von einem gewöhnlichen Koordinatensystem mit gleicher Einheit auf den Koordinatenachsen aus und schreibt längs der Ordinate nicht y, sondern $\Phi(y)$ in Prozent. Es entsteht ein Funktionspapier, das bei äquidistant eingeteilter Abszisse eine symmetrisch verzerrte Ordinate besitzt, auf der nur Werte vorkommen, die echt größer als 0% und echt kleiner als 100% sind. Die Koordinatenachsen schneiden sich im Punkt (0,50%), denn $\Phi(0) = 0.5 = 50\%$.

Trägt man in dieses Wahrscheinlichkeitspapier die Kurve der Funktion $\Phi(x)$ ein, so entsteht eine Gerade, nämlich die Winkelhalbierende im 1. und 3. Quadranten. (Diese Gerade schneidet die 50%-Linie bei $x = 0$, die 84.1345%-Linie bei $x = 1$, und die 15.8655%-Linie bei $x = -1$.)

Ist $F(x)$ die Verteilungsfunktion einer anderen N(μ,σ^2)-Verteilung, so folgt wegen $F(x) = \Phi(\frac{x-\mu}{\sigma})$, daß auch die Funktionskurve von F eine Gerade ist. (Diese schneidet die 50%-Linie bei $x = \mu$, die 84.1345%-Linie bei $x = \mu + \sigma$ und die 15.8655%-Linie bei $x = \mu - \sigma$.)

Will man nun überprüfen, ob die zu einer empirischen Stichprobe $\boldsymbol{x} = (x_1, x_2, \ldots, x_n)^T$ gehörenden Stichprobenvariablen $X_1, X_2, \ldots, X_n$ normalverteilt sind, so berechnet man für jeden Stichprobenwert x_i den Funktionswert $\widetilde{F_n}(x_i)$ der empirischen Verteilungsfunktion und zeichnet die Punkte $(x_i, \widetilde{F_n}(x_i))$ (außer für $x_i = x_{\max}$) in das Wahrscheinlichkeitspapier ein. Nur wenn diese Punkte annähernd auf einer Geraden liegen, können die zufälligen Größen $X_1, X_2, \ldots, X_n$ als normalverteilt angenommen werden. Die folgende Abbildung 4.2 zeigt die Punkte $(x_i, \widetilde{F}_n(x_i))$ zum Beispiel KGRM im Wahrscheinlichkeitspapier.

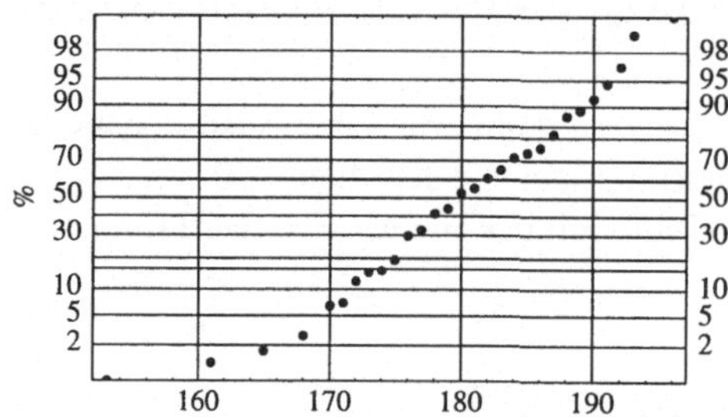

Abbildung 4.2
Wahrscheinlichkeitspapier

Die Arbeit mit dem Wahrscheinlichkeitspapier wird von den moderenen Programmsystemen zur Statistik in abgewandelter Form realisiert: Man berechnet für jeden Stichprobenwert x_i die Zahlen

$$y_i := \widetilde{F_n}(x_i) \quad \text{und} \quad z_i := y_i\text{-Quantil der N}(0,1^2)\text{-Verteilung.}$$

Dann werden die Punkte (x_i, z_i) (außer für $x_i = x_{\max}$) geplottet. Nur wenn diese Punkte annähernd auf einer Geraden liegen, können die zufälligen Größen $X_1, X_2, \ldots, X_n$ als normalverteilt angenommen werden. Dahinter steht die Tatsache, daß für die Verteilungsfunktion F der N(μ,σ^2)-Verteilung gilt:

$$\Phi^{-1}(F(x)) = \Phi^{-1}(\Phi(\frac{x-\mu}{\sigma})) = \frac{x-\mu}{\sigma}$$

Die folgende Abbildung 4.3 zeigt die Punkte (x_i, z_i) zum Beispiel KGRM. Dabei wurde die eingezeichnete Ausgleichsgerade nach der Methode der kleinsten Quadrate (vgl. Aufgabe 4.1.4) berechnet.

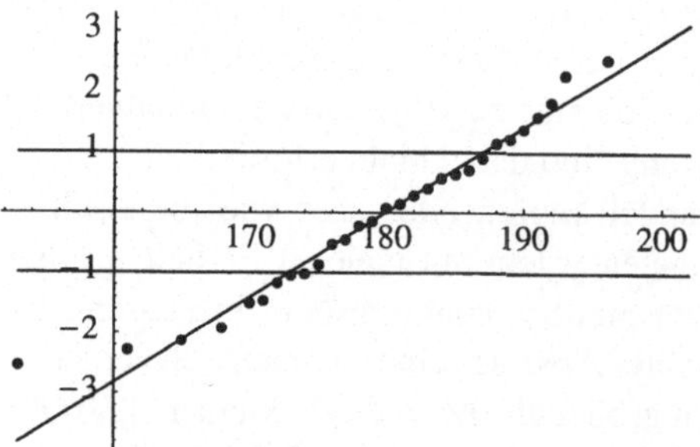

Abbildung 4.3
xQ-Plot

Weil in der Abbildung 4.3 über den beobachteten x-Werten die Quantile aufgetragen werden, sprechen wir von einem **xQ-Plot**.

Aufgaben zum Abschnitt 4.3

Aufgabe 4.3.1
Würfeln Sie mit dem **Zufallszahlengenerator von Mathematica** 1000 mal. Berechnen Sie für jedes $n, 1 \leq n \leq 1000$ die relative Häufigkeit $r_n(\{6\})$, mit der innerhalb der ersten n Würfe das Ereignis $\{6\}$ eintritt. Plotten Sie die Punkte $(n, r_n(\{6\}))$. Interpretieren Sie die Grafik vor dem Hintergrund der Tatsache, daß die Folge $(r_n(\{6\}))_{n\in\mathbb{N}}$ die Wahrscheinlichkeit des Elementarereignisses $\{6\}$ erwartungstreu und konsistent schätzt.

Aufgabe 4.3.2

(a) Erzeugen Sie $n = 1000$ Poi(4)-verteilte Zufallszahlen und speichern Sie diese in der Mathematica-Liste `ZZPoi4`. Berechnen Sie für jeden Stichrobenwert x_i den Funktionswert $\widetilde{F_n}(x_i)$ der empirischen Verteilungsfunktion. Zeichnen Sie die Verteilungsfunktion $F(x)$ der $Poi(4)$-Verteilung und die Punkte $(x_i, \widetilde{F_n}(x_i))$ in ein kartesisches Koordinatensystem.

(b) Erzeugen Sie $n = 1000$ Exp(0.01) -verteilte Zufallszahlen und speichern Sie diese in der Mathematica-Liste `ZZExp001`.

Berechnen Sie für jeden Stichrobenwert x_i den Funktionswert $\widetilde{F_n}(x_i)$ der empirischen Verteilungsfunktion. Zeichnen Sie die Verteilungsfunktion $F(x)$ der Exp(0.01)-Verteilung und die Punkte $(x_i, \widetilde{F_n}(x_i))$ in ein kartesisches Koordinatensystem.

Zeichnen Sie für die Klassengrenzen $\{0, 25, 50, 75, \ldots 400\}$ ein Histogramm der auf die Klassenbreiten bezogenen relativen Häufigkeiten, und überlagern Sie dieses mit der Dichte der Exp(0.01)-Verteilung.

Aufgabe 4.3.3

(a) Schreiben Sie die Mathematica-Anweisungen, mit denen die Abbildung 4.3 erzeugt wird. Die Daten zum Beispiel KGRM stehen im **Mathematica-Notebook NB1K4A3.ma** in der Liste `groessem`.

(b) Überprüfen Sie mit einem **xQ-Plot**, ob die Daten zum Beispiel SLAENGE, die im **Mathematica-Notebook NB1K4A3.ma** in der Mathematica-Liste `laenge` stehen, die Annahme rechtfertigen, daß die Abweichung der Schraubenlänge von ihrer Sollänge durch eine normalverteilte zufällige Größe beschrieben wird.

(c) Überprüfen Sie mit einem **xQ-Plot**, ob die in der Aufgabe 4.3.2(b) erzeugten Daten auch die Normalverteilungsannahme rechtfertigen würden.

(d) Erzeugen Sie mit dem Zufallszahlengenerator von Mathematica 12-mal 1000 auf dem Intervall $[0,1]$ gleichverteilte Zufallszahlen und speichern Sie diese in den Mathematica-Listen `x1,x2, ...,x12` ab. Berechnen Sie `summe:=x1+x2+ ... +x12`.

Überprüfen Sie mit einem **xQ-Plot**, ob die Daten der Mathematica-Liste `summe` die Aussage des zentralen Grenzwertsatzes bestätigen, wonach die Summe von n unabhängigen auf dem Intervall $[0,1]$ gleichverteilten zufälligen Größen für große Werte von n als normalverteilt angesehen werden kann mit den Parametern $\mu = n \cdot \frac{1}{2}$ und $\sigma^2 = n \cdot \frac{1}{12}$.

Aufgabe 4.3.4
Wir betrachten noch einmal die Situation der Aufgaben 4.1.2 und 4.2.1, in der der unbekannte Parameter b einer Gleichverteilung auf dem Intervall $[0,b]$ mit $b > 0$ geschätzt wurde. Zeigen Sie:

(a) Die Folge $(\widehat{b}_n)_{n\in\mathbb{N}}$ mit $\widehat{b}_n := \frac{2}{n} \cdot \sum_{i=1}^{n} x_i$ ist eine konsistente Schätzerfolge für b.

(b) Die Schätzerfolge $(\widetilde{b}_n)_{n\in\mathbb{N}}$ mit $\widetilde{b}_n := \frac{n+1}{n} \cdot \max_{1\leq i\leq n} x_i$ ist eine konsistente Schätzerfolge für b.

(c) Auch die Folge $(b_n^*)_{n\in\mathbb{N}}$ der Maximum-Likelihood-Schätzer $b_n^* = \max_{1\leq i\leq n} x_i$ ist eine konsistente Schätzerfolge für b.

4.4 Konfidenzintervalle

Auch in diesem Abschnitt gehen wir von dem Problem aus, einen unbekannten Parameter u einer Verteilung auf der Basis einer Stichprobe $\boldsymbol{x} = (x_1, x_2, \ldots, x_n)^T$ zu schätzen. Im Unterschied zu den Abschnitten 4.1 bis 4.3 soll jetzt nicht ein einzelner Schätzwert $\widetilde{u} = g(x_1, x_2, \ldots, x_n)$ angegeben werden, sondern ein Intervall, das mit vorgegebener hoher Wahrscheinlichkeit γ den unbekannten Parameter u enthält. In diesem Zusammenhang spricht man von einer **Intervallschätzung** (im Gegensatz zur **Punktschätzung**).

Definition 4.7. Es sei $(\Omega, \mathcal{A}, P)$ ein Wahrscheinlichkeitsraum und $\boldsymbol{X} = (X_1, X_2, \ldots, X_n)^T$ ein auf diesem Wahrscheinlichkeitsraum definierter Zufallsvektor. Die Verteilung $P_{\boldsymbol{X}}$ von $\boldsymbol{X}$ enthalte einen unbekannten Parameter u mit Werten in einem Intervall $\Theta \subseteq \mathbb{R}$. Es seien $g_1, g_2 : \mathbb{R}^n \to \Theta$ zwei $\mathcal{B}(\mathbb{R}^n) - \mathcal{B}(\Theta)$-meßbare Funkionen. Die beiden zufälligen Größen $A = g_1(X_1, X_2, \ldots, X_n) = g_1 \circ \boldsymbol{X}$ und $B = g_2(X_1, X_2, \ldots, X_n) = g_2 \circ \boldsymbol{X}$ bilden ein **Konfidenzintervall für den Parameter u zur Konfidenzzahl** $\gamma \in (0,1)$, wenn gilt:

$$P(A \leq u \leq B) = \gamma$$

Sind a bzw. b zwei Realisierungen der zufälligen Größen A bzw. B, so heißt das Intervall $[a,b]$ ein **konkretes Konfidenzintervall für den Parameter u zur Konfidenzzahl** γ.

Bemerkung 4.14 Aus der Definition der Verteilung $P_{\boldsymbol{X}} = P_u$ des Zufallsvektors $\boldsymbol{X}$ folgt:

$$\begin{aligned} P(A \leq u \leq B) &= P(\{\omega \in \Omega | A(\omega) \leq u \leq B(\omega)\}) = P(\{\omega \in \Omega | g_1(\boldsymbol{X}(\omega)) \leq u \leq g_2(\boldsymbol{X}(\omega))\}) \\ &= P_u(\{\boldsymbol{x} \in \mathbb{R}^n | g_1(\boldsymbol{x}) \leq u \leq g_2(\boldsymbol{x})\}) = P_u(g_1 \leq u \leq g_2) \end{aligned}$$

Die beiden zufälligen Größen $A = g_1(X_1, \ldots, X_n) = g_1 \circ \boldsymbol{X}$ und $B = g_2(X_1, \ldots, X_n) = g_2 \circ \boldsymbol{X}$ bilden also genau dann ein Konfidenzintervall für den Parameter u zur Konfidenzzahl γ, wenn für alle $u \in \Theta$ gilt:

$$P_u(g_1 \leq u \leq g_2) = \gamma$$

Wird die Konfidenzzahl in Prozent angegeben, so spricht man auch von einem γ%-igen Konfidenzintervall. Bei der Wahl der Konfidenzzahl γ ist zu beachten, daß γ die Breite des Konfidenzintervalls beeinflußt: Je größer γ ist, umso breiter ist das zugehörige Konfidenzintervall. 100%-ige Konfidenzintervalle sind so breit, daß sie keinen Informationswert haben. So hat zum Beispiel die Aussage: „Der Parameter p einer Bernoulli-Verteilung liegt mit Wahrscheinlichkeit 1 im Intervall $[0,1]$" keinen Informationswert.

Die Frage, welchen Wert γ man im konkreten Fall wählen soll, ist eine Frage, die der Anwender zu beantworten hat, und zwar am besten vor der Erhebung der Stichprobe, in jedem Fall aber vor der Berechnung des Konfidenzintervalls. Die versuchsweise Berechnung von konkreten Konfidenzintervallen zu verschiedenen Konfidenzzahlen gehört in den Bereich der Manipulation und ist deshalb – außer in der sogenannten explorativen Datenanalyse – abzulehnen. Häufig wählt der Anwender für γ einen der Werte $\gamma = 90\%, \gamma = 95\%, \gamma = 99\%$ oder $\gamma = 99.9\%$. Gibt es zur Wahl der Konfidenzzahl keine Vorgaben des Anwenders, wird der Statistiker in der Regel $\gamma = 0.95 = 95\%$ festlegen. (Bitte beachten Sie, daß in manchen Büchern die Konfidenzzahl mit $1 - \alpha$ bezeichnet wird. In diesem Fall sind die Standardwerte für α: 10%, 5%, 1% oder 0.1%.)

Wie wir sehen werden, ist es nicht immer möglich, ein exakt γ%-iges Konfidenzintervall zu bestimmen. In solchen Fällen berechnet man für ein möglichst kleines $\widetilde{\gamma} \geq \gamma$ ein Konfidenzintervall $[\widetilde{A}, \widetilde{B}]$ zur Konfidenzzahl $\widetilde{\gamma}$ und stellt damit sicher, daß gilt:

$$P(\widetilde{A} \leq u \leq \widetilde{B}) \geq \gamma$$

In manchen praktischen Situationen ist es sinnvoll, für den unbekannten Parameter u ein sogenanntes **einseitiges Konfidenzintervall** zu berechnen. Gesucht ist dann also entweder eine zufällige Größe $A = g_1 \circ \boldsymbol{X}$ oder eine zufällige Größe $B = g_2 \circ \boldsymbol{X}$, für die gilt:

$$P(A \leq u) = \gamma \qquad \text{bzw.} \qquad P(u \leq B) = \gamma$$

Ist a bzw. b dann eine Realisierung der zufälligen Größe A bzw. B, so ergibt sich das konkrete Konfidenzintervall $[a, +\infty)$ bzw. $(-\infty, b]$ (vgl. hierzu auch die Aufgaben 4.4.2 und 4.5.2). Wenn wir im folgenden nicht ausdrücklich etwas anderes sagen, betrachten wir das Problem der Berechnung eines zweiseitigen Konfidenzintervalls.

Für die Berechnung eines Konfidenzintervalls ist das Auffinden der beiden $\mathcal{B}(\mathbb{R}^n) - \mathcal{B}(\Theta)$-meßbaren Funkionen $g_1, g_2 : \mathbb{R}^n \to \Theta$ das eigentliche Problem. In dem folgenden Beispiel lösen wir das Problem für einen besonders einfachen Fall:

Beispiel 4.9 SLAENGE Wir nehmen an, daß die Abweichung der Schraubenlänge von ihrer Sollänge durch eine normalverteilte zufällige Größe mit dem unbekannten Erwartungswert $\mu \in \mathbb{R}$ und der bekannten Varianz σ_b^2 beschrieben wird. Auf der Basis einer empirischen Stichprobe $\boldsymbol{x} \in \mathbb{R}^n$ soll ein Konfidenzintervall für den Erwartungswert μ berechnet werden.

Die Stichprobenwerte $x_1, x_2, \ldots, x_n$ sind also Realisierungen von n unabhängigen $N(\mu, \sigma_b^2)$-verteilten zufälligen Größen $X_1, X_2, \ldots, X_n$. In diesem Fall ist $\overline{X} = \frac{1}{n} \sum_{i=1}^{n} X_i$ eine $N(\mu, \frac{\sigma_b^2}{n})$-verteilte zufällige Größe. Durch Standardisieren erhält man die zufällige Größe

$$Z = \frac{\overline{X} - \mu}{\sqrt{\frac{\sigma_b^2}{n}}} = \sqrt{n} \cdot \frac{\overline{X} - \mu}{\sigma_b},$$

für die gilt:

- Die Konstruktionsvorschrift von Z enthält explizit den Parameter μ, aber keine weiteren unbekannten Parameter.
- Z besitzt die bekannte Verteilungsfunktion Φ.

Wir bestimmen jetzt das $\frac{1+\gamma}{2}$-Quantil der $N(0, 1^2)$-Verteilung, d.h. (vgl. Aufgabe 2.2.6) den Wert c mit der Eigenschaft:

$$\Phi(c) = \frac{1+\gamma}{2} \quad \text{bzw.} \quad \int_{-c}^{c} \varphi(t)\,dt = \Phi(c) - \Phi(-c) = \frac{1+\gamma}{2} - \frac{1-\gamma}{2} = \gamma$$

Für die gängigsten Werte von γ ergibt sich:

γ	0.90	0.95	0.99	0.999
c	1.645	1.960	2.576	3.291

Dann gilt

$$P(-c \leq Z \leq c) = \gamma$$

bzw.

$$P(-c \leq \sqrt{n} \cdot \frac{\overline{X} - \mu}{\sigma_b} \leq c) = \gamma$$

Äquivalentes Umformen der Ungleichung $-c \leq \sqrt{n} \cdot \frac{\overline{X} - \mu}{\sigma_b} \leq c$ führt zu:

$$P(\overline{X} - c \cdot \frac{\sigma_b}{\sqrt{n}} \leq \mu \leq \overline{X} + c \cdot \frac{\sigma_b}{\sqrt{n}}) = \gamma$$

Die beiden zufälligen Größen

$$A := g_1(X_1, \ldots, X_n) = \overline{X} - c \cdot \frac{\sigma_b}{\sqrt{n}} \quad \text{und} \quad B := g_2(X_1, \ldots, X_n) = \overline{X} + c \cdot \frac{\sigma_b}{\sqrt{n}}$$

bilden also die Grenzen eines γ%-igen Konfidenzintervalls für den Erwartungswert μ einer Normalverteilung mit bekannter Varianz σ_b^2. Ein konkretes γ%-iges Konfidenzintervall für den Erwartungswert μ einer Normalverteilung mit bekannter Varianz σ_b^2 ist also das Intervall

$$[a,b] = \left[\overline{x} - c \cdot \frac{\sigma_b}{\sqrt{n}}, \overline{x} + c \cdot \frac{\sigma_b}{\sqrt{n}}\right]$$

Bemerkung 4.15 Mit den Bezeichnungen der Definition 4.7 und der Bemerkung 4.14 haben wir im Beispiel 4.9 zwei $\mathcal{B}(\mathbb{R}^n) - \mathcal{B}(\mathbb{R})$-meßbare Funktionen

$$\begin{array}{llll} g_1: & \mathbb{R}^n & \to & \mathbb{R} \\ & \boldsymbol{x} & \mapsto & g_1(\boldsymbol{x}) := \frac{1}{n}\sum_{i=1}^n x_i - c \cdot \frac{\sigma_b}{\sqrt{n}} \end{array} \qquad \begin{array}{llll} g_2: & \mathbb{R}^n & \to & \mathbb{R} \\ & \boldsymbol{x} & \mapsto & g_2(\boldsymbol{x}) := \frac{1}{n}\sum_{i=1}^n x_i + c \cdot \frac{\sigma_b}{\sqrt{n}} \end{array}$$

gefunden, für die gilt:

$$\underset{\mu \in \mathbb{R}}{\forall} P_\mu(g_1 \leq \mu \leq g_2) = \gamma$$

Wir haben nicht behauptet, daß g_1 und g_2 die einzigen $\mathcal{B}(\mathbb{R}^n) - \mathcal{B}(\mathbb{R})$-meßbaren Funktionen sind, die sich zur Berechnung eines γ%-igen Konfidenzintervalls für den Erwartungswert μ einer Normalverteilung mit bekannter Varianz σ_b^2 eignen. Hätte man zwei andere $\mathcal{B}(\mathbb{R}^n) - \mathcal{B}(\mathbb{R})$-meßbare Funktionen $\widetilde{g}_1, \widetilde{g}_2 : \mathbb{R}^n \to \mathbb{R}$ mit der Eigenschaft gefunden, daß für alle $\mu \in \mathbb{R}$ die Gleichung $P_\mu(\widetilde{g}_1 \leq \mu \leq \widetilde{g}_2) = \gamma$ gilt, so stellte sich die Frage, welches Paar man zur Intervallschätzung heranziehen soll.

In der mathematischen Statistik [vgl. Witting, H.: Mathematische Statistik] wird folgender Qualitätsmaßstab definiert: Das γ%-ige Konfidenzintervall $[A,B] = [g_1 \circ \boldsymbol{X}, g_2 \circ \boldsymbol{X}]$ für den Parameter u ist besser als das γ%-ige Konfidenzintervall $[\widetilde{A}, \widetilde{B}] = [\widetilde{g_1} \circ \boldsymbol{X}, \widetilde{g_2} \circ \boldsymbol{X}]$ für den Parameter u, wenn für alle $u' \in \Theta$ mit $u' \neq u$ gilt:

$$P_u(g_1 \leq u' \leq g_2) \leq P_u(\widetilde{g}_1 \leq u' \leq \widetilde{g}_2)$$

Das Konfidenzintervall $[A,B] = [g_1 \circ \boldsymbol{X}, g_2 \circ \boldsymbol{X}]$ heißt **gleichmäßig bestes Konfidenzintervall** zur Konfidenzzahl γ für den Parameter u, wenn für alle $u' \in \Theta$ mit $u' \neq u$ die Wahrscheinlichkeit $P_u(g_1 \leq u' \leq g_2)$ minimal ist.

Im folgenden werden wir auf die Frage optimaler Konfidenzintervalle nicht weiter eingehen. Wir werden uns damit begnügen, die in der statistischen Praxis gängigen Konfidenzintervalle herzuleiten. Hierzu verallgemeinern wir das Vorgehen des Beispiels 4.9 SLAENGE und gewinnen ein häufig praktikables

Verfahren zur Berechnung von Konfidenzintervallen:

Ausgehend von einer erwartungstreuen Schätzvariablen für den Parameter u (im Beispiel 4.9 war dies $\overline{X}$) konstruiert man eine zufällige Größe $Z = g(X_1, X_2, \ldots, X_n)$ mit folgenden Eigenschaften:

- Die Konstruktionsvorschrift von Z enthält explizit den Parameter u, aber keine weiteren unbekannten Parameter.
- Z besitzt eine bekannte Verteilungsfunktion.

Anschließend bestimmt man mit Hilfe der Verteilungsfunktion von Z zwei Zahlen c_1 und c_2 mit der Eigenschaft:

$$P(c_1 \leq Z \leq c_2) = \gamma$$

Wenn es dann gelingt, z.B. weil Z streng monoton von u abhängt, die Ungleichung $c_1 \leq Z \leq c_2$ äquivalent zu einer Ungleichung

$$A \leq u \leq B$$

umzuformen, ist das gesuchte Konfidenzintervall gefunden.

Unter der eher unrealistischen Annahme, daß die Varianz der Normalverteilung bekannt ist, war es im Beispiel 4.9 SLAENGE nicht so schwer, eine zufällige Größe Z zu finden, die einerseits den unbekannten Erwartungswert μ explizit enthält, andererseits eine bekannte Verteilungsfunktion besitzt.

Das Konfidenzintervall, das nach dem oben beschriebenen Verfahren für den Parameter u berechnet wird, hängt entscheidend von der zufälligen Größe Z ab. Konstruiert man zwei verschiedene zufällige Größen, die beide den unbekannten Parameter u explizit enthalten und trotzdem bekannte Verteilungsfunktionen besitzen, so erhält man in der Regel auch verschiedene Konfidenzintervalle. Aber selbst dann, wenn man sich auf eine bestimmte zufällige Größe Z festgelegt hat, sind die Zahlen c_1 und c_2 nicht eindeutig bestimmt. Wenn nämlich $[c_1, c_2]$ und $[d_1, d_2]$ zwei verschiedene Intervalle sind mit

$$P(c_1 \leq Z \leq c_2) = \gamma = P(d_1 \leq Z \leq d_2),$$

so führen diese zu unterschiedlichen Konfidenzintervallen. Durch folgende Festlegung kann man die Eindeutigkeit des Konfidenintervalls erzwingen: Man wählt c_1 und c_2 so, daß gilt:

$$P(Z < c_1) = \frac{1-\gamma}{2} \qquad \text{und} \qquad P(Z > c_2) = \frac{1-\gamma}{2}$$

Dann folgt:

$$P(c_1 \leq Z \leq c_2) = 1 - 2 \cdot \left(\frac{1-\gamma}{2}\right) = \gamma$$

Für den Fall, daß Z eine stetige Verteilung mit der Dichte f und der Verteilungsfunktion F besitzt, ergeben sich also die Werte c_1 und c_2 aus den Gleichungen:

$$\int_{-\infty}^{c_1} f(t)\,dt = \frac{1-\gamma}{2} \qquad \text{und} \qquad \int_{c_2}^{+\infty} f(t)\,dt = \frac{1-\gamma}{2}$$

bzw.

$$F(c_1) = \frac{1-\gamma}{2} \text{ und } F(c_2) = \frac{1+\gamma}{2}$$

c_1 bzw. c_2 ist also das $\frac{1-\gamma}{2}$-Quantil bzw. das $\frac{1+\gamma}{2}$-Quantil der Verteilungsfunktion F. Ist F also zum Beispiel die Verteilungsfunktion der χ^2_{10}-Verteilung und $\gamma = 0.90$, so ergibt sich $c_1 = 3.94$, $c_2 = 18.31$ und damit die Grafik in Abbildung 4.4.

Besitzt Z eine zur y-Achse symmetrische Dichtefunktion f, so bestimmt man wie im Beispiel 4.9 nur eine Zahl c mit

$$F(c) = \frac{1+\gamma}{2}$$

und setzt $c_1 = -c$ und $c_2 = +c$. Dann gilt:

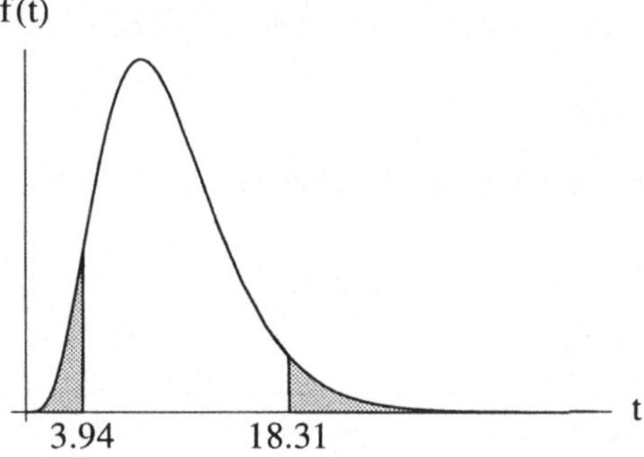

Abbildung 4.4

$$P(-c \leq Z \leq c) = F(c) - F(-c) = \int_{-c}^{+c} f(t)\,dt = \gamma$$

Ist F also zum Beispiel die Verteilungsfunktion der t_{10}-Verteilung und $\gamma = 0.90$, so ergibt sich $c = 1.81$, $c_1 = -1.81$, $c_2 = +1.81$ und damit die Grafik in Abbildung 4.5.

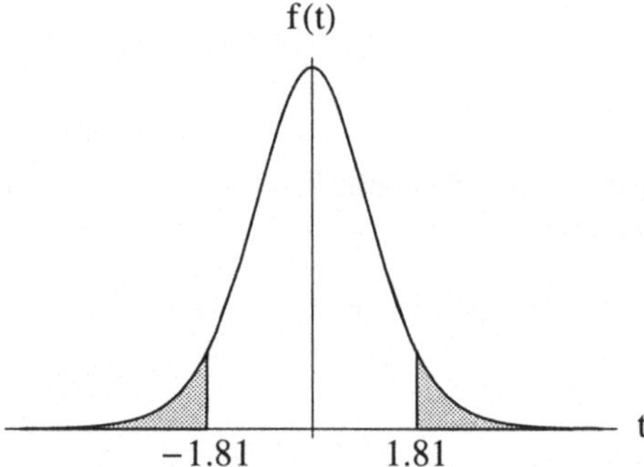

Abbildung 4.5

Bevor wir nun in den folgenden beiden Abschnitten Konfidenzintervalle für die Parameter spezieller Verteilungen besprechen, machen wir noch die folgende

Bemerkung 4.16 Die **Rundungsvorschrift** für die Grenzen von konkreten Konfidenzintervallen ist anders als in der Numerik. Sie ergibt sich aus der Forderung, daß das Intervall nicht verkleinert werden darf, und bedeutet deshalb, daß die linke Grenze grundsätzlich „ab"gerundet und die rechte Grenze grundsätzlich „hoch"gerundet wird.

Aufgaben zum Abschnitt 4.4

Aufgabe 4.4.1

Berechnet man ein zweiseitiges Konfidenzintervall für den Erwartungswert einer Normalverteilung bei bekannter Varianz σ_b^2, so sind die Konfidenzzahl γ, die Breite B des Konfidenzintervalls und der Stichprobenumfang n durch die Gleichung

$$B = 2 \cdot \frac{c \cdot \sigma_b}{\sqrt{n}}$$

miteinander gekoppelt. Wenn zwei dieser Größen vorgegeben werden, kann aus dieser Gleichung die dritte berechnet werden.

(a) Nehmen Sie an, daß $\sigma = \sigma_b = 1$ und $n = 100$ ist. Erstellen Sie eine Wertetabelle für $B(\gamma)$ für Werte von γ im Bereich zwischen 0.9 und 0.999 mit der Schrittweite 0.001. Zeichnen Sie die berechneten Punkte $(\gamma, B(\gamma))$.

(b) Nehmen Sie an, daß das Konfidenzintervall die Breite $B = \frac{\sigma_b}{10}$ haben soll. Berechnen Sie den erforderlichen Stichprobenumfang n in Abhängigkeit von γ für Werte von γ im Bereich zwischen 0.9 und 0.999 mit der Schrittweite 0.001. Zeichnen Sie die berechneten Punkte $(\gamma, n(\gamma))$.

Aufgabe 4.4.2

Welche Konfidenzintervalle kann man für die Standardabweichung σ einer Normalverteilung mit dem bekannten Erwartungswert μ_b mit Hilfe der zufälligen Größe

$$Z := \sqrt{n} \cdot \frac{\overline{X} - \mu_b}{\sigma}$$

berechnen?

Aufgabe 4.4.3

Auf der Basis einer Stichprobe $\boldsymbol{x} = (\boldsymbol{x}_1, \ldots, x_n)^T$ soll ein zweiseitiges Konfidenzintervall für den Parameter b einer Gleichverteilung auf dem Intervall $[0,b]$ mit $b > 0$ berechnet werden. Zeigen Sie, daß die zufällige Größe

$$Z := \frac{1}{b} \cdot \max_{1 \le i \le n} X_i$$

die Voraussetzungen für das in diesem Abschnitt besprochenen Verfahren zur Berechnung eines Konfidenzintervalls erfüllt.

4.5 Konfidenzintervalle für die Parameter einer Normalverteilung

In diesem Abschnitt stellen wir uns die Aufgabe, Konfidenzintervalle für die Parameter einer normalverteilten zufälligen Größe zu berechnen. Nachdem im Beispiel 4.9 bereits die Situation behandelt wurde, in der ein Konfidenzintervall für den Erwartungswert μ einer Normalverteilung mit bekannter Varianz σ_b^2 zu berechnen ist, betrachten wir nun den realistischeren Fall, daß die Varianz unbekannt ist.

4.5.1 Berechnung eines Konfidenzintervalls für den Erwartungswert μ einer Normalverteilung mit unbekannter Varianz

Die Stichprobenwerte $x_1, \ldots, x_n$ sind also Realisierungen von n unabhängigen $N(\mu,\sigma^2)$-verteilten zufälligen Größen $X_1, \ldots, X_n$. Nach Satz 3.16 besitzt die zufällige Größe

$$Z := \sqrt{n} \cdot \frac{\overline{X} - \mu}{S}$$

mit

$$\overline{X} := \frac{1}{n} \sum_{i=1}^{n} X_i \quad \text{und} \quad S^2 := \frac{1}{n-1} \sum_{i=1}^{n} (X_i - \overline{X})^2$$

eine t_{n-1}-Verteilung. Für die zufällige Größe Z gilt also:

- Die Konstruktionsvorschrift von Z enthält explizit den Parameter μ, aber keine weiteren unbekannten Parameter.

- Z besitzt die Verteilungsfunktion der t_{n-1}-Verteilung.

Also kann das im Abschnitt 4.4 besprochene Verfahren zur Anwendung kommen. Da die Dichte der t_{n-1}-Verteilung symmetrisch ist, bestimmt man das $\frac{1+\gamma}{2}$-Quantil c der t_{n-1}-Verteilung. Dann gilt:

$$P(-c \leq Z \leq c) = \gamma$$

bzw.

$$P(-c \leq \sqrt{n} \cdot \frac{\overline{X} - \mu}{S} \leq c) = \gamma$$

Äquivalentes Umformen der Ungleichung $-c \leq \sqrt{n} \cdot \frac{\overline{X} - \mu}{S} \leq c$ führt zu:

$$P(\overline{X} - c \cdot \frac{S}{\sqrt{n}} \leq \mu \leq \overline{X} + c \cdot \frac{S}{\sqrt{n}}) = \gamma$$

Ein konkretes γ%-iges Konfidenzintervall für den Erwartungswert μ einer Normalverteilung mit unbekannter Varianz ist also das Intervall

$$[a,b] = \left[\overline{x} - c \cdot \frac{}{s}\sqrt{n}, \overline{x} + c \cdot \frac{}{s}\sqrt{n}\right]$$

In dem folgenden Beispiel demonstrieren wir, wie man grundsätzlich bei der Berechnung von Konfidenzintervallen zu verfahren hat:

Beispiel 4.10 SLAENGE Wie im Beispiel 4.9 nehmen wir an, daß die Abweichung der Schraubenlänge von ihrer Sollänge durch eine normalverteilte zufällige Größe beschrieben wird. Auf der Basis einer Stichprobe vom Umfang $n = 100$ (vgl. **Mathematica-Notebook NB1K4A5.ma**) soll ein Konfidenzintervall für den Erwartungswert μ dieser Normalverteilung berechnet werden.

1. Schritt: Da nichts anderes gesagt wurde, wählen wir $\gamma = 0.95$.

2. Schritt: Mit der Mathematica-Anweisung `Quantile` ergibt sich das $\frac{1+\gamma}{2}$-Quantil der t_{99}-Verteilung:

$$c = 1.984216900253267 \approx 1.98$$

3. Schritt: Mathematica berechnet die folgenden Schätzer:

$$\overline{x} = 0.0691,\ s = 0.222175,\ c \cdot \frac{}{s}\sqrt{n} = 0.0440844$$

4. Schritt: Das gesuchte Konfidenzintervall ist also

$$\left[\overline{x} - c \cdot \frac{s}{\sqrt{n}}, \overline{x} + c \cdot \frac{s}{\sqrt{n}}\right] = [0.0250156, 0.113184] \approx [0.02, 0.12]$$

Bemerkung 4.17 Das für den Erwartungswert μ einer Normalverteilung unbekannter Varianz berechnete Konfidenzintervall hat also dieselbe Struktur, wie das im Beispiel 4.9 berechnete Konfidenzintervall, bei dem vorausgesetzt wurde, daß die Varianz bekannt ist.

Bei bekannter Varianz σ_b^2 ergibt sich das Konfidenzintervall

$$I_1 = \left[\overline{x} - c \cdot \frac{\sigma_b}{\sqrt{n}}, \overline{x} + c \cdot \frac{\sigma_b}{\sqrt{n}}\right] \text{ mit der Breite } B_1 = 2 \cdot c \cdot \frac{\sigma_b}{\sqrt{n}}.$$

Bei unbekannter Varianz ist das Konfidenzintervall

$$I_2 = \left[\overline{x} - c \cdot \frac{s}{\sqrt{n}}, \overline{x} + c \cdot \frac{}{s}\sqrt{n}\right] \text{ mit der Breite } B_2 = 2 \cdot c \cdot \frac{s}{\sqrt{n}}.$$

Dabei ist im ersten Fall c das $\frac{1+\gamma}{2}$-Quantil der $\mathrm{N}(0,1^2)$-Verteilung, während im zweiten Fall c das $\frac{1+\gamma}{2}$-Quantil der t_{n-1}-Verteilung ist. Wenn man den unbekannten Parameter σ^2 der Normalverteilung mit seinem Schätzer s^2 verwechselt, und auch bei unbekannter Varianz das Konfidenzintervall für μ nach dem im Beispiel 4.9 besprochenen Verfahren berechnet, so erhält man das Konfidenzintervall $I_3 = \left[\overline{x} - c \cdot \frac{s}{\sqrt{n}}, \overline{x} + c \cdot \frac{}{s}\sqrt{n}\right]$ mit dem richtigen Mittelpunkt $\overline{x}$, aber mit falscher Breite B_3. Es gilt:

$$\frac{B_3}{B_2} = \frac{\frac{1+\gamma}{2}\text{-Quantil der } \mathrm{N}(0,1^2)\text{-Verteilung}}{\frac{1+\gamma}{2}\text{-Quantil der } t_{n-1}\text{-Verteilung}}$$

Da sich die Dichten der t-Verteilungen mit wachsendem Freiheitsgrad der Dichte der Standardnormalverteilung anpassen, fällt dieser Fehler bei sehr großen Stichprobenumfängen nicht ins Gewicht. Ist aber zum Beispiel $n = 7$, so hat der Quotient $\frac{B_3}{B_2}$ für $\gamma = 95\%$ den Wert 0.800995. Das Intervall ist dann um ca 20% zu schmal. Und auch bei $n = 20$ gilt noch $\frac{B_3}{B_2} = 0.936427$.

Die Berechnung von Konfidenzintervallen für den Erwartungswert einer Normalverteilung kann nach dem Laden des `Statistics'Master'` mit der Mathematica-Funktion `MeanCI` erfolgen. Unter der Annahme, daß die in der Liste `x` abgespeicherten Werte Realisierungen von unabhängigen $N(\mu,\sigma^2)$-verteilten zufälligen Größen sind, liefert die Anweisung `MeanCI[x]` ein 95%-iges Konfidenzintervall für den Erwartungswert bei unbekannter Varianz. Ist die Varianz $\sigma^2 = \sigma_b^2$ bekannt, so kann mit der Option `KnownVariance->`σ_b^2 ein Konfidenzintervall nach dem im Beispiel 4.9 besprochenen Verfahren berechnet werden. Mit der Option `ConfidenceLevel->gamma` kann die Konfidenzzahl von dem default value 0.95 auf `gamma` gesetzt werden. Näheres dazu finden Sie im **Notebook NB1K4A5.ma**.

4.5.2 Berechnung eines Konfidenzintervalls für die Varianz σ^2 einer Normalverteilung

Die Stichprobenwerte $x_1,\ldots,x_n$ sind also wieder Realisierungen von n unabhängigen $\mathrm{N}(\mu,\sigma^2)$-verteilten zufälligen Größen $X_1,\ldots,X_n$. Für die zufällige Größe

$$Z := \frac{1}{\sigma^2} \cdot \sum_{i=1}^{n} (X_i - \overline{X})^2 = \frac{1}{\sigma^2} \cdot (n-1) S^2$$

gilt gemäß Bemerkung 3.26 zu Satz 3.13:

- Die Konstruktionsvorschrift von Z enthält explizit den Parameter σ^2, aber keine weiteren unbekannten Parameter.
- Z besitzt die Verteilungsfunktion der χ^2_{n-1}-Verteilung.

Also kann wieder das im Abschnitt 4.4 besprochene Verfahren zur Anwendung kommen. Da die Dichte einer χ^2_{n-1}-Verteilung **nicht** symmetrisch ist, bestimmt man das $\frac{1-\gamma}{2}$-Quantil c_1 und das $\frac{1+\gamma}{2}$-Quantil c_2. Dann gilt:

$$P(c_1 \leq Z \leq c_2) = \gamma$$

bzw.

$$P(c_1 \leq \frac{1}{\sigma^2} \cdot (n-1)S^2 \leq c_2) = \gamma$$

Äquivalentes Umformen der Ungleichung $c_1 \leq \frac{1}{\sigma^2} \cdot (n-1)S^2 \leq c_2$ führt zu:

$$P(\frac{(n-1)S^2}{c_2} \leq \sigma^2 \leq \frac{(n-1)S^2}{c_1}) = \gamma$$

Ein konkretes γ%-iges Konfidenzintervall für die Varianz σ^2 einer Normalverteilung ist also das Intervall

$$[a,b] = \left[\frac{(n-1)s^2}{c_2}, \frac{(n-1)s^2}{c_1}\right]$$

Beispiel 4.11 SLAENGE
1. Schritt: Wir wählen wieder $\gamma = 0.95$.
2. Schritt: Mathematica berechnet das $\frac{1-\gamma}{2}$-Quantil c_1 und das $\frac{1+\gamma}{2}$-Quantil c_2 der χ^2_{99}-Verteilung:

$$\begin{aligned} c_1 &= 73.36108019128368 \approx 73.36 \\ c_2 &= 128.4219886438403 \approx 128.42 \end{aligned}$$

3. Schritt: Der Schätzer für die Varianz ist: $s^2 = 0.0493618$
4. Schritt: Das gesuchte Konfidenzintervall ist also

$$\left[\frac{(n-1)s^2}{c_2}, \frac{(n-1)s^2}{c_1}\right] = [0.0380528, 0.0666132] \approx [0.038, 0.067]$$

Die Berechnung von Konfidenzintervallen für die Varianz einer Normalverteilung kann nach Laden des `Statistics'Master'` mit der Mathematica-Funktion `VarianceCI` erfolgen. Unter der Annahme, daß die in der Liste `x` abgespeicherten Werte Realisierungen von unabhängigen $N(\mu,\sigma^2)$-verteilten zufälligen Größen sind, liefert die Anweisung `VarianceCI[x]` ein 95%-iges Konfidenzintervall für die Varianz. Mit der Option `ConfidenceLevel->gamma` kann die Konfidenzzahl wieder von dem default value 0.95 auf gamma gesetzt werden. Näheres dazu finden Sie im **Notebook NB1K4A5.ma**.

4.5.3 Theorie der Meßfehler

Wir unterbrechen die Berechnung von Konfidenzintervallen und wenden die bisher diskutierten Punkt- und Intervallschätzer für die Parameter einer Normalverteilung auf die Situation beim Messen technischer Größen an. Wir betrachten also den Vorgang, daß eine naturwissenschaftlich-technische Größe (z.B. eine Länge, eine Geschwindigkeit, eine Konzentration) n-mal gemessen wird, und stellen uns die Frage, welche Informationen über den wahren Wert dieser Größe aus den Meßwerten $x_1, x_2, \ldots, x_n$ gewonnen werden können.

Zur Beantwortung dieser Frage nehmen wir zunächst an, daß die Messungen ohne systematischen Fehler durchgeführt werden. Wir nehmen weiter an, daß die Unterschiede in den Meßwerten zufällig sind und sich aus dem Zusammenspiel von vielen einzelnen zufallsbedingten Änderungen der Versuchsbedingungen (wie etwa Temperatur, Luftfeuchtigkeit, Materialbeschaffenheit, ...) ergeben.

Unter diesen Annahmen werden die Meßwerte als Realisierungen von n unabhängigen $N(\mu,\sigma^2)$-verteilten zufälligen Größen $X_1,X_2,\ldots,X_n$ aufgefaßt, deren Erwartungswert μ der wahre Wert der zu messenden Größe ist.

Bemerkung 4.18 Die Normalverteilungsannahme läßt sich relativ plausibel mit dem zentralen Grenzwertsatz begründen. Dagegen muß in der Praxis gelegentlich doch gefragt werden, ob die Annahme identisch verteilter zufälliger Größen $X_1,X_2,\ldots,X_n$ wirklich gerechtfertigt ist. Werden die Messungen z.B. von verschiedenen Personen oder zu verschiedenen Zeiten oder gar an verschiedenen Orten durchgeführt, so ist es doch recht fraglich, ob alle X_i nicht nur denselben Erwartungswert sondern auch dieselbe Varianz besitzen.

Im weiteren gehen wir jedoch davon aus, daß die oben formulierten Annahmen gerechtfertigt sind. Dann können wir aus den Ergebnissen dieses Kapitels folgende Schlußfolgerungen ziehen:

- $\overline{x} = \frac{1}{n}\sum_{i=1}^{n} x_i$ ist ein erwartungstreuer und konsistenter Schätzer für den wahren Wert μ der naturwissenschaftlichen Größe.
- $s^2 = \frac{1}{n-1}\sum_{i=1}^{n}(x_i-\overline{x})^2$ ist ein erwartungstreuer und konsistenter Schätzer für die Varianz σ^2 der zufälligen Größen X_i. s heißt in der Theorie der Meßfehler **mittlerer quadratischer Fehler der Einzelmessungen** (engl.: *standard error*).
- $\frac{s^2}{n}$ ist ein erwartungstreuer und konsistenter Schätzer für $\mathrm{Var}(\overline{X}) = \frac{\sigma^2}{n}$. Die Zahl $\frac{s}{\sqrt{n}}$ heißt in der Theorie der Meßfehler **mittlerer quadratischer Fehler des Mittelwertes** (engl.: *standard error of the mean*).
- Zu jeder vorgegebenen Sicherheitswahrscheinlichkeit (Konfidenzzahl) γ gibt es einen Faktor c, so daß gilt:

$$P\left(\overline{X} - c\cdot\frac{S}{\sqrt{n}} \le \mu \le \overline{X} + c\cdot\frac{S}{\sqrt{n}}\right) = \gamma$$

  Dabei hängt der Faktor c nicht nur von der Konfidenzzahl γ sondern auch vom Stichprobenumfang n ab: c ist das $\frac{1+\gamma}{2}$-Quantil der t_{n-1}-Verteilung. Für $\gamma = 0.99$ und $n > 10$ ist

$$\frac{c}{\sqrt{n}} \le \frac{3.17}{\sqrt{11}} \le 1,$$

  d.h. mit mindestens 99%-iger Wahrscheinlichkeit liegt der wahre Wert μ zwischen $\overline{X} - S$ und $\overline{X} + S$. In der Theorie der Meßfehler wird dieser Sachverhalt durch die Gleichung

$$x = \overline{x} \pm s$$

  ausgedrückt.

Aufgaben zum Abschnitt 4.5

Aufgabe 4.5.1
Unter der Annahme, daß die Körpergröße erwachsener Männer durch eine normalverteilte zufällige Größe beschrieben wird, sollen 95%-ige Konfidenzintervalle für den Erwartungswert und die Varianz berechnet werden. Als empirische Stichprobe stehen die Daten zum Beispiel KGRM in der Mathematica-Liste `groessem` (vgl. **Mathematica-Notebook NB1K4A5.ma)** zur Verfügung. Für diese Stichprobe vom Umfang $n = 182$ berechnet Mathematica: $\overline{x} = 180.687$ und $s = 6.9803$

Aufgabe 4.5.2

Wie im Abschnitt 4.4 schon gesagt, ist es in manchen praktischen Situationen sinnvoll, für den unbekannten Parameter u sogenannte **einseitige Konfidenzintervalle** $[a, +\infty)$ bzw. $(-\infty, b]$ zu berechnen. Gesucht sind also zwei zufällige Größen A und B, für die gilt:

$$P(A \leq u) = \gamma \text{ bzw. } P(u \leq B) = \gamma$$

(a) Bestimmen Sie mit Hilfe der zufälligen Größe $Z = \sqrt{n} \cdot \frac{\overline{X} - \mu}{S}$ einseitige Konfidenzintervalle für den Erwartungswert einer Normalverteilung bei unbekannter Varianz.

(b) Bestimmen Sie mit Hilfe der zufälligen Größe $Z = \frac{1}{\sigma^2} \cdot \sum_{i=1}^{n} (X_i - \overline{X})^2$ einseitige Konfidenzintervalle für die Varianz einer Normalverteilung.

Aufgabe 4.5.3

Beim Verkauf eines Autos sagt der Verkäufer: „Der Wagen verbraucht auf 100 km so um die 10 l Super." Der Kunde registriert in den ersten Monaten nach dem Kauf den tatsächlichen Verbrauch seines Wagens, indem er bei jedem Tankvorgang die Anzahl x der gefahrenen Kilometer und die Menge y des getankten Benzins (in Litern) registriert. Nach einigen Monaten stehen ihm von 15 Tankvorgängen die folgenden Daten zur Verfügung:

i :	1	2	3	4	5	6	7	8	9	10
x_i :	544.7	726.9	730.5	726.1	558.5	778.9	759.5	187.3	673.4	774.5
y_i :	57.44	73.64	73.46	71.91	54.46	73.61	69.84	19.82	63.33	73.75

i :	11	12	13	14	15
x_i :	750.7	232.3	642.3	676.4	656.5
y_i :	73.55	25.98	60.32	70.78	73.47

Berechnen Sie die Werte $z_i := \frac{y_i}{x_i}$ für den jeweiligen Benzinverbrauch auf 100 km.

(a) Nehmen Sie an, daß der Benzinverbrauch auf 100 km eine normalverteilte zufällige Größe ist, und bestimmen Sie das einseitige 95%-ige Konfidenzintervall $(-\infty, b]$ für den Erwartungswert der Normalverteilung.

(b) Bestimmen Sie das einseitige 95%-ige Konfidenzintervall $(0, b]$ für die Varianz der Normalverteilung.

Wie beurteilen Sie die Aussage des Autoverkäufers bezüglich des Benzinverbrauchs?

4.6 Konfidenzintervalle für den Parameter p einer Bernoulli-Verteilung

Auf der Basis einer empirischen Stichprobe $\boldsymbol{x} = (x_1, x_2, \ldots, x_n)^T \in \mathbb{R}^n$ soll ein Konfidenzintervall für den Parameter p einer Bernoulli-Verteilung berechnet werden. Die Stichprobenwerte $x_1, x_2, \ldots, x_n$ sind also Realisierungen von n unabhängigen $B(1, p)$-verteilten zufälligen Größen $X_1, X_2, \ldots, X_n$.

4.6.1 Berechnung eines Konfidenzintervalls für den Parameter p einer Bernoulli-Verteilung bei großem Stichprobenumfang n

Bei großem Stichprobenumfang n kann nach dem zentralen Grenzwertsatz angenommen werden, daß die zufällige Größe

$$Z := \frac{X_1 + X_2 + \ldots + X_n - np}{\sqrt{n} \cdot \sqrt{p(1-p)}}$$

annähernd $N(0,1^2)$-verteilt ist. In diesem Fall gilt für Z:

- Die Konstruktionsvorschrift von Z enthält explizit den Parameter p, aber keine weiteren unbekannten Parameter.
- Z besitzt (asymptotisch) die Verteilungsfunktion Φ.

Wir bestimmen das $\frac{1+\gamma}{2}$-Quantil c der $N(0,1^2)$-Verteilung. Dann folgt:

$$P(-c \leq Z \leq c) = \gamma$$

bzw. mit der Bezeichnung $K := \sum_{i=1}^{n} X_i$

$$P(-c \leq \frac{K - np}{\sqrt{np(1-p)}} \leq c) = \gamma$$

Äquivalentes Umformen der Ungleichung $-c \leq \frac{K-np}{\sqrt{np(1-p)}} \leq c$ führt zu:

$$\begin{aligned} -c \leq \frac{K-np}{\sqrt{np(1-p)}} \leq c \quad &\Leftrightarrow \quad |K - np| \leq c \cdot \sqrt{np(1-p)} \\ &\Leftrightarrow \quad (K-np)^2 \leq c^2 \cdot np(1-p) \\ &\Leftrightarrow \quad p^2(n^2 + c^2 n) - p(2Kn + c^2 n) + K^2 \leq 0 \end{aligned}$$

Die linke Seite der letzten Ungleichung beschreibt eine nach oben geöffnete Parabel in p. Deshalb sind die Grenzen eines konkreten Konfidenzintervalls $[p_1, p_2]$ die Lösungen p_1, p_2 der Gleichung

$$p^2(n^2 + c^2 n) - p(2kn + c^2 n) + k^2 = 0.$$

Setzt man die konkreten Zahlenwerte von c, n und k in die quadratische Gleichung ein, so kann man die Nullstellen p_1 und p_2 zum Beispiel mit der Mathematica-Funktion `Solve` berechnen (vgl. **Mathematica-Notebook NB1K4A6.ma**).

Beispiel 4.12 WUERFEL [aus Kreyszig, E.: Statistische Methoden und ihre Anwendungen] Weldon würfelte bei einem seiner klassischen Experimente 49152 mal. Dabei trat 25145 mal das Ereignis $A = \{4,5,6\}$ ein. Man berechne auf der Basis dieser Stichprobe ein Konfidenzintervall für die Wahrscheinlichkeit $p = P(A)$.

Wir wählen $\gamma = 0.95$. Das $\frac{1+\gamma}{2}$-Quantil der Standardnormalverteilung ist $c \approx 1.96$. Die Anzahl der Bernoulli-Erfolge ist $k = 25145$. Damit ergibt sich die quadratische Gleichung:

$$p^2(49152^2 + 1.96^2 \cdot 49152) - p(2 \cdot 25145 \cdot 49152 + 1.96^2 \cdot 49152) + 25145^2 = 0$$

Die von Mathematica berechneten Lösungen sind $p_1 = 0.50716$ und $p_2 = 0.51599$. Also ist $[0.507, 0.516]$ das gesuchte Konfidenzintervall für die Wahrscheinlichkeit, daß die geworfene Augenzahl mindestens 4 ist.

Varianten der in diesem Abschnitt benutzten Statistik Z lassen sich auch bei anderen einparametrigen Verteilungen zur Berechnung von Konfidenzintervallen für den Parameter heranziehen (vgl. Aufgabe 4.6.4).

4.6.2 Berechnung eines Konfidenzintervalls für den Parameter p einer Bernoulli-Verteilung bei kleinem Stichprobenumfang n

Bei kleinem Stichprobenumfang n können wir nicht mehr annehmen, daß die zufällige Größe

$$\frac{X_1+X_2+\ldots+X_n-np}{\sqrt{n}\cdot\sqrt{p(1-p)}}$$

annähernd $N(0,1^2)$-verteilt ist. Wir suchen deshalb eine andere zufällige Größe Z, mit deren Hilfe das im Abschnitt 4.4 besprochene Verfahren für die Berechnung von Konfidenzintervallen zur Anwendung kommen kann. Hierzu benötigen wir eine Reihe von Sätzen, die sich mit der Verteilungsfunktion der $B(n,p)$-Verteilung beschäftigen. Zunächst formulieren wir den folgenden

Satz 4.9.
Voraussetzung: Es seien $n \in \mathbb{N}$ und $x \in \{0,1,2,\ldots,n-1\}$ beliebig aber fest, und es sei F die Funktion:

$$\begin{array}{rccl} F: & [0,1] & \to & [0,1] \\ & p & \mapsto & F(p) := \sum\limits_{i=0}^{x} \binom{n}{i} p^i (1-p)^{n-i} \end{array}$$

Behauptung: F ist streng monoton fallend auf $[0,1]$.

Beweis: F ist auf dem Intervall $[0,1]$ stetig. An den Rändern nimmt F die Werte $F(0)=1$ und $F(1)=0$ an. In jedem $p \in (0,1)$ ist F differenzierbar, und es gilt:

$$\begin{aligned} F'(p) &= \sum_{i=1}^{x} \binom{n}{i} i p^{i-1}(1-p)^{n-i} + \sum_{i=0}^{x} \binom{n}{i} p^i (n-i)(1-p)^{n-i-1}(-1) \\ &= \sum_{i=1}^{x} \frac{n!}{(i-1)!(n-i)!} p^{i-1}(1-p)^{n-i} - \sum_{i=0}^{x} \frac{n!}{i!(n-i-1)!} p^i (1-p)^{n-i-1} \\ &= \sum_{j=0}^{x-1} \frac{n!}{(j)!(n-j-1)!} p^j (1-p)^{n-j-1} - \sum_{i=0}^{x} \frac{n!}{i!(n-i-1)!} p^i (1-p)^{n-i-1} \\ &= -\frac{n!}{x!(n-x-1)!} p^x (1-p)^{n-x-1} < 0 \end{aligned}$$

□

Bemerkung 4.19 Für festes $n \in \mathbb{N}$ und $x \in \{0,1,2,\ldots,n-1\}$ ist die Funktion F aus Satz 4.9 streng monoton fallend in p. Für $x=n$ ist F konstant gleich 1. Bezeichnet man also bei beliebigem aber festem $p \in [0,1]$ mit F_p die auf ganz $\mathbb{R}$ definierte Verteilungsfunktion der $B(n,p)$-Verteilung, so gilt:

$$0 \le p_1 < p_2 \le 1 \Rightarrow \underset{x\in\mathbb{R}}{\forall}\, F_{p_1}(x) \ge F_{p_2}(x)$$

Dabei gilt das Gleichheitszeichen genau dann, wenn $x<0$ oder $x \ge n$ ist.

Satz 4.10.
Voraussetzung: Es seien K und U zwei unabhängige, auf demselben Wahrscheinlichkeitsraum $(\Omega,\mathcal{A},P)$ definierte zufällige Größen. U sei auf dem Intervall $[0,1)$ gleichverteilt, K sei $B(n,p)$-verteilt. n sei bekannt.

Behauptung: Dann besitzt die zufällige Größe $V := K+U$ die von dem Parameter p abhängige Verteilungsfunktion $G_p: \mathbb{R} \to [0,1]$ mit den Funktionswerten $G_p(v)=0$ für $v<0$, $G_p(v)=1$ für $v \ge n+1$ und

$$G_p(v) = \sum_{i=0}^{[v]-1} \binom{n}{i} p^i (1-p)^{n-i} + (v-[v]) \binom{n}{[v]} p^{[v]} (1-p)^{n-[v]}$$

für $0 \leq v < n+1$. *Dabei ist* $[v]$ *die größte ganze Zahl* $\leq v$.

Beweis:

$$\begin{aligned} G_p(v) &= P(V \leq v) = P(K+U \leq v) \\ &= \begin{cases} 0 & \text{falls } v < 0 \\ \sum_{i=0}^{[v]} P(K+U \leq v | K=i) \cdot P(K=i) & \text{falls } 0 \leq v < n+1 \\ 1 & \text{falls } v \geq n+1 \end{cases} \end{aligned}$$

Für den Fall $0 \leq v < n+1$ gilt:

$$G_p(v) = \sum_{i=0}^{[v]} P(U \leq v-i) \cdot \left(\binom{n}{i}\right) p^i (1-p)^{n-i}$$

Für alle Summanden mit $i \leq [v]-1$ ist $P(U \leq v-i) = 1$. Für $i = [v]$ ist $P(U \leq v-i) = P(U \leq v-[v]) = v-[v]$. Damit ergibt sich für alle v mit $0 \leq v < n+1$:

$$G_p(v) = \sum_{i=0}^{[v]-1} \left(\binom{n}{i}\right) p^i (1-p)^{n-i} + (v-[v]) \binom{n}{[v]} p^{[v]} (1-p)^{n-[v]}$$

□

Für $n = 10$ und $p = 0.5$ vergleicht die Abbildung 4.6 die Verteilungsfunktion F_p der binomialverteilten zufälligen Größe K mit der Verteilungsfunktion G_p der zufälligen Größe $V = K+U$. Der Graph von F_p ist eine Treppenfunktion, der Graph von G_p ist ein Streckenzug!

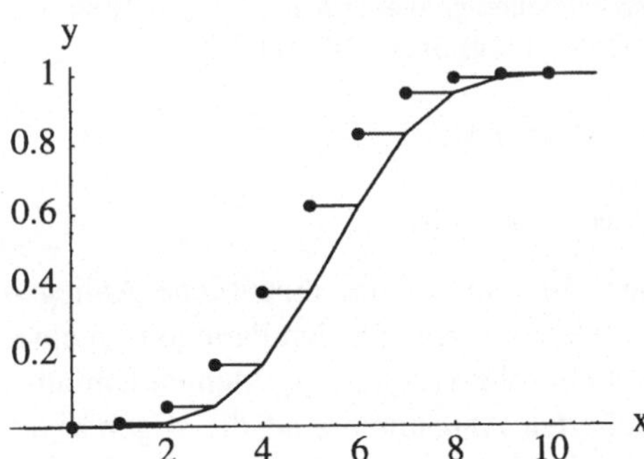

Abbildung 4.6

Satz 4.11.
Voraussetzung: Es seien $n \in \mathbb{N}$ *und* $v \in [1, n+1)$ *beliebig aber fest, und es sei* G *die Funktion:*

$$\begin{aligned} G:\ [0,1] &\to [0,1] \\ p &\mapsto G(p) := \sum_{i=0}^{[v]-1} \left(\binom{n}{i}\right) p^i (1-p)^{n-i} + (v-[v]) \binom{n}{[v]} p^{[v]} (1-p)^{n-[v]} \end{aligned}$$

Behauptung: G *ist streng monoton fallend auf* $[0,1]$.

Beweis: Wir argumentieren wie im Beweis des Satzes 4.9 und verwenden, weil $[v]-1 \leq n-1$ ist, auch das dort berechnete Ergebnis für $F'(p)$:

G ist auf dem Intervall $[0,1]$ stetig. In jedem $p \in (0,1)$ ist G differenzierbar mit:

$$\begin{aligned}
G'(p) &= -\frac{n!}{([v]-1)!(n-[v])!}\, p^{[v]-1}(1-p)^{n-[v]} \\
&\quad +(v-[v])\binom{n}{[v]}[v]\, p^{[v]-1}(1-p)^{n-[v]} \\
&\quad +(v-[v])\binom{n}{[v]}\, p^{[v]}(n-[v])(1-p)^{n-[v]-1}(-1) \\
&= -\frac{n!}{([v]-1)!(n-[v])!}\, p^{[v]-1}(1-p)^{n-[v]} \\
&\quad +(v-[v])\frac{n!}{([v]-1)!(n-[v])!}\, p^{[v]-1}(1-p)^{n-[v]} \\
&\quad -(v-[v])\frac{n!}{[v]!(n-[v]-1)!}\, p^{[v]}(1-p)^{n-[v]-1} \\
&= -\frac{n!}{([v]-1)!(n-[v])!}\, p^{[v]-1}(1-p)^{n-[v]}\cdot(1-(v-[v])) \\
&\quad -(v-[v])\frac{n!}{[v]!(n-[v]-1)!}\, p^{[v]}(1-p)^{n-[v]-1}
\end{aligned}$$

Offensichtlich ist $G'(p)$ negativ für alle $p \in (0,1)$. □

Bemerkung 4.20 Für festes $n \in \mathbb{N}$ und $v \in [1,n+1)$ ist die Funktion G aus Satz 4.11 streng monoton fallend in p. Für $v \in (0,1)$ ist $G(p) = v \cdot (1-p)^n$. Diese Funktion ist ebenfalls streng monoton fallend in p. Für $v = 0$ ist $G(p)$ konstant gleich 0. Bezeichnet man also bei beliebigem aber festem $p \in [0,1]$ mit G_p die auf ganz $\mathbb{R}$ definierte Verteilungsfunktion der zufälligen Größe V aus Satz 4.10, so gilt:

$$0 \leq p_1 < p_2 \leq 1 \;\Rightarrow\; \underset{v\in\mathbb{R}}{\forall}\, G_{p_1}(v) \geq G_{p_2}(v)$$

Dabei gilt das Gleichheitszeichen genau dann, wenn $v \leq 0$ oder $v \geq n+1$ ist.

Nach diesen umfangreichen Vorarbeiten kommen wir nun auf das eigentliche Anliegen dieses Unterabschnitts zurück: Es soll ein γ%-iges Konfidenzintervall für den Parameter p einer Bernoulli-Verteilung auf der Basis einer empirischen Stichprobe $x_1, x_2, \ldots, x_n$ kleinen Umfangs berechnet werden. Nach den im Abschnitt 3.3 formulierten Annahmen sind die zugehörigen Stichprobenvariablen $X_1, X_2, \ldots, X_n$ unabhängige auf einem Wahrscheinlichkeitsraum $(\Omega, \mathcal{A}, P)$ definierte identisch $B(1,p)$-verteilte zufällige Größen. Wir definieren zunächst die zufällige Größe

$$K := X_1 + X_2 + \ldots + X_n,$$

die für jeden Stichprobenumfang n exakt $\mathrm{B}(n,p)$-verteilt ist. Wir betrachten weiterhin eine auf demselben Wahrscheinlichkeitsraum $(\Omega, \mathcal{A}, P)$ definierte von K unabhängige auf dem Intervall $[0,1)$ gleichverteilte zufällige Größe U und definieren:

$$V := K + U$$

Mit Hilfe der Verteilungsfunktion G_p von V definieren wir die zufällige Größe

$$Z := G_p(V) = \sum_{i=0}^{[V]-1} \binom{n}{i} p^i (1-p)^{n-i} + (V-[V]) \binom{n}{[V]} p^{[V]} (1-p)^{n-[V]}$$

Die zufällige Größe Z ist auf dem Intervall $[0,1]$ gleichverteilt, denn es gilt:

$$P(Z \leq z) = P(G_p(V) \leq z) = \begin{cases} 0 & \text{für } z < 0 \\ P(V \leq G_p^{-1}(z)) = G_p(G_p^{-1}(z)) = z & \text{für } 0 \leq z < 1 \\ 1 & \text{für } z \geq 1 \end{cases}$$

Also gilt für die zufällige Größe Z:

- Die Konstruktionsvorschrift von Z enthält explizit den Parameter p, aber keine weiteren unbekannten Parameter.
- Z besitzt die Verteilungsfunktion der $R[0,1]$-Verteilung.

Damit kann das im Abschnitt 4.4 besprochene Verfahren zur Anwendung kommen: Zunächst gilt für das $\frac{1-\gamma}{2}$-Quantil c_1 und das $\frac{1+\gamma}{2}$-Quantil c_2:

$$c_1 = \frac{1-\gamma}{2} \text{ und } c_2 = \frac{1+\gamma}{2}$$

also:

$$P(\frac{1-\gamma}{2} \leq Z \leq \frac{1+\gamma}{2}) = \gamma$$

Bestimmt man nun die Zahlen p_1 bzw. p_2 so, daß $G_{p_1}(v) = \frac{1+\gamma}{2}$ und $G_{p_2}(v) = \frac{1-\gamma}{2}$ ist, so gilt nach Bemerkung 4.20 für den realisierten Wert z von Z:

$$\frac{1-\gamma}{2} \leq z \leq \frac{1+\gamma}{2} \Leftrightarrow G_{p_2}(v) \leq z \leq G_{p_1}(v) \Leftrightarrow G_{p_2}(v) \leq G_p(v) \leq G_{p_1}(v) \Leftrightarrow p_2 \geq p \geq p_1$$

Also ist $[p_1, p_2]$ ein konkretes zweiseitiges Konfidenzintervall zur Konfidenzzahl γ, und man kann zeigen, daß dieses Konfidenzintervall optimal ist im Sinne der Bemerkung 4.15 [vgl. Witting, H.: Mathematische Statistik]. Die wesentliche Schwierigkeit bei der Bestimmung der Grenzen p_1 und p_2 des Konfidenzintervalls liegt in der Auflösung der Gleichungen $G_{p_1}(v) = \frac{1+\gamma}{2}$ und $G_{p_2}(v) = \frac{1-\gamma}{2}$, also der Gleichungen:

$$\sum_{i=0}^{[v]-1} \left(\binom{n}{i}\right) p_1^i (1-p_1)^{n-i} + (v-[v]) \left(\binom{n}{[v]}\right) p_1^{[v]} (1-p_1)^{n-[v]} = \frac{1+\gamma}{2}$$

$$\sum_{i=0}^{[v]-1} \left(\binom{n}{i}\right) p_2^i (1-p_2)^{n-i} + (v-[v]) \left(\binom{n}{[v]}\right) p_2^{[v]} (1-p_2)^{n-[v]} = \frac{1-\gamma}{2}$$

In diesen Gleichungen ist n der gegebene Stichprobenumfang und $v = k + u$ der realisierte Wert der zufälligen Größe $V = K + U$. Im folgenden Beispiel zeigen wir, wie diese Gleichungen unter Einsatz von Mathematica gelöst werden können (vgl. **Notebook NB1K4A6.ma**):

Beispiel 4.13 SLAENGE In einer Stichprobe vom Umfang $n = 500$ befinden sich $k = 11$ Schrauben, deren Längen nicht im Toleranzbereich T liegen. Gesucht ist ein 90%-iges Konfidenzintervall (p_1, p_2) für die Wahrscheinlichkeit $p = P(\overline{T})$.

Damit das gerade besprochene Verfahren angewandt werden kann, benötigen wir noch das Ergebnis eines Zufallsexperiments, das durch eine auf dem Intervall $[0,1)$ gleichverteilte zufällige Größe beschrieben wird. Wir haben das Zufallsexperiment mit dem Zufallszahlengenerator von Mathematica simuliert und den Wert 0.8678 erhalten. Es ist also $v = k + u = 11.8678$ und

$$G(p) = \sum_{i=0}^{[v]-1} \left(\binom{n}{i}\right) p^i (1-p)^{n-i} + (v - [v]) \left(\binom{n}{[v]}\right) p^{[v]} (1-p)^{n-[v]}$$
$$= \sum_{i=0}^{10} \left(\binom{500}{i}\right) p^i (1-p)^{500-i} + 0.8678 \left(\binom{500}{11}\right) p^{11} (1-p)^{500-11}$$

Um zunächst eine Vorstellung von dem Bereich zu bekommen, in dem die Werte p_1 bzw. p_2 mit $G(p_1) = \frac{1+\gamma}{2}$ bzw. $G(p_2) = \frac{1-\gamma}{2}$ liegen, tabellieren und zeichnen wir mit den Mathematica-Anweisungen

```
n=500;
k=11;
u=0.8678;
v=k+u;
g=0.90;

G[p_]:=CDF[BinomialDistribution[n,p],Floor[v]-1]+
    (v-Floor[v])*Binomial[n,Floor[v]]*
        p^Floor[v]*(1-p)^(n-Floor[v])

Table[{p,G[p]},{p,0,1,0.1}]//TableForm

Plot[G[p],{p,0,0.1},
  PlotStyle->RGBColor[1.000,0.000,0.000],
  GridLines->{None,{(1+g)/2,(1-g)/2}}]
```

die Funktion $G(p)$ und erhalten das Bild in Abbildung 4.7.

Danach suchen wir im Bereich zwischen $p = 0.01$ und $p = 0.03$ mit der Schrittweite 0.0001 den Wert p_1. Dies geschieht mit den Mathematica-Anweisungen

```
A=Table[{p,G[p]},{p,0.01,0.03,0.0001}];
B=Select[A,#[[2]]>=(1+g)/2&];
z=Length[B];
p1=B[[z]]
```

Wir erhalten $p_1 = 0.0136$. Analog berechnet Mathematica mit den Anweisungen

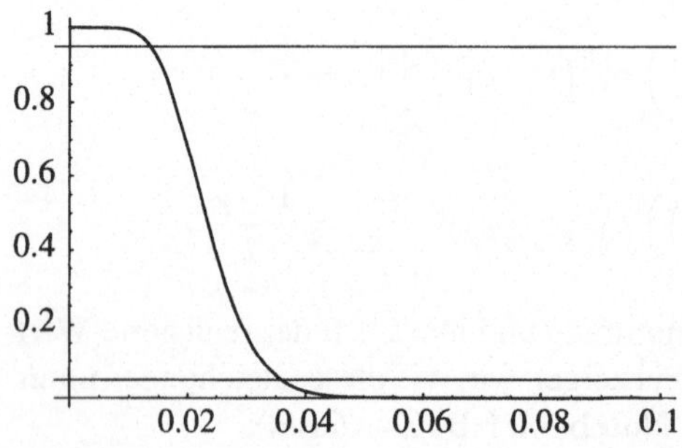

Abbildung 4.7

```
A=Table[{p,G[p]},{p,0.03,0.04,0.0001}];
B=Select[A,#[[2]]<=(1-g)/2&];
p2=B[[1]]
```

den Wert $p_2 = 0.0359$.

Am Ende dieses Abschnitts möchten wir noch auf ein einfacheres Verfahren zur Berechnung eines Konfidenzintervalls für den Parameter p einer Bernoulli-Verteilung bei kleinem Stichprobenumfang n hinweisen, bei dem allerdings die vorgegebene Konfidenzzahl γ nicht exakt eingehalten wird. Vielmehr berechnet man ein Konfidenzintervall zu einer Konfidenzzahl $\widetilde{\gamma} \geq \gamma$. Bei diesem nach CLOPPER und PEARSON benannten Verfahren werden die Grenzen p_1 und p_2 des konkreten Konfidenzintervalls mit Hilfe der Anzahl k der Einsen in der Stichprobe aus den folgenden Gleichungen bestimmt:

$$\begin{aligned} F_{p_1}(k-1) &= \sum_{i=0}^{k-1} \binom{n}{i} p_1^i (1-p_1)^{n-i} = \frac{1+\gamma}{2} \\ F_{p_2}(k) &= \sum_{i=0}^{k} \binom{n}{i} p_2^i (1-p_2)^{n-i} = \frac{1-\gamma}{2} \end{aligned}$$

Dabei bedeutet $F_p(x)$ wieder die Verteilungsfunktion der $\mathrm{B}(n,p)$-Verteilung an der Stelle x. Für das Auflösen dieser noch immer komplizierten Gleichungen nach p_1 und p_2 wird dann der folgende Satz über den Zusammenhang zwischen der Binomialverteilung und der F-Verteilung ausgenutzt:

Satz 4.12.
Voraussetzung: Es seien $p \in (0,1)$, $n \in \mathbb{N}$ und $x \in \{0,1,2,\ldots,n-1\}$ beliebige aber feste Zahlen. Es sei F_p die Verteilungsfunktion der $\mathrm{B}(n,p)$-Verteilung und $F_{m,n}$ die Verteilungsfunktion der F-Verteilung mit m und n Freiheitsgraden.
Behauptung:

$$F_p(x) = 1 - F_{2(x+1),2(n-x)}\left(\frac{n-x}{x+1} \cdot \frac{p}{1-p}\right)$$

Für einen Beweis dieses Satzes verweisen wir auf die Literatur [z.B. Bosch, K.: Statistik-Taschenbuch].

Unter Ausnutzung des Satzes 4.12 lassen sich die Clopper-Pearson-Grenzen p_1 und p_2 des Konfidenzintervalls also aus den Gleichungen

$$\begin{aligned} 1 - F_{2k,2(n-k+1)}\left(\frac{n-k+1}{k} \cdot \frac{p_1}{1-p_1}\right) &= \frac{1+\gamma}{2} \\ 1 - F_{2(k+1),2(n-k)}\left(\frac{n-k}{k+1} \cdot \frac{p_2}{1-p_2}\right) &= \frac{1-\gamma}{2} \end{aligned}$$

bzw.

$$\begin{aligned} F_{2k,2(n-k+1)}\left(\frac{n-k+1}{k} \cdot \frac{p_1}{1-p_1}\right) &= \frac{1-\gamma}{2} \\ F_{2(k+1),2(n-k)}\left(\frac{n-k}{k+1} \cdot \frac{p_2}{1-p_2}\right) &= \frac{1+\gamma}{2} \end{aligned}$$

berechnen. Bezeichnet man demnach mit c_1 das $\frac{1-\gamma}{2}$-Quantil der $F_{2k,2(n-k+1)}$-Verteilung bzw. mit c_2 das $\frac{1+\gamma}{2}$-Quantil der $F_{2(k+1),2(n-k)}$-Verteilung, so gilt:

$$\frac{n-k+1}{k} \cdot \frac{p_1}{1-p_1} = c_1 \quad \text{bzw.} \quad p_1 = \frac{c_1 k}{n-k+1+c_1 k}$$

$$\frac{n-k}{k+1} \cdot \frac{p_2}{1-p_2} = c_2 \quad \text{bzw.} \quad p_2 = \frac{c_2(k+1)}{n-k+c_2(k+1)}$$

Beispiel 4.14 SLAENGE Wir betrachten wieder das Datenmaterial aus dem Beispiel 4.13: $n = 500$, $k = 11$, $\gamma = 90\%$.

Mit Mathematica berechnen wir (vgl. **Notebook NB1K4A6.ma**) das 5%-Quantil c_1 der $F_{22,980}$-Verteilung und das 95%-Quantil c_2 der $F_{24,978}$-Verteilung und daraus die Werte

$$p_1 = 0.0123857 \qquad p_2 = 0.0361525$$

Beachten Sie, daß das im Beispiel 4.13 berechnete Konfidenzintervall (trotz numerischer Ungenauigkeit) schmaler ist als das nach dem Verfahren von Clopper-Pearson berechnete.

Aufgaben zum Abschnitt 4.6

Aufgabe 4.6.1

Simulieren Sie mit dem **Zufallszahlengenerator von Mathematica** das 1000-malige Werfen einer idealen Münze. Bestimmen Sie die absolute Häufigkeit, mit der das Ergebnis „Kopf" erzielt wird. Berechnen Sie ein 95%-iges Konfidenzintervall für den Parameter p der Bernoulli-Verteilung mit Hilfe der asymptotischen Normalverteilung.

Aufgabe 4.6.2

Es sei p die unbekannte Wahrscheinlichkeit dafür, daß ein Student eines technischen Fachbereichs, der die Vorlesung zur Mathematik I belegt, am zugehörigen Leistungsnachweis teilnimmt.

Im WS 1995/96 haben 70 Studenten des betreffenden Fachbereichs die Vorlesung zur Mathematik I belegt. Von diesen haben 29 die Klausur mitgeschrieben. Berechnen Sie auf der Basis dieser Stichprobe ein 95%-iges Konfidenzintervall für p, und zwar zunächst mit Hilfe der asymptotischen Normalverteilung und anschließend mit den im Abschnitt 4.6.2 beschriebenen Verfahren.

Aufgabe 4.6.3

Es seien $X_1, \ldots, X_n$ unabhängige $B(1,p)$-verteilte zufällige Größen. Es sei γ eine beliebig vorgegebene Konfidenzzahl, und es sei

$$c := \frac{1}{\sqrt{1-\gamma}}.$$

(a) Beweisen Sie mit Hilfe der Tschebyscheffschen Ungleichung für die zufällige Größe $\overline{X}$:

$$P(\overline{X} - \frac{1}{2\sqrt{n}}c < p < \overline{X} + \frac{1}{2\sqrt{n}}c) > \gamma$$

(b) Berechnen Sie nach Teil (a) dieser Aufgabe für das Datenmaterial aus der Aufgabe 4.6.2 noch einmal ein konkretes 95%-iges Konfidenzintervall für den Parameter p.

Aufgabe 4.6.4

Das im Abschnitt 4.6.1 hergeleitete Verfahren zur Berechnung eines Konfidenzintervalls für den Parameter p einer Bernoulli-Verteilung basiert auf dem zentralen Grenzwertsatz, der besagt: Wenn $X_1, \ldots, X_n$ unabhängige, identisch verteilte zufällige Größen sind, für die $E\left(\left|\frac{X_i-\mu}{\sigma}\right|^3\right)$ existiert, dann ist die zufällige Größe

$$Z := \sqrt{n} \cdot \frac{\overline{X}-\mu}{\sigma}$$

asymptotisch $N(0,1^2)$-verteilt. Nutzen Sie diese Tatsache, um für große Stichprobenumfänge Konfidenzintervalle herzuleiten für:

(a) den Parameter λ einer Poisson-Verteilung

(b) den Parameter λ einer Exponentialverteilung

(c) die rechte Grenze b einer Gleichverteilung auf dem Intervall $[0, b]$.

5 Das Testen von Hypothesen

Zu den Grundtechniken der Schließenden Statistik gehört neben der Punkt- und Intervallschätzung von Parametern das Testen von Hypothesen. Dabei verstehen wir unter einer **Hypothese** eine Aussage über die Verteilung von einer oder mehreren Zufallsvariablen. Eine solche Hypothese kann zum Beispiel sein: „Die Zufallsvariablen X und Y sind unabhängig“ oder „Der Erwartungswert der zufälligen Größe X ist $\mu = 0.5$“. Die Negation der Hypothese heißt **Alternative**. Hypothese bzw. Alternative werden mit H_0 bzw. H_1 bezeichnet, die Hypothese heißt deshalb häufig auch **Nullhypothese**. Ein **statistischer Test** ist ein Prüfverfahren, mit dem man auf der Basis einer empirischen Stichprobe $\boldsymbol{x} = (x_1, \ldots, x_n)^T$ entscheidet, ob man die Hypothese verwirft, oder ob man sie annimmt. Jeder statistische Test besteht aus einer Prüfgröße und einer Verwerfungsregel.

Die **Prüfgröße** ist eine zufällige Größe $Z = T(\boldsymbol{X}) = T \circ \boldsymbol{X}$. Dabei ist $\boldsymbol{X} = (X_1, \ldots, X_n)^T$ die zu der empirischen Stichprobe gehörende mathematische Stichprobe und T eine meßbare Funktion vom Bildmeßraum der n-stelligen Zufallsvariablen $\boldsymbol{X}$ in den meßbaren Raum $(\mathbb{R}, \mathcal{B})$. Die Prüfgröße $Z = T \circ \boldsymbol{X}$ wird also genauso gebildet wie im Kapitel 4 die Schätzvariable. (Der Buchstabe T anstelle von g steht hier für den Begriff **Teststatistik**.) Die Prüfgröße ist deshalb wieder auf demselben im Hintergrund stehenden Wahrscheinlichkeitsraum $(\Omega, \mathcal{A}, P)$ definiert, auf dem die Stichprobenvariablen $X_1, \ldots, X_n$ definiert sind.

Die **Verwerfungsregel** (oder **Entscheidungsregel**) ist eine Vorschrift, die besagt, für welche realisierten Werte der Prüfgröße die Hypothese abgelehnt wird, und für welche sie angenommen wird.

Es ist klar, daß man beim Testen von Hypothesen zwei Arten von Fehlentscheidungen treffen kann. Der Test kann zum Verwerfen von H_0 führen, obwohl H_0 richtig ist. Er kann aber auch zur Annahme von H_0 führen, obwohl H_0 falsch ist. Der Statistiker befindet sich bei der Entscheidungsfindung also in einem Dilemma, das wir auch aus anderen Lebensbereichen kennen. Stellen Sie sich zum Beispiel vor, daß eine bestimmte Person eines bestimmten Vergehens angeklagt ist, und ein Richter am Ende des Gerichtsverfahrens auf der Basis von Zeugenaussagen und Indizien entscheiden muß, ob die **Unschuldshypothese** H_0**:** **„**Die angeklagte Person ist unschuldig“ oder die **Alternative** H_1**:** „Die angeklagte Person ist schuldig“ zutrifft. Der Richter kann zwei Arten von Fehlentscheidungen treffen: Zum einen kann er eine unschuldige Person verurteilen, zum anderen kann er eine schuldige Person laufen lassen. Im ersten Fall verwirft er die Unschuldshypothese, obwohl sie richtig ist, im zweiten Fall nimmt er sie an, obwohl sie falsch ist.

Im Laufe dieses Kapitels werden wir die Situation des Richters immer wieder einmal mit der Situation des Statistikers vergleichen. Dieser Vergleich bezieht sich nicht nur auf das Dilemma der Entscheidungsfindung, sondern auch auf die Fakten, die die Grundlage der Entscheidungsfindung darstellen: Die Fakten des Richters sind die Zeugenaussagen und Indizien, die während der Beweisaufnahme vorgetragen werden. Die Fakten des Statistikers sind die Daten einer empirischen Stichprobe.

Wie im Kapitel 4 werden wir auch in diesem Kapitel ausschließlich solche Zufallsexperimente betrachten, die sich im Rahmen der anstehenden Testprobleme sinnvoll numerisch codieren lassen. Wir gehen also wieder davon aus, daß die Verteilung P_X der zu einer empirischen

Stichprobe $\boldsymbol{x} = (x_1, \ldots, x_n)^T$ gehörenden mathematischen Stichprobe $\boldsymbol{X} = (X_1, \ldots, X_n)^T$ ein Wahrscheinlichkeitsmaß auf $(\mathbb{R}^n, \mathcal{B}(\mathbb{R}^n))$ ist. Für das bessere Verständnis der in diesem Kapitel behandelten Testverfahren ist es angebracht, sich den folgenden Zusammenhang zwischen den Verteilungen $P_{\boldsymbol{X}}, P_Z$ und P_T der Zufallsvariablen $\boldsymbol{X}, Z$ und T bewußt zu machen: Für jedes $B \in \mathcal{B}$ ist

$$\begin{aligned} P_T(B) &= P_{\boldsymbol{X}}(T^{-1}(B)) = P(\boldsymbol{X}^{-1}(T^{-1}(B))) = P((T \circ \boldsymbol{X})^{-1}(B)) = P(Z^{-1}(B)) \\ &= P_Z(B) \end{aligned}$$

Aus der Gleichheit des letzten und des ersten Terms folgt für jedes $B \in \mathcal{B}$:

$$P(Z \in B) = P_{\boldsymbol{X}}(T \in B)$$

Insbesondere gilt für je zwei reelle Zahlen a, b

$$P(a \leq Z \leq b) = P_{\boldsymbol{X}}(a \leq T \leq b)$$

und für jede reelle Zahl z

$$P(Z \leq z) = P_{\boldsymbol{X}}(T \leq z).$$

Die Prüfgröße Z und die Teststatistik T besitzen also dieselbe Verteilung und damit dieselbe Verteilungsfunktion.

In den folgenden Abschnitten besprechen wir zunächst nur sogenannte **Parametertests**. Bei diesen Tests nehmen wir an, daß die Verteilung $P_{\boldsymbol{X}}$ zu einer parametrisierbaren Familie von auf $(\mathbb{R}^n, \mathcal{B}(\mathbb{R}^n))$ definierten Wahrscheinlichkeitsmaßen gehört, d.h. $P_{\boldsymbol{X}} \in \{P_u \mid u \in \Theta\}$, und die Hypothese H_0 macht eine Aussage darüber, wie sich der Parameter u der Verteilung $P_{\boldsymbol{X}}$ zu einem **Sollwert** oder **hypothetischen Wert** u_0 verhält. Bezeichnet man in dieser Situation mit F_u die Verteilungsfunktion der Teststatistik T, so gilt für alle $t \in \mathbb{R}$:

$$F_u(t) = P_{\boldsymbol{X}}(T \leq t) = P_u(T \leq t)$$

Da F_u aber auch die Verteilungsfunktion der Prüfgröße Z ist, gilt für alle $z \in \mathbb{R}$:

$$F_u(z) = P(Z \leq z)$$

5.1 Grundbegriffe der Testtheorie

Zur Unterscheidung der in der Einleitung beschriebenen Fehlerarten führen wir zunächst die folgenden Begriffe ein:

Definition 5.1. Einen **Fehler 1. Art** begeht man, wenn man die Hypothese H_0 (Nullhypothese) zugunsten der Alternative H_1 verwirft, obwohl H_0 richtig ist. Einen **Fehler 2. Art** begeht man, wenn man H_0 annimmt, obwohl H_0 falsch, also H_1 richtig ist.

Die folgende Tabelle enthält eine Übersicht über die richtigen und falschen Entscheidungen beim Testen von Hypothesen:

	H_0 wird verworfen	H_0 wird angenommen
H_0 trifft zu	Fehler 1. Art	richtige Entscheidung
H_1 trifft zu	richtige Entscheidung	Fehler 2. Art

Der Begriff des Fehlers 1. Art bzw. 2. Art ist von entscheidender Bedeutung für die gesamte Testtheorie. Wir erläutern diese und weitere Begriffe in dem folgenden Beispiel an einem besonders einfachen, aber auch konstruierten Fall.

Beispiel 5.1 RANDOM Für eine Simulation werden standardnormalverteilte Zufallszahlen benötigt. Es soll untersucht werden, ob ein bestimmter Zufallszahlengenerator (z.B. der von Mathematica) geeignet ist, solche Zufallszahlen zu erzeugen.

Zur Vereinfachung des Problems nehmen wir an: Die mit dem Zufallszahlengenerator erzeugten Zufallszahlen $x_1,x_2,\ldots,x_n$ verhalten sich tatsächlich wie Realisierungen von unabhängigen identisch normalverteilten zufälligen Größen $X_1,X_2,\ldots,X_n$. Wir nehmen weiter an, daß bereits feststeht: Die Varianz dieser normalverteilten zufälligen Größen hat den Wert 1. Unter diesen eher unrealistischen Annahmen ist nur noch der Erwartungswert unbekannt. Die Verteilung $P_{\boldsymbol{X}}$ des Zufallsvektors $\boldsymbol{X} = (X_1,X_2,\ldots,X_n)^T$ ist also ein Element einer Familie

$$\{P_\mu \mid \mu \in \mathbb{R}\}$$

von auf $(\mathbb{R}^n,\mathcal{B}(\mathbb{R}^n))$ definierten Wahrscheinlichkeitsmaßen, und das eingangs formulierte Testproblem reduziert sich auf den Test der Hypothese $H_0 : \mu = 0$ gegen die Alternative $H_1 : \mu \neq 0$. Für dieses vereinfachte Testproblem entwickeln wir nun eine Prüfgröße und eine Entscheidungsregel:

Zunächst wissen wir, daß der unbekannte Erwartungswert μ durch das arithmetische Mittel $\overline{x}$ einer Stichprobe erwartungstreu geschätzt werden kann. Es liegt also nahe, die $N(\mu,(\frac{1}{\sqrt{n}})^2)$-verteilte Schätzvariable $Z = \overline{X} = T \circ \boldsymbol{X}$ mit

$$\begin{array}{llll} T: & \mathbb{R}^n & \rightarrow & \mathbb{R} \\ & (x_1,x_2,\ldots,x_n)^T & \mapsto & T(x_1,x_2,\ldots,x_n) := \frac{1}{n}\sum_{i=1}^{n} x_i \end{array}$$

als Prüfgröße zu verwenden. Wir erzeugen deshalb mit dem Zufallszahlengenerator n, sagen wir konkret $n = 100$, angeblich standardnormalverteilte Zufallszahlen und berechnen das arithmetische Mittel $\overline{x} = \frac{1}{100}\sum_{i=1}^{100} x_i$. Wenn H_0 zutrifft, müßte $\overline{x} \approx 0$ sein. (Die exakte Gleichung $\overline{x} = 0$ tritt allerdings nur mit Wahrscheinlichkeit 0 ein.) Es ist daher offensichtlich sinnvoll, die Hypothese $H_0 : \mu = 0$ zugunsten der Alternative zu verwerfen, wenn $\overline{x}$ zu stark von 0 abweicht. Wenn wir jetzt noch sagen, was eine „zu starke" Abweichung ist, ist die Entscheidungsregel festgelegt.

Ohne lange Diskussion schlagen wir zunächst einmal die folgende Verwerfungsregel A vor: H_0 wird verworfen, falls $\overline{x} < -0.1645$ oder $\overline{x} > +0.1645$ ist. Andernfalls wird H_0 angenommen. Die Wahrscheinlichkeit, H_0 zu verwerfen ist also:

$$\begin{aligned} P(Z < -0.1645 \vee Z > +0.1645) &= 1 - P(-0.1645 \leq Z \leq +0.1645) \\ &= 1 - P_{\boldsymbol{X}}(-0.1645 \leq T \leq +0.1645) \\ &= 1 - P_\mu(-0.1645 \leq T \leq +0.1645) \end{aligned}$$

Bezeichnet man also mit F_μ die Verteilungsfunktion der Prüfgröße Z bzw. der Teststatistik T, so ist die Wahrscheinlichkeit, H_0 zu verwerfen:

$$\begin{aligned} 1-(F_\mu(0.1645) - F_\mu(-0.1645)) &= F_\mu(-0.1645) + (1 - F_\mu(0.1645)) \\ &= \Phi(10(-0.1645-\mu)) + (1 - \Phi(10(0.1645-\mu))) \end{aligned}$$

Es soll nun untersucht werden, mit welcher Wahrscheinlichkeit die Entscheidungsregel A zu einer Fehlentscheidung führt. Ein Fehler 1. Art wird begangen, wenn die Nullhypothese $H_0 : \mu = 0$ verworfen wird, obwohl sie richtig ist, was hier bedeutet, daß der Zufallszahlengenerator als ungeeignet angesehen wird, standardnormalverteilte Zufallszahlen zu erzeugen, obwohl er dieses leistet. Da die Prüfgröße $Z = \overline{X}$ für den Fall, daß $\mu = 0$ ist, eine $N(0,0.1^2)$-Verteilung mit der Verteilungsfunktion $F_0(z) := \Phi(10z)$ besitzt, gilt für die Fehlerwahrscheinlichkeit 1. Art:

$$F_0(-0.1645) + (1 - F_0(0.1645)) = \Phi(-1.645) + (1 - \Phi(1.645)) \approx 0.10 = 10\%$$

Die Abbildung 5.1 veranschaulicht die Fehlerwahrscheinlichkeit 1. Art.

Ein Fehler 2. Art wird begangen, wenn die Hypothese $H_0 : \mu = 0$ angenommen wird, obwohl sie falsch ist, was hier bedeutet, daß für zukünftige Simulationen Zufallszahlen herangezogen werden, die nicht standardnormalverteilt sind. Die Fehlerwahrscheinlichkeit 2. Art hängt von dem wahren aber unbekannten Wert des Parameters μ ab und hat den Wert:

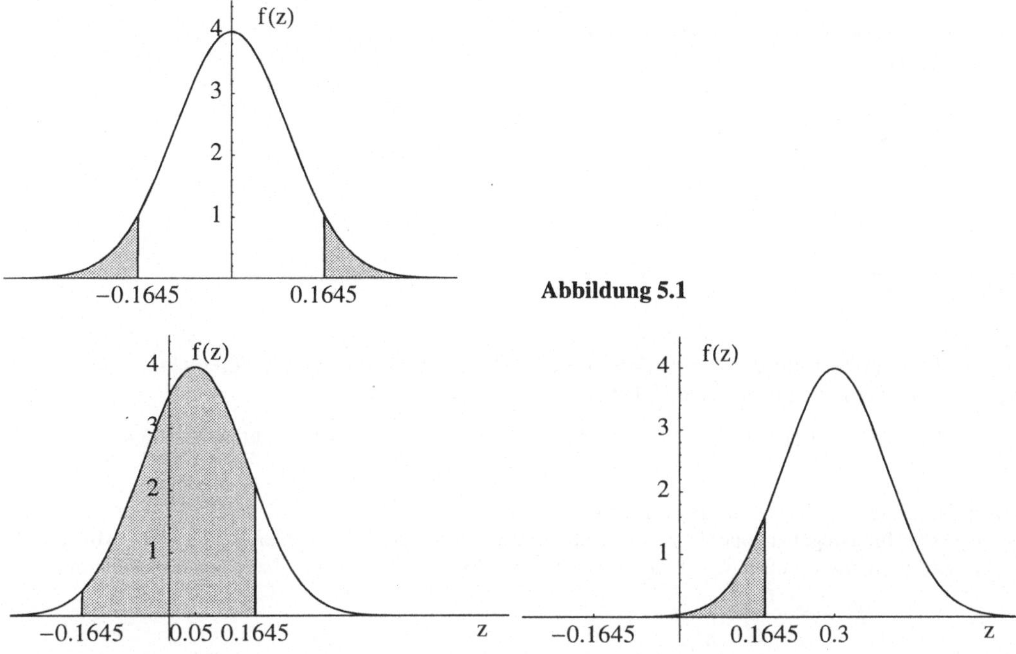

Abbildung 5.1

Abbildung 5.2

$$\begin{aligned} P(-0.1645 \leq Z \leq +0.1645) &= P_\mu(-0.1645 \leq T \leq +0.1645) \\ &= F_\mu(+0.1645) - F_\mu(-0.1645) \\ &= \Phi(10(0.1645-\mu)) - \Phi(10(-0.1645-\mu)) \end{aligned}$$

Die Abbildung 5.2 veranschaulicht für die Werte $\mu = 0.05$ und $\mu = 0.3$ die Fehlerwahrscheinlichkeit 2. Art. Je stärker der unbekannte Erwartungswert μ von 0 abweicht, umso größer ist die Wahrscheinlichkeit, dies zu erkennen, d.h. H_0 zu verwerfen. Wenn aber der Erwartungswert μ nur geringfügig von dem Wert 0 abweicht, dann wird man mit relativ großer Wahrscheinlichkeit H_0 annehmen und damit einen Fehler 2. Art begehen. Zur Präzisierung dieser Überlegungen führen wir hier den folgenden Begriff ein: Als **Gütefunktion** bezeichnen wir die Funktion

$$\begin{aligned} \beta: \quad \mathbb{R} &\to [0,1] \\ \mu &\mapsto \beta(\mu) := P_\mu(T < -0.1645 \vee T > 0.1645) \end{aligned}$$

$\beta(\mu)$ ist die Wahrscheinlichkeit dafür, daß die Prüfgröße $Z = \overline{X}$ einen Wert $z = \overline{x}$ annimmt, der zum Verwerfen von H_0 führt, falls μ der wahre Wert des Parameters ist. Dagegen ist

$$1 - \beta(\mu) = P_\mu(-0.1645 \leq T \leq +0.1645)$$

die Wahrscheinlichkeit dafür, daß die Prüfgröße $Z = \overline{X}$ einen Wert $z = \overline{x}$ annimmt, der zur Annahme von H_0 führt, falls μ der wahre Wert des Parameters ist. Beide Fehlerwahrscheinlichkeiten lassen sich also durch die Gütefunktion beschreiben:

Wahrscheinlichkeit für den Fehler 1. Art $= \beta(0)$
Wahrscheinlichkeit für den Fehler 2. Art $= 1 - \beta(\mu)$ für $\mu \neq 0$

Da man bestrebt ist, die Wahrscheinlichkeit für beide Fehlerarten klein zu halten, wäre ein Testverfahren (d.h. eine Verwerfungsregel) ideal, für dessen zugehörige Gütefunktion gilt:

$$\beta(\mu) = 0 \text{ für } \mu = 0 \text{ und } \beta(\mu) = 1 \text{ für } \mu \neq 0$$

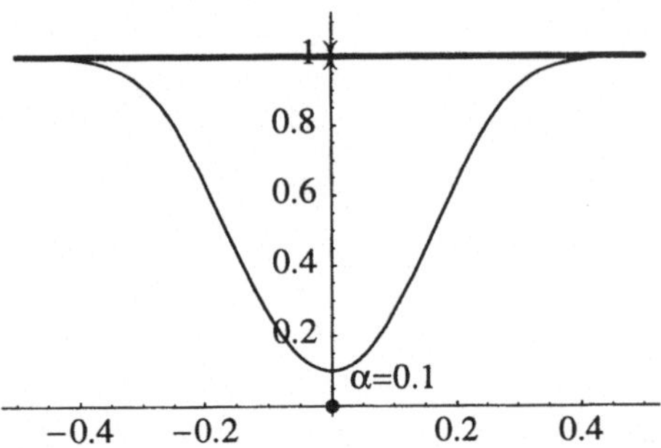

Abbildung 5.3

Die Grafik in der Abbildung 5.3 vergleicht diese ideale Gütefunktion mit der Gütefunktion zur Verwerfungsregel A, deren Funktionsvorschrift lautet:

$$\beta(\mu) = F_\mu(-0.1645) + 1 - F_\mu(0.1645) = \Phi(10(-0.1645 - \mu)) + 1 - \Phi(10(0.1645 - \mu))$$

Man erkennt, daß die Verwerfungsregel A keineswegs optimal ist. Es soll deshalb untersucht werden, ob eine andere Verwerfungsregel zu einer besseren Gütefunktion führt. Hierzu betrachten wir die Verwerfungsregel $B : H_0$ wird verworfen, falls $\overline{x} < -0.196$ oder $\overline{x} > +0.196$ ist. In diesem Fall lautet die Gütefunktion:

$$\begin{array}{llll} \beta: & \mathbb{R} & \to & [0,1] \\ & \mu & \mapsto & \beta(\mu): \; = P_\mu(T < -0.196 \vee T > 0.196) \\ & & & \qquad = \Phi(10(-0.196 - \mu)) + 1 - \Phi(10(0.196 - \mu)) \end{array}$$

Die Grafik in Abbildung 5.4 vergleicht die ideale Gütefunktion mit den Gütefunktionen zu den Verwerfungsregeln A und B. Die unterschiedlichen Abweichungen von der idealen Gütefunktion lassen sich wie

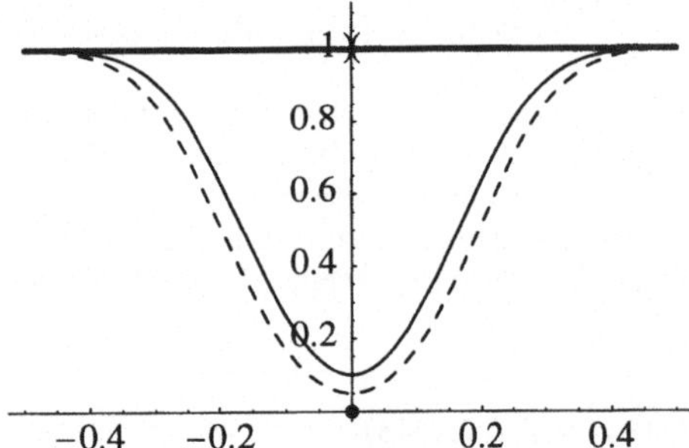

Abbildung 5.4

folgt interpretieren: Die Verwerfungsregel B bringt gegenüber der Verwerfungsregel A eine Verringerung der Fehlerwahrscheinlichkeit 1. Art mit sich ($\beta(0) \approx 0.05 = 5\%$), aber auch eine deutliche Erhöhung der Fehlerwahrscheinlichkeit 2. Art.

Beim Testen von Hypothesen ist es grundsätzlich keine mathematische Frage, welcher der beiden Fehler der folgenschwerere ist. Diese Frage ergibt sich nur aus dem praktischen Zusammenhang. Wenn wir an dieser Stelle die Situation des Statistikers mit der des Richters vergleichen, so hat der letztere eine Vorgabe: „In dubio pro reo – Im Zweifelsfall für den Angeklagten" bedeutet, daß der Richter in erster Linie bemüht sein muß, den Fehler 1. Art zu vermeiden, d.h. er darf die angeklagte Person nur dann verurteilen, wenn ihre Schuld zweifelsfrei erwiesen ist.

In Zukunft wollen wir – in Übereinstimmung mit der gesamten statistischen Literatur und der einheitlichen Theorie wegen – annehmen, daß der Fehler 1. Art der folgenschwerere ist. In der Praxis kann man versuchen, die Hypothese und die Alternative so zu formulieren, daß diese Annahme zutrifft.

Definition 5.2. Es sei $\alpha \in (0,1)$ eine beliebige Wahrscheinlichkeit. Ein **Test zum Niveau** α ist ein Test, bei dem die Wahrscheinlichkeit für den Fehler 1. Art kleiner oder höchstens gleich α ist. Die Zahl α heißt auch die **Signifikanzzahl** (engl. *significance level*) des Tests.

Bemerkung 5.1 Für die Wahl der Signifikanzzahl α gilt in abgewandelter Form, was wir im Abschnitt 4.4 zur Wahl der Konfidenzzahl gesagt haben: α kann theoretisch irgendeine Zahl aus dem offenen Intervall $(0,1)$ sein. In der Praxis wird man aber für α eine der Zahlen 0.10,0.05,0.01 oder 0.001 wählen.

Die Wahl von α ist kein mathematisches Problem, sondern wird bestimmt durch die Bedeutung der Konsequenzen, die sich aus dem Fehler 1. Art ergeben. Wenn der Anwender bezüglich der Signifikanzzahl keine Vorgaben macht, arbeitet der Statistiker mit $\alpha = 0.05 = 5\%$. Im Beispiel 5.1 RANDOM stellt die Verwerfungsregel B einen Test zum Niveau 5% dar. Dagegen ergibt die Verwerfungsregel A nur einen Test zum Niveau 10%.

Bemerkung 5.2 Führt ein Test zum Niveau α zum Verwerfen der Nullhypothese, so sagt man: „Die Hypothese H_0 kann auf dem Signifikanzniveau α verworfen werden." Führt ein Test zum Niveau α nicht zum Verwerfen der Nullhypothese, so sagt man meistens nicht: „Die Hypothese H_0 wird angenommen", sondern vielmehr: „Die Hypothese H_0 kann auf dem Signifikanzniveau α nicht verworfen werden" oder „Gegen die Hypothese H_0 ist nichts einzuwenden."

In diesen Formulierungen kommt zum Ausdruck, daß man bei den meisten Testproblemen die Wahrscheinlichkeit für den Fehler 2. Art nicht auch noch durch eine sinnvolle Schranke begrenzen kann. Gelangt man im Beispiel 5.1 RANDOM auf der Basis einer konkreten Stichprobe mit Hilfe der Verwerfungsregel B zum Verwerfen der Nullhypothese, so ist diese Entscheidung mit höchstens 5%-iger Wahrscheinlichkeit falsch. Führt die Entscheidungsregel B aber zur Annahme der Nullhypothese, so kann über die Wahrscheinlichkeit einer Fehlentscheidung nur gesagt werden, daß diese höchstens 95% beträgt. Diese Tatsache hat folgende Konsequenz: Zur statistischen Absicherung einer Aussage wird der Statistiker das Testproblem so formulieren, daß diese Aussage die Alternative (und nicht die Hypothese) darstellt. Führt sein Test zum Niveau α dann zum Verwerfen der Hypothese, so sagt er: „Die Aussage H_1 kann auf dem Signifikanzniveau α nachgewiesen werden."

Wir kommen noch einmal auf den Vergleich mit der Situation des Richters zu sprechen. Ziel des Gerichtsverfahrens ist es, die Schuld der beklagten Person zu beweisen, ansonsten würde die Staatsanwaltschaft gar keine Anklage erheben. D.h. Ziel der Beweisaufnahme ist es, die Unschuldshypothese zugunsten der Alternative zu verwerfen. Dasselbe gilt für die Situation des Statistikers. Das Ziel der meisten statistischen Tests ist es, die Hypothese zugunsten der Alternative zu verwerfen. Kommt man auf einem niedrigen Signifikanzniveau zum Verwerfen der Hypothese, so begeht man nur mit geringer Wahrscheinlichkeit einen Fehler 1. Art. D.h. die Entscheidung für die Alternative ist nur mit geringer Wahrscheinlichkeit falsch, die als Alternative formulierte Aussage gilt damit als (statistisch) erwiesen.

Lassen Sie sich von der Fülle der Begriffe und Argumente nicht abschrecken. In den nächsten Abschnitten soll das Verständnis für die Philosophie des Testens von Hypothesen vertieft werden.

5.2 Tests für den Erwartungswert μ einer Normalverteilung bei bekannter Varianz

In diesem Abschnitt verallgemeinern wir die Situation des Beispiels 5.1 RANDOM. Es sei μ der unbekannte Erwartungswert einer Normalverteilung, deren Varianz $\sigma^2 = \sigma_b^2$ bekannt ist. Wir behandeln für ein beliebiges, aber festes $\mu_0 \in \mathbb{R}$ die folgenden Testprobleme:

Testproblem (a) $H_0 : \mu \leq \mu_0$ gegen $H_1 : \mu > \mu_0$

Testproblem (b) $H_0 : \mu \geq \mu_0$ gegen $H_1 : \mu < \mu_0$

Testproblem (c) $H_0 : \mu = \mu_0$ gegen $H_1 : \mu \neq \mu_0$

Die zugehörigen Testverfahren basieren auf der im Beispiel 5.1 entwickelten Idee: Man nimmt eine Stichprobe $x_1, \ldots, x_n$. Die Stichprobenwerte $x_1, \ldots, x_n$ sind Realisierungen von n unabhängigen $N(\mu, \sigma_b^2)$-verteilten zufälligen Größen $X_1, \ldots, X_n$ mit der bekannten Varianz σ_b^2 und dem unbekannten Erwartungswert μ. Als Prüfgröße eignet sich wieder die erwartungstreue Schätzvariable

$$Z := \bar{X} = \frac{1}{n} \cdot \sum_{i=1}^{n} X_i = T \circ \boldsymbol{X}$$

mit der Teststatistik

$$\begin{array}{rccl} T: & \mathbb{R}^n & \to & \mathbb{R} \\ & (x_1, x_2, \ldots, x_n)^T & \mapsto & T(x_1, x_2, \ldots, x_n) := \frac{1}{n} \sum_{i=1}^{n} x_i \,. \end{array}$$

Der realisierte Wert $z = \overline{x}$ der Prüfgröße ist ein Indikator für den wahren Wert von μ. Je größer $\overline{x}$ ist, umso mehr spricht für einen großen Wert von μ. Je kleiner $\overline{x}$ ist, umso mehr spricht für einen kleinen Wert von μ. H_0 wird deshalb verworfen, falls für den realisierten Wert $z = \overline{x}$ der zufälligen Größe $Z = \bar{X}$ gilt:

Testproblem (a) z ist zu groß, d.h. z ist größer als ein noch zu bestimmender kritischer Wert z^*.

Testproblem (b) z ist zu klein, d.h. z ist kleiner als ein noch zu bestimmender kritischer Wert z'.

Testproblem (c) z ist zu klein oder zu groß, d.h. z ist kleiner als ein noch zu bestimmender kritischer Wert z_1, oder z ist größer als ein noch zu bestimmender kritischer Wert $z_2 > z_1$.

Im folgenden werden die kritischen Werte z^* bzw. z' bzw. z_1 und z_2 so bestimmt, daß die Fehlerwahrscheinlichkeit 1. Art kleiner oder gleich der vorgegebenen Signifikanzzahl α ist. Dabei bezeichnen wir wie im Abschnitt 5.1 mit

$$F_\mu(z) = P_\mu(T \leq z) = P(Z \leq z)$$

die Verteilungsfunktion der Prüfgröße $Z = \bar{X}$ für den Fall, daß μ der wahre Wert des Erwartungswertes ist. F_μ ist also die Verteilungsfunktion der $N(\mu, \frac{\sigma_b^2}{n})$-Verteilung, d.h. es gilt:

$$F_\mu(z) = \Phi\left(\sqrt{n}\frac{z - \mu}{\sigma_b}\right)$$

Testproblem (a) $H_0 : \mu \leq \mu_0$ gegen $H_1 : \mu > \mu_0$

Die Hypothese H_0 soll also verworfen werden, falls $z > z^*$ ist. Die Gütefunktion für diese Verwerfungsregel ist:

$$\begin{array}{rccl} \beta: & \mathbb{R} & \to & [0,1] \\ & \mu & \mapsto & \beta(\mu) := P_\mu(T > z^*) = 1 - F_\mu(z^*) \end{array}$$

Dabei wird der kritische Wert z^* so bestimmt, daß die Wahrscheinlichkeit für den Fehler 1. Art kleiner oder gleich der vorgegebenen Signifikanzzahl α ist. Es gilt:

$$\text{Fehlerwahrscheinlichkeit 1. Art} \leq \alpha \Leftrightarrow \underset{\mu \leq \mu_0}{\forall} \beta(\mu) \leq \alpha$$

Die Funktion $\beta(\mu) = 1 - F_\mu(z^*) = 1 - \Phi(\sqrt{n}\frac{z^* - \mu}{\sigma_b})$ ist für jedes feste $z^* \in \mathbb{R}$ monoton wachsend auf $\mathbb{R}$, denn:

$$\begin{aligned}\mu_1 < \mu_2 \quad &\Rightarrow \Phi(\sqrt{n}\frac{z^* - \mu_1}{\sigma_b}) \geq \Phi(\sqrt{n}\frac{z^* - \mu_2}{\sigma_b}) \Rightarrow F_{\mu_1}(z^*) \geq F_{\mu_2}(z^*) \\ &\Rightarrow 1 - F_{\mu_1}(z^*) \leq 1 - F_{\mu_2}(z^*) \Rightarrow \beta(\mu_1) \leq \beta(\mu_2)\end{aligned}$$

Daraus folgt:

$$\text{Fehlerwahrscheinlichkeit 1. Art} \leq \alpha \Leftrightarrow \underset{\mu \leq \mu_0}{\forall} \beta(\mu) \leq \alpha \Leftrightarrow \beta(\mu_0) \leq \alpha \Leftrightarrow 1 - F_{\mu_0}(z^*) \leq \alpha$$

Da eine unnötige Reduzierung der vorgegebenen Fehlerwahrscheinlichkeit 1. Art die Wahrscheinlichkeit für den Fehler 2. Art erhöht, wird man den kritischen Wert z^* aus der Gleichung $F_{\mu_0}(z^*) = 1 - \alpha$ bestimmen.

Die **Verwerfungsregel zum Testproblem (a)** lautet also:

Berechne das $(1-\alpha)$-Quantil z^* der $\mathrm{N}(\mu, \frac{\sigma_b^2}{n})$-Verteilung, und verwirf H_0, falls $z > z^*$.

Bemerkung 5.3

$$z > z^* \Leftrightarrow F_{\mu_0}(z) > F_{\mu_0}(z^*) \Leftrightarrow 1 - F_{\mu_0}(z) < 1 - F_{\mu_0}(z^*) \Leftrightarrow 1 - F_{\mu_0}(z) < \alpha$$

Deshalb kann die Verwerfungsregel (unter Umgehung der expliziten Berechnung des kritischen Wertes z^*) auch wie folgt formuliert werden:

Verwirf H_0, falls gilt: $1 - F_{\mu_0}(z) < \alpha$

bzw.

Verwirf H_0, falls gilt: $1 - \Phi\left(\sqrt{n}\frac{z - \mu_0}{\sigma_b}\right) < \alpha$

Beispiel 5.2 RANDOM Wie im Beispiel 5.1 nehmen wir an, daß der spezielle Zufallszahlengenerator $\mathrm{N}(\mu, 1^2)$-verteilte Zufallszahlen erzeugt. Unter dieser Annahme testen wir die Hypothese $H_0 : \mu \leq 0$ gegen die Alternative $H_1 : \mu > 0$ auf der Basis einer Stichprobe vom Umfang $n = 100$ zum Signifikanzniveau $\alpha = 0.10$.

Es sei F_0 die Verteilungsfunktion der $\mathrm{N}(0, 0.1^2)$-Verteilung. Das 90%-Quantil dieser Verteilung berechnet Mathematica mit $z^* = 0.1282$, d.h. die Hypothese H_0 wird zugunsten der Alternative H_1 verworfen, falls $z = \overline{x} > 0.1282$ ist. Für diese Verwerfungsregel ist die Gütefunktion:

$$\beta(\mu) = 1 - F_\mu(0.1282) = 1 - \Phi(10(0.1282 - \mu))$$

Die Abbildung 5.5 vergleicht diese Gütefunktion mit der idealen Gütefunktion.

Testproblem (b) $H_0 : \mu \geq \mu_0$ gegen $H_1 : \mu < \mu_0$

Die Hypothese H_0 soll also verworfen werden, falls $z < z'$ ist. Die Gütefunktion für diese Verwerfungsregel ist:

$$\begin{aligned}\beta : \quad \mathbb{R} \quad &\rightarrow \quad [0,1] \\ \mu \quad &\mapsto \quad \beta(\mu) := P_\mu(T < z') = F_\mu(z')\end{aligned}$$

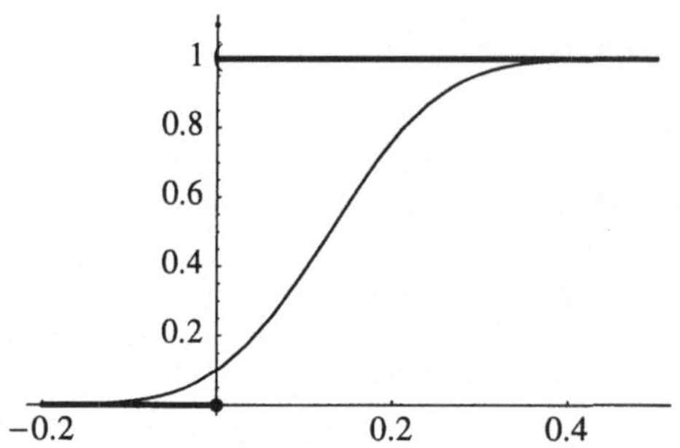

Abbildung 5.5

Dabei wird der kritische Wert z' so bestimmt, daß die Wahrscheinlichkeit für den Fehler 1. Art kleiner oder gleich der vorgegebenen Signifikanzzahl α ist. Es gilt:

$$\text{Fehlerwahrscheinlichkeit 1. Art} \leq \alpha \Leftrightarrow \underset{\mu \geq \mu_0}{\forall} \beta(\mu) \leq \alpha$$

Die Funktion $\beta(\mu) = F_\mu(z') = \Phi(\sqrt{n}\frac{z'-\mu}{\sigma_b})$ ist für jedes feste $z' \in \mathbb{R}$ monoton fallend auf $\mathbb{R}$. Daraus folgt:

$$\text{Fehlerwahrscheinlichkeit 1. Art} \leq \alpha \Leftrightarrow \underset{\mu \geq \mu_0}{\forall} \beta(\mu) \leq \alpha \Leftrightarrow \beta(\mu_0) \leq \alpha \Leftrightarrow F_{\mu_0}(z') \leq \alpha$$

Auch hier wird man den kritischen Wert z' aus der Gleichung $F_{\mu_0}(z') = \alpha$ bestimmen.

Die **Verwerfungsregel zum Testproblem (b)** lautet also:

Berechne das α-Quantil z' der $N(\mu, \frac{\sigma_b^2}{n})$-Verteilung, und verwirf H_0, falls $z < z'$.

Bemerkung 5.4

$$z < z' \Leftrightarrow F_{\mu_0}(z) < F_{\mu_0}(z') \Leftrightarrow F_{\mu_0}(z) < \alpha$$

Deshalb kann die Verwerfungsregel (unter Umgehung der expliziten Berechnung des kritischen Wertes z') auch wie folgt formuliert werden:

Verwirf H_0, falls gilt: $F_{\mu_0}(z) < \alpha$

bzw.

Verwirf H_0, falls gilt: $\Phi\left(\sqrt{n}\frac{z-\mu_0}{\sigma_b}\right) < \alpha$

Beispiel 5.3 RANDOM Unter den Voraussetzungen der Beispiele 5.1 und 5.2 soll die Hypothese $H_0 : \mu \geq 0$ gegen die Alternative $H_1 : \mu < 0$ auf der Basis einer Stichprobe vom Umfang $n = 100$ zum Signifikanzniveau $\alpha = 0.10$ getestet werden.

Es sei F_0 die Verteilungsfunktion der $N(0, 0.1^2)$-Verteilung. Das 10%-Quantil dieser Verteilung berechnet Mathematica mit $z' = -0.1282$, d.h. die Hypothese H_0 wird zugunsten der Alternative H_1 verworfen, falls $z = \overline{x} < -0.1282$ ist. Für diese Verwerfungsregel ist die Gütefunktion:

$$\beta(\mu) = F_\mu(-0.1282) = \Phi(10(-0.1282 - \mu))$$

Die folgende Abbildung vergleicht diese Gütefunktion mit der idealen Gütefunktion:

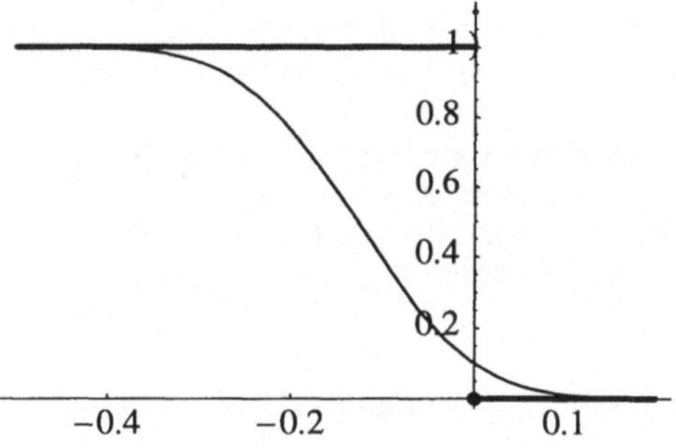

Abbildung 5.6

Testproblem (c) $H_0 : \mu = \mu_0$ gegen $H_1 : \mu \neq \mu_0$
Die Hypothese H_0 soll also verworfen werden, falls z zu klein oder zu groß ist, d.h. falls $z < z_1$ oder $z > z_2$ ist. Die Gütefunktion für diese Verwerfungsregel ist:

$$\begin{aligned} \beta: \quad \mathbb{R} \quad &\to \quad [0,1] \\ \mu \quad &\mapsto \quad \beta(\mu) := P_\mu(T < z_1 \vee T > z_2) = F_\mu(z_1) + 1 - F_\mu(z_2) \end{aligned}$$

Dabei werden die kritischen Werte z_1 und z_2 so bestimmt, daß die Wahrscheinlichkeit für den Fehler 1. Art kleiner oder gleich der vorgegebenen Signifikanzzahl α ist. Offensichtlich gilt:

$$\begin{aligned} \text{Fehlerwahrscheinlichkeit 1. Art} \leq \alpha \quad &\Leftrightarrow \beta(\mu_0) \leq \alpha \\ &\Leftrightarrow F_{\mu_0}(z_1) + 1 - F_{\mu_0}(z_2) \leq \alpha \\ &\Leftarrow F_{\mu_0}(z_1) \leq \tfrac{\alpha}{2} \wedge 1 - F_{\mu_0}(z_2) \leq \frac{\alpha}{2} \end{aligned}$$

Eine **Verwerfungsregel zum Testproblem (c)** lautet also:

> Berechne das $\frac{\alpha}{2}$-Quantil z_1 und das $\left(1 - \frac{\alpha}{2}\right)$-Quantil z_2 der $N(\mu_0, \frac{\sigma_b^2}{n})$-Verteilung, und verwirf H_0, falls $z < z_1$ oder $z > z_2$ ist.

Bemerkung 5.5 Es gilt:

$$z < z_1 \Leftrightarrow F_{\mu_0}(z) < F_{\mu_0}(z_1) \Leftrightarrow F_{\mu_0}(z) < \frac{\alpha}{2}$$

und

$$z > z_2 \Leftrightarrow F_{\mu_0}(z) > F_{\mu_0}(z_2) \Leftrightarrow F_{\mu_0}(z) > 1 - \frac{\alpha}{2} \Leftrightarrow 1 - F_{\mu_0}(z) < \frac{\alpha}{2}$$

Deshalb kann die Verwerfungsregel (unter Umgehung der expliziten Berechnung der kritischen Werte z_1 und z_2) auch wie folgt formuliert werden:

> Verwirf H_0, falls gilt: $F_{\mu_0}(z) < \frac{\alpha}{2} \vee 1 - F_{\mu_0}(z) < \frac{\alpha}{2}$

bzw.

> Verwirf H_0, falls gilt: $\Phi\left(\sqrt{n}\frac{z - \mu_0}{\sigma_b}\right) < \frac{\alpha}{2} \vee 1 - \Phi\left(\sqrt{n}\frac{z - \mu_0}{\sigma_b}\right) < \frac{\alpha}{2}$

bzw. wegen der Symmetrie der Standardnormalverteilung:

> Verwirf H_0, falls gilt: $1 - \Phi\left(\sqrt{n}\frac{|z - \mu_0|}{\sigma_b}\right) < \frac{\alpha}{2}$

Beispiel 5.4 RANDOM Unter den Voraussetzungen der Beispiele 5.1 bis 5.3 soll die Hypothese $H_0 : \mu = 0$ gegen die Alternative $H_1 : \mu \neq 0$ auf der Basis einer Stichprobe vom Umfang $n = 100$ zum Signifikanzniveau $\alpha = 0.10$ getestet werden.

Dieser Test entspricht der Situation des Beispiels 5.1. Es sei F_0 die Verteilungsfunktion der $N(0,0.1^2)$-Verteilung. Dann berechnet Mathematica das 5%-Quantil $z_1 = -0.1645$. Aus Symmetriegründen ergibt sich hier $z_2 = -z_1 = +0.1645$. Die Hypothese H_0 wird also zugunsten der Alternative H_1 verworfen, falls $|z| = |\overline{x}| > 0.1645$ ist. Für diese Verwerfungsregel ist die Gütefunktion: $\beta(\mu) = P_\mu(|T| > 0.1645) = 2(1 - F_\mu(0.1645)) = 2(1 - \Phi(10(0.1645 - \mu)))$

Bemerkung 5.6 Für die Testprobleme dieses Abschnitts kann anstelle der Prüfgröße $Z = \overline{X}$ die Prüfgröße

$$Z := \frac{\overline{X} - \mu_0}{\sigma_b/\sqrt{n}} = \sqrt{n}\frac{\overline{X} - \mu_0}{\sigma_b} = T \circ Z$$

benutzt werden. Dabei ist

$$\begin{array}{llll} T: & \mathbb{R}^n & \to & \mathbb{R} \\ & (x_1,x_2,\ldots,x_n)^T & \mapsto & T(x_1,x_2,\ldots,x_n) := \frac{\sqrt{n}}{\sigma_b}\left(\frac{1}{n}\sum_{i=1}^{n} x_i - \mu_0\right). \end{array}$$

Falls $\mu = \mu_0$ ist, ist diese Prüfgröße Z eine $N(0,1^2)$-verteilte zufällige Größe. Die Berechnung der kritischen Werte z^*, z', z_1 und z_2 für diese Prüfgröße ergibt sich deshalb aus den Forderungen:

$$\begin{array}{llll} \text{(a)} & P_{\mu_0}(T > z^*) \leq \alpha & \Leftrightarrow 1 - \Phi(z^*) \leq \alpha & \Leftarrow 1 - \Phi(z^*) = \alpha \\ \text{(b)} & P_{\mu_0}(T < z') \leq \alpha & \Leftrightarrow \Phi(z') \leq \alpha & \Leftarrow \Phi(z') = \alpha \\ \text{(c)} & P_{\mu_0}(T < z_1) \leq \alpha/2 & \Leftrightarrow \Phi(z_1) \leq \alpha/2 & \Leftarrow \Phi(z_1) = \alpha/2 \\ & P_{\mu_0}(T > z_2) \leq \alpha/2 & \Leftrightarrow 1 - \Phi(z_2) \leq \alpha/2 & \Leftarrow 1 - \Phi(z_2) = \alpha/2 \end{array}$$

Der Vorteil dieser Prüfgröße Z ist also, daß man die kritischen Werte aus der Tabelle der Standardnormalverteilung ablesen kann, falls ein System wie Mathematica nicht zur Verfügung steht. Deshalb arbeiten die klassischen Statistikbücher mit der Prüfgröße $Z := \sqrt{n}\frac{\overline{X} - \mu_0}{\sigma_b}$. Der Nachteil dieser Prüfgröße ist, daß sie keine erwartungstreue Schätzvariable für den interessierenden Parameter μ ist.

Formuliert man analog zu den Bemerkungen 5.3, 5.4 und 5.5 auch für die Prüfgröße $Z = \sqrt{n}\frac{\overline{X} - \mu_0}{\sigma_b}$ die Verwerfungsregeln unter Umgehung der expliziten Berechnung der kritischen Werte, so erhält man die folgenden Entscheidungsregeln:

(a)	Verwirf H_0, falls	$1 - \Phi(z) < \alpha$
(b)	Verwirf H_0, falls	$\Phi(z) < \alpha$
(c)	Verwirf H_0, falls	$1 - \Phi(\lvert z\rvert) < \alpha/2$

Diese Tests werden in der Literatur auch **Gauß-Tests** genannt.

Überzeugen Sie sich davon, daß es gleichgültig ist, mit welcher der beiden Prüfgrößen Sie arbeiten: Die in der Bemerkung 5.6 für die Prüfgröße $Z = \sqrt{n}\frac{\overline{X} - \mu_0}{\sigma_b}$ formulierten Verwerfungsregeln sind inhaltlich äquivalent zu den zuvor für die Prüfgröße $Z = \overline{X}$ formulierten.

5.3 Ein allgemeines Verfahren für die Durchführung von Parametertests

Fassen wir noch einmal den Inhalt des Abschnitts 5.2 zusammen: Die beschriebenen Tests für Hypothesen über den Erwartungswert μ einer Normalverteilung mit bekannter Varianz $\sigma^2 = \sigma_b^2$ basierten auf den Prüfgrößen:

$$Z_1 := \overline{X} = \frac{1}{n}\sum_{i=1}^{n} X_i \quad \text{bzw.} \quad Z_2 := \sqrt{n}\frac{\overline{X}-\mu_0}{\sigma_b}$$

Für den Fall, daß $\mu = \mu_0$ ist, besitzen Z_1 bzw. Z_2 bekannte Verteilungen:

$$Z_1 \text{ ist } \mathrm{N}(\mu_0, \frac{\sigma_b^2}{n})\text{-verteilt, } Z_2 \text{ ist } \mathrm{N}(0,1^2)\text{-verteilt.}$$

Weiterhin gilt, daß die Verteilung von Z_1 bzw. Z_2 in folgendem Sinne von dem wahren Wert des Parameters μ monoton abhängig ist: Je größer μ ist, umso größer ist die Wahrscheinlichkeit, daß Z_1 bzw. Z_2 große Werte annehmen.

Diese Überlegungen sollen nun auf andere Parametertests übertragen werden. Wir nehmen an, daß die Verteilung $P_{\boldsymbol{X}}$ einer mathematischen Stichprobe einen unbekannten Parameter u mit Werten in einem Intervall $\Theta \subseteq \mathbb{R}$ enthält. Wir unterscheiden grundsätzlich zwischen den folgenden drei Testproblemen:

Testproblem (a) Hypothese $H_0 : u \leq u_0$ gegen die Alternative $H_1 : u > u_0$

Testproblem (b) Hypothese $H_0 : u \geq u_0$ gegen die Alternative $H_1 : u < u_0$

Testproblem (c) Hypothese $H_0 : u = u_0$ gegen die Alternative $H_1 : u \neq u_0$

Tests der Form (a) oder (b) heißen **einseitige Tests**. Tests der Form (c) heißen **zweiseitige Tests**. Kommt man bei einem der Testprobleme (a), (b), (c) zum Verwerfen der Hypothese, so sagt man beim Testproblem (a): „u ist **signifikant größer** als u_0“, beim Testproblem (b): „u ist **signifikant kleiner** als u_0“ und beim Testproblem (c): „u ist **signifikant** von u_0 **verschieden**“.

Bemerkung 5.7 Zu jedem der Testprobleme (a), (b), (c) gehört eine Zerlegung des Intervalls Θ in zwei disjunkte Teilmengen Θ_0 und Θ_1, wobei Θ_0 die Werte enthält, für die H_0 zutrifft, und Θ_1 die Werte enthält, für die H_1 zutrifft.

Zentrale Aufgabe bei der Entwicklung eines Parametertests ist die Angabe einer geeigneten Prüfgröße $Z = T \circ \boldsymbol{X}$ mit einer $\mathcal{B}(\mathbb{R}^n) - \mathcal{B}$-meßbaren Funktion T und die Konstruktion einer geeigneten Verwerfungsregel. Grundsätzlich gilt: Die Verteilung der Teststatistik T und damit der Prüfgröße Z ist abhängig von dem wahren, unbekannten Wert des Parameters u. Wir bezeichnen deshalb mit

$$F_u(z) = P_u(T \leq z) = P(Z \leq z)$$

die Verteilungsfunktion der Prüfgröße Z, falls u der wahre Wert des Parameters ist. Im Beispiel 5.1 RANDOM war $u = \mu, Z = \overline{X}$ und F_μ war die Verteilungsfunktion einer $\mathrm{N}(\mu, 0.1^2)$-Verteilung.

Jede Entscheidungsregel zerlegt die Menge $\mathbb{R}$, also den Wertebereich der Prüfgröße Z, in zwei disjunkte Teilmengen E_1 und $E_0 = \mathbb{R} \setminus E_1$, die als **Verwerfungsbereich** (oder **kritischer Bereich**) bzw. als **Annahmebereich** bezeichnet werden. Liegt der realisierte Wert z der Prüfgröße Z im Verwerfungsbereich E_1, so wird die Nullhypothese abgelehnt. Liegt der realisierte Wert z der Prüfgröße Z dagegen im Annahmebereich E_0, so wird die Nullhypothese angenommen. Im Beispiel 5.1 RANDOM war bei der Entscheidungsregel A das Intervall $E_0 = [-0.1645, +0.1645]$ der Annahmebereich, und $E_1 = (-\infty, -0.1645) \cup (+0.1645, +\infty)$ war der Verwerfungsbereich. Bei der Entscheidungsregel B war das Intervall $E_0 = [-0.196, +0.196]$ der Annahmebereich, und $E_1 = (-\infty, -0.196) \cup (+0.196, +\infty)$ war der Verwerfungsbereich.

Mit dem Begriff des Verwerfungsbereichs kann auch der Begriff der Gütefunktion für beliebige Parametertests verallgemeinert werden:

Definition 5.3. Zu einem Parametertest mit der Prüfgröße $Z = T \circ \boldsymbol{X}$ und dem Verwerfungsbereich E_1 heißt die Funktion

$$\begin{array}{rcl} \beta: \Theta & \to & [0,1] \\ u & \mapsto & \beta(u) := P_u(T \in E_1) = P(Z \in E_1) \end{array}$$

die **Gütefunktion** (engl. *power function*) des Tests.

Bemerkung 5.8 Die Gütefunktion bietet eine Möglichkeit, verschiedene Testverfahren zu vergleichen. Zunächst gilt in Verallgemeinerung der entsprechenden Aussagen des Beispiels 5.1 RANDOM:

$$\begin{array}{ll} \text{Fehlerwahrscheinlichkeit 1. Art} = \beta(u) & \text{für } u \in \Theta_0 \\ \text{Fehlerwahrscheinlichkeit 2. Art} = 1 - \beta(u) & \text{für } u \in \Theta_1 \end{array}$$

Für einen Test zum Niveau α gilt also $\beta(u) \leq \alpha$ für alle $u \in \Theta_0$ bzw.:

$$\sup_{u \in \Theta_0} \beta(u) \leq \alpha$$

Hat man nun zu ein und demselben Testproblem zwei verschiedene Parametertests mit den Gütefunktionen β_1 und β_2, die beide das vorgegebene Signifikanzniveau α einhalten, so heißt der 1. Test besser als der 2. Test, wenn gilt:

$$1 - \beta_1(u) \leq 1 - \beta_2(u) \quad \text{für alle } u \in \Theta_1$$

Ein Test zum Niveau α heißt **gleichmäßig bester Test**, wenn für alle $u \in \Theta_1$ die Wahrscheinlichkeit $1 - \beta(u)$ minimal ist.

Wir werden auf die Frage optimaler Tests meistens nicht eingehen und begnügen uns damit, die in der Praxis gängigen Parametertests herzuleiten. Dabei verfahren wir immer nach dem im folgenden beschriebenen Konzept:

Jede Prüfgröße $Z = T \circ \boldsymbol{X}$, die in den nächsten Abschnitten vorgestellt wird, besitzt eine Verteilungsfunktion $F_u(z)$ mit folgenden Eigenschaften:

- F_{u_0} ist die Verteilungsfunktion einer bekannten Verteilung.
- $\underset{u_1, u_2 \in \Theta}{\forall} (u_1 < u_2 \Rightarrow \underset{z \in \mathbb{R}}{\forall} F_{u_1}(z) \geq F_{u_2}(z))$

Die zweite Aussage formalisiert eine Monotonieeigenschaft der Prüfgröße Z. Sie bedeutet inhaltlich: Je größer der wahre Wert des Parameters u ist, umso kleiner ist die Wahrscheinlichkeit dafür, daß Z kleine Werte annimmt. Die Prüfgröße ist also eine Art Indikator für den wahren Wert des Parameters u: Wenn der realisierte Wert z von Z klein ist, so spricht dies für einen kleinen Wert des Parameters u. Wenn dagegen der realisierte Wert z von Z groß ist, so spricht dies für einen großen Wert des Parameters u. In diesem Zusammenhang ist die folgende Definition nützlich:

Definition 5.4. Wenn X und Y zwei zufällige Größen mit den Verteilungsfunktionen F_X bzw. F_Y sind, so heißt X **stochastisch größer** als Y, wenn gilt:

$$\underset{z \in \mathbb{R}}{\forall} F_X(z) \leq F_Y(z)$$

Die geforderte Monotonieeigenschaft der Prüfgröße Z bedeutet also: Wenn $u_1 < u_2$ ist, dann ist Z für den Fall $u = u_1$ stochastisch kleiner als für den Fall $u = u_2$.

Damit ergibt sich für jeden Parametertest, der in den nächsten Abschnitten vorgestellt wird, eine Verwerfungsregel mit der folgenden Struktur:

H_0 wird verworfen, falls für den realisierten Wert z der Prüfgröße Z gilt:

Testproblem (a) z ist zu groß, d.h. z ist größer als ein kritischer Wert z^*.

Testproblem (b) z ist zu klein, d.h. z ist kleiner als ein kritischer Wert z'.

Testproblem (c) z ist zu klein oder zu groß ist, d.h. z ist kleiner als ein kritischer Wert z_1 oder größer als ein kritischer Wert $z_2 > z_1$.

Dabei werden die kritischen Werte z^* bzw. z' bzw. z_1 und z_2 so bestimmt, daß die Wahrscheinlichkeit für den Fehler 1. Art kleiner oder gleich der vorgegebenen Signifikanzzahl α ist. Dies bedeutet für die einzelnen Testprobleme:

(a) Wegen der Monotonieeigenschaft der Verteilung von Z ist die Gütefunktion

$$\beta(u) = P_u(T > z^*) = 1 - P_u(T \leq z^*) = 1 - F_u(z^*)$$

für jedes $z^* \in \mathbb{R}$ eine monoton wachsende Funktion. Deshalb gilt:

$$\forall_{u \leq u_0} \beta(u) \leq \alpha \Leftrightarrow \beta(u_0) \leq \alpha \Leftrightarrow 1 - F_{u_0}(z^*) \leq \alpha$$

Ist F_{u_0} eine stetige Verteilungsfunktion, so ergibt sich ein Test zum Niveau α z.B. dann, wenn der kritische Wert z^* als das $(1-\alpha)$-Quantil der Verteilungsfunktion F_{u_0} bestimmt wird. Für den Fall, daß kein z^* mit $1 - F_{u_0}(z^*) = \alpha$ existiert, bestimmt man den kritischen Wert z^* möglichst klein und so, daß $1 - F_{u_0}(z^*) < \alpha$ gilt.

(b) Wegen der Monotonieeigenschaft der Verteilung von Z ist die Gütefunktion

$$\beta(u) = P_u(T < z') = F_u(z')$$

für jedes $z' \in \mathbb{R}$ eine monoton fallende Funktion. Deshalb gilt:

$$\forall_{u \geq u_0} \beta(u) < \alpha \Leftrightarrow \beta(u_0) \leq \alpha \Leftrightarrow F_{u_0}(z') \leq \alpha$$

Ist F_{u_0} eine stetige Verteilungsfunktion, so ergibt sich ein Test zum Niveau α z.B. dann, wenn der kritische Wert z' als das α-Quantil der Verteilungsfunktion F_{u_0} bestimmt wird. Für den Fall, daß kein z' mit $F_{u_0}(z') = \alpha$ existiert, bestimmt man den kritischen Wert z' möglichst groß und so, daß $F_{u_0}(z') < \alpha$ gilt.

(c) Hier gilt:

$$\beta(u_0) \leq \alpha \Leftrightarrow P_{u_0}(T < z_1 \vee T > z_2) \leq \alpha \Leftrightarrow F_{u_0}(z_1) + 1 - F_{u_0}(z_2) \leq \alpha$$

Ist F_{u_0} eine stetige Verteilungsfunktion, so ergibt sich ein Test zum Niveau α z.B. dann, wenn der kritische Wert z_1 als das $\frac{\alpha}{2}$-Quantil der Verteilungsfunktion F_{u_0} und der kritische Wert z_2 als das $(1-\frac{\alpha}{2})$-Quantil der Verteilungsfunktion F_{u_0} bestimmt wird. Für den Fall, daß kein z_1 mit $F_{u_0}(z_1) = \frac{\alpha}{2}$ existiert, bestimmt man den kritischen Wert z_1 möglichst groß und so, daß $F_{u_0}(z_1) < \frac{\alpha}{2}$ gilt. Für den Fall, daß kein z_2 mit $1 - F_{u_0}(z_2) = \frac{\alpha}{2}$ existiert, bestimmt man den kritischen Wert z_2 möglichst klein und so, daß $1 - F_{u_0}(z_2) < \frac{\alpha}{2}$ gilt.

Die Bestimmung der kritischen Werte ist mit Mathematica kein Problem. Dennoch soll erwähnt werden, daß man auf deren Berechnung verzichten kann, wenn man die Verwerfungsregeln zu den Testproblemen (a), (b), (c) mit Hilfe der Verteilungsfunktion F_{u_0} äquivalent wie folgt formuliert:

(a) Verwirf H_0, falls $1 - F_{u_0}(z) < \alpha$ ist.

(b) Verwirf H_0, falls $F_{u_0}(z) < \alpha$ ist.

(c) Verwirf H_0, falls $F_{u_0}(z) < \alpha/2$ oder $1 - F_{u_0}(z) < \alpha/2$ ist.

Mit diesen Verwerfungsregeln arbeiten die gängigen Softwaresysteme zur Statistik. Will man jedoch zu einer Entscheidungsregel die Gütefunktion ermitteln, so kann auf die explizite Berechnung der kritischen Werte nicht verzichtet werden.

Bemerkung 5.9 Wie Sie vielleicht schon ahnen, gibt es einen Zusammenhang zwischen

- dem Testen von Hypothesen über den Parameter u einer Verteilung und
- der Berechnung eines Konfidenzintervalls für diesen Parameter.

Falls nämlich die Prüfgröße Z geeignet ist, nach dem im Kapitel 4 beschriebenen Verfahren ein Konfidenzintervall für den Parameter u zu berechnen, gilt: Beim zweiseitigen Test sind die kritischen Werte z_1 und z_2 die Grenzen eines Konfidenzintervalls für den Parameter u. Genauer gesagt ist $[z_1,z_2]$ ein zweiseitiges Konfidenzintervall für den Parameter u zur Konfidenzzahl $\gamma = 1-\alpha$. Bei den einseitigen Testproblemen (a) bzw. (b) sind $(-\infty, z^*]$ bzw. $[z', +\infty)$ einseitige Konfidenzintervalle für den Parameter u zur Konfidenzzahl $\gamma = 1-\alpha$.

Aufgaben zum Abschnitt 5.3

Aufgabe 5.3.1
Es soll untersucht werden, ob die zufällige Größe

$$Z := \sqrt{n}\frac{\overline{X} - \mu_b}{\sigma_0}$$

geeignet ist, nach dem in diesem Abschnitt besprochenen Verfahren Hypothesen über die Standardabweichung einer Normalverteilung mit bekanntem Erwartungswert $\mu = \mu_b$ zu testen. Hierfür bezeichne F_σ die Verteilungsfunktion von Z für den Fall, daß σ der wahre Wert der Standardabweichung ist.

(a) Zeigen Sie, daß gilt: $F_\sigma(z) = \Phi(\frac{\sigma_0}{\sigma}z)$

(b) Zeigen Sie, daß nicht für alle $z \in \mathbb{R}$ gilt: $\sigma_1 < \sigma_2 \Rightarrow F_{\sigma_1}(z) \geq F_{\sigma_2}(z)$

(c) Für eine Entscheidungsregel der Form „Verwirf H_0, falls $z > z^*$" mit einem beliebigen $z^* \in \mathbb{R}$ ist die Gütefunktion anzugeben und zu skizzieren.

(d) Für eine Entscheidungsregel der Form „Verwirf H_0, falls $z < z'$" mit einem beliebigen $z' \in \mathbb{R}$ ist die Gütefunktion anzugeben und zu skizzieren.

(e) Folgern Sie aus Teil (c) dieser Aufgabe: Für das einseitige Testproblem **(a)** ist die Entscheidungsregel:

„Verwirf H_0, falls z größer ist als das $(1-\alpha)$-Quantil z^* der $N(0,1^2)$-Verteilung"

ein Test zum Niveau α, falls $\alpha < 0.5$ ist.

(f) Folgern Sie aus Teil (d) dieser Aufgabe: Für das einseitige Testproblem **(b)** liefert keine Entscheidungsregel der Form: „Verwirf H_0, falls $z < z'$ ist" einen Test zu einem Niveau $\alpha < 0.5$.

Aufgabe 5.3.2
Es soll untersucht werden, ob die zufällige Größe

$$Z := \sqrt{n}\frac{|\overline{X} - \mu_b|}{\sigma_0}$$

geeignet ist, nach dem in diesem Abschnitt besprochenen Verfahren Hypothesen über die Standardabweichung einer Normalverteilung mit bekanntem Erwartungswert $\mu = \mu_b$ zu testen. Hierfür bezeichne F_σ die Verteilungsfunktion von Z für den Fall, daß σ der wahre Wert der Standardabweichung ist.

(a) Berechnen Sie $F_\sigma(z)$.

(b) Zeigen Sie, daß für alle $z \in \mathbb{R}$ gilt: $\sigma_1 < \sigma_2 \Rightarrow F_{\sigma_1}(z) \geq F_{\sigma_2}(z)$

(c) Formulieren Sie die Entscheidungsregeln für die Testprobleme **(a)**, **(b)** und **(c)**.

5.4 Tests für den Parameter p einer Bernoulli-Verteilung

Es sei p der unbekannte Parameter einer Bernoulli-Verteilung, und es sei $p_0 \in (0,1)$ eine reelle Zahl. Auf der Basis einer Stichprobe $x_1, \ldots, x_n$ soll getestet werden:

Testproblem (a) $H_0 : p \leq p_0$ gegen $H_1 : p > p_0$

Testproblem (b) $H_0 : p \geq p_0$ gegen $H_1 : p < p_0$

Testproblem (c) $H_0 : p = p_0$ gegen $H_1 : p \neq p_0$

Die Stichprobenwerte $x_1,..,x_n$ sind also Realisierungen von n unabhängigen $\mathrm{B}(1,p)$-verteilten zufälligen Größen $X_1, \ldots, X_n$, deren Parameter p unbekannt ist. Wir verwenden im Laufe dieses Abschnitts drei verschiedene Prüfgrößen. Im Unterabschnitt 5.4.1 arbeiten wir zunächst mit der Prüfgröße

$$K := X_1 + X_2 + \ldots + X_n,$$

die $\mathrm{B}(n,p)$-verteilt ist. Im Unterabschnitt 5.4.2 addieren wir zu der zufälligen Größe K eine von K unabhängige, auf dem Intervall $[0,1)$ gleichverteilte zufällige Größe U und arbeiten mit der Prüfgröße

$$V := K + U,$$

deren Verteilung wir bereits im Abschnitt 4.6 besprochen haben. Im Unterabschnitt 5.4.3 standardisieren wir die zufällige Größe K und erhalten die zufällige Größe

$$Z := \frac{K - np_0}{\sqrt{n} \cdot \sqrt{p_0(1-p_0)}},$$

die für den Fall, daß $p = p_0$ ist, asymptotisch $N(0,1^2)$-verteilt ist.

5.4.1 Tests mit der Prüfgröße K

Wir definieren die Teststatistik

$$\begin{array}{rccl} T: & \mathbb{R}^n & \to & \mathbb{R} \\ & (x_1,\dots,x_n)^T & \mapsto & T(x_1,\dots,x_n) := \sum_{i=1}^{n} x_i \end{array}$$

Für die Verteilungsfunktion $F_p(k) := P_p(T \leq k) = P(K \leq k)$ der $\mathrm{B}(n,p)$-verteilten zufälligen Größe $K := X_1 + X_2 + \ldots + X_n = T \circ \boldsymbol{X}$ gilt:

- F_{p_0} ist die Verteilungsfunktion einer bekannten Verteilung.
- $\underset{p_1,p_2 \in (0,1)}{\forall} (p_1 < p_2 \Rightarrow \underset{k \in \mathbb{R}}{\forall} F_{p_1}(k) \geq F_{p_2}(k))$

(Die zweite dieser Aussagen folgt aus dem Satz 4.9 und der Bemerkung 4.19.) Damit kann das im Abschnitt 5.3 vorgestellte Testverfahren prinzipiell zur Anwendung kommen. Da aber K eine diskrete zufällige Größe ist, gibt es nicht zu jedem Signifikanzniveau α Zahlen k^*, k', k_1 und k_2 mit der Eigenschaft:

$$1 - F_{p_0}(k^*) = \alpha,\ F_{p_0}(k') = \alpha,\ F_{p_0}(k_1) = \frac{\alpha}{2} \text{ und } F_{p_0}(k_2) = 1 - \frac{\alpha}{2}$$

Das vorgegebene Signifikanzniveau α kann also in der Regel nicht erreicht werden. Man kann nur sicherstellen, daß die Wahrscheinlichkeit für den Fehler 1. Art kleiner als das vorgegebene Niveau α bleibt, und daß dieses nicht stärker als erforderlich unterschritten wird. Die Entscheidungsregeln und die Gütefunktionen sind deshalb:

Testproblem (a)

> Berechne den kleinsten Wert k^*, für den die Ungleichung
> $P_{p_0}(T > k^*) = \sum_{\nu=k^*+1}^{n} \binom{n}{\nu} \cdot p_0^{\nu} \cdot (1-p_0)^{n-\nu} \leq \alpha$
> gilt, und verwirf H_0, falls $k > k^*$ ist.

Die Gütefunktion für diese Verwerfungsregel ist:

$$\begin{array}{rccl} \beta: & [0,1] & \to & \mathbb{R} \\ & p & \mapsto & \beta(p) := P_p(T > k^*) = \sum_{\nu=k^*+1}^{n} \binom{n}{\nu} \cdot p^{\nu} \cdot (1-p)^{n-\nu} \end{array}$$

Testproblem (b)

> Berechne den größten Wert k', für den die Ungleichung
> $P_{p_0}(T < k') = \sum_{\nu=0}^{k'-1} \binom{n}{\nu} \cdot p_0^{\nu} \cdot (1-p_0)^{n-\nu} \leq \alpha$
> gilt, und verwirf H_0, falls $k < k'$ ist.

Die Gütefunktion für diese Verwerfungsregel ist:

$$\begin{array}{rccl} \beta: & [0,1] & \to & \mathbb{R} \\ & p & \mapsto & \beta(p) := P_p(T < k') = \sum_{\nu=o}^{k'-1} \binom{n}{\nu} \cdot p^{\nu} \cdot (1-p)^{n-\nu} \end{array}$$

Testproblem (c)

> Berechne den größten Wert k_1 bzw. den kleinsten Wert k_2, für den die Ungleichung
> $$\sum_{\nu=0}^{k_1-1} \binom{n}{\nu} \cdot p_0^\nu \cdot (1-p_0)^{n-\nu} \leq \frac{\alpha}{2} \text{ bzw. } \sum_{\nu=k_2+1}^{n} \binom{n}{\nu} \cdot p_0^\nu \cdot (1-p_0)^{n-\nu} \leq \frac{\alpha}{2}$$
> gilt, und verwirf H_0, falls entweder $k < k_1$ oder $k > k_2$ ist.

Die Gütefunktion für diese Verwerfungsregel ist:

$$\begin{aligned} \beta: \quad [0,1] &\rightarrow \mathbb{R} \\ p &\mapsto \beta(p): = P_p(T < k_1 \vee T > k_2) \\ &= \sum_{\nu=o}^{k_1-1} \binom{n}{\nu} \cdot p^\nu \cdot (1-p)^{n-\nu} + \sum_{\nu=k_2+1}^{n} \binom{n}{\nu} \cdot p^\nu \cdot (1-p)^{n-\nu} \end{aligned}$$

Beispiel 5.5 MUENZE Es sei p die unbekannte Wahrscheinlichkeit dafür, daß beim Werfen einer realen Münze das Ergebnis Kopf erzielt wird.

Testproblem (a) Die Hypothese $H_0 : p \leq 1/2$ soll gegen die Alternative $H_1 : p > 1/2$ auf der Basis einer Stichprobe vom Umfang $n = 10$ zum Signifikanzniveau $\alpha = 0.10$ getestet werden.

Es sei $F_{0.5}$ die Verteilungsfunktion der $B(10, \frac{1}{2})$-Verteilung. Dann berechnet Mathematica (vgl. **Notebook NB1K5A4.ma**):

$$\begin{aligned} P_{0.5}(T > 6) &= 1 - F_{0.5}(6) &= 0.171875 \\ P_{0.5}(T > 7) &= 1 - F_{0.5}(7) &= 0.0546875 \end{aligned}$$

Der kritische Wert zum Signifikanzniveau $\alpha = 0.10$ ist also $k^* = 7$, d.h. die Hypothese H_0 wird zugunsten der Alternative H_1 verworfen, falls $k > 7$ ist. Für diese Verwerfungsregel ist die Gütefunktion:

$$\beta(p) = P_p(T > 7) = \sum_{\nu=8}^{10} \binom{10}{\nu} \cdot p^\nu \cdot (1-p)^{10-\nu} = 45p^8(1-p)^2 + 10p^9(1-p) + p^{10}$$

Die Abbildung 5.7 vergleicht diese Gütefunktion mit der idealen Gütefunktion.

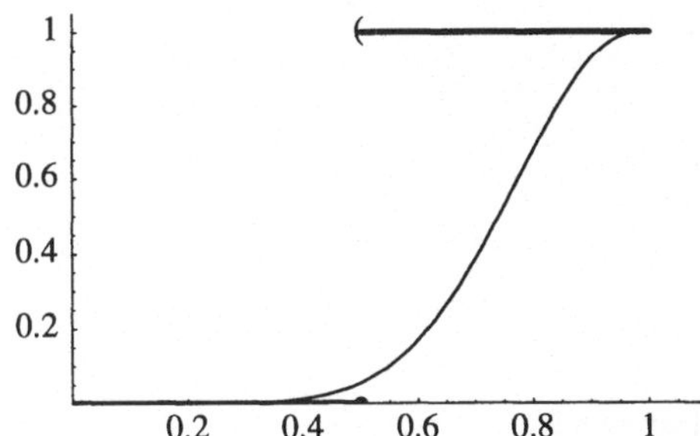

Abbildung 5.7

Testproblem (b) Die Hypothese $H_0 : p \geq 1/2$ soll gegen die Alternative $H_1 : p < 1/2$ auf der Basis einer Stichprobe vom Umfang $n = 10$ zum Signifikanzniveau $\alpha = 0.10$ getestet werden.

Es sei $F_{0.5}$ die Verteilungsfunktion der $B(10, \frac{1}{2})$-Verteilung. Es gilt:

$$\begin{aligned} P_{0.5}(T < 3) &= F_{0.5}(2) &= 0.0546875 \\ P_{0.5}(T < 4) &= F_{0.5}(3) &= 0.171875 \end{aligned}$$

Der kritische Wert zum Signifikanzniveau $\alpha = 0.10$ ist $k' = 3$, d.h. die Hypothese H_0 wird zugunsten der Alternative H_1 verworfen, falls $k < 3$ ist. Für diese Verwerfungsregel ist die Gütefunktion:

$$\begin{aligned}\beta(p) = P_p(T < 3) &= \sum_{\nu=0}^{2} \binom{10}{\nu} \cdot p^{\nu} \cdot (1-p)^{10-\nu} \\ &= (1-p)^{10} + 10p(1-p)^9 + 45p^2(1-p)^8\end{aligned}$$

Die folgende Abbildung vergleicht diese Gütefunktion mit der idealen Gütefunktion:

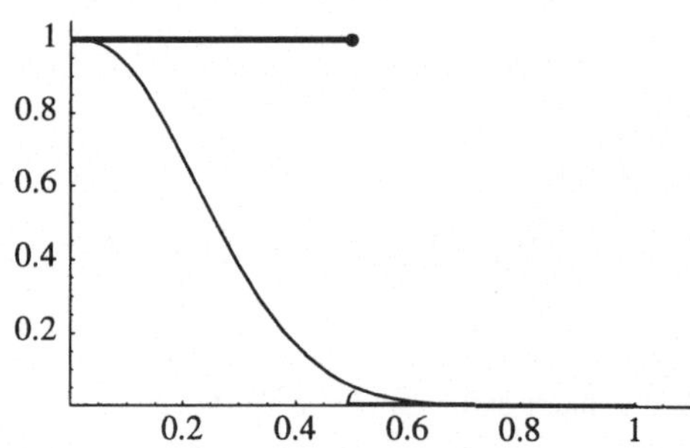

Abbildung 5.8

Testproblem (c) Die Hypothese $H_0 : p = 1/2$ soll gegen die Alternative $H_1 : p \neq 1/2$ auf der Basis einer Stichprobe vom Umfang $n = 10$ zum Signifikanzniveau $\alpha = 0.10$ getestet werden.

Es sei $F_{0.5}$ die Verteilungsfunktion der $B(10, \frac{1}{2})$-Verteilung. Aus Symmetriegründen ergibt sich hier $k_2 = 10 - k_1$. Es gilt:

$$\begin{aligned} P_{0.5}(T < 3 \vee T > 7) &= 0.109 \\ P_{0.5}(T < 2 \vee T > 8) &= 0.021 \end{aligned}$$

Die kritischen Werte zum Signifikanzniveau $\alpha = 0.10$ sind also $k_1 = 2$ und $k_2 = 8$, d.h. die Hypothese H_0 wird zugunsten der Alternative H_1 verworfen, falls $k < 2$ oder $k > 8$ ist. Für diese Verwerfungsregel ist die Gütefunktion:

$$\begin{aligned} \beta : \quad [0,1] &\to [0,1] \\ p &\mapsto \beta(p) := \sum_{\nu=0}^{1} \binom{10}{\nu} \cdot p^{\nu} \cdot (1-p)^{10-\nu} + \sum_{\nu=9}^{10} \binom{10}{\nu} \cdot p^{\nu} \cdot (1-p)^{10-\nu} \end{aligned}$$

Die Abbildung 5.9 vergleicht diese Gütefunktion mit der idealen Gütefunktion.

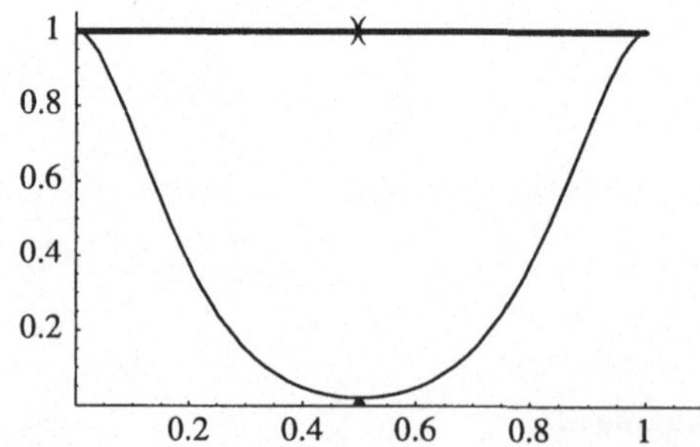

Abbildung 5.9

Bemerkung 5.10 Im Testproblem (c) des Beispiels 5.5 ergab sich für die Fehlerwahrscheinlichkeit 1. Art:

$$P_{0.5}(T < 2 \vee T > 8) = 0.021$$

D.h. das vorgegebene Signifikanzniveau von $\alpha = 10\%$ wird deutlich unterschritten. Dagegen verfehlen die Werte $k_1 = 3$ und $k_2 = 7$ das vorgegebene Signifikanzniveau nur geringfügig:

$$P_{0.5}(T < 3 \vee T > 7) = 0.109$$

In der Praxis wird in einer solchen Situation häufig $k_1 = 3$ und $k_2 = 7$ gewählt, d.h. es wird die ursprünglich vorgegebene Signifikanzzahl manipuliert. **Ein solches Vorgehen ist nicht korrekt**!

5.4.2 Tests mit der Prüfgröße V

Wir addieren zu der im Unterabschnitt 5.4.1 benutzten zufälligen Größe

$$K := X_1 + X_2 + \ldots + X_n$$

eine von K unabhängige, auf dem Intervall $[0,1)$ gleichverteilte zufällige Größe U und erhalten die Prüfgröße

$$V := K + U.$$

V ist eine stetige zufällige Größe und besitzt nach Satz 4.10 die Verteilungsfunktion $G_p(v)$ mit $G_p(v) = 0$ für $v < 0$, $G_p(v) = 1$ für $v \geq n+1$ und

$$G_p(v) = \sum_{i=0}^{[v]-1} \binom{n}{i} p^i (1-p)^{n-i} + (v - [v]) \binom{n}{[v]} p^{[v]} (1-p)^{n-[v]}$$

für $0 \leq v < n+1$. Die vorgeschlagene Prüfgröße V besitzt also eine Verteilungsfunktion $G_p(v)$ mit folgenden Eigenschaften:

- G_{p_0} ist die Verteilungsfunktion einer bekannten Verteilung.
- $\underset{p_1,p_2 \in (0,1)}{\forall} \left(p_1 < p_2 \Rightarrow \underset{v \in \mathbb{R}}{\forall} G_{p_1}(v) \geq G_{p_2}(v) \right)$

(Die zweite dieser Aussagen folgt aus dem Satz 4.11 und der Bemerkung 4.20.) Damit kann das im Abschnitt 5.3 besprochene Testverfahren wieder zur Anwendung kommen. Die kritischen Werte für die Prüfgröße V sind also beim Testproblem (a) das $(1-\alpha)$-Quantil v^*, beim Testproblem (b) das α-Quantil v' und beim Testproblem (c) das $\frac{\alpha}{2}$-Quantil v_1 bzw. das $1-\frac{\alpha}{2}$-Quantil v_2 der Verteilungsfunktion G_{p_0}. Die Entscheidungsregeln lauten:

Testproblem (a) Verwirf H_0, falls $v > v^*$ ist, bzw. falls $1 - G_{p_0}(v) < \alpha$ ist.

Testproblem (b) Verwirf H_0, falls $v < v'$ ist, bzw. falls $G_{p_0}(v) < \alpha$ ist.

Testproblem (c) Verwirf H_0, falls $v < v_1$ oder $v > v_2$ ist, bzw. falls $G_{p_0}(v) < \frac{\alpha}{2}$ oder $1 - G_{p_0}(v) < \frac{\alpha}{2}$ ist.

Beispiel 5.6 MUENZE Es sei p die unbekannte Wahrscheinlichkeit dafür, daß beim einmaligen Werfen einer Münze das Ergebnis Kopf erzielt wird. Auf der Basis einer Stichprobe vom Umfang $n = 10$ soll die Hypothese $H_0 : p = \frac{1}{2}$ gegen die Alternative $H_1 : p \neq \frac{1}{2}$ auf 10%-igem Signifikanzniveau getestet werden. Gesucht ist der Annahmebereich des Tests.

Bei der Berechnung der Quantile der Verteilungsfunktion

$$G_{0.5}(v) = \sum_{i=0}^{[v]-1} \left(\binom{10}{i} \right) 0.5^i (1-0.5)^{10-i} + (v - [v]) \left(\binom{10}{[v]} \right) 0.5^{[v]} (1-0.5)^{10-[v]}$$

verfahren wir ähnlich wie im Beispiel 4.13 SLAENGE und erhalten mit Mathematica (vgl. **Notebook NB1K5A4.ma**) für den zweiseitigen Test den Annahmebereich:

$$[v_1, v_2] = [2.893, 8.107]$$

Das Notebook enthält auch die Anweisungen für die Berechnung der Annahmebereiche zu den einseitigen Tests. Es ergibt sich für das Testproblem (a) der Annahmebereich $[0, 7.614]$ und für das Testproblem (b) der Annahmebereich $[3.386, 11]$. Die Abbildung 5.10 vergleicht die Gütefunktion aus der Abbildung 5.7 zum kritischen Wert $k^* = 7$ (gestrichelte Linie) mit der Gütefunktion zum kritischen Wert $v^* = 7.614$ (durchgezogene Linie). Wie man sieht, ist der Test mit der Prüfgröße V der bessere Test.

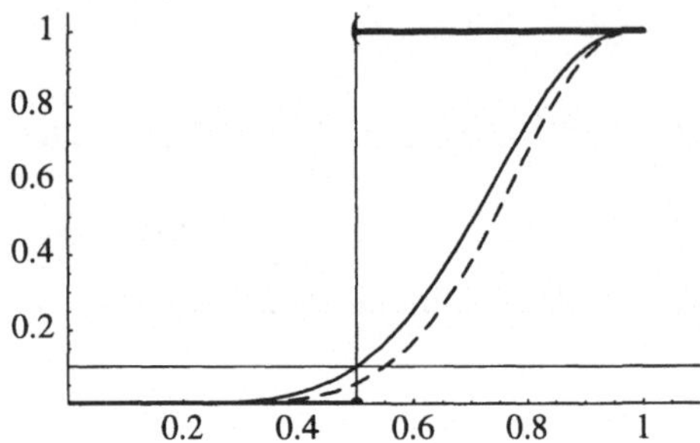

Abbildung 5.10
Vergleich der Gütefunktionen

5.4.3 Tests mit der Prüfgröße Z bei großem Stichprobenumfang n

Bei großem Stichprobenumfang n kann nach dem zentralen Grenzwertsatz angenommen werden, daß die zufällige Größe

$$\frac{X_1 + X_2 + \ldots + X_n - np}{\sqrt{n}\sqrt{p(1-p)}}$$

annähernd $\mathrm{N}(0, 1^2)$-verteilt ist. Als Prüfgröße für die Testprobleme dieses Abschnitts bietet sich deshalb die zufällige Größe

$$Z = \frac{X_1 + X_2 + \ldots + X_n - np_0}{\sqrt{n}\sqrt{p_0(1-p_0)}}$$

an. Falls $p = p_0$ ist, besitzt die zufällige Größe Z eine asymptotische $\mathrm{N}(0, 1^2)$-Verteilung.

Ansonsten gilt mit $a = \dfrac{-np_0}{\sqrt{n}\sqrt{p_0(1-p_0)}}$ und $b = \dfrac{1}{\sqrt{n}\sqrt{p_0(1-p_0)}}$:

$$Z = a + bK.$$

Die exakte Verteilungsfunktion H_p der zufälligen Prüfgröße Z ist deshalb:

$$H_p(z) := P(Z \leq z) = P(a + bK \leq z) = P(K \leq \frac{z-a}{b}) = F_p(\frac{z-a}{b})$$

Dabei ist F_p die Verteilungsfunktion der $\mathrm{B}(n, p)$-Verteilung. Daraus folgt mit Satz 4.9 und Bemerkung 4.19:

$$0 \leq p_1 < p_2 \leq 1 \Rightarrow F_{p_1}(\frac{z-a}{b}) > F_{p_2}(\frac{z-a}{b}) \Rightarrow H_{p_1}(z) > H_{p_2}(z)$$

Die vorgeschlagene Prüfgröße Z besitzt also eine Verteilungsfunktion $H_p(z)$ mit folgenden Eigenschaften:

- H_{p_0} ist die Verteilungsfunktion einer bekannten Verteilung, $H_{p_0(z)} \approx \Phi(z)$.
- $\underset{p_1,p_2\in[0,1]}{\forall} \left(p_1 < p_2 \Rightarrow \underset{z\in\mathbb{R}}{\forall} H_{p_1}(z) \geq H_{p_2}(z) \right)$

Damit kann das im Abschnitt 5.3 besprochene Testverfahren zur Anwendung kommen. Die kritischen Werte für die Prüfgröße Z sind also beim Testproblem (a) das $(1-\alpha)$-Quantil z^*, beim Testproblem (b) das α-Quantil z' und beim Testproblem (c) das $\frac{\alpha}{2}$-Quantil z_1 bzw. das $\frac{1-\alpha}{2}$-Quantil z_2 der $N(0,1^2)$-Verteilung. Die Entscheidungsregeln lauten:

Testproblem (a) Verwirf H_0, falls $z > z^*$ ist, bzw. falls $1-\Phi(z) < \alpha$ ist.

Testproblem (b) Verwirf H_0, falls $z < z'$ ist, bzw. falls $\Phi(z) < \alpha$ ist.

Testproblem (c) Verwirf H_0, falls $z < z_1$ oder $z > z_2$ ist, bzw. falls $\Phi(z) < \frac{\alpha}{2}$ oder $1-\Phi(z) < \frac{\alpha}{2}$ ist, bzw. falls $1-\Phi(|z|) < \frac{\alpha}{2}$ ist.

Beispiel 5.7 WUERFEL Wir bezeichnen mit $A = \{4,5,6\}$ das Ereignis, daß die geworfene Augenzahl mindestens 4 ist und mit $p = P(A)$ die Wahrscheinlichkeit dieses Ereignisses. Auf der Basis der Stichprobe aus dem Beispiel 4.12 soll die Hypothese $H_0 : p = \frac{1}{2}$ gegen die Hypothese $H_0 : p \neq \frac{1}{2}$ zum Signifikanzniveau $a = 0.10 = 10\%$ getestet werden. Es ist also $n = 49152$, $k = 25145$ und

$$z = \frac{25145 - 49152 \cdot \frac{1}{2}}{\sqrt{49152} \cdot \frac{1}{2}} = 5.133$$

Der Annahmebereich des Tests ist $[z_1, z_2]$. Dabei ist z_1 das 5%-Quantil und z_2 das 95%-Quantil der $N(0,1^2)$-Verteilung. Diese Quantile sind $z_1 \approx -1.64$ und $z_2 \approx +1.64$. z liegt nicht im Annahmebereich, H_0 kann also verworfen werden. Dieses Ergebnis entspricht dem Ergebnis des Beispiels 4.12: Mit 95%-iger Wahrscheinlichkeit liegt der Parameter p im Intervall $[0.507, 0.516]$.

Aufgaben zum Abschnitt 5.4

Aufgabe 5.4.1 (Beispiel OBST) Ein Obsthändler will auf dem Großmarkt einen Waggon Apfelsinen kaufen. Erfahrungsgemäß sind in einem solchen Waggon auch schlechte Apfelsinen. Für den Obsthändler stellt ein Anteil von 10% faulen Apfelsinen die „Schmerzgrenze" dar. Der Obsthändler prüft deshalb die Wagenladung, indem er 20mal eine Apfelsine herausgreift und aufschneidet.

(a) Formulieren Sie das Problem als Testproblem (a) für den Parameter p einer Bernoulli-Verteilung, und interpretieren Sie die beiden Fehlerarten!

(b) Bei welchem Ergebnis der Stichprobe wird der Obsthändler die Wagenladung ablehnen, wenn seine Fehlerwahrscheinlichkeit 1. Art $\leq 15\%$ sein soll? (Arbeiten Sie mit der Prüfgröße K!)

(c) Berechnen und zeichnen Sie mit Mathematica die Gütefunktion für diese Verwerfungsregel!

(d) Mit welcher Wahrscheinlichkeit kauft der Händler eine Wagenladung mit 20% schlechten Apfelsinen?
Simulieren Sie den Vorgang mit Mathematica: Erzeugen Sie 20 $B(1, 0.20)$-verteilte Zufallszahlen und speichern Sie diese in der Mathematica-Liste `Waggon20` ab. Zu welcher Entscheidung kämen Sie?

(e) Mit welcher Wahrscheinlichkeit lehnt der Händler eine Wagenladung mit nur 5% schlechten Apfelsinen ab?

Simulieren Sie den Vorgang mit Mathematica: Erzeugen Sie 20 B(1,0.05)-verteilte Zufallszahlen und speichern Sie diese in der Mathematica-Liste `Waggon05` ab. Zu welcher Entscheidung kämen Sie?

Aufgabe 5.4.2 (Beispiel OBST) Auch diese Aufgabe bezieht sich auf das Beispiel OBST aus der Aufgabe 5.4.1.

(a) Formulieren Sie das Problem jetzt als Testproblem (b) für den Parameter p einer Bernoulli-Verteilung, und interpretieren Sie wieder die beiden Fehlerarten!

(b) Bei welchem Ergebnis der Stichprobe wird der Obsthändler die Wagenladung ablehnen, wenn seine Fehlerwahrscheinlichkeit 1. Art $\leq 15\%$ sein soll? (Arbeiten Sie wieder mit der Prüfgröße K!)

(c) Berechnen und zeichnen Sie mit Mathematica die Gütefunktion für diese Verwerfungsregel!

(d) Mit welcher Wahrscheinlichkeit kauft der Händler eine Wagenladung mit 20% schlechten Apfelsinen?

Zu welcher Entscheidung kämen Sie auf der Basis der Stichprobe aus `Waggon20`?

(e) Mit welcher Wahrscheinlichkeit lehnt der Händler eine Wagenladung mit nur 5% schlechten Apfelsinen ab?

Zu welcher Entscheidung kämen Sie auf der Basis der Stichprobe aus `Waggon05`?

Aufgabe 5.4.3 (Beispiel OBST) Auch diese Aufgabe bezieht sich auf das Beispiel OBST aus den Aufgaben 5.4.1 und 5.4.2.

(a) Welcher kritische Bereich ergibt sich beim Testproblem (a) aus der Aufgabe 5.4.1, wenn man nicht mit der Prüfgröße K sondern mit der Prüfgröße V aus dem Unterabschnitt 5.4.2 arbeitet? Vergleichen Sie die Gütefunktion mit der Gütefunktion aus der Aufgabe 5.4.1(c).

(b) Welcher kritische Bereich ergibt sich beim Testproblem (b) aus der Aufgabe 5.4.2, wenn man nicht mit der Prüfgröße K sondern mit der Prüfgröße V aus dem Unterabschnitt 5.4.2 arbeitet? Vergleichen Sie die Gütefunktion mit der Gütefunktion aus der Aufgabe 5.4.2(c).

Aufgabe 5.4.4 (Beispiel MENDEL) (aus Kreyszig, E.: Statistische Methoden und ihre Anwendungen) G. Mendel erhielt bei einem seiner berühmten Kreuzungsversuche an Erbsenpflanzen insgesamt 355 gelbe und 123 grüne Erbsen. Spricht dies gegen die Mendelsche Theorie, nach der sich im vorliegenden Fall gelb:grün wie 3:1 verhalten müßte?

Aufgabe 5.4.5 (Beispiel BERLIN) Es sei p der Prozentsatz der Bevölkerung der BRD, der für Berlin als Sitz des Bundestages ist. Es werden n Personen befragt. Von diesen n Personen entscheiden sich $(n+17)/2$ für Berlin und $(n-17)/2$ gegen Berlin.

Für welche Werte von n rechtfertigt dieser Unterschied von 17 Stimmen die Aussage: „Die Mehrheit der Bevölkerung ist für Berlin als Bundeshauptstadt"?

Hinweis: Bei der Abstimmung über die Hauptstadtfrage im Bundestag fiel die Entscheidung für Berlin mit einer Mehrheit von 17 Stimmen.

5.5 Tests für die Parameter einer Normalverteilung

In diesem Abschnitt testen wir unter der Voraussetzung, daß die Normalverteilungsannahme gerechtfertigt ist, Hypothesen über den Erwartungswert μ bzw. über die Varianz σ^2 dieser Verteilung. Diese Tests sind in den gängigen Statistik-Programmsystemen implementiert und verführen dazu, sie auch dann einzusetzen, wenn nicht sichergestellt ist, daß die Daten tatsächlich als normalverteilt angenommen werden können. Auch Mathematica bietet nach dem Aufruf des `Statistics'Master'` Standardfunktionen zur Durchführung dieser Tests an.

5.5.1 Tests für die Varianz einer Normalverteilung

Die Testprobleme lauten:

(a) $H_0 : \sigma^2 \leq \sigma_0^2$ gegen $H_1 : \sigma^2 > \sigma_0^2$

(b) $H_0 : \sigma^2 \geq \sigma_0^2$ gegen $H_1 : \sigma^2 < \sigma_0^2$

(c) $H_0 : \sigma^2 = \sigma_0^2$ gegen $H_1 : \sigma^2 \neq \sigma_0^2$

Als Prüfgröße eignet sich die zufällige Größe

$$Z = \frac{n-1}{\sigma_0^2} \cdot S^2 = \frac{1}{\sigma_0^2} \sum_{i=1}^{n} (X_i - \bar{X})^2 = T \circ \boldsymbol{X}$$

mit der Teststatistik

$$\begin{array}{llll} T: & \mathbb{R}^n & \to & \mathbb{R} \\ & (x_1, \ldots, x_n)^T & \mapsto & T(x_1, \ldots, x_n) := \frac{1}{\sigma_0^2} \sum_{i=1}^{n} (x_i - \overline{x})^2 . \end{array}$$

Bezeichnet man nämlich mit

$$F_{\sigma^2}(z) = P_{\sigma^2}(T \leq z) = P(Z \leq z) = P(\frac{1}{\sigma_0^2} \sum_{i=1}^{n} (X_i - \bar{X})^2 \leq z)$$

die Verteilungsfunktion von Z bzw. T für den Fall, daß σ^2 der wahre Wert der Varianz ist, so gilt:

$$F_{\sigma^2}(z) = P\left(\frac{1}{\sigma_0^2} \sum_{i-1}^{n} (X_i - \bar{X})^2 \leq z\right) = P\left(\frac{1}{\sigma^2} \sum_{i-1}^{n} (X_i - \bar{X})^2 \leq \frac{\sigma_0^2}{\sigma^2} z\right) = G_{n-1}(\frac{\sigma_0^2}{\sigma^2} z)$$

Dabei ist G_{n-1} die Verteilungsfunktion der χ^2_{n-1}-Verteilung. Daraus folgt erstens: Falls $\sigma^2 = \sigma_0^2$ ist, besitzt Z eine bekannte Verteilungsfunktion. $F_{\sigma_0^2}$ ist nämlich die Verteilungsfunktion G_{n-1} der χ^2_{n-1}-Verteilung. Und es folgt zweitens: Die Verteilung der zufälligen Größe Z ist in folgendem Sinne monoton abhängig von σ^2 :

$$\sigma_1^2 < \sigma_2^2 \Rightarrow G_{n-1}\left(\frac{\sigma_0^2}{\sigma_1^2} z\right) \geq G_{n-1}\left(\frac{\sigma_0^2}{\sigma_2^2} z\right) \Rightarrow F_{\sigma_1^2}(z) \geq F_{\sigma_2^2}(z)$$

Zusammenfassend stellen wir fest:

- $F_{\sigma_0^2}$ ist die Verteilungsfunktion einer bekannten Verteilung.
- $\forall_{\sigma_1^2, \sigma_2^2 \in \mathbb{R}^+} (\sigma_1^2 < \sigma_2^2 \Rightarrow \forall_{z \in \mathbb{R}} F_{\sigma_1^2}(z) \geq F_{\sigma_2^2}(z))$

Damit ergeben sich für die drei Testprobleme die Entscheidungsregeln nach dem im Abschnitt 5.3 besprochenen Verfahren. Die kritischen Werte für die Prüfgröße Z sind beim Testproblem (a) das $(1-\alpha)$-Quantil z^*, beim Testproblem (b) das α-Quantil z' und beim Testproblem (c) das $\frac{\alpha}{2}$-Quantil z_1 bzw. das $\frac{1-\alpha}{2}$-Quantil z_2 der χ^2_{n-1}-Verteilung. Die Entscheidungsregeln lauten, wenn G_{n-1} wieder die Verteilungsfunktion der χ^2_{n-1}-Verteilung ist:

Testproblem (a) Verwirf H_0, falls $z > z^*$ ist, bzw. falls $1 - G_{n-1}(z) < \alpha$ ist.

Testproblem (b) Verwirf H_0, falls $z < z'$ ist, bzw. falls $G_{n-1}(z) < \alpha$ ist.

Testproblem (c) Verwirf H_0, falls $z < z_1$ oder $z > z_2$ ist, bzw. falls $G_{n-1}(z) < \frac{\alpha}{2}$ oder $1 - G_{n-1}(z) < \frac{\alpha}{2}$ ist.

Beispiel 5.8 SLAENGE Es soll überprüft werden, ob eine Maschine, die Schrauben herstellt, so präzise arbeitet, daß der Ausschuß unter einem Prozent liegt. Wir nehmen an, daß die Abweichung der Schraubenlänge von ihrer Sollänge durch eine normalverteilte zufällige Größe beschrieben wird. Da bei einer normalverteilten zufälligen Größe über 99% der realisierten Werte im sogenannten 3σ-Bereich liegen ($\Phi(3) - \Phi(-3) = 0.9973$), wollen wir zunächst einmal überprüfen, ob σ klein genug ist. Auf der Basis einer Stichprobe soll deshalb die Hypothese $H_0 : \sigma^2 \leq \sigma_0^2$ gegen die Alternative $H_1 : \sigma^2 > \sigma_0^2$ getestet werden.

Wir führen den Test für den Sollwert $\sigma_0^2 = 0.04$ auf der Basis einer Stichprobe vom Umfang $n = 100$ (vgl. **Mathematica-Notebook NB1K4A3.ma**) zum Niveau $\alpha = 5\%$ durch: Der Schätzer für die Varianz der Normalverteilung ist $s^2 = 0.0493618$. Obwohl dieser Schätzwert über dem Sollwert 0.04 liegt, kann die Hypothese nicht zugunsten der Alternative verworfen werden, denn der Wert der Prüfgröße ist $z \approx 122.17$, während das 95%-Quantil der χ_{99}^2-Verteilung $z^* \approx 123.23$ ist. Will man die Entscheidung ohne die explizite Berechnung des kritischen Wertes treffen, so berechnet man $1 - G_{99}(z) = 0.0570715$. Da diese Wahrscheinlichkeit nicht kleiner als α ist, kann H_0 nicht verworfen werden.

Für die Durchführung der in diesem Unterabschnitt besprochenen Tests steht nach dem Aufruf des `Statistics'Master'` die Mathematica-Funktion `VarianceTest` zur Verfügung. Die Funktion arbeitet aber fehlerhaft: Sie gibt statt der Wahrscheinlichkeit $1 - G_{n-1}(z)$ die Zahl $1 - G_{n-1}(\frac{n}{n-1}z)$ aus. Näheres finden Sie im **Notebook NB1K5A5.ma**.

Beim Testen einer Hypothese über die Varianz einer Normalverteilung spielt es offensichtlich keine Rolle, ob der Erwartungswert dieser Verteilung bekannt ist oder nicht. Dagegen ist es beim Testen von Hypothesen über den Erwartungswert einer Normalverteilung von Bedeutung, ob die Varianz der Verteilung bekannt ist oder nicht. Nachdem wir bereits im Abschnitt 5.2 Tests für den Erwartungswert μ einer Normalverteilung bei bekannter Varianz σ_b^2 besprochen haben, betrachten wir nun den realistischeren Fall, daß bei unbekannter Varianz Tests für den Erwartung μ durchgeführt werden sollen.

5.5.2 Tests für den Erwartungswert μ einer Normalverteilung bei unbekannter Varianz

Die Testprobleme lauten:

(a) $H_0 : \mu \leq \mu_0$ gegen $H_1 : \mu > \mu_0$

(b) $H_0 : \mu \geq \mu_0$ gegen $H_1 : \mu < \mu_0$

(c) $H_0 : \mu = \mu_0$ gegen $H_1 : \mu \neq \mu_0$

Als Prüfgröße eignet sich hier die zufällige Größe

$$Z = \sqrt{n}\frac{\bar{X} - \mu_0}{S} = \frac{Y}{\sqrt{\frac{1}{\sigma^2} \cdot S^2}} = T \circ \boldsymbol{X}$$

mit

$$\bar{X} := \frac{1}{n} \cdot \sum_{i=1}^{n} X_i,\ Y := \sqrt{n} \cdot \frac{\bar{X} - \mu_0}{\sigma} \text{ und } S^2 := \frac{1}{n-1} \sum_{i=1}^{n} (X_i - \bar{X})^2.$$

Die Verteilung dieser Prüfgröße wurde bisher nicht eingeführt und bedarf deshalb einer kurzen Erörterung: Wegen

$$Y = \sqrt{n} \cdot \frac{\bar{X} - \mu_0}{\sigma} = \sqrt{n} \cdot \frac{\bar{X} - \mu}{\sigma} + \sqrt{n} \cdot \frac{\mu - \mu_0}{\sigma},$$

besitzt Y eine Normalverteilung mit dem Erwartungswert $m := \sqrt{n} \cdot \frac{\mu - \mu_0}{\sigma}$ und der Varianz 1^2, während die zufällige Größe $\frac{1}{\sigma^2} \cdot (n-1) \cdot S^2$ eine χ^2_{n-1}-Verteilung besitzt. Wäre $m = 0$, so wäre Z eine t_{n-1}-verteilte zufällige Größe. Für den Fall $m \neq 0$ besitzt Z eine sogenannte nichtzentrale t-Verteilung. Ausgangspunkt für die Einführung dieser Verteilung ist der folgende Sachverhalt:

Satz 5.1.
Voraussetzung: Es seien X und Y zwei unabhängige auf demselben Wahrscheinlichkeitsraum $(\Omega, \mathcal{A}, P)$ definierte zufällige Größen. X sei $\mathrm{N}(m, 1^2)$-verteilt, Y sei χ^2_ν-verteilt.
Behauptung: Dann besitzt die zufällige Größe

$$\frac{X}{\sqrt{Y/\nu}}$$

die Dichtefunktion

$$f : \mathbb{R} \to \mathbb{R}$$

$$t \mapsto f(t) := c_\nu \cdot (t^2 + \nu)^{-(\nu+1)/2} \exp\left(-\frac{\nu m^2}{2(t^2+\nu)}\right) \int_0^\infty \exp\left(-\frac{1}{2}\left(x - \frac{mt}{\sqrt{t^2+\nu}}\right)^2\right) x^\nu dx$$

mit der Konstanten

$$c_\nu = \frac{\nu^{\nu/2}}{\sqrt{\pi} \cdot \Gamma(\nu/2) \cdot 2^{(\nu-1)/2}}.$$

Der Beweis des Satzes 5.1 verläuft analog zum Beweis des Satzes 3.15 und wird hier nicht ausgeführt.

Definition 5.5. Die Verteilung mit der Dichte f aus dem Satz 5.1 heißt **nichtzentrale t-Verteilung mit ν Freiheitsgraden und dem Nichtzentralitätsparameter** m. Eine zufällige Größe Z mit dieser Verteilung bezeichnen wir als $t_\nu(m)$-verteilt, und wir schreiben:

$$Z \sim t_\nu(m)$$

Für den Fall, daß $m = 0$ ist, wird aus der nichtzentralen t_ν-Verteilung die zentrale t_ν-Verteilung. Die Abbildung 5.11 zeigt die Dichtefunktionen und die Verteilungsfunktionen der nichtzentralen t_1-Verteilungen mit den Nichtzentralitätsparametern $m_1 = 1$ (durchgezogene Linie) und $m_2 = 2$ (gestrichelte Linie).

Ein ähnliches Bild ergibt sich auch für andere Freiheitsgrade ν. Es gilt nämlich der

Satz 5.2.
Voraussetzung: Es sei G_{m_1} bzw. G_{m_2} die Verteilungsfunktion der $t_\nu(m_1)$-Verteilung bzw. der $t_\nu(m_2)$-Verteilung.
Behauptung:

$$m_1 < m_2 \Rightarrow \forall_{z \in \mathbb{R}} G_{m_1}(z) \geq G_{m_2}(z)$$

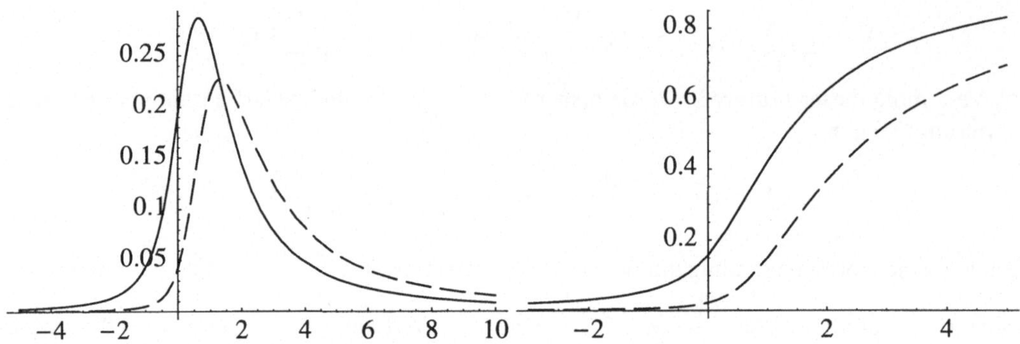

Abbildung 5.11 Vergleich der $t_1(1)$-Verteilung und der $t_1(2)$-Verteilung

Beweis: Es seien X und Y zwei unabhängige auf demselben Wahrscheinlichkeitsraum $(\Omega,\mathcal{A},P)$ definierte zufällige Größen. X sei $\mathrm{N}(0,1^2)$-verteilt, Y sei χ^2_ν-verteilt. Dann gilt für jedes $z \in \mathbb{R}$:

$$\begin{aligned} G_{m_1}(z) &= P\left(\frac{X+m_1}{\sqrt{Y/\nu}} \leq z\right) = P\left(\frac{X+m_2}{\sqrt{Y/\nu}} + \frac{m_1-m_2}{\sqrt{Y/\nu}} \leq z\right) \\ &\geq P\left(\frac{X+m_2}{\sqrt{Y/\nu}} \leq z\right) = G_{m_2}(z) \end{aligned}$$

□

Fassen wir zusammen: Die Verteilungsfunktion F_μ der als Prüfgröße vorgeschlagenen zufälligen Größe

$$Z = \sqrt{n}\frac{\bar{X}-\mu_0}{S}$$

ist die Verteilungsfunktion G_m der nichtzentralen t_{n-1}-Verteilung mit dem Nichtzentralitätsparameter $m = \sqrt{n}\cdot\frac{\mu-\mu_0}{\sigma}$. Für den Fall $\mu = \mu_0$ ist F_{μ_0} die Verteilungsfunktion der (zentralen) t_{n-1}-Verteilung. Die Verteilung der zufälligen Größe Z ist außerdem in folgendem Sinne monoton abhängig von μ: Falls $\mu_1 < \mu_2$ ist, ergibt sich:

$$m_1 := \sqrt{n}\cdot\frac{\mu_1-\mu_0}{\sigma} < \sqrt{n}\cdot\frac{\mu_2-\mu_0}{\sigma} =: m_2$$

$\Rightarrow$

$$\underset{z\in\mathbb{R}}{\forall}\, G_{m_1}(z) \geq G_{m_2}(z)$$

$\Rightarrow$

$$\underset{z\in\mathbb{R}}{\forall}\, F_{\mu_1}(z) \geq F_{\mu_2}(z)$$

Es gilt also:

- F_{μ_0} ist die Verteilungsfunktion einer bekannten Verteilung.
- $\underset{\mu_1,\mu_2\in\mathbb{R}}{\forall}\left(\mu_1 < \mu_2 \Rightarrow \underset{z\in\mathbb{R}}{\forall}\, F_{\mu_1}(z) \geq F_{\mu_2}(z)\right)$

Damit ergeben sich für die drei Testprobleme die Entscheidungsregeln nach dem im Abschnitt 5.3 besprochenen Verfahren. Die kritischen Werte für die Prüfgröße Z sind beim Testproblem (a) das $(1-\alpha)$-Quantil z^*, beim Testproblem (b) das α-Quantil z' und beim Testproblem (c) das $\frac{\alpha}{2}$-Quantil z_1 bzw. das $\frac{1-\alpha}{2}$-Quantil z_2 der t_{n-1}-Verteilung. (Da die t-Verteilung symmetrisch ist, gilt natürlich $z_1 = -z_2$.) Die Entscheidungsregeln lauten, wenn F_{μ_0} die Verteilungsfunktion der (zentralen) t_{n-1}-Verteilung bezeichnet:

Testproblem (a) Verwirf H_0, falls $z > z^*$ ist, bzw. falls $1 - F_{\mu_0}(z) < \alpha$ ist.

Testproblem (b) Verwirf H_0, falls $z < z'$ ist, bzw. falls $F_{\mu_0}(z) < \alpha$ ist.

Testproblem (c) Verwirf H_0, falls $z < z_1$ oder $z > z_2$ ist, bzw. falls $F_{\mu_0}(z) < \frac{\alpha}{2}$ oder $1 - F_{\mu_0}(z) < \frac{\alpha}{2}$ ist, bzw. falls $1 - F_{\mu_0}(|z|) < \frac{\alpha}{2}$ ist.

Beispiel 5.9 SLAENGE Es soll überprüft werden, ob eine Maschine, die Schrauben herstellt, so eingestellt ist, daß Schrauben der vorgegebenen Sollänge produziert werden. Unter der Annahme, daß die Abweichung der Schraubenlänge von ihrer Sollänge durch eine normalverteilte zufällige Größe beschrieben wird, ist die Hypothese $H_0 : \mu = 0$ gegen die Alternative $H_1 : \mu \neq 0$ auf 5%-igem Signifikanzniveau zu testen.

Wir führen den Test auf der Basis der bekannten Stichprobe vom Umfang $n = 100$ (vgl. Beispiel 5.8) zum Niveau $\alpha = 5\%$ durch. Die Schätzer für Erwartungswert, Varianz und Standardabweichung sind $\overline{x} = 0.0691$, $s^2 = 0.0493618$, $s = 0.222175$. Daraus berechnet sich für die Prüfgröße Z der Wert: $z = 3.11016$. Dieser Wert ist größer als das 97,5%-Quantil z_2 der t_{99}-Verteilung: $z_2 \approx 1.98$ Will man die Entscheidung ohne die explizite Berechnung des kritischen Wertes treffen, so berechnet man $1 - F_0(|z|) = 0.00122132$. Da diese Wahrscheinlichkeit kleiner als $\frac{\alpha}{2}$ ist, kann H_0 verworfen werden. Die Maschine ist nicht auf die richtige Sollänge eingestellt.

Für die Durchführung der in diesem Unterabschnitt besprochenen Tests steht nach dem Aufruf des `Statistics'Master'` die Mathematica-Funktion `MeanTest` zur Verfügung. Näheres finden Sie im **Notebook NB1K5A5.ma**.

5.5.3 Vergleich der Erwartungswerte von zwei abhängigen Normalverteilungen

Der im Unterabschnitt 5.5.2 besprochene t-Test soll auf die folgende Situation angewandt werden: Es seien $x_1, x_2, \ldots, x_n$ und $y_1, y_2, \ldots, y_n$ zwei sogenannte **verbundene Ergebnisreihen**. D.h. die Ergebnisse x_i und y_i gehören in natürlicher Weise zusammen, z.B. weil beide Ergebnisse an demselben Objekt gewonnen wurden.

Läßt man etwa n Studierende zwei verschiedene Klausuren schreiben, so können die Klausurergebnisse paarweise in der Ergebnisreihe $(x_1,y_1)^T, (x_2,y_2)^T, \ldots, (x_n,y_n)^T$ erfaßt werden. Wenn wir jedes Paar $(x_i,y_i)^T$ als Realisierung einer zweidimensionalen zufälligen Größe $(X_i,Y_i)^T$ auffassen, müssen wir folgendes berücksichtigen: Erfahrungsgemäß sind die Klausurergebnisse ein und derselben Person nicht voneinander unabhängig. Bezüglich des Leistungsniveaus gibt es Unterschiede zwischen den Studierenden. Die Klausurergebnisse verschiedener Studenten sollten unabhängig sein. Diese drei Fakten berücksichtigen wir mit der folgenden Modellierung:

Die zweidimensionalen Zufallsvektoren $(X_1,Y_1)^T, (X_2,Y_2)^T, \ldots, (X_n,Y_n)^T$ seien unabhängig und normalverteilt mit derselben Varianz-Kovarianzmatrix

$$\Sigma = \begin{pmatrix} \sigma_1^2 & \sigma_{12} \\ \sigma_{12} & \sigma_2^2 \end{pmatrix}.$$

Für die Erwartungswerte gelte:

$$E\left(\begin{pmatrix} X_i \\ Y_i \end{pmatrix}\right) = \begin{pmatrix} \mu_i \\ \mu_i + \Delta\mu \end{pmatrix}$$

Dabei wird mit μ_i das Leistungsvermögen der i-ten Person erfaßt, während die Zahl $\Delta\mu$ den Unterschied im Schwierigkeitsgrad der beiden Klausuren beschreiben soll. In dieser oder vergleichbaren Situationen ist es interessant zu testen:

(a) die Hypothese $H_0 : \Delta\mu \leq 0$ gegen die Alternative $H_1 : \Delta\mu > 0$

(b) die Hypothese $H_0 : \Delta\mu \geq 0$ gegen die Alternative $H_1 : \Delta\mu < 0$

(c) die Hypothese $H_0 : \Delta\mu = 0$ gegen die Alternative $H_1 : \Delta\mu \neq 0$

Unter den gemachten Annahmen sind die Differenzen $d_i := y_i - x_i$ Realisierungen von n unabhängigen identisch normalverteilten zufälligen Größen $D_i = Y_i - X_i$, deren Erwartungswert $\mu_d = \Delta\mu$ und deren Varianz $\sigma_d^2 = \sigma_1^2 + \sigma_2^2 - 2\sigma_{12}$ ist. Man testet deshalb auf der Basis der Differenzstichprobe $d_1, d_2, \ldots, d_n$

(a) die Hypothese $H_0 : \mu_d \leq 0$ gegen die Alternative $H_1 : \mu_d > 0$

(b) die Hypothese $H_0 : \mu_d \geq 0$ gegen die Alternative $H_1 : \mu_d < 0$

(c) die Hypothese $H_0 : \mu_d = 0$ gegen die Alternative $H_1 : \mu_d \neq 0$

Beispiel 5.10 KLAUSUR Bei der IHK-Prüfung für mathematisch-technische Assistenten haben die Kandidaten im Kammerbezirk Frankfurt/Main eine kleinere Programmieraufgabe in Form einer Klausur (90–120 Minuten) und eine größere Programmieraufgabe in Form einer Hausarbeit (5–10 Tage) zu lösen. Es soll versucht werden, auf einem Signifikanzniveau von 5% statistisch nachzuweisen, daß die Hausarbeit im Mittel besser ausfällt als die Klausur. Hierfür liegen aus dem Jahr 1988 von 8 Kandidaten die folgenden Bewertungen vor:

Bewertung der Klausur in % (x_i)	30	97.5	52.5	95	25	95	90	100
Bewertung der Hausarbeit in % (y_i)	78.5	87	88	84	58.5	84.5	88	76

Die Differenzstichprobe Hausarbeit−Klausur ist:

$$48.5, -10.5, 35.5, -11, 33.5, -10.5, -2, -24$$

Für den Test der Hypothese $H_0 : \mu_d \leq 0$ gegen die Alternative $H_1 : \mu_d > 0$ ist der kritische Wert z^* das 95%-Quantil der t_7-Verteilung: $z^* \approx 1.41$ Der Wert der Prüfgröße ist

$$z = \sqrt{8} \cdot \frac{\overline{d}}{s_d} \approx 0.77 < z^*.$$

H_0 kann nicht verworfen werden. Auf der Basis der gegebenen Stichprobe kann nicht nachgewiesen werden, daß die Hausarbeit im Mittel besser ausfällt als die Klausur.

Will man die Entscheidung ohne die explizite Berechnung des kritischen Wertes treffen, so berechnet man $1 - F_0(z) = 0.233018$ und erkennt, daß H_0 erst bei einem Signifikanzniveau von über 23% verworfen werden könnte.

Bemerkung 5.11 Der im Unterabschnitt 5.5.2 besprochene Test für den Erwartungswert μ einer Normalverteilung bei unbekannter Varianz heißt **Einstichproben-t-Test** (engl.: *one sample* t-**Test**). Wird er wie im Beispiel 5.10 KLAUSUR zum Vergleich der Erwartungswerte zweier abhängiger Stichproben eingesetzt, so spricht man von einem **Paired-t-Test**.

Bemerkung 5.12 Die Wahrscheinlichkeit $1 - F_0(|z|) = 0.00122132$ aus dem Beispiel 5.9 bzw. die Wahrscheinlichkeit $1 - F_0(z) = 0.233018$ aus dem Beispiel 5.10 erhält man auch mit der Mathematica-Funktion `MeanTest`. Hier besteht natürlich die Gefahr der Manipulation:

Ergibt sich z.B. beim Testproblem (a) auf der Basis irgendeiner Stichprobe die Wahrscheinlichkeit $1 - F_0(z) = 0.098$, so könnte man versucht sein, das ursprünglich angenommene Signifikanzniveau von 5% nachträglich auf 10% hochzusetzen und dann zu behaupten: Die Alternative ist statistisch erwiesen. Ein solches Vorgehen ist nicht korrekt, wird aber von allen Statistiksystemen nahezu provoziert: Wenn die Entscheidung bei einem Parametertest ohne explizite Berechnung des kritischen Wertes erfolgt, ist der Statistiker auch nicht gezwungen, das Signifikanzniveau vorher festzulegen.

Aufgaben zum Abschnitt 5.5

Aufgabe 5.5.1

Diese Aufgabe bezieht sich auf das Beispiel aus der Aufgabe 4.5.3: Für den durchschnittlichen Benzinverbrauch eines Autos auf 100 km liegt ein Stichprobe vom Umfang $n = 15$ vor. Nehmen Sie an, daß der durchschnittliche Benzinverbrauch durch eine normalverteilte zufällige Größe beschrieben wird, und testen Sie zum Niveau $\alpha = 5\%$ die Hypothese $H_0 : \mu \leq 10$ gegen die Alternative $H_1 : \mu > 10$.

Wie beurteilen Sie jetzt die Aussage des Autoverkäufers: „Der Wagen verbraucht auf 100 km so um die 10 l“ ?

Hinweis: Das Stichprobenmittel ist $\overline{x} = 10.03797$, die Standardabweichung wird durch $s = 0.637253$ geschätzt.

Aufgabe 5.5.2

Erzeugen Sie mit dem Zufallszahlengenerator von Mathematica 100 angeblich standardnormalverteilte Zufallszahlen und speichern Sie diese in der Mathematica-Liste `ZZN01`. Nehmen Sie an, daß die erzeugten Zahlen als Realisierungen von unabhängigen normalverteilten zufälligen Größen angesehen werden können, und testen Sie zum Niveau $\alpha = 5\%$:

(a) die Hypothese $H_0 : \sigma^2 = 1$ gegen die Alternative $H_1 : \sigma^2 \neq 1$

(b) die Hypothese $H_0 : \mu = 0$ gegen die Alternative $H_1 : \mu \neq 0$

Wie beurteilen Sie die Qualität des Zufallszahlengenerators?

Aufgabe 5.5.3

Für die Standardabweichung einer Normalverteilung mit bekanntem Erwartungswert $\mu = \mu_b$ ist die Hypothese $H_0 : \sigma \leq \sigma_0$ gegen die Alternative $H_1 : \sigma > \sigma_0$ auf der Basis einer Stichprobe vom Umfang $n = 100$ zum Niveau $\alpha = 5\%$ zu testen.

(a) Verwenden Sie die Prüfgröße $Z = \sqrt{n}\dfrac{\overline{X} - \mu_b}{\sigma_0}$ aus der Aufgabe 5.3.1, berechnen Sie den kritischen Wert z^*, und zeichnen Sie die Gütefunktion $\beta(\sigma)$ für $\sigma_0 = 1$.

(b) Verwenden Sie die Prüfgröße $Z = \sqrt{n}\dfrac{|\overline{X} - \mu_b|}{\sigma_0}$ aus der Aufgabe 5.3.2, berechnen Sie den kritischen Wert z^*, und zeichnen Sie die Gütefunktion $\beta(\sigma)$ für $\sigma_0 = 1$.

(c) Verwenden Sie die Prüfgröße $Z = (n-1)\dfrac{S^2}{\sigma_0^2}$ aus dem Unterabschnitt 5.5.1, berechnen Sie den kritischen Wert z^*, und zeichnen Sie die Gütefunktion $\beta(\sigma)$ für $\sigma_0 = 1$.

(d) Vergleichen Sie die drei Gütefunktionen. Welcher der drei Tests ist der beste?

Aufgabe 5.5.4 [aus Mosteller-Rourke: Sturdy Statistics]

Ein Dermatologe will die Wirksamkeit eines neuen Sonnenschutzmittels Y mit der eines bekannten Mittels X vergleichen. Er will nachweisen, daß das neue Mittel Y wirksamer ist als das alte. Hierzu wählt der Dermatologe n Testpersonen aus. Bei jeder Person wird die linke Schulter mit dem Sonnenschutzmittel X und die rechte Schulter mit dem neuen Mittel Y behandelt. Danach werden die Testpersonen der Sonne ausgesetzt. Es wird notiert, nach wieviel Minuten erste Verbrennungserscheinungen auftreten.

(a) Formulieren Sie das geeignete Testproblem.

(b) Von 6 Testpersonen liegen folgende Daten vor:

x_i :	34	72	122	14	52	75
y_i :	72	109	74	34	92	60

Führen Sie den Test unter der Annahme durch, daß die Voraussetzungen des Paired-t-Test erfüllt sind.

Aufgabe 5.5.5

Es seien $(X_1,Y_1)^T,(X_2,Y_2)^T,\ldots,(X_n,Y_n)^T$ unabhängige identisch N($\boldsymbol{\mu}$,Σ)-verteilte Zufallsvektoren mit

$$\boldsymbol{\mu}=\begin{pmatrix}\mu_1\\ \mu_2\end{pmatrix} \text{ und } \Sigma=\begin{pmatrix}\sigma_1^2 & \sigma_{12}\\ \sigma_{12} & \sigma_2^2\end{pmatrix} \text{ und dem Korrelationskoeffizienten } \rho=\frac{\sigma_{12}}{\sqrt{\sigma_1^2\cdot\sigma_2^2}}.$$

Für den Test der Hypothese $H_0:\rho=0$ gegen die Alternative $H_0:\rho\neq 0$ eignet sich die Prüfgröße

$$Z:=\frac{R_{XY}\sqrt{n-2}}{\sqrt{1-R_{XY}^2}} \text{ mit } R_{XY}:=\frac{\sum\limits_{i=1}^{n}(X_i-\overline{X})(Y_i-\overline{Y})}{\sqrt{\sum\limits_{i=1}^{n}(X_i-\overline{X})^2}\cdot\sqrt{\sum\limits_{i=1}^{n}(Y_i-\overline{Y})^2}},$$

die unter H_0 eine t_{n-2}-Verteilung besitzt. Nehmen Sie dies als Tatsache, und versuchen Sie zu beweisen:

(a) Das Körpergewicht erwachsener Männer ist mit der Körpergröße positiv korreliert.

Wählen Sie ein geeignetes Signifikanzniveau, und führen Sie den Test auf der Basis der in der Mathematica-Liste `KGRKGEWM` (vgl. **Notebook NB1K4A2.ma**) abgespeicherten Stichprobe vom Umfang $n=46$ durch. (In der Aufgabe 4.2.4 wurde der Korrelationskoeffizient mit $r_{xy}=0.46773$ geschätzt.)

(b) Bei der IHK-Prüfung für mathematisch-technische Assistenten sind die Ergebnisse der Kurzprogrammierung und der Hausarbeit nicht voneinander unabhängig.

Wählen Sie ein geeignetes Signifikanzniveau, und führen Sie den Test auf der Basis der Stichprobe aus dem Beispiel 5.10 durch.

5.6 Vergleich der Parameter von zwei unabhängigen Normalverteilungen

In diesem Abschnitt ändern wir die Situation, die bei der Anwendung des Paired-t-Test vorausgesetzt wurde, wie folgt ab: Wir gehen von zwei **unabhängigen** Stichproben $\boldsymbol{x}=(x_1,\ldots,x_{n_1})^T$ und $\boldsymbol{y}=(y_1,\ldots,y_{n_2})^T$ aus, d.h. wir nehmen an, daß die zugehörigen Stichprobenvariablen $X_1,\ldots,X_{n_1},Y_1,\ldots,Y_{n_2}$ unabhängig sind. Wir nehmen weiter an, daß jede zufällige Größe X_i $N(\mu_1,\sigma_1^2)$-verteilt ist, und daß jede zufällige Größe Y_i $N(\mu_2,\sigma_2^2)$-verteilt ist. Unter diesen Voraussetzungen soll überprüft werden, ob die Parameter der beiden Normalverteilungen gleich sind.

Beispiel 5.11 KLAUSUR Eine Mathematik-Klausur wurde in zwei Gruppen A und B geschrieben. Vor Rückgabe der Klausur behaupteten die Studenten, daß die Klausur A leichter gewesen sei als die Klausur B. Wird diese Behauptung durch das Ergebnis der Klausur bestätigt, das wie folgt aussah: Von maximal 50 Punkten erreichten die 14 Studenten der Gruppe A bzw. die 18 Studenten der Gruppe B folgende Punktzahlen :

Gruppe A : 6,17,19,25,28,29,33,34,37,40,43,46,46,50
Gruppe B : 5,8,13,14,15,15,16,16,16,20,20,26,28,30,33,34,36,46

Der diesem Beispiel angemessene **Zweistichproben-t-Test** (engl.: *two sample* **t-test**) wird im Unterabschnitt 5.6.2 besprochen. Er setzt allerdings die Gleichheit der Varianzen voraus. Deshalb beginnen wir zunächst damit, ein Verfahren zu entwickeln, mit dem diese Voraussetzung überprüft werden kann.

5.6.1 Vergleich der Varianzen zweier unabhängiger Normalverteilungen

Getestet werden soll:

(a) $H_0 : \sigma_1^2 \leq \sigma_2^2$ gegen $H_1 : \sigma_1^2 > \sigma_2^2$

(b) $H_0 : \sigma_1^2 \geq \sigma_2^2$ gegen $H_1 : \sigma_1^2 < \sigma_2^2$

(c) $H_0 : \sigma_1^2 = \sigma_2^2$ gegen $H_1 : \sigma_1^2 \neq \sigma_2^2$

Die Hypothesen und Alternativen dieser drei Testprobleme lassen sich äquivalent formulieren als Aussagen über den Quotienten

$$q := \frac{\sigma_1^2}{\sigma_2^2} .$$

(a) $H_0 : q \leq 1$ gegen $H_1 : q > 1$

(b) $H_0 : q \geq 1$ gegen $H_1 : q < 1$

(c) $H_0 : q = 1$ gegen $H_1 : q \neq 1$

Diese drei Testprobleme sind wiederum Sonderfälle der folgenden Testprobleme, bei denen q_0 eine beliebige aber feste positive reelle Zahl ist:

(a) $H_0 : q \leq q_0$ gegen $H_1 : q > q_0$

(b) $H_0 : q \geq q_0$ gegen $H_1 : q < q_0$

(c) $H_0 : q = q_0$ gegen $H_1 : q \neq q_0$

Für diese Testprobleme bietet sich die Prüfgröße

$$Z = \frac{1}{q_0} \cdot \frac{\sum\limits_{i=1}^{n_1} (X_i - \bar{X})^2/(n_1 - 1)}{\sum\limits_{i=1}^{n_2} (Y_j - \overline{Y})^2/(n_2 - 1)} = \frac{1}{q_0} \cdot \frac{S_1^2}{S_2^2}$$

mit

$$S_1^2 := \frac{1}{n_1 - 1}\sum_{i=1}^{n_1}(X_i - \bar{X})^2 \text{ und } S_2^2 := \frac{1}{n_2 - 1}\cdot\sum_{i=1}^{n_2}(Y_j - \overline{Y})^2$$

an. Bezeichnet man nämlich mit $F_q(z) = P(Z \le z)$ die Verteilungsfunktion von Z für den Fall, daß q der wahre Wert des Quotienten $\frac{\sigma_1^2}{\sigma_2^2}$ ist, so gilt:

$$F_q(z) = P\left(\frac{1}{q_0}\cdot\frac{\sum_{i=1}^{n_1}(X_i - \bar{X})^2/(n_1-1)}{\sum_{i=1}^{n_2}(Y_j - \overline{Y})^2/(n_2-1)} \le z\right) = P\left(\frac{\frac{1}{\sigma_1^2}\cdot\sum_{i=1}^{n_1}(X_i - \bar{X})^2/(n_1-1)}{\frac{1}{\sigma_2^2}\cdot\sum_{i=1}^{n_2}(Y_j - \overline{Y})^2/(n_2-1)} \le q_0\cdot\frac{\sigma_2^2}{\sigma_1^2}\cdot z\right)$$

$$= F_{n_1-1,n_2-1}\left(q_0\cdot\frac{\sigma_2^2}{\sigma_1^2}\cdot z\right) = F_{n_1-1,n_2-1}\left(\frac{q_0}{q}\cdot z\right)$$

Dabei ist F_{n_1-1,n_2-1} die Verteilungsfunktion der F-Verteilung mit $n_1 - 1$ und $n_2 - 1$ Freiheitsgraden (vgl. Satz 3.14 und Definition 3.15). Daraus folgt:

- Falls $q = q_0$ ist, besitzt Z eine bekannte Verteilungsfunktion.
- Die Verteilung der zufälligen Größe Z ist in folgendem Sinne monoton abhängig von dem wahren Wert des Quotienten:

$$q_1 < q_2 \Rightarrow \underset{z\in\mathbb{R}}{\forall}\left(F_{n_1-1,n_2-1}\left(q_0\frac{1}{q_1}z\right) \ge F_{n_1-1,n_2-1}\left(q_0\frac{1}{q_2}z\right)\right) \Rightarrow \underset{z\in\mathbb{R}}{\forall}\left(F_{q_1}(z) \ge F_{q_2}(z)\right)$$

Daraus ergeben sich die kritischen Werte und die Entscheidungsregeln in der bekannten Weise: Beim Testproblem (a) ist der kritische Wert das $(1-\alpha)$-Quantil z^* der F_{n_1-1,n_2-1}-Verteilung. H_0 wird verworfen, falls $z > z^*$ ist, bzw. falls $1 - F_{n_1-1,n_2-1}(z) < \alpha$ ist. Beim Testproblem (b) ist der kritische Wert das α-Quantil z' der F_{n_1-1,n_2-1}-Verteilung. H_0 wird verworfen, falls $z < z'$ ist, bzw. falls $F_{n_1-1,n_2-1}(z) < \alpha$ ist. Beim Testproblem (c) sind die kritischen Werte das $\frac{\alpha}{2}$-Quantil z_1 bzw. das $(1-\frac{\alpha}{2})$-Quantil z_2 der F_{n_1-1,n_2-1}-Verteilung. H_0 wird verworfen, falls $z < z_1$ oder $z > z_2$ ist. Dies ist äquivalent zu der Forderung: $F_{n_1-1,n_2-1}(z) < \frac{\alpha}{2}$ oder $1 - F_{n_1-1,n_2-1}(z) < \frac{\alpha}{2}$

5.6.2 Vergleich der Erwartungswerte zweier unabhängiger normalverteilter zufälliger Größen gleicher Varianz

Wir setzen nun voraus, daß die beiden Varianzen denselben (unbekannten) Wert σ^2 haben, daß also gilt:

$$\sigma_1^2 = \sigma_2^2 = \sigma^2$$

Unter dieser Voraussetzung besprechen wir die folgenden Testprobleme:

(a) $H_0 : \mu_1 \le \mu_2$ gegen $H_1 : \mu_1 > \mu_2$

(b) $H_0 : \mu_1 \ge \mu_2$ gegen $H_1 : \mu_1 < \mu_2$

(c) $H_0 : \mu_1 = \mu_2$ gegen $H_1 : \mu_1 \ne \mu_2$

Dabei verfahren wir ähnlich wie im Unterabschnitt 5.6.1. Dort haben wir den Vergleich zweier Varianzen σ_1^2 und σ_2^2 in allgemeinere Tests eingebettet, bei denen der Quotient q der beiden Varianzen mit einem hypothetischen Wert q_0 verglichen wurde. Hier formulieren wir die Hypothesen und Alternativen über die Erwartungswerte μ_1 und μ_2 äquivalent als Aussagen über die Differenz $\triangle\mu := \mu_1 - \mu_2$:

(a) $H_0 : \triangle\mu \leq 0$ gegen $H_1 : \triangle\mu > 0$

(b) $H_0 : \triangle\mu \geq 0$ gegen $H_1 : \triangle\mu < 0$

(c) $H_0 : \triangle\mu = 0$ gegen $H_1 : \triangle\mu \neq 0$

Diese Testprobleme sind wiederum Sonderfälle der folgenden drei Testprobleme, bei denen $\triangle\mu_0$ eine beliebige aber feste reelle Zahl ist, die wir als hypothetische Differenz bezeichnen können:

(a) $H_0 : \triangle\mu \leq \triangle\mu_0$ gegen $H_1 : \triangle\mu > \triangle\mu_0$

(b) $H_0 : \triangle\mu \geq \triangle\mu_0$ gegen $H_1 : \triangle\mu < \triangle\mu_0$

(c) $H_0 : \triangle\mu = \triangle\mu_0$ gegen $H_1 : \triangle\mu \neq \triangle\mu_0$

Für diese drei Testprobleme bietet sich die Prüfgröße

$$Z = \sqrt{\frac{n_1 n_2 (n_1 + n_2 - 2)}{n_1 + n_2}} \cdot \frac{\bar{X} - \bar{Y} - \triangle\mu_0}{\sqrt{(n_1 - 1)S_1^2 + (n_2 - 1)S_2^2}}$$

mit

$$\bar{X} := \frac{1}{n_1} \sum_{i=1}^{n_1} X_i,\ \bar{Y} := \frac{1}{n_2} \sum_{i=1}^{n_1} Y_i,\ S_1^2 := \frac{1}{n_1 - 1} \sum_{i=1}^{n_1} (X_i - \bar{X})^2,\ S_2^2 := \frac{1}{n_2 - 1} \sum_{i=1}^{n_2} (Y_i - \bar{Y})^2$$

an. Dies begründen wir wie folgt: $\bar{X}$ und $\bar{Y}$ sind unabhängige normalverteilte zufällige Größen mit dem Erwartungswert μ_1 bzw. μ_2 und der Varianz $\frac{\sigma^2}{n_1}$ bzw. $\frac{\sigma^2}{n_2}$. Daraus folgt, daß $\bar{X} - \bar{Y}$ normalverteilt ist mit dem Erwartungswert $\triangle\mu = \mu_1 - \mu_2$ und der Varianz

$$\frac{\sigma^2}{n_1} + \frac{\sigma^2}{n_2} = \sigma^2 \cdot \frac{n_1 + n_2}{n_1 \cdot n_2}.$$

Damit ist die zufällige Größe

$$U := \sqrt{\frac{n_1 \cdot n_2}{n_1 + n_2}} \cdot \frac{\bar{X} - \bar{Y} - \triangle\mu}{\sigma}$$

standardnormalverteilt. Da U von der $\chi^2_{n_1+n_2-2}$-verteilten zufälligen Größe

$$V := \frac{1}{\sigma^2} \left((n_1 - 1)S_1^2 + (n_2 - 1)S_2^2 \right)$$

unabhängig ist, besitzt die zufällige Größe

$$\frac{U}{\sqrt{V/(n_1+n_2-2)}} = \sqrt{\frac{n_1 n_2(n_1+n_2-2)}{n_1+n_2}} \cdot \frac{\bar{X}-\bar{Y}-\triangle\mu}{\sqrt{(n_1-1)S_1^2+(n_2-1)S_2^2}}$$

eine t-Verteilung mit n_1+n_2-2 Freiheitsgraden.

Ersetzt man die standardnormalverteilte zufällige Größe U durch die zufällige Größe

$$\sqrt{\frac{n_1 \cdot n_2}{n_1+n_2}} \cdot \frac{\bar{X}-\bar{Y}-\triangle\mu_0}{\sigma} = U + \sqrt{\frac{n_1 \cdot n_2}{n_1+n_2}} \cdot \frac{\triangle\mu-\triangle\mu_0}{\sigma}$$

mit dem Erwartungswert

$$m = \sqrt{\frac{n_1 \cdot n_2}{n_1+n_2}} \cdot \frac{\triangle\mu-\triangle\mu_0}{\sigma}$$

und der Varianz 1, so erhält man die zufällige Größe

$$Z = \sqrt{\frac{n_1 n_2(n_1+n_2-2)}{n_1+n_2}} \cdot \frac{\bar{X}-\bar{Y}-\triangle\mu_0}{\sqrt{(n_1-1)S_1^2+(n_2-1)S_2^2}},$$

die eine nichtzentrale t-Verteilung mit n_1+n_2-2 Freiheitsgraden und dem Nichtzentralitätsparameter m besitzt. Wenn wir nun vorschlagen, diese zufällige Größe Z als Prüfgröße für die Testprobleme dieses Abschnitts zu verwenden, so können wir uns dabei auf die Argumente des Abschnitts 5.5 berufen: Wir bezeichnen mit $F_{\triangle\mu}$ die Verteilungsfunktion von Z für den Fall, daß $\triangle\mu$ der wahre Wert der Differenz $\mu_1-\mu_2$ ist. Dann gilt: Falls $\triangle\mu = \triangle\mu_0$ ist, besitzt Z eine bekannte Verteilungsfunktion. $F_{\triangle\mu_0}$ ist nämlich die Verteilungsfunktion der (zentralen) t-Verteilung mit n_1+n_2-2 Freiheitsgraden. Die Verteilung der zufälligen Größe Z ist in folgendem Sinn monoton abhängig von der Differenz $\triangle\mu$:

$$\begin{aligned} \triangle\mu_1 < \triangle\mu_2 \quad &\Rightarrow \quad m_1 := \sqrt{\frac{n_1 \cdot n_2}{n_1+n_2}} \frac{\triangle\mu_1-\triangle\mu_0}{\sigma} < \sqrt{\frac{n_1 \cdot n_2}{n_1+n_2}} \frac{\triangle\mu_2-\triangle\mu_0}{\sigma} =: m_2 \\ &\Rightarrow \quad \underset{z\in\mathbb{R}}{\forall} \left(F_{\triangle\mu_1}(z) \geq F_{\triangle\mu_2}(z)\right) \end{aligned}$$

Zusammenfassend können wir also feststellen:

- $F_{\triangle\mu_0}$ ist die Verteilungsfunktion einer bekannten Verteilung.
- $\triangle\mu_1 < \triangle\mu_2 \Rightarrow \underset{z\in\mathbb{R}}{\forall} \left(F_{\triangle\mu_1}(z) \geq F_{\triangle\mu_2}(z)\right)$

Damit ergeben sich für die drei Testprobleme die Entscheidungsregeln nach dem im Abschnitt 5.3 besprochenen Verfahren. Die kritischen Werte für die Prüfgröße Z sind beim Testproblem (a) das $(1-\alpha)$-Quantil z^*, beim Testproblem (b) das α-Quantil z' und beim Testproblem (c) das $\frac{\alpha}{2}$-Quantil z_1 bzw. das $\frac{1-\alpha}{2}$-Quantil z_2 der $t_{n_1+n_2-2}$-Verteilung. Die Entscheidungsregeln lauten, wenn $F_{\triangle\mu_0}$ die Verteilungsfunktion der (zentralen) $t_{n_1+n_2-2}$-Verteilung bezeichnet:

Testproblem (a) Verwirf H_0, falls $z > z^*$ ist, bzw. falls $1-F_{\triangle\mu_0}(z) < \alpha$ ist.

Testproblem (b) Verwirf H_0, falls $z < z'$ ist, bzw. falls $F_{\triangle\mu_0}(z) < \alpha$ ist.

Testproblem (c) Verwirf H_0, falls $z < z_1$ oder $z > z_2$ ist, bzw. falls $F_{\triangle\mu_0}(z) < \frac{\alpha}{2}$ oder $1-F_{\triangle\mu_0}(z) < \frac{\alpha}{2}$ ist, bzw. falls $1-F_{\triangle\mu_0}(|z|) < \frac{\alpha}{2}$ ist.

Bemerkung 5.13 Häufig tritt in der Praxis der Sonderfall $\triangle\mu_0 = 0$ auf. Kommt man hier zum Verwerfen der Hypothesen, so sagt man beim Testproblem (a): „μ_1 ist signifikant größer als μ_2", beim Testproblem (b): „μ_1 ist signifikant kleiner als μ_2" und beim Testproblem (c): „μ_1 ist signifikant von μ_2 verschieden".

Beispiel 5.12 KLAUSUR Wir greifen das Problem aus dem Beispiel 5.11 auf. Wenn wir beweisen wollen, daß die Studenten der Gruppe A signifikant mehr Punkte erreicht haben als die der Gruppe B, so haben wir die Hypothese $H_0 : \mu_1 \leq \mu_2$ gegen die Alternative $H_1 : \mu_1 > \mu_2$ zu testen.

Bevor wir den Zweistichproben-t-Test anwenden, überprüfen wir, ob die Voraussetzung gleicher Varianzen als gegeben angesehen werden kann. Für den Test der

$$\text{Hypothese } H_0 : \frac{\sigma_1^2}{\sigma_2^2} = q_0 = 1 \text{ gegen die Alternative } H_1 : \frac{\sigma_1^2}{\sigma_2^2} \neq 1$$

ist der Wert der Prüfgröße $z = \frac{s_1^2}{s_2^2} = 1.35854$. Für die Verteilungsfunktion der F-Verteilung mit $n_1 - 1 = 13$ und $n_2 - 1 = 17$ Freiheitsgraden ergibt sich:

$$F_{13,17}(z) \approx 0.73 \text{ und } 1 - F_{13,17}(z) \approx 0.27$$

Beim zweiseitigen Test kann also die Nullhypothese $H_0 : \sigma_1^2 = \sigma_2^2$ auf keinem sinnvollen Signifikanzniveau verworfen werden.

Mit dieser Gewißheit können wir nun den Zweistichproben-t-Test durchführen. Auf 5%-igem Signifikanzniveau führt dieser Test tatsächlich zum Verwerfen der Nullhypothese: Das 95%-Quantil der t_{30}-Verteilung ist nämlich $z^* \approx 1.70$, und der Wert der Prüfgröße ist ($\triangle\mu_0 = 0$)

$$z = 2.56 > z^*.$$

Also kann H_0 verworfen werden. Die Klausurergebnisse bei der Gruppe A sind signifikant besser.

Bemerkung 5.14 Bei der Bearbeitung des Beispiels 5.12 haben wir gesagt, daß die Hypothese $H_0 : \sigma_1^2 = \sigma_2^2$ auf keinem sinnvollen Signifikanzniveau gegen die Alternative $H_1 : \sigma_1^2 \neq \sigma_2^2$ verworfen werden kann. Wir sollten uns überlegen, was an dieser Stelle ein sinnvolles Signifikanzniveau ist.

Zunächst müssen wir uns bewußt machen, daß es im Beispiel 5.12 entgegen der am Ende des Abschnitts 5.2 beschriebenen Logik nicht unbedingt unser Ziel war, zum Verwerfen der Hypothese $H_0 : \sigma_1^2 = \sigma_2^2$ zu kommen. (Denn dann hätten wir den Zweistichproben-t-Test nicht anwenden dürfen, und ein anderes Verfahren zum Vergleich der Erwartungswerte μ_1 und μ_2 steht uns nicht zur Verfügung.)

Das Problem läßt sich verallgemeinern: Will man beweisen, daß der unbekannte Parameter u einer Verteilung den hypothetischen Wert u_0 hat, so bräuchte man ein Verfahren für das Testen der Hypothese $H_0 : u \neq u_0$ gegen die Alternative $H_1 : u = u_0$. Käme man dann auf einem niedrigen Signifikanzniveau α zum Verwerfen von H_0, so könnte man sagen, daß die Gleichheit $u = u_0$ statistisch nachgewiesen wurde. Ein solches Verfahren gibt es aber nicht. Was also kann man tun? Ein Ausweg aus diesem Dilemma ist, das übliche zweiseitige Testproblem (c) zu formulieren und eine relativ hohe Signifikanzzahl vorzugeben, also zum Beispiel $\alpha = 25\%$. Kommt man dann nicht zum Verwerfen der Hypothese $H_0 : u = u_0$, so kann man sagen: „Auch wenn eine Fehlerwahrscheinlichkeit 1. Art von 25% zugelassen wird, kann H_0 nicht verworfen werden." Damit ist die Aussage $u = u_0$ zwar nicht statistisch erwiesen, denn die Fehlerwahrscheinlichkeit 2. Art kann bis zu 75% betragen, aber man hat jedenfalls gezeigt, daß das Gegenteil nicht nachgewiesen werden kann. Denken Sie an den Vergleich mit der Situation des Richters: Bis zum Eintreffen weiterer Daten (unsere Zeugenaussagen und Indizien) bleiben wir bei der Hypothese H_0.

Im Beispiel 5.12 kann die Hypothese $H_0 : \sigma_1^2 = \sigma_2^2$ gegen die Alternative $H_1 : \sigma_1^2 \neq \sigma_2^2$ nur verworfen werden, wenn man die Signifikanzzahl α so groß wählt, daß $0.27 < \frac{\alpha}{2}$ also α größer als 54% ist. Bei dem von uns vorgeschlagenen Niveau von $\alpha = 25\%$ kann H_0 nicht verworfen werden.

Die in der Bemerkung 5.14 angesprochene Problematik wird uns im nächsten Abschnitt bei den sogenannten Anpassungstests wieder begegnen. Dort wird es darum gehen, auf statistischem Wege nachzuweisen, daß die wahre Verteilungsfunktion F gleich einer hypothetischen Verteilungsfunktion F_0 ist.

Wir beenden diesen Abschnitt mit einigen Hinweisen zu den Aufgaben:

Zu den Standardsituationen für die Anwendung des Zweistichproben-t-Tests gehört der Vergleich der Wirksamkeit von Futter- oder Düngemitteln in der Landwirtschaft. Hier ist es meistens nicht möglich, die Voraussetzungen für den Einsatz des Paired-t-Test zu schaffen. Schließlich kann man nicht dasselbe Tier gleichzeitig mit zwei verschiedenen Futtermitteln füttern und anschließend die Effekte trennen. Auch ist es wenig sinnvoll, auf demselben Stück Land gleichzeitig zwei verschiedene Düngemittel auszubringen. Natürlich kann man Ackerflächen teilen und so die Voraussetzungen für den Paired-t-Test schaffen. Beim Vergleich der Wirksamkeit von Futtermitteln aber ist die Annahme verbundener Stichproben meistens unrealistisch, so daß der Zweistichproben-t-Test angewandt werden sollte. Wir greifen eines dieser Beispiele in der Aufgabe 5.6.1 auf. Beachten Sie bei der Bearbeitung dieser Aufgabe die folgende

Bemerkung 5.15 Der Zweistichproben-t-Test muß auch dann angewandt werden, wenn die Stichprobenumfänge n_1 und n_2 zwar gleich sind, die übrigen Voraussetzungen für die Anwendung des Paired-t-Test aber nicht erfüllt sind. Häufig wird nämlich der Fehler begangen, daß bei gleichen Stichrobenumfängen gedankenlos der Paired-t-Test eingesetzt wird. Dieser setzt aber voraus, daß die Beobachtungen x_i und y_i zusammengehören und die Differenzenbildung $d_i := x_i - y_i$ inhaltlich sinnvoll ist.

Wie schon in der Bemerkung 5.13 erwähnt, wird der Zweistichproben-t-Test am häufigsten für den Sonderfall $\triangle\mu_0 = 0$ eingesetzt. In vielen praktischen Fällen wäre es aber durchaus sinnvoll, eine Aussage über die Größe der Differenz $\triangle\mu = \mu_1 - \mu_2$ statistisch abzusichern.

Wenn zum Beispiel wissenschaftliche Untersuchungen ergeben, daß Vegetarier im Mittel länger leben als Nichtvegetarier, so bleibt hier eine wichtige Frage offen. Wir meinen nicht die Frage, ob die höhere Lebenserwartung ausschließlich auf die fleischfreie Ernährung zurückzuführen ist oder zum großen Teil auf die bei Vegetariern allgemein festzustellende gesundheitsbewußtere Ernährung und Lebensführung. Wir meinen die Frage: Um wieviel erhöht sich die Lebenserwartung bei fleischfreier Ernährung? Beträgt der nachweisbare Unterschied nur einige Wochen oder Monate, oder läßt sich ein Unterschied in der Größenordnung von Jahren auch noch statistisch nachweisen?

Eine vergleichbare Frage stellt sich für das Beispiel 5.12 KLAUSUR: Der bei dieser realen Klausur angelegte Bewertungsmaßstab sah vor, daß bei **bestandenen** Klausuren ein Unterschied von etwa 5 Punkten einen Unterschied von einer Note ergibt. Es stellt sich also die Aufgabe, die Hypothese $H_0 : \mu_1 - \mu_2 \leq 5$ gegen die Alternative $H_0 : \mu_1 - \mu_2 > 5$ zu testen. Die Durchführung dieses Tests ist Gegenstand der Aufgabe 5.6.2.

Aufgaben zum Abschnitt 5.6

Aufgabe 5.6.1 [aus Kreyszig, E.: Statistische Methoden und ihre Anwendungen]
Zwei Gruppen von je 7 Schweinen werden mit zwei verschiedenen Futtermitteln gefüttert. Die Gewichtszunahmen in kg über einen Zeitraum von 4 Monaten sind:

Gruppe A	:	33	66	26	43	46	55	54
Gruppe B	:	53	53	37	73	58	61	38

Überprüfen Sie, ob die Unterschiede zwischen den beiden Gruppen signifikant sind.

Aufgabe 5.6.2
Läßt sich im Beispiel 5.12 KLAUSUR die Hypothese $H_0 : \mu_1 - \mu_2 \leq 5$ gegen die Alternative $H_1 : \mu_1 - \mu_2 > 5$ auf 5%-igem Signifikanzniveau verwerfen?

Aufgabe 5.6.3

(a) Berechnen Sie unter den Voraussetzungen des Unterabschnitts 5.6.1 ein γ%-iges Konfidenzintervall für den Quotienten $q := \sigma_1^2/\sigma_2^2$ der Varianzen.

Berechnen Sie für das Beispiel 5.12 KLAUSUR ein 95%-iges Konfidenzintervall für den Quotienten σ_1^2/σ_2^2.

(b) Berechnen Sie unter den Voraussetzungen des Unterabschnitts 5.6.2 ein γ%-iges Konfidenzintervall für die Differenz $\triangle\mu := \mu_1 - \mu_2$ der Erwartungswerte.

Berechnen Sie für das Beispiel 5.12 KLAUSUR ein 95%-iges Konfidenzintervall für die Differenz $\triangle\mu := \mu_1 - \mu_2$.

Aufgabe 5.6.4

Es seien $\boldsymbol{x} = (x_1, \ldots, x_{n_1})^T$ und $\boldsymbol{y} = (y_1, \ldots, y_{n_2})^T$ zwei empirische Stichproben. Nehmen Sie an, daß für die zugehörigen mathematischen Stichproben $\boldsymbol{X} = (X_1, \ldots, X_{n_1})^T$ und $\boldsymbol{Y} = (Y_1, \ldots, Y_{n_2})^T$ gilt: Die $n_1 + n_2$ zufälligen Größen $X_1, \ldots, X_{n_1}, Y_1, \ldots, Y_{n_2}$ sind unabhängig und normalverteilt. Die zufälligen Größen $X_1, \ldots, X_{n_1}$ besitzen die bekannte Varianz σ_1^2 und den unbekannten Erwartungswert μ_1, die zufälligen Größen $Y_1, \ldots, Y_{n_2}$ besitzen die bekannte Varianz σ_2^2 und den unbekannten Erwartungswert μ_2.

(a) Leiten Sie eine Prüfgröße für das Testen von Hypothesen über die Differenz $\triangle\mu := \mu_1 - \mu_2$ der Erwartungswerte her.

(b) Berechnen Sie ein γ%-iges Konfidenzintervall für die Differenz $\triangle\mu := \mu_1 - \mu_2$ der Erwartungswerte.

5.7 Anpassungstests

Im Kapitel 4 und in den vorangegangenen Abschnitten des Kapitels 5 wurden fast immer Annahmen über den Typ der Verteilungsfunktion F der Stichprobenvariablen $X_1, \ldots, X_n$ gemacht. In vielen Fällen wurde vorausgesetzt, daß F die Verteilungsfunktion einer Normalverteilung ist. Ziel dieses Abschnitts ist es, Testverfahren herzuleiten, mit denen überprüft werden kann, ob die Verteilungsfunktion F gleich einer hypothetischen Verteilungsfunktion F_0 ist. D.h. wir wollen

die **Hypothese** $H_0 : F = F_0$ gegen die **Alternative** $H_1 : F \neq F_0$

testen. Solche Tests heißen **Anpassungstests.**

Bemerkung 5.16 Bei Anpassungstests muß man zufrieden sein, wenn H_0 auf relativ hohem Signifikanzniveau (wir schlagen $\alpha = 25\%$ vor) nicht verworfen werden kann. Es gibt nämlich kein Verfahren, mit dem die Hypothese $H_0 : F \neq F_0$ gegen die Alternative $H_1 : F = F_0$ getestet werden kann (vgl. Bemerkung 5.14).

In den folgenden beiden Unterabschnitten werden wir die zwei bekanntesten Anpassungstests besprechen. Beide haben ihre Vor- und Nachteile. Der Kolmogorov-Smirnow-Test setzt voraus, daß die hypothetische Verteilungsfunktion F_0 stetig ist und keine unbekannten Parameter enthält. Der χ^2-Anpassungstest kommt ohne diese Voraussetzungen aus. Dafür ist das Testergebnis abhängig von einer relativ willkürlich zu wählenden Zerlegung der reellen Achse.

5.7.1 Der Kolmogorov-Smirnow-Test

Es ist naheliegend, die im Abschnitt 4.3 eingeführte empirische Verteilungsfunktion $\widetilde{F}_n$ mit der hypothetischen Verteilungsfunktion F_0 zu vergleichen. Einen ersten optischen Eindruck von der Gültigkeit der Hypothese gewinnt man, wenn man die Graphen der beiden Funktionen $\widetilde{F}_n$ und F_0 zeichnet. In diesem Zusammenhang verweisen wir auf die im Abschnitt 4.3 besprochenen xQ-Plots. Für einen objektiven statistischen Test benötigen wir eine Prüfgröße, mit der wir den Unterschied zwischen den Funktionen $\widetilde{F}_n$ und F_0 quantitativ erfassen. Die Prüfgröße des **Kolmogorov-Smirnow-Tests** ist

$$Z_n := \sup_{x\in\mathbb{R}} \left|\widetilde{F}_n(x) - F_0(x)\right| = T_n \circ \boldsymbol{X}$$

mit der Teststatistik:

$$\begin{array}{llll} T_n: & \mathbb{R}^n & \to & \mathbb{R} \\ & (x_1,\ldots,x_n)^T & \mapsto & T_n(x_1,\ldots,x_n) := \sup\limits_{x\in\mathbb{R}} \left|\frac{1}{1}n \cdot |\{i \in \{1,\ldots,n\} \,|\, x_i \le x\}| - F_0(x)\right| \end{array}$$

Es gilt also:

$$Z_n = T_n \circ \boldsymbol{X} = \sup_{x\in\mathbb{R}} \left|\frac{1}{n} \cdot |\{i \in \{1,\ldots,n\} \,|\, X_i \le x\}| - F_0(x)\right|$$

Die Verteilung P_{T_n} dieser Teststatistik ist natürlich abhängig von der wahren Verteilungsfunktion F der Stichprobenvariablen $X_1,\ldots,X_n$. Bezeichnet man also mit D die Menge aller Verteilungsfunktionen, so gilt:

$$P_{T_n} \in \{P_F \,|\, F \in D\}$$

Falls die Nullhypothese zutrifft, besitzt T_n die Verteilung P_{F_0}. Der folgende Satz besagt, daß für eine große Klasse von Verteilungsfunktionen F_0 die Verteilung P_{F_0} dieselbe ist:

Satz 5.3.
Voraussetzung: Es sei $\boldsymbol{X} = (X_1,\ldots,X_n)^T$ eine mathematische Stichprobe, deren Koordinatenfunktionen die stetige Verteilungsfunktion F_0 besitzen.

Behauptung: Dann ist die Verteilung der zufälligen Größe

$$Z_n := \sup_{x\in\mathbb{R}} \left|\frac{1}{n} \cdot |\{i \in \{1,\ldots,n\} \,|\, X_i \le x\}| - F_0(x)\right|$$

unabhängig von der speziellen Form von F_0.

Beweis: Wir betrachten zunächst den Fall, daß F_0 streng monoton wachsend ist. In diesem Fall besitzt F_0 eine streng monotone Umkehrfunktion $F_0^{-1}: (0,1) \to \mathbb{R}$, und es gilt:

$$\begin{aligned} Z_n &= \sup_{x\in\mathbb{R}} \left|\frac{1}{n} \cdot |\{i \in \{1,\ldots,n\} \,|\, X_i \le x\}| - F_0(x)\right| \\ &= \sup_{y\in(0,1)} \left|\frac{1}{n} \cdot \left|\left\{i \in \{1,\ldots,n\} \,\middle|\, X_i \le F_0^{-1}(y)\right\}\right| - F_0(F_0^{-1}(y))\right| \\ &= \sup_{y\in(0,1)} \left|\frac{1}{n} \cdot |\{i \in \{1,\ldots,n\} \,|\, F_0(X_i) \le y\}| - y\right| \\ &= \sup_{y\in([0,1)} \left|\frac{1}{n} \cdot |\{i \in \{1,\ldots,n\} \,|\, Y_i \le y\}| - y\right| \end{aligned}$$

Dabei ist $\boldsymbol{Y}=(Y_1,\ldots,Y_n)^T := (F_0(X_1),F_0(X_2),\ldots,F_0(X_n))^T$ eine mathematische Stichprobe, deren Koordinatenfunktionen Y_i auf dem Intervall $(0,1)$ gleichverteilt sind. Daraus folgt, daß in der Gleichung

$$P(Z_n \le z) = P(\sup_{y\in(0,1)} \left|\frac{1}{n} \cdot |\{i \in \{1,\ldots,n\} \,|\, Y_i \le y\}| - y\right| \le z)$$

die rechte Seite von F_0 unabhängig ist.

Ist F_0 nicht streng monoton wachsend, so bleiben alle Überlegungen richtig, wenn wir anstelle der Umkehrfunktion die folgende Funktion verwenden:

$$F_0^{-1}(y) := \sup\{x \,|\, F_0(x) \leq y\} \qquad \square$$

Der Einsatz der Prüfgröße $Z_n := \sup\limits_{x\in\mathbb{R}} \left|\widetilde{F}_n(x) - F_0(x)\right|$ beim Test der Hypothese $H_0 : F = F_0$ stößt auf folgende Schwierigkeit: Der Satz 5.3 besagt zwar, daß unter H_0 die Verteilung von Z_n von F_0 unabhängig ist, er läßt aber die Frage offen, wie diese Verteilung aussieht. Nun lassen sich geschlossene Formeln für die Verteilungsfunktion der Prüfgröße Z_n angeben [vgl. Gibbons, J.D.: Nonparametric Inference], allerdings sind diese Formeln dermaßen kompliziert, daß ihre praktische Auswertung auch unter Einsatz von Mathematica erhebliche Probleme bereitet. Der folgende Satz von Kolmogorov behebt diese Schwierigkeiten für große Stichprobenumfänge:

Satz 5.4.
Voraussetzung: Es sei $\boldsymbol{X} = (X_1, X_2, \ldots, X_n, \ldots)^T$ *eine mathematische Stichprobe unendlichen Umfangs, deren Koordinatenfunktionen die stetige Verteilungsfunktion* F_0 *besitzen. Es sei* $(Z_n)_{n\in\mathbb{N}}$ *die Folge der zufälligen Größen*

$$Z_n := \sup_{x\in\mathbb{R}} \left| \frac{1}{n} \cdot |\{i \in \{1,\ldots,n\} \,|\, X_i \leq x\}| - F_0(x) \right|$$

Behauptung: Dann gilt

$$\lim_{n\to\infty} P(\sqrt{n}\cdot Z_n \leq z) = \begin{cases} \sum\limits_{i=-\infty}^{+\infty} (-1)^i \cdot e^{-2i^2z^2} = 1 - 2\cdot \sum\limits_{i=1}^{\infty} (-1)^{i-1} \cdot e^{-2i^2z^2} & \textit{für } z > 0 \\ 0 & \textit{sonst} \end{cases}$$

Für einen **Beweis** dieses Satzes verweisen wir auf die Originalarbeit von Kolmogorov aus dem Jahre 1933: *Sulla determinazione empirica di una legge di distribuzione*. Bei großem Stichprobenumfang n gestaltet sich also der Kolmogorov-Smirnow-Anpassungstest wie folgt: Zu einer geeigneten Signifikanzzahl α, also zum Beispiel zu $\alpha = 25\%$, bestimmt man das $(1-\alpha)$-Quantil z^* der Verteilungsfunktion

$$\begin{array}{rccl} K: & \mathbb{R} & \to & \mathbb{R} \\ & z & \mapsto & K(z) := \begin{cases} 1 - 2\cdot \sum\limits_{i=1}^{\infty} (-1)^{i-1} \cdot e^{-2i^2z^2} & \text{für } z > 0 \\ 0 & \text{sonst} \end{cases} \end{array}$$

und verwirft H_0, falls für den realisierten Wert z_n der Prüfgröße Z_n gilt: $\sqrt{n}\cdot z_n > z^*$ bzw. falls $1 - K(\sqrt{n}\cdot z_n) < \alpha$ ist.

Bemerkung 5.17 Für die praktische Berechnung des realisierten Wertes z_n der Prüfgröße Z_n benötigen wir noch die folgende Tatsache: z_n wird an einer Sprungstelle der empirischen Verteilungsfunktion $\widetilde{F}_n$ angenommen, also bei einem Element x_i der empirischen Stichprobe $\boldsymbol{x} = (x_1, \ldots, x_n)^T$. Genauer gilt:

$$\begin{aligned} z_n &= \sup_{x\in\mathbb{R}} \left|\widetilde{F}_n(x) - F_0(x)\right| \\ &= \max\{\max_{1\leq i\leq n} \left|\widetilde{F}_n(x_i + 0) - F_0(x_i)\right|, \max_{1\leq i\leq n} \left|\widetilde{F}_n(x_i - 0) - F_0(x_i)\right|\} \\ &= \max\{\max_{1\leq i\leq n} \left|\widetilde{F}_n(x_i) - F_0(x_i)\right|, \max_{1\leq i\leq n} \left|\widetilde{F}_n(x_i - 0) - F_0(x_i)\right|\} \end{aligned}$$

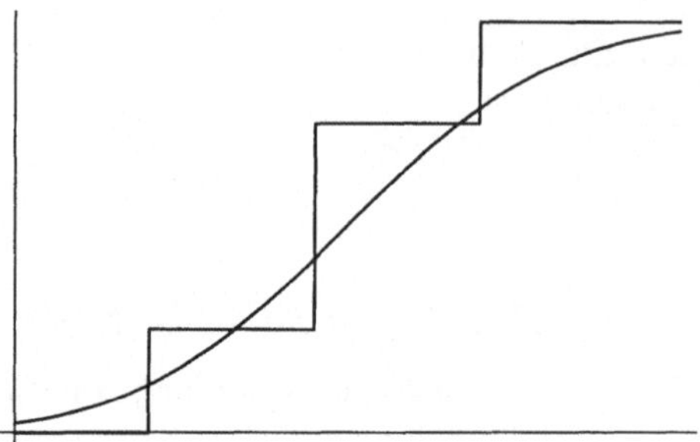

Abbildung 5.12

Abbildung 5.12 veranschaulicht diesen Sachverhalt:

Also hat man für jedes Element x_i der Stichprobe die Zahlen

$$a_i := \left|\widetilde{F}_n(x_i - 0) - F_0(x_i)\right| \quad \text{und} \quad b_i := \left|\widetilde{F}_n(x_i) - F_0(x_i)\right|$$

zu berechnen und dann die Zahl

$$z_n = \max\{\max_{1\leq i\leq n} a_i, \max_{1\leq i\leq n} b_i\}$$

zu bilden.

Beachten Sie, daß die Anwendung des Kolmogorov-Smirnow-Tests die vollständige Kenntnis der hypothetischen Verteilungsfunktion F_0 voraussetzt. F_0 darf also auch keine unbekannten Parameter enthalten. Dies ist in dem folgenden Beispiel der Fall.

Beispiel 5.13 RANDOM Wir kommen auf das Beispiel 5.1 zurück und testen, ob der Zufallszahlengenerator von Mathematica geeignet ist, standardnormalverteilte Zufallszahlen zu erzeugen. Hierzu erzeugen wir 100 solcher Zufallszahlen und berechnen den realisierten Wert z_{100} der Prüfgröße. Für die von uns erzeugten Zufallszahlen ergibt sich als Wert der Prüfgröße $z_{100} = 0.107913$, also $\sqrt{n}\cdot z_n = 10\cdot 0.107913 = 1.07913$. Es gilt: $1 - K(\sqrt{n}\cdot z_n) = 2\cdot \sum_{i=1}^{\infty}(-1)^{i-1}\cdot e^{-2\cdot i^2 n\cdot z_n^2} \approx 0.19$. Auf dem von uns vorgeschlagenen Signifikanzniveau von $\alpha = 0.25$ kann die Hypothese H_0: „Der Zufallszahlengenerator von Mathematica ist geeignet, standardnormalverteilte Zufallszahlen zu erzeugen“ verworfen werden.

Näheres zu den Berechnungen im Beispiel 5.13 finden Sie im **Mathematica-Notebook NB1K5A7.ma**.

Bemerkung 5.18 Eine Variante des hier besprochenen Kolmogorov-Smirnow-Tests gestattet es,

die **Hypothese** $H_0 : F \leq F_0$ gegen die **Alternative** $H_1 : F > F_0$

bzw. die **Hypothese** $H_0 : F \geq F_0$ gegen die **Alternative** $H_1 : F < F_0$

zu testen. In diesem Fall sind die Prüfgrößen

$$Z_n^+ := \sup_{x\in\mathbb{R}}\left(\widetilde{F}_n(x) - F_0(x)\right) \quad \text{bzw.} \quad Z_n^- := \sup_{x\in\mathbb{R}}\left(F_0(x) - \widetilde{F}_n(x)\right).$$

5.7.2 Der χ^2-Anpassungstest

Der Kolmogorov-Smirnow-Test basiert auf der Tatsache, daß für jedes $x \in \mathbb{R}$ der Funktionswert $F(x)$ der wahren Verteilungsfunktion erwartungstreu und konsistent geschätzt werden kann durch die Folge $(\widetilde{F}_n(x))_{n\in\mathbb{N}}$ der Funktionswerte der empirischen Verteilungsfunktionen. Dies folgt aus den Sätzen 4.3 und 4.8. Diese beiden Sätze gelten aber allgemeiner und besagen: Die unbekannte Wahrscheinlichkeit $P(A)$ eines beliebigen Ereignisses A eines beliebigen Wahrscheinlichkeitsraums $(\Omega,\mathcal{A},P)$ kann erwartungstreu und konsistent geschätzt werden durch die Folge $(r_n(A))_{n\in\mathbb{N}}$ der relativen Häufigkeiten, mit der das Ereignis A in einer Stichprobe unendlichen Umfangs auftritt. Auf dieser Aussage basiert der in diesem Unterabschnitt zu entwickelnde Anpassungstest bzw. die Konstruktion der zugehörigen Prüfgröße.

Es seien $a_1 < a_2 < a_3 < \ldots < a_{m-1}$ beliebige reelle Zahlen. Diese definieren eine Zerlegung $\mathcal{Z} = \{Z_1, Z_2, \ldots, Z_m\}$ der reellen Achse in m disjunkte Intervalle:

$Z_1 = (-\infty, a_1] = (a_0, a_1],\ Z_2 = (a_1, a_2], \ldots,\ Z_{m-1} = (a_{m-2}, a_{m-1}],\ Z_m = (a_{m-1}, a_m) = (a_{m-1}, +\infty)$

Es bezeichne p_j die Wahrscheinlichkeit $F(a_j) - F(a_{j-1})$. Dabei ist F die unbekannte Verteilungsfunktion der Stichprobenvariablen $X_1, \ldots, X_n$. Es gilt also:

$$p_j = P(a_{j-1} < X_j \leq a_j)$$

Unter der Nullhypothese $H_0 : F = F_0$ gilt:

$$p_j = F_0(a_j) - F_0(a_{j-1}) = p_{j0}$$

Es ist deshalb naheliegend, die unbekannten Wahrscheinlichkeiten p_j mit Hilfe der empirischen Verteilungsfunktion durch

$$\widetilde{p}_j := \widetilde{F}_n(a_j) - \widetilde{F}_n(a_{j-1}) = \frac{1}{n} \cdot \left|\left\{i \in \{1, \ldots, n\} \,\middle|\, a_{j-1} < x_i \leq a_j\right\}\right|$$

zu schätzen und diese Schätzer mit den Wahrscheinlichkeiten p_{j0} zu vergleichen.

Für den χ^2-Anpassungstest betrachtet man eine gewichtete Summe der Abweichungsquadrate (vgl. Abschnitt 4.1):

$$\sum_{j=1}^{m} n \cdot \frac{(\widetilde{p}_j - p_{j0})^2}{p_{j0}} = \sum_{j=1}^{m} \frac{(n \cdot \widetilde{p}_j - n \cdot p_{j0})^2}{n \cdot p_{j0}}$$

Die Prüfgröße des χ^2-**Anpassungstests** ist demnach $Z_n = T_n \circ \boldsymbol{X}$ mit der Teststatistik:

$$\begin{array}{llll} T_n: & \mathbb{R}^n & \to & \mathbb{R} \\ & (x_1, \ldots, x_n)^T & \mapsto & T_n(x_1, \ldots, x_n) := \displaystyle\sum_{j=1}^{m} \frac{\left(\left|\left\{i \in \{1, \ldots, n\} \,\middle|\, a_{j-1} < x_i \leq a_j\right\}\right| - n \cdot p_{j0}\right)^2}{n \cdot p_{j0}} \end{array}$$

Es gilt also:

$$Z_n = T_n \circ \boldsymbol{X} = \sum_{j=1}^{m} \frac{\left(\left|\left\{i \in \{1, \ldots, n\} \,\middle|\, a_{j-1} < X_i \leq a_j\right\}\right| - n \cdot p_{j0}\right)^2}{n \cdot p_{j0}}$$

Satz 5.5.
Voraussetzung: Es sei $\boldsymbol{X} = (X_1, X_2, \ldots, X_n, \ldots)^T$ eine mathematische Stichprobe unendlichen Umfangs, deren Koordinatenfunktionen die Verteilungsfunktion F_0 besitzen. Es sei $(Z_n)_{n \in \mathbb{N}}$ die Folge der zufälligen Größen

$$Z_n = \sum_{j=1}^{m} \frac{\left(\left|\left\{i \in \{1, \ldots, n\} \,\middle|\, a_{j-1} < X_i \leq a_j\right\}\right| - n \cdot p_{j0}\right)^2}{n \cdot p_{j0}}$$

Behauptung: Dann gilt für alle $z \in \mathbb{R}$:

$$\lim_{n \to \infty} P(Z_n \leq z) = G_{m-1}(z)$$

Dabei ist G_{m-1} die Verteilungsfunktion der χ^2-Verteilung mit $m-1$ Freiheitsgraden.

Den **Beweis** dieses Satzes führen wir nicht vor, sondern verweisen auf die Literatur [z.B. Cramer, H.: Mathematical Methods of Statistics]. Bei großem Stichprobenumfang gestaltet sich damit der χ^2-Anpassungstest wie folgt: Zu einer geeigneten Signifikanzzahl α bestimmt man das $(1-\alpha)$-Quantil z^* der χ^2-Verteilung mit $m-1$ Freiheitsgraden und verwirft H_0, falls für den realisierten Wert z_n der Prüfgröße Z_n gilt: $z_n > z^*$ bzw. falls $1 - G_{m-1}(z_n) < \alpha$ ist.

Beispiel 5.14 WUERFEL Es soll für einen realen Würfel getestet werden, ob die Augenzahl durch eine diskrete zufällige Größe mit der diskreten Dichtefunktion

$$\begin{array}{rcl} f: \mathbb{R} & \to & \mathbb{R} \\ t & \mapsto & f(t) := \begin{cases} \frac{1}{6} & \text{falls } t \in \{1,2,3,4,5,6\} \\ 0 & \text{sonst} \end{cases} \end{array}$$

beschrieben wird. Wir arbeiten mit der durch die Problemstellung nahegelegten Klasseneinteilung:

$$Z_1 = (-\infty, 1], Z_2 = (1,2], Z_3 = (2,3], Z_4 = (3,4], Z_5 = (4,5], Z_6 = (5, +\infty)$$

Beim 100-maligen Werfen des Würfels erzielten wir folgende Ergebnisse:

Augenzahl:	1	2	3	4	5	6
absolute Häufigkeit:	23	17	15	16	16	13

Es gilt also

$$\begin{aligned} z_{100} &= \sum_{j=1}^{6} \frac{(n\widetilde{p}_j - n \cdot p_{j0})^2}{n \cdot p_{j0}} \\ &= \frac{6}{100}\left((23 - \tfrac{100}{6})^2 + (17 - \tfrac{100}{6})^2 + (15 - \tfrac{100}{6})^2 + (16 - \tfrac{100}{6})^2 + (16 - \tfrac{100}{6})^2 + (13 - \tfrac{100}{6})^2\right) \\ &= 3.44 \end{aligned}$$

Es gilt $1 - G_{6-1}(z_{100}) \approx 0.63$. Auf dem Signifikanzniveau von $\alpha = 0.25$ kann die Hypothese H_0 : „Bei dem vorliegenden Würfel handelt es sich um einen fairen Würfel" nicht verworfen werden.

Bemerkung 5.19 Da die Prüfgröße Z_n unter H_0 nur asymptotisch χ^2_{m-1}-verteilt ist, muß der Stichprobenumfang groß genug sein. Nach einer **Faustregel** soll $n \cdot p_{j0} \geq 5$ für $1 \leq j \leq m$ sein. Ist diese Regel verletzt, so muß man geeignete Intervalle zusammenfassen. Beachten Sie aber, daß das Testergebnis von der gewählten Zerlegung der reellen Achse abhängt (vgl. hierzu die Aufgabe 5.7.1).

Bemerkung 5.20 Enthält die hypothetische Verteilungsfunktion F_0 unbekannte Parameter, so reduziert sich die Anzahl $m-1$ der Freiheitsgrade um die Anzahl der zu schätzenden Parameter.

Mit dieser Bemerkung kann der χ^2-Anpassungstest auch eingesetzt werden, um zu überprüfen, ob F zu einer parametrisierbaren Klasse von Verteilungsfunktionen gehört. Im folgenden Beispiel überprüfen wir, ob F die Verteilungsfunktion einer Normalverteilung ist.

Beispiel 5.15 SLAENGE Auf der Basis der bekannten Stichprobe (vgl. **Notebook NB1K5A7.ma**) vom Umfang $n = 100$ soll überprüft werden, ob die Abweichung der Schraubenlänge von ihrer Sollänge durch eine normalverteilte zufällige Größe beschrieben wird. Wir arbeiten mit der folgenden Klasseneinteilung:

$$Z_1 = (-\infty, -0.4], Z_2 = (-0.4, -0.2], \ldots, Z_6 = (0.4, +\infty)$$

Mathematica berechnet den Wert der Prüfgröße mit $z_{100} = 2.0289$ und $1 - G_{6-1-2}(z_{100}) \approx 0.57$. Auf dem Signifikanzniveau von $\alpha = 0.25$ kann die Hypothese H_0 : „Die Abweichung der Schraubenlänge von ihrer Sollänge ist normalverteilt" nicht verworfen werden.

Aufgaben zum Abschnitt 5.7

Aufgabe 5.7.1

Für das Beispiel KGRM sollen auf der Basis der bekannten Stichprobe die folgenden Testprobleme bearbeitet werden (vgl. **Notebook NB1K5A7.ma**):

(a) Mit dem Anpassungstest von Kolmogorov-Smirnow soll getestet werden, ob die Körpergröße erwachsener Männer durch eine normalverteilte zufällige Größe mit den Parametern $\mu = 180$ und $\sigma^2 = 6^2$ beschrieben wird.

(b) Mit dem χ^2-Anpassungstest soll getestet werden, ob die Körpergröße erwachsener Männer überhaupt durch eine normalverteilte zufällige Größe beschrieben wird. Wählen Sie hierzu die Klasseneinteilung

$$Z_1 = (-\infty, 150], \quad Z_2 = (150, 170], \quad Z_3 = (170, 180],$$
$$Z_4 = (180, 190], \quad Z_5 = (190, 210], \quad Z_6 = (210, +\infty)$$

(c) Wiederholen Sie den Teil (b) dieser Aufgabe mit anderen Klasseneinteilungen, z.B. mit der Klasseneinteilung:

$$Z_1 = (-\infty, 150], \quad Z_2 = (150, 160], \quad Z_3 = (160, 170], \quad Z_4 = (170, 180],$$
$$Z_5 = (180, 190], \quad Z_6 = (190, 200], \quad Z_7 = (200, 210], \quad Z_6 = (210, +\infty)$$

Aufgabe 5.7.2

(a) Testen Sie die Hypothese H_0: „Der Zufallszahlengenerator von Mathematica ist geeignet, standardnormalverteilte Zufallszahlen zu erzeugen“ mit dem χ^2-Anpassungstest auf der Basis einer von Ihnen erzeugten Stichprobe vom Umfang $n = 1000$“. Wählen Sie hierfür die Klasseneinteilung

$$Z_1 = (-\infty, -3], \quad Z_2 = (-3, -2], \quad Z_3 = (-2, -1], \quad Z_4 = (-1, 0],$$
$$Z_5 = (0, 1], \quad Z_6 = (1, 2], \quad Z_7 = (2, 3], \quad Z_8 = (3, +\infty).$$

Vergleichen Sie das Ergebnis mit dem des Beispiels 5.13.

(b) Die Mathematica-Liste `dauer` (vgl. **Notebook NB1K5A7.ma**) enthält die Lebensdauerdaten von Glühbirnen. Testen Sie mit dem χ^2-Anpassungstest die Hypothese H_0: „Die Lebensdauer dieser Glühbirnen wird durch eine $\text{Exp}(\lambda)$-verteilte zufällige Größe beschrieben.“

5.8 Verteilungsunabhängige Testverfahren

Nehmen wir an, daß einer der im Abschnitt 5.7 angesprochenen Anpassungstests auf der Basis einer Stichprobe $\boldsymbol{x} = (x_1, \ldots, x_n)^T$ zu dem Ergebnis kommt, daß die Normalverteilungsannahme für die Stichprobenvariablen $X_1, \ldots, X_n$ nicht zu halten ist. Dann dürfen viele der in den Kapiteln 4 und 5 besprochenen Verfahren für die Schätzung von Parametern oder das Testen von Hypothesen nicht angewandt werden, und wir brauchen statistische Methoden, die unabhängig von der Normalverteilungsannahme oder sonstigen speziellen Verteilungsannahmen arbeiten. Solche Verfahren heißen **verteilungsunabhängige** oder **nichtparametrische Verfahren**. Beide Bezeichnungen sind etwas irritierend: Auch die verteilungsunabhängigen Verfahren kommen nicht ganz ohne Verteilungsannahmen aus, und sie beziehen sich häufig auf einen Parameter der Verteilung, z.B. auf den Median.

Nichtparametrische Verfahren stellen innerhalb der Schließenden Statistik ein eigenes umfangreiches Gebiet dar, das wir der Vollständigkeit halber in diesem letzten Abschnitt anreißen wollen aber nicht ausführlich behandeln können. Wir verweisen deshalb auf die Literatur. [Hollander-Wolfe: Nonparametric Statistical Methods, Mosteller-Rourke: Sturdy Statistics, Büning-Trenkler: Nichtparametrische statistische Methoden]

Wir beginnen mit einer Auflistung der bisher besprochenen verteilungsunabhängigen Verfahren:

- Der am Ende des Abschnitts 4.1 eingeführte Least Square Schätzer $\overline{x} = \frac{1}{n}\sum_{i=1}^{n} x_i$ ist ein erwartungstreuer und konsistenter Schätzer für den Erwartungswert μ einer beliebig verteilten zufälligen Größe. (Sätze 4.1 und 4.4, Bemerkung 4.12)
- Die Zahl $s^2 = \frac{1}{n-1}\sum_{i=1}^{n}(x_i - \overline{x})^2$ ist ein erwartungstreuer Schätzer für die Varianz σ^2 einer beliebig verteilten zufälligen Größe. (Satz 4.1)
- Für jedes $x \in \mathbb{R}$ ist der Funktionswert $\widetilde{F}(x)$ der empirischen Verteilungsfunktion ein erwartungstreuer und konsistenter Schätzer für den Funktionswert $F(x)$ der Verteilungsfunktion einer zufälligen Größe. (Abschnitt 4.3)
- Die Wahrscheinlichkeit $p = P(A)$ eines beliebigen Ereignisses kann erwartungstreu und konsistent durch die relative Häufigkeit $r_n(A)$ geschätzt werden, mit der das Ereignis in einer Stichprobe vom Umfang n auftritt. (Sätze 4.3 und 4.8) Konfidenzintervalle für die Wahrscheinlichkeit $p = P(A)$ lassen sich nach den im Abschnitt 4.6 besprochenen Verfahren berechnen. Aussagen über p lassen sich mit den im Abschnitt 5.4 besprochenen Verfahren testen.

In diesem Abschnitt sollen nun zwei verteilungsunabhängige Testverfahren vorgestellt werden. Der erste Test ist der sogenannte **Vorzeichentest** (engl. *sign test*), den wir benutzen, um Hypothesen über den Median einer stetigen Verteilung zu testen. Der zweite Test ist der **Rangsummentest von Wilcoxon**.

5.8.1 Der Vorzeichentest

Für den Vorzeichentest setzen wir voraus, daß die Verteilungsfunktion der Stichprobenvariablen $X_1,\ldots,X_n$ die Form $G_u(x) = G(x-u)$ besitzt. Dabei ist G eine beliebige stetige Verteilungsfunktion und $u = x_{0.5}$ der unbekannte Median der Verteilungsfunktion G_u. Auf der Basis einer empirischen Stichprobe $\boldsymbol{x} = (x_1,\ldots,x_n)^T$ soll getestet werden:

Testproblem (a) $H_0 : u \leq u_0$ gegen $H_1 : u > u_0$

Testproblem (b) $H_0 : u \geq u_0$ gegen $H_1 : u < u_0$

Testproblem (c) $H_0 : u = u_0$ gegen $H_1 : u \neq u_0$

Hierzu zählen wir ab, wieviele Stichprobenwerte größer als u_0 sind. Die Zahl

$$k := |\{i \in \{1,2,\ldots,n\} \mid x_i > u_0\}|$$

ist Realisierung der $B(n,p)$-verteilten zufälligen Größe

$$K := |\{i \in \{1,2,\ldots,n\} \mid X_i > u_0\}|.$$

Dabei hängt der Parameter p der Verteilung von K direkt von dem unbekannten Median u ab: Es gilt $p = 1 - G_u(u_0)$ und

$$\begin{aligned} u_1 \leq u_2 \quad &\Leftrightarrow G(u_0 - u_1) \geq G(u_0 - u_2) \Leftrightarrow G_{u_1}(u_0) \geq G_{u_2}(u_0) \\ &\Leftrightarrow 1 - G_{u_1}(u_0) \leq 1 - G_{u_2}(u_0) \Leftrightarrow p_1 \leq p_2 \end{aligned}$$

und außerdem:

$$u = u_0 \Leftrightarrow p = 1 - G_{u_0}(u_0) \Leftrightarrow p = 1 - \frac{1}{2} \Leftrightarrow p = \frac{1}{2}$$

(Beachten Sie, daß wegen der Stetigkeit von G das Ereignis $X_i = u_0$ nur mit der Wahrscheinlichkeit 0 eintritt). Die eingangs formulierten Testprobleme lassen sich also als Testprobleme für den Parameter p der $B(n,p)$-verteilten zufälligen Größe K formulieren:

(a) $H_0 : p \leq \frac{1}{2}$ gegen $H_1 : p > \frac{1}{2}$

(b) $H_0 : p \geq \frac{1}{2}$ gegen $H_1 : p < \frac{1}{2}$

(c) $H_0 : p = \frac{1}{2}$ gegen $H_1 : p \neq \frac{1}{2}$

Die Durchführung dieser Tests wurde im Unterabschnitt 5.4.1 besprochen und an Beispielen geübt. Das muß hier nicht wiederholt werden. Wir wenden deshalb den Vorzeichentest gleich in einer etwas spezielleren Situation an, und zwar beim Vergleich der beiden verbundenen Ergebnisreihen aus dem Beispiel 5.10 KLAUSUR:

Beispiel 5.16 Klausur Wir betrachten die im Beispiel 5.10 KLAUSUR beschriebene Aufgabe, die bei 8 Personen paarweise anfallenden Ergebnisse zweier Prüfungsleistungen zu vergleichen. Ohne Normalverteilungsannahmen soll nachgewiesen werden, daß die Hausarbeit im Mittel besser ausfällt als die Klausur zur Programmierung. Deshalb testen wir auf der Basis der Differenzstichprobe

$$\text{Hausarbeit}-\text{Klausur: } 48.5, -10.5, 35.5, -11, 33.5, -10.5, -2, -24$$

für den Median u der Verteilung von $Y_i - X_i$ die Hypothese $H_0 : u \leq 0$ gegen die Alternative $H_1 : u > 0$. Beim Vorzeichentest entscheiden wir auf der Basis der Stichprobe der Vorzeichen

$$+, -, +, -, +, -, -, -$$

ob die Hypothese $H_0 : p \leq \frac{1}{2}$ gegen die Alternative $H_1 : p > \frac{1}{2}$ zu verwerfen ist.

Zum Signifikanzniveau $\alpha = 5\%$ bestimmen wir den kritischen Wert k^* als die kleinste natürliche Zahl, für die die Ungleichung

$$\sum_{\nu=k^*+1}^{8} \binom{8}{\nu} \left(\frac{1}{2}\right)^{\nu} \left(\frac{1}{2}\right)^{8-\nu} = \left(\frac{1}{2}\right)^{8} \sum_{\nu=k^*+1}^{8} \binom{8}{\nu} \leq 0.05$$

richtig ist. Mathematica berechnet (vgl. **Notebook NB1K5A8.ma**):

$$\left(\frac{1}{2}\right)^{8} \sum_{\nu=5+1}^{8} \binom{8}{\nu} = 0.144531 \qquad \left(\frac{1}{2}\right)^{8} \sum_{\nu=6+1}^{8} \binom{8}{\nu} = 0.0351562$$

Der kritische Wert ist also $k^* = 6$. Weil die Anzahl der +-Zeichen $k = 3 \leq 6$ ist, kann H_0 nicht verworfen werden. Es kann nicht nachgewiesen werden, daß die Hausarbeit im Mittel besser ausfällt als die Klausur.

Das Ergebnis aus dem Beispiel 5.13 entspricht dem des Beispiels 5.10. Mit beiden Tests kann H_0 nicht verworfen werden. Beachten Sie aber den folgenden Unterschied: Wenn die Normalverteilungsannahme gerechtfertigt ist, könnte H_0 beim Paired-t-Test für Signifikanzzahlen $\alpha \geq 0.233018$ verworfen werden. Beim Vorzeichentest wäre dies erst für Signifikanzzahlen $\alpha \geq 0.855469$ möglich, denn:

$$\left(\frac{1}{2}\right)^{8} \sum_{\nu=2+1}^{8} \binom{8}{\nu} = 0.855469$$

Bemerkung 5.21 Da der Vorzeichentest nichts anderes ist als der Test einer Aussage über den Parameter p einer Bernoulli-Verteilung, lassen sich natürlich auch die Prüfgrößen V und Z aus dem Abschnitt 5.4 verwenden.

5.8.2 Der Rangsummentest von Wilcoxon

Wir verallgemeinern die Situation des Unterabschnitts 5.6.2 in folgender Weise: Es seien $X_1, X_2, \ldots, X_{n_1}, Y_1, Y_2, \ldots, Y_{n_2}$ unabhängige zufällige Größen. Jede zufällige Größe X_i besitze die stetige Verteilungsfunktion $G(x) = P(X_i \leq x)$, jede zufällige Größe Y_j besitze die Verteilungsfunktion $H(y) = P(Y_j \leq y) = G(y-u)$. Dabei ist u unbekannt. Auf der Basis zweier empirischer Stichproben $x_1, \ldots, x_{n_1}$ und $y_1, \ldots, y_{n_2}$ soll getestet werden:

Testproblem (a) $H_0 : u \leq 0$ gegen $H_1 : u > 0$

Testproblem (b) $H_0 : u \geq 0$ gegen $H_1 : u < 0$

Testproblem (c) $H_0 : u = 0$ gegen $H_1 : u \neq 0$

Wären die zufälligen Größen $X_1, X_2, \ldots, X_{n_1}$ bzw. $Y_1, Y_2, \ldots, Y_{n_2}$ normalverteilt mit derselben Varianz σ^2 und den Erwartungswerten μ_1 bzw. μ_2, so wäre $G(x) = \Phi(\frac{x-\mu_1}{\sigma})$ und $H(y) = \Phi(\frac{y-\mu_2}{\sigma})$, und es würde gelten:

$$H(y) = \Phi(\frac{y-\mu_2}{\sigma}) = \Phi(\frac{y-\mu_2+\mu_1-\mu_1}{\sigma}) = \Phi(\frac{y-u-\mu_1}{\sigma}) = G(y-u)$$

mit $u = \mu_2 - \mu_1$. In diesem Fall entsprächen die Testprobleme (a), (b) und (c) exakt den zu Beginn des Unterabschnitts 5.6.2 formulierten Testproblemen, und der Zweistichproben-t-Test wäre anzuwenden.

Wir betrachten nun den Fall, daß G nicht die Verteilungsfunktion einer Normalverteilung ist, und halten zunächst fest:

$$u > 0 \Rightarrow \underset{x \in \mathbb{R}}{\forall} G(x) \geq G(x-u) = H(x)$$

Für positive Werte von u sind die Zufallsvariablen $Y_1, \ldots, Y_{n_2}$ stochastisch größer als die Zufallsvariablen $X_1, \ldots, X_{n_1}$, d.h. in der empirischen Stichprobe $y_1, \ldots, y_{n_2}$ erwarten wir die größeren Werte. Umgekehrt gilt:

$$u < 0 \Rightarrow \underset{x \in \mathbb{R}}{\forall} G(x) \leq G(x-u) = H(x)$$

Für negative Werte von u sind die Zufallsvariablen $Y_1, \ldots, Y_{n_2}$ stochastisch kleiner als die Zufallsvariablen $X_1, \ldots, X_{n_1}$, d.h. in der empirischen Stichprobe $y_1, \ldots, y_{n_2}$ erwarten wir die kleineren Werte. Falls aber $u = 0$ ist, stimmen die Verteilungsfunktionen G und H überein.

Für die Entwicklung einer Entscheidungsregel zu den gegebenen Testproblemen verfahren wir nun wie folgt: Wir „poolen“ die Stichprobenwerte, d.h wir werfen alle Stichprobenwerte in einen Topf, und bilden die **geordnete Stichprobe**

$$w_1, \ldots, w_{n_1}, w_{n_1+1}, \ldots, w_n$$

mit $n = n_1 + n_2$. **Wir nehmen nun an, daß die Werte dieser gepoolten Stichprobe paarweise verschieden sind**. Dann können wir ohne Schwierigkeiten jedem Stichprobenwert x_i der ersten Stichprobe und jedem Stichprobenwert y_j der zweiten Stichprobe die Nummer der Position in der geordneten Stichprobe $w_1, \ldots, w_n$ zuordnen. Diese Zahl nennen wir den **Rang** des Stichprobenwertes und bezeichnen ihn mit $r(x_i)$ bzw. $r(y_j)$. Die Mengen

$$r(\boldsymbol{x}) := \{r(x_i) \mid 1 \le i \le n_1\} \quad \text{und} \quad r(\boldsymbol{y}) := \{r(y_j) \mid 1 \le j \le n_2\}$$

stellen eine Zerlegung der Menge $\{1,2,3,\ldots,n\}$ dar. Die Summe

$$z := \sum_{j=1}^{n_2} r(y_j)$$

über die Elemente von $r(\boldsymbol{y})$ heißt **Rangsumme** der y-Stichprobe. Sie ist Realisierung der zufälligen Größe

$$Z := \sum_{j=1}^{n_2} r(Y_j) = T \circ \begin{pmatrix} \boldsymbol{X} \\ \boldsymbol{Y} \end{pmatrix},$$

die die Prüfgröße für den Rangsummentest von Wilcoxon ist. Bevor wir mit ihrer Hilfe die Entscheidungsregeln formulieren, müssen wir die Verteilung von Z diskutieren. Die Werte von Z liegen zwischen der minimalen Rangsumme

$$z_{\min} = 1 + 2 + \ldots + n_2 = \frac{n_2}{2}(1 + n_2)$$

und der maximalen Rangsumme

$$z_{\max} = (n_1 + 1) + (n_1 + 2) + \ldots + (n_1 + n_2) = \frac{n_2}{2}(n_1 + 1 + n) = \frac{n_2}{2}(2n_1 + n_2 + 1)$$

Die Verteilung von Z hängt monoton von dem Parameter u ab: Je größer u ist, umso größere Werte erwarten wir für Z. Bezeichnen wir also mit $F_u(z) = P_u(T \le z) = P(Z \le z)$ die Verteilungfunktion der Prüfgröße Z für den Fall, daß u der wahre Wert des unbekannten Parameters ist, so gilt:

$$u_1 < u_2 \Rightarrow \underset{z \in \mathbb{R}}{\forall}\, P_{u_1}(T \le z) \ge P_{u_2}(T \le z) \Rightarrow \underset{z \in \mathbb{R}}{\forall}\, F_{u_1}(z) \ge F_{u_2}(z)$$

Wenn $u = 0$ ist, dann ist jede der n_2-elementigen Teilmengen von $\{1,2,3,\ldots,n\}$ gleich wahrscheinlich für $r(\boldsymbol{y})$. Daraus läßt sich die Verteilungsfunktion F_0 prinzipiell berechnen. Ist zum Beispiel $n_1 = 3$ und $n_2 = 2$, so sind die möglichen Rangzahlen 1,2,3,4,5, und die diskrete Dichtefunktion der Verteilungsfunktion F_0 von Z läßt sich mit der folgenden Tabelle berechnen:

1	2	3	4	5	Rangsumme der y-Stichprobe:
X	X	X	Y	Y	9
X	X	Y	X	Y	8
X	X	Y	Y	X	7
X	Y	X	X	Y	7
X	Y	X	Y	X	6
X	Y	Y	X	X	5
Y	X	X	X	Y	6
Y	X	X	Y	X	5
Y	X	Y	X	X	4
Y	Y	X	X	X	3

Falls $u = 0$ ist, hat die diskrete Dichtefunktion f_0 von Z also den Funktionswert 0 für $z \notin \{3,4,5,6,7,8,9\}$. Für $z \in \{3,4,5,6,7,8,9\}$ ergeben sich die Funktionswerte von f_0 aus der folgenden Wertetabelle:

z	3	4	5	6	7	8	9
$P(Z=z)$	$\frac{1}{10}$	$\frac{1}{10}$	$\frac{2}{10}$	$\frac{2}{10}$	$\frac{2}{10}$	$\frac{1}{10}$	$\frac{1}{10}$

Bevor wir auf das Problem größerer Stichprobenumfänge eingehen, stellen wir fest:

- Falls $u = 0$ ist, besitzt Z eine (prinzipiell) bekannte Verteilungsfunktion F_0.
- $\underset{u_1,u_2\in\mathbb{R}}{\forall} (u_1 < u_2 \Rightarrow \underset{z\in\mathbb{R}}{\forall} F_{u_1}(z) \geq F_{u_2}(z))$

Die kritischen Werte für die Prüfgröße Z sind also beim Testproblem (a) das $(1-\alpha)$-Quantil z^*, beim Testproblem (b) das α-Quantil z' und beim Testproblem (c) das $\frac{\alpha}{2}$-Quantil z_1 bzw. das $\left(1-\frac{\alpha}{2}\right)$-Quantil z_2 der Verteilungfunktion F_0. Die Entscheidungsregeln lauten:

Testproblem (a) Verwirf H_0, falls $z > z^*$ ist, bzw. falls $1 - F_0(z) < \alpha$ ist.

Testproblem (b) Verwirf H_0, falls $z < z'$ ist, bzw. falls $F_0(z) < \alpha$ ist.

Testproblem (c) Verwirf H_0, falls $z < z_1$ oder $z > z_2$ ist, bzw. falls $F_0(z) < \frac{\alpha}{2}$ oder $1 - F_0(z) < \frac{\alpha}{2}$ ist.

Für die praktische Anwendung des Rangsummentests von Wilcoxon stellt die Berechnung der Verteilungsfunktion F_0 und ihrer Quantile z^*,z',z_1 und z_2 doch eine gewisse Hürde dar. Das oben vorgestellte Verfahren, alle denkbaren Verteilungen der Rangzahlen auf die Elemente der y-Stichprobe per Hand durchzuspielen, ist auch bei kleinen Stichprobenumfängen nicht akzeptabel. Im **Mathematica-Notebook NB1K5A8.ma** stellen wir zwei Möglichkeiten vor, diesen Rechenaufwand an Mathematica zu delegieren:

Zunächst kann bei kleineren Stichprobenumfängen mit der von uns zur Verfügung gestellten Mathematica-Funktion `Pstrich` (vgl. Abschnitt 2.1) die Verteilungsfunktion F_0 von Z unter $u = 0$ berechnet und tabelliert werden. Es sei nämlich Ω die Menge aller n_2-elementigen Teilmengen der n-elementigen Menge $\mathbb{N}_n := \{1,2,3,\ldots,n\}$. Falls $u = 0$ ist, ist F_0 gleich der Verteilungsfunktion derjenigen zufälligen Größe, die auf dem Laplace-Wahrscheinlichkeitsraum $(\Omega,\mathcal{A},P)$ definiert ist und jedem Element $A = \{a_1,a_2,\ldots,a_{n_2}\}$ von Ω die Summe $\sum_{i=1}^{n_2} a_i$ zuordnet.

Für größere Stichprobenumfänge kann die Verteilung der Prüfgröße Z mit Hilfe eines sogenannten **Shift-Algorithmus** berechnet werden [Streitberg-Röhmel: Exakte Verteilungen für Rang- und Randomisierungstests]. Dieser Shift-Algorithmus wurde im Rahmen einer Diplomarbeit in der Mathematica-Funktion `WilcoxonStatistik` realisiert, die Ihnen nach dem Aufruf des `Probability'Master'` zur Verfügung steht. Näheres hierzu finden Sie im **Mathematica-Notebook NB1K5A8.ma.**

Für sehr große Stichprobenumfänge kann die Verteilung der Prüfgröße Z durch die Normalverteilung approximiert werden. Wir kommen darauf am Ende dieses Abschnitts noch einmal zurück.

Bevor wir den Einsatz des Wilcoxon-Tests an einem Beispiel demonstrieren, sollten wir noch einmal über seine Voraussetzungen nachdenken. Die Forderung $H(x) = G(x-u)$ bedeutet, daß die Verteilungsfunktionen G und H durch eine Verschiebung längs der x-Achse ineinander übergehen. Dies gelingt z.B., wenn G und H die Verteilungsfunktionen zweier Normalverteilungen gleicher Varianz sind. (Aber für diesen Fall haben wir den Wilcoxon-Test gerade nicht eingeführt.) Dies gelingt z.B. auch, wenn G und H die Verteilungsfunktionen zweier Gleichverteilungen über Intervallen gleicher Breite sind. Ansonsten stellt die Forderung $H(x) = G(x-u)$ eine deutliche Beschränkung dar. Wenn z.B. G und H die Verteilungsfunktionen zweier Exponentialverteilungen mit unterschiedlichen Parametern λ_1 bzw. λ_2 sind, sind die Voraussetzungen für den Wilcoxon-Test nicht erfüllt, denn dann gilt:

$$G(x) = 1 - e^{-\lambda_1 x},\ H(x) = 1 - e^{-\lambda_2 x},\ H(x) \neq G(x-u) \text{ für alle } u \in \mathbb{R}$$

Wenn dennoch die Lebensdauern technischer Aggregate (z.B. Glühbirnen der Sorte X bzw. Y) nach Verwerfen der Normalverteilungsannahme mit Hilfe des Wilcoxon-Tests miteinander verglichen werden sollen, so muß dabei unterstellt werden, daß zwar beide Sorten demselben Produktionsprozeß unterliegen, daß aber bei der einen Sorte durch zusätzliche Maßnahmen (z.B. durch eine strengere Abnahmekontrolle) Frühausfälle nahezu ausgeschlossen werden können, der „Sterbeprozeß" also später einsetzt. Nur mit dieser Unterstellung kann die Annahme $H(x) = G(x-u)$ gerechtfertigt werden.

Beispiel 5.17 BIRNE Die Firma LICHT behauptet, daß die von ihr produzierten teureren Glühbirnen der Sorte X länger leben als die der billigeren Sorte Y. Läßt sich diese Behauptung auf der Basis der folgenden beiden Stichproben zum Niveau $\alpha = 5\%$ statistisch absichern? (Von jeweils 5 Glühbirnen sind die Lebensdauern in Tagen angegeben.)

Sorte X:	857	353	1047	876	1302
Sorte Y:	808	257	1264	586	452

Die Abbildung 5.13 zeigt die Funktionswerte der empirischen Verteilungsfunktionen $\widetilde{G}(x_i)$ (dicke Punkte) und $\widetilde{H}(y_i)$ (dünne Punkte).

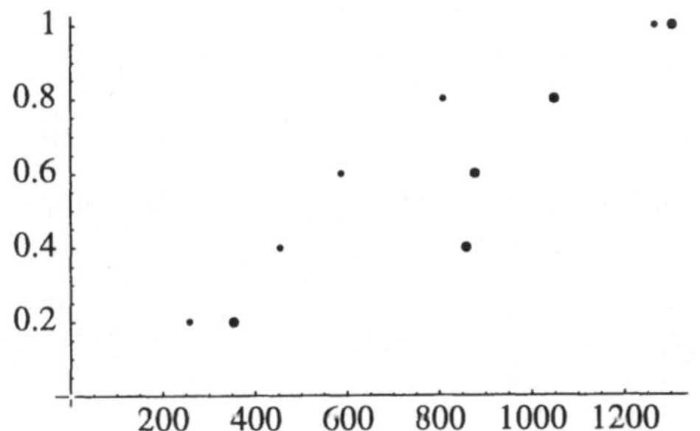

Abbildung 5.13
Zu den Voraussetzungen des Wilcoxon-Tests

Unter der Annahme, daß für die exakten Verteilungsfunktionen G und H gilt, daß $H(x) = G(x-u)$ ist, testen wir zum Nachweis der Behauptung über die unterschiedlichen Lebensdauern der Glühbirnen die Hypothese $H_0 : u \geq 0$ gegen die Alternative $H_1 : u < 0$. Es handelt sich also um das einseitige Testproblem (b), und der kritische Wert z' ist das 5%-Quantil der Verteilung von Z. Mathematica berechnet:

$$F_0(19) = 0.047619 \qquad F_0(20) = 0.0753968$$

Die Hypothese H_0 kann verworfen werden, wenn $z \leq 19$ ist. Die gepoolte und aufsteigend sortierte Meßreihe ist:

$$257, 353, 452, 586, 808, 857, 876, 1047, 1264, 1302$$

Die Rangzahlen der y-Stichprobe sind:

$$r(y_1) = 5, r(y_2) = 1, r(y_3) = 9, r(y_4) = 4, r(y_5) = 3$$

Der realisierte Wert der Prüfgröße Z ist also $z = 5 + 1 + 9 + 4 + 3 = 22 > 19$. Die Hypothese kann nicht verworfen werden. Auf der Basis dieser kleinen Stichprobe kann nicht nachgewiesen werden, daß die teureren Glühbirnen länger leben. Will man wissen, von welchem Signifikanzniveau an die Hypothese verworfen werden kann, so berechnet man

$$F_0(22) = P_0(z_{\min} \leq Z \leq 22) = P_0(15 \leq Z \leq 22) = 0.154762$$

Erst für Signifikanzzahlen $\alpha \geq 15.5\%$ kann H_0 verworfen werden.

Wir erinnern Sie noch einmal an die vor diesem Beispiel gemachten Aussagen zur Anwendbarkeit des Testverfahrens von Wilcoxon. Ansonsten ist die Analyse von Lebensdauerdaten ein eigenes Teilgebiet der Schließenden Statistik. [vgl. Hartung, J.: Statistik Lehr- und Übungsbuch der angewandten Statistik; Kalbfleisch-Prentice: The statistical analysis of failure time data]

Bevor wir den Wilcoxon-Test abschließend auf ein weiteres (angemesseneres) Beispiel anwenden, stellen wir einige Eigenschaften der Verteilung der Wilcoxon-Statistik Z in den folgenden drei Bemerkungen ohne Beweis zusammen:

Bemerkung 5.22 Für den Fall $u = 0$ berechnen sich Erwartungswert und Varianz der Wilcoxon-Statistik Z wie folgt:

$$\mu = E(Z) = \frac{n_2(n+1)}{2} \qquad \sigma^2 = \text{Var}(Z) = \frac{n_1 n_2(n+1)}{12}$$

Beide Gleichungen ergeben sich aus der Definition $Z := \sum_{j=1}^{n_2} r(Y_j)$, wenn man sich vorstellt, daß unter $u = 0$ die Menge $\{r(Y_j) | 1 \leq j \leq n_2\}$ der Rangzahlen der y-Stichprobe das Ergebnis des n_2-maligen Ziehens ohne Zurücklegen aus der Urne $U = \{1,2,3,\dots,n\}$ ist. Die erste Gleichung über $E(Z)$ folgt noch schneller aus Symmetrieüberlegungen: Der Wertebereich von Z ist die Menge aller natürlichen Zahlen zwischen $z_{\min} = \frac{n_2}{2}(1+n_2)$ und $z_{\max} = \frac{n_2}{2}(2n_1+n_2+1)$.

Bemerkung 5.23 Sind die Stichprobenwerte in der gepoolten Stichprobe nicht paarweise voneinander verschieden, so spricht man von **Bindungen** (engl.: *ties*). Zahlenmäßig gleiche Meßwerte bilden eine sogenannte **Bindungsgruppe**. In diesem Fall ändert sich die Funktionsvorschrift und damit auch die Verteilung der Prüfgröße Z: Allen Meßwerten derselben Bindungsgruppe wird dieselbe Rangzahl zugeordnet. Diese ist das arithmetische Mittel aus den Rangzahlen, die für die Bindungsgruppe insgesamt zur Verfügung stehen.

Wegen der vorausgesetzten Stetigkeit der Verteilungfunktionen G und H dürften Bindungen bei ausreichender Meßgenauigkeit eigentlich nicht auftreten. In der Praxis treten sie aber doch auf. Die Berechnung der Verteilung von Z gestaltet sich dann deutlich schwieriger. Beachten Sie, daß Bindungen in der von uns zur Verfügung gestellten Mathematica-Funktion `WilcoxonStatistik` nicht berücksichtigt sind.

Bemerkung 5.24 Bei großen Stichproben kann die Wilcoxon-Statistik Z unter $u = 0$ als annähernd normalverteilt angesehen werden. In diesem Fall ist auch die Berücksichtigung von Bindungen relativ einfach:

Falls keine Bindungen auftreten, gilt für die Parameter μ und σ^2 der asymptotischen Normalverteilung:

$$\mu = E(Z) = \frac{n_2(n+1)}{2} \qquad \sigma^2 = \text{Var}(Z) = \frac{n_1 n_2(n+1)}{12}$$

Treten Bindungen auf, so bezeichnen wir mit r die Anzahl der mehrfach auftretenden Meßwerte und mit τ_i die Vielfachheit des i-ten mehrfach auftretenden Meßwertes. Mit der Bezeichnung $\kappa_i := (\tau_i - 1)\tau_i(\tau_i + 1)$ gilt dann für die Parameter μ und σ^2 der asymptotischen Normalverteilung:

$$\mu = \frac{n_2(n+1)}{2} \qquad \sigma^2 = \frac{n_1 n_2(n+1)}{12} - \frac{n_1 n_2}{12n(n-1)} \sum_{i=1}^{r} \kappa_i$$

Beispiel 5.18 KLAUSUR Wir greifen noch einmal die Situation des Beispiels 5.12 aus dem Abschnitt 5.6 auf: Von maximal 50 Punkten erreichten die 14 Studenten der Gruppe A folgende Punktzahlen:

$$6, 17, 19, 25, 28, 29, 33, 34, 37, 40, 43, 46, 46, 50$$

Die 18 Studenten der Gruppe B erreichten folgende Punktzahlen:

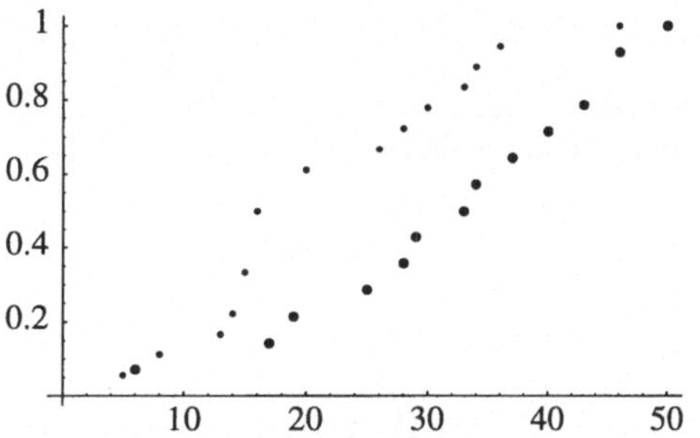

Abbildung 5.14
Zu den Voraussetzungen des Wilcoxon-Tests

$$5,8,13,14,15,15,16,16,16,20,20,26,28,30,33,34,36,46$$

Abbildung 5.14 zeigt die Funktionswerte der empirischen Verteilungsfunktionen $\widetilde{G}(x_i)$ (dicke Punkte) und $\widetilde{H}(y_i)$(dünne Punkte):

Wir nehmen an, daß die exakten Verteilungsfunktionen G und H die Voraussetzungen für den Wilcoxon-Rangsummentest erfüllen. Wenn wir unter dieser Annahme beweisen wollen, daß die Studenten der Gruppe A signifikant mehr Punkte erreicht haben als die der Gruppe B, so haben wir die Hypothese $H_0 : u \geq 0$ gegen die Alternative $H_1 : u < 0$ zu testen. Es handelt sich also um das einseitige Testproblem (b), und der kritische Wert z' ist das 5%-Quantil der Verteilung von Z.

Das Datenmaterial enthält $r = 7$ Bindungsgruppen:

$$\{15,15\},\{16,16,16\},\{20,20\},\{28,28\},\{33,33\},\{34,34\},\{46,46,46\}$$

Es ist also

$$\begin{array}{ccccccc} \tau_1 = 2 & \tau_2 = 3 & \tau_3 = 2 & \tau_4 = 2 & \tau_5 = 2 & \tau_6 = 2 & \tau_7 = 3 \\ \kappa_1 = 6 & \kappa_2 = 24 & \kappa_3 = 6 & \kappa_4 = 6 & \kappa_5 = 6 & \kappa_5 = 6 & \kappa_7 = 24 \end{array}$$

und

$$\sum_{i=1}^{7} \kappa_i = 6+24+6+6+6+6+24 = 78$$

Die Parameter der asymptotischen Normalverteilung sind also:

$$\mu = \frac{18(32+1)}{2} = 297$$

und

$$\sigma^2 = \frac{14 \cdot 18(32+1)}{12} - \frac{14 \cdot 18}{12 \cdot 32(32-1)} \cdot 78 = 691.35$$

Das 5%-Quantil der Normalverteilung mit diesen Parametern ist $z' \approx 254$. Die Hypothese H_0 kann verworfen werden, wenn $z < 254$ ist.

Für die Berechnung von z ist die Aufteilung der insgesamt 32 Rangzahlen $1,2,3,\ldots,32$ auf die Werte der aufsteigend sortierten Meßreihe in der folgenden Tabelle dargestellt. In der letzten Zeile stehen die korrigierten Rangzahlen der B-Stichprobe.

Rangzahl	1	2	3	4	5	6	7	8	9	10	11	12	13	14	15	16
Meßwert	5	6	8	13	14	{15	15}	{16	16	16}	17	19	{20	20}	25	26
Gruppe	B	A	B	B	B	B	B	B	B	B	A	A	B	B	A	B
kor. Rangzahl	1		3	4	5	6.5	6.5	9	9	9			13.5	13.5		16

Rangzahl	17	18	19	20	21	22	23	24	25	26	27	28	29	30	31	32
Meßwert	{28	28}	29	30	{33	33}	{34	34}	36	37	40	43	{46	46	46}	50
Gruppe	A	B	A	B	A	B	A	B	B	A	A	A	A	A	B	A
kor. Rangzahl		17.5		20		22		24	25						30	

Der realisierte Wert der Wilcoxon-Statistik ist

$$z = 1+3+4+5+2\cdot 6.5+3\cdot 9+2\cdot 13.5+16+17.5+20+22+24+25+30 = 234.5$$

Weil $z = 234.5$ kleiner als z' ist, kann die Hypothese H_0 verworfen werden. Auch mit dem Wilcoxon-Test ergibt sich, daß die Klausurergebnisse bei der Gruppe A signifikant besser sind als bei der Gruppe B.

Aufgaben zum Abschnitt 5.8

Aufgabe 5.8.1

Betrachten Sie die Situation der Aufgabe 5.5.4, und versuchen Sie ohne Normalverteilungsannahmen zu beweisen, daß das neue Sonnenschutzmittel besser wirkt als das alte. Vergleichen Sie das Ergebnis des Vorzeichentests mit dem des Paired-t-Tests.

Aufgabe 5.8.2

Berechnen Sie die Verteilung der Rangsummenstatistik Z von Wilcoxon mit den Mathematica-Funktionen `Pstrich` und `WilcoxonStatistik` für die Stichprobenumfänge $n_1 = 4$ und $n_2 = 3$.

Aufgabe 5.8.3

Betrachten Sie die Situation der Aufgabe 5.6.1, und untersuchen Sie ohne Normalverteilungsannahmen, ob die Unterschiede zwischen den beiden Gruppen signifikant sind. Vergleichen Sie das Ergebnis des Wilcoxon-Tests mit dem des Zweistichproben-t-Tests.

Hinweis: Das Datenmaterial enthält eine Bindungsgruppe. Der Wert 53 tritt doppelt auf, und zwar innerhalb der Gruppe B. Damit Sie den Wilcoxon-Test dennoch anwenden können, ersetzen Sie den zweiten Stichprobenwert 53 durch die Zahl 53.5.

A Lösungen

A.0 Lösungen der Aufgaben zum Kapitel 0

Lösungen der Aufgaben zum Abschnitt 0.1

Aufgabe 0.1.1

(a)

True	False	True	True
True	True	True	False

(b) B ist die Menge aller geordenten Paare $(x,y) \in \mathbb{R}^2$, die das lineare Gleichungssystem $x+2y=-3$, $2x+y=3$ erfüllen. Dieses besitzt die eindeutige Lösung $(x,y)=(3,-3)$: $B=\{(3,-3)\}$.
Es existiert keine reelle Zahl x mit $x^2=-9$: $C=\{\ \}$.
$E=\{\ \}$, da das lineare Gleichungssystem $x+2y=-3$, $-2x-4y=1$ keine Lösung besitzt.
$F=\{-3,3\}$.
Es gilt also: $A=B$, $C=E$ und $D=F$.

Aufgabe 0.1.2

$\{1,3,5,6,7,8,9\}$	$\{1,3,5,6,7,8,9\}$	$\{5,7,9\}$	$\{5,7,9\}$
$\{1,3\}$	$\{1,3\}$	$\{\ \}$	$\{1,3,6,8\}$
$\{1,2,3,4,5,6,8\}$	$\{1,2,3,4,5,6,8\}$	$\{4\}$	$\{4\}$
$\{3,4,6\}$	$\{3,4,6\}$	$\{2,3,4,5,6\}$	$\{2,3,4,5,6\}$

Aufgabe 0.1.3

(a)

$$\begin{aligned} x &\in A\cap(B\cup C) \Leftrightarrow x\in A \wedge x\in B\cup C \Leftrightarrow x\in A\wedge(x\in B\vee x\in C) \\ &\Leftrightarrow (x\in A\wedge x\in B)\vee(x\in A\wedge x\in C) \Leftrightarrow x\in(A\cap B)\cup(A\cap C) \end{aligned}$$

(b)

$$\begin{aligned} x &\in \overline{A\cup B} \Leftrightarrow x\in\Omega\wedge x\notin A\cup B \Leftrightarrow x\in\Omega\wedge x\notin A\wedge x\notin B \\ &\Leftrightarrow (x\in\Omega\wedge x\notin A)\wedge(x\in\Omega\wedge x\notin B) \Leftrightarrow x\in\overline{A}\wedge x\in\overline{B} \Leftrightarrow x\in\overline{A}\cap\overline{B} \end{aligned}$$

Aufgabe 0.1.4

(a) $B \overset{A\subseteq B}{=} (B\setminus A)\uplus A \Rightarrow |B|=|B\setminus A|+|A| \Longleftrightarrow |B\setminus A|=|B|-|A|$

(b) Aus $A\cup B=(A\setminus B)\uplus(A\cap B)\uplus(B\setminus A)=(A\setminus A\cap B)\uplus(A\cap B)\uplus(B\setminus A\cap B)$ folgt:
$|A\cup B|=|A\setminus A\cap B|+|A\cap B|+|B\setminus A\cap B|=|A|-|A\cap B|+|A\cap B|+|B|-|A\cap B|$

(c) Aus $A, B \subseteq A \cup B$ folgt $|A| \leq |A \cup B|$ und $|B| \leq |A \cup B|$.

(d) Gegenbeispiel: Die Mengen $A := \mathbb{N}$ und $B := \{-n \mid n \in \mathbb{N}\}$ sind beide nicht endlich, aber es gilt $|A \cap B| = |\{\ \}| = 0$.

Aufgabe 0.1.5

(a) $X \in 2^A \cap 2^B \Leftrightarrow (X \in 2^A \wedge X \in 2^B) \Leftrightarrow (X \subseteq A \wedge X \subseteq B) \Leftrightarrow X \subseteq A \cap B \Leftrightarrow X \in 2^{A \cap B}$

(b) $X \in 2^A \cup 2^B \Leftrightarrow X \in 2^A \vee X \in 2^B \Leftrightarrow X \subseteq A \vee X \subseteq B \Rightarrow X \subseteq A \cup B \Rightarrow X \in 2^{A \cup B}$

(c) Wir wählen $A = \{a\}$, $2^A = \{\{\}, \{a\}\}$ und $B = \{b\}$, $2^B = \{\{\}, \{b\}\}$.
Einerseits gilt dann $2^A \cup 2^B = \{\{\}, \{a\}, \{b\}\}$.
Andererseits ist $A \cup B = \{a\} \cup \{b\} = \{a, b\}$, woraus $2^{A \cup B} = \{\{\}, \{a\}, \{b\}, \{a, b\}\}$ folgt.

Lösungen der Aufgaben zum Abschnitt 0.2

Aufgabe 0.2.1

(a) Da f und g beide surjektiv sind, gilt $f(D) = W$ und $g(W) = Z$ und deswegen:
$(g \circ f)(D) = g(f(D)) = g(W) = Z$

(b) Da f und g beide injektiv sind, gilt für alle $x_1, x_2 \in D$:
$x_1 \neq x_2 \Rightarrow f(x_1) \neq f(x_2) \Rightarrow g(f(x_1)) \neq g(f(x_2))$.

(c) Nach Voraussetzung sind f und g beide sowohl injektiv als auch surjektiv.
Nach (a) und (b) folgt, daß $g \circ f$ surjektv und injektiv, also bijektiv ist.
Wir müssen $(g \circ f)^{-1}(z) = (f^{-1} \circ g^{-1})(z)$ für alle $z \in W$ zeigen:
Zu $z \in W$ gibt es wegen der Bijektivität von $g \circ f$ genau ein x mit $z = (g \circ f)(x)$ bzw. $x = (g \circ f)^{-1}(z)$.
Andererseits folgt für x aus $z = (g \circ f)(x) = g(f(x))$ mit der Bijektivität von g zunächst $f(x) = g^{-1}(z)$ und hieraus mit der Bijektivität von f auch $x = f^{-1}(g^{-1}(z))$.

(d) $(g \circ f)(x) = g(f(x)) = 2f(x) - 1 = 2(-x+3) - 1 = -2x + 5$
$(f \circ g)(x) = f(g(x)) = -g(x) + 3 = -2x + 1 + 3 = -2x + 4$
$g^{-1}(x) = \frac{1}{2}x + \frac{1}{2}$ und $f^{-1}(x) := -x + 3$
$(g \circ f)^{-1}(x) = -\frac{1}{2}x + \frac{5}{2}$
$(f^{-1} \circ g^{-1})(x) = f^{-1}(g^{-1}(x)) = -g^{-1}(x) + 3 = -(\frac{1}{2}x + \frac{1}{2}) + 3 = -\frac{1}{2}x + \frac{5}{2}$

Aufgabe 0.2.2

(a) $\omega \in A \Rightarrow f(\omega) \in f(A) \Rightarrow \omega \in f^{-1}(f(A))$
Es gilt nicht die Gleichheit: $f^{-1}(f(\{1\})) = f^{-1}(\{a\}) = \{1,2\} \supset \{1\}$

(b) $\omega' \in f(f^{-1}(A')) \Leftrightarrow \underset{\omega \in f^{-1}(A')}{\exists} \omega' = f(\omega) \Rightarrow \omega' \in A'$
Es gilt nicht die Gleichheit: $f(f^{-1}(\{b\}) = f(\{\ \}) = \{\ \} \subset \{b\}$.

(c) $\omega \in f^{-1}(A' \cap B') \Leftrightarrow f(\omega) \in A' \cap B' \Leftrightarrow f(\omega) \in A' \wedge f(\omega) \in B'$
$\Leftrightarrow \omega \in f^{-1}(A') \wedge f^{-1}(B') \Leftrightarrow \omega \in f^{-1}(A') \cap f^{-1}(B')$

(d) $\omega \in f^{-1}(A' \cup B') \Leftrightarrow f(\omega) \in A' \cup B' \Leftrightarrow f(\omega) \in A' \vee f(\omega) \in B'$
$\Leftrightarrow \omega \in f^{-1}(A') \vee f^{-1}(B') \Leftrightarrow \omega \in f^{-1}(A') \cup f^{-1}(B')$

(e) $\omega \in f^{-1}(B' \setminus A') \Leftrightarrow f(\omega) \in B' \setminus A' \Leftrightarrow f(\omega) \in B' \wedge f(\omega) \notin A'$
$\Leftrightarrow \omega \in f^{-1}(B') \wedge \omega \notin f^{-1}(A') \Leftrightarrow \omega \in f^{-1}(B') \setminus f^{-1}(A')$
Setzt man $B' := \Omega'$ so folgt:
$f^{-1}(\overline{A'}) = f^{-1}(\Omega' \setminus A') = f^{-1}(\Omega') \setminus f^{-1}(A') = \Omega \setminus f^{-1}(A') = \overline{f^{-1}(A')}$.

(f) Es sei $A' \subseteq B'$. Dann gilt für alle $\omega \in \Omega$:
$\omega \in f^{-1}(A') \Rightarrow f(\omega) \in A' \Rightarrow f(\omega) \in B' \Rightarrow \omega = f^{-1}(B')$.

Aufgabe 0.2.3

(a) Wir müssen zeigen, daß das Mengensystem $\mathcal{Z}$ die beiden folgenden Eigenschaften besitzt:
(1) Für je zwei $Z_1, Z_2 \in \mathcal{Z}$ folgt aus $Z_1 \neq Z_2$ stets $Z_1 \cap Z_2 = \{\}$.
(2) $\Omega = \bigcup\limits_{Z \in \mathcal{Z}} Z$, oder die dazu äquivalente Aussage, daß zu jedem $\omega \in \Omega$ ein $Z \in \mathcal{Z}$ existiert mit $\omega \in Z$.
Beim Beweis nutzen wir die Tatsache, daß das Mengensystem $\mathcal{Z}'$ als Zerlegung von Ω' dies beiden Eigenschaften besitzt.
(1) Es seien $Z_1, Z_2 \in \mathcal{Z}$ mit $Z_1 \neq Z_2$. Für die zugehörigen $Z_1', Z_2' \in \mathcal{Z}'$ mit $Z_1 = f^{-1}(Z_1')$ und $Z_2 = f^{-1}(Z_2')$ gilt dann auch $Z_1' \neq Z_2'$ (ansonsten wären auch die Urbilder Z_1 und Z_2 gleich). Da voraussetzungsgemäß $Z_1' \cap Z_2' = \{\}$ gilt, folgt mit Teil (c) aus Aufgabe 0.2.2:
$Z_1 \cap Z_2 = f^{-1}(Z_1') \cap f^{-1}(Z_2') = f^{-1}(Z_1' \cap Z_2') = f^{-1}(\{\}) = \{\}$.
(2) Es sei $\omega \in \Omega$. Zu $\omega' = f(\omega)$ existiert dann voraussetzungsgemäß ein Z' mit $f(\omega) \in Z'$. Für $Z = f^{-1}(Z') \in \mathcal{Z}$ gilt dann $\omega \in Z$.

(b) Nach Teil (a) dieser Aufgabe ist das Mengensystem $\mathcal{Z} := \{A_i \,|\, i \in I\}$ mit $A_i := f^{-1}(\omega_i')$ für $i \in I$ eine Zerlegung von Ω. Mit den Indikatorfunktionen 1_{A_i} bilden wir die Funktion $h := \sum\limits_{i \in I} \omega_i' \cdot 1_{A_i}$. Für beliebiges $\omega \in \Omega$ gilt dann: Es gibt genau ein $A_k \in \mathcal{Z}$ mit $\omega \in A_k$.
Wegen $A_k := f^{-1}(\omega_k')$ folgt dann einerseits $f(\omega) = \omega_k'$ und andererseits
$h(\omega) = \sum\limits_{i \in I} \omega_i' \cdot 1_{A_i}(\omega) = \omega_k' \cdot 1 + \sum\limits_{i \in I \setminus \{k\}} \omega_i' \cdot 0 = \omega_k'$. Also gilt $f = h$.

(c) $\mathcal{Z}_f = \{\{(x,y) \,|\, y = r - x\} \,|\, r \in \mathbb{R}\}$.
Der Graph von $y = -x + r$ ist eine Gerade mit der Steigung -1 und dem y-Achsenabschnitt r. $\mathcal{Z}_g = \{\{(x,y) \,|\, x = 0 \text{ oder } y = 0\}\} \cup \{\{(x,y) \,|\, y = r/x\} \,|\, r \in \mathbb{R} \setminus \{0\}\}$.
Die Menge $\{(x,y) \,|\, x = 0 \text{ oder } y = 0\} = \{(x,y) \,|\, x = 0\} \cup \{(x,y) \,|\, y = 0\}$ entspricht der Vereinigung der x- und y-Achse. Der Graph von $y = r/x$ setzt sich aus zwei Hyperbelästen zusammen, die für $r > 0$ im ersten und dritten, und für $r < 0$ im zweiten und vierten Quadranten liegen.
$\mathcal{Z}_h = \{\{(x,y) \,|\, y = r \cdot x = 0, x \neq 0\} \,|\, r \in \mathbb{R}\}$.
Der Graph von $y = r \cdot x$ ist eine Gerade mit der Steigung r und dem y-Achsenabschnitt 0.

A.1 Lösungen der Aufgaben zum Kapitel 1

Lösungen der Aufgaben zum Abschnitt 1.2

Aufgabe 1.2.1

(a) Wegen $A \cap B = \overline{\overline{A}} \cap \overline{\overline{B}} = \overline{\overline{A} \cup \overline{B}}$ folgt mit den Axiomen **(A2)** und **(A3)** für eine Algebra:

$$A, B \in \mathcal{A} \overset{(A2)}{\Longrightarrow} \overline{A}, \overline{B} \in \mathcal{A} \overset{(A3)}{\Longrightarrow} \overline{A} \cup \overline{B} \in \mathcal{A} \overset{(A2)}{\Longrightarrow} \overline{\overline{A} \cup \overline{B}} \in \mathcal{A}$$

(b) Wegen $A\backslash B = A \cap \overline{B}$ folgt mit dem Axiom $(A2)$ für eine Algebra und Teil (**a**) dieser Aufgabe:

$$A, B \in \mathcal{A} \overset{(A2)}{\Longrightarrow} A, \overline{B} \in \mathcal{A} \overset{(a)}{\Longrightarrow} A \cap \overline{B} \in \mathcal{A}$$

(c) Mit Teil (**b**) dieser Aufgabe und dem Axiom $(A3)$ für eine Algebra folgt:

$$A, B \in \mathcal{A} \overset{(b)}{\Longrightarrow} A\backslash B\,,\ B\backslash A \in \mathcal{A} \overset{(A3)}{\Longrightarrow} A\backslash B \uplus B\backslash A \in \mathcal{A}$$

Aufgabe 1.2.2

(**a**) Die Vereinigungstabelle enthält $n \cdot n = n^2$ Zellen. Wir nehmen an, daß die Elemente von $\mathcal{M}$ in der Kopfzeile und der linken Randspalte in der gleichen Reihenfolge aufgelistet sind (vgl. Vereinigungstabelle in Beispiel 1.11 WUERFEL). Außerdem nehmen wir an, daß in dieser Auflistung in der ersten Spalte die Vereinigungen $A \cup \{\} = A$ (Spaltenüberschrift $B = \{\}$) und in der letzten Spalte die Vereinigungen $A \cup \Omega = \Omega$ (Spaltenüberschrift $B = \Omega$) stehen.

- Für jede Menge A gilt: $A \cup A = A$. Deshalb sind die in der Hauptdiagonale der Vereinigungstabelle stehenden Vereinigungen automatisch Elemente von $\mathcal{A}$. Es bleiben also $n^2 - n = n(n-1)$ Überprüfungen.
- Da für je zwei Mengen A und B stets $A \cup B = B \cup A$ gilt, ist die Vereinigungstabelle symmetrisch. Deshalb müssen nur noch die unterhalb der Hauptdiagonale stehenden Vereinigungen auf ihre Zugehörigkeit zu $\mathcal{A}$ überprüft werden. Ihre Anzahl ist:

$$\frac{(n-1) \cdot n}{2}$$

- Von den unterhalb der Hauptdiagonale stehenden Restüberprüfungen fallen die in der ersten Spalte und die in der letzten Zeile stehenden weg: In den Zellen der ersten Spalte stehen die Elemente von $\mathcal{M}$, und in jeder Zelle der letzten Zeile steht Ω. Es sind also nur noch

$$\frac{(n-1) \cdot n}{2} - (n-1) - (n-2) = \frac{(n-3) \cdot (n-2)}{2}$$

Überprüfungen vorzunehmen.
Für den Sonderfall $n = 4$, der in Beispiel 1.11 WUERFEL vorlag, bestätigt diese Formel, daß nur eine einzige Zelle zu überprüfen ist.

(b) Komplementtabelle

A	$\{\}$	$\{3\}$	$\{4\}$	$\{3,4\}$	$\{1,2,5,6\}$	$\{1,2,3,5,6\}$	$\{1,2,4,5,6\}$	Ω
$\overline{A}$	Ω	$\{1,2,4,5,6\}$	$\{1,2,3,5,6\}$	$\{1,2,5,6\}$	$\{3,4\}$	$\{4\}$	$\{3\}$	$\{\}$
$\overline{A} \in \mathcal{A}$	*True*	*True*	*True*	*True*	*True*	*True*	*True*	*True*

Bemerkung: Beim Ausfüllen der Komplementtabelle sollte man zu jeder Menge, die man in die Kopfzeile (A-Zeile) aufnimmt, sofort das zugehörige Komplement in die zweite Zeile ($\overline{A}$-Zeile) darunter eintragen. Ehe man jedoch die nächste Menge zur Überprüfung in die erste Zeile aufnimmt, sollte man nachsehen, ob diese Menge nicht bereits vorher als Komplement in der zweiten Zeile auftritt. Ist dies der Fall, so entfällt die Überprüfung: Wegen $\overline{\overline{A}} = A$ findet man das Komplement einer solchen Menge schon in der ersten Zeile, also unter den Mengen, die die Prüfung bereits erfolgreich überstanden haben. Für die vorliegende Komplementtabelle reduziert sich die Prüfarbeit erheblich: Die Spalten mit den Köpfen $\{1,2,5,6\}$, $\{1,2,3,5,6\}$, $\{1,2,4,5,6\}$ und Ω können nämlich weggelassen werden.

Vereinigungstabelle Es werden nur die nach Teil (a) dieser Aufgabe nötigen $\frac{(8-3)\cdot(8-2)}{2} = 15$ Überprüfungen vorgenommen:

$A \cup B$ $A \cup B \in \mathcal{A}$?	$B = \{3\}$	$B = \{4\}$	$B = \{3,4\}$	$B =$ $\{1,2,5,6\}$	$B =$ $\{1,2,3,5,6\}$	$B =$ $\{1,2,4,5,6\}$
$A = \{3\}$						
$A = \{4\}$	$\{3,4\}$ *True*					
$A = \{3,4\}$	$\{3,4\}$ *True*	$\{3,4\}$ *True*				
$A = \{1,2,5,6\}$	$\{1,2,3,5,6\}$ *True*	$\{1,2,4,5,6\}$ *True*	Ω *True*			
$A = \{1,2,3,5,6\}$	$\{1,2,3,5,6\}$ *True*	Ω *True*	Ω *True*	$\{1,2,3,5,6\}$ *True*		
$A = \{1,2,4,5,6\}$	Ω *True*	$\{1,2,4,5,6\}$ *True*	Ω *True*	$\{1,2,4,5,6\}$ *True*	Ω *True*	

Sie können die Prüfarbeit auch Mathematica überlassen: Dazu werden nach dem Laden des **Probability'Master'** die Menge Ω und das Mengensystem $\mathcal{M}$ zunächst definiert:

```
omega={1,2,3,4,5,6};
system={{},omega,{3},{1,2,4,5,6},{4},{1,2,3,5,6},{3,4},{1,2,5,6}};
```

Dann werden die Argumente `omega` und `system` in die Funktionen `axiomA1`, `axiomA2`, `axiomA3` bzw. `pruefAlgebra` eingesetzt:

```
axiomA1[omega,system]
axiomA2[omega,system]
axiomA3[system]
pruefAlgebra[omega,system]
```

Aufgabe 1.2.3

(a) Da Ω endlich ist, ist jede Algebra auf Ω eine σ-Algebra auf Ω und umgekehrt (vgl. Bemerkungen 1.7). Die von dem Mengensystem

$$\begin{aligned} \mathcal{E}_1 &:= \{\{1,2\},\{3,4\}\} \\ \text{bzw. } \mathcal{E}_2 &:= \{\{1,2\},\{3\},\{4\}\} \\ \text{bzw. } \mathcal{E}_3 &:= \{\{1\},\{2\},\{3,4\}\} \end{aligned}$$

erzeugte σ-Algebra $\mathcal{A}_1$ bzw. $\mathcal{A}_2$ bzw. $\mathcal{A}_3$ ist also die von $\mathcal{E}_1$ bzw. $\mathcal{E}_2$ bzw. $\mathcal{E}_3$ erzeugte Algebra. Jedes der gegebenen Mengensytem $\mathcal{E}_1$ bzw. $\mathcal{E}_2$ bzw. $\mathcal{E}_3$ ist eine Zerlegung von $\Omega = \{1,2,3,4\}$. Nach Bemerkung 1.5 ist die von einer Zerlegung $\mathcal{Z}$ auf Ω erzeugte Algebra das Mengensystem, das man erhält, wenn man die leere Menge und alle möglichen Vereinigungen von Mengen aus $\mathcal{Z}$ zusammenfaßt. Mit diesem Konstruktionsverfahren erhalten wir hier:

$$\begin{aligned} \mathcal{A}_1 &= \sigma(\mathcal{E}_1) = \{\{\},\{1,2\},\{3,4\},\Omega\} \\ \mathcal{A}_2 &= \sigma(\mathcal{E}_2) = \{\{\},\{3\},\{4\},\{1,2\},\{3,4\},\{1,2,3\},\{1,2,4\},\Omega\} \\ \mathcal{A}_3 &= \sigma(\mathcal{E}_3) = \{\{\},\{1\},\{2\},\{1,2\},\{3,4\},\{1,3,4\},\{2,3,4\},\Omega\} \end{aligned}$$

$\mathcal{A}_2 \cap \mathcal{A}_3 = \{\{\},\{1,2\},\{3,4\},\Omega\} = \mathcal{A}_1$

Wir schlagen Ihnen vor, die Lösung dieser Aufgabe mit Mathematica nachzuvollziehen. Benutzen Sie dabei die Funktionen `zerlegAlgebra` bzw. `erzAlgebra` aus dem **Mathematica-Notebook NB1K1A2.ma** und die Mathematica-Funktion `Intersection`. Weiterhin schlagen wir vor, daß Sie ein komplexeres Beispiel konstruieren und mit den genannten Mathematica-Funktionen bearbeiten.

(b) Wir zeigen $\sigma(\mathcal{E}) \subseteq 2^{\Omega}$ und $2^{\Omega} \subseteq \sigma(\mathcal{E})$:
Jede σ-Algebra auf Ω, also auch $\sigma(\mathcal{E})$, ist ein Teilsystem von 2^{Ω}. Also gilt $\sigma(\mathcal{E}) \subseteq 2^{\Omega}$. Um die Inklusion $2^{\Omega} \subseteq \sigma(\mathcal{E})$ nachzuweisen, wählen wir ein beliebiges $A \in 2^{\Omega}$, also eine beliebige Teilmenge A von Ω, und zeigen $A \in \sigma(\mathcal{E})$: Da Ω abzählbar unendlich ist, ist die Teilmenge $A \subseteq \Omega$ auch höchstens abzählbar unendlich. Wegen $A = \bigcup_{\omega_i \in A} \{\omega_i\}$ ist also A eine endliche oder abzählbare Vereinigung von Elementen aus $\mathcal{E}$, und damit eine endliche oder abzählbare Vereinigung von Elementen aus $\sigma(\mathcal{E})$. Da die σ-Algebra $\sigma(\mathcal{E})$ das Axiom $(\boldsymbol{A3}^*)$ erfüllt, folgt $A \in \sigma(\mathcal{E})$.

Aufgabe 1.2.4

(a) Gemäß Definition 1.3 ist $\sigma(\mathcal{A})$ die kleinste σ-Algebra, in der das Mengensystem $\mathcal{A}$ enthalten ist. Falls $\mathcal{A}$ selbst eine σ-Algebra ist, gilt also $\sigma(\mathcal{A}) = \mathcal{A}$.

(b) Wegen $\sigma(\mathcal{E}_2) \supseteq \mathcal{E}_2 \supseteq \mathcal{E}_1$ ist $\sigma(\mathcal{E}_2)$ eine σ-Algebra, in der $\mathcal{E}_1$ als Teilsystem enthalten ist. Folglich ist $\sigma(\mathcal{E}_1)$ als Durchschnitt aller σ-Algebren, in denen $\mathcal{E}_1$ als Teilsystem enthalten ist, ein Teilsystem von $\sigma(\mathcal{E}_2)$, d.h: $\sigma(\mathcal{E}_1) \subseteq \sigma(\mathcal{E}_2)$.

(c) Aus $\mathcal{E}_1 \subseteq \mathcal{E}_2$ folgt mit Teil (b) dieser Aufgabe $\sigma(\mathcal{E}_1) \subseteq \sigma(\mathcal{E}_2)$. Aus $\mathcal{E}_2 \subseteq \mathcal{A}$ folgt mit Teil (b) und Teil (a) dieser Aufgabe $\sigma(\mathcal{E}_2) \subseteq \sigma(\mathcal{A}) \overset{(a)}{=} \mathcal{A}$. Also gilt $\mathcal{A} = \sigma(\mathcal{E}_1) \subseteq \sigma(\mathcal{E}_2) \subseteq \mathcal{A}$, woraus $\sigma(\mathcal{E}_2) = \mathcal{A}$ folgt.

(d) Wegen $\mathcal{J}_{(\,]} \subset \mathcal{J}$ folgt mit Teil (b) dieser Aufgabe $\sigma(\mathcal{J}_{(\,]}) \subseteq \sigma(\mathcal{J})$.
Um $\sigma(\mathcal{J}) \subseteq \sigma(\mathcal{J}_{(\,]})$ nachzuweisen, genügt es gemäß Bemerkung 1.8 zu zeigen, daß $\mathcal{J} \subseteq \sigma(\mathcal{J}_{(\,]})$ gilt. Hierfür nehmen wir uns die möglichen Intervalltypen aus $\mathcal{J}$ einzeln vor und zeigen, daß jedes Intervall des entsprechenden Typs Element von $\sigma(\mathcal{J}_{(\,]})$ ist:

(1) Es sei $I = (-\infty,b]$ mit beliebigem $b \in \mathbb{R}$: Wir betrachten die Folge $((b-i,b])_{i\in\mathbb{N}}$ von Intervallen aus $\mathcal{J}_{(\,]}$. Mit Axiom $(\boldsymbol{A3}^*)$ für $\sigma(\mathcal{J}_{(\,]})$ folgt $(-\infty,b] = \bigcup_{i=1}^{\infty} (b-i,b] \in \sigma(\mathcal{J}_{(\,]})$.

(2) Es sei $I = (-\infty,b)$ mit beliebigem $b \in \mathbb{R}$: Wir betrachten die Folge $\left((-\infty,b-\frac{1}{i}]\right)_{i\in\mathbb{N}}$ von Intervallen, deren Glieder nach (1)Elemente aus $\sigma(\mathcal{J}_{(\,]})$ sind. Mit Axiom $(\boldsymbol{A3}^*)$ für $\sigma(\mathcal{J}_{(\,]})$ folgt: $(-\infty,b) = \bigcup_{i=1}^{\infty} \left(-\infty,b-\frac{1}{i}\right] \in \sigma(\mathcal{J}_{(\,]})$.

(3) Es sei $I = (a,\infty)$ mit beliebigem $a \in \mathbb{R}$: Es gilt $(a,\infty) = \overline{(-\infty,a]}$. Wegen (1) gilt dann $(-\infty,a] \in \sigma(\mathcal{J}_{(\,]})$ und mit Axiom $(\boldsymbol{A2})$ für $\sigma(\mathcal{J}_{(\,]})$ folgt $(a,\infty) = \overline{(-\infty,a]} \in \sigma(\mathcal{J}_{(\,]})$.

(4) Es sei $I = [a,\infty)$ mit beliebigem $a \in \mathbb{R}$: Es gilt $[a,\infty) = \overline{(-\infty,a)}$. Wegen (2) gilt dann $(-\infty,a) \in \sigma(\mathcal{J}_{(\,]})$ und mit Axiom $(\boldsymbol{A2})$ für $\sigma(\mathcal{J}_{(\,]})$ folgt $[a,\infty) = \overline{(-\infty,a)} \in \sigma(\mathcal{J}_{(\,]})$.

(5) Es sei $I = [a,b)$ mit beliebigem $a \in \mathbb{R}$ und beliebigem $b \in \mathbb{R}$ mit $a \leq b$: Wegen (2) gilt $(-\infty,b) \in \sigma(\mathcal{J}_{(\,]})$ und wegen (4) gilt $[a,\infty) \in \sigma(\mathcal{J}_{(\,]})$. Dann folgt mit Aufgabe 1.2.1(a): $[a,b) = (-\infty,b) \cap [a,\infty) \in \sigma(\mathcal{J}_{(\,]})$.

(6) Es sei $I = (a,b)$ mit beliebigem $a \in \mathbb{R}$ und beliebigem $b \in \mathbb{R}$ mit $a \leq b$: Wegen (2) gilt $(-\infty,b) \in \sigma(\mathcal{J}_{(\,]})$ und wegen (3) gilt $(a,\infty) \in \sigma(\mathcal{J}_{(\,]})$. Dann folgt mit Aufgabe 1.2.1(a): $(a,b) = (-\infty,b) \cap (a,+\infty) \in \sigma(\mathcal{J}_{(\,]})$.

(7) Es sei $I = [a,b]$ mit beliebigem $a \in \mathbb{R}$ und beliebigem $b \in \mathbb{R}$ mit $a \leq b$:Wegen (1) gilt $(-\infty,b] \in \sigma(\mathcal{J}_{(\,]})$ und wegen (4) gilt $[a,\infty) \in \sigma(\mathcal{J}_{(\,]})$. Dann folgt mit Aufgabe 1.2.1(a): $[a,b] = (-\infty,b] \cap [a,\infty) \in \sigma(\mathcal{J}_{(\,]})$.

(8) Es sei $I = (-\infty,\infty)$: Wir wählen $a \in \mathbb{R}$ beliebig. Wegen (1) gilt $(-\infty,a] \in \sigma(\mathcal{I}_{(\,]})$ und wegen (3) gilt $(a,+\infty) \in \sigma(\mathcal{I}_{(\,]})$. Mit Axiom $(\boldsymbol{A3}^*)$ bzw. $(\boldsymbol{A3})$ für $\sigma(\mathcal{I}_{(\,]})$ folgt: $(-\infty,\infty) = (-\infty,a] \cup (a,+\infty) \in \sigma(\mathcal{I}_{(\,]})$.

Aufgabe 1.2.5

Wir müssen zeigen, daß das Mengensystem $\mathcal{M}' = \left\{A' \subseteq \Omega' \,\middle|\, f^{-1}(A') \in \mathcal{A}\right\}$ den Axiomen $(\boldsymbol{A1}),(\boldsymbol{A2})$ und $(\boldsymbol{A3}^*)$ einer σ-Algebra auf Ω' genügt. Der Nachweis nutzt die Tatsache aus, daß $\mathcal{A}$ als σ-Algebra auf Ω diese drei Axiome erfüllt.

Axiom $(\boldsymbol{A1})$: Es gilt $\Omega = f^{-1}(\Omega')$, und Ω ist gemäß Axiom $(\boldsymbol{A1})$ ein Element von $\mathcal{A}$. Definitionsgemäß folgt $\Omega' \in \mathcal{M}'$.

Axiom $(\boldsymbol{A2})$: Es sei $A' \in \mathcal{M}'$. Dann existiert definitionsgemäß ein $A \in \mathcal{A}$ mit $A = f^{-1}(A')$. Für $\overline{A'}$ gilt dann: $f^{-1}(\overline{A'}) = \overline{f^{-1}(A')} = \overline{A}$. Mit Axiom $(\boldsymbol{A2})$ folgt $\overline{A} \in \mathcal{A}$. Definitionsgemäß folgt $\overline{A'} \in \mathcal{M}'$.

Axiom $(\boldsymbol{A3}^*)$: Sei $(A_i')_{i\in\mathbb{N}}$ eine Folge mit $A_i' \in \mathcal{A}'$ für alle $i \in \mathbb{N}$. Dann existiert für jedes $i \in \mathbb{N}$ definitionsgemäß ein $A_i \in \mathcal{A}$ mit $A_i = f^{-1}(A_i')$. Es gilt: $f^{-1}(\bigcup_{i=1}^{\infty} A_i') = \bigcup_{i=1}^{\infty} f^{-1}(A_i') = \bigcup_{i=1}^{\infty} A_i$. Mit Axiom $(\boldsymbol{A3}^*)$ gilt $\bigcup_{i=1}^{\infty} A_i \in \mathcal{A}$. Definitionsgemäß folgt $\bigcup_{i=1}^{\infty} A_i' \in \mathcal{M}'$.

Aufgabe 1.2.6

(a) Mit der speziellen Definition von $g : B \to \Omega$ gilt für jedes $A' \in \mathcal{A}$:

$$\begin{aligned} g^{-1}(A') = \left\{\omega \in B \,\middle|\, g(\omega) \in A'\right\} &\overset{g(\omega)=\omega}{=} \left\{\omega \in B \,\middle|\, \omega \in A'\right\} \\ &= \left\{\omega \in \Omega \,\middle|\, \omega \in B \wedge \omega \in A'\right\} = A' \cap B \end{aligned}$$

Daraus folgt:

$$g^{-1}(\mathcal{A}) = \left\{g^{-1}(A') \,\middle|\, A' \in \mathcal{A}\right\} = \left\{A' \cap B \,|\, A \in \mathcal{A}\right\} = \mathcal{A}|_B$$

Nach Aussage (a) Von Lemma 1.2 ist $g^{-1}(\mathcal{A})$ eine σ-Algebra auf B.

(b) Wir zeigen $\{A \in \mathcal{A} \,|\, A \subseteq B\} \subseteq \mathcal{A}|_B$ und $\mathcal{A}|_B \subseteq \{A \in \mathcal{A} \,|\, A \subseteq B\}$.
Sei $A \in \mathcal{A}$ mit $A \subseteq B$. Wegen $A \subseteq B$ folgt: $A = A \cap B \in \mathcal{A}|_B$.
Sei $A \in \mathcal{A}|_B$. Definitionsgemäß existiert dann eine Menge $A' \in \mathcal{A}$, so daß A die folgende Darstellung besitzt: $A = A' \cap B$. Aus $B \in \mathcal{A}$ und $A' \in \mathcal{A}$ folgt gemäß Aufgabe 1.1(a) auch $A = A' \cap B \in \mathcal{A}$. Folglich gilt: $A \in \mathcal{A}$ und wegen $A = A' \cap B$ auch noch $A \subseteq B$.

(c) In Teil (a) wurde gezeigt, daß $g^{-1}(\mathcal{A}) = \mathcal{A}|_B$ gilt. Dieselbe Rechnung zeigt, daß für ein beliebiges Mengensystem $\mathcal{E} \subseteq 2^{\Omega}$ gilt: $g^{-1}(\mathcal{E}) = \mathcal{E}|_B$. Mit Aussage (c) von Lemma 1.2 folgt dann

$$\sigma(\mathcal{E}|_B) = \sigma(g^{-1}(\mathcal{E})) \overset{\text{Lemma 1.2 (c)}}{=} g^{-1}(\sigma(\mathcal{E})) = g^{-1}(\mathcal{A}) = \mathcal{A}|_B = \sigma(\mathcal{E})|_B$$

(d)

$$\begin{aligned} \mathcal{B}(\Omega) &\overset{\text{Def.1.4}}{=} \sigma(\mathcal{I}(\Omega)) = \sigma(\{I \cap \Omega \,|\, I \in \mathcal{I}(\mathbb{R})\}) \\ &\overset{\text{Aufg. 1.2.6(c)}}{=} \mathcal{B}(\mathbb{R})|_{\Omega} \overset{\text{Aufg. 1.2.6(b)}}{=} \{B \subseteq \mathbb{R} \,|\, B \in \mathcal{B}(\mathbb{R}) \wedge B \subseteq \Omega\} = \mathcal{B}(\mathbb{R}) \cap 2^{\Omega} \end{aligned}$$

Aufgabe 1.2.7

```
Needs[''Probability'Master'']
omega=Table[i,{i,0,36}];
D1=Table[i,{i,1,12}];
D2=Table[i,{i,13,24}];
D3=Table[i,{i,25,36}];
Pair=Table[2*i,{i,1,18}];
Impair=Table[2*i-1,{i,1,18}];
Rouge={1,3,5,7,9,12,14,16,18,19,21,23,25,27,30,32,34,36};
Noir={2,4,6,8,10,11,13,15,17,20,22,24,26,28,29,31,33,35};
e={D1,D2,D3,Pair,Impair,Rouge,Noir};
a=erzAlgebra[omega,e]
Length[a]
```

Nehmen Sie zu dem Erzeugendensystem noch die beiden Mengen
$Manque = \{ 1,2,3,4,5,6,7,8,9,10,11,12,13,14,15,16,17,18\}$
$Passe = \{19,20,21,22,23,24,25,26,27,28,29,30,31,32,33,34,35,36\}$
hinzu und testen Sie, ob Ihr Rechner in der Lage ist, auch die von diesem mächtigeren Mengensystem erzeugte σ-Algebra zu bilden.

Lösungen der Aufgaben zum Abschnitt 1.3

Aufgabe 1.3.1

(a) Die Aussage „Von den beiden Ereignissen A und B tritt keines ein" ist äquivalent zur Aussage „(A tritt **nicht** ein) **und** (B tritt **nicht** ein)":

$$E_a = \overline{A} \cap \overline{B} = \overline{A \cup B}$$

Verbal entspricht das Ereignis $\overline{A \cup B}$ der Aussage „A **oder** B tritt **nicht** ein".

(b) Die Aussage „Von den beiden Ereignissen A und B tritt höchstens eines ein" ist äquivalent zur Aussage „Das Ereignis A **und** B tritt **nicht** ein":

$$E_b = \overline{A \cap B}$$

(c) Die Aussage „Von den beiden Ereignissen A und B tritt mindestens eines ein" ist äquivalent zur Aussage „(A tritt ein) **oder** (B tritt ein)":

$$E_d = A \cup B$$

(d) Die Aussage „Von den beiden Ereignissen A und B tritt genau eines ein" ist äquivalent zur Aussage „(A tritt ein **und** B tritt **nicht** ein) **oder** (A tritt **nicht** ein **und** B tritt ein)":

$$E_e = (A \cap \overline{B}) \cup (\overline{A} \cap B) = (A \setminus B) \cup (B \setminus A) \overset{\text{vgl. Aufg. 1.2.1(c)}}{=} A \triangle B$$

(e) Die Aussage „Von den beiden Ereignissen A und B treten beide ein" ist äqivalent zur Aussage „A **und** B tritt ein":

$$E_e = A \cap B$$

Aufgabe 1.3.2
Für die Lösung ist wesentlich, daß der Spieler denselben Betrag auf *Pair* und auf *Rouge* setzt. Mit den Abkürzungen P für *Pair* und R für *Rouge* ergibt sich aus der Aufgabe 1.3.1:

(a) $E_a = \overline{P} \cap \overline{R} = \{0,11,13,15,17,29,31,33,35\}$

(b) $E_b = \overline{P \cap R} = \overline{\{12,14,16,18,30,32,34,36\}}$

(c)

$$\begin{aligned} E_c &= P \cup R \\ &= \{1,2,3,4,5,6,7,8,9,10,12,14,16,18,19,20,21,22,23,24,25,26,27,28,30,32,34,36\} \end{aligned}$$

(d) $E_d = (P \setminus R) \cup (R \setminus P) = \{1,2,3,4,5,6,7,8,9,10,19,20,21,22,23,24,25,26,27,28\}$

(e) $E_e = P \cap R = \{12,14,16,18,30,32,34,36\}$

Aufgabe 1.3.3

(a) Die Aussage „Von den drei Ereignissen A, B und C tritt keines ein“ ist äquivalent zur Aussage „(A tritt **nicht** ein) **und** (B tritt **nicht** ein) **und** (C tritt **nicht** ein)“.

$$E_a = \overline{A} \cap \overline{B} \cap \overline{C} = \overline{A \cup B \cup C}$$

(b) Die Aussage „Von den drei Ereignissen A, B und C tritt höchstens eines ein“ ist äquivalent zur Aussage („Von den drei Ereignissen A, B und C tritt genau eines ein“) **oder** („Von den drei Ereignissen A, B und C tritt keines ein“). Die erste Teilaussage „Von den drei Ereignissen A, B und C tritt genau eines ein“ ist äquivalent zur Aussage „(**nur** A tritt ein) **oder** (**nur** B tritt ein) **oder** (**nur** C tritt ein)“. Die zweite Teilaussage ist die Aussage (a). Es folgt:

$$E_b = (A \cap \overline{B \cup C}) \cup (B \cap \overline{A \cup C}) \cup (C \cap \overline{A \cup B}) \cup \overline{A \cup B \cup C}$$

(c) Die Aussage „Von den drei Ereignissen A, B und C tritt mindestens eines ein“ ist äquivalent zur Aussage „(A tritt ein) **oder** (B tritt ein) **oder** (C tritt ein)“:

$$E_c = A \cup B \cup C$$

(d) Die Aussage „Von den drei Ereignissen A, B und C tritt genau eines ein“ entspricht der folgenden Teilaussage von (b):

$$\begin{aligned} E_d &= (A \cap \overline{B \cup C}) \cup (B \cap \overline{A \cup C}) \cup (C \cap \overline{A \cup B}) \\ &= (A \cap \overline{B} \cap \overline{C}) \cup (B \cap \overline{A} \cap \overline{C}) \cup (C \cap \overline{A} \cap \overline{B}) \end{aligned}$$

(e) Die Aussage „Von den drei Ereignissen A, B und C treten höchstens zwei ein“ ist äquivalent zur Aussage „Von den drei Ereignissen A, B und C treten nicht alle drei ein“.

$$E_e = \overline{A \cap B \cap C} = \overline{A} \cup \overline{B} \cup \overline{C}$$

(f) Die Aussage „Von den drei Ereignissen A,B und C treten mindestens zwei ein“ ist äquivalent zur Aussage („Von den drei Ereignissen A,B und C treten genau zwei ein“) **oder** („Von den drei Ereignissen A,B und C treten alle drei ein“). Die erste Teilaussage „Von den drei Ereignissen A,B und C treten genau zwei ein“ ist äquivalent zur Aussage „(A **und** B tritt ein **und** C tritt **nicht** ein) **oder** (A **und** C tritt ein **und** B tritt **nicht** ein) **oder** (B **und** C tritt ein **und** A tritt **nicht** ein)“:

$$E_f = (A \cap B \cap \overline{C}) \cup (A \cap C \cap \overline{B}) \cup (B \cap C \cap \overline{A}) \cup (A \cap B \cap C)$$

(g) Die Aussage „Von den drei Ereignissen A,B und C treten genau zwei ein“ entspricht der folgenden Teilmenge von E_f:

$$E_g = (A \cap B \cap \overline{C}) \cup (A \cap C \cap \overline{B}) \cup (B \cap C \cap \overline{A})$$

(h) Die Aussage „Von den drei Ereignissen A,B und C treten alle drei ein“ entspricht der folgenden Teilmenge von E_f:

$$E_h = A \cap B \cap C$$

(i) Die Aussage „Von den drei Ereignissen A,B und C tritt mindestens eines nicht ein“ ist äquivalent zur Aussage „(A tritt **nicht** ein) **oder** (B tritt **nicht** ein) **oder** (C tritt **nicht** ein)“:

$$E_i = \overline{A} \cup \overline{B} \cup \overline{C} = \overline{A \cap B \cap C} = E_e$$

(j) Die Aussage „Von den drei Ereignissen A,B und C treten mindestens zwei nicht ein“ ist äquivalent zu der Aussage „Von den drei Ereignissen A,B und C tritt höchstens eines ein“. Mit (b) folgt:

$$\begin{aligned} E_j &= (A \cap \overline{B \cup C}) \cup (B \cap \overline{A \cup C}) \cup (C \cap \overline{A \cup B}) \cup \overline{A \cup B \cup C} \\ &= (A \cap \overline{B} \cap \overline{C}) \cup (\overline{A} \cap B \cap \overline{C}) \cup (\overline{A} \cap \overline{B} \cap C) \cup (\overline{A} \cap \overline{B} \cap \overline{C}) \quad = E_b \end{aligned}$$

(k) Die Aussage „Von den drei Ereignissen A,B und C tritt nur A ein“ ist äquivalent zur Aussage „(A tritt ein) **und** (B tritt **nicht** ein) **und** (C tritt **nicht** ein)“:

$$E_a = A \cap \overline{B} \cap \overline{C} = A \cap \overline{B \cup C}$$

Aufgabe 1.3.4
Mit den Abkürzungen P für **Pair**, R für **Rouge** und M für **Manque** ergibt sich aus der Aufgabe 1.3.3:

(a) $E_a = \overline{P \cup R \cup M} = \{0,29,31,33,35\}$

(b) $E_b = (P \cap \overline{R \cup M}) \cup (R \cap \overline{P \cup M}) \cup (M \cap \overline{P \cup R}) \cup \overline{P \cup R \cup M}$
$= \{0,11,13,15,17,19,20,21,22,23,24,25,26,27,28,29,31,33,35\}$

(c) $E_c = (P \cap R \cap \overline{M}) \cup (P \cap M \cap \overline{R}) \cup (R \cap M \cap \overline{P}) \cup (P \cap R \cap M)$
$= \{1,2,3,4,5,6,7,8,9,10,12,14,16,18,30,32,34,36\}$

(d) $E_d = E_b \cap E_c = \{\}$

(e) $E_e = E_c$

Aufgabe 1.3.5

(a) Wegen $\pi_1^{-1}(\mathcal{A}_1) = \mathcal{R}_1$ und $\pi_2^{-1}(\mathcal{A}_2) = \mathcal{R}_2$ folgt die Behauptung mit der Aussage (a) von Lemma 1.2.

(b) Gemäß der Bemerkung 1.10 gilt $\bigotimes_{i=1}^{2} \mathcal{A}_i = \sigma(\bigcup_{i=1}^{2} \pi_i^{-1}(\mathcal{A}_i))$.
Wir zeigen deshalb

$$\sigma(\bigcup_{i=1}^{2} \pi_i^{-1}(\mathcal{E}_i)) \subseteq \sigma(\bigcup_{i=1}^{2} \pi_i^{-1}(\mathcal{A}_i)) \text{ und } \sigma(\bigcup_{i=1}^{2} \pi_i^{-1}(\mathcal{A}_i)) \subseteq \sigma(\bigcup_{i=1}^{2} \pi_i^{-1}(\mathcal{E}_i)).$$

Einerseits gilt: $\mathcal{E}_i \subseteq \mathcal{A}_i \Rightarrow \pi_i^{-1}(\mathcal{E}_i) \subseteq \pi_i^{-1}(\mathcal{A}_i) \Rightarrow \bigcup_{i=1}^{2} \pi_i^{-1}(\mathcal{E}_i) \subseteq \bigcup_{i=1}^{2} \pi_i^{-1}(\mathcal{A}_i) \Rightarrow$
$\sigma(\bigcup_{i=1}^{2} \pi_i^{-1}(\mathcal{E}_i)) \subseteq \sigma(\bigcup_{i=1}^{2} \pi_i^{-1}(\mathcal{A}_i))$.
Andererseits gilt: $\pi_i^{-1}(\mathcal{E}_i) \subseteq \bigcup_{i=1}^{2} \pi_i^{-1}(\mathcal{E}_i) \Rightarrow \sigma(\pi_i^{-1}(\mathcal{E}_i)) \subseteq \sigma(\bigcup_{i=1}^{2} \pi_i^{-1}(\mathcal{E}_i)) \overset{\text{Lemma 1.2 (c)}}{\Longrightarrow}$
$\pi_i^{-1}(\sigma(\mathcal{E}_i)) \subseteq \sigma(\bigcup_{i=1}^{2} \pi_i^{-1}(\mathcal{E}_i)) \Leftrightarrow \pi_i^{-1}(\mathcal{A}_i) \subseteq \sigma(\bigcup_{i=1}^{2} \pi_i^{-1}(\mathcal{E}_i)) \Rightarrow \bigcup_{i=1}^{2} \pi_i^{-1}(\mathcal{A}_i) \subseteq \sigma(\bigcup_{i=1}^{2}$
$\pi_i^{-1}(\mathcal{E}_i)) \Rightarrow \sigma(\bigcup_{i=1}^{2} \pi_i^{-1}(\mathcal{A}_i)) \subseteq \sigma(\bigcup_{i=1}^{2} \pi_i^{-1}(\mathcal{E}_i))$

(c) Für jedes $E_1 \in \mathcal{E}_1$ gilt

$$\begin{aligned} \pi_1^{-1}(E_1) &= E_1 \times \Omega_2 = E_1 \times (\bigcup_{k=1}^{\infty} E_{k2}) \\ &= (\bigcup_{k=1}^{\infty} (E_1 \times E_{k2})) \in \sigma(\{E_1 \times E_2 | E_1 \in \mathcal{E}_1, E_2 \in \mathcal{E}_2\}). \end{aligned}$$

Analog folgert man für jedes $E_2 \in \mathcal{E}_2$:
$\pi_2^{-1}(E_2) \in \sigma(\{E_1 \times E_2 | E_1 \in \mathcal{E}_1, E_2 \in \mathcal{E}_2\})$.
Es folgt $\bigcup_{i=1}^{2} \pi_i^{-1}(\mathcal{E}_i) \subseteq \sigma(\{E_1 \times E_2 | E_1 \in \mathcal{E}_1, E_2 \in \mathcal{E}_2\}$, woraus sich aus der unter (b) bewiesenen Tatsache, daß $\bigcup_{i=1}^{2} \pi_i^{-1}(\mathcal{E}_i)$ ein Erzeugendensystem von $\bigotimes_{i=1}^{2} \mathcal{A}_i$ ist, mit Bemerkung 1.8 die Behauptung ergibt.

(d) An den unter (a) und (b) aufgeschriebenen Beweisen ändert sich nichts, wenn man i nicht nur von 1 bis 2, sondern von 1 bis n laufen läßt. Will man die Aussage aus (c) auch für $n \geq 3$ Komponenten beweisen, so muß man voraussetzen, daß für jedes $i = 1,2,\ldots,n$ eine Folge $(E_{ki})_{k\in\mathbb{N}}$ mit Gliedern aus $\mathcal{E}_i$ existiert, so daß $\bigcup_{k=1}^{\infty} E_{ki} = \Omega_i$ gilt.
Für jedes $i = 1,2,\ldots,n$ gilt dann für jeweils alle $E_i \in \mathcal{E}_i$:
$\pi_i^{-1}(E_i) = \Omega_1 \times \ldots \Omega_{i-1} \times E_i \times \Omega_{i+1} \times \ldots \times \Omega_n = \bigcup_{k=1}^{\infty} (E_{k1} \times \ldots E_{ki-1} \times E_i \times E_{ki+1} \times \ldots \times E_{kn})$
$\in \sigma(\{E_1 \times \ldots E_n | E_1 \in \mathcal{E}_1, \ldots E_n \in \mathcal{E}_n\}$.
Es gilt also auch hier $\bigcup_{i=1}^{n} \pi_i^{-1}(\mathcal{E}_i) \subseteq \sigma(\{E_1 \times \ldots \times E_n | E_1 \in \mathcal{E}_1, \ldots, E_n \in \mathcal{E}_n\}$.
Die Aussagen aus Bemerkung 1.11 ergeben sich dann aus den folgenden Darstellungen von $\Omega_i = \mathbb{R}$, $(i = 1,2,\ldots,n)$:
$\mathbb{R} = (-\infty,+\infty) = \bigcup_{i=1}^{\infty} (-i,+i] = \bigcup_{i=1}^{\infty} (-\infty,+i] = \bigcup_{i=1}^{\infty} (-i,+i) = \bigcup_{i=1}^{\infty} (-\infty,+\infty)$.

Lösungen der Aufgaben zum Abschnitt 1.4

Aufgabe 1.4.1

(a) $P(A) + P(\overline{A}) = P(A \uplus \overline{A}) = P(\Omega) = 1$

(b) $P(B) = P(A \uplus (B \setminus A)) = P(A) + P(B \setminus A) \Rightarrow P(B \setminus A) = P(B) - P(A)$

(c) Mit Teil (b) folgt: $P(B) - P(A) = P(B \setminus A) \geq 0 \Rightarrow P(A) \leq P(B)$

(d)

$$\begin{aligned} P(B) &= P((A \cap B) \uplus (B \setminus A)) \\ &= P(A \cap B) + P(B \setminus A) \Rightarrow P(B \setminus A) = P(B) - P(A \cap B) \end{aligned}$$

(e) $P(A \cup B) = P((A \setminus B) \uplus (B \setminus A) \uplus (A \cap B)) = P(A \setminus B) + P(B \setminus A) + P(A \cap B)$. Damit ergibt sich aus Teil (d):

$$P(A \cup B) = P(A) - P(A \cap B) + P(B) - P(A \cap B) + P(A \cap B)$$

also

$$P(A \cup B) = P(A) + P(B) - P(A \cap B).$$

Aufgabe 1.4.2

Wir bezeichnen das Ereignis $B \cup C$ mit D. Dann ergibt sich durch wiederholte Anwendung der Gleichung aus Aufgabe 1.4.1(e) und unter Verwendung des Distributivgesetzes:

$$\begin{aligned} P(A \cup B \cup C) &= P(A \cup D) = P(A) + P(D) - P(A \cap D) \\ &= P(A) + P(B \cup C) - P(A \cap (B \cup C)) \\ &= P(A) + P(B) + P(C) - P(B \cap C) - P((A \cap B) \cup (A \cap C)) \\ &= P(A) + P(B) + P(C) - P(B \cap C) \\ &\quad - (P(A \cap B) + P(A \cap C) - P(A \cap B \cap A \cap C)) \\ &= P(A) + P(B) + P(C) - P(A \cap B) \\ &\quad - P(A \cap C) - P(B \cap C) + P(A \cap B \cap C) \end{aligned}$$

Aufgabe 1.4.3

Aus den Angaben der Aufgabe folgt zunächst gemäß Aufgabe 1.4.1(d):
$0.2 = P(A \setminus B) = P(A) - P(A \cap B) = 0.4 - P(A \cap B)$. Daraus folgt: $P(A \cap B) = 0.2$ und mit Aufgabe 1.4.1(e): $P(A \cup B) = 0.4 + 0.7 - 0.2 = 0.9$

(a) $P(\overline{A \cup B}) = 1 - P(A \cup B) = 1 - 0.9 = 0.1$

(b) $P(\overline{A \cap B}) = 1 - P(A \cap B) = 1 - 0.2 = 0.8$

(c) $P(A \cup B) = 0.9$

(d) $P((A \setminus B) \uplus (B \setminus A)) = P(A \setminus B) + P(B \setminus A) = P(A \setminus B) + P(B) - P(A \cap B) = 0.7$

(e) $P(A \cap B) = 0.2$

(f) $P(B \setminus A) = P(B) - P(A \cap B) = 0.7 - 0.2 = 0.5$

Aufgabe 1.4.4

(a) $P(A \cap B) = P(A) + P(B) - P(A \cup B) = p + q - r$

(b) $P\left(A \cap \overline{B}\right) = P(A) - P(A \cap B) = p - (p + q - r) = r - q$

(c) $P\left(\overline{A} \cap B\right) = P(B) - P(A \cap B) = q - (p + q - r) = r - p$

(d) $P\left(\overline{A} \cap \overline{B}\right) = P\left(\overline{A \cup B}\right) = 1 - P(A \cup B) = 1 - r$

(e) $P\left(A \cup \overline{B}\right) = P\left(\overline{\overline{A} \cap B}\right) = 1 - P\left(\overline{A} \cap B\right) = 1 - (r - p) = 1 - r + p$

(f) $P\left(\overline{A} \cup B\right) = P\left(\overline{A \cap \overline{B}}\right) = 1 - P\left(A \cap \overline{B}\right) = 1 - (r - q) = 1 - r + q$

(g) $P(A \setminus B) = P(A) - P(A \cap B) = p - (p + q - r) = r - q$

(h) $P(B \setminus A) = P(B) - P(A \cap B) = q - (p + q - r) = r - p$

Aufgabe 1.4.5
Unter Beachtung des Lösungshinweises gilt nachb Axiom ($\boldsymbol{A3}^*$):

$$P\left(\bigcup_{i=1}^{\infty} A_i\right) = P\left(A_1 \uplus \left(\biguplus_{i=1}^{\infty} (A_{i+1} \setminus A_i)\right)\right) = P(A_1) + \sum_{i=1}^{\infty} P(A_{i+1} \setminus A_i). \text{ Daraus folgt:}$$

$$\begin{aligned} P\left(\bigcup_{i=1}^{\infty} A_i\right) &= P(A_1) + \lim_{N\to\infty} \sum_{i=1}^{N-1} P(A_{i+1} \setminus A_i) \\ &= P(A_1) + \lim_{N\to\infty} \sum_{i=1}^{N-1} (P(A_{i+1}) - P(A_i)) \\ &= P(A_1) + \lim_{N\to\infty} (P(A_N) - P(A_1)) = \lim_{N\to\infty} P(A_N) \end{aligned}$$

Aufgabe 1.4.6
Die Folge $(B)_{i\in\mathbb{N}}$ mit $B_i = A_1 \setminus A_i = A_1 \cap \overline{A_i}$ ist eine monoton wachsende Folge, für die gilt:

$$\bigcup_{i=1}^{\infty} B_i = \bigcup_{i=1}^{\infty} (A_1 \cap \overline{A_i}) = A_1 \cap \bigcup_{i=1}^{\infty} \overline{A_i} = A_1 \setminus \bigcap_{i=1}^{\infty} A_i. \text{ Gemäß Aufgabe 1.4.5 folgt:}$$

$$\lim_{N\to\infty} P(B_N) = P\left(\bigcup_{i=1}^{\infty} B_i\right) = P(A_1) - P\left(\bigcap_{i=1}^{\infty} A_i\right)$$

$$\begin{aligned} P\left(\bigcap_{i=1}^{\infty} A_i\right) &= P(A_1) - \lim_{N\to\infty} P(B_N) = P(A_1) - \lim_{N\to\infty} P(A_1 \setminus A_N) \\ &= P(A_1) - \lim_{N\to\infty} (P(A_1) - P(A_N)) = \lim_{N\to\infty} P(A_N) \end{aligned}$$

Lösungen der Aufgaben zum Abschnitt 1.5

Aufgabe 1.5.1

(a) Unter der Annahme, daß der Roulettetisch „fair" ist, wird das Roulettespiel durch den Laplace-Wahrscheinlichkeitsraum mit $\Omega = \{0,1,2,3,4,\dots,36\}$ modelliert.

(b) Die gesuchten Wahrscheinlichkeiten sind:

$$\begin{array}{ll}
P(\text{Erstes Dutzend}) = P(\text{Zweites Dutzend}) = P(\text{Drittes Dutzend}) & = 12/37 \\
P(\text{Pair}) = P(\text{Impair}) & = 18/37 \\
P(\text{Rouge}) = P(\text{Noir}) & = 18/37 \\
P(\text{Manque}) = P(\text{Passe}) & = 18/37 \\
P(\text{Erstes Dutzend und Rouge}) = P(\{1,3,5,7,9,12\}) & = 6/37 \\
P(\text{Erstes Dutzend oder Rouge}) & \\
= P(\{1,2,3,\dots,12,14,16,18,19,21,23,25,27,30,32,34,36\}) & = 24/37 \\
P(\text{Pair und Manque}) = P(\{2,4,6,8,10,12,14,16,18\}) & = 9/37 \\
P(\text{Pair oder Manque}) = P(\{1,2,3,\dots,18,20,22,24,26,28,30,32,34,36\}) & = 27/37
\end{array}$$

(c) In der Definition 1.14 setzen wir:
$\Omega = \mathbb{R}$, $\mathcal{A} = \mathcal{B}$, $T = I = \{0,1,2,3,4,\dots,36\}$ und $\boldsymbol{p} = (p_i)_{i\in I}$ mit $p_i = 1/37$.
Mit diesen Vereinbarungen definieren wir auf $(\mathbb{R},\mathcal{B})$ das diskrete Wahrscheinlichkeitsmaß $P = \sum_{i=0}^{36} p_i \varepsilon_i$.

Aufgabe 1.5.2

(a) In der Definition 1.14 setzen wir:
$\Omega = \mathbb{N}_0$, $\mathcal{A} = 2^\Omega$, $T = \Omega$, $I = \mathbb{N}_0$, $\boldsymbol{p} = (p_k)_{k\in I}$ mit $p_k = \frac{1}{6}\cdot\left(\frac{5}{6}\right)^k$.
$\boldsymbol{p}$ ist tatsächlich ein Wahrscheinlichkeitsvektor, denn $p_k \geq 0$ für alle $k \in I$, und es gilt:
$\sum_{i=0}^{\infty} p_k = \frac{1}{6}\sum_{i=0}^{\infty}\left(\frac{5}{6}\right)^k = \frac{1}{6}\cdot\frac{1}{1-5/6} = 1$.

Damit wird auf $(\Omega,\mathcal{A})$ das diskrete Wahrscheinlichkeitsmaß $P = \sum_{k=0}^{\infty}\frac{1}{6}\cdot\left(\frac{5}{6}\right)^k\varepsilon_k$ definiert.

(b)

$$\begin{array}{ll}
P(\{0\}) & \approx 0.16667 \\
P(\{1\}) & \approx 0.13889 \\
P(\{2\}) & \approx 0.11574 \\
P(\{3\}) & \approx 0.09645 \\
P(\{4\}) & \approx 0.08038 \\
P(\{5\}) & \approx 0.06698 \\
P(\{6\}) & \approx 0.05582 \\
P(\{7\}) & \approx 0.04651 \\
P(\{8\}) & \approx 0.03877 \\
P(\{9\}) & \approx 0.03230 \\
P(\{10\}) & \approx 0.02692
\end{array}$$

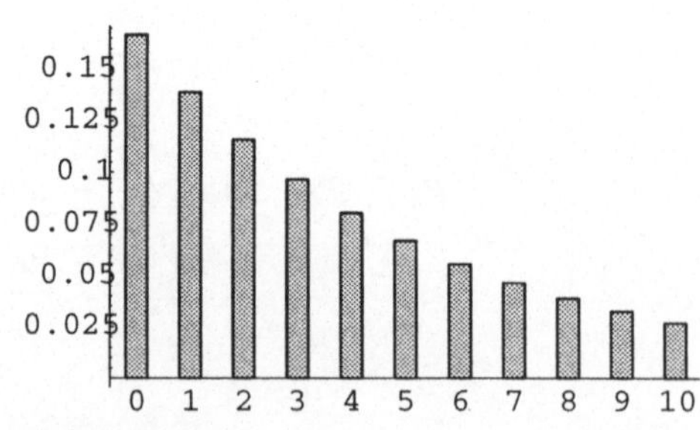

Abbildung A.1

(c)

$$
\begin{aligned}
P(\mathbb{N}) &= 1 - P(\{0\}) = 1 - \tfrac{1}{6} = \tfrac{5}{6} \\
P(\{0,1,2,3,\ldots,100\}) &= 0.999999989937772 \\
P(\{2k \,|\, k \in \mathbb{N}_0\}) &= \sum_{k=0}^{\infty} \tfrac{1}{6} \cdot \left(\tfrac{5}{6}\right)^{2k} = \tfrac{1}{6} \sum_{k=0}^{\infty} \left(\tfrac{25}{36}\right)^{k} = \tfrac{1}{6} \tfrac{1}{1-25/36} = \tfrac{6}{11}
\end{aligned}
$$

Aufgabe 1.5.3

(a) Der zur Funktion f gehörende Graph hat die Form:

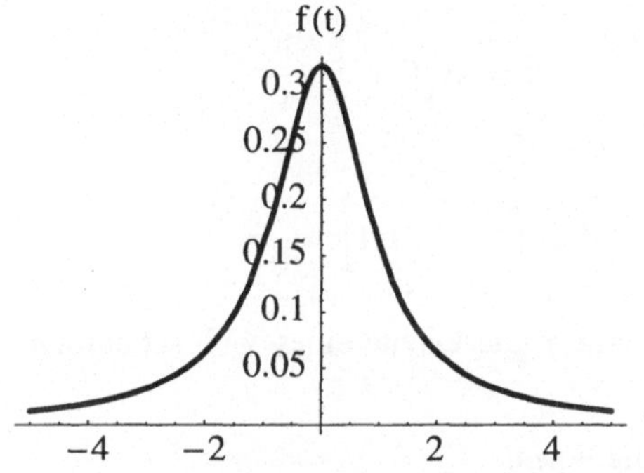

Abbildung A.2

(b) f ist auf ganz $\Omega = \mathbb{R}$ nichtnegativ ($\boldsymbol{D1}$). Da f stetig, nichtnegativ und beschränkt auf $\mathbb{R}$ ist, existiert für jedes Intervall $I \subseteq \mathbb{R}$ das Riemann-Integral $\int_I f(t)\,dt$. Weiter gilt wegen der Symmetrie von f:

$$
\int_{-\infty}^{+\infty} f(t)dt = 2\int_{0}^{+\infty} \frac{1}{\pi} \cdot \frac{1}{1+t^2}dt = \frac{2}{\pi} \lim_{b \to +\infty} \int_{0}^{b} \frac{1}{1+t^2}dt = \frac{2}{\pi} \lim_{b \to +\infty} [\arctan(t)]_0^b .
$$

$$
\text{Daraus folgt:} \qquad \int_{-\infty}^{+\infty} f(t)dt = \frac{2}{\pi} \lim_{b \to +\infty} \arctan(b) = \frac{2}{\pi} \cdot \frac{\pi}{2} = 1.
$$

f erfüllt also auf $\Omega = \mathbb{R}$ auch die Bedingung ($\boldsymbol{D2}$) einer Dichtefunktion.

(c) Die gesuchten Wahrscheinlichkeiten sind:

$$
\begin{aligned}
P_f(\mathbb{R}_0^+) = P_f([0,+\infty]) &= \int_0^{+\infty} \frac{1}{\pi} \cdot \frac{1}{1+t^2}dt = \frac{1}{2} = 0.5 \\
P_f([-1,+1]) &= \int_{-1}^{+1} \frac{1}{\pi} \cdot \frac{1}{1+t^2}dt = \frac{1}{\pi}[\arctan(1) - \arctan(-1)] = \\
&\frac{1}{2} = 0.5 \\
P_f([+1,+\infty]) &= P_f([0,+\infty]) - \frac{1}{2} \cdot P_f([-1,+1]) = \\
&\frac{1}{2} - \frac{1}{2} \cdot \frac{1}{2} = \frac{1}{4} = 0.25 \\
P_f(\mathbb{N}) &= 0
\end{aligned}
$$

Dabei ergibt sich die letzte Wahrscheinlichkeit aus der Tatsache, daß $\mathbb{N} = \biguplus_{k=1}^{\infty} \{k\}$ ist, und daß jedes stetige Wahrscheinlichkeitsmaß jedem Elementarereignis die Wahrscheinlichkeit 0 zuordnet.

Bemerkung: Alle Integrale dieser Aufgabe lassen sich auch mit der Mathematica-Anweisung `Integrate` berechnen (vgl. **Notebook B1K1A5.ma**).

Aufgabe 1.5.4

(a) f ist auf ganz $\mathbb{R}$ positiv und dort auch stetig und beschränkt. Weiter gilt wegen der Symmetrie von f:

$$\int_{-\infty}^{+\infty} f(t)dt = 2\int_{0}^{+\infty} r\cdot e^{-4t}dt = 2r \lim_{b\to+\infty} \int_{0}^{b} e^{-4t}dt = 2r \lim_{b\to+\infty} \left[-\frac{1}{4}e^{-4t}\right]_0^b .$$

$$\text{Daraus folgt:} \qquad \int_{-\infty}^{+\infty} f(t)dt = \frac{1}{2}r \lim_{b\to+\infty} \left[-e^{-4b}+1\right] = \frac{1}{2}r$$

Die Konstante r muß also den Wert 2 haben, damit f die Dichte eines Wahrscheinlichkeitsmaßes auf $(\mathbb{R}, \mathcal{B})$ ist.

(b) Der zu dieser Funktion f gehörende Graph hat die Form:

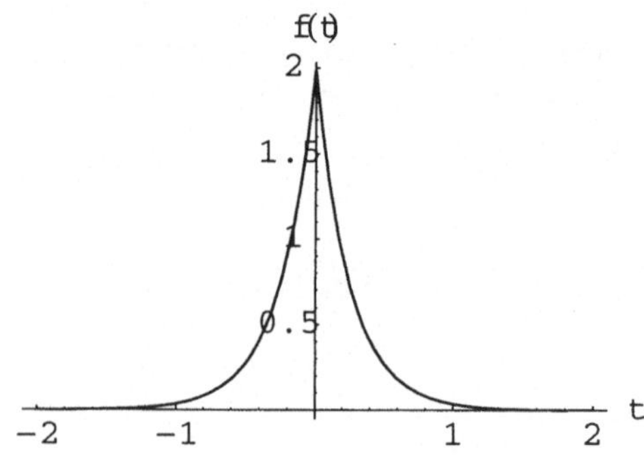

Abbildung A.3

(c)

$$P_f(\mathbb{R}_0^+) = P_f([0,+\infty]) \quad = \int_0^{+\infty} 2\cdot e^{-4t}dt = \tfrac{1}{2} = 0.5$$

$$P_f([-1,+1]) \quad = 2\int_0^{+1} 2\cdot e^{-4t}dt = \left[-e^{-4t}\right]_0^{+1} = 1-e^{-4} \approx 0.9817$$

$$P_f([+1,+\infty]) \quad = P_f([0,+\infty]) - \frac{}{1}2\cdot P_f([-1,+1]) = \frac{1}{2} - \frac{}{1}2\cdot\left(1-e^{-4}\right) \approx 0.0092$$

$$P_f(\mathbb{N}) \quad = 0$$

Dabei ergibt sich die letzte Wahrscheinlichkeit wieder aus der Tatsache, daß $\mathbb{N} = \biguplus_{k=1}^{\infty} \{k\}$ ist, und daß jedes stetige Wahrscheinlichkeitsmaß jedem Elementarereignis die Wahrscheinlichkeit 0 zuordnet.

Bemerkung: Alle Integrale dieser Aufgabe lassen sich wieder mit der Mathematica-Anweisung `Integrate` berechnen (vgl. **Notebook B1K1A5.ma**).

Aufgabe 1.5.5

(a) Es ist zu zeigen, daß die Funktion $P^* := P_{|\mathcal{A}^*}$ die Axiome $(\boldsymbol{P1})$,$(\boldsymbol{P2})$, und $(\boldsymbol{P3})$ eines Wahrscheinlichkeitsmaßes erfüllt.
Zunächst gilt für alle $A \in \mathcal{A}^*$: $P^*(A) = P(A)$. Daraus folgt:
$0 \leq P^*(A) \leq 1$ für alle $A \in \mathcal{A}^*$ $\quad(\boldsymbol{P1})$
Da $\mathcal{A}^*$ eine σ-Algebra ist, ist Ω ein Element von $\mathcal{A}^*$, und deshalb folgt:
$P^*(\Omega) = P(\Omega) = 1 \quad (\boldsymbol{P2})$
Es sei nun $(A_i)_{i\in\mathbb{N}}$ eine Folge von paarweise disjunkten Elementen von $\mathcal{A}^*$.
Dann gilt $\biguplus_{i=1}^{\infty} A_i \in \mathcal{A}^* \subseteq \mathcal{A}$ und damit :

$$P^*\left(\biguplus_{i=1}^{\infty} A_i\right) = P\left(\biguplus_{i=1}^{\infty} A_i\right) = \sum_{i=1}^{\infty} P(A_i) = \sum_{i=1}^{\infty} P^*(A_i) \qquad (\boldsymbol{P3})$$

(b) Der Wahrscheinlichkeitsraum $(\Omega,\mathcal{A},P)$ entsteht aus dem Laplace-Wahrscheinlichkeitsraum mit $\Omega = \{1,2,3,4,5,6\}$ durch Einschränkung des Laplace-Wahrscheinlichkeitsmaßes auf die
σ-Algebra $\mathcal{A} = \{\{\},\{5,6\},\{1,2,3,4\},\Omega\}$. Der Rest folgt aus Teil (a) dieser Aufgabe.

Aufgabe 1.5.6

(a) Es ist zu zeigen, daß die Funktion $\widetilde{P}$ auf dem meßbaren Raum $(B,\widetilde{\mathcal{A}})$ die Axiome $(\boldsymbol{P1})$,$(\boldsymbol{P2})$ und $(\boldsymbol{P3})$ eines Wahrscheinlichkeitsmaßes erfüllt.
Zunächst gilt für jedes $\widetilde{A} \in \widetilde{\mathcal{A}}$: $\widetilde{A} \subseteq B$ Daraus folgt:

$$0 \leq \frac{P(\widetilde{A})}{P(B)} \leq \frac{P(B)}{P(B)} = 1$$

Damit ist $0 \leq \widetilde{P}(\widetilde{A}) \leq 1$ für alle $\widetilde{A} \in \widetilde{\mathcal{A}}$ $\quad(\boldsymbol{P1})$
Offensichtlich gilt $\widetilde{P}(B) = \dfrac{P(B)}{P(B)} = 1 \quad (\boldsymbol{P2})$

Es sei nun $\left(\widetilde{A}_i\right)_{i\in\mathbb{N}}$ eine Folge von paarweise disjunkten Elementen von $\widetilde{\mathcal{A}} \subseteq \mathcal{A}$. Dann gilt $\biguplus_{i=1}^{\infty} \widetilde{A}_i \in \widetilde{\mathcal{A}} \subseteq \mathcal{A}$ und damit :

$$\widetilde{P}\left(\biguplus_{i=1}^{\infty} \widetilde{A}_i\right) = \frac{P\left(\biguplus_{i=1}^{\infty} \widetilde{A}_i\right)}{P(B)} = \frac{\sum_{i=1}^{\infty} P(\widetilde{A}_i)}{P(B)} = \sum_{i=1}^{\infty} \frac{P(\widetilde{A}_i)}{P(B)} = \sum_{i=1}^{\infty} \widetilde{P}(\widetilde{A}_i) \qquad (\boldsymbol{P3})$$

(b) Zunächst ist zu zeigen, daß die Funktion $\widetilde{f} : B \to \mathbb{R}$ die Eigenschaften $(\boldsymbol{D1})$,$(\boldsymbol{D2})$ einer Dichtefunktion besitzt. Da die Funktion $f : \mathbb{R} \to \mathbb{R}$ eine Dichtefunktion ist, gilt:
$\widetilde{f}(t) = \dfrac{f(t)}{P(B)} \geq 0$ für alle $t \in B \qquad (\boldsymbol{D1})$

Da außerdem für jedes Intervall $I \subseteq \mathbb{R}$ das Riemann-Integral $\int_I f(t)\,dt$ existiert, existiert insbesondere für jedes Intervall $I \subseteq B$ das Riemann-Integral $\frac{1}{P(B)} \int_I f(t)\,dt = \int_I \frac{f(t)}{P(B)}\,dt = \int_I \widetilde{f}(t)\,dt$, und es gilt

$$\int_B \widetilde{f}(t)\,dt = \frac{1}{P(B)} \int_B f(t)\,dt = \frac{P(B)}{P(B)} = 1 \qquad (\boldsymbol{D2})$$

Weiter gilt für jedes Intervall $I \subseteq B$:

$$\widetilde{P}(I) = \frac{P(I)}{P(B)} = \frac{1}{P(B)} \int_I f(t)\,dt = \int_I \frac{f(t)}{P(B)}\,dt = \int_I \widetilde{f}(t)\,dt$$

(c) Mit den folgenden Mathematica-Anweisungen definieren Sie zunächst die Funktionen f und $\widetilde{f}$:

```
f[t_]:=1/Sqrt[2*Pi*0.3^2]*Exp[-1/2*t^2/0.3^2]
PB=NIntegrate[f[t],{t,-1,1}];
fsl[t_]:=f[t]/PB
```

Die Berechnung und der Vergleich von $\widetilde{P}(I)$ und $P(I)$ für $I = [-1{,}0]$ erfolgt dann mit den Mathematica-Anweisungen

```
A=NIntegrate[fsl[t],{t,-1,0}]
B=NIntegrate[f[t],{t,-1,0}]
A-B
```

Mathematica liefert die folgenden Ergebnisse:

$$\widetilde{P}([-1{,}0]) = 0.5 \quad P([-1{,}0]) = 0.499571 \quad \text{Differenz} = 0.00042906$$

Analog erhält man die entsprechenden Zahlenwerte für die beiden anderen Intervalle:

$$\widetilde{P}([-1{,}0.5]) = 0.952598 \quad P([-1{,}0.5]) = 0.951781 \quad \text{Differenz} = 0.000817444$$
$$\widetilde{P}([-1{,}0.9]) = 0.999078 \quad P([-1{,}0.9]) = 0.998221 \quad \text{Differenz} = 0.00085733$$

Ergaenzung zu (c): Wenn man die Funktionen f und $\widetilde{f}$ mit Mathematica über dem Intervall $[-1, +1]$ zeichnet, ist der Unterschied zwischen den Funktionskurven kaum erkennbar. Für die Parameter $\mu = 0$ und $\sigma^2 = 0.1^2$ sind die Unterschiede zwischen $\widetilde{P}(I)$ und $P(I)$ noch geringer.

Lösungen der Aufgaben zum Abschnitt 1.6

Aufgabe 1.6.1

(a) Die Ereignisse A und B sind nicht unabhängig, denn es gilt:
$P(A) \cdot P(B) = 0.75 \cdot 0.6 = 0.45 \neq 0.5 = P(A \cap B)$

(b) $P(A \cup B) = P(A) + P(B) - P(A \cap B) = 0.75 + 0.6 - 0.5 = 0.85$

(c) $P(B \mid A) = \dfrac{P(B \cap A)}{P(A)} = \dfrac{0.5}{0.75} = \dfrac{2}{3} \approx 0.67$

Aufgabe 1.6.2

(a) Zunächst gilt:
$P(A \cap B) = P(A \mid B) \cdot P(B) = 0.5 \cdot 0.4 = 0.2$ und $P(A \cup B) = P(A) + P(B) - P(A \cap B)$ und damit folgt: $P(A) = P(A \cup B) - P(B) + P(A \cap B) = 0.7 - 0.4 + 0.2 = 0.5$

(b) Die Ereignisse sind unabhängig, denn es gilt gemäß (a):
$P(A) \cdot P(B) = 0.5 \cdot 0.4 = 0.2 = P(A \cap B)$

(c) Die Wahrscheinlichkeit, daß höchstens eins der beiden Ereignisse A und B eintritt, ist $P\left(\overline{A \cap B}\right) = 1 - P(A \cap B) = 1 - 0.2 = 0.8$
Die Wahrscheinlichkeit, daß keines der beiden Ereignisse A und B eintritt, ist $P\left(\overline{A \cup B}\right) = 1 - P(A \cup B) = 1 - 0.7 = 0.3$

Aufgabe 1.6.3

(a) Die Wahrscheinlichkeit dafür, daß beide Ereignisse eintreten, ist
$P(A \cap B) = 1 - P\left(\overline{A \cap B}\right) = 1 - 0.8 = 0.2$

(b) $\overline{A \cap B}$ ist das Ereignis, daß höchstens eins der Ereignisse A und B eintritt. $\overline{A \cup B}$ ist das Ereignis, daß keins der Ereignisse A und B eintritt. Für das Ereignis E, daß genau eins der Ereignisse A und B eintritt, gilt dann:
$\overline{A \cap B} = \overline{A \cup B} \uplus E$ und deshalb: $0.8 = P\left(\overline{A \cap B}\right) = P\left(\overline{A \cup B}\right) + P(E) = 0.3 + P(E)$.
Daraus folgt: $P(E) = 0.8 - 0.3 = 0.5$.

(c) Zunächst gilt nach Aufgabenstellung: $P(A \cup B) = 1 - P\left(\overline{A \cup B}\right) = 1 - 0.3 = 0.7$.
Dann gilt nach Teil (a) dieser Aufgabe: $P(A \cap B) = 0.2$.
Daraus folgt: $0.7 = P(A \cup B) = P(A) + P(B) - P(A \cap B) = P(A) + P(B) - 0.2$ bzw.
(1) $P(A) + P(B) = 0.9$.Unabhängigkeit der Ereignisse A und B liegt genau dann vor, wenn
(2) $P(A) \cdot P(B) = 0.2$ gilt. Das Gleichungssystem (1), (2) besitzt zwei Lösungen:
$P(A) = 0.5, P(B) = 0.4$ und $P(A) = 0.4, P(B) = 0.5$

Aufgabe 1.6.4

(a) Zunächst gilt: $P(A \cap B) = P(A) + P(B) - P(A \cup B) = P(A) + P(B) - \left(1 - P\left(\overline{A \cup B}\right)\right)$ und wegen der Unabhängigkeit von A und B:
$\frac{1}{4} \cdot P(B) = P(A) \cdot P(B) = P(A \cap B) = \frac{1}{4} + P(B) - \left(1 - \frac{2}{3}\right) = P(B) - \frac{1}{12}$.
Aus der Gleichung $\frac{1}{4} \cdot P(B) = P(B) - \frac{1}{12}$ folgt $P(B) = \frac{1}{9}$ und $P(A \cap B) = \frac{1}{4} \cdot \frac{1}{9} = \frac{1}{36}$.

(b) Aus Teil (a) der Aufgabe folgt $P\left(\overline{A \cap B}\right) = 1 - P(A \cap B) = 1 - \frac{1}{36} = \frac{35}{36}$.

Aufgabe 1.6.5

Die Ereignisse M und B sind nicht stochastisch unabhängig, denn es gilt:

$$
\begin{array}{llll}
P(B) & = P(B\cap M)+P\left(B\cap \overline{M}\right) & = 0.25+0.25 & = 0.5 \\
P(M) & = P(M\cap B)+P\left(M\cap \overline{B}\right) & = 0.25+0.2 & = 0.45 \\
P(M)\cdot P(B) & = 0.45\cdot 0.5 & = 0.225 & \\
P(M\cap B) & = 0.25 & \neq 0.225 &
\end{array}
$$

Aufgabe 1.6.6

Wir betrachten die folgenden Ereignisse:

$K1$: „Ein zufällig ausgewähltes Werkstück wird vom 1. Kontrolleur überprüft."
$K2$: „Ein zufällig ausgewähltes Werkstück wird vom 2. Kontrolleur überprüft."
F : „Ein zufällig ausgewähltes Werkstück wird falsch einsortiert."
R : „Ein zufällig ausgewähltes Werkstück wird richtig einsortiert."

Aus der Aufgabenstellung ergibt sich:
$P(K1) = 0.3 \quad P(K2) = 0.7 \quad P(F \mid K1) = 0.03 \quad P(F \mid K2) = 0.05.$
Daraus folgt zunächst $P(R \mid K1) = P\left(\overline{F} \mid K1\right) = 0.97$ und $P(R \mid K2) = P\left(\overline{F} \mid K2\right) = 0.95$.

(a) Aus dem Satz von der totalen Wahrscheinlichkeit folgt:
$P(R) = P(R \mid K1)\cdot P(K1) + P(R \mid K2)\cdot P(K2) = 0.97\cdot 0.3 + 0.95\cdot 0.7 = 0.965.$

(b) Nach der Formel von Bayes gilt:
$$P(K2 \mid F) = \frac{P(F \mid K2)\cdot P(K2)}{P(F \mid K1)\cdot P(K1) + P(F \mid K2)\cdot P(K2)} = \frac{0.035}{0.044} \approx 0.795$$

Aufgabe 1.6.7

Es bezeichne

F das Ereignis, daß eine zufällig ausgewählte Person eine Frau ist,
M das Ereignis, daß eine zufällig ausgewählte Person ein Mann ist, und
Z das Ereignis, daß eine zufällig ausgewählte Person zuckerkrank ist.

Aus der Aufgabenstellung ergibt sich:
$P(F) = 0.6 \quad P(M) = 0.4 \quad P(Z \mid F) = 0.01 \quad P(Z \mid M) = 0.05$

(a) Aus dem Satz von der totalen Wahrscheinlichkeit folgt:
$P(Z) = P(Z \mid F)\cdot P(F) + P(Z \mid M)\cdot P(M) = 0.01\cdot 0.6 + 0.05\cdot 0.4 = 0.026$

(b) Die Ereignisse Z und F sind nicht stochastisch unabhängig, weil gilt:
$P(Z\cap F) = P(Z \mid F)\cdot P(F) = 0.01\cdot 0.6 = 0.006 \neq 0.026\cdot 0.6 = P(Z)\cdot P(F)$
Die stochastische Abhängigkeit der Ereignisse Z und F ergibt sich auch aus der Tatsache, daß
$P(Z \mid F) \neq P(Z \mid M)$ist (vgl. vorläufige Definition 1.19).

(c) Nach der Formel von Bayes gilt:
$$P(M \mid Z) = \frac{P(Z \mid M)\cdot P(M)}{P(Z \mid M)\cdot P(M) + P(Z \mid F)\cdot P(Z)} = \frac{0.02}{0.026} \approx 0.7695$$

Aufgabe 1.6.8

(a) Die Mathematica-Funktion Pbedingt berechnet die folgenden bedingten Wahrscheinlichkeiten:
$P(\text{Erstes Dutzend} \mid \text{Rouge}) = 1/3 \qquad P(\text{Rouge} \mid \text{Erstes Dutzend}) = 1/2$
$P(\text{Rouge} \mid \text{Pair} \cup \text{Manque}) = 13/27 \qquad P(\text{Rouge} \mid \text{Pair} \cap \text{Manque}) = 4/9$

(b) Die Ereignisse „Erstes Dutzend“ und „Pair“ sind nicht unabhängig. Es gilt nämlich:
$P(D1 \cap \text{Pair}) = \frac{6}{37} \neq \frac{12}{37} \cdot \frac{18}{37} = P(D1) \cdot P(\text{Pair})$.
Auch die Ereignisse „Erstes Dutzend“ und „Manque“ sind nicht unabhängig. Es gilt nämlich:
$P(D1 \cap \text{Manque}) = \frac{12}{37} \neq \frac{12}{37} \cdot \frac{18}{37} = P(D1) \cdot P(\text{Manque})$

Aufgabe 1.6.9
Für $0 \leq x_1, x_2$ mit $x_1 < x_2$ gilt

$$P((x_1, x_2]) = \int_{x_1}^{x_2} 3t^2 e^{-t^3} dt = e^{-x_1^3} - e^{-x_2^3}$$

$$\begin{aligned} P((x_0, x_0 + \Delta x] \,|\, (x_0, \infty)) &= \frac{P((x_0, x_0 + \Delta x] \cap (x_0, \infty))}{P((x_0, \infty))} = \frac{P((x_0, x_0 + \Delta x])}{P((x_0, \infty))} \\ &= \frac{e^{-x_0^3} - e^{-(x_0 + \Delta x)^3}}{e^{-x_0^3}} = 1 - e^{x_0^3 - (x_0 + \Delta x)^3} \end{aligned}$$

Interpretiert man die bedingte Wahrscheinlichkeit $P((x_0, x_0 + \Delta x] \,|\, (x_0, \infty))$ als Wahrscheinlichkeit dafür, daß ein zufällig der Produktion entnommenes Aggregat im Zeitintervall $(x_0, x_0 + \Delta x]$ ausfällt, unter der Bedingung, daß es eine Mindestlebensdauer x_0 besitzt, so sieht man: In diese bedingte Wahrscheinlichkeit geht nicht nur das Zeitintervall Δx, sondern auch die Mindestlebensdauer x_0 ein. Wegen $x_0^3 - (x_0 + \Delta x)^3 = -3x_0^2 \Delta x - 3x_0 \Delta x^2 - \Delta x^3$ wächst die bedingte Wahrscheinlichkeit $P((x_0, x_0 + \Delta x] \,|\, (x_0, \infty))$ monoton mit x_0, und konvergiert für $x_0 \to \infty$ gegen den Wert 1. Das Wahrscheinlichkeitmaß P ist also ein alterndes Wahrscheinlichkeitsmaß auf $(\mathbb{R}, \mathcal{B})$.

Lösungen der Aufgaben zum Abschnitt 1.7

Aufgabe 1.7.1

(a) Das Gesamtzufallsexperiment wird durch den Produktwahrscheinlichkeitsraum

$$(\Omega, \mathcal{A}, P) = \left(\mathop{\times}_{i=1}^{3} \Omega_i, \bigotimes_{i=1}^{3} \mathcal{A}_i, \bigotimes_{i=1}^{3} P_i \right).$$

modelliert, wobei $\Omega_i = \{k, z\}, \mathcal{A}_i = 2^{\{k,z\}}$ und $P_i = \frac{1}{2}\varepsilon_k + \frac{1}{2}\varepsilon_z$ für $i = 1,2,3$ gilt.

(b) Es sei G_i das Ereignis, daß beim $i-$ten Wurf Kopf oben liegt . Im Produktwahrscheinlichkeitsraum ist

$$\begin{array}{lll} G_1 = \{k\} \times \Omega \times \Omega & G_2 = \Omega \times \{k\} \times \Omega & G_3 = \Omega \times \Omega \times \{k\} \\ \overline{G_1} = \{z\} \times \Omega \times \Omega & \overline{G_2} = \Omega \times \{z\} \times \Omega & \overline{G_3} = \Omega \times \Omega \times \{z\}. \end{array}$$

Nach Aufgabe 1.3.3(g) gilt:

$$\begin{aligned} A &= (G_1 \cap G_2 \cap \overline{G_3}) \uplus (G_1 \cap \overline{G_2} \cap G_3) \uplus (\overline{G_1} \cap G_2 \cap G_3) \\ &= \{k\} \times \{k\} \times \{z\} \uplus \{k\} \times \{z\} \times \{k\} \uplus \{z\} \times \{k\} \times \{k\} \end{aligned}$$

(c) $P(A) =$

$$\begin{aligned}
&= P\left(G_1 \cap G_2 \cap \overline{G_3}\right) + P\left(G_1 \cap \overline{G_2} \cap G_3\right) + P\left(\overline{G_1} \cap G_2 \cap G_3\right) \\
&= P(\{k\} \times \{k\} \times \{z\}) + P(\{k\} \times \{z\} \times \{k\}) + P(\{z\} \times \{k\} \times \{k\}) \\
&= P_1(\{k\}) \cdot P_2(\{k\}) \cdot P_3(\{z\}) + P_1(\{k\}) \cdot P_2(\{z\}) \cdot P_3(\{k\}) + P_1(\{z\}) \cdot P_2(\{k\}) \cdot P_3(\{k\}) \\
&= 1/2 \cdot 1/2 \cdot 1/2 + 1/2 \cdot 1/2 \cdot 1/2 + 1/2 \cdot 1/2 \cdot 1/2 \\
&= 3/8
\end{aligned}$$

(d) Bei einer unsymmetrischen Münze ist P_i nicht das Laplace-Wahrscheinlichkeitsmaß. Wir bezeichnen mit p bzw. $q = 1 - p$ die Wahrscheinlichkeiten $P_i(\{k\})$ bzw. $P_i(\{z\})$, $i = 1,2,3$. Dann ist

$$P(A) \quad = p \cdot p \cdot q \quad + p \cdot q \cdot p \quad + q \cdot p \cdot p \quad = 3p^2 q$$

Aufgabe 1.7.2
Das Gesamtzufallsexperiment wird durch den Produktwahrscheinlichkeitsraum

$$(\Omega, \mathcal{A}, P) = \left(\mathop{\times}_{i=1}^{2} \Omega_i, \bigotimes_{i=1}^{2} \mathcal{A}_i, \bigotimes_{i=1}^{2} P_i \right).$$

modelliert, mit $\Omega_i = \{0,1,2,3,\ldots,36\}$, $\mathcal{A}_i = 2^{\{0,1,2,3,\ldots,36\}}$ und $P_i = \sum_{k=1}^{36} \frac{1}{36} \varepsilon_k$ für $i = 1,2$.
Es sei R_i das Ereignis, daß beim i-ten Spiel das Ergebnis eine rote Zahl ist. Im Produktwahrscheinlichkeitsraum ist

$$R_1 = Rouge \times \Omega_2 \qquad \text{und} \quad R_2 = \Omega_1 \times Rouge.$$

R_1 und R_2 sind gemäß Punkt 1 der Bemerkung 1.35 unabhängig.
Mit $P(R_1) = P_1(Rouge) \cdot P_2(\Omega) = 18/37$ und $P(R_2) = P_1(\Omega) \cdot P_2(Rouge) = 18/37$ gilt nach Aufgabe 1.3.1:

(a) $$P\left(\overline{R_1} \cap \overline{R_2}\right) = P\left(\overline{R_1}\right) \cdot P\left(\overline{R_2}\right) = 19/37 \cdot 19/37 = 0.2637$$

(b) $$\begin{aligned} P\left(\overline{R_1 \cap R_2}\right) &= 1 - P(R_1 \cap R_2) = 1 - P(R_1) \cdot P(R_2) \\ &= 1 - 18/37 \cdot 18/37 = 0.76333 \end{aligned}$$

(c) $$\begin{aligned} P(R_1 \cup R_2) &= P(R_1) + P(R_2) - P(R_1 \cap R_2) = P(R_1) + P(R_2) - P(R_1) \cdot P(R_2) \\ &= 18/37 + 18/37 - (18/37)^2 = 0.7363 \end{aligned}$$

(d)
$$\begin{aligned} P\left(\left(R_1 \cap \overline{R_2}\right) \uplus \left(\overline{R_1} \cap R_2\right)\right) &= P\left(R_1 \cap \overline{R_2}\right) + P\left(\overline{R_1} \cap R_2\right) = P(R_1) \cdot P\left(\overline{R_2}\right) + P\left(\overline{R_1}\right) \cdot P(R_2) \\ &= 18/37 \cdot 19/37 + 19/37 \cdot 18/37 = 0.49963 \end{aligned}$$

(() $\quad e) P(R_1 \cap R_2) = P(R_1) \cdot P(R_2) = 18/37 \cdot 18/37 = 0.23667$

Aufgabe 1.7.3
Die σ-Algebra $\mathcal{A}$ des Produktmeßraums $(\Omega, \mathcal{A}) = (\Omega_1 \times \Omega_2, \mathcal{A}_1 \otimes \mathcal{A}_2)$ wird erzeugt von dem System $\mathcal{R} = \{A_1 \times A_2 | A_1 \in \mathcal{A}_1, A_2 \in \mathcal{A}_2\}$. Da für jedes $\omega_1 \in \Omega_1$ und für jedes $\omega_2 \in \Omega_2$ gilt, daß $\{\omega_1\} \in \mathcal{A}_1$ und $\{\omega_2\} \in \mathcal{A}_2$ ist, folgt: $\{\omega_1\} \times \{\omega_2\} = \{(\omega_1, \omega_2)\} \in \mathcal{R}$. Also enthält das Mengensystem $\mathcal{R}$ alle einelementigen Teilmengen von $\Omega = \Omega_1 \times \Omega_2$. Damit enthält $\sigma(\mathcal{R})$ alle endlichen Vereinigungen von einelementigen Teilmengen von Ω, d.h. **alle** Teilmengen von Ω. Es ist also

$\mathcal{A} = \mathcal{A}_1 \otimes \mathcal{A}_2 = 2^\Omega = 2^{\Omega_1 \times \Omega_2}$. Für die Elementarereignisse in dem Produktwahrscheinlichkeitsraum $(\Omega,\mathcal{A},P) = (\Omega_1 \times \Omega_2,\mathcal{A}_1 \otimes \mathcal{A}_2, P_1 \otimes P_2)$ gilt dann:
$$P(\{(\omega_1,\omega_2)\}) = P(\{\omega_1\} \times \{\omega_2\}) = P_1(\{\omega_1\}) \cdot P_2(\{\omega_2\}) = \frac{1}{|\Omega_1|} \cdot \frac{1}{|\Omega_2|} = \frac{1}{|\Omega_1| \cdot |\Omega_2|} = \frac{1}{|\Omega|}.$$

A.2 Lösungen der Aufgaben zum Kapitel 2

Lösungen der Aufgaben zum Abschnitt 2.1

Aufgabe 2.1.1

(a) Für den Beweis der Richtung „$\Rightarrow$“ setzen wir voraus, daß $f = 1_M$ eine $\mathcal{A}-\mathcal{B}$-meßbare Funktion ist. Wegen $\{1\} \in \mathcal{B}$ folgt daraus: $M = \{\omega \in \Omega \,|\, f(\omega) = 1\} = f^{-1}(\{1\}) \in \mathcal{A}$
Für den Beweis der Richtung „$\Leftarrow$“ setzen wir voraus, daß $M \in \mathcal{A}$ ist. Aus der folgenden Tabelle liest man ab, daß für eine beliebige Borelsche Menge $B \in \mathcal{B}$ dann $f^{-1}(B) \in \mathcal{A}$ gilt:
$$f^{-1}(B) = \begin{cases} \{\} & \text{falls } 0 \notin B \wedge 1 \notin B \\ \Omega & \text{falls } 0 \in B \wedge 1 \in B \\ M & \text{falls } 1 \in B \wedge 0 \notin B \\ \overline{M} & \text{falls } 1 \notin B \wedge 0 \in B \end{cases}$$

(b) Sowohl für endliches I (vgl. Bemerkung 1.10) als auch für abzählbar unendliches I (vgl. Definition 1.8) wird die Produkt-σ-Algebra $\bigotimes_{i\in I} \mathcal{A}_i$ von dem Mengensystem $\bigcup_{i\in I} \pi_i^{-1}(\mathcal{A}_i)$ erzeugt. Für jedes $k \in I$ folgt für jeweils alle $A_k \in \mathcal{A}_k$ dann $\pi_k^{-1}(A_k) \in \sigma(\bigcup_{i\in I} \pi_i^{-1}(\mathcal{A}_i))$.

Aufgabe 2.1.2

(a) Es sei $f(\omega) = \omega^* \in \Omega'$ für alle $\omega \in \Omega$. An der folgenden Tabelle liest man ab, daß für beliebiges $A' \in \mathcal{A}'$ dann $f^{-1}(A') \in \mathcal{A}$ gilt:
$$f^{-1}(A') = \begin{cases} \{\} & \text{falls } \omega^* \notin A' \\ \Omega & \text{falls } \omega^* \in A' \end{cases}$$

(b) Der Beweis ergibt sich unmittelbar aus Satz 2.2, wenn man berücksichtigt, daß das System $\mathcal{I}_{(-\infty,\,]}$ aller Intervalle der Form $(-\infty,b]$ die σ-Algebra $\mathcal{B}$ der Borelschen Mengen erzeugt (vgl. Punkt 2 der Bemerkung 1.9).

Bemerkung:

- Es sei $\mathcal{I}_{(-\infty,\,)}$ das System aller Intervalle der Form $(-\infty,b)$. Wegen $(-\infty,b] = \bigcap_{i=1}^{\infty} (-\infty,b+\frac{1}{n})$ enthält die von $\mathcal{I}_{(-\infty,\,)}$ erzeugte σ-Algebra auch das System $\mathcal{I}_{(-\infty,\,]}$. Also ist auch $\mathcal{I}_{(-\infty,\,)}$ ein Erzeuger der σ-Algebra $\mathcal{B}$.
- Es sei $\mathcal{I}_{(b,+\infty)}$ das System aller Intervalle der Form $(b,+\infty)$. Wegen $\overline{(b,+\infty)} = (-\infty,b]$ enthält die von $\mathcal{I}_{(\ ,+\infty)}$ erzeugte σ-Algebra auch das System $\mathcal{I}_{(-\infty,\,]}$. Also ist auch $\mathcal{I}_{(\ ,+\infty)}$ ein Erzeuger der σ-Algebra $\mathcal{B}$.

- Es sei $\mathcal{I}_{[\ ,+\infty)}$ das System aller Intervalle der Form $[b,+\infty)$. Wegen $\overline{[b,+\infty)} = (-\infty,b)$ enthält die von $\mathcal{I}_{[\ ,+\infty)}$ erzeugte σ-Algebra auch das System $\mathcal{I}_{(-\infty,\ )}$. Also ist auch $\mathcal{I}_{[\ ,+\infty)}$ ein Erzeuger der σ-Algebra $\mathcal{B}$.

Aufgabe 2.1.3

(a) Für jedes $b \in \mathbb{R}$ gilt $\{\omega \in \Omega | \max(f(\omega),g(\omega)) \leq b\} = \{\omega \in \Omega | f(\omega) \leq b \wedge g(\omega)) \leq b\}$ $= \{\omega \in \Omega | f(\omega)) \leq b\} \cap \{\omega \in \Omega | g(\omega)) \leq b\}$. Wegen der Meßbarkeit von f und g, sind mit Teil (b) der Aufgabe 2.1.2, die Mengen $\{\omega \in \Omega | f(\omega)) \leq b\}$ bzw. $\{\omega \in \Omega | g(\omega)) \leq b\}$ meßbare Mengen. Dann ist auch ihr Durchschnitt wieder eine meßbare Menge.
Analog folgt wegen

$$\{\omega \in \Omega | \min(f(\omega),g(\omega)) \geq b\} = \{\omega \in \Omega | f(\omega) \geq b\} \cap \{\omega \in \Omega | g(\omega)) \geq b\}$$

und dem dritten Punkt der Bemerkung zu Aufgabe 2.1.2 (b) die Meßbarkeit von $\min(f,g)$.

(b) Für jedes $b \in \mathbb{R}$ gilt $\{\omega \in \Omega \,\big|\, \sup_{n\in\mathbb{N}}(f_n(\omega)) \leq b\} = \bigcap_{n=1}^{\infty} \{\omega \in \Omega | f_n(\omega) \leq b\}$. Da jedes f_n meßbar ist, folgt mit Teil (b) der Aufgabe 2.1.2 und der Tatsache, daß mit einer Folge von Elementen aus $\mathcal{A}$ auch deren Durchschnitt ein Element von $\mathcal{A}$ ist, die Behauptung.
Analog folgt wegen $\{\omega \in \Omega \,\big|\, \inf_{n\in\mathbb{N}}(f_n(\omega)) \geq b\} = \bigcap_{n=1}^{\infty} \{\omega \in \Omega | f_n(\omega) \geq b\}$ und dem dritten Punkt der Bemerkung zu Aufgabe 2.1.2 (b) die behauptete Meßbarkeit.

(c) Wegen $\lim_n \inf(f_n) = \sup_k \inf_{n\geq k}(f_n)$ und $\lim_n \sup(f_n) = \inf_k \sup_{n\geq k}(f_n)$ folgen die Behauptungen mit Teil (b) dieser Aufgabe.

Aufgabe 2.1.4
Es sei $h := a + f$. Für $a = 0$ ist $h = f$, und damit ist h meßbar . Es sei also $a \neq 0$. Gemäß Aufgabe 2.1.2(e) genügt es zu zeigen, daß für jedes $b \in \mathbb{R}$ die Menge $h^{-1}((-\infty,b))$ ein Element von $\mathcal{A}$ ist.

$$h^{-1}((-\infty,b)) = \{\omega \in \Omega | h(\omega) < b\} = \{\omega \in \Omega | a + f(\omega) < b\} = \{\omega \in \Omega | f(\omega) < b - a\} \in \mathcal{A}$$

(b) Es sei $h := a \cdot f$. Für $a = 0$ ist h eine konstante Funktion, die gemäß Aufgabe 2.2.2(a) meßbar ist. Es sei also $a \neq 0$. Gemäß Aufgabe 2.1.2(e) genügt es zu zeigen, daß für jedes $b \in \mathbb{R}$ die Menge $h^{-1}((-\infty,b))$ ein Element von $\mathcal{A}$ ist.

$$h^{-1}((-\infty,b)) = \{\omega \in \Omega | h(\omega) < b\} = \{\omega \in \Omega | a \cdot f(\omega) < b\}$$

Also ist

$$h^{-1}((-\infty,b)) = \begin{cases} \{\omega \in \Omega \,\big|\, f(\omega) < \frac{}{b}a\} & \text{falls } a > 0 \\ \{\omega \in \Omega \,\big|\, f(\omega) > \frac{}{b}a\} & \text{falls } a < 0 \end{cases}$$

Da die Funktion f meßbar ist, folgt aus der Aufgabe 2.1.2(e), daß gilt:

$$\{\omega \in \Omega \,\big|\, f(\omega) < \frac{b}{a}\} \in \mathcal{A} \quad \text{und} \quad \{\omega \in \Omega \,\big|\, f(\omega) > \frac{b}{a}\} \in \mathcal{A}$$

Also gilt sowohl für $a > 0$ als auch für $a < 0 : h^{-1}((-\infty,b)) \in \mathcal{A}$, was zu beweisen war.

(c) Es sei $h := f + g$. Gemäß Aufgabe 2.1.2(e) genügt es zu zeigen, daß für jedes $b \in \mathbb{R}$ die Menge $h^{-1}((-\infty,b))$ ein Element von $\mathcal{A}$ ist.

$$\begin{aligned} h^{-1}((-\infty,b)) &= \{\omega \in \Omega | h(\omega) < b\} = \{\omega \in \Omega | f(\omega) + g(\omega) < b\} \\ &= \{\omega \in \Omega | f(\omega) < b - g(\omega)\} = \{\omega \in \Omega \Big| \underset{q \in \mathbb{Q}}{\exists} f(\omega) < q < b - g(\omega)\} \\ &= \bigcup_{q \in \mathbb{Q}} \{\omega \in \Omega | f(\omega) < q < b - g(\omega)\} \\ &= \bigcup_{q \in \mathbb{Q}} \{\omega \in \Omega | f(\omega) < q\} \cap \{\omega \in \Omega | q < b - g(\omega)\} \\ &= \bigcup_{q \in \mathbb{Q}} \{\omega \in \Omega | f(\omega) < q\} \cap \{\omega \in \Omega | g(\omega) < b - q\} \end{aligned}$$

Da f und g meßbare Funktionen sind, sind alle Mengen der Form $\{\omega \in \Omega | f(\omega) < q\}$ bzw. $\{\omega \in \Omega | g(\omega) < b - q\}$ Elemente von $\mathcal{A}$, damit auch deren Durchschnitt und die abzählbare Vereinigung dieser Durchschnitte.

Aufgabe 2.1.5
Es sei A'' ein beliebiges Element von $\mathcal{A}''$.
Dann gilt wegen der Meßbarkeit von $g : A' := g^{-1}(A'') \in \mathcal{A}'$
Weiter folgt aus der Meßbarkeit von $f : f^{-1}(A') \in \mathcal{A}$.
Zusammengefaßt gilt also für alle $A'' \in \mathcal{A}'' : h^{-1}(A'') = f^{-1}(g^{-1}(A'')) = f^{-1}(A') \in \mathcal{A}$.

Aufgabe 2.1.6
Die Beweisrichtung „$\Rightarrow$" ergibt sich sofort aus der Tatsache, daß für alle i die einelementige Menge $\{x_i\} = [x_i, x_i]$ ein Element von $\mathcal{B}$ ist.
Für den Beweis der Richtung „$\Leftarrow$" gehen wir von einer beliebigen Borelschen Menge B aus und unterscheiden zwei Fälle:

1. Fall : $B \cap X(\Omega) = \{\ \}$. Dann gilt: $X^{-1}(B) = \{\ \} \in \mathcal{A}$

2. Fall : $B \cap X(\Omega) \neq \{\ \}$. Dann gilt:
$X^{-1}(B) = X^{-1}(B \cap X(\Omega)) = X^{-1}(\bigcup_{x_i \in B} \{x_i\}) = \bigcup_{x_i \in B} X^{-1}(\{x_i\}) \in \mathcal{A}$

In jedem Fall gilt $X^{-1}(B) \in \mathcal{A}$.

Aufgabe 2.1.7
Da das System $\mathcal{I}_o$ der offenen und beschränkten Intervalle von $\mathbb{R}$ ein Erzeugendensystem von $\mathcal{B}(\mathbb{R})$ ist,(vgl. Bemerkung 1.9 und Aufgabe 1.2.4) genügt es gemäß Satz 2.2 zu zeigen, daß für jedes offene Intervall (a,b) das Urbild $f^{-1}((a,b))$ ein Element von $\mathcal{B}|_\Omega = \{\Omega \cap B | B \in \mathcal{B}(\mathbb{R})\}$ ist. Wir zeigen dies, indem wir eine offene Menge $O \subseteq \mathbb{R}$ mit $f^{-1}((a,b)) = O \cap \Omega$ konstruieren. Im Fall $f^{-1}((a,b)) = \{\}$, ist wegen $\{\} \in \mathcal{O}$ nichts zu zeigen. Andernfalls gibt es ein $x_0 \in \Omega$ mit $x_0 \in f^{-1}((a,b))$ bzw. $f(x_0) \in (a,b)$. Dann gibt es wegen der Stetigkeit von f zu der offenen Umgebung (a,b) von $f(x_0)$ eine offene Umgebung $U_{\delta_{x_0}}(x_0) = \{x \in \mathbb{R} | |x - x_0| < \delta_{x_0}\}$, so daß $f(\Omega \cap U_{\delta_{x_0}}(x_0)) \subseteq (a,b)$ gilt. Die Menge $O = \bigcup_{x_0 \in f^{-1}((a,b))} U_{\delta_{x_0}}(x_0)$ ist dann als Vereinigung von offenen Mengen von $\mathbb{R}$ wieder eine offene Menge von $\mathbb{R}$, und somit ist nur noch zu zeigen, daß $f^{-1}((a,b)) = O \cap \Omega$ gilt: Wir zeigen $O \cap \Omega \subseteq f^{-1}((a,b))$ und $f^{-1}((a,b)) \subseteq O \cap \Omega$:
Ist einerseits $x \in O \cap \Omega = \bigcup_{x_0 \in f^{-1}((a,b))} (U_{\delta_{x_0}}(x_0) \cap \Omega)$, dann gibt es ein $x_1 \in f^{-1}((a,b))$ mit

$x \in U_{\delta_{x_1}}(x_1) \cap \Omega$, woraus $f(x) \in f(U_{\delta_{x_1}}(x_1) \cap \Omega) \subseteq (a,b)$ bzw. $x \in f^{-1}((a,b))$ folgt.
Ist andererseits $x \in f^{-1}((a,b)) \subseteq \Omega$, so folgt $x \in U_{\delta_x}(x) \cap \Omega \subseteq O \cap \Omega$.
Bemerkung: Mit den gleichen Überlegungen zeigt man, daß jede stetige Funktion $f : \mathbb{R}^n \to \mathbb{R}^m$ auch $\mathcal{B}(\mathbb{R}^n) - \mathcal{B}(\mathbb{R}^m)$-meßbar ist. An die Stelle der offenen Intervalle (a,b) bzw. der offenen Intervalle $U_{\delta_x}(x)$ des $\mathbb{R}^1$ treten dann Kugeln im $\mathbb{R}^n$ bzw. im $\mathbb{R}^m$.

Lösungen der Aufgaben zum Abschnitt 2.2

Aufgabe 2.2.1

(a) Jedes der drei Einzelzufallsexperimente wird durch denselben Laplace-Wahrscheinlichkeitsraum $(\Omega,\mathcal{A},P)$ mit der Ergebnismenge $\Omega = \{k,z\}$ modelliert. Das zusammengesetzte Zufallsexperiment wird durch den Produktwahrscheinlichkeitsraum

$$\Omega^3,\ \mathcal{A} \otimes \mathcal{A} \otimes \mathcal{A},\ P \otimes P \otimes P$$

modelliert. Der Produktwahrscheinlichkeitsraum ist der Laplace-Wahrscheinlichkeitsraum mit der Ergebnismenge $\Omega^3 = \{k,z\} \times \{k,z\} \times \{k,z\}$.

(b)

$$\begin{array}{llll} X: & \Omega^3 & \to & \mathbb{R} \\ & \omega = (\omega_1,\omega_2,\omega_3) & \mapsto & X(\omega_1,\omega_2,\omega_3) := \sum\limits_{i=1}^{3} 1_{\{k\}}(\omega_i) \end{array}$$

(c) Da $\mathcal{A} \otimes \mathcal{A} \otimes \mathcal{A}$ die Potenzmenge von Ω^3 ist, ist X eine zufällige Größe. Sie ist diskret und es gilt $X\left(\Omega^3\right) = \{0,1,2,3\}$ und

$$\begin{array}{llll}
(\bigotimes\limits_{i=1}^{3} P)(X=0) & = (\bigotimes\limits_{i=1}^{3} P)(\{z,z,z\}) & = \frac{1}{8} & = \binom{3}{0} \cdot \left(\frac{1}{2}\right)^0 \cdot \left(\frac{1}{2}\right)^{3-0} \\
(\bigotimes\limits_{i=1}^{3} P)(X=1) & = (\bigotimes\limits_{i=1}^{3} P)(\{k,z,z\},\{z,k,z\},\{z,z,k\}) & = \frac{3}{8} & = \binom{3}{1} \cdot \left(\frac{1}{2}\right)^1 \cdot \left(\frac{1}{2}\right)^{3-1} \\
(\bigotimes\limits_{i=1}^{3} P)(X=2) & = (\bigotimes\limits_{i=1}^{3} P)(\{k,k,z\},\{k,z,k\},\{z,k,k\}) & = \frac{3}{8} & = \binom{3}{2} \cdot \left(\frac{1}{2}\right)^2 \cdot \left(\frac{1}{2}\right)^{3-2} \\
(\bigotimes\limits_{i=1}^{3} P)(X=3) & = (\bigotimes\limits_{i=1}^{3} P)(\{k,k,k\}) & = \frac{1}{8} & = \binom{3}{3} \cdot \left(\frac{1}{2}\right)^3 \cdot \left(\frac{1}{2}\right)^{3-3}
\end{array}$$

(d) Für die Funktionsvorschrift der Verteilungsfunktion F von X und den zugehörigen Graphen ergibt sich:

$$F(x) := \begin{cases} 0 & \text{falls } x < 0 \\ 1/8 & \text{falls } 0 \le x < 1 \\ 4/8 & \text{falls } 1 \le x < 2 \\ 7/8 & \text{falls } 2 \le x < 3 \\ 1 & \text{falls } 3 \le x \end{cases}$$

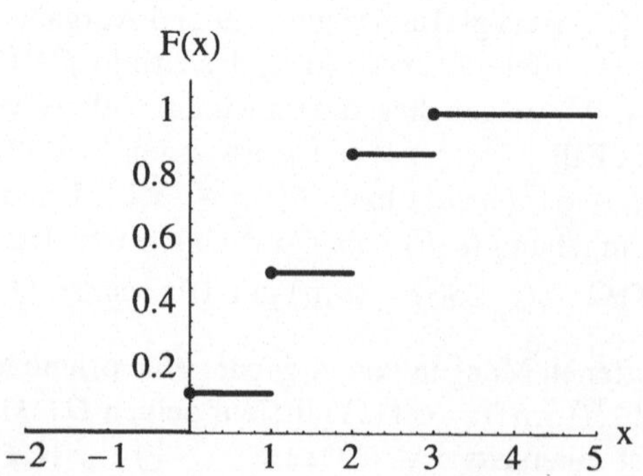

Abbildung A.4

(e) $(\bigotimes_{i=1}^{3} P)(X \geq 2) = (\bigotimes_{i=1}^{3} P)(X = 2) + (\bigotimes_{i=1}^{3} P)(X = 3) = \frac{1}{2}$

Aufgabe 2.2.2

(a) Jedes der n Einzelzufallsexperimente wird durch denselben Wahrscheinlichkeitsraum $(\Omega, \mathcal{A}, P)$ mit $\Omega = \{0,1\}, \mathcal{A} = 2^{\Omega}, P(\{1\}) = p, P(\{0\}) = 1 - p$ modelliert. Das zusammengesetzte Zufallsexperiment wird durch den folgenden Produktwahrscheinlichkeitsraum modelliert.

$$(\Omega^n, \bigotimes_{i=1}^{n} \mathcal{A}, \bigotimes_{i=1}^{n} P)$$

$\bigotimes_{i=1}^{n} P$ ordnet jedem Elementarereignis $\{\omega\} = \{(\omega_1, \omega_2, \ldots, \omega_n)\}$, für das $\sum_{i=1}^{n} \omega_i = k$ gilt, die folgende Wahrscheinlichkeit zu:

$$(\bigotimes_{i=1}^{n} P)(\{\omega\}) = P(\{\omega_1\}) \cdot P(\{\omega_2\}) \cdot \ldots \cdot P(\{\omega_n\}) = p^k \cdot (1-p)^{n-k}$$

(b)

$$\begin{array}{rccl} X: & \Omega^n & \to & \mathbb{R} \\ & \omega = (\omega_1, \omega_2, \ldots, \omega_n) & \mapsto & X((\omega_1, \omega_2, \ldots, \omega_n)) := \sum_{i=1}^{n} \omega_i \end{array}$$

(c) Da $\bigotimes_{i=1}^{n} \mathcal{A}$ die Potenzmenge von Ω^n ist, ist X trivialerweise eine zufällige Größe. Sie ist diskret und es gilt: $X(\Omega^n) = \{0,1,2,\ldots,n\}$. Nach Teil (a) folgt:

$$\begin{aligned} (\bigotimes_{i=1}^{n} P)(X = k) &= \bigotimes_{i=1}^{n} P(\{(\omega_1, \omega_2, \ldots, \omega_n) \in \Omega^n \,|\, X((\omega_1, \omega_2, \ldots, \omega_n)) = k\}) \\ &= \binom{n}{k} \cdot p^k \cdot (1-p)^{n-k} \end{aligned}$$

(d)

$$\begin{aligned} (\bigotimes_{i=1}^{n} P)(X = 0) &= \tbinom{n}{0} \cdot p^0 \cdot (1-p)^{n-0} && = (1-p)^n \\ (\bigotimes_{i=1}^{n} P)(X = 1) &= \tbinom{n}{1} \cdot p^1 \cdot (1-p)^{n-1} && = np(1-p)^{n-1} \\ (\bigotimes_{i=1}^{n} P)(X \geq 2) &= 1 - P(X = 0) - P(X = 1) && = 1 - (1-p)^n - np(1-p)^{n-1} \\ (\bigotimes_{i=1}^{n} P)(X = n) &= \tbinom{n}{n} \cdot p^n \cdot (1-p)^{n-n} && = p^n \end{aligned}$$

Aufgabe 2.2.3

Das Impfen einer einzelnen Person ist ein Bernoulli-Experiment mit dem Parameter $p = 0.01$, wenn man das Auftreten der speziellen Nebenwirkung als Erfolg des Bernoulli-Experiments bezeichnet. Werden 10 Personen geimpft, so ist die Anzahl X der Nebenwirkungsfälle gemäß Aufgabe 2.2.2 (c) eine $B(10, 0.01)$-verteilte zufällige Größe. Deshalb gilt:

$$\begin{array}{llll} P(X=0) & = \binom{10}{0} \cdot 0.01^0 \cdot 0.99^{10-0} & = 0.99^{10} & \approx 0.904382 \\ P(X=1) & = \binom{10}{1} \cdot 0.01^1 \cdot 0.99^{10-1} & = 10 \cdot 0.01 \cdot 0.99^9 & \approx 0.0913517 \\ P(X>1) & = 1 - P(X=0) - P(X=1) & = 1 - 0.99^{10} - 10 \cdot 0.01 \cdot 0.99^9 & \approx 0.0042662 \end{array}$$

Aufgabe 2.2.4
Unter den gemachten Annahmen ist die Anzahl X der faulen Apfelsinen in der Stichprobe vom Umfang 20 eine $B(20,0.2)$-verteilte zufällige Größe, und es gilt:

$$\begin{aligned} P(X \leq 1) &= P(X=0) + P(X=1) \\ &= \binom{20}{0} \cdot 0.2^0 \cdot 0.8^{20-0} + \binom{20}{1} \cdot 0.2^1 \cdot 0.8^{20-1} \\ &= 0.8^{20} + 20 \cdot 0.2 \cdot 0.8^{19} = 0.8^{19} \cdot (0.8+4) \approx 0.0691753 \end{aligned}$$

Mit einer Wahrscheinlichkeit von ca. 7 Prozent nimmt der Obsthändler einen Waggon mit 20% faulen Apfelsinen an, weil er in der Stichprobe keine oder nur eine faule Apfelsine findet.

Aufgabe 2.2.5

$$\begin{array}{llll} P(X=0) & = e^{-0.1} \cdot \dfrac{0.1^0}{0!} & = e^{-0.1} & \approx 0.904837 \\ P(X=1) & = e^{-0.1} \cdot \dfrac{0.1^1}{1!} & = e^{-0.1} \cdot 0.1 & \approx 0.0904837 \\ P(X>1) & = 1 - P(X=0) - P(X=1) & = 1 - 1.1 \cdot e^{-0.1} & \approx 0.00467884 \end{array}$$

Diese Wahrscheinlichkeiten unterscheiden sich nicht wesentlich von den Wahrscheinlichkeiten, die in der Aufgabe 2.2.3 für eine $B(10,0.01)$-verteilte zufällige Größe berechnet wurden.

Aufgabe 2.2.6

(a) Die Konstante c ist so zu bestimmen, daß gilt:

$$1 = \int_{-\infty}^{+\infty} f(x)\,dx = \int_0^4 \frac{1}{2} - cx\,dx = \left[\frac{1}{2}x - c\frac{x^2}{2}\right]_0^4 = 2 - 8c$$

Daraus folgt: $c = 1/8$

(b) Für die Funktionsvorschrift der Verteilungsfunktion F von X und den zugehörigen Graphen ergibt sich:

$$F(x) := \begin{cases} 0 & \text{falls } x < 0 \\ \dfrac{1}{2}x - \dfrac{1}{16}x^2 & \text{falls } 0 \leq x < 4 \\ & \text{falls } 4 \leq x \end{cases}$$

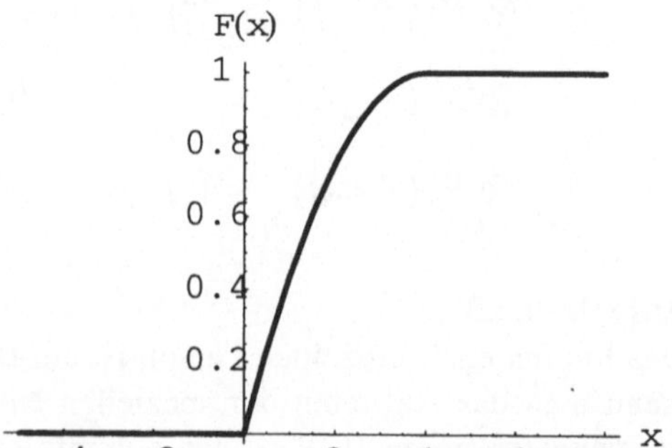

Abbildung A.5

(c) $P(X > 3) = 1 - P(X \leq 3) = 1 - F(3) = 1 - 3/2 + 9/16 = 1/16$
$P(1 < X \leq 3) = F(3) - F(1) = 3/2 - 9/16 - 1/2 + 1/16 = 1/2$

(d) Der Median liegt im Intervall [0,4], da außerhalb dieses Intervalls die Verteilungsfunktion F nur die Werte 0 bzw. 1 annimmt. Die den Median definierende Gleichung

$$0.5 = F(x_{0.5}) = \frac{1}{2}x - \frac{1}{16}x^2$$

ist im Intervall [0,4] genau dann erfüllt, wenn $x = 4 - 2\sqrt{2} \approx 1.17157$ ist.

Aufgabe 2.2.7

(a) Die Konstante c ist so zu bestimmen, daß gilt:

$$1 = \int_{-\infty}^{+\infty} f(x)dx = \int_0^1 cx - cx^2 dx = \left[c\frac{1}{2}x^2 - c\frac{x^3}{3}\right]_0^1 = \frac{c}{2} - \frac{c}{3} = \frac{c}{6}$$

Daraus folgt: $c = 6$

(b) Für die Funktionsvorschrift der Verteilungsfunktion F von X und den zugehörigen Graphen ergibt sich:

$$F(x) = \begin{cases} 0 & \text{falls } x < 0 \\ 3x^2 - 2x^3 & \text{falls } 0 \leq x \leq 1 \\ 1 & \text{falls } 1 < x \end{cases}$$

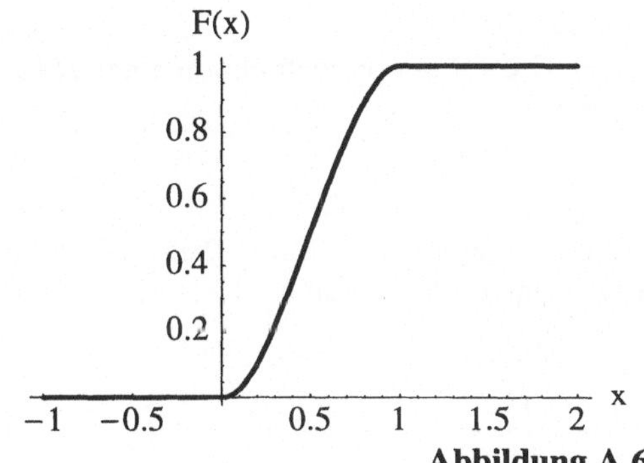

Abbildung A.6

(c) $P(X > 0.5) = 1 - P(X \leq 0.5) = 1 - F(0.5) = 1 - 0.75 + 0.25 = 0.5$
$P(0.2 < X \leq 0.8) = F(0.8) - F(0.2) = 0.792$

(d) Die beiden Quartile liegen im Intervall $[0,1]$, da außerhalb dieses Intervalls die Verteilungsfunktion F nur die Werte 0 bzw. 1 annimmt. Für die das untere Quartil $x_{0.25}$ definierende Gleichung

$$0.25 = F(x_{0.25}) = 3x^2 - 2x^3$$

berechnet Mathematica drei reelle Lösungen, von denen eine im Intervall $[0,1]$ liegt:
$x_{0.25} = 0.326352$
Für die das obere Quartil $x_{0.75}$ definierende Gleichung

$$0.75 = F(x_{0.75}) = 3x^2 - 2x^3$$

berechnet Mathematica drei reelle Lösungen, von denen eine im Intervall $[0,1]$ liegt:
$x_{0.75} = 0.673648$
Der Quartilsabstand ist $x_{0.75} - x_{0.25} = 0.347296$.

Aufgabe 2.2.8

Es sei F die Verteilungsfunktion einer $\mathrm{N}\left(3, (1/2)^2\right)$-Verteilung. Dann gilt nach Satz 2.7 für alle $x \in \mathbb{R}$:

$$F(x) = \Phi\left(\frac{x-3}{1/2}\right) = \Phi(2 \cdot (x-3))$$

Mit der Mathematica-Anweisung `CDF[NormalDistribution[3,0.5],x]` können die Werte der Funktion $F(x)$ direkt berechnet werden.
Mit der Mathematica-Anweisung `CDF[NormalDistribution[0,1],x]` können die Werte der Funktion $\Phi(x)$ berechnet werden. Die Werte der Funktion $\Phi(x)$ können Sie mit den Tabellenwerten vergleichen.

(a) $$P(2.5 < X \leq 4) = F(4) - F(2.5) = \Phi(2) - \Phi(-1) = 0.818595$$

(b) $$\begin{aligned} P(|X| > 3) &= 1 - P(-3 \leq X \leq +3) = 1 - (F(3) - F(-3)) \\ &= 1 - (\Phi(0) - \Phi(-12)) = 0.5 \end{aligned}$$

(c) $$\begin{aligned} P(|X-2| \leq 1) &= P(-1 \leq X-2 \leq +1) = P(1 \leq X \leq 3) = F(3) - F(1) \\ &= \Phi(0) - \Phi(-4) = 0.499968 \end{aligned}$$

(d) $$\begin{aligned} P(|X-3| < 0.5) &= P(-0.5 \leq X-3 \leq +0.5) = P(2.5 \leq X \leq 3.5) \\ &= F(3.5) - F(2.5) = \Phi(1) - \Phi(-1) = 0.682689 \end{aligned}$$

Aufgabe 2.2.9

Es sei F die Verteilungsfunktion einer $N(\mu,\sigma^2)$-Verteilung. Dann gilt nach Satz 2.7 für alle $x \in \mathbb{R}$:

$$F(x) = \Phi\left(\frac{x-\mu}{\sigma}\right)$$

Die im folgenden benötigten Werte der Funktion $\Phi(x)$ wurden wieder mit der Mathematica-Anweisung `CDF[NormalDistribution[0,1],x]` berechnet.

(a)

$$\begin{aligned} P\left(\mu - \frac{1}{2}\sigma \leq X \leq \mu + \frac{1}{2}\sigma\right) &= F\left(\mu + \frac{1}{2}\sigma\right) - F\left(\mu - \frac{1}{2}\sigma\right) \\ &= \Phi\left(\frac{1}{2}\right) - \Phi\left(-\frac{1}{2}\right) = 0.382925 \end{aligned}$$

(b) $$P(X > \mu - 3\sigma) = 1 - P(X \leq \mu - 3\sigma) = 1 - F(\mu - 3\sigma) = 1 - \Phi(-3) = 0.99865$$

(c) $$\begin{aligned} P(|X-\mu| \leq 2\sigma) &= P(-2\sigma \leq X-\mu \leq +2\sigma) = P(\mu - 2\sigma \leq X \leq \mu + 2\sigma) \\ &= F(\mu + 2\sigma) - F(\mu - 2\sigma) = \Phi(2) - \Phi(-2) = 0.9545 \end{aligned}$$

(d) $$\begin{aligned} P(|X-\mu| < \sigma) &= P(-\sigma \leq X-\mu \leq +\sigma) = P(\mu - \sigma \leq X \leq \mu + \sigma) \\ &= F(\mu + \sigma) - F(\mu - \sigma) = \Phi(1) - \Phi(-1) = 0.682689 \end{aligned}$$

Aufgabe 2.2.10

Es sei wieder F die Verteilungsfunktion einer $N(\mu,\sigma^2)$-Verteilung. Dann gilt wieder nach Satz 2.7:

$$P(\mu - r\sigma \leq X \leq \mu + r\sigma) = F(\mu + r\sigma) - F(\mu - r\sigma) = \Phi(r) - \Phi(-r)$$

Wegen der Symmetrie der $N(0,1^2)$-Verteilung folgt weiter:

$$\Phi(r) - \Phi(-r) = \Phi(r) - (1 - \Phi(r)) = 2 \cdot \Phi(r) - 1$$

Deshalb gilt:

$$P(\mu - r\sigma \leq X \leq \mu + r\sigma) = 0.95 \Leftrightarrow 2 \cdot \Phi(r) - 1 = 0.95 \Leftrightarrow \Phi(r) = \frac{1.95}{2} = 0.975$$

Gesucht ist also das 0.975-Quantil der $N\left(0,1^2\right)$-Verteilung. Dieses kann mit der Mathematica-Anweisung `Quantile[NormalDistribution[0,1],0.975]` berechnet werden. Das Ergebnis ist der Wert $1.959963984540053 \approx 1.96$

Aufgabe 2.2.11

Es sei jetzt F die Verteilungsfunktion einer $N\left(180,7^2\right)$-Verteilung. Dann gilt wieder nach Satz 2.4:

$$F(x) = \Phi\left(\frac{x-180}{7}\right)$$

Die im folgenden benötigten Werte der Funktion $F(x)$ können direkt mit der Mathematica-Anweisung `CDF[NormalDistribution[180,7],x]` berechnet werden.
Mit der Mathematica-Anweisung `CDF[NormalDistribution[0,1],x]` können die Werte der Funktion $\Phi(x)$ berechnet werden.

(a) $P(X \leq 190) = F(190) = \Phi(10/7) = 0.923436$

(b) $P(X \geq 175) = 1 - P(X < 175) = 1 - F(175) = 1 - \Phi(-5/7) = 0.762475$

(c) $P(175 \leq X \leq 185) = F(185) - F(175) = \Phi(5/7) - \Phi(-5/7) = 0.524949$

Aufgabe 2.2.12

$$F(x) = \begin{cases} 0 & \text{falls} \quad x < 0 \\ (1-p) + p\int\limits_0^x \lambda e^{-\lambda t} dt & \text{falls} \quad 0 \leq x \end{cases}$$
$$= \begin{cases} 0 & \text{falls} \quad x < 0 \\ 1 - p \cdot e^{-\lambda x} & \text{falls} \quad 0 \leq x \end{cases}$$

Die Wahrscheinlichkeit $1 - p = P(X = 0)$ ist die Wahrscheinlichkeit dafür, daß das Aggregat produktionsbedingt defekt ist.

$$P(x_0 < X \leq x_0 + \Delta x \mid x_0 < X) = \frac{P(x_0 < X \leq x_0 + \Delta x,\ x_0 < X)}{P(x_0 < X)} = \frac{P(x_0 < X \leq x_0 + \Delta x)}{P(x_0 < X)}$$
$$= \frac{F(x_0 + \Delta x) - F(x_0)}{1 - F(x_0)} = 1 - e^{-\lambda \cdot \Delta x}$$

In die bedingte Wahrscheinlichkeit $P(x_0 < X \leq x_0 + \Delta x \mid x_0 < X)$ geht nur das Zeitintervall Δx ein. Wenn ein zufälliges der Produktion entnommenes Aggregat nicht produktionsbedingt defekt ist (die Wahrscheinlichkeit dafür ist p), so verhält es sich wie ein Aggregat ohne Gedächtnis.

Aufgabe 2.2.13

(a)

$$\begin{array}{lll} P(X > a) & = 1 - P(X \leq a) & = 1 - F(a) \\ P(X < b) & = P(X \leq b) - P(X = b) & = F(b) - f(b) \\ P(a < X < b) & = P(a < X \leq b) - P(X = b) & = F(b) - F(a) - f(b) \\ P(a \leq X < b) & = P(X = a) + P(a < X < b) & = f(a) + F(b) - F(a) - f(b) \\ P(a \leq X \leq b) & = P(X = a) + P(a < X \leq b) & = f(a) + F(b) - F(a) \end{array}$$

(b)

$$\begin{array}{lll} P(X > a) & = 1 - P(X \leq a) & = 1 - F(a) \\ P(X < b) & = P(X \leq b)) & = F(b) \\ P(a < X < b) & = P(a < X \leq b) & = F(b) - F(a) \\ P(a \leq X < b) & = P(a < X \leq b) & = F(b) - F(a) \\ P(a \leq X \leq b) & = P(a < X \leq b) & = F(b) - F(a) \end{array}$$

Anschaulich ist

$P(X > a)$	der Inhalt der Fläche unter der Dichte über dem Intervall $(a, +\infty)$
$P(X < b)$	der Inhalt der Fläche unter der Dichte über dem Intervall $(-\infty, b)$
$P(a < X < b)$	der Inhalt der Fläche unter der Dichte über dem Intervall (a, b)
$P(a \leq X < b)$	der Inhalt der Fläche unter der Dichte über dem Intervall $[a, b)$
$P(a \leq X \leq b)$	der Inhalt der Fläche unter der Dichte über dem Intervall $[a, b]$

Dabei sind die letzten drei Flächeninhalte zahlenmäßig gleich.

Lösungen der Aufgaben zum Abschnitt 2.3

Aufgabe 2.3.1

(a) Die zufällige Größe X, die Ihren Nettogewinn beschreibt, besitzt eine diskrete Verteilung mit $X(\Omega) = \{-1, +1, +9\} = \{x_1, x_2, x_3\}$ und $\boldsymbol{p} = (25/36, 10/36, 1/36) = (p_1, p_2, p_3)$.

(b) Die Verteilungsfunktion von X ist

$$\begin{array}{rcl} F: & \rightarrow & \mathbb{R} \\ x & \mapsto & F(x) := \begin{cases} 0 & \text{für} \quad x < -1 \\ 25/36 & \text{für} \quad -1 \leq x < +1 \\ 35/36 & \text{für} \quad +1 \leq x < +9 \\ 1 & \text{für} \quad +9 \leq x \end{cases} \end{array}$$

(c) Der Erwartungswert von X ist

$$E(X) = (-1) \cdot \frac{25}{36} + 1 \cdot \frac{10}{36} + 9 \cdot \frac{1}{36} = -\frac{1}{6}$$

Das Spiel lohnt sich für Sie nicht, weil der Erwartungswert des Gewinns negativ ist. Für die Varianz von X gilt:

$$\text{Var}(X) = (-1 + \frac{1}{6})^2 \cdot \frac{25}{36} + (1 + \frac{1}{6})^2 \cdot \frac{10}{36} + (9 + \frac{1}{6})^2 \cdot \frac{1}{36} = \frac{115}{36}$$

Aufgabe 2.3.2

(a) Für eine $B(1, p)$-verteilte zufällige Größe X gilt:

$$\begin{array}{lll} \mu & = E(X) & = 0 \cdot (1-p) + 1 \cdot p = p \\ \sigma^2 & = \text{Var}(X) & = (0-p)^2 \cdot (1-p) + (1-p)^2 \cdot p = p \cdot (1-p) \quad = pq \end{array}$$

(b) Für eine $B(n,p)$-verteilte zufällige Größe X gilt:

$$\begin{aligned} E(X) &= \sum_{k=0}^{n} k\cdot\binom{n}{k}p^k(1-p)^{n-k} = \sum_{k=1}^{n} k\cdot\frac{n!}{k!(n-k)!}\cdot p^k(1-p)^{n-k} \\ &= \sum_{k=1}^{n} n\cdot\frac{(n-1)!}{(k-1)!(n-1-k+1)!}\cdot p\cdot p^{k-1}(1-p)^{n-1-k+1} \\ &= np\cdot\sum_{k=1}^{n}\binom{n-1}{k-1}p^{k-1}(1-p)^{n-1-(k-1)} \end{aligned}$$

Mit der Substitution $\nu = k-1$ folgt daraus:

$$\mu = E(X) = np\cdot\sum_{\nu=0}^{n-1}\binom{n-1}{\nu}p^{\nu}(1-p)^{n-1-\nu} = np$$

Weiter gilt:

$$\begin{aligned} E(X^2) &= \sum_{k=0}^{n} k^2\cdot\binom{n}{k}p^k(1-p)^{n-k} \\ &= \sum_{k=0}^{n} k(k-1)\cdot\binom{n}{k}p^k(1-p)^{n-k} + \sum_{k=0}^{n} k\cdot\binom{n}{k}p^k(1-p)^{n-k} \\ &= \sum_{k=2}^{n} k(k-1)\cdot\frac{n!}{k!\cdot(n-k)!}p^k(1-p)^{n-k} + E(X) \\ &= \sum_{k=2}^{n} n(n-1)\cdot\frac{(n-2)!}{(k-2)!\cdot(n-2-k+2)!}\cdot p^2\cdot p^{k-2}(1-p)^{n-2-k+2} + np \\ &= n(n-1)p^2\cdot\sum_{k=2}^{n}\binom{n-2}{k-2}p^{k-2}(1-p)^{n-2-(k-2)} + np \end{aligned}$$

Mit der Substitution $\nu = k-2$ folgt daraus:

$$E(X^2) = n(n-1)p^2\cdot\sum_{\nu=0}^{n-2}\binom{n-2}{\nu}p^{\nu}(1-p)^{n-2-\nu} + np = n(n-1)p^2 + np$$

Damit ergibt sich gemäß Bemerkung 2.33 :

$$\sigma^2 = \mathrm{Var}(X) = E(X^2) - \mu^2 = n(n-1)p^2 + np - n^2p^2 = -np^2 + np = np(1-p) = npq$$

(c) Für eine $Poi(\lambda)$-verteilte zufällige Größe X gilt:

$$E(X) = \sum_{k=0}^{\infty} k\cdot e^{-\lambda}\cdot\frac{\lambda^k}{k!} = \sum_{k=1}^{\infty} k\cdot e^{-\lambda}\cdot\frac{\lambda^k}{k!} = \lambda\cdot\sum_{k=1}^{\infty} e^{-\lambda}\cdot\frac{\lambda^{k-1}}{(k-1)!}$$

Mit der Substitution $\nu = k-1$ folgt daraus:

$$\mu = E(X) = \lambda\cdot\sum_{\nu=0}^{\infty} e^{-\lambda}\cdot\frac{\lambda^{\nu}}{\nu!} = \lambda$$

Weiter gilt:

$$\begin{aligned} E(X^2) &= \sum_{k=0}^{n} k^2 \cdot e^{-\lambda} \cdot \frac{\lambda^k}{k!} = \sum_{k=0}^{\infty} k(k-1) \cdot e^{-\lambda} \cdot \frac{\lambda^k}{k!} + \sum_{k=0}^{\infty} k \cdot e^{-\lambda} \cdot \frac{\lambda^k}{k!} \\ &= \lambda^2 \cdot \sum_{k=2}^{\infty} e^{-\lambda} \cdot \frac{\lambda^{k-2}}{(k-2)!} + E(X) \end{aligned}$$

Mit der Substitution $\nu = k-2$ folgt daraus:

$$E(X^2) = \lambda^2 \cdot \sum_{\nu=0}^{\infty} e^{-\lambda} \cdot \frac{\lambda^\nu}{\nu!} + \lambda = \lambda^2 + \lambda$$

Daraus ergibt sich nach Bemerkung 2.33 :

$$\sigma^2 = \mathrm{Var}(X) = E(X^2) - \mu^2 = \lambda^2 + \lambda - \lambda^2 = \lambda$$

Aufgabe 2.3.3

(a) Die Konstante c ist so zu bestimmen, daß gilt:

$$1 = \int_{-\infty}^{+\infty} f(t)\,dt = \int_{-\infty}^{+\infty} c \cdot \left|t^3\right| \cdot e^{-|t|}\,dt = 2c \cdot \int_{0}^{+\infty} t^3 \cdot e^{-t}\,dt = 12c$$

Also ist $c = 1/12$.

(b) Der Graph der Funktion f ist:

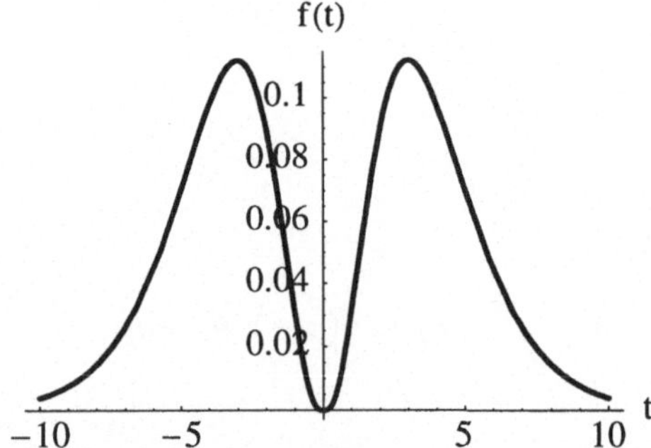

Abbildung A.7

(c) Wegen der Symmetrie der Funktion f zur y-Achse gilt für alle $x \geq 0$:

$$F(x) = \frac{1}{2} + \int_{0}^{x} \frac{1}{12} \cdot t^3 \cdot e^{-t}\,dt = 1 - \frac{6+6x+3x^2+x^3}{12} \cdot e^{-x}$$

Und für $x < 0$ gilt:

$$F(x) = 1 - F(-x) = \frac{6-6x+3x^2-x^3}{12} \cdot e^{x}$$

Die Funktionsvorschrift der Verteilungsfunktion F von X lautet also

F(x)
1
0.8
0.6
0.4
0.2
-15 -10 -5 5 10 15
x

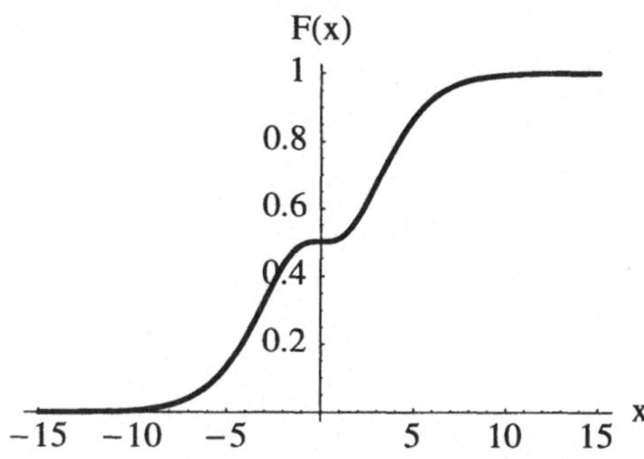

Abbildung A.8

$$F(x) = \int_{-\infty}^{x} \frac{1}{12} \cdot \left|t^3\right| \cdot e^{-|t|}\, dt = \begin{cases} (1/12) \cdot (6 - 6x + 3x^2 - x^3) \cdot e^x & \text{für} \quad x < 0 \\ 1 - (1/12)(6 + 6x + 3x^2 + x^3) \cdot e^{-x} & \text{für} \quad x \geq 0 \end{cases}$$

Der Graph der Funktion F ist:

(d) Wegen der Symmetrie der Funktion f zur y-Achse ist der Erwartungswert von X gleich 0. Damit folgt für die Varianz von X:

$$\operatorname{Var}(X) = \int_{-\infty}^{+\infty} x^2 \cdot f(x)\, dx = 2 \cdot \int_{0}^{+\infty} x^2 \cdot f(x)\, dx = \frac{1}{6} \cdot \int_{0}^{+\infty} x^5 \cdot e^{-x}\, dx = \frac{1}{6} \cdot 120 = 20$$

Aufgabe 2.3.4

(a) Die Konstante r ist so zu bestimmen, daß gilt:

$$1 = \int_{-\infty}^{+\infty} f(t)\, dt = \int_{0}^{1} r \cdot t^2\, dt = r \cdot \int_{0}^{1} t^2\, dt = r \cdot \frac{1}{3}$$

Also ist $r = 3$.

(b) Der Graph der Funktion f ist:

f(t)
3
2.5
2
1.5
1
0.5
-2 -1.5 -1 -0.5 0.5 1 1.5 2
t

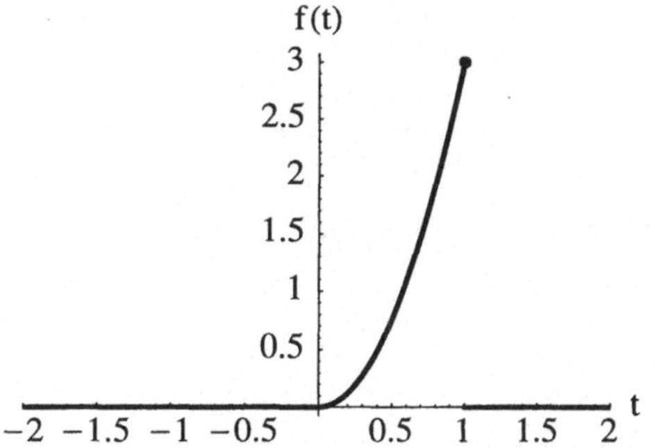

Abbildung A.9

(c) Für die Funktionsvorschrift der Verteilungsfunktion F von X und den zugehörigen Graphen ergibt sich:

$$\begin{aligned} F: & \quad && \to \mathbb{R} \\ x & \mapsto && F(x) := \begin{cases} 0 & \text{für} \quad x < 0 \\ x^3 & \text{für} \quad 0 \leq x \leq 1 \\ 1 & \text{für} \quad 1 \leq x \end{cases} \end{aligned}$$

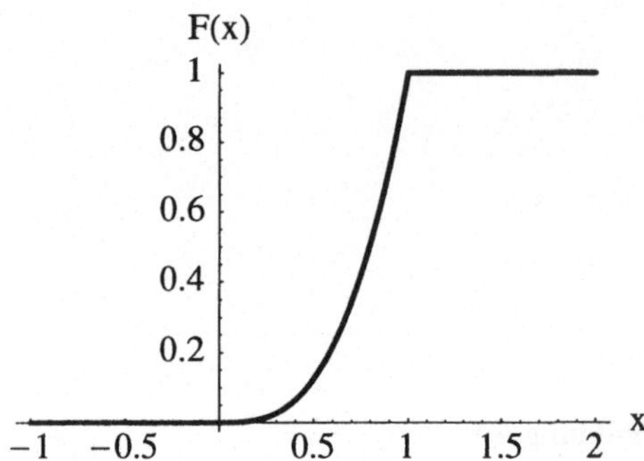

Abbildung A.10

(d) Erwartungswert und Varianz von X sind:

$$\mu = E(X) = \int_{-\infty}^{+\infty} t \cdot f(t)\,dt = \int_{0}^{1} 3 \cdot t^3\,dt = \tfrac{3}{4}$$

$$\sigma^2 = \operatorname{Var}(X) = \int_{-\infty}^{+\infty} \left(t - \tfrac{3}{4}\right)^2 \cdot f(t)\,dt = \int_{0}^{1} \left(t - \tfrac{3}{4}\right)^2 \cdot 3t^2\,dt = \tfrac{3}{80} = 0.0375$$

(e) Das p-Quantil x_p liegt in dem Intervall $[0,1]$. Deshalb gilt für x_p :

$$p = F(x_p) = x_p^3 \Rightarrow x_p = p^{\frac{1}{3}}$$

Insbesondere ist der Median $0.5^{\frac{1}{3}} = 0.793701$.

(f) Zunächst gilt:

$$P\left(|X-\mu| \geq \frac{1}{4}\right) = P\left(\left|X - \frac{3}{4}\right| \geq \frac{1}{4}\right) = P\left(X \leq \frac{1}{2} \vee X \geq 1\right)$$
$$= P\left(X \leq \frac{1}{2}\right) + P(X \geq 1)$$

Wegen der speziellen Form der Dichte f von X folgt:

$$P\left(|X-\mu| \geq \frac{1}{4}\right) = P\left(X \leq \frac{1}{2}\right) + P(X=1) = F\left(\frac{1}{2}\right) + 0 = \left(\frac{1}{2}\right)^3 = 0.125$$

(g) Nach der Tschebyscheffschen Ungleichung gilt:

$$P\left(|X-\mu| \geq \frac{1}{4}\right) \leq 16 \cdot \sigma^2 = 16 \cdot \frac{3}{80} = \frac{3}{5} = 0.6$$

Aufgabe 2.3.5

(a)

$$E(X) = \int_{-\infty}^{+\infty} t \cdot f(t)\,dt = \int_{0}^{+\infty} t \cdot f(t)\,dt = \int_{0}^{c} t \cdot f(t)\,dt + \int_{c}^{+\infty} t \cdot f(t)\,dt$$
$$\geq 0 + c \cdot \int_{c}^{+\infty} f(t)\,dt = c \cdot P(X \geq c)$$

(b) Für eine mit dem Parameter $\lambda = 2$ exponentialverteilte zufällige Größe X gilt exakt:

$$P(X \geq c) = 1 - F(c) = 1 - \left(1 - e^{-2c}\right) = e^{-2c} = \frac{1}{e^{2c}} = \frac{1}{1 + 2c + \ldots}$$

bzw. nach Teil (a) der Aufgabe:

$$P(X \geq c) \leq \frac{E(X)}{c} = \frac{1}{2c}$$

(c) Wenn die Dichte f der stetigen zufälligen Größe X symmetrisch zur Stelle $t = a > 0$ ist, so ist zunächst $E(X) = a$. Wenn außerdem f für alle $t < 0$ verschwindet, so folgt nach Teil (a) dieser Aufgabe:

$$P(X \geq 2a) \leq \frac{a}{2a} = \frac{1}{2}$$

Aus den Bedingungen an die Dichtefunktion f folgt, daß die zufällige Größe X keine Werte annehmen kann, die größer als $2a$ sind. Deshalb gilt exakt:

$$P(X \geq 2a) = 0$$

Aufgabe 2.3.6

(a) Wegen der Symmetrie der Funktion f zur y-Achse gilt für alle $x \geq 0$:

$$F(x) = \frac{1}{2} + \int_0^x 2 \cdot e^{-4t}\,dt = \frac{1}{2} + \frac{1}{2} - \frac{1}{2} \cdot e^{-4x} = 1 - \frac{1}{2} \cdot e^{-4x}$$

Für $x < 0$ gilt:

$$F(x) = 1 - F(-x) = \frac{1}{2} \cdot e^{4x}$$

Die Funktionsvorschrift der Verteilungsfunktion F von X lautet also

$$F(x) = \int_{-\infty}^x 2 \cdot e^{-4|t|}\,dt = \begin{cases} \frac{1}{2} \cdot e^{4x} & \text{für} \quad x < 0 \\ 1 - \frac{1}{2} \cdot e^{-4x} & \text{für} \quad x \geq 0 \end{cases}$$

Der Graph der Funktion F ist in der Abb. A.11 zu sehen.

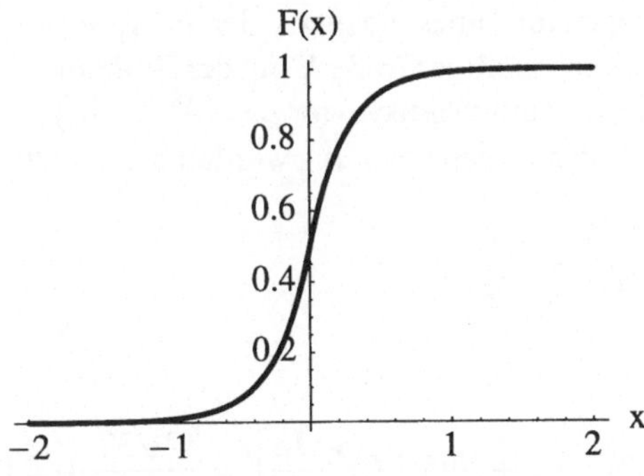

Abbildung A.11

(b) Wegen der Symmetrie der Funktion f zur y-Achse ist der Erwartungswert von X gleich 0.

(c) Das untere Quartil $x_{0.25}$ liegt in dem Intervall $(-\infty,0]$. Deshalb gilt für $x_{0.25}$:

$$0.25 = F(x_{0.25}) = \frac{1}{2}\cdot e^{4x_{0.25}} \Rightarrow x_{0.25} = \frac{1}{4}\cdot \ln(0.5) = -0.1732\ldots.$$

Das obere Quartil $x_{0.75}$ liegt in dem Intervall $[0,+\infty)$. Deshalb gilt für $x_{0.75}$:

$$0.75 = F(x_{0.75}) = 1-\frac{1}{2}\cdot e^{-4x_{0.75}} \Rightarrow x_{0.75} = -\frac{1}{4}\cdot \ln(0.5) = +0.1732\ldots.$$

(d) Zunächst gilt:

$$P(|X|\leq 2) = P(-2\leq X\leq +2) = F(2)-F(-2)$$

Wegen der Symmetrie der Verteilung gilt weiter:

$$P(|X|\leq 2) = F(2)-(1-F(2)) = 2\cdot F(2)-1$$

Aus der Funktionsvorschrift der Verteilungsfunktion F ergibt sich schließlich

$$P(|X|\leq 2) = 2\cdot\left(1-\frac{1}{2}\cdot e^{-8}\right)-1 = 1-e^{-8} = 0.999665$$

Aufgabe 2.3.7

(a) Im Beispiel 2.23 RAD wird der Nettogewinn durch eine diskrete zufällige Größe X mit der Bildmenge $X(\Omega)=\{-1.0,-0.5,+1.0\}=\{x_1,x_2,x_3\}$ und dem Wahrscheinlichkeitsvektor $\boldsymbol{p}=\left(\frac{1}{6},\frac{3}{6},\frac{2}{6}\right)=(p_1,p_2,p_3)$ beschrieben. Für Erwartungswert und Standardabweichung wurden berechnet:

$$\mu = -\frac{1}{12} \text{ und } \sigma = \sqrt{\frac{89}{144}} = \frac{\sqrt{89}}{12}$$

Daraus ergibt sich für die Schiefe:

$$\frac{E((X-\mu)^3)}{\sigma^3} = \frac{12^3}{89\sqrt{89}}\left[(-1+\frac{1}{12})^3\cdot\frac{1}{6}+(-0.5+\frac{1}{12})^3\cdot\frac{3}{6}+(+1+\frac{1}{12})^3\cdot\frac{2}{6}\right]$$

$$= \frac{12^3}{89\sqrt{89}}\cdot\frac{1}{12^3\cdot 6}\left[(-11)^3+(-5)^3\cdot 3+(13)^3\cdot 2\right] = \frac{448}{89\sqrt{89}} = 0.533572$$

Im Beispiel 2.20 ROULETTE wurde der Nettogewinn eines Spielers, der in **unserem** Spielkasino 5 DM auf „Pair" setzt, durch eine diskrete zufällige Größe X mit der Bildmenge $X(\Omega)=\{-5,0,+5\}=\{x_1,x_2,x_3\}$ und dem Wahrscheinlichkeitsvektor $\boldsymbol{p}=\left(\frac{18}{37},\frac{1}{37},\frac{18}{37}\right)=(p_1,p_2,p_3)$ beschrieben. Für Erwartungswert und Standardabweichung wurden berechnet:

$$\mu = 0 \text{ und } \sigma = \sqrt{\frac{900}{37}} = \frac{30}{\sqrt{37}}$$

Daraus ergibt sich für die Schiefe:

$$\frac{E((X-\mu)^3)}{\sigma^3} = \frac{37\sqrt{37}}{30^3}\left[(-5-0)^3\cdot\frac{18}{37}+(0-0)^3\cdot\frac{1}{37}+(+5-0)^3\cdot\frac{18}{37}\right] = \frac{37\sqrt{37}}{30^3}\cdot 0 = 0$$

(b) Für die Schiefe einer mit dem Parameter λ exponentialverteilten zufälligen Größe X gilt:

$$\frac{E((X-\mu)^3)}{\sigma^3} = \frac{1}{\sigma^3}\int_{-\infty}^{+\infty}(t-\mu)^3\cdot f(t)\,dt = \frac{1}{\sigma^3}\int_{0}^{+\infty}\left(t-\frac{1}{\lambda}\right)^3\cdot\lambda e^{-\lambda t}\,dt$$

$$= \lambda^3\int_{0}^{+\infty}\left(t-\frac{1}{\lambda}\right)^3\cdot\lambda e^{-\lambda t}\,dt = 2$$

Für die Berechnung dieses uneigentlichen Integrals verweisen wir auf die Beispiele 2.21 und 2.25 bzw. auf Mathematica.

(c) Für die Schiefe einer N(μ,σ^2)-verteilten zufälligen Größe X gilt:

$$\frac{E((X-\mu)^3)}{\sigma^3} = \frac{1}{\sigma^3}\int_{-\infty}^{+\infty}(t-\mu)^3\cdot f(t)\,dt$$

$$= \frac{1}{\sigma^3}\cdot\left(\int_{-\infty}^{\mu}(t-\mu)^3\cdot f(t)\,dt + \int_{\mu}^{+\infty}(t-\mu)^3\cdot f(t)\,dt\right) = 0$$

Dabei ergibt sich das letzte Gleichheitszeichen aus den folgenden Symmetrieüberlegungen:

Die Funktion $g(t) = (t-\mu)^3$ ist zur Achse $t=\mu$ antisymmetrisch, d.h. $g(\mu-t) = -g(\mu+t)$ für alle $t\in\mathbb{R}^+$

Die Funktion $f(t) = \frac{1}{\sqrt{2\pi\sigma^2}}e^{-\frac{1}{2}(\frac{t-\mu}{\sigma})^2}$ ist zur Achse $t=\mu$ symmetrisch

Die Funktion $h(t) = g(t)\cdot f(t)$ ist zur Achse $t=\mu$ antisymmetrisch

Folglich gilt

$$\int_{-\infty}^{\mu} h(t)\,dt = -\int_{\mu}^{+\infty} h(t)\,dt$$

Aufgabe 2.3.8

(a) Für die Wölbung der zufälligen Größe X aus dem Beispiel 2.23 RAD gilt:

$$\frac{E((X-\mu)^4)}{\sigma^4} = \frac{12^4}{89^2}\left[(-1+\frac{1}{12})^4\cdot\frac{1}{6}+(-0.5+\frac{1}{12})^4\cdot\frac{3}{6}+(+1+\frac{1}{12})^4\cdot\frac{2}{6}\right]$$

$$= \frac{12^4}{89^2}\cdot\frac{1}{12^4\cdot 6}\left[(-11)^4+(-5)^4\cdot 3+(13)^4\cdot 2\right] = \frac{12273}{7921} = 1.54943$$

Für die Wölbung der zufälligen Größe X aus dem Beispiel 2.20 ROULETTE gilt:

$$\frac{E((X-\mu)^4)}{\sigma^4} = \frac{37^2}{30^4}\left[(-5-0)^4\cdot\frac{18}{37}+(0-0)^4\cdot\frac{1}{37}+(+5-0)^4\cdot\frac{18}{37}\right]$$

$$= \frac{37^2}{30^4}\cdot\frac{36}{37}\cdot 625 = \frac{37}{36} = 1.02778$$

(b) Für die Wölbung einer mit dem Parameter λ exponentialverteilten zufälligen Größe X gilt:

$$\frac{E((X-\mu)^4)}{\sigma^4} = \lambda^4 \int_{-\infty}^{+\infty} (t-\mu)^4 \cdot f(t)\,dt = \lambda^4 \int_0^{+\infty} \left(t-\frac{1}{\lambda}\right)^4 \cdot \lambda e^{-\lambda t}\,dt = 9$$

Für die Berechnung dieses uneigentlichen Integrals verweisen wir auf die Beispiele 2.16 und 2.21 bzw. auf Mathematica.

(c) Für die Wölbung einer N(μ,σ^2)-verteilten zufälligen Größe X gilt:

$$\frac{E((X-\mu)^4)}{\sigma^4} = \frac{1}{\sigma^4} \int_{-\infty}^{+\infty} (t-\mu)^4 \cdot f(t)\,dt = \frac{1}{\sigma^5} \int_{-\infty}^{+\infty} (t-\mu)^4 \cdot \frac{1}{\sqrt{2\pi}} \cdot e^{-\frac{1}{2}\cdot\left(\frac{t-\mu}{\sigma}\right)^2} dt$$

Mit der Substitution $x = \dfrac{t-\mu}{\sigma}$ ergibt sich:

$$\frac{E((X-\mu)^4)}{\sigma^4} = \int_{-\infty}^{+\infty} x^4 \frac{1}{\sqrt{2\pi}} \cdot e^{-\frac{1}{2}\cdot x^2} dx = 2 \int_0^{+\infty} x^4 \frac{1}{\sqrt{2\pi}} \cdot e^{-\frac{1}{2}\cdot x^2} dx = 3$$

Aufgabe 2.3.9
Für eine auf dem Intervall $[A,B]$ gleichverteilten zufällige Größe gilt:

(a)

$$E(X) = \int_{-\infty}^{+\infty} t \cdot f(t)\,dt = \int_A^B t \cdot \frac{1}{B-A}\,dt = \frac{A+B}{2}$$

(b)

$$\mathrm{Var}(X) = \int_{-\infty}^{+\infty} \left(t-\frac{A+B}{2}\right)^2 \cdot f(t)\,dt = \int_A^B \left(t-\frac{A+B}{2}\right)^2 \cdot \frac{1}{B-A}\,dt = \frac{(B-A)^2}{12}$$

(c) Es gilt:

$$\begin{aligned}
E((X-\mu)^3) &= \int_{-\infty}^{+\infty} \left(t-\frac{A+B}{2}\right)^3 \cdot \tfrac{1}{B-A} dt \\
&= \tfrac{1}{B-A} \left(\int_A^{\frac{A+B}{2}} \left(t-\frac{A+B}{2}\right)^3 dt + \int_{\frac{A+B}{2}}^B \left(t-\frac{A+B}{2}\right)^3 dt \right) \\
&= \tfrac{1}{B-A} \left(\int_{\frac{A-B}{2}}^0 u^3\,du + \int_0^{\frac{B-A}{2}} u^3 dt \right) = \frac{1}{B-A} \int_{-\frac{B-A}{2}}^{\frac{B-A}{2}} u^3 dt = 0
\end{aligned}$$

Daraus folgt, daß die Schiefe den Wert 0 hat.

(d)

$$\frac{E((X-\mu)^4)}{\sigma^4} = \frac{12^2}{(B-A)^4} \cdot \int_{-\infty}^{+\infty} \left(t - \frac{A+B}{2}\right)^4 \cdot f(t)\,dt$$

$$= \frac{144}{(B-A)^4} \cdot \int_{A}^{B} \left(t - \frac{A+B}{2}\right)^4 \cdot \frac{1}{B-A}\,dt = \frac{9}{5}$$

Aufgabe 2.3.10

Die Tatsache, daß $Z = g \circ X$ eine zufällige Größe auf $(\Omega, \mathcal{A}, P)$ ist, folgt aus der Aufgabe 2.1.5. Es genügt also, die Gleichung zur Berechnung von $E(Z)$ zu beweisen:
$Z = g \circ X = g(X)$ ist eine diskrete zufällige Größe mit der Bildmenge $Z(\Omega) = \{g(x_i) \,|\, i \in I\} = \{z_j \,|\, j \in J\}$ und der diskreten Dichtefunktion

$$f_Z : \mathbb{R} \to \mathbb{R}$$
$$t \mapsto f_Z(t) := \begin{cases} P(Z = z_j) & \text{falls} \quad t = z_j \\ 0 & \text{sonst} \end{cases}$$

Dabei gilt:

$$P(Z = z_j) = P_X(g = z_j) = P_X\left(g^{-1}(\{z_j\})\right) = \sum_{i \in I} f_X(x_i) \cdot \varepsilon_{x_i}\left(g^{-1}(\{z_j\})\right)$$

Damit ergibt sich für den Erwartungswert der zufälligen Größe Z :

$$\begin{aligned} E(Z) &= \sum_{j \in J} z_j\, f_Z(z_j) \\ &= \sum_{j \in J} z_j \sum_{i \in I} f_X(x_i) \cdot \varepsilon_{x_i}\left(g^{-1}(\{z_j\})\right) = \sum_{j \in J} \sum_{i \in I} z_j\, f_X(x_i) \cdot \varepsilon_{x_i}\left(g^{-1}(\{z_j\})\right) \\ &= \sum_{j \in J} \sum_{i \in I} g(x_i)\, f_X(x_i) \cdot \varepsilon_{x_i}\left(g^{-1}(\{z_j\})\right) = \sum_{i \in I} g(x_i)\, f_X(x_i) \sum_{j \in J} \varepsilon_{x_i}\left(g^{-1}(\{z_j\})\right) \\ &= \sum_{i \in I} g(x_i)\, f_X(x_i) \end{aligned}$$

Aufgabe 2.3.11

(a) Für die Verteilungsfunktion F_Z der zufälligen Größe $Z = |X|$ gilt:

$$F_Z(z) = P(Z \le z) = P(|X| \le z) = \begin{cases} 0 & \text{falls } z \le 0 \\ P(-z \le X \le +z) & \text{falls } z > 0 \end{cases}$$
$$= \begin{cases} 0 & \text{falls } z \le 0 \\ F_X(z) - F_X(-z) & \text{falls } z > 0 \end{cases}$$

Es sei nun $z > 0$. Dann gilt weiter

$$F_Z(z) = \int_{-z}^{+z} f_X(t)dt = \int_{-z}^{0} f_X(t)dt + \int_{0}^{+z} f_X(t)dt = -\int_{z}^{0} f_X(-u)du + \int_{0}^{+z} f_X(u)du$$

Dabei wurde im ersten Integral $t = -u$ und im zweiten Integral $t = +u$ substituiert.

$$F_Z(z) = \int_0^{+z} f_X(-u)du + \int_0^{+z} f_X(u)du = \int_0^{+z} (f_X(-u) + f_X(u))\,du$$

(b) Für die Dichtefunktion f_Z der zufälligen Größe Z gilt also:

$$f_Z(z) = \begin{cases} 0 & \text{falls } z \leq 0 \\ f_X(z) + f_X(-z) & \text{falls } z > 0 \end{cases}$$

(c) Daraus ergibt sich für den Erwartungswert von Z:

$$E(Z) = \int_{-\infty}^{+\infty} z \cdot f_Z(z)dz = \int_0^{+\infty} z \cdot (f_X(+z) + f_X(-z))dz = \int_0^{+\infty} z \cdot f_X(z)dz + \int_0^{+\infty} z \cdot f_X(-z)dz$$

falls die uneigentlichen Integrale existieren. Mit der Substitution $t = +z$ im ersten Integral und $t = -z$ im zweiten Integral folgt:

$$\begin{aligned} E(Z) &= \int_0^{+\infty} t f_X(t)dt + \int_0^{-\infty} t f_X(t)dt = \int_0^{+\infty} t f_X(t)dt + \int_{-\infty}^{0} -t f_X(t)dt \\ &= \int_0^{+\infty} |t|\, f_X(t)dt + \int_{-\infty}^{0} |t|\, f_X(t)dt = \int_{-\infty}^{+\infty} |t|\, f_X(t)dt. \end{aligned}$$

Aufgabe 2.3.12

(a) Für die Verteilungsfunktion F_Z der zufälligen Größe $Z = X^2$ gilt:

$$\begin{aligned} F_Z(z) &= P(Z \leq z) = P(X^2 \leq z) \\ &= \begin{cases} 0 & \text{falls } z \leq 0 \\ P(-\sqrt{z} \leq X \leq +\sqrt{z}) = F(+\sqrt{z}) - F(-\sqrt{z}) & \text{falls } z > 0 \end{cases} \end{aligned}$$

Es sei jetzt $z > 0$. Dann gilt weiter:

$$F_Z(z) = \int_{-\sqrt{z}}^{+\sqrt{z}} f_X(t)dt = \int_{-\sqrt{z}}^{0} f_X(t)dt + \int_0^{+\sqrt{z}} f_X(t)dt = \int_{[-\sqrt{z},0)} f_X(t)dt + \int_{(0,\sqrt{z}]} f_X(t)dt$$

Substituiert man im ersten Integral $t = -\sqrt{u}$ und im zweiten Integral $t = +\sqrt{u}$, so folgt:

$$\begin{aligned} F_Z(z) &= -\int_{[z,0)} \frac{1}{2\sqrt{u}} f_X(-\sqrt{u})du + \int_{(0,z]} \frac{1}{2\sqrt{u}} f_X(\sqrt{u})du \\ &= \int_{(0,z]} \left(\frac{1}{2\sqrt{u}} f_X(-\sqrt{u}) + \frac{1}{2\sqrt{u}} f_X(\sqrt{u}) \right) du \end{aligned}$$

(b) Für die Dichtefunktion f_Z der zufälligen Größe Z gilt also:

$$f_Z(z) = \begin{cases} 0 & \text{falls } z \leq 0 \\ \frac{1}{2\sqrt{z}} \left(f_X(-\sqrt{z}) + \frac{1}{2\sqrt{z}} f_X(+\sqrt{z}) \right) & \text{falls } z > 0 \end{cases}$$

(c) Daraus ergibt sich für den Erwartungswert von Z:

$$E(Z)=\int_{-\infty}^{+\infty} z\cdot f_Z(z)dz=\int_{0}^{+\infty}\frac{1}{2}\sqrt{z}\cdot(f_X(-\sqrt{z})+f_X(+\sqrt{z}))dz$$
$$=\int_{0}^{+\infty}\frac{1}{2}\sqrt{z}\cdot f_X(-\sqrt{z})dz+\int_{0}^{+\infty}\frac{1}{2}\sqrt{z}\cdot f_X(\sqrt{z})dz$$

falls die uneigentlichen Integrale existieren. Mit der Substitution $t=-\sqrt{z}$ im ersten Integral und $t=+\sqrt{z}$ im zweiten Integral folgt:

$$E(Z)=\int_{0}^{-\infty}-t^2 f_X(t)dt+\int_{0}^{+\infty}t^2 f_X(t)dt=\int_{-\infty}^{0}t^2 f_X(t)dt+\int_{0}^{+\infty}t^2 f_X(t)dt$$
$$=\int_{-\infty}^{+\infty}t^2 f_X(t)dt=\int_{-\infty}^{+\infty}g(t)f_X(t)dt$$

Aufgabe 2.3.13

Zunächst gilt

$$Q(\xi):=\begin{cases}\sum\limits_{i\in I}(x_i-\xi)^2 f(x_i)=\sum\limits_{i\in I}x_i^2 f(x_i)-2\xi\sum\limits_{i\in I}x_i f(x_i)+\xi^2\sum\limits_{i\in I}f(x_i) & \text{im diskreten Fall}\\ \int\limits_{-\infty}^{+\infty}(x-\xi)^2 f(x)dx=\int\limits_{-\infty}^{+\infty}x^2 f(x)dx-2\xi\int\limits_{-\infty}^{+\infty}xf(x)dx+\xi^2\int\limits_{-\infty}^{+\infty}xf(x)dx & \text{im stetigen Fall}\end{cases}$$

Daraus folgt in beiden Fällen, daß

$$Q(\xi)=E(X^2)-2\xi\cdot E(X)+\xi^2$$

eine nach oben geöffnete Parabel ist, deren absolutes Minimum an der einen Stelle ξ_0 angenommen wird, die die Bedingung $Q'(\xi_0)=0$ erfüllt. Nun ist

$$Q'(\xi)=-2\xi\cdot E(X)+2\xi=0\Leftrightarrow\xi=E(X)$$

womit die Behauptung bewiesen ist.

Aufgabe 2.3.14

(a) Trivialerweise gilt für jede beliebige zufällige Größe X:

$$\underset{x\in\mathbb{R}}{\forall}P(X\le x^*-x)=P(X\ge x^*+x)\Leftrightarrow\underset{x\in\mathbb{R}}{\forall}P(X-x^*\le -x)=P(X-x^*\ge +x)$$

Die erste Aussage ist definitionsgemäß genau dann erfüllt, wenn die Verteilung von X symmetrisch ist mit dem Zentrum x^*. Die zweite Aussage ist definitionsgemäß genau dann erfüllt, wenn die Verteilung von $X-x^*$ symmetrisch ist mit dem Zentrum 0.

(b) Wir führen den Beweis indirekt, indem wir annehmen, daß die Verteilung einer zufälligen Größe X symmetrisch mit zwei verschiedenen Zentren x_1, x_2 ist. Dann gilt für jede reelle Zahl x sowohl

$$P(X\le x_2-x)=P(X\ge x_2+x)$$

als auch

$$P(X \leq x_1 - x) = P(X \geq x_1 + x).$$

Wir nehmen o.B.d.A. an, daß $x_1 < x_2$ ist, subtrahieren die untere Gleichung von der oberen und erhalten:

$$P(X \leq x_2 - x) - P(X \leq x_1 - x) = P(X \geq x_2 + x) - P(X \geq x_1 + x)$$

bzw.

$$P(x_1 - x < X \leq x_2 - x) = P(X \geq x_2 + x) - P(X \geq x_1 + x)$$

Wegen $x_1 < x_2$ und der Monotonie des Wahrscheinlichkeitsmaßes folgt daraus:

$$P(x_1 - x < X \leq x_2 - x) \leq 0$$

Damit ergibt sich zwingend, daß für jede reelle Zahl x gilt:

$$P(x_1 - x < X \leq x_2 - x) = 0$$

bzw.

$$P_X((x_1 - x, x_2 - x]) = 0$$

D.h. aber, daß die Verteilung P_X der zufälligen Größe X jedem halboffenen Intervall $(a,b]$ der Länge $x_2 - x_1$ die Wahrscheinlichkeit 0 zuordnet. Zerlegt man nun $\mathbb{R}$ in abzählbar unendlich viele disjunkte Intervalle $I_k = (a_k, b_k]$ der Länge $x_2 - x_1$ (z.B. kann man für $k \in \mathbb{Z}$ $a_k = k(x_2 - x_1)$ und $b_k = (k+1)(x_2 - x_1)$ setzen), so ergibt sich der Widerspruch:

$$1 = P_X(\mathbb{R}) = P_X(\biguplus_k I_k) = \sum_k P_X(I_k) = 0$$

Damit ist die Annahme zweier Symmetriezentren widerlegt.

(c) Es sei X eine stetige zufällige Größe mit der Dichte f und der Verteilungsfunktion F. Wir gehen zunächst von der Symmetriebedingung

$$\forall_{x \in \mathbb{R}} P(X \leq x^* - x) = P(X \geq x^* + x)$$

der Definition 2.14 aus. Aus dieser Bedingung folgt für jede reelle Zahl x:

$$F(x^* - x) = 1 - F(x^* + x)$$

und durch Differentiation nach x:

$$f(x^* - x) = f(x^* + x)$$

Es gelte nun umgekehrt für alle $x \in \mathbb{R}$: $f(x^* - x) = f(x^* + x)$. Dann gilt für alle $x \in \mathbb{R}$:

$$P(X \geq x^* + x) = \int_{x^*+x}^{+\infty} f(t)dt = -\int_{-x}^{-\infty} f(x^* - u)du = \int_{-\infty}^{-x} f(x^* - u)du$$

Dabei ergibt sich das zweite Gleichheitszeichen aus der Substitution $u = x^* - t$. Wir benutzen nun die Gleichung $f(x^* - x) = f(x^* + x)$ und anschließend die Substitution $t = x^* + u$ und erhalten:

$$P(X \geq x^* + x) = \int_{-\infty}^{-x} f(x^* + u)du = \int_{-\infty}^{x^*-x} f(t)dt = F(x^* - x) = P(X \leq x^* - x)$$

(d) Es sei X eine diskrete zufällige Größe mit der diskreten Dichtefunktion f und der Verteilungsfunktion F.
Wir gehen zunächst wieder von der Symmetriebedingung

$$\underset{x\in\mathbb{R}}{\forall} P(X \leq x^* - x) = P(X \geq x^* + x)$$

der Definition 2.14 aus. Aus dieser Bedingung folgt für jede reelle Zahl x:

$$F(x^* - x) = 1 - F(x^* + x) + f(x^* + x)$$

und analog:

$$F(x^* + x) = 1 - F(x^* - x) + f(x^* - x)$$

Subtraktion dieser beiden Gleichungen führt zu der Gleichung

$$f(x^* - x) = f(x^* + x)$$

Es gelte nun umgekehrt für alle $x \in \mathbb{R}$: $f(x^* - x) = f(x^* + x)$. Daraus folgt, daß die Trägermenge $T = \{x_i \,|i \in I\}$ des diskreten Wahrscheinlichkeitsmaßes P_X in dem folgenden Sinne symmetrisch zu x^* ist:

$$\underset{x\in\mathbb{R}}{\forall} x^* - \triangle \in T \Leftrightarrow x^* + \triangle \in T$$

Definiert man also zu jedem $x_i \in T$ die Zahl $\triangle_i := x^* - x_i$, so folgt:

$$T = \{x_i \,|i \in I\} = \{x^* - \triangle_i \,|i \in I\} = \{x^* + \triangle_i \,|i \in I\}$$

Damit ergibt sich für jedes $x \in \mathbb{R}$:

$$\begin{aligned} P(X \leq x^* - x) &= \sum_{\substack{i\in I\\ x_i \leq x^* - x}} f(x_i) = \sum_{\substack{i\in I\\ x^*-\triangle_i \leq x^*-x}} f(x^* - \triangle_i) = \sum_{\substack{i\in I\\ \triangle_i \geq x}} f(x^* + \triangle_i) \\ &= \sum_{\substack{i\in I\\ x^*+\triangle_i \geq x^*+x}} f(x^* + \triangle_i) = \sum_{\substack{i\in I\\ x_i \geq x^*+x}} f(x_i) = P(X \geq x^* + x) \end{aligned}$$

(e) Es sei X zunächst eine stetige zufällige Größe, die symmetrisch verteilt ist mit dem Zentrum 0. Dann gilt für die Dichte f:

$$\underset{x\in\mathbb{R}}{\forall} f(-x) = f(x)$$

Daraus folgt für den Erwartungswert:

$$E(X) = \int_{-\infty}^{+\infty} t \cdot f(t)dt = \int_{-\infty}^{0} t \cdot f(t)dt + \int_{x^*}^{0} t \cdot f(t)dt$$

Mit der Substitution $u = -t$ im ersten Integral und $u = t$ im zweiten Integral ergibt sich:

$$E(X) = -\int_{+\infty}^{0} -u \cdot f(-u)du + \int_{0}^{+\infty} u \cdot f(u)du = \int_{0}^{+\infty} -u \cdot f(u)du + \int_{0}^{+\infty} u \cdot f(u)du = 0$$

Es sei nun X eine diskrete zufällige Größe, die symmetrisch verteilt ist mit dem Zentrum 0. Dann gilt für die diskrete Dichtefunktion f:

$$\underset{x\in\mathbb{R}}{\forall} f(-x) = f(x)$$

Mit der Bezeichnung $T = \{x_i \,|\, i \in I\}$ für die Trägermenge des diskreten Wahrscheinlichkeitsmaßes P_X folgt daraus (unter Ausnutzung der Symmetrie von T, vgl. Teil (d) dieser Aufgabe) für den Erwartungswert:

$$\begin{aligned} E(X) &= \sum_{i\in I} x_i \cdot f(x_i) &&= \sum_{\substack{i\in I\\ x_i<0}} x_i \cdot f(x_i) + \sum_{\substack{i\in I\\ x_i<0}} (-x_i)\cdot f(-x_i) \\ &= \sum_{\substack{i\in I\\ x_i<0}} x_i \cdot f(x_i) + \sum_{\substack{i\in I\\ x_i<0}} (-x_i)\cdot f(x_i) &&= \sum_{\substack{i\in I\\ x_i<0}} (x_i - x_i)\cdot f(x_i) = 0 \end{aligned}$$

Zusammenfassend folgt also, daß eine mit dem Zentrum 0 symmetrisch verteilte stetige oder diskrete zufällige Größe den Erwartungswert 0 besitzt.
Wenn nun X eine mit dem Zentrum x^* symmetrisch verteilte stetige oder diskrete zufällige Größe ist, so folgt wegen Teil (a) dieser Aufgabe:

$$E(X) = E(X - x^* + x^*) = E(X - x^*) + x^* = 0 + x^* = x^*$$

(f) Es sei X zunächst eine stetige zufällige Größe, die symmetrisch verteilt ist mit dem Zentrum 0. Dann gilt für die Dichte f:

$$\underset{x\in\mathbb{R}}{\forall} f(-x) = f(x)$$

Daraus folgt für jede ungerade natürliche Zahl k:

$$E(X^k) = \int_{-\infty}^{+\infty} t^k \cdot f(t)dt = \int_{-\infty}^{0} t^k \cdot f(t)dt + \int_{x^*}^{0} t^k \cdot f(t)dt$$

Mit der Substitution $u = -t$ im ersten Integral und $u = t$ im zweiten Integral ergibt sich:

$$E(X^k) = -\int_{+\infty}^{0} -u^k \cdot f(-u)du + \int_{0}^{+\infty} u^k \cdot f(u)du = \int_{0}^{+\infty} -u^k \cdot f(u)du + \int_{0}^{+\infty} u^k \cdot f(u)du = 0$$

Es sei nun X eine diskrete zufällige Größe, die symmetrisch verteilt ist mit dem Zentrum 0. Dann gilt für die diskrete Dichtefunktion f:

$$\underset{x\in\mathbb{R}}{\forall} f(-x) = f(x)$$

Mit der Bezeichnung $T = \{x_i \,|\, i \in I\}$ für die Trägermenge des diskreten Wahrscheinlichkeitsmaßes P_X folgt daraus (unter Ausnutzung der Symmetrie von T, vgl. Teil (d) dieser Aufgabe) für jede ungerade natürliche Zahl k :

$$\begin{aligned} E(X^k) &= \sum_{i\in I} x_i^k \cdot f(x_i) &&= \sum_{\substack{i\in I\\ x_i<0}} x_i^k \cdot f(x_i) + \sum_{\substack{i\in I\\ x_i<0}} (-x_i)^k \cdot f(-x_i) \\ &= \sum_{\substack{i\in I\\ x_i<0}} x_i^k \cdot f(x_i) - \sum_{\substack{i\in I\\ x_i<0}} x_i^k \cdot f(x_i) &&= 0 \end{aligned}$$

Zusammenfassend folgt also, daß bei einer mit dem Zentrum 0 symmetrisch verteilten stetigen oder diskreten zufälligen Größe alle Momente ungerader Ordnung verschwinden. Wenn nun X eine mit dem Zentrum x^* symmetrisch verteilte stetige oder diskrete zufällige Größe ist, so ist wegen Teil (e) dieser Aufgabe das k-te zentrale Moment von X das k-te Moment der zufälligen Größe $X - x^*$. Diese zufällige Größe ist wegen Teil (a) dieser Aufgabe mit dem Zentrum 0 symmetrisch verteilt, so daß ihre sämtlichen Momente ungerader Ordnung verschwinden. Also verschwinden alle zentralen Momente ungerader Ordnung von X.

Lösungen der Aufgaben zum Abschnitt 2.4

Aufgabe 2.4.1

(a) Im Beispiel 2.19 RAD wird der Nettogewinn durch eine diskrete zufällige Größe X mit der Bildmenge $X(\Omega) = \{-1.0, -0.5, +1.0\} = \{x_1, x_2, x_3\}$ beschrieben. Für die diskrete Dichtefunktion f gilt: $f(-1.0) = 1/6, f(-0.5) = 3/6$ und $f(+1.0) = 2/6$. Für die charakteristische Funktion folgt deshalb:

$$\begin{aligned}\varphi(t) &= \sum_{k=1}^{3} e^{itx_k} \cdot f(x_k) = e^{-it} \cdot \frac{1}{6} + e^{-0.5it} \cdot \frac{3}{6} + e^{it} \cdot \frac{2}{6} \\ &= \frac{1}{2}\cos t + \frac{1}{2}\cos 0.5t + i\left(\frac{1}{6}\sin t - \frac{1}{2}\sin 0.5t\right)\end{aligned}$$

(b) Im Beispiel 2.20 ROULETTE wird der Nettogewinn eines Spielers, der in **unserem** Spielkasino 5 DM auf „Pair“ setzt, durch eine diskrete zufällige Größe X mit der Bildmenge $X(\Omega) = \{-5, +5\} = \{x_1, x_2\}$ beschrieben. Für die diskrete Dichtefunktion f gilt: $f(-5) = 19/37$ und $f(+5) = 18/37$. Für die charakteristische Funktion folgt deshalb:

$$\begin{aligned}\varphi(t) &= \sum_{k=1}^{2} e^{itx_k} \cdot f(x_k) = e^{-5it} \cdot \frac{19}{37} + e^{5it} \cdot \frac{18}{37} \\ &= \frac{1}{37} \cdot e^{-5it} + \frac{36}{37} \cdot \frac{1}{2}(e^{5it} + e^{-5it}) = \frac{1}{37} \cdot e^{-5it} + \frac{36}{37}\cos 5t\end{aligned}$$

Aufgabe 2.4.2

(a) X ist eine diskrete zufällige Größe mit der Bildmenge $X(\Omega) = \{-2, 0, +2\} = \{x_1, x_2, x_3\}$. Für die diskrete Dichtefunktion f gilt: $f(-2) = 1/4$, $f(0) = 2/4$ und $f(+2) = 1/4$. Für die charakteristische Funktion folgt deshalb:

$$\begin{aligned}\varphi(t) &= \sum_{k=1}^{3} e^{itx_k} \cdot f(x_k) = e^{-2it} \cdot \frac{1}{4} + 1 \cdot \frac{2}{4} + e^{2it} \cdot \frac{1}{4} \\ &= \frac{1}{2} \cdot \frac{1}{2}(e^{2it} + e^{-2it}) + \frac{1}{2} = \frac{1}{2}\cos 2t + \frac{1}{2} = \frac{1}{2}(1 + \cos(2t))\end{aligned}$$

Wie wegen der Symmetrie der Verteilung von X zu erwarten war, ist die charakteristische Funktion reellwertig (vgl. Bemerkung 2.44).

(b) Die in (a) berechnete charakteristische Funktion φ besitzt die Ableitungen

$$\varphi'(t) = -\sin(2t) \qquad \varphi''(t) = -2\cos(2t) \qquad \varphi^{(3)}(t) = 4\sin(2t) \qquad \varphi^{(4)}(t) = 8\cos(2t)$$

$$\varphi'(0)=0 \qquad \varphi''(0)=-2 \qquad \varphi^{(3)}(0)=0 \qquad \varphi^{(4)}(0)=8$$

Nach Bemerkung 2.44 gilt deshalb:

$$\begin{aligned} \mu &= E(X) &&= -i\varphi'(0) &&= 0 \\ \sigma^2 &= \mathrm{Var}(X) &&= -\varphi''(0)+(\varphi'(0))^2 &&= 2 \end{aligned}$$

Für Schiefe und Wölbung erhält man analog aus dem Satz 2.14 :

$$\begin{aligned} \frac{E(X^3)}{\sigma^3} &= \frac{1}{2\sqrt{2}}E(X^3) &&= \frac{1}{2\sqrt{2}}\frac{1}{i^3}\varphi^{(3)}(0) &&= 0 \\ \frac{E(X^4)}{\sigma^4} &= \frac{1}{4}E(X^4) &&= \frac{1}{4}\frac{1}{i^4}\varphi^{(4)}(0) &&= 2 \end{aligned}$$

Der Exzeß ist also -1.

Aufgabe 2.4.3

(a) Wegen der Symmetrie der Verteilung zu $x^*=0$ gilt gemäß Bemerkung 2.42 für die charakteristische Funktion:

$$\varphi(t) = \int_{-\infty}^{+\infty}\cos(tx)\cdot f(x)\,dx = \int_{-\infty}^{+\infty}\cos(tx)\cdot 2e^{-4|x|}\,dx = 4\int_{0}^{+\infty}\cos(tx)\cdot e^{-4x}\,dx = \frac{16}{16+t^2}$$

(b) Die in (a) berechnete charakteristische Funktion φ besitzt die Ableitungen

$$\varphi'(t)=\frac{-32t}{(16+t^2)^2} \qquad \varphi''(t)=\frac{128}{(16+t^2)^3}t^2-\frac{32}{(16+t^2)^2}$$

$$\varphi'(0)=0 \qquad \varphi''(0)=-\frac{32}{16^2}=-\frac{1}{8}$$

Nach Bemerkung 2.44 gilt deshalb:

$$\begin{aligned} \mu &= E(X) &&= -i\varphi'(0) &&= 0 \\ \sigma^2 &= \mathrm{Var}(X) &&= -\varphi''(0)+(\varphi'(0))^2 &&= \frac{1}{8} \end{aligned}$$

Aufgabe 2.4.4

(a) Wegen der Symmetrie der Verteilung der diskreten zufälligen Größe X ergibt sich für deren charakteristische Funktion:

$$\begin{aligned} \varphi(t) &= \sum_{k\in K} e^{itx_k} f(x_k) = \sum_{k\in K} e^{it(-x_k)} f(x_k) \\ &= \sum_{k\in K} \frac{1}{2}(e^{itx_k}+e^{-itx_k}) f(x_k) = \sum_{k\in K}\cos(tx_k) f(x_k) \end{aligned}$$

Damit ist $\varphi(t)$ für alle $t\in\mathbb{R}$ eine reelle Zahl.

(b) Wenn die zufällige Größe X eine zu x^* symmetrische Verteilung besitzt, dann ist die Verteilung der zufälligen Größe $Z = X - x^*$ symmetrisch zu 0. Die charakteristische Funktion $\varphi_Z(t)$ der zufälligen Größe Z ist deshalb wegen Bemerkung 2.42 bzw. Aufgabe 2.4.4(a) reellwertig. Aus dem Verschiebungssatz folgt deshalb für die charakteristische Funktion $\varphi_X(t)$ der zufälligen Größe $X = Z + x^*$:

$$\varphi_X(t) = e^{itx^*} \cdot \varphi_Z(t) = e^{itx^*} \cdot \psi(t)$$

mit der reellwertigen Funktion $\psi(t)$.

Aufgabe 2.4.5

(a) Die zufällige Größe $Y = \frac{1}{2} + \frac{1}{2}U$ besitzt nach dem Verschiebungssatz die charakteristische Funktion

$$\varphi_Y(t) = e^{i\frac{1}{2}t} \cdot \varphi_U(\frac{1}{2}t)$$

Für $t \neq 0$ gilt deshalb:

$$\varphi_Y(t) = e^{i\frac{1}{2}t} \cdot \frac{\sin(\frac{1}{2}t)}{\frac{1}{2}t}$$

(b) Die zufällige Größe $Z := A + (B-A) \cdot Y$ besitzt nach dem Verschiebungssatz die charakteristische Funktion

$$\varphi_Z(t) = e^{iAt} \cdot \varphi_Y((B-A)t)$$

Für $t \neq 0$ gilt dehalb:

$$\varphi_Z(t) = e^{iAt} \cdot e^{i\frac{1}{2}(B-A)t} \frac{\sin\frac{(B-A)t}{2}}{\frac{(B-A)t}{2}} = e^{i\frac{1}{2}(A+B)t} \frac{\sin\frac{(B-A)t}{2}}{\frac{(B-A)t}{2}}$$

Wegen der Beziehung

$$\sin(x) = \frac{1}{2i}(e^{ix} - e^{-ix})$$

stimmt dieses Ergebnis mit der Gleichung

$$\varphi_Z(t) = \frac{1}{B-A} \cdot \frac{1}{it} \cdot (e^{itB} - e^{itA})$$

aus Bemerkung 2.41 überein.

(c) Führt man die Bezeichnung $x^* = \frac{A+B}{2}$ ein, so schreibt sich die charakteristische Funktion der Gleichverteilung über dem Intervall $[A,B]$ gemäß Teil (b) dieser Aufgabe in der Form

$$\varphi_Z(t) = e^{itx^*} \cdot \frac{\sin\frac{(B-A)t}{2}}{\frac{(B-A)t}{2}} = e^{itx^*} \cdot \psi(t)$$

mit der reellwertigen Funktion $\psi(t)$. Dies entspricht der Aussage von Aufgabe 2.4.4(b), denn die Gleichverteilung über dem Intervall $[A,B]$ ist symmetrisch zu $x^* = \dfrac{A+B}{2}$.

A.3 Lösungen der Aufgaben zum Kapitel 3

Lösungen der Aufgaben zum Abschnitt 3.1

Aufgabe 3.1.1

(a)

$$|\boldsymbol{B}| = 2\int_{-a}^{a} b\cdot\sqrt{1-\frac{x^2}{a^2}}dx = 4b\cdot\int_{0}^{a}\sqrt{1-\frac{x^2}{a^2}}dx = \pi\cdot a\cdot b$$

Dabei berechnet man das Integral mit der Substitution $x = a\cdot\cos t$ oder mit Mathematica.

(b) Die Randdichten sind:

$$f_1(t_1) = \int_{-\infty}^{+\infty} f(t_1,t_2)\,dt_2 = \begin{cases} \displaystyle\int_{-b\cdot\sqrt{1-(\frac{t_1}{a})^2}}^{+b\cdot\sqrt{1-(\frac{t_1}{a})^2}} \frac{1}{\pi\cdot ab}\,dt_2 = \frac{2\sqrt{1-(\frac{t_1}{a})^2}}{\pi\cdot a} & \text{falls } t_1^2 \le a^2 \\ 0 & \text{sonst} \end{cases}$$

Analog berechnet man

$$f_2(t_2) = \begin{cases} \dfrac{2\sqrt{1-(\frac{t_2}{b})^2}}{\pi\cdot b} & \text{falls } t_2^2 \le b^2 \\ 0 & \text{sonst} \end{cases}$$

Aufgabe 3.1.2

(a) Die Dichtefunktion $f(t_1,t_2) = \frac{}{2}\pi^2\cdot\dfrac{1}{1+(t_1^2+t_2^2)^2}$ nimmt nur Funktionswerte c mit $0 < c \le \dfrac{2}{\pi^2}$ an. Die Höhenlinie H_c zum Funktionswert c erfüllt die Gleichung

$$\begin{aligned} f(t_1,t_2) = c &\Leftrightarrow \frac{2}{\pi^2}\cdot\frac{1}{1+(t_1^2+t_2^2)^2} = c \\ &\Leftrightarrow \frac{1}{1+(t_1^2+t_2^2)^2} = \frac{\pi^2\cdot c}{2} \Leftrightarrow 1+(t_1^2+t_2^2)^2 = \frac{2}{\pi^2\cdot c} \\ &\Leftrightarrow (t_1^2+t_2^2)^2 = \frac{2}{\pi^2\cdot c} - 1 \Leftrightarrow t_1^2+t_2^2 = +\sqrt{\frac{2}{\pi^2\cdot c}-1} \end{aligned}$$

Die Höhenlinie zum Funktionswert c ist also der Kreis um den Koordinatenursprung mit dem Radius $r_c = \sqrt[4]{\dfrac{2}{\pi^2\cdot c}-1}$.

(b) Die Dichtefunktion $f(t_1,t_2) = \frac{1}{2\pi}\cdot e^{-\frac{1}{2}\cdot(t_1^2+t_2^2)}$ nimmt nur Funktionswerte c mit $0 < c \le \dfrac{1}{2\pi}$ an. Die Höhenlinie H_c zum Funktionswert c erfüllt die Gleichung

$$f(t_1,t_2) = c \quad \Leftrightarrow \quad \frac{1}{2\pi} \cdot e^{-\frac{1}{2}\cdot(t_1^2+t_2^2)} = c \Leftrightarrow e^{-\frac{1}{2}\cdot(t_1^2+t_2^2)} = 2\pi \cdot c$$
$$\Leftrightarrow \quad -\frac{1}{2} \cdot \left(t_1^2+t_2^2\right) = \ln(2\pi \cdot c) \Leftrightarrow t_1^2+t_2^2 = -2\cdot\ln(2\pi\cdot c)$$

Die Höhenlinie zum Funktionswert c ist also der Kreis um den Koordinatenursprung mit dem Radius $r_c = \sqrt{-2\cdot\ln(2\pi\cdot c)}$.

(c) Die Funktionsflächen der beiden Dichten aus (a) und (b) schneiden sich in einem Kreis vom Radius r. Die Dichtefunktion aus (a) durchdringt die Dichtefunktion aus (b) auf dem Niveau c, für das gilt:

$$r^2 = +\sqrt{\frac{2}{\pi^2\cdot c} - 1} = -2\cdot\ln(2\cdot\pi\cdot c)$$

Dies ist der Fall, wenn $c = 0.0919568$ ist. Der Radius des Schnittkreises ist

$$\sqrt{-2\cdot\ln(2\cdot\pi\cdot 0.0919568)} = 1.04786$$

Die folgende Abbildung stellt den Sachverhalt anschaulich dar:

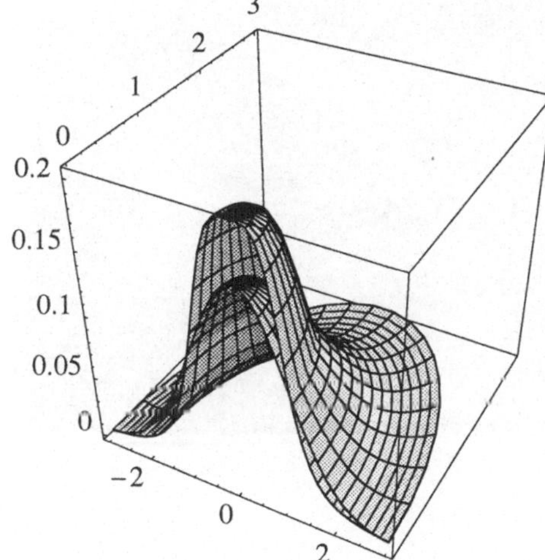

Abbildung A.12

Die Mathematica-Anweisungen, mit denen diese Abbildung erzeugt wurde, finden Sie im **Notebook NB1K3A1.ma**.

(d) Die Mathematica-Anweisungen für das Zeichnen der ContourPlots finden Sie im **Notebook NB1K3A1.ma**.

Aufgabe 3.1.3

(a) Die Determinante der Matrix Σ ist:

$$D = \det(\Sigma) = \sigma_{11}\cdot\sigma_{22} - \sigma_{12}^2$$

Die zu Σ inverse Matrix ist also

$$\Sigma^{-1} = \frac{1}{D}\cdot\begin{pmatrix} \sigma_{22} & -\sigma_{12} \\ -\sigma_{12} & \sigma_{11} \end{pmatrix}$$

Daraus ergibt sich:

$$(\boldsymbol{t}-\boldsymbol{\mu})^T\Sigma^{-1}(\boldsymbol{t}-\boldsymbol{\mu}) = (t_1-\mu_1, t_2-\mu_2)\cdot\frac{1}{D}\cdot\begin{pmatrix}\sigma_{22} & -\sigma_{12}\\ -\sigma_{12} & \sigma_{11}\end{pmatrix}\cdot\begin{pmatrix}t_1-\mu_1\\ t_2-\mu_2\end{pmatrix}$$
$$= \frac{1}{D}(\sigma_{22}(t_1-\mu_1)^2 - 2\sigma_{12}(t_1-\mu_1)(t_2-\mu_2)+\sigma_{11}(t_2-\mu_2)^2)$$

und

$$f(t_1,t_2) = \frac{1}{2\pi}\cdot\frac{}{1}\sqrt{D}\cdot e^{-\frac{1}{2D}\cdot(\sigma_{22}(t_1-\mu_1)^2-2\sigma_{12}(t_1-\mu_1)(t_2-\mu_2)+\sigma_{11}(t_2-\mu_2)^2)}$$

(b) Mit den Parametern

$$\boldsymbol{\mu} = \begin{pmatrix}0\\0\end{pmatrix}\ ,\ \Sigma = \begin{pmatrix}1 & 0.8\\ 0.8 & 1\end{pmatrix}$$

ergeben sich für die Dichtefunktion der Normalverteilung und für den zugehörigen ContourPlot die Bilder in Abb. A.13.

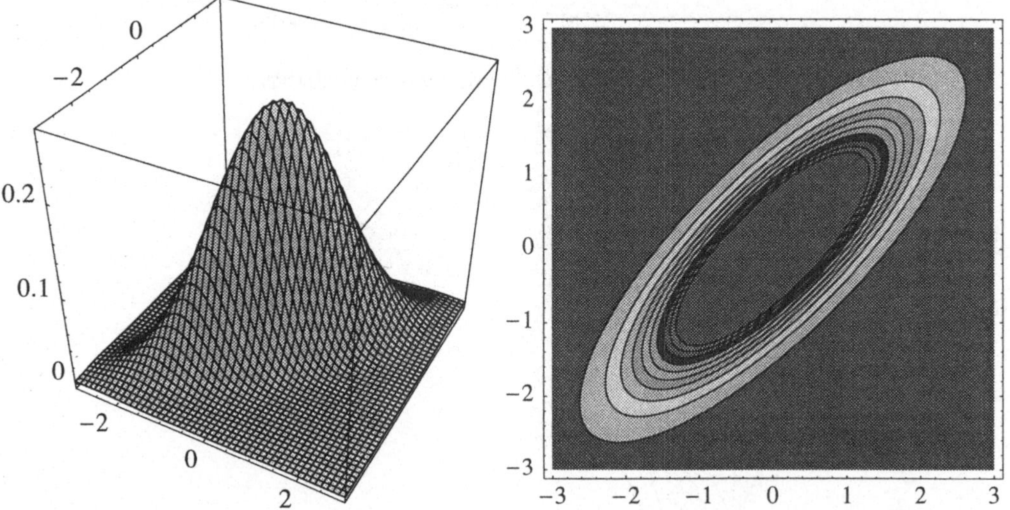

Abbildung A.13

Die Mathematica-Anweisungen, mit denen diese Abbildungen erzeugt wurden, finden Sie wieder im **Notebook NB1K3A1.ma**.

Lösungen der Aufgaben zum Abschnitt 3.2

Aufgabe 3.2.1

(a)

		X_3							
		1	2	3	4	5	6	7	
X_1	0	$q/6$	$q/6$	$q/6$	$q/6$	$q/6$	$q/6$	0	q
	1	0	$p/6$	$p/6$	$p/6$	$p/6$	$p/6$	$p/6$	p
		$q/6$	$1/6$	$1/6$	$1/6$	$1/6$	$1/6$	$p/6$	

(b) Aus der Kreuztabelle ist abzulesen, daß die zufälligen Größen X_1 und X_3 (außer für den unrealistischen Fall, daß $q \in \{0,1\}$ ist) nicht unabhängig sind. Z.B. ist

$$P(X_1 = 0, X_3 = 1) = \frac{1}{6}q \neq \frac{1}{6}q \cdot q = P(X_1 = 0) \cdot P(X_3 = 1)$$

Aufgabe 3.2.2

(a) Die Randdichten X_1 und X_2 sind:

$$f_1(t_1) = \int_{-\infty}^{+\infty} f(t_1,t_2)\,dt_2 = \begin{cases} \int_C^D \frac{1}{(B-A)(D-C)}\,dt_2 = \frac{1}{B-A} & \text{falls } A \leq t_1 \leq B \\ 0 & \text{sonst} \end{cases}$$

$$f_2(t_2) = \int_{-\infty}^{+\infty} f(t_1,t_2)\,dt_1 = \begin{cases} \int_A^B \frac{1}{(B-A)(D-C)}\,dt_1 = \frac{1}{D-C} & \text{falls } C \leq t_2 \leq D \\ 0 & \text{sonst} \end{cases}$$

Die zufälligen Größen X_1 und X_2 sind unabhängig, denn für alle $(t_1,t_2)^T \in \mathbb{R}^2$ gilt:

$$f(t_1,t_2) = f_1(t_1) \cdot f_2(t_2)$$

(b) Für jeden Punkt $(t_1,t_2)^T$ im Innern der Ellipse gilt $t_1^2 \leq a^2$, $t_2^2 \leq b^2$, und deshalb ist gemäß Aufgabe $3.1.1(b)$

$$f_1(t_1) \cdot f_2(t_2) = \frac{2\sqrt{1-(\frac{t_1}{a})^2}}{\pi \cdot a} \cdot \frac{2\sqrt{1-(\frac{t_2}{b})^2}}{\pi \cdot b} \neq \frac{1}{\pi ab} = f(t_1,t_2)$$

Also sind die zufälligen Größen X_1 und X_2 nicht unabhängig.

Aufgabe 3.2.3

(a) Die Dichtefunktion ist gemäß Aufgabe 3.1.3(a)

$$f(t_1,t_2) = \frac{1}{2\pi} \cdot \frac{-}{1}\sqrt{D} \cdot e^{-\frac{1}{2D}\cdot(\sigma_{22}(t_1-\mu_1)^2 - 2\sigma_{12}(t_1-\mu_1)(t_2-\mu_2) + \sigma_{11}(t_2-\mu_2)^2)}$$

mit

$$D = \det(\Sigma) = \sigma_{11} \cdot \sigma_{22} - \sigma_{12}^2$$

Daraus ergibt sich für die Randdichte

$$f_1(t_1) = \int_{-\infty}^{+\infty} f(t_1,t_2)\,dt_2 = \frac{1}{2\pi\sqrt{D}} e^{-\frac{1}{2D}\cdot\sigma_{22}(t_1-\mu_1)^2} \int_{-\infty}^{+\infty} e^{-\frac{\sigma_{11}}{2D}\cdot(-2\frac{\sigma_{12}}{\sigma_{11}}(t_1-\mu_1)(t_2-\mu_2) + (t_2-\mu_2)^2)}\,dt_2$$

Der Exponent im Integranden kann wie folgt transformiert werden:

$$\begin{aligned} & -\frac{\sigma_{11}}{2D} \cdot (-2\frac{\sigma_{12}}{\sigma_{11}}(t_1-\mu_1)(t_2-\mu_2) + (t_2-\mu_2)^2) \\ = & -\frac{\sigma_{11}}{2D}(-2\frac{\sigma_{12}}{\sigma_{11}}(t_1-\mu_1)(t_2-\mu_2) + (t_2-\mu_2)^2 + (\frac{\sigma_{12}}{\sigma_{11}})^2(t_1-\mu_1)^2 - (\frac{\sigma_{12}}{\sigma_{11}})^2(t_1-\mu_1)^2) \\ = & -\frac{\sigma_{11}}{2D}(t_2-\mu_2-\frac{\sigma_{12}}{\sigma_{11}}(t_1-\mu_1))^2 + \frac{\sigma_{11}}{2D}(\frac{\sigma_{12}}{\sigma_{11}})^2(t_1-\mu_1)^2 \end{aligned}$$

Daraus ergibt sich für die Randdichte

$$f_1(t_1) = \frac{1}{2\pi\sqrt{D}} e^{-\frac{1}{2D}\cdot\sigma_{22}(t_1-\mu_1)^2+\frac{\sigma_{11}}{2D}(\frac{\sigma_{12}}{\sigma_{11}})^2(t_1-\mu_1)^2} \int_{-\infty}^{+\infty} e^{-\frac{\sigma_{11}}{2D}(t_2-\mu_2-\frac{\sigma_{12}}{\sigma_{11}}(t_1-\mu_1))^2} dt_2$$

Da der Integrand bis auf den konstanten Faktor $\frac{1}{\sqrt{2\pi\frac{D}{\sigma_{11}}}}$ die Dichte einer Normalverteilung mit der Varianz $\frac{D}{\sigma_{11}}$ ist, folgt:

$$\begin{aligned} f_1(t_1) &= \frac{1}{2\pi\sqrt{D}} e^{-\frac{1}{2D}\cdot\sigma_{22}(t_1-\mu_1)^2+\frac{\sigma_{11}}{2D}(\frac{\sigma_{12}}{\sigma_{11}})^2(t_1-\mu_1)^2} \cdot \sqrt{2\pi\frac{D}{\sigma_{11}}} \\ &= \frac{1}{\sqrt{2\pi\sigma_{11}}} e^{-\frac{1}{2D}\cdot(t_1-\mu_1)^2(\sigma_{22}-\frac{\sigma_{12}^2}{\sigma_{11}})} = \frac{1}{\sqrt{2\pi\sigma_{11}}} e^{-\frac{1}{2\sigma_{11}}\cdot(t_1-\mu_1)^2} \end{aligned}$$

Dabei ergibt sich das letzte Gleichheitszeichen aus dem Wert von $D = \det(\Sigma)$.
Die Randdichte der zufälligen Größe X_1 ist also die Dichte der $N(\mu_1,\sigma_{11})$-Verteilung.
Analog ist die Randdichte der zufälligen Größe X_2 die Dichte der $N(\mu_2,\sigma_{22})$-Verteilung.

(b)

$$\begin{aligned} f_1(t_1)\cdot f_2(t_2) &= \frac{1}{\sqrt{2\pi\sigma_{11}}} e^{-\frac{1}{2\sigma_{11}}\cdot(t_1-\mu_1)^2} \cdot \frac{1}{\sqrt{2\pi\sigma_{22}}} e^{-\frac{1}{2\sigma_{22}}\cdot(t_2-\mu_2)^2} \\ &= \frac{1}{2\pi\sqrt{\sigma_{11}\sigma_{22}}} \cdot e^{-\frac{1}{2\sigma_{11}}\cdot(t_1-\mu_1)^2} e^{-\frac{1}{2\sigma_{22}}\cdot(t_2-\mu_2)^2} \\ f(t_1,t_2) &= \frac{1}{2\pi}\cdot\frac{1}{\sqrt{D}}\cdot e^{-\frac{1}{2D}\cdot(\sigma_{22}(t_1-\mu_1)^2-2\sigma_{12}(t_1-\mu_1)(t_2-\mu_2)+\sigma_{11}(t_2-\mu_2)^2)} \end{aligned}$$

Die Gleichung $f_1(t_1)\cdot f_2(t_2) = f(t_1,t_2)$ gilt offensichtlich genau dann, wenn $\sigma_{12} = 0$ ist.

Aufgabe 3.2.4

(a) Die folgende Abbildung zeigt die Graphen der zufälligen Größen X_1 und X_2:

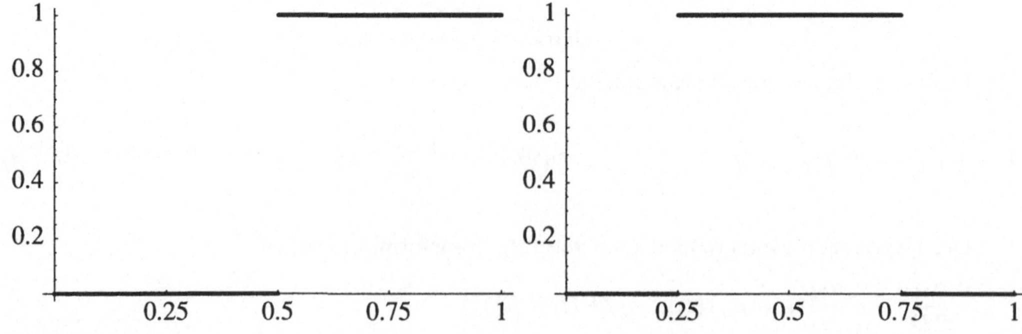

Abbildung A.14

Die folgende Abbildung zeigt die Graphen der zufälligen Größen K und U:

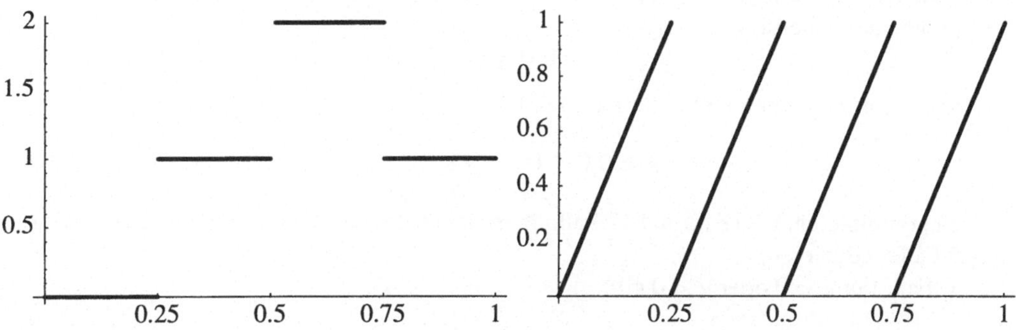

Abbildung A.15

(b) Offensichtlich nehmen X_1 und X_2 nur die Werte 1 und 0 an, und zwar jeweils mit der Wahrscheinlichkeit 0.5. Es ist nur noch zu zeigen, daß diese beiden diskreten zufälligen Größen unabhängig sind. Dies geschieht nach Satz 3.4 und Bemerkung 3.10:

$$\begin{aligned} P(X_1=1,X_2=1) &= P(\{\omega \in \Omega \,|\, X_1(\omega)=1 \wedge X_2(\omega)=1\}) = P((\tfrac{1}{2},\tfrac{3}{4})) \\ &= \frac{1}{4} = \frac{1}{2}\cdot\frac{1}{2} = P([\tfrac{1}{2},1])\cdot P([\tfrac{1}{4},\tfrac{3}{4})) = P(X_1=1)\cdot P(X_2=1) \end{aligned}$$

Analog ergibt sich:

$$\begin{aligned} P(X_1=1,X_2=0) &= P(X_1=1)\cdot P(X_2=0) \\ P(X_1=0,X_2=1) &= P(X_1=0)\cdot P(X_2=1) \\ P(X_1=0,X_2=0) &= P(X_1=0)\cdot P(X_2=0) \end{aligned}$$

(c) Da die zufällige Größe U nach Definition nur Werte aus dem Intervall $[0,1]$ annimmt, gilt für die Verteilungsfunktion F von U:

$$F(u) = P(U \le u) = 0, \text{ falls } u < 0 \quad \text{und} \quad F(u) = P(U \le u) = 1, \text{ falls } u \ge 1$$

Für alle reellen Zahlen $u \in [0,1)$ gilt:

$$\begin{aligned} F(u) = P(U \le u) &= P(\{\omega \in [0,\tfrac{1}{4})\,|\,4\omega \le u\}) + P(\{\omega \in [\tfrac{1}{4},\tfrac{1}{2})\,|\,4\omega - 1 \le u\}) \\ &\quad + P(\{\omega \in [\tfrac{1}{2},\tfrac{3}{4})\,|\,4\omega - 2 \le u\}) + P(\{\omega \in [\tfrac{3}{4},1]\,|\,4\omega - 3 \le u\}) \end{aligned}$$

also:

$$F(u) = P([0,\frac{u}{4})) + P([\frac{1}{4},\frac{u+1}{4})) + P([\frac{1}{2},\frac{u+2}{4})) + P([\frac{3}{4},\frac{u+3}{4})) = 4\cdot\frac{u}{4} = u$$

(d) Der Nachweis der Unabhängigkeit erfolgt mit dem Satz 3.3. Wir haben also für alle $u \in \mathbb{R}$ und alle $k \in \mathbb{R}$ zu zeigen:

$$P(U \le u, K \le k) = P(U \le u)\cdot P(K \le k)$$

Dies geschieht mit Fallunterscheidungen. Da die zufällige Größe U auf dem Intervall $[0,1]$ gleichverteilt ist und die zufällige Größe K $B(2,\frac{1}{2})$-verteilt ist, hat man rein formal die 3 möglichen Fälle für u :

$$u < 0, 0 \le u \le 1, 1 < u$$

mit den 4 möglichen Fällen für k :

$$k < 0, 0 \le k < 1, 1 \le k < 2, 2 \le k$$

zu kombinieren. Diese formal 12 Fallunterscheidungen lassen sich aber auf die folgenden 5 Fälle reduzieren:
1. Fall: Für $k < 0$ oder $u < 0$ gilt:

$$P(U \le u, K \le k) = 0 = P(U \le u) \cdot P(K \le k)$$

2. Fall: Für $2 \le k$ gilt:

$$P(U \le u, K \le k) = P(U \le u) = P(U \le u) \cdot 1 = P(U \le u) \cdot P(K \le k)$$

3. Fall: Für $1 < u$ gilt:

$$P(U \le u, K \le k) = P(K \le k) = 1 \cdot P(K \le k) = P(U \le u) \cdot P(K \le k)$$

4. Fall: Für $0 \le k < 1$ und $0 \le u \le 1$ gilt:

$$\begin{aligned} P(U \le u, K \le k) = P(U \le u, K = 0) &= P(\{\omega \in [0, \frac{1}{4}] | U(\omega) \le u\}) \\ = P(\{\omega \in [0, \frac{1}{4}) | 4\omega \le u\}) = \frac{u}{4} = u \cdot \frac{1}{4} &= P(U \le u) \cdot P(K = 0) \\ &= P(U \le u) \cdot P(K \le k) \end{aligned}$$

5. Fall: Für $1 \le k < 2$ und $0 \le u \le 1$ gilt:

$$P(U \le u, K \le k) = P(U \le u, K = 0) + P(U \le u, K = 1)$$

Für den ersten Summanden gilt mit den Überlegungen aus Teil (c):

$$P(U \le u, K = 0) = P(\{\omega \in [0, \frac{1}{4}] | U(\omega) \le u\}) = \frac{u}{4}$$

Für den zweiten Summanden gilt entsprechend:

$$P(U \le u, K = 1) = P(\{\omega \in [\frac{1}{4}, \frac{1}{2}] | U(\omega) \le u\}) + P(\{\omega \in [\frac{3}{4}, 1] | U(\omega) \le u\}) = \frac{u}{2}$$

Zusammen gilt also auch in diesem 5. Fall:

$$P(U \le u, K \le k) = u \cdot \frac{3}{4} = P(U \le u) \cdot P(K \le 1) = P(U \le u) \cdot P(K \le k)$$

Lösungen der Aufgaben zum Abschnitt 3.3

Aufgabe 3.3.1

(a) Es sei F die Verteilungsfunktion der zufälligen Größen X_i und G die Verteilungsfunktion der zufälligen Größe Y. Für alle $y \in \mathbb{R}$ gilt:

$$G(y) = P(Y \leq y) = P(\max_{1 \leq i \leq n} X_i \leq y) = P(\underset{1 \leq i \leq n}{\forall X_i} \leq y) = P(X_1 \leq y, X_2 \leq y, \dots, X_n \leq y)$$
$$= \prod_{i=1}^{n} P(X_i \leq y) = F(y)^n$$

(b) Es sei wieder F die Verteilungsfunktion der zufälligen Größen X_i und H die Verteilungsfunktion der zufälligen Größe Z. Für alle $z \in \mathbb{R}$ gilt:

$$\begin{aligned} H(z) &= P(Z \leq z) = P(\min_{1 \leq i \leq n} X_i \leq z) = 1 - P(\min_{1 \leq i \leq n} X_i > z) = 1 - P(\underset{1 \leq i \leq n}{\forall} X_i > z) \\ &= 1 - P(X_1 > z, X_2 > z, \dots, > X_n > z) = 1 - \prod_{i=1}^{n} P(X_i > z) \\ &= 1 - \prod_{i=1}^{n} (1 - P(X_i \leq z) = 1 - \prod_{i=1}^{n} (1 - F(z)) = 1 - (1 - F(z))^n \end{aligned}$$

Aufgabe 3.3.2
Für den Sonderfall, daß die zufälligen Größen $X_1, X_2, \dots, X_n$ Exp(λ)-verteilt sind, ergibt sich für die Verteilungsfunktionen G bzw. H der zufälligen Größen Y bzw. Z:

(a)

$$G(y) = \begin{cases} (1 - e^{-\lambda y})^n & \text{falls } y \geq 0 \\ 0 & \text{sonst} \end{cases}$$

(b)

$$H(z) = \begin{cases} 1 - (e^{-\lambda z})^n = 1 - e^{-n\lambda z} & \text{falls } z \geq 0 \\ 0 & \text{sonst} \end{cases}$$

Die Funktion H ist die Verteilungsfunktion der $Exp(n\lambda)$-Verteilung!

(c) Wenn jede der drei Lampen mit einer Glühbirne bestückt wird, gilt für die Lebensdauer X der Verkehrsampel:

$$X = \min(X_1, X_2, X_3)$$

Nach Teil (b) dieser Aufgabe ist X eine $Exp(3\lambda)$-verteilte zufällige Größe. X besitzt also die Verteilungsfunktion

$$F(x) = \begin{cases} 1 - e^{-3\lambda x} & \text{falls } x \geq 0 \\ 0 & \text{sonst} \end{cases}$$

und die Dichtefunktion

$$f(x) = \begin{cases} 3\lambda e^{-3\lambda x} & \text{falls } x \geq 0 \\ 0 & \text{sonst} \end{cases}$$

und die Überlebensfunktion

$$S(x) = \begin{cases} e^{-3\lambda x} & \text{falls } x \geq 0 \\ 1 & \text{sonst} \end{cases}$$

Wir nehmen nun an, daß jede der drei Lampen mit zwei Glühbirnen bestückt wird. Weiterhin nehmen wir an: Die Lebensdauern der beiden Birnen in der roten Lampe werden durch zwei zufällige Größen X_1 und X_2 beschrieben, die Lebensdauern der beiden Birnen in der gelben Lampe werden durch zwei zufällige Größen X_3 und X_4 beschrieben, und die Lebensdauern der beiden Birnen in der grünen Lampe werden durch zwei zufällige Größen X_5 und X_6 beschrieben. Dabei sind $X_1, \ldots, X_6$ unabhängige $Exp(\lambda)$-verteilte zufällige Größen. Unter diesen Annahmen gilt für die Lebensdauer X der Verkehrsampel:

$$X = \min(\max(X_1, X_2), \max(X_3, X_4), \max(X_5, X_6))$$

Die zufälligen Größen $Y_1 := \max(X_1, X_2), Y_2 := \max(X_3, X_4)$ und $Y_3 := \max(X_5, X_6)$ sind unabhängig und besitzen nach Teil (a) dieser Aufgabe die Verteilungsfunktion

$$G(y) = \begin{cases} (1 - e^{-\lambda y})^2 = 1 - 2e^{-\lambda y} + e^{-2\lambda y} & \text{falls } y \geq 0 \\ 0 & \text{sonst} \end{cases}$$

Nach Teil (b) der Aufgabe 3.3.1 besitzt die Lebensdauer X der Verkehrsampel also die Verteilungsfunktion

$$H(x) = 1 - (1 - G(x))^3 = \begin{cases} 1 - (2e^{-\lambda x} - e^{-2\lambda x})^3 & \text{falls } x \geq 0 \\ 0 & \text{sonst} \end{cases}$$

Für $x \geq 0$ gilt also:

$$H(x) = 1 - 8e^{-3\lambda x} + 12e^{-4\lambda x} - 6e^{-5\lambda x} + e^{-6\lambda x}$$

Die Dichte der zufälligen Größe X ist:

$$h(x) = \begin{cases} 24\lambda e^{-3\lambda x} - 48\lambda e^{-4\lambda x} + 30\lambda e^{-5\lambda x} - 6\lambda e^{-6\lambda x} & \text{falls } x \geq 0 \\ 0 & \text{sonst} \end{cases}$$

Die Überlebensfunktion der zufälligen Größe X ist:

$$1 - H(x) = \begin{cases} 8e^{-3\lambda x} - 12e^{-4\lambda x} + 6e^{-5\lambda x} - e^{-6\lambda x} & \text{falls } x \geq 0 \\ 1 & \text{sonst} \end{cases}$$

Es wäre sinnvoll, wenn Sie sich die Funktionen H, h und $1 - H$ für verschiedene realistische Werte des Parameters λ veranschaulichen und mit den Kurven der Funktionen F, f und $1 - F$ vergleichen (vgl. **Notebook NB1K3A3.ma**).

Aufgabe 3.3.3
Die Lösungen zu dieser Aufgabe finden Sie im **Mathematica-Notebook NB1K3A3.ma**.

Lösungen der Aufgaben zum Abschnitt 3.4

Aufgabe 3.4.1

(a) Die gemeinsame Verteilung und die Randverteilungen von X_1 und X_2 ergeben sich aus der folgenden Kreuztabelle (vgl. Aufgabe 3.2.1):

X_1 \ X_3	1	2	3	4	5	6	7	
0	$q/6$	$q/6$	$q/6$	$q/6$	$q/6$	$q/6$	0	q
1	0	$p/6$	$p/6$	$p/6$	$p/6$	$p/6$	$p/6$	p
	$q/6$	$1/6$	$1/6$	$1/6$	$1/6$	$1/6$	$p/6$	

Die Erwartungswerte von X_1 und X_2 übernehmen wir aus dem Beispiel 3.15 GLUECK:

$$E(X_1) = p \qquad E(X_3) = \tfrac{21}{6} + p$$

Weiter gilt: $Z = X_1 \cdot X_3$ ist eine diskrete zufällige Größe mit der Bildmenge $Z(\Omega) = \{0,2,3,4,5,6,7\}$. Es gilt $P(Z=0) = P(X_1=0) = q$ und

$$P(Z=k) = P(X_1=1, X_3=k) = \frac{p}{6} \text{ für } 2 \leq k \leq 7$$

Daraus folgt:

$$E(X_1 \cdot X_3) = E(Z) = 0 \cdot q + (2+3+4+5+6+7) \cdot \frac{1}{6} p = \frac{27}{6} p$$

Damit ergibt sich:

$$\operatorname{Cov}(X_1, X_3) = E(X_1 \cdot X_3) - E(X_1) \cdot E(X_3) = \frac{27}{6} p - p \cdot (\frac{21}{6} + p) = p - p^2$$

(b) Die beiden zufälligen Größen X_1 und X_3 wären unkorreliert für den Fall, daß $\operatorname{Cov}(X_1, X_3) = p - p^2 = 0$ wäre. Dies ergäbe sich nur für die Werte $p = 1$ bzw. $p = 0$.

Aufgabe 3.4.2

(a)

$$E(X_1 \cdot X_2) = \int\limits_{\mathbb{R}^2} x_1 x_2 \cdot f(x_1, x_2)\, d(x_1, x_2) = \int\limits_{K_R} x_1 x_2 \frac{1}{\pi R^2}\, d(x_1, x_2)$$

Mit der Transformation auf Polarkoordinaten ergibt sich:

$$E(X_1 \cdot X_2) = \frac{1}{\pi R^2} \int\limits_0^R \int\limits_0^{2\pi} r^2 \cos\varphi \sin\varphi \cdot r \, d\varphi \, dr = \frac{1}{\pi R^2} \int\limits_0^R r^3 \int\limits_0^{2\pi} \cos\varphi \sin\varphi \, d\varphi \, dr$$

Mit der Stammfunktion $\frac{1}{2}\sin^2\varphi$ ergibt sich für das innere Integral der Wert 0. Also ist $E(X_1 \cdot X_2) = 0$.
Die Randdichte von X_1 ist gemäß Beispiel 3.8:

$$f_1(t_1) = \int_{-\infty}^{+\infty} f(t_1,t_2)\,dt = \begin{cases} \frac{}{1}\pi R^2 \cdot 2\sqrt{R^2 - t_1^2} & \text{falls } t_1^2 \leq R^2 \\ 0 & \text{sonst} \end{cases}$$

Daraus ergibt sich:

$$E(X_1) = \int_{-\infty}^{+\infty} t_1 \cdot f_1(t_1)\,dt_1 = \frac{1}{\pi R^2} \int_{-R}^{+R} t_1 \cdot 2\sqrt{R^2 - t_1^2}\,dt_1 = 0$$

Analog ergibt sich $E(X_2) = 0$.

Bemerkung: $E(X_1), E(X_2)$ und $E(X_1 \cdot X_2)$ werden durch Integrale dargestellt, deren Wert 0 ohne jede Rechnung nur mit Symmetrieüberlegungen gewonnen werden kann.

(b) Nach Teil (a) gilt: $E(X_1 \cdot X_2) = 0 = E(X_1) \cdot E(X_2)$. Also sind die zufälligen Größen X_1 und X_2 unkorreliert. Sie sind aber nicht unabhängig, denn das Produkt der Randdichten ist nicht gleich der gemeinsamen Dichtefunktion.

Aufgabe 3.4.3

Es seien X_1 und X_2 zwei unabhängige zufällige Größen mit den charakteristischen Funktionen $\varphi_{X_1}(t)$ bzw. $\varphi_{X_2}(t)$. Dann besitzt die zufällige Größe $Z = X_1 + X_2$ nach Satz 3.9 die charakteristische Funktion $\varphi_Z(t) = \varphi_{X_1}(t) \cdot \varphi_{X_2}(t)$.

(a) Nach Satz 2.16 und den anschließenden Bemerkungen gilt:

$$E(X_1) = -i\varphi'_{X_1}(0) \qquad E(X_2) = -i\varphi'_{X_2}(0) \qquad E(X_1 + X_2) = -i\varphi'_Z(0)$$

Nach der Produktregel gilt aber

$$\varphi'_Z(t) = \varphi'_{X_1}(t) \cdot \varphi_{X_2}(t) + \varphi_{X_1}(t) \cdot \varphi'_{X_2}(t)$$

und deshalb

$$E(X_1 + X_2) = -i\varphi'_z(0) = -i \cdot \varphi'_{X_1}(0) \cdot \varphi_{X_2}(0) + \varphi_{X_1}(0) \cdot (-i\varphi'_{X_2}(0)) = E(X_1) \cdot 1 + 1 \cdot E(X_2)$$

(b) Nach Satz 2.16 und den anschließenden Bemerkungen gilt:

$$\mathrm{Var}(X_1) = -\varphi''_{X_1}(0) - (E(X_1))^2 \qquad \mathrm{Var}(X_2) = -\varphi''_{X_2}(0) - (E(X_2))^2$$
$$\mathrm{Var}(X_1 + X_2) = -\varphi''_Z(0) - (E(Z))^2$$

Differentiation der Gleichung

$$\varphi'_Z(t) = \varphi'_{X_1}(t) \cdot \varphi_{X_2}(t) + \varphi_{X_1}(t) \cdot \varphi'_{X_2}(t)$$

führt zu

$$\begin{aligned} \varphi''_Z(t) &= \left(\varphi'_{X_1}(t) \cdot \varphi_{X_2}(t) + \varphi_{X_1}(t) \cdot \varphi'_{X_2}(t)\right)' = \left(\varphi'_{X_1}(t) \cdot \varphi_{X_2}(t)\right)' + \left(\varphi_{X_1}(t) \cdot \varphi'_{X_2}(t)\right)' \\ &= \varphi''_{X_1}(t) \cdot \varphi_{X_2}(t) + 2 \cdot \varphi'_{X_1}(t) \cdot \varphi'_{X_2}(t) + \varphi_{X_1}(t) \cdot \varphi''_{X_2}(t) \end{aligned}$$

Daraus folgt:

$$\begin{aligned}\varphi_Z''(0) &= \varphi_{X_1}''(0)\cdot\varphi_{X_2}(0)+2\cdot\varphi_{X_1}'(0)\cdot\varphi_{X_2}'(0)+\varphi_{X_1}(0)\cdot\varphi_{X_2}''(0)\\ &= \varphi_{X_1}''(0)\cdot 1+2\cdot i\cdot E(X_1)\cdot i\cdot E(X_2)+1\cdot\varphi_{X_2}''(0)\\ &= \varphi_{X_1}''(0)-2E(X_1)E(X_2)+\varphi_{X_2}''(0)\end{aligned}$$

und weiter:

$$\begin{aligned}\operatorname{Var}(X_1+X_2) &= -\varphi_Z''(0)-(E(Z))^2\\ &= -\varphi_{X_1}''(0)+2E(X_1)E(X_2)-\varphi_{X_2}''(0)-(E(X_1)+E(X_2))^2\\ &= -\varphi_{X_1}''(0)-(E(X_1))^2-\varphi_{X_2}''(0)-(E(X_2))^2\\ &= \operatorname{Var}(X_1)+\operatorname{Var}(X_2)\end{aligned}$$

Aufgabe 3.4.4

(a) Für die Verteilungsfunktion $H(z) := P(Z \le z)$ der zufälligen Größe Z gilt:

$$\begin{aligned}P(Z\le z) &= P(X_1+X_2\le z)\\ &= \int\limits_{\{(t_1,t_2)\in\mathbb{R}^2 | t_1+t_2\le z\}} f(t_1,t_2)\,d(t_1t_2) = \int\limits_{-\infty}^{+\infty}\left(\int\limits_{-\infty}^{z-t_1} f(t_1,t_2)\,dt_2\right)dt_1\end{aligned}$$

Mit der Substitution $x = t_2 + t_1$ im inneren Integral folgt:

$$P(Z\le z) = \int\limits_{-\infty}^{+\infty}\left(\int\limits_{-\infty}^{z} f(t_1,x-t_1)dx\right)dt_1 = \int\limits_{-\infty}^{z}\left(\int\limits_{-\infty}^{+\infty} f(t_1,x-t_1)dt_1\right)dx$$

(b) Die Dichtefunktion $h(z)$ der zufälligen Größe Z entsteht durch Differentiation der Verteilungsfunktion $H(z)$:

$$h(z) = \int\limits_{-\infty}^{+\infty} f(t_1,z-t_1)dt_1$$

(c) Im Fall der Unabhängigkeit gilt:

$$h(z) = \int\limits_{-\infty}^{+\infty} f_1(t_1)\cdot f_2(z-t_1)dt_1$$

Aufgabe 3.4.5

(a) In der Aufgabe 3.2.3(a) wurde gezeigt: Der Zufallsvektor $\boldsymbol{X}$ besitzt die Dichtefunktion

$$f(t_1,t_2) = \frac{1}{2\pi}\cdot\frac{}{1}\sqrt{D}\cdot e^{-\frac{1}{2D}\cdot(\sigma_{22}(t_1-\mu_1)^2-2\sigma_{12}(t_1-\mu_1)(t_2-\mu_2)+\sigma_{11}(t_2-\mu_2)^2)}$$

mit

$$D = \det(\Sigma) = \sigma_{11}\cdot\sigma_{22}-\sigma_{12}^2$$

und die Randdichten:

$$f_1(t_1) = \frac{1}{\sqrt{2\pi\sigma_{11}}}e^{-\frac{1}{2\sigma_{11}}(t_1-\mu_1)^2}\ \text{bzw.}\ f_2(t_2) = \frac{1}{\sqrt{2\pi\sigma_{22}}}e^{-\frac{1}{2\sigma_{22}}(t_2-\mu_2)^2}$$

Daraus folgt zunächst, daß X_1 bzw. X_2 normalverteilte zufällige Größen mit $\mathrm{Var}(X_1) = \sigma_{11}$ bzw. $\mathrm{Var}(X_2) = \sigma_{22}$ sind. Es bleibt also nur noch zu zeigen, daß $\mathrm{Cov}(X_1, X_2) = \sigma_{12}$ ist. Nach Definition 3.11 berechnet sich die Kovarianz von X_1 und X_2 wie folgt:

$$\mathrm{Cov}(X_1,X_2) = E\left((X_1-\mu_1)(X_2-\mu_2)\right) = \int\limits_{\mathbb{R}^2} (x_1-\mu_1)(x_2-\mu_2)\cdot f(x_1,x_2)\,d(x_1,x_2)$$

Mit der Transformation

$$\begin{pmatrix} u \\ v \end{pmatrix} = \begin{pmatrix} \dfrac{x_1-\mu_1}{\sqrt{\sigma_{11}}} \\ \dfrac{x_2-\mu_2}{\sqrt{\sigma_{22}}} \end{pmatrix} \quad \text{bzw.} \quad \begin{pmatrix} x_1 \\ x_2 \end{pmatrix} = \begin{pmatrix} \sqrt{\sigma_{11}}u+\mu_1 \\ \sqrt{\sigma_{22}}v+\mu_2 \end{pmatrix}$$

ergibt sich:

$$\begin{aligned} \mathrm{Cov}(X_1\cdot X_2) &= \frac{1}{2\pi\sqrt{D}} \int\limits_{\mathbb{R}^2} \sqrt{\sigma_{11}}u\cdot\sqrt{\sigma_{22}}v\cdot e^{-\frac{\sigma_{11}\sigma_{22}}{2D}\left(u^2-2\frac{\sigma_{12}}{\sqrt{\sigma_{11}\sigma_{22}}}uv+v^2\right)}\sqrt{\sigma_{11}}\sqrt{\sigma_{22}}\,d(u,v) \\ &= \frac{\sigma_{11}\sigma_{22}}{2\pi\sqrt{D}} \int\limits_{-\infty}^{+\infty} u\cdot e^{-\frac{\sigma_{11}\sigma_{22}}{2D}u^2} \left(\int\limits_{-\infty}^{+\infty} v\cdot e^{-\frac{\sigma_{11}\sigma_{22}}{2D}(-2q_{12}uv+v^2)}\,dv \right) du \end{aligned}$$

Dabei wurde die Abkürzung $q_{12} = \frac{\sigma_{12}}{\sqrt{\sigma_{11}\sigma_{22}}}$ benutzt. Das innere Integral ist

$$\int\limits_{-\infty}^{+\infty} v\cdot e^{-\frac{\sigma_{11}\sigma_{22}}{2D}(-2q_{12}uv+v^2)}\,dv = e^{\frac{\sigma_{11}\sigma_{22}}{2D}(uq_{12})^2} \int\limits_{-\infty}^{+\infty} v\cdot e^{-\frac{\sigma_{11}\sigma_{22}}{2D}(v-uq_{12})^2}\,dv$$

Die Funktion $e^{-\frac{\sigma_{11}\sigma_{22}}{2D}(v-uq_{12})^2}$ ist bis auf den Faktor $\dfrac{1}{\sqrt{2\pi\cdot\frac{D}{\sigma_{11}\sigma_{22}}}}$ die Dichte einer Normalverteilung mit den Parametern $\mu = uq_{12}$ und $\sigma^2 = \dfrac{D}{\sigma_{11}\sigma_{22}}$. Das Integral ergibt deshalb bis auf den Faktor $\sqrt{2\pi\cdot\dfrac{D}{\sigma_{11}\sigma_{22}}}$ den Erwartungswert dieser Verteilung:

$$\int\limits_{-\infty}^{+\infty} v\cdot e^{-\frac{\sigma_{11}\sigma_{22}}{2D}(-2q_{12}uv+v^2)}\,dv = e^{\frac{\sigma_{11}\sigma_{22}}{2D}(uq_{12})^2}\sqrt{2\pi\cdot\frac{D}{\sigma_{11}\sigma_{22}}}\cdot uq_{12}$$

Daraus folgt für die Kovarianz von X_1 und X_2:

$$\begin{aligned} \mathrm{Cov}(X_1,X_2) &= \frac{\sigma_{11}\sigma_{22}}{2\pi\sqrt{D}} \int\limits_{-\infty}^{+\infty} u\cdot e^{-\frac{\sigma_{11}\sigma_{22}}{2D}u^2} e^{\frac{\sigma_{11}\sigma_{22}}{2D}(uq_{12})^2}\sqrt{2\pi\cdot\frac{D}{\sigma_{11}\sigma_{22}}}\cdot uq_{12}\,du \\ &= \sqrt{\frac{\sigma_{11}\sigma_{22}}{2\pi}}q_{12}\cdot\int\limits_{-\infty}^{+\infty} u^2 e^{-\frac{\sigma_{11}\sigma_{22}}{2D}u^2} e^{\frac{\sigma_{11}\sigma_{22}}{2D}(uq_{12})^2}\,du \\ &= \sqrt{\frac{\sigma_{11}\sigma_{22}}{2\pi}}q_{12}\cdot\int\limits_{-\infty}^{+\infty} u^2 e^{-\frac{\sigma_{11}\sigma_{22}}{2D}u^2(1-q_{12}^2)}\,du = \frac{\sigma_{12}}{\sqrt{2\pi}}\cdot\int\limits_{-\infty}^{+\infty} u^2 e^{-\frac{1}{2}u^2}\,du \\ &= \sigma_{12}\cdot\int\limits_{-\infty}^{+\infty} u^2\frac{1}{\sqrt{2\pi}}e^{-\frac{1}{2}u^2}\,du \end{aligned}$$

Dabei wurde beim vorletzten Gleichheitszeichen die Bedeutung von q_{12} und von D eingesetzt. Das verbleibende Integral stellt nun die Varianz einer standardnormalverteilten zufälligen Größe dar. Daraus folgt: $\mathrm{Cov}(X_1,X_2) = \sigma_{12} \cdot 1 = \sigma_{12}$

Bemerkung: Die in der Rechnung eingeführte Größe $q_{12} = \frac{\sigma_{12}}{\sqrt{\sigma_{11}\sigma_{22}}}$ ist also der Korrelationskoeffizient

$$\rho_{12} = \frac{\mathrm{Cov}(X_1,X_2)}{\sqrt{\mathrm{Var}(X_1) \cdot \mathrm{Var}(X_2)}}$$

der zufälligen Größen X_1 und X_2.

(b) Aus Teil (a) folgt, daß die zufälligen Größen X_1 und X_2 genau dann unkorreliert sind, wenn $\sigma_{12} = 0$ ist. Dies ist aber gemäß Aufgabe 3.2.3(b) genau dann der Fall, wenn X_1 und X_2 unabhängig sind.

Lösungen der Aufgaben zum Abschnitt 3.5

Aufgabe 3.5.1

(a) Z_n ist nach Satz 3.10 $B(n,p)$-verteilt. Daraus folgt: $E(Z_n) = np$ und $\mathrm{Var}(Z_n) = np(1-p)$.

(b) Jede zufällige Größe X_i besitzt den Erwartungswert $\mu = p$ und die Varianz $\sigma^2 = p(1-p)$. Nach dem zentralen Grenzwertsatz ist Z_n asymptotisch $N(n\mu, n\sigma^2)$-verteilt mit $n\mu = np$ und $n\sigma^2 = np(1-p)$.

Aufgabe 3.5.2

Wir definieren die zufällige Größen $X_i, 1 \leq i \leq 70$ durch:

$$X_i := \begin{cases} 1 & \text{falls der } i\text{. Student an der Klausur teilnimmt} \\ 0 & \text{falls der } i\text{. Student nicht an der Klausur teilnimmt} \end{cases}$$

Es sei A das Ereignis: „Die 40 Kopien des Aufgabenblattes reichen aus“. Dann gilt:

(a)

$$P(A) = P(\sum_{i=1}^{70} X_i \leq 40) = F(40) = 0.905892$$

Dabei ist F die Verteilungsfunktion der $B(n,p)$-Verteilung mit $n = 70$ und $p = 0.5$. Der Funktionswert $F(40)$ wurde mit Mathematica berechnet. (vgl. **Mathematica-Notebook NB1K3A5.ma)**

Approximiert man F gemäß Aufgabe 3.5.1 durch die Verteilungsfunktion einer Normalverteilung mit den Parametern $70 \cdot 0.5$ und $70 \cdot 0.25$, so berechnet Mathematica ohne Stetigkeitskorrektur

$$P(A) \approx \Phi(\frac{40-35}{\sqrt{17.5}}) = 0.884001$$

und mit Stetigkeitskorrektur:

$$P(A) \approx \Phi(\frac{40.5-35}{\sqrt{17.5}}) = 0.905703$$

Das zweite Ergebnis stimmt mit der exakten Wahrscheinlichkeit $P(A)$ besser überein.

(b) Der Wert p ist so zu bestimmen, daß für die Verteilungsfunktion F der $B(70,p)$-Verteilung gilt:

$$F(40) = 0.85$$

Gemäß Aufgabe 3.5.1 kann F wieder durch die Verteilungsfunktion einer $N(70 \cdot p, 70 \cdot p \cdot (1-p))$-Verteilung approximiert werden. Ohne Stetigkeitskorrektur ist die Gleichung

$$0.85 = F(40) \approx \Phi(\frac{40 - 70 \cdot p}{\sqrt{70 \cdot p \cdot (1-p)}})$$

zu lösen. Mit der vorgeschlagenen Näherung für das 85%-Quantil der $N(0,1^2)$-Verteilung gilt:

$$0.85 = \Phi(\frac{40 - 70 \cdot p}{\sqrt{70 \cdot p \cdot (1-p)}}) \Leftrightarrow \frac{40 - 70 \cdot p}{\sqrt{70 \cdot p \cdot (1-p)}} = 1 \Leftrightarrow 40 - 70 \cdot p = \sqrt{70 \cdot p \cdot (1-p)}$$

Mathematica berechnet als Lösung die Zahl $p = 0.511683$. Führt man eine Stetigkeitskorrektur durch, so ist die Gleichung

$$0.85 = \Phi(\frac{40.5 - 70 \cdot p}{\sqrt{70 \cdot p \cdot (1-p)}})$$

zu lösen, und man erhält $p = 0.518852$.

Aufgabe 3.5.3

(a)

$$P(X_1 + X_2 + \ldots + X_{1000} \leq 999000) = F(999000)$$

Dabei ist F die Verteilungsfunktion einer $N(1000\mu, 1000\sigma^2)$-Verteilung. Also gilt:

$$F(999000) = \Phi(\frac{999000 - 1000 \cdot 1000}{\sqrt{1000 \cdot 225}}) = \Phi(-2.1082) \approx 0.0174$$

(b)

$$P(X_1 + X_2 + \ldots + X_{999} > 999000) = 1 - F(999000)$$

Dabei ist F die Verteilungsfunktion einer $N(999\mu, 999\sigma^2)$-Verteilung. Also gilt:

$$1 - F(999000) = 1 - \Phi(\frac{999000 - 999 \cdot 1000}{\sqrt{999 \cdot 225}}) = 1 - \Phi(0) = 0.5$$

Aufgabe 3.5.4

(a) Nach Satz 3.12 ist Z_n χ_n^2-verteilt. Daraus folgt: $E(Z_n) = n$ und $\text{Var}(Z_n) = 2n$.

(b) Jeder Summand X_i^2 ist χ_1^2-verteilt und besitzt deshalb nach Bemerkung 3.25 den Erwartungswert $\mu = 1$ und die Varianz $\sigma^2 = 2$. Nach dem zentralen Grenzwertsatz ist Z_n asymptotisch $N(n\mu, n\sigma^2)$-verteilt mit $n\mu = n$ und $n\sigma^2 = 2n$.

(c) Die entsprechenden Mathematica-Anweisungen stehen im **Notebook NB1K3A5.ma**.

A.4 Lösungen der Aufgaben zum Kapitel 4

Lösungen der Aufgaben zum Abschnitt 4.1

Aufgabe 4.1.1

(a) Für $i \in \mathbb{N}$ definieren wir die zufälligen Größen X_i wie folgt: X_i sei gleich 1, wenn beim i−ten Versuch eine 6 geworfen wird, andernfalls 0. Dann gilt für die zufällige Größe X, die die Nummer des letzten Versuchs beschreibt:

$$P(X=k) = P(X_1=0, X_2=0, \ldots, X_{k-1}=0, X_k=1) = (\frac{5}{6})^{k-1} \cdot \frac{1}{6}$$

(b) Die Likelihood-Funktion lautet:

$$\begin{array}{llll} L: & (0,1] & \to & \mathbb{R} \\ & \vartheta & \mapsto & L(\vartheta) := \prod_{i=1}^{n} f_\vartheta(x_i) = \prod_{i=1}^{n} (1-\vartheta)^{x_i-1} \cdot \vartheta = \vartheta^n (1-\vartheta)^{n\overline{x}-n} \end{array}$$

Für den Fall, daß $\overline{x} = 1$ ist, lautet die Likelihood-Funktion $L(\vartheta) = \vartheta^n$. In diesem Fall ist $\vartheta^* = 1$ der gesuchte Maximum-Likelihood-Schätzer. In allen anderen Fällen ist $\overline{x} > 1$. Dann gilt für die Likelihood-Funktion:

$$\lim_{\vartheta \to 0} L(\vartheta) = 0,\ L(1) = 0 \text{ und } L(\vartheta) > 0 \text{ für alle } \vartheta \in (0,1)$$

Da L auf dem Intervall $(0,1]$ stetig ist, wird das gesuchte absolute Maximum an einer Stelle im Innern des Definitionsintervalls angenommen. Zum Auffinden dieser Stelle wird die Likelihood-Funktion wieder logarithmiert:

$$l(\vartheta) = n \cdot \ln \vartheta + (n\overline{x} - n) \ln(1-\vartheta) \qquad l'(\vartheta) = \frac{n}{\vartheta} - \frac{n\overline{x}-n}{1-\vartheta} \qquad l'(\vartheta) = 0 \Leftrightarrow \vartheta = \frac{1}{\overline{x}}$$

Nur an der Stelle $\vartheta = 1/\overline{x}$ kann die Funktion l ihr absolutes Maximum annehmen. Da die Existenz des Maximums gesichert ist, ist $\vartheta^* = 1/\overline{x}$ der gesuchte Maximum-Likelihood-Schätzer. Auch der Spezialfall $\overline{x} = 1$ wird durch die Gleichung $\vartheta^* = 1/\overline{x}$ erfaßt.

Aufgabe 4.1.2

(a) Die Gleichverteilung über einem Intervall der Form $[0,b]$ mit $b > 0$ hat die Dichte

$$\begin{array}{llll} f_b: & \mathbb{R} & \to & \mathbb{R} \\ & t & \mapsto & f_b(t) := \begin{cases} 1/b & \text{falls } 0 \le t \le b \\ 0 & \text{sonst} \end{cases} \end{array}$$

Die Likelihood-Funktion ist also

$$\begin{array}{lllll} & L: & \mathbb{R}^+ & \to & \mathbb{R} \\ & & b & \mapsto & L(b) := \prod_{i=1}^{n} f_b(x_i) = \begin{cases} (\frac{1}{b})^n & \text{falls für alle } i \text{ gilt} : 0 \le x_i \le b \\ 0 & \text{sonst} \end{cases} \\ \text{bzw.} & L: & \mathbb{R}^+ & \to & \mathbb{R} \\ & & b & \mapsto & L(b) := \begin{cases} (\frac{1}{b})^n & \text{falls } b \ge \max\limits_{1 \le i \le n} x_i \\ 0 & \text{falls } 0 < b < \max\limits_{1 \le i \le n} x_i \end{cases} \end{array}$$

(b) Die Likelihood-Funktion $L = L(b)$ ist auf dem Intervall $(0, \max\limits_{1 \le i \le n} x_i)$ konstant gleich 0, während sie auf dem Intervall $[\max\limits_{1 \le i \le n} x_i, +\infty)$ positiv und streng monoton fallend ist. Die Funktion L ist genau dann maximal, wenn $b = \max\limits_{1 \le i \le n} x_i$ ist. Der Maximum-Likelihood-Schätzer b^* für den rechten Rand b ist also der maximale Stichprobenwert.

Aufgabe 4.1.3
Die Lösung dieser Aufgabe finden Sie imb **Mathematica-Notebook NB1K4A1.ma**.

Aufgabe 4.1.4

(a) Gesucht ist also das absolute Minimum der Funktion:

$$\begin{array}{llll} Q: & \mathbb{R}^2 & \to & \mathbb{R} \\ & (a,b)^T & \mapsto & Q(a,b) := \sum_{i=1}^{n} (a+bx_i - y_i)^2 \end{array}$$

Wir wenden die Standardmethoden der Analysis an: Zunächst gilt:

$$grad Q = \left(\frac{\partial Q}{\partial a}, \frac{\partial Q}{\partial b}\right) = \left(2\sum_{i=1}^{n}(a+bx_i - y_i), 2\sum_{i=1}^{n}(a+bx_i - y_i)\cdot x_i\right)$$

$$A = \begin{pmatrix} \frac{\partial^2 Q}{\partial a^2} & \frac{\partial^2 Q}{\partial b \partial a} \\ \frac{\partial^2 Q}{\partial a \partial b} & \frac{\partial^2 Q}{\partial b^2} \end{pmatrix} = 2 \cdot \begin{pmatrix} n & \sum_{i=1}^{n} x_i \\ \sum_{i=1}^{n} x_i & \sum_{i=1}^{n} x_i^2 \end{pmatrix}$$

Der Gradient von Q verschwindet genau dann, wenn das folgende lineare Gleichungssystem erfüllt ist:

$$\begin{array}{llll} n \cdot a & +b \cdot \sum_{i=1}^{n} x_i & = \sum_{i=1}^{n} y_i \\ a \cdot \sum_{i=1}^{n} x_i & +b \cdot \sum_{i=1}^{n} x_i^2 & = \sum_{i=1}^{n} x_i y_i \end{array}$$

Dieses lineare Gleichungssystem wird eindeutig gelöst durch

$$b = \frac{\sum_{i=1}^{n} x_i y_i - n \cdot \overline{x} \cdot \overline{y}}{\sum_{i=1}^{n} x_i^2 - n \cdot \overline{x}^2} \quad \text{und } a = \overline{y} - b \cdot \overline{x}$$

Da die Matrix $\boldsymbol{A}$ der partiellen Ableitungen zweiter Ordnung von Q positiv definit ist (dies folgt aus der Ungleichung von Cauchy-Schwarz), sind a und b die Parameter der im Sinne der Methode der kleinsten Quadrate optimalen Ausgleichsgeraden.

(b) Die Lösung dieser Aufgabe finden Sie im **Mathematica-Notebook NB1K4A1.ma**. Mathematica berechnet die Ausgleichsgerade $y = -67.9411 + 0.786942 \cdot x$. Es entsteht das Bild in Abb. A.16.

Lösungen der Aufgaben zum Abschnitt 4.2

Aufgabe 4.2.1
Der Maximum-Likelihood-Schätzer b^*b für den rechten Rand b ist Realisierung der zufälligen Größe:

$$B^* := \max_{1 \le i \le n} X_i$$

Die Schätzvariable B^* besitzt nach der Aufgabe 3.3.1 die Verteilungsfunktion

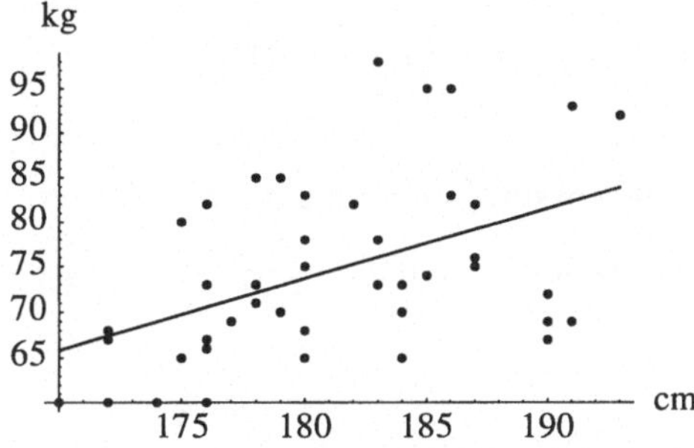

Abbildung A.16

$$G_b(y) := (F_b(y))^n$$

Dabei ist F_b die Verteilungsfunktion der Gleichverteilung über dem Intervall $[0,b]$, also:

$$F_b : [0,b] \to \mathbb{R}$$
$$y \mapsto F_b(y) := \begin{cases} 0 & \text{falls} \quad y < 0 \\ \frac{y}{b} & \text{falls} \quad 0 \leq y \leq b \\ 1 & \text{sonst} \end{cases}$$

Für $0 \leq y \leq b$ gilt also:

$$G_b(y) = \left(\frac{y}{b}\right)^n$$

Die Dichtefunktion der Schätzvariablen B^* ist damit:

$$g_b : [0,b] \to \mathbb{R}$$
$$y \mapsto g_b(y) := \begin{cases} \frac{n}{b^n} \cdot y^{n-1} & \text{falls} \quad 0 \leq y \leq b \\ 0 & \text{sonst} \end{cases}$$

Damit ergibt sich für den Erwartungswert:

$$E(B^*) = \int_0^b y \cdot \frac{n}{b^n} \cdot y^{n-1} dy = \frac{n}{b^n} \cdot \int_0^b y^n dy = \frac{n}{n+1} b$$

b^* ist also kein erwartungstreuer Schätzer für den Parameter b. Es gilt jedoch

$$\lim_{n \to \infty} E(B^*) = b$$

Der Schätzer b^* ist ein asymptotisch erwartungstreuer Schätzer für den Parameter b. **Hinweis:** Der Schätzer $\widetilde{b} := \frac{n+1}{n} \cdot b^* = \frac{n+1}{n} \cdot \max\limits_{1 \leq i \leq n} x_i$ ist also für jedes $n \in \mathbb{N}$ ein erwartungstreuer Schätzer für den Parameter b.

Weil $\overline{x}$ nach Satz 4.1 ein erwartungstreuer Schätzer für $\mu = \frac{b}{2}$ ist, ist $\widehat{b} := 2 \cdot \overline{x}$ ein weiterer erwartungstreuer Schätzer für b.

Aufgabe 4.2.2

(a) Wenn der Erwartungswert μ bekannt ist, gilt für die zu dem Schätzer $\frac{1}{n} \sum_{i=1}^{n} (x_i - \mu)^2$ gehörende Schätzvariable $\frac{1}{n} \sum_{i=1}^{n} (X_i - \mu)^2$:

$$E\left(\frac{1}{n}\sum_{i=1}^{n}(X_i-\mu)^2\right)=\frac{1}{n}\sum_{i=1}^{n}E((X_i-\mu)^2)=\frac{1}{n}\cdot n\cdot\sigma^2=\sigma^2$$

(b) Wenn der Erwartungswert μ und die Varianz σ^2 bekannt sind, gilt für die zu den Schätzern $\frac{1}{n\sigma^3}\sum_{i=1}^{n}(x_i-\mu)^3$ bzw. $\frac{1}{n\sigma^4}\sum_{i=1}^{n}(x_i-\mu)^4$ gehörenden Schätzvariablen $\frac{1}{n\sigma^3}\sum_{i=1}^{n}(X_i-\mu)^3$ bzw. $\frac{1}{n\sigma^4}\sum_{i=1}^{n}(X_i-\mu)^4$:

$$E\left(\frac{1}{n\sigma^3}\sum_{i=1}^{n}(X_i-\mu)^3\right)=\frac{1}{n}\sum_{i=1}^{n}\frac{E((X_i-\mu)^3)}{\sigma^3}=\frac{1}{n}\cdot n\cdot\text{Schiefe}$$

bzw. $$E\left(\frac{1}{n\sigma^4}\sum_{i=1}^{n}(X_i-\mu)^4\right)=\frac{1}{n}\sum_{i=1}^{n}\frac{E((X_i-\mu)^4)}{\sigma^4}=\frac{1}{n}\cdot n\cdot\text{Wölbung}$$

Aufgabe 4.2.3
Die Lösung dieser Aufgabe finden Sie imb **Notebook NB1K4A2.ma**. Mathematica berechnet für die Stichprobe vom Umfang $n = 182$:
$\overline{x} = 180.687$ $s^2 = 48.7246$ $s = 6.9803$ $Schiefe = -0.205527$ Exzeß $= 0.846961$

Aufgabe 4.2.4
Die Lösung dieser Aufgabe finden Sie imb **Notebook NB1K4A2.ma**. Mathematica berechnet die folgenden Schätzer:

$\overline{x} = 180.978$ $\overline{y} = 74.4783$ $s_{xy} = 26.3884$
$s_x = 5.79076$ $s_y = 9.74278$ $r_{xy} = 0.46773$

Lösungen der Aufgaben zum Abschnitt 4.3

Aufgabe 4.3.1
Die Lösung dieser Aufgabe finden Sie imb **Mathematica-Notebook NB1K4A3.ma**. Mit den von uns erzeugten Würfelzahlen ergab sich folgendes Bild:

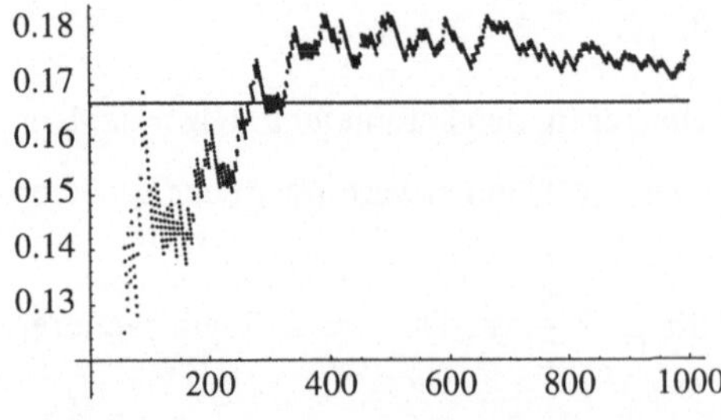

Abbildung A.17

Aufgabe 4.3.2
Die Lösung dieser Aufgabe finden Sie imb **Mathematica-Notebook NB1K4A3.ma**. Für die von uns erzeugten, mit dem Parameter $\lambda = 4$ Poisson-verteilten Zufallszahlen erhalten wir das Bild in Abb. A.18. Für die von uns erzeugten, mit dem Parameter $\lambda = 0.01$ exponentialverteilten Zufallszahlen erhalten wir die Bilder in Abb A.19.

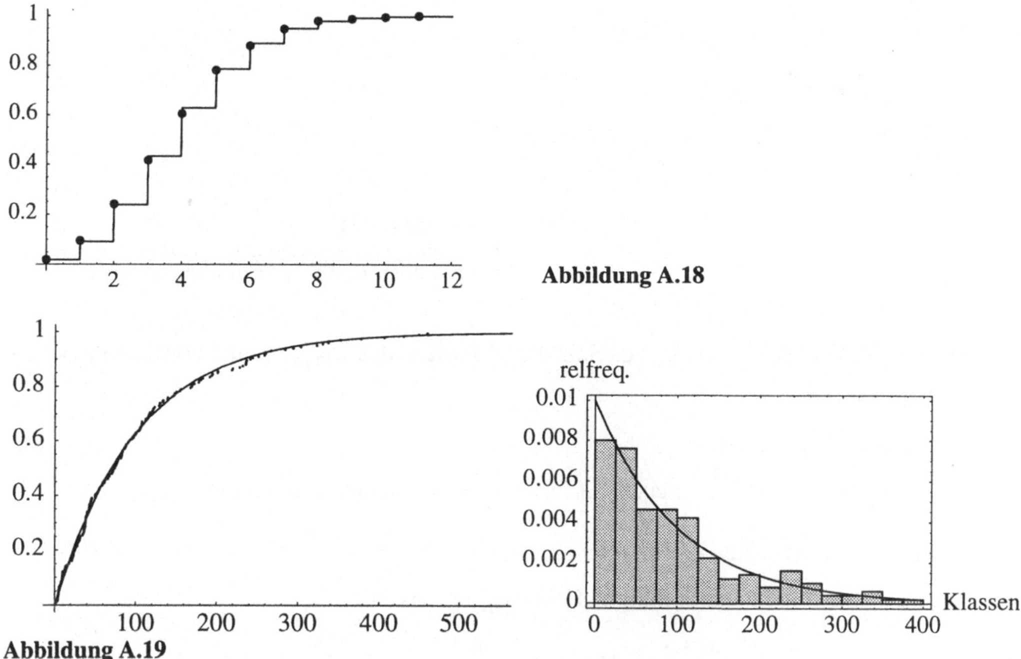

Abbildung A.18

Abbildung A.19

Aufgabe 4.3.3
Die Lösung dieser Aufgabe finden Sie imb **Mathematica-Notebook NB1K4A3.ma**.
Die Daten zum Beispiel KGRM widersprechen nicht der Annahme, daß die Körpergröße erwachsener Männer eine normalverteilte zufällige Größe ist. Ebenso lassen die Daten zum Beispiel SLAENGE die Normalverteilungsannahme gerechtfertigt erscheinen (vgl. Abb. A.20).

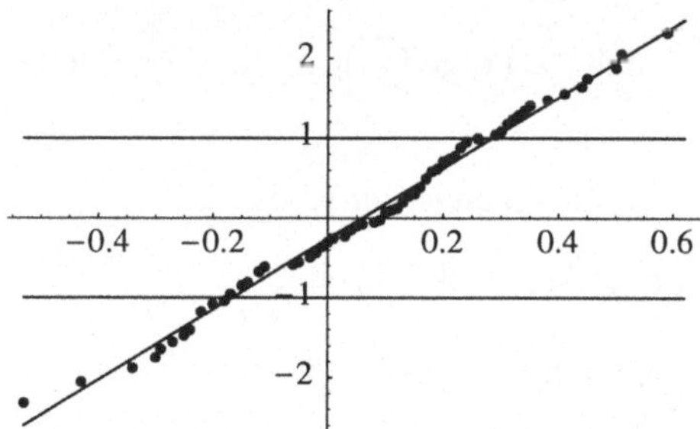

Abbildung A.20
zum Beispiel SLAENGE

Dagegen rechtfertigen die in der Aufgabe 4.3.2(b) erzeugten Zufallszahlen die Normalverteilungsannahme sicher nicht (Abb. A.21):

Aufgabe 4.3.4

(a) Es wurde bereits festgestellt (vgl. Hinweis zur Lösung der Aufgabe 4.2.1), daß $\widehat{b}_n := \frac{2}{n} \cdot \sum_{i=1}^{n} x_i = 2 \cdot \overline{x}$ für jedes $n \in \mathbb{N}$ ein erwartungstreuer Schätzer für b ist. Für die Varianz der zugehörigen Schätzvariablen $\widehat{B}_n$ gilt:

$$\operatorname{Var}(\widehat{B}_n) = 4 \cdot \operatorname{Var}(\overline{X}) = 4 \cdot \frac{\operatorname{Var}(X_1)}{n} = \frac{4}{n} \cdot \frac{b^2}{12}$$

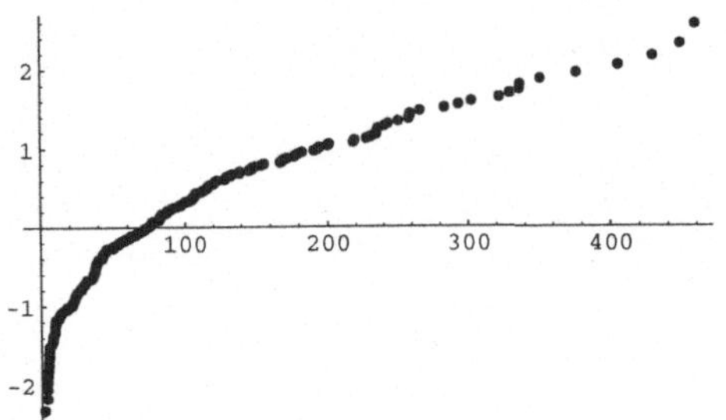

Abbildung A.21
Die empirische Verteilungsfunktion exponentialverteilter Daten im Wahrscheinlichkeitspapier

Wegen $\lim\limits_{n\to\infty} \mathrm{Var}(\widehat{B}_n) = 0$ folgt aus Satz 4.5, daß die Folge $(\widehat{b}_n)_{n\in\mathbb{N}}$ eine konsistente Schätzerfolge für b ist.

(b) Nach Aufgabe 4.2.1 gilt:
$\widetilde{b}_n := \frac{n+1}{n} \cdot b_n^* = \frac{n+1}{n} \cdot \max\limits_{1\le i\le n} x_i$ ist für jedes $n \in \mathbb{N}$ ein erwartungstreuer Schätzer für b.

Für die Varianz der zugehörigen Schätzvariablen $\widetilde{B}_n := \frac{n+1}{n} \cdot B_n^* = \frac{n+1}{n} \cdot \max\limits_{1\le i\le n} X_i$ gilt, wenn $g_{b,n}$ die Dichte der zufälligen Größe B_n^* bezeichnet:

$$\begin{aligned}
\mathrm{Var}(\widetilde{B}_n) &= \left(\frac{n+1}{n}\right)^2 \cdot \mathrm{Var}(B_n^*) = \left(\frac{n+1}{n}\right)^2 \cdot \left[E((B_n^*)^2) - (E(B_n^*))^2\right] \\
&= \left(\frac{n+1}{n}\right)^2 \cdot \left(\int_{-\infty}^{+\infty} y^2 \cdot g_{b,n}(y)\,dy - \left(\frac{n}{n+1}\right)^2 b^2 \right) \\
&= \left(\frac{n+1}{n}\right)^2 \cdot \int_0^b y^2 \cdot \frac{n}{b^n} y^{n-1}\,dy - b^2 = b^2 \cdot \left(\frac{(n+1)^2}{n(n+2)} - 1 \right)
\end{aligned}$$

Wegen $\lim\limits_{n\to\infty} \mathrm{Var}(\widetilde{B}_n) = 0$ folgt wieder aus Satz 4.5, daß die Folge $(\widetilde{b}_n)_{n\in\mathbb{N}}$ eine konsistente Schätzerfolge für b ist.

(c) Wir argumentieren wie beim Beweis des Satzes 4.7. Zu zeigen ist für jedes $\varepsilon > 0$:

$$\lim_{n\to\infty} P(|B_n^* - b| \ge \varepsilon) = 0 \ \text{ bzw. } \lim_{n\to\infty} P(|B_n^* - b| < \varepsilon) = 1$$

Es sei also $\varepsilon > 0$ beliebig aber fest vorgegeben. Dann gilt zunächst:

$$\begin{aligned}
|B_n^* - b| < \varepsilon &\Leftrightarrow \left| B_n^* - \frac{n}{n+1} b - \frac{1}{n+1} b \right| < \varepsilon \Leftrightarrow \left| \frac{n}{n+1} \left(\frac{n+1}{n} B_n^* - b \right) - \frac{1}{n+1} b \right| < \varepsilon \\
&\Leftrightarrow \left| \frac{n}{n+1} \left(\widetilde{B}_n - b \right) - \frac{1}{n+1} b \right| < \varepsilon \Leftarrow \frac{n}{n+1} \left| \widetilde{B}_n - b \right| + \frac{1}{n+1} b < \varepsilon \\
&\Leftarrow \frac{n}{n+1} \left| \widetilde{B}_n - b \right| < \frac{\varepsilon}{2} \wedge \frac{1}{n+1} b < \frac{\varepsilon}{2} \Leftarrow \left| \widetilde{B}_n - b \right| < \frac{\varepsilon}{2} \wedge n+1 > \frac{2b}{\varepsilon}
\end{aligned}$$

Daraus folgt:

$$\lim_{n\to\infty} P(|B_n^* - b| < \varepsilon) \ge \lim_{n\to\infty} P(\left| \widetilde{B}_n - b \right| < \frac{\varepsilon}{2}) = 1$$

Dabei ergibt sich das letzte Gleichheitszeichen aus der bereits nachgewiesenen Konsistenz der Schätzerfolge $(\widetilde{b}_n)_{n\in\mathbb{N}}$.

Lösungen der Aufgaben zum Abschnitt 4.4

Aufgabe 4.4.1
Die Lösung dieser Aufgabe finden Sie imb **Mathematica-Notebook NB1K4A4.ma**.

Aufgabe 4.4.2
Die zufällige Größe

$$Z = \sqrt{n} \cdot \frac{\overline{X} - \mu_b}{\sigma}$$

ist standardnormalverteilt. Wenn c das $\frac{1+\gamma}{2}$-Quantil der $N(0,1^2)$-Verteilung ist, gilt:

$$P(-c \leq \sqrt{n} \cdot \frac{\overline{X} - \mu_b}{\sigma} \leq +c) = \gamma$$

Wegen

$$-c \leq \sqrt{n} \cdot \frac{\overline{X} - \mu_b}{\sigma} \leq +c \Leftrightarrow \sqrt{n} \cdot \frac{|\overline{X} - \mu_b|}{\sigma} \leq +c \Leftrightarrow \sigma \geq \sqrt{n} \cdot \frac{|\overline{X} - \mu_b|}{c}$$

ist

$$\left[\sqrt{n} \cdot \frac{|\overline{x} - \mu_b|}{c}, +\infty\right)$$

ein konkretes **einseitiges** Konfidenzintervall für die Standardabweichung.

Aufgabe 4.4.3
Die zufällige Größe $Y := \max\limits_{1 \leq i \leq n} X_i$ besitzt nach Aufgabe 4.2.1 die Verteilungsfunktion $G_b(y)$ mit

$$G_b(y) = 0 \text{ für } y \leq 0, \quad G_b(y) = \left(\frac{}{y}b\right)^n \text{ für } 0 \leq y \leq b, \quad G_b(y) = 1 \text{ für } y \geq b$$

Deshalb besitzt die zufällige Größe $Z := \frac{1}{b} \cdot Y$ die Verteilungsfunktion

$$F(z) = P(Z \leq z) = P(\frac{1}{b} \cdot Y \leq z) = P(Y \leq b \cdot z) = G_b(b \cdot z),$$

also

$$F(z) = 0 \text{ für } z \leq 0, \quad F(z) = z^n \text{ für } 0 \leq z \leq 1, \quad F(z) = 1 \text{ für } z \geq 1$$

Wir bestimmen das $\frac{1-\gamma}{2}$-Quantil c_1 und das $\frac{1+\gamma}{2}$-Quantil c_2 der Verteilung von Z, also die Zahlen c_1 und c_2, für die gilt:

$$\frac{1-\gamma}{2} = F(c_1) = c_1^n \text{ bzw. } \frac{1+\gamma}{2} = F(c_2) = c_2^n$$

Dann folgt:

$$P(c_1 \leq Z \leq c_2) = \gamma$$

Äquivalentes Umformen ergibt:

$$P(c_1 \leq Z \leq c_2) = \gamma \Leftrightarrow P(c_1 \leq \frac{Y}{b} \leq c_2) = \gamma \Leftrightarrow P(\frac{Y}{c_2} \leq b \leq \frac{Y}{c_1}) = \gamma$$

Das konkrete zweiseitige Konfidenzintervall für den Parameter b ist

$$[\frac{x_{\max}}{c_2}, \frac{x_{\max}}{c_1}]$$

Dabei ist

$$c_1 = \left(\frac{1-\gamma}{2}\right)^{\frac{1}{n}} \text{ und } c_2 = \left(\frac{1+\gamma}{2}\right)^{\frac{1}{n}}$$

Lösungen der Aufgaben zum Abschnitt 4.5

Aufgabe 4.5.1
Die erforderlichen Mathematica-Anweisungen stehenb im **Notebook NB1K4A5.ma**. Mathematica berechnet für den Erwartungswert μ das Konfidenzintervall $[179.666, 181.708]$ und für die Varianz σ^2 das Konfidenzintervall $[40.0602, 60.5553]$.

Aufgabe 4.5.2

(a) Für die Berechnung einseitiger Konfidenzintervalle für den Erwartungswert der Normalverteilung bestimmen wir zunächst das γ-Quantil c der t_{n-1}-Verteilung. Dann gilt für die zufällige Größe $Z = \sqrt{n} \cdot \dfrac{\overline{X} - \mu}{S}$:

$$P(-c \leq Z < +\infty) = \gamma \text{ und } P(-\infty < Z \leq c) = \gamma$$

bzw.

$$P(-c \leq \sqrt{n} \cdot \frac{\overline{X} - \mu}{S} < +\infty) = \gamma \text{ und } P(-\infty < \sqrt{n} \cdot \frac{\overline{X} - \mu}{S} \leq c) = \gamma$$

Äquivalentes Umformen der Ungleichungen führt zu den Aussagen:

$$P(-\infty < \mu \leq \overline{X} + c \cdot \frac{S}{\sqrt{n}}) = \gamma \text{ und } P(\overline{X} - c \cdot \frac{S}{\sqrt{n}} \leq \mu < +\infty) = \gamma$$

Die konkreten einseitigen Konfidenzintervalle für den Erwartungswert μ einer Normalverteilung mit unbekannter Varianz sind also:

$$(-\infty, b] = (-\infty, \overline{x} + c \cdot \frac{-}{s}\sqrt{n}] \text{ bzw. } [a, +\infty) = [\overline{x} - c \cdot \frac{-}{s}\sqrt{n}, +\infty)$$

Dabei ist die Zahl c das γ-Quantil der t_{n-1}-Verteilung.

(b) Für die Berechnung einseitiger Konfidenzintervalle für die Varianz der Normalverteilung berechnen wir zunächst das $(1-\gamma)$-Quantil c_1 und das γ-Quantil c_2 der χ^2_{n-1}-Verteilung. Dann gilt für die zufällige Größe $Z = \dfrac{1}{\sigma^2} \cdot \sum\limits_{i=1}^{n} (X_i - \overline{X})^2 = \dfrac{1}{\sigma^2} \cdot (n-1)S^2$:

$$P(c_1 \leq Z < +\infty) = \gamma \text{ und } P(0 \leq Z \leq c_2) = \gamma$$

bzw.

$$P(c_1 \leq \frac{1}{\sigma^2} \cdot (n-1)S^2 < +\infty) = \gamma \text{ und } P(0 < \frac{1}{\sigma^2} \cdot (n-1)S^2 \leq c_2) = \gamma$$

Äquivalentes Umformen der Ungleichungen ergibt:

$$P(0 < \sigma^2 \leq \frac{(n-1)S^2}{c_1}) = \gamma \text{ und } P(\frac{(n-1)S^2}{c_2} \leq \sigma^2 < +\infty) = \gamma$$

Die konkreten einseitigen Konfidenzintervalle für die Varianz σ^2 einer Normalverteilung sind also die Intervalle

$$(0,b] = (0, \frac{(n-1)s^2}{c_1}] \text{ bzw. } [a, +\infty) = [\frac{(n-1)s^2}{c_2}, +\infty)$$

Aufgabe 4.5.3
Die Lösung dieser Aufgabe steht im **Notebook NB1K4A5.ma**.

(a) Mathematica berechnet für den Erwartungswert μ das 95%-ige einseitige Konfidenzintervall $(-\infty,b] = (-\infty, 10.328]$. Der mittlere Benzinverbrauch auf $100km$ liegt mit 95%-iger Wahrscheinlichkeit unter $10.328l$.

(b) Mathematica berechnet für die Varianz σ^2 das 95%-ige einseitige Konfidenzintervall $(0, 0.87]$.

Lösungen der Aufgaben zum Abschnitt 4.6

Aufgabe 4.6.1
Die Lösung zu dieser Aufgabe steht im **Mathematica-Notebook NB1K4A6.ma**. Das berechnete Konfidenzintervall hängt natürlich von der speziellen empirischen Stichprobe ab.

Aufgabe 4.6.2
Wir berechnen das Konfidenzintervall für pb mit Hilfe der asymptotischen Normalverteilung: Für $\gamma = 0.95$ ergibt sich als $\frac{1+\gamma}{2}$-Quantil der $N(0,1^2)$-Verteilung $c \approx 1.96$. Für $n = 70$ und $k = 29$ sind die Lösungen der quadratischen Gleichung

$$p^2(n^2 + c^2 n) - p(2kn + c^2 n) + k^2 = 0$$

zu bestimmen. Mathematica berechnet $p_1 = 0.306302$ und $p_2 = 0.531188$. Das gesuchte Konfidenzintervall für den Parameter p ist also $[p_1, p_2] = [0.3063, 0.5312]$.
Die Berechnung des Konfidenzintervalls nach den im Abschnitt 4.6.2 beschriebenen Verfahren steht im **Mathematica-Notebook NB1K4A6.ma**. Das optimale Konfidenzintervall für den Parameter p ist (bis auf numerische Ungenauigkeit) $[p_1, p_2] = [0.3081, 0.5364]$. Das nach dem Clopper-Pearson-Verfahren berechnete Konfidenzintervall ist $[p_1, p_2] = [0.2977, 0.5384]$.

Aufgabe 4.6.3

(a) Zunächst folgt aus der Tschebyscheffschen Ungleichung für die zufällige Größe $\overline{X}$:

$$P(|\overline{X} - E(\overline{X})| \geq \varepsilon) \leq \frac{\text{Var}(\overline{X})}{\varepsilon^2}$$

Wegen $E(\overline{X}) = p$ und $\text{Var}(\overline{X}) = \frac{p(1-p)}{n}$ folgt daraus mit $\varepsilon = c \cdot \sqrt{\frac{p(1-p)}{n}}$:

$$P(|\overline{X} - p| \geq c \cdot \sqrt{\frac{p(1-p)}{n}}) \leq \frac{1}{c^2} = 1 - \gamma$$

$\Leftrightarrow$

$$P(|\overline{X}-p| < c\cdot\sqrt{\frac{p(1-p)}{n}}) > \gamma$$

$\Leftrightarrow$

$$P(-c\cdot\sqrt{\frac{p(1-p)}{n}} < \overline{X}-p < +c\cdot\sqrt{\frac{p(1-p)}{n}}) > \gamma$$

$\Leftrightarrow$

$$P(\overline{X}-c\cdot\sqrt{\frac{p(1-p)}{n}} < p < \overline{X}+c\cdot\sqrt{\frac{p(1-p)}{n}}) > \gamma$$

Wegen $p(1-p) \leq \frac{1}{4}$ folgt die Behauptung.

(b) Mit $n = 70, \overline{x} = \frac{29}{n}, \gamma = 0.95$ und $c = \frac{1}{\sqrt{1-\gamma}}$ ergibt sich nach Teil (a) dieser Aufgabe das konkrete 95%-ige Konfidenzintervall:

$$[\,p_1,p_2] = \left[\overline{x}-\frac{1}{2\sqrt{n}}c\,,\overline{x}+\frac{1}{2\sqrt{n}}c\right] = [0.147\,,0.682]$$

Aufgabe 4.6.4

(a) Für eine Poisson-Verteilung gilt $\mu = \lambda$ und $\sigma^2 = \lambda$. Für große Werte von n ist die zufällige Größe

$$Z := \sqrt{n}\cdot\frac{\overline{X}-\lambda}{\sqrt{\lambda}}$$

näherungsweise $N(0,1^2)$-verteilt. Ist c das $\frac{1+\gamma}{2}$-Quantil der $N(0,1^2)$-Verteilung, so gilt also:

$$P(-c \leq \sqrt{n}\cdot\frac{\overline{X}-\lambda}{\sqrt{\lambda}} \leq +c) = \gamma$$

Äquivalente Umformen der Ungleichung führt zu der Aussage:

$$P(\lambda^2-\lambda(2\overline{X}+\frac{c^2}{n})+\overline{X}^2 \leq 0) = \gamma$$

Will man also auf der Basis einer Stichprobe $x_1,\ldots,x_n$ mit großem Stichprobenumfang n die Grenzen eines konkreten Konfidenzintervalls für den Parameter λ berechnen, so hat man die Nullstellen λ_1,λ_2 ($\lambda_1 < \lambda_2$) der nach oben geöffneten Parabel

$$p(\lambda) := \lambda^2-\lambda(2\overline{x}+\frac{c^2}{n})+\overline{x}^2$$

zu berechnen. Das Intervall $[\lambda_1,\lambda_2]$ ist das gesuchte konkrete Konfidenzintervall.

(b) Für eine Exponentialverteilung gilt $\mu = \frac{1}{\lambda}$ und $\sigma^2 = \frac{1}{\lambda^2}$. Für große Werte von n ist die zufällige Größe

$$Z := \sqrt{n}\cdot\frac{\overline{X}-1/\lambda}{1/\lambda} = \sqrt{n}\cdot(\lambda\overline{X}-1)$$

näherungsweise $N(0,1^2)$-verteilt. Ist c das $\frac{1+\gamma}{2}$-Quantil der $N(0,1^2)$-Verteilung, so gilt also:

$$P(-c \leq \sqrt{n} \cdot (\lambda \overline{X} - 1) \leq +c) = \gamma$$

Äquivalente Umformen der Ungleichung führt zu der Aussage

$$P\left(\frac{1}{\overline{X}}(1 - \frac{c}{\sqrt{n}}) \leq \lambda \leq \frac{1}{\overline{X}}(1 + \frac{c}{\sqrt{n}})\right) = \gamma$$

und damit zu dem konkreten Konfidenzintervall

$$[\lambda_1, \lambda_2] = [\frac{1}{\overline{x}}(1 - \frac{}{c}\sqrt{n}), \frac{1}{\overline{x}}(1 + \frac{}{c}\sqrt{n})].$$

(c) Für eine Gleichverteiltung auf dem Intervall $[0,b]$ gilt $\mu = \frac{b}{2}$ und $\sigma^2 = \frac{b^2}{12}$. Für große Werte von n ist die zufällige Größe

$$Z := \sqrt{n} \cdot \frac{\overline{X} - b/2}{b/\sqrt{12}} = \sqrt{12n} \cdot (\frac{\overline{X}}{b} - \frac{1}{2})$$

näherungsweise $N(0,1^2)$-verteilt. Ist c das $\frac{1+\gamma}{2}$-Quantil der $N(0,1^2)$-Verteilung, so gilt also:

$$P(-c \leq \sqrt{12n} \cdot (\frac{\overline{X}}{b} - \frac{1}{2}) \leq +c) = \gamma$$

Äquivalentes Umformen der Ungleichung führt zu der Aussage:

$$P(\frac{2\sqrt{3n} \cdot \overline{X}}{\sqrt{3n} - c} \geq b \geq \frac{2\sqrt{3n} \cdot \overline{X}}{\sqrt{3n} + c}) = \gamma$$

Ein konkretes Konfidenzintervall für den Parameter b ist also:

$$[\frac{2\sqrt{3n} \cdot \overline{x}}{\sqrt{3n} + c}, \frac{2\sqrt{3n} \cdot \overline{x}}{\sqrt{3n} - c}]$$

Hinweis: Im **Mathematica-Notebook NB1K4A6.ma** werden die in dieser Aufgabe hergeleiteten Verfahren zur Konfidenzintervallberechnung auf Stichproben angewandt, die mit dem Zufallszahlengenerator von Mathematica erzeugt wurden.

A.5 Lösungen der Aufgaben zum Kapitel 5

Lösungen der Aufgaben zum Abschnitt 5.3

Aufgabe 5.3.1
Wir definieren die Teststatistik:

$$\begin{array}{llll} T: & \mathbb{R}^n & \to & \mathbb{R} \\ & (x_1, \dots, x_n)^T & \mapsto & T(x_1, \dots, x_n) := \frac{\sqrt{n}}{\sigma_0}(\frac{}{1}n \sum_{i=1}^{n} x_i - \mu_b) \end{array}$$

Die Verteilungsfunktion der Teststatistik T ist identisch mit der Verteilungsfunktion F_σ der vorgeschlagenen Prüfgröße $Z = \sqrt{n}\frac{\overline{X} - \mu_b}{\sigma_0} = T \circ \boldsymbol{X}$. Daraus folgt:

(a)

$$F_\sigma(z) = P_\sigma(T \leq z) = P(Z \leq z) = P\left(\sqrt{n}\frac{\overline{X}-\mu_b}{\sigma_0} \leq z\right) = P\left(\sqrt{n}\frac{\overline{X}-\mu_b}{\sigma} \leq \frac{\sigma_0}{\sigma}z\right)$$

$$= \Phi(\frac{\sigma_0}{\sigma}z)$$

Insbesondere besitzt die Prüfgröße Z für den Fall $\sigma = \sigma_0$ eine bekannte Verteilungsfunktion, nämlich die der $N(0,1^2)$-Verteilung.

(b) Es sei $\sigma_1 < \sigma_2$. Dann gilt für $z \geq 0$:

$$F_{\sigma_1}(z) = \Phi(\frac{\sigma_0}{\sigma_1}z) \geq \Phi(\frac{\sigma_0}{\sigma_2}z) = F_{\sigma_2}(z)$$

Dagegen gilt für $z < 0$:

$$F_{\sigma_1}(z) = \Phi(\frac{\sigma_0}{\sigma_1}z) < \Phi(\frac{\sigma_0}{\sigma_2}z) = F_{\sigma_2}(z)$$

Also erfüllt die Prüfgröße Z nicht die Monotoniebedingung.

(c) Die Gütefunktion für ein beliebiges $z^* \in \mathbb{R}$ ist:

$$\begin{array}{llll} \beta: & \mathbb{R}^+ & \to & [0,1] \\ & \sigma & \mapsto & \beta(\sigma) := P_\sigma(T > z^*) = 1 - F_\sigma(z^*) = 1 - \Phi(\frac{\sigma_0}{\sigma}z^*) \end{array}$$

β ist für $z^* = 0$ konstant gleich 0.5. Für $z^* < 0$ ist β eine streng monoton fallende Funktion, deren Funktionswerte größer als 0.5 bleiben. Für $z^* > 0$ ist β eine streng monoton wachsende Funktion, deren Funktionswerte kleiner als 0.5 bleiben.

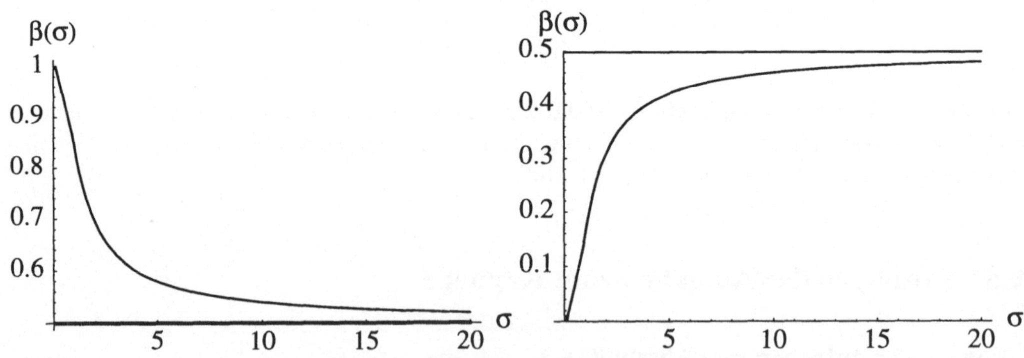

Abbildung A.22 Kurven der Gütefunktion $\beta(\sigma)$ für $z^* < 0$ (links) und $z^* > 0$ (rechts)

(d) Die Gütefunktion für ein beliebiges $z' \in \mathbb{R}$ ist:

$$\begin{array}{llll} \beta: & \mathbb{R}^+ & \to & [0,1] \\ & \sigma & \mapsto & \beta(\sigma) := P_\sigma(T < z') = F_\sigma(z') = \Phi(\frac{\sigma_0}{\sigma}z') \end{array}$$

β ist für $z' = 0$ konstant gleich 0.5. Für $z' < 0$ ist β eine streng monoton wachsende Funktion, deren Funktionswerte kleiner als 0.5 bleiben. Für $z' > 0$ ist β eine streng monoton fallende Funktion, deren Funktionswerte größer als 0.5 bleiben.

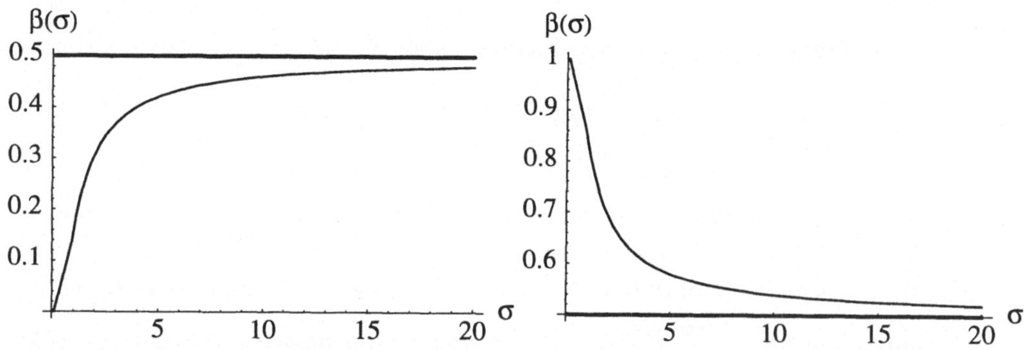

Abbildung A.23 Kurven der Gütefunktion $\beta(\sigma)$ für $z' < 0$ (links) und $z' > 0$ (rechts)

(e) Es sei z^* das $(1-\alpha)$-Quantil der $N(0,1^2)$-Verteilung. Da für Signifikanzzahlen $\alpha < 50\%$ das $(1-\alpha)$-Quantil z^* positiv ist, ist β nach Teil (c) dieser Aufgabe eine monoton wachsende Funktion. Für alle $\sigma \leq \sigma_0$ gilt deshalb:

$$\beta(\sigma) \leq \beta(\sigma_0) = 1 - \Phi(\frac{\sigma_0}{\sigma_0} z^*) = 1 - \Phi(z^*) = 1 - (1-\alpha) = \alpha$$

(f) Für alle $z' \in \mathbb{R}$ ergibt sich aus Teil (d) dieser Aufgabe:

$$\sup_{\sigma \geq \sigma_0} \beta(\sigma) \geq 0.5 > \alpha$$

Aufgabe 5.3.2
Wir definieren die Teststatistik:

$$\begin{array}{llll} T: & \mathbb{R}^n & \rightarrow & \mathbb{R} \\ & (x_1,\dots,x_n)^T & \mapsto & T(x_1,\dots,x_n) := \dfrac{\sqrt{n}}{\sigma_0} \left| \dfrac{1}{n} \sum\limits_{i=1}^{n} x_i - \mu_b \right| \end{array}$$

Die Verteilungsfunktion der Teststatistik T ist identisch mit der Verteilungsfunktion F_σ der vorgeschlagenen Prüfgröße $Z = \sqrt{n}\dfrac{|\overline{X} - \mu_b|}{\sigma_0} = T \circ \boldsymbol{X}$. Daraus folgt:

(a)

$$\begin{aligned} F_\sigma(z) &= P_\sigma(T \leq z) = P(Z \leq z) = P(\sqrt{n}\frac{|\overline{X} - \mu_b|}{\sigma_0} \leq z) \\ &= \begin{cases} 0 & \text{für } z \leq 0 \\ P(-z \leq \sqrt{n}\dfrac{\overline{X} - \mu_b}{\sigma_0} \leq +z) & \text{für } z > 0 \end{cases} \end{aligned}$$

Für $z > 0$ gilt weiter:

$$F_\sigma(z) = P(-\frac{\sigma_0}{\sigma} z \leq \sqrt{n}\frac{\overline{X} - \mu_b}{\sigma} \leq +\frac{\sigma_0}{\sigma} z) = \Phi(\frac{\sigma_0}{\sigma} z) - \Phi(-\frac{\sigma_0}{\sigma} z) = 2\Phi(\frac{\sigma_0}{\sigma} z) - 1$$

(b) Es sei $\sigma_1 < \sigma_2$. Dann gilt für alle $z \leq 0 : F_{\sigma_1}(z) = 0 = F_{\sigma_2}(z)$ und für alle $z > 0$:

$$F_{\sigma_1}(z) = 2\Phi(\frac{\sigma_0}{\sigma_1} z) - 1 > 2\Phi(\frac{\sigma_0}{\sigma_2} z) - 1 = F_{\sigma_2}(z)$$

Für alle $z \in \mathbb{R}$ gilt also: $\sigma_1 < \sigma_2 \Rightarrow F_{\sigma_1}(z) \geq F_{\sigma_2}(z)$

(c) Für die als Prüfgröße vorgeschlagene zufällige Größe $Z = \sqrt{n}\frac{|\overline{X} - \mu_b|}{\sigma_0}$ gilt deshalb:

- F_{σ_0} ist die Verteilungsfunktion einer bekannten Verteilung: $F_{\sigma_0}(z) = 2\Phi(z) - 1$
- $\underset{\sigma_1,\sigma_2 \in \mathbb{R}^+}{\forall} (\sigma_1 < \sigma_2 \Rightarrow \underset{z \in \mathbb{R}}{\forall} F_{\sigma_1}(z) \geq F_{\sigma_2}(z))$

Damit kann das in diesem Abschnitt besprochen Testverfahren zur Anwendung kommen: Die kritischen Werte für die Prüfgröße Z sind also beim Testproblem **(a)** das $(1-\alpha)$-Quantil z^*, beim Testproblem **(b)** das α-Quantil z' und beim Testproblem **(c)** das $\frac{\alpha}{2}$-Quantil z_1 bzw. das $\frac{1-\alpha}{2}$-Quantil z_2 der Verteilungsfunktion $F_{\sigma_0}(z) = 2\Phi(z) - 1$. Die Entscheidungsregeln lauten:
Testproblem (a) Verwirf H_0, falls $z > z^*$ ist, bzw. falls $1 - F_{\sigma_0}(z) = 2(1 - \Phi(z)) < \alpha$ ist.
Testproblem (b) Verwirf H_0, falls $z < z'$ ist, bzw. falls $2\Phi(z) - 1 < \alpha$ ist.
Testproblem (c) Verwirf H_0, falls $z < z_1$ oder $z > z_2$ ist, bzw. falls $2\Phi(z) - 1 < \frac{\alpha}{2}$ oder $2(1 - \Phi(z)) < \frac{\alpha}{2}$ ist.

Lösungen der Aufgaben zum Abschnitt 5.4

Aufgabe 5.4.1

(a) Es sei p der Prozentsatz der faulen Apfelsinen in der Wagenladung. Das Testproblem (a) lautet: $H_0 : p \leq 0.1$ gegen $H_1 : p > 0.1$ Der Fehler 1. Art bedeutet, daß ein günstiges Geschäft ausgeschlagen wird. Der Fehler 2. Art bedeutet hohe Reklamationen.

(b) Es bezeichne K die Anzahl der faulen Apfelsinen in einer Stichprobe vom Umfang $n = 20$. K kann näherungsweise als $B(20, p)$-verteilte zufällige Größe angesehen werden. (Die Wagenladung ist sehr groß gegenüber dem Stichprobenumfang!) Gesucht ist die kleinste Zahl k^*, für die gilt:

$$\sum_{\nu=k^*+1}^{20} \binom{20}{\nu} \cdot 0.1^\nu \cdot 0.9^{20-\nu} \leq 0.15$$

Es gilt

$$\sum_{\nu=2}^{20} \binom{20}{\nu} \cdot 0.1^\nu \cdot 0.9^{20-\nu} \approx 0.61,$$

$$\sum_{\nu=3}^{20} \binom{20}{\nu} \cdot 0.1^\nu \cdot 0.9^{20-\nu} \approx 0.32,$$

$$\sum_{\nu=4}^{20} \binom{20}{\nu} \cdot 0.1^\nu \cdot 0.9^{20-\nu} \approx 0.13$$

Der kritische Wert k^* ist also 3. Die Wagenladung wird also abgelehnt, wenn $k > 3$ ist.

(c) Die Gütefunktion ist die Funktion

$$\begin{array}{llll} \beta: & [0,1] & \to & [0,1] \\ & p & \mapsto & \beta(p) := \sum_{\nu=4}^{20} \binom{20}{\nu} \cdot p^\nu \cdot (1-p)^{20-\nu} = 1 - F_p(3) \end{array}$$

Dabei ist F_p die Verteilungsfunktion der $B(20, p)$-Verteilung.

(d) Die Wahrscheinlichkeit, eine Wagenladung mit 20% faulen Apfelsinen zu kaufen, ist: $1-\beta(0.2) = F_{0.2}(3) \approx 41\%$

(e) Die Wahrscheinlichkeit, eine Wagenladung mit nur 5% faulen Apfelsinen abzulehnen, ist: $\beta(0.05) = 1 - F_{0.05}(3) \approx 1.6\%$

Hinweis: Die Mathematica-Anweisungen für die Berechnung und graphische Darstellung der Gütefunktion (Teil (c) der Aufgabe) sowie für die Simulation des Vorgangs (Teile (d) und (e) der Aufgabe) finden Sie im **Notebook NB1K5A4.ma**.

Aufgabe 5.4.2

(a) Es sei wieder p der Prozentsatz der faulen Apfelsinen in der Wagenladung.
Das Testproblem (b) lautet: $H_0 : p \geq 0.1$ gegen $H_1 : p < 0.1$ Der Fehler 1. Art bedeutet hohe Reklamationen. Der Fehler 2. Art bedeutet, daß ein günstiges Geschäft ausgeschlagen wird.

(b) Es bezeichne wieder K die Anzahl der faulen Apfelsinen in einer Stichprobe vom Umfang $n = 20$. K kann als $B(20,p)$-verteilte zufällige Größe angesehen werden. Gesucht ist die größte Zahl k', für die gilt:

$$\sum_{\nu=0}^{k'-1} \binom{20}{\nu} \cdot 0.1^{\nu} \cdot 0.9^{20-\nu} \leq 0.15$$

Es gilt

$$\sum_{\nu=0}^{2} \binom{20}{\nu} \cdot 0.1^{\nu} \cdot 0.9^{20-\nu} \approx 0.68,$$

$$\sum_{\nu=0}^{1} \binom{20}{\nu} \cdot 0.1^{\nu} \cdot 0.9^{20-\nu} \approx 0.39,$$

$$\sum_{\nu=0}^{0} \binom{20}{\nu} \cdot 0.1^{\nu} \cdot 0.9^{20-\nu} \approx 0.12$$

Der kritische Wert k' ist hier also 1. Danach wird die Hypothese nur dann abgelehnt, wenn $k = 0$ ist. Die Wagenladung wird also nur dann gekauft, wenn in der Stichprobe vom Umfang 20 keine einzige faule Apfelsine ist. (Einen Test zu einem Signifikanzniveau $\alpha < 12\%$ gibt es nicht!)

(c) Die Gütefunktion ist die Funktion

$$\begin{array}{rccl} \beta : & [0,1] & \to & [0,1] \\ & p & \mapsto & \beta(p) := \sum_{\nu=0}^{k'-1} \binom{20}{\nu} \cdot p^{\nu} \cdot (1-p)^{20-\nu} = (1-p)^{20} \end{array}$$

(d) Die Wahrscheinlichkeit, eine Wagenladung mit 20% faulen Apfelsinen zu kaufen, ist: $\beta(0.2) = 0.8^{20} \approx 1.2\%$

(e) Die Wahrscheinlichkeit, eine Wagenladung mit nur 5% faulen Apfelsinen abzulehnen, ist: $1-\beta(0.05) = 1 - 0.95^{20} \approx 64\%$

Hinweis: Die Mathematica-Anweisungen für die Berechnung und graphische Darstellung der Gütefunktion (Teil (c) der Aufgabe) sowie für die Simulation des Vorgangs (Teile (d) und (e) der Aufgabe) finden Sie im **Notebook NB1K5A4.ma**.

Aufgabe 5.4.3
Die Mathematica-Anweisungen für die Berechnung der kritischen Werte v^* bzw. v' und für den Vergleich der Gütefunktionen finden Sie im **Notebook NB1K5A4.ma**. Mathematica berechnet für das Testproblem (a) den kritischen Wert $v^* = 3.911$ und für das Testproblem (b) den kritischen Wert $v' = 1.105$.

Aufgabe 5.4.4
Es sei p die Wahrscheinlichkeit für das Auftreten einer gelben Erbse und $q = 1 - p$ die Wahrscheinlichkeit für das Auftreten einer grünen Erbse. Zu testen ist also
die Hypothese $H_0 : p = \frac{3}{4}$ gegen die Alternative $H_1 : p \neq \frac{3}{4}$
Da $n = 478$ relativ groß ist, arbeiten wir mit der asymptotisch $N(0,1^2)$-verteilten zufälligen Größe Z aus dem Unterabschnitt 5.4.3:
Zum Signifikanzniveau $\alpha = 0.05$ ergeben sich die kritischen Werte z_1 und z_2 aus den Gleichungen:

$$\Phi(z_1) = \alpha/2 = 0.025,\ \Phi(z_2) = 1 - \alpha/2 = 0.975 \Rightarrow z_1 = -1.96,\ z_2 = +1.96$$

Der Wert der Prüfgröße ist:

$$z = \frac{k - np_0}{\sqrt{n \cdot p_0(1-p_0)}} = \frac{355 - 478 \cdot 3/4}{\sqrt{478 \cdot 3/4 \cdot 1/4}} = \frac{-3.5}{\sqrt{89.625}} = -0.37$$

Wegen $z_1 \leq z \leq z_2$ kann H_0 nicht verworfen werden. Die Mendelsche Theorie kann mit diesen Daten nicht widerlegt werden.

Aufgabe 5.4.5
Die Hypothese $H_0 : p \leq 0.5$ kann gegen die Alternative $H_1 : p > 0.5$ auf 5%-igem Signifikanzniveau verworfen werden, wenn für $p = 0.5$ gilt:

$$P(K \geq \frac{n+17}{2}) \leq 0.05$$

Dies gilt genau dann, wenn:

$$P(\frac{K - n/2}{\sqrt{n/4}} \geq \frac{17/2}{\sqrt{n/4}}) \leq 0.05$$

Da die zufällige Größe $Z := \frac{K - n/2}{\sqrt{n/4}}$ asymptotisch $N(0,1^2)$-verteilt ist, argumentieren wir wie folgt:

$$P(\frac{K - n/2}{\sqrt{n/4}} \geq \frac{17/2}{\sqrt{n/4}}) \leq 0.05 \Leftrightarrow 1 - \Phi(\frac{17}{\sqrt{n}}) \leq 0.05 \Leftrightarrow \Phi(\frac{17}{\sqrt{n}}) \geq 0.95$$

Das 95%-Quantil der Standardnormalverteilung ist ungefähr 1.645.

$$\Phi(\frac{17}{\sqrt{n}}) \geq 0.95 \Leftrightarrow \frac{17}{\sqrt{n}} \geq 1.645 \Leftrightarrow \sqrt{n} \leq \frac{17}{1.645} \Leftrightarrow n \leq 107$$

Ein Unterschied von 17 Stimmen rechtfertigt nur bei Stichprobenumfängen $n \leq 107$ das Verwerfen von H_0. An der Abstimmung im Bundestag haben sich natürlich wesentlich mehr als 107 Abgeordnete beteiligt. **Hinweis:** Im **Notebook NB1K5A4.ma** wird exakt mit Hilfe der $B(n,0.5)$-Verteilung gezeigt, daß die Ungleichung $P(K \geq \frac{n+17}{2}) \leq 0.05$ nur für Werte $n \leq 106$ gilt.

Lösungen der Aufgaben zum Abschnitt 5.5

Aufgabe 5.5.1
Das 95%-Quantil der t_{14}-Verteilung ist $z^* \approx 1.76$. Der Wert der Prüfgröße ist

$$z = \sqrt{15}\frac{10.03797 - 10}{0.637253} = 0.230767 < z^*$$

. Also kann H_0 nicht verworfen werden. Es kann nicht nachgewiesen werden, daß der Wagen auf $100km$ im Mittel mehr als $10l$ verbraucht.

Aufgabe 5.5.2
Die Lösung zu dieser Aufgabe steht im **Mathematica-Notebook NB1K5A5.ma**. Für die von uns erzeugten 100 Zufallszahlen ergab sich das arithmetische Mittel $\overline{x} = -0.0344104$, die Varianz wurde durch $s^2 = 1.33007$ ($s = 1.15328$) geschätzt.

(a) Die Hypothese $H_0 : \sigma^2 = 1$ kann gegen die Alternative $H_1 : \sigma^2 \neq 1$ verworfen werden. Die kritischen Werte sind das 2.5%-Quantil $z_1 \approx 73.36$ und das 97.5%-Quantil $z_2 \approx 128.42$ der χ^2_{99}-Verteilung, der Annahmebereich ist also das Intervall $[73.36, 128.42]$. Der Wert der Prüfgröße $z = 99 \cdot \frac{s^2}{1} \approx 131.677$ liegt damit im Verwerfungsbereich. Die vom Zufallszahlengenerator erzeugten Zufallszahlen besitzen wohl nicht die Varianz 1, d.h. sie sind nicht standardnormalverteilt.

(b) Die Hypothese $H_0 : \mu = 0$ kann gegen die Alternative $H_1 : \mu \neq 0$ nicht verworfen werden. Die kritischen Werte sind das 2.5%-Quantil $z_1 \approx -1.98$ und das 97.5%-Quantil $z_2 \approx +1.98$ der t_{99}-Verteilung, der Annahmebereich ist also das Intervall $[-1.98, +1.98]$. Der Wert der Prüfgröße $z = \sqrt{100}\frac{-0.0344104 - 0}{1.15328} = -0.298369$ liegt damit im Annahmebereich.

Aufgabe 5.5.3

(a) Der kritische Wert z^* für die Prüfgröße $Z = \sqrt{n}\frac{\overline{X} - \mu_b}{\sigma_0}$ ist nach Teil (e) der Aufgabe 5.3.1 das 95%-Quantil der Standardnormalverteilung, also $z^* \approx 1.645$. Nach Aufgabe 5.3.1 (c) ist die Gütefunktion für diesen Test $\beta(\sigma) = 1 - \Phi(\frac{\sigma_0}{\sigma} z^*)$. Für $\sigma_0 = 1$ ergibt sich das folgende Bild:

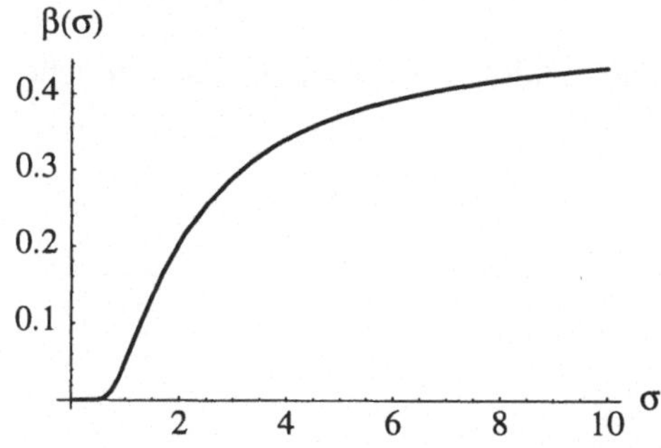

Abbildung A.24

(b) Der kritische Wert z^* für die Prüfgröße $Z = \sqrt{n}\frac{|\overline{X} - \mu_b|}{\sigma_0}$ ist nach Teil (c) der Aufgabe 5.3.2 das 95%-Quantil der Verteilungsfunktion $F(z) = 2\Phi(z) - 1$, also das 97.5%-Quantil der Standardnormalverteilung: $z^* \approx 1.960$. Die Gütefunktion für diesen Test ist

$$\beta(\sigma) = P(Z > z^*) = 1 - F_\sigma(z^*) = 1 - (2\Phi(\frac{\sigma_0}{\sigma}z^*) - 1) = 2 - 2\Phi(\frac{\sigma_0}{\sigma}z^*)$$

Dabei ergibt sich das vorletzte Gleichheitszeichen aus dem Teil (a) der Aufgabe 5.3.2. Für $\sigma_0 = 1$ ergibt sich das folgende Bild:

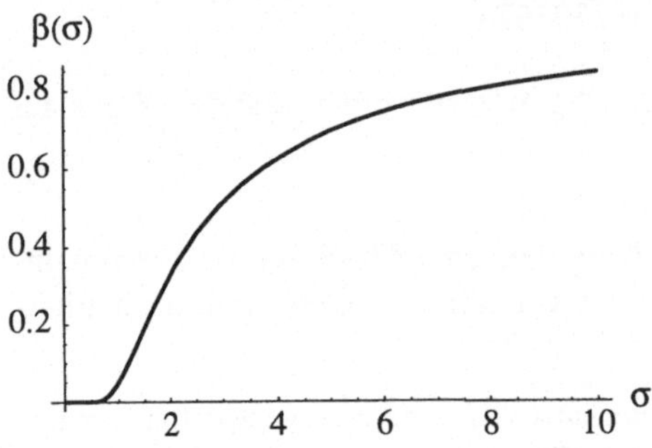

Abbildung A.25

(c) Der kritische Wert z^* für die Prüfgröße $Z = (n-1)\frac{S^2}{\sigma_0^2} = 99\frac{S^2}{\sigma_0^2}$ ist das 95%-Quantil der χ^2_{99}-Verteilung, also $z^* \approx 123.225$. Die Gütefunktion für diesen Test ist

$$\beta(\sigma) = P(Z > z^*) = 1 - F_\sigma(z^*) = 1 - G_{n-1}(\frac{\sigma_0^2}{\sigma^2}z^*) = 1 - G_{99}(\frac{\sigma_0^2}{\sigma^2}z^*)$$

Für $\sigma_0 = 1$ ergibt sich das folgende Bild:

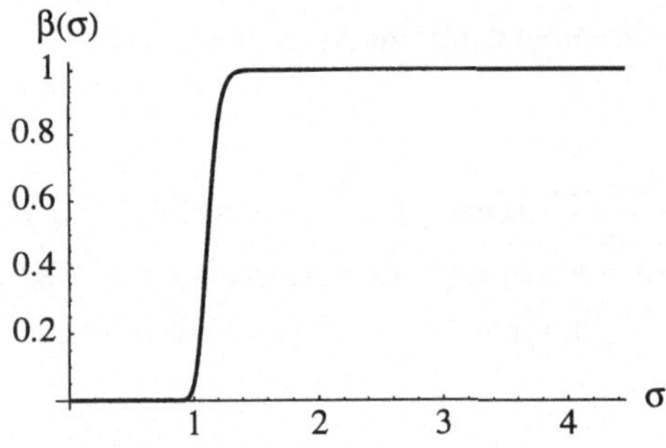

Abbildung A.26

(d) Die folgende Abbildung vergleicht die drei Gütefunktionen getrennt für die Bereiche $\Theta_0 = (0,1)$ und $\Theta_1 = (1,+\infty)$:

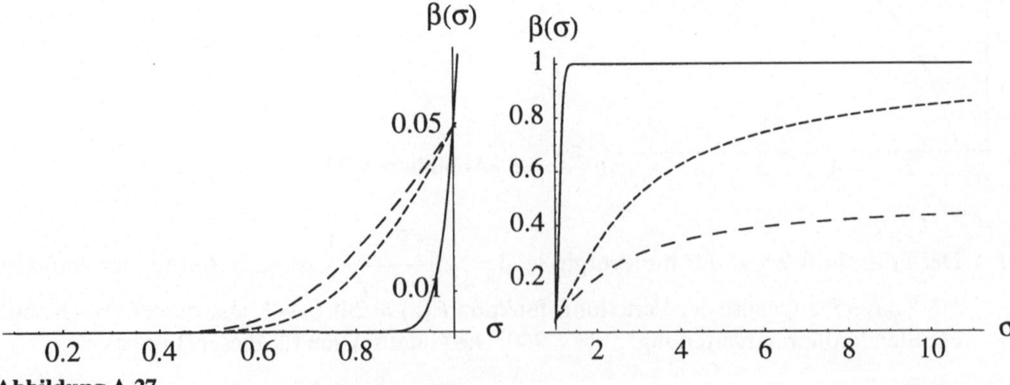

Abbildung A.27

Offensichtlich ist der im Unterabschnitt 5.5.1 besprochene Test mit der Prüfgröße $Z = (n-1)\frac{S^2}{\sigma_0^2}$ am besten: Für jedes $\sigma < \sigma_0$ ist die Wahrscheinlichkeit, einen Fehler 1. Art zu begehen, kleiner als bei den anderen beiden Tests. Und für jedes $\sigma > \sigma_0$ ist die Wahrscheinlichkeit, einen Fehler 2. Art zu begehen, ebenfalls kleiner als bei den anderen beiden Tests.

Aufgabe 5.5.4

(a) Bezeichnet man mit μ_d den Erwartungswert der zufälligen Größen $D_i := Y_i - X_i$, so ist die Hypothese $H_0 : \mu_d \leq 0$ gegen die Alternative $H_1 : \mu_d > 0$ zu testen.

(b) Da keine Angaben zum Signifikanzniveau gemacht wurden, wird der Test zum Niveau $\alpha = 5\%$ durchgeführt: Mit der Mathematica-Anweisung

```
x={34,72,122,14,52,75};
y={72,109,74,34,92,60};
d=y-x;
MeanTest[d,0]
```

erhalten wir den Output:

```
OneSidedPValue -> 0.225642
```

H_0 kann nicht zugunsten der Alternative verworfen werden, dies wäre erst für Signifikanzzahlen $\alpha > 0.225642$ möglich.

Aufgabe 5.5.5

(a) Laut Aufgabenstellung geht es darum, mit einem einseitigen Test die Aussage $H_1 : \rho > 0$ statistisch abzusichern. Wir wählen deshalb das übliche Signifikanzniveau von 5%. Der kritische Wert ist dann das 95%-Quantil z^* der t_{44}-Verteilung also $z^* \approx 1.68$. Der Wert der Prüfgröße ist $z = 3.51021 > z^*$. Die Hypothese $H_0 : \rho \leq 0$ kann also zugunsten der Alternative $H_1 : \rho > 0$ verworfen werden. Körpergröße und Körpergewicht erwachsener Männer sind positiv korreliert.

(b) Laut Aufgabenstellung geht es darum, mit einem zweiseitigen Test die Aussage $H_1 : \rho \neq 0$ statistisch abzusichern. Wir wählen deshalb das übliche Signifikanzniveau von 5%. Die kritischen Werte sind dann das 2.5%-Quantil $z_1 \approx -2.45$ und das 97.5%-Quantil $z_2 \approx +2.45$. Der Wert der Prüfgröße ist $z = 1.80241 \in [z_1, z_2]$. Die Hypothese $H_0 : \rho = 0$ kann also zugunsten der Alternative $H_1 : \rho \neq 0$ nicht verworfen werden. Auf der Basis dieser kleinen Stichprobe vom Umfang $n = 8$ kann also auf dem üblichen 5%-igen Signifikanzniveau nicht abgesichert werden, daß die Ergebnisse der Kurzprogrammierung und der Hausarbeit abhängig sind. $(1 - F(|z|) \approx 0.06)$

Hinweis: Bei normalverteilten zufälligen Größen sind Unabhängigkeit und Unkorreliertheit äquivalente Eigenschaften.

Lösungen der Aufgaben zum Abschnitt 5.6

Aufgabe 5.6.1
Für den Test der Hypothese $H_0 : \sigma_1^2 = \sigma_2^2$ gegen die Alternative $H_1 : \sigma_1^2 \neq \sigma_2^2$ ist der Wert der Prüfgröße ($q_0 = 1$):

$$z = \frac{s_1^2}{s_2^2} = 1.15827$$

Für die Verteilungsfunktion der F-Verteilung mit $n_1 - 1 = 6$ und $n_2 - 1 = 6$ Freiheitsgraden ergibt sich:

$$F_{6,6}(z) \approx 0.57 \qquad 1 - F_{6,6}(z) \approx 0.43$$

Beim zweiseitigen Test kann also die Nullhypothese $H_0 : \sigma_1^2 = \sigma_2^2$ auf keinem Signifikanzniveau $\alpha < 86\%$ verworfen werden.
Mit dem Zweistichproben-t-Test haben wir nun die Hypothese $H_0 : \mu_1 = \mu_2$ gegen die Alternative $H_1 : \mu_1 \neq \mu_2$ zu testen. Auf 5%-igem Signifikanzniveau führt dieser Test nicht zum Verwerfen der Nullhypothese: Das 97.5%-Quantil der t_{12}-Verteilung ist nämlich $z^* \approx 2.18$, und der Wert der Prüfgröße ($\Delta\mu_0 = 0$) ist $z \approx -1.01$. Er liegt damit im Annahmebereich.
Auf der Basis der beiden Stichproben kann nicht nachgewiesen werden, daß die zwei Futtermethoden zu unterschiedlichen Gewichtszunahmen führen.

Aufgabe 5.6.2
Der kritische Wert ist derselbe wie im Beispiel 5.12: $z^* \approx 1.70$. Allerdings ändert sich der Wert der Prüfgröße, weil jetzt $\Delta\mu_0 = 5$ ist: $z = 1.35781 < z^*$. Die Hypothese $H_0 : \mu_1 - \mu_2 \leq 5$ kann gegen die Alternative $H_0 : \mu_1 - \mu_2 > 5$ auf 5%-igem Signifikanniveau nicht verworfen werden. Eine ungerechte Benotung ist bei den **bestandenen** Klausuren nicht nachzuweisen.

Aufgabe 5.6.3

(a) Für die zufällige Größe

$$Z = \frac{1}{q} \cdot \frac{S_1^2}{S_2^2}$$

gilt:

- Z enthält den wahren unbekannten Quotienten $q = \sigma_1^2/\sigma_2^2$ der beiden Varianzen explizit, aber keine weiteren unbekannten Parameter.
- Z besitzt eine bekannte Verteilung, nämlich die F-Verteilung mit $n_1 - 1$ und $n_2 - 1$ Freiheitsgraden.

Ist also c_1 das $\frac{1-\gamma}{2}$-Quantil und c_2 das $\frac{1+\gamma}{2}$-Quantil der F_{n_1-1,n_2-1}-Verteilung, so gilt $P(c_1 \leq Z \leq c_2) = \gamma$. Äquivalentes Umformen der Ungleichung führt zu:

$$P(\frac{1}{c_2} \cdot \frac{S_1^2}{S_2^2} \leq q \leq \frac{1}{c_1} \cdot \frac{S_1^2}{S_2^2}) = \gamma$$

Für das Beispiel 5.12 KLAUSUR ergibt sich:

$$s_1^2 = 159.478, \, s_2^2 = 117.389, \, c_1 \approx 0.3329, \, c_2 \approx 2.7863$$

Die Grenzen des konkreten 95%-igen Konfidenzintervall für den Quotienten $q = \sigma_1^2/\sigma_2^2$ sind also:

$$a = \frac{159.478}{117.389} \cdot \frac{1}{2.7863} = 0.487582 \approx 0.48$$

$$b = \frac{159.478}{117.389} \cdot \frac{1}{0.3329} = 4.08093 \approx 4.09$$

(b) Für die zufällige Größe

$$Z = \sqrt{\frac{n_1 n_2 (n_1 + n_2 - 2)}{n_1 + n_2}} \cdot \frac{\bar{X} - \bar{Y} - \Delta\mu}{\sqrt{(n_1 - 1)S_1^2 + (n_2 - 1)S_2^2}}$$

gilt:

- Z enthält die wahre unbekannte Differenz $\Delta\mu = \mu_1 - \mu_2$ der beiden Erwartungswerte explizit, aber keine weiteren unbekannten Parameter.
- Z besitzt eine bekannte Verteilung, nämlich die t-Verteilung mit $n_1 + n_2 - 2$ Freiheitsgraden.

Ist also c das $\frac{1+\gamma}{2}$-Quantil der $t_{n_1+n_2-2}$-Verteilung, so gilt $P(-c \leq Z \leq +c) = \gamma$. Äquivalentes Umformen der Ungleichung

$$-c \leq \sqrt{\frac{n_1 n_2 (n_1 + n_2 - 2)}{n_1 + n_2}} \cdot \frac{\bar{X} - \bar{Y} - \Delta\mu}{\sqrt{(n_1 - 1)S_1^2 + (n_2 - 1)S_2^2}} \leq +c$$

liefert die Grenzen des γ%-igen Konfidenzintervalls für $\Delta\mu$:

$$A = \bar{X} - \bar{Y} - c \cdot \sqrt{\frac{n_1 + n_2}{n_1 n_2 (n_1 + n_2 - 2)}} \cdot \sqrt{(n_1 - 1)S_1^2 + (n_2 - 1)S_2^2}$$

$$B = \bar{X} - \bar{Y} + c \cdot \sqrt{\frac{n_1 + n_2}{n_1 n_2 (n_1 + n_2 - 2)}} \cdot \sqrt{(n_1 - 1)S_1^2 + (n_2 - 1)S_2^2}$$

Für das Beispiel 5.12 KLAUSUR ergibt sich:

$$\bar{x} = 32.3571,\ \bar{y} = 21.7222,\ s_1^2 = 159.478,\ s_2^2 = 117.389,\ c \approx 2.0423$$

und

$$c \cdot \sqrt{\frac{n_1 + n_2}{n_1 n_2 (n_1 + n_2 - 2)}} \cdot \sqrt{(n_1 - 1)S_1^2 + (n_2 - 1)S_2^2}$$

$$= 2.0423 \cdot \sqrt{\frac{32}{14 \cdot 18 \cdot 30}} \cdot \sqrt{13 \cdot 159.478 + 17 \cdot 117.389} = 8.47544$$

Die Grenzen des konkreten 95%-igen Konfidenzintervalls für die Differenz $\Delta\mu = \mu_1 - \mu_2$ sind also:

$$a = 32.3571 - 21.7222 - 8.47544 = 2.15948 \approx 2.15$$
$$b = 32.3571 - 21.7222 + 8.47544 = 19.1104 \approx 19.12$$

Aufgabe 5.6.4

(a) Die arithmetischen Mittel

$$\bar{X} := \frac{1}{n_1}\sum_{i=1}^{n_1} X_i \text{ und } \overline{Y} := \frac{1}{n_2}\sum_{i=1}^{n_1} Y_i$$

sind unabhängige $N(\mu_1, \frac{\sigma_1^2}{n_1})$- bzw. $N(\mu_2, \frac{\sigma_2^2}{n_2})$-verteilte zufällige Größen. Für den Vergleich der wahren Differenz $\triangle\mu = \mu_1 - \mu_2$ der beiden Erwartungswerte mit einer hypothetischen Differenz $\triangle\mu_0$ bietet sich deshalb die Prüfgröße

$$Z := \frac{\bar{X} - \bar{Y} - \triangle\mu_0}{\sqrt{\frac{\sigma_1^2}{n_1} + \frac{\sigma_2^2}{n_2}}}$$

an. Ohne lange Rechnung erkennt man nämlich, daß die Verteilung von Z monoton von der wahren Differenz $\triangle\mu = \mu_1 - \mu_2$ abhängt. Außerdem ist Z für den Fall $\mu_1 - \mu_2 = \triangle\mu_0$ standardnormalverteilt. Damit kann das im Abschnitt 5.3 besprochene Verfahren zur Anwendung kommen.

(b) Für die zufällige Größe

$$Z := \frac{\bar{X} - \bar{Y} - \triangle\mu}{\sqrt{\frac{\sigma_1^2}{n_1} + \frac{\sigma_2^2}{n_2}}}$$

gilt:

- Z enthält die wahre unbekannte Differenz $\triangle\mu = \mu_1 - \mu_2$ der beiden Erwartungswerte explizit, aber keine weiteren unbekannten Parameter.
- Z besitzt eine bekannte Verteilung, nämlich die Standardnormalverteilung.

Ist also c das $\frac{1+\gamma}{2}$-Quantil der $N(0,1^2)$-Verteilung, so gilt $P(-c \le Z \le +c) = \gamma$ bzw.

$$P(\bar{X} - \bar{Y} - c\cdot\sqrt{\frac{\sigma_1^2}{n_1} + \frac{\sigma_2^2}{n_2}} \le \triangle\mu \le \bar{X} - \bar{Y} + c\cdot\sqrt{\frac{\sigma_1^2}{n_1} + \frac{\sigma_2^2}{n_2}}) = \gamma$$

Lösungen der Aufgaben zum Abschnitt 5.7

Aufgabe 5.7.1

(a) Beim Test nach Kolmogorov-Smirnow ist der Wert der Prüfgröße $z_n = 0.120086$. Weil $1 - K(\sqrt{n}\cdot z_n) \approx 0.01 < 25\%$ ist, kann die Nullhypothese auf 25%-igem Signifikanzniveau verworfen werden.

(b) Der Wert der Prüfgröße ist $z_n = 3.39722$. Weil $1 - G_{6-1-2}(z_n) \approx 0.33 > 25\%$ ist, kann die Nullhypothese auf 25%-igem Signifikanzniveau nicht verworfen werden.

(c) Bei der von uns vorgeschlagenen Klasseneinteilung ist der Wert der Prüfgröße ist $z_n = 5.85377$, und $1 - G_{8-1-2}(z_n) \approx 0.32$.

Aufgabe 5.7.2

(a) Die Lösung dieser Aufgabe steht im **Notebook NB1K5A7.ma**. Natürlich hängt das Ergebnis des Anpassungstests von der erzeugten Stichprobe ab. Mit der von uns erzeugten Stichprobe vom Umfang $n = 1000$ ergab sich beim χ^2-Anpassungstest für die Prüfgröße der Wert $z_n = 3.9152$. Weil $1 - G_{8-1}(z_n) \approx 0.79 > 25\%$ ist, konnte die Nullhypothese auf 25%-igem Signifikanzniveau nicht verworfen werden. Dieses Ergebnis widerspricht der Entscheidung, zu der wir im Beispiel 5.13 auf der Basis einer viel kleineren Stichprobe gelangt sind.

(b) Mit der Klasseneinteilung $\{0,50,100,200,300,400,500,600,700,\infty\}$ ergibt sich beim χ^2-Anpassungstest für die Prüfgröße der Wert $z_n = 7.5735$. Weil $1 - G_{9-1-1}(z_n) \approx 0.37 > 25\%$ ist, kann die Nullhypothese auf 25%-igem Signifikanzniveau nicht verworfen werden. Gegen die Hypothese H_0: „Die Lebensdauer dieser Glühbirnen wird durch eine exponentialverteilte zufällige Größe beschrieben" ist nichts einzuwenden.

Lösungen der Aufgaben zum Abschnitt 5.8

Aufgabe 5.8.1

Auf der Basis der Differenzstichprobe

$$38,37,-48,+20,+40,-15$$

testen wir für den Median u der Verteilung von $Y_i - X_i$ die Hypothese $H_0 : u \leq 0$ gegen die Alternative $H_1 : u > 0$. Für den Vorzeichentest betrachten wir die Stichprobe der zugehörigen Vorzeichen

$$+,+,-,+,+,-$$

und testen die Hypothese $H_0 : p \leq \frac{1}{2}$ gegen die Alternative $H_1 : p > \frac{1}{2}$.
Zum Signifikanzniveau $\alpha = 5\%$ bestimmen wir den kritischen Wert k^* als die kleinste natürliche Zahl, für die die Ungleichung

$$\sum_{\nu=k^*+1}^{6} \binom{6}{\nu} \left(\frac{1}{2}\right)^{\nu} \left(\frac{1}{2}\right)^{6-\nu} = \left(\frac{1}{2}\right)^{6} \sum_{\nu=k^*+1}^{6} \binom{6}{\nu} \leq 0.05$$

richtig ist. Mathematica berechnet (vgl. **Notebook NB1K5A8.ma**):

$$\left(\tfrac{1}{2}\right)^6 \sum_{\nu=5+1}^{6} \binom{6}{\nu} = 0.015625$$

$$\left(\tfrac{1}{2}\right)^6 \sum_{\nu=4+1}^{6} \binom{6}{\nu} = 0.109375$$

$$\left(\tfrac{1}{2}\right)^6 \sum_{\nu=3+1}^{6} \binom{6}{\nu} = 0.34375$$

Der kritische Wert ist also $k^* = 5$. Weil der Wert der Prüfgröße $k = 4 \leq k^*$ ist, kann H_0 nicht verworfen werden. Die bessere Wirkung des neuen Sonnenschutzmittels ist damit nicht erwiesen. Dieses Ergebnis entspricht dem der Aufgabe 5.5.4. Mit beiden Tests kann H_0 nicht verworfen werden. Beim Paired-t-Test könnte H_0 für Signifikanzzahlen $\alpha \geq 0.225642$ verworfen werden. Beim Vorzeichentest wäre dies erst für Signifikanzzahlen $\alpha \geq 0.34375$ möglich.

Aufgabe 5.8.2
Die Lösung zu dieser Aufgabe steht im **Mathematica-Notebook NB1K5A8.ma**. Die Wertetabelle der diskreten Dichtefunktion ist:

z:	6	7	8	9	10	11	12	13	14	15	16	17	18
$f_0(z)$:	$\frac{1}{35}$	$\frac{1}{35}$	$\frac{2}{35}$	$\frac{3}{35}$	$\frac{4}{35}$	$\frac{4}{35}$	$\frac{5}{35}$	$\frac{4}{35}$	$\frac{4}{35}$	$\frac{3}{35}$	$\frac{2}{35}$	$\frac{1}{35}$	$\frac{1}{35}$

Aufgabe 5.8.3
Zum Nachweis eines Unterschiedes testen wir dieb Hypothese $H_0 : u = 0$ gegen die Alternative $H_1 : u \neq 0$ auf 5%-igem Signifikanzniveau. Es handelt sich also um das zweiseitige Testproblem (c), und die kritischen Wert z_1 bzw. z_2 sind das 2.5%-Quantil bzw. das 97.5%-Quantil der Verteilung von Z. Mathematica berechnet mit der Funktion `WilcoxonStatistik` (vgl. **Notebook NB1K5A8.ma**) die kritischen Werte $z_1 = 37$ und $z_2 = 67$. Die Hypothese H_0 kann verworfen werden, wenn für z nicht gilt: $37 \leq z \leq 67$
Die gepoolte und aufsteigend sortierte Meßreihe ist:

26	33	37	38	43	46	53	53.5	54	55	58	61	66	73
A	A	B	B	A	A	B	B	A	A	B	B	A	B

Die Rangsumme der B-Stichprobe ist

$$z = 3+4+7+8+11+12+14 = 59$$

und liegt im Annahmebereich. Die Hypothese kann nicht verworfen werden. Wie beim Zweistichproben-t-Test kann nicht nachgewiesen werden, daß die zwei Futtermittel zu unterschiedlichen Gewichtszunahmen führen.

Sachwortverzeichnis

vieweg